高等职业教育教材（适用于职业本科院校、高职高专院校）

基础化学

第三版

JICHU HUAXUE

吴 华　董宪武　主编
上官少平　主审

化学工业出版社
·北京·

内容简介

《基础化学》（第三版）将无机化学、有机化学、分析化学及其实验内容整合在一起。全书分为无机及分析化学、有机化学和实验三大篇。无机及分析化学篇将四大化学平衡与定量化学分析中的四大滴定有机结合在一起，突出了对各种基础化学分析方法的实际应用。有机化学篇按照官能团的顺序介绍了烃及其衍生物和糖类、蛋白质等内容。实验篇将各类实验内容具体细化，强化了综合设计性实验同理论教学内容的紧密结合。

本教材通俗易懂、简明精练，强化化学基础知识，具有实用性、针对性和先进性。为方便教学，本书配有电子课件。

本书可作为高等职业学校农林、医药卫生、食品、化工等专业的教材，也可作为中等职业学校相关专业的教学用书或参考书，对相关从业者也将起到一定的参考作用。

图书在版编目（CIP）数据

基础化学 / 吴华，董宪武主编. — 3 版. — 北京：化学工业出版社，2025. 1. —（高等职业教育教材）. — ISBN 978-7-122-47121-5

Ⅰ. O6

中国国家版本馆 CIP 数据核字第 2025ZX3457 号

责任编辑：刘心怡　旷英姿　　　文字编辑：邢苗苗
责任校对：宋　夏　　　　　　　装帧设计：王晓宇

出版发行：化学工业出版社
（北京市东城区青年湖南街 13 号　邮政编码 100011）
印　　装：三河市君旺印务有限公司
787mm×1092mm　1/16　印张 23½　彩插 1　字数 593 千字
2025 年 1 月北京第 3 版第 1 次印刷

购书咨询：010-64518888　　　售后服务：010-64518899
网　　址：http://www.cip.com.cn
凡购买本书，如有缺损质量问题，本社销售中心负责调换。

定　　价：49.80 元

本书编写人员名单

主　　编：**吴　华**　南京农业大学

董宪武　吉林农业科技学院

副 主 编：**邵　啸**　吉林农业科技学院

吴发远　黑龙江农业职业技术学院

毛菲菲　南京农业大学

参编人员：**姜　辉**　吉林农业科技学院

薛晓丽　吉林农业科技学院

刘　强　吉林农业科技学院

李秀花　吉林农业科技学院

李士华　黑龙江农业职业技术学院

刘嘉迪　大连工业大学

商孟香　吉林师范大学

李晴晴　安徽工业大学

王子恺　南京药石科技股份有限公司

主　　审：**上官少平**　黑龙江农业职业技术学院

前 言

《基础化学》自 2016 年第二版发行以来，受到用书学校的欢迎和好评。本次教材修订遵循上一版的编写原则，既考虑化学学科的系统性和规律性，又兼顾高职学生特点和相关专业对化学知识的需求，以“必需够用”为原则，注重内容的基础性与连贯性，也突出内容的时代性与应用性。第三版内容在保留原版教材总体框架的基础上，吸取了用书学校提出的宝贵建议，对教材的知识目标与能力目标进行了修正与细化，增加了素质目标，方便教学过程中明确培养宗旨；补充了部分科学家的人物传记，增强教材可读性的同时，培养学生的核心素养；改正了部分文字和知识错误，保证知识内容的准确性和条理性；补充了数字资源，方便教学使用。

《基础化学》第三版由吴华、董宪武主编并统稿，上官少平教授主审。具体修订工作分工如下：吴华（第一章至第三章）、刘嘉迪（第四章）、李晴晴（第五章）、商孟香（第六章）、毛菲菲（第七章及部分习题）、薛晓丽（第八章及部分习题）、吴发远（第九章、第十一章）、李士华（第十章）、董宪武（第十二章至第十四章、素质拓展阅读）、刘强（第十五章、十六章）、姜辉（第十七章、十八章）、李秀花（第十九章）、邵啸（第二十章、二十一章）、王子恺（实验部分）。

本次修订过程得到了南京农业大学、黑龙江农业职业技术学院、吉林农业科技学院、吉林师范大学、安徽工业大学、大连工业大学、南京环境科学研究所、南京药石科技股份有限公司等多所高校、科研院所、企业单位的领导和同行的大力支持与帮助，在此表示衷心的感谢。

本教材修订过程中参阅了一些兄弟高校的相关教材并汲取了部分优秀的内容，对此我们表示深深的谢意。

限于编者水平，书中不足之处恳请同行批评指正。

编 者

2024 年 8 月

第一版前言

化学是一门综合的、实用的、创造性的学科，是农林、医药卫生、化工、环境、材料、能源、信息、生命科学与技术的基础。当人类面临环境的保护、能源的开发、功能材料的研制、可持续发展等问题时，化学是不可缺少的，因为化学是能够创造新物质的学科，化学与人类的衣食住行密切相关。

基础化学是培养大学生基本素质的课程，是农业、医药卫生、化工专业类高职高专学生的一门必修基础课程，是现代人才知识结构中不可缺少的部分。

本书是农业、医药卫生、化工类三年制高职高专院校规划教材，参编学校有多年的高职高专办学历史，充分考虑到高职高专学生的特点，广泛收集并借鉴了国内外同类教材的优点而编写的。

在本书编写的过程中，特别注重突出了以下几方面的特色：

1. 改善教学体系，将无机化学、有机化学、分析化学、实验化学整合，注重内容的基础性，突出为农业、医药卫生、化工专业教学服务的特点。

2. 本教材内容的确定是在调查研究并总结多年的教学实践基础上，精简繁琐的计算推导，删除过深的化学理论阐述，使教学内容更符合实际需求。减少教学时数，全书共计 22 章，需 90～120 学时，各校可根据具体情况作适当取舍。

3. 编者力求在教材的科学性、先进性、可读性、趣味性上下功夫，力求反映化学学科的最新进展及化学与农业、医药卫生、化工的联系。教材中特别设置了知识拓展，反映现代化学学科的新观念、新知识、新理论和新技术。

4. 本教材内容深广度适中，注重基本理论、基本知识和基本实验技能的教学，理论联系实际，注重对学生分析问题、综合解决问题、创新思维能力的培养。力求重点突出、基本原理叙述清楚、概念准确、语言简练、深入浅出，方便学生自学。教材中带有“*”的内容为选学内容，各校可根据专业的需要对教学内容进行适当调整。

5. 无机及分析化学部分将四大化学平衡与定量化学分析中的四大滴定有机结合在一起，突出了对各种基本化学分析方法的实际应用。有机化学部分按照官能团的顺序介绍了烃及其衍生物和糖类、脂类、蛋白质等内容。实验部分将各类实验内容具体细化，精心选编了 19 个实验，强化了综合设计性实验，做到同理论教学内容紧密地结合。

6. 本教材编写结构上包括教学目标、本章小结、习题等，便于学生复习、巩固和提高，也便于学生知识面的拓宽。是一本具有鲜明特色的高职高专类基础课程教材。

本书由吴华、董宪武任主编，刘强任副主编。黑龙江农业职业技术学院吴发远编写第一、二章，吴华编写第三、四、八、二十二章，李士华编写第五～七章，吉林农业科技学院姜辉编写第九、十章，刘强编写第十一～十四章，王丰编写第十五～十七章，董宪武编写第十八、十九章，范秀明编写第二十、二十一章，薛晓丽编写实验部分。全书由吴华、董宪武通读、修改、统稿，并由黑龙江农业职业技术学院有多年编写经验的上官少平副教授主审后定稿。

本书可供高职高专农林、医药卫生、化工等专业使用，也可作为其他专业的教材和参考书。

本书在编写过程中得到了编写学校领导和教研室同仁们及化学工业出版社编辑的热情支持与大力帮助，在此表示衷心的感谢。特别感谢上官少平在整个编写过程中提出编写建议并认真核对教材内容。限于编者水平，书中不妥之处，恳请同行和读者批评指正，我们当虚心听取意见，一定在再版时改正。我们确信本书将通过教学实践不断得到完善。

编　者

2008 年 5 月

第二版前言

《基础化学》教材自2008年出版以来，受到使用高校的欢迎和好评。在七年的教学实践中，各高校积累了有益的经验，也提出了一些宝贵的建议，为此次修订再版，对教材内容做出调整和补充提供了依据。

本教材仍遵循第一版的编写原则，既考虑化学学科的系统性和规律性，又兼顾高职高专学生特点和相关专业对化学知识的需求，以“必需够用”为原则，注重内容的基础性，强调化学为农业、医药、化工等专业学生学习服务，突出教材的科学性、时代性、应用性、可读性和趣味性。在保留原教材总体框架的基础上，对第三、八、九章内容做了补充，对部分章节及实验部分进行了删减，修改了第一版中的不妥之处。本版教材在文字和编排上逻辑性更强，内容更简明扼要。这次修订更加关注学生“知识—能力—素质”协调发展，将每章的教学目标改成“知识目标和能力目标”，更有利于教师的教和学生的学，更体现学生能力的培养。为方便教学，本书配有电子课件。

本次修订由吴华、董宪武主编并统稿，上官少平教授主审。参加具体修订工作的人员分工如下：南京农业大学吴华（第一章至第七章）；国静（第八章及部分习题与知识拓展）；黑龙江农业职业技术学院吴发远（第九章）；李士华（第十章）；吉林农业科技学院董宪武（第十一章至十四章）；刘强（第十五、十六章）；姜辉（第十七、十八章）；李秀花（第十九、二十章）；赵丽娜（第二十一章）；薛晓丽、高倩倩、王立波（实验部分）。

本次修订过程得到了南京农业大学、吉林农业科技学校、黑龙江农业职业技术学院的领导和众多同行的大力支持与帮助，在此表示衷心的感谢。

本教材修订过程中参阅了一些兄弟高校的教材并汲取了部分优秀的内容，对此我们表示深深的谢意。

限于编者水平，书中不妥之处恳请同行批评和指正。

编　者

2016年8月

目录

无机及分析化学篇

第四章　滴定分析法概论　58

第五章　电解质溶液和解离平衡　71

第六章　酸碱理论和酸碱滴定法　89

第七章　沉淀溶解平衡和沉淀滴定法　106

无机及分析化学篇

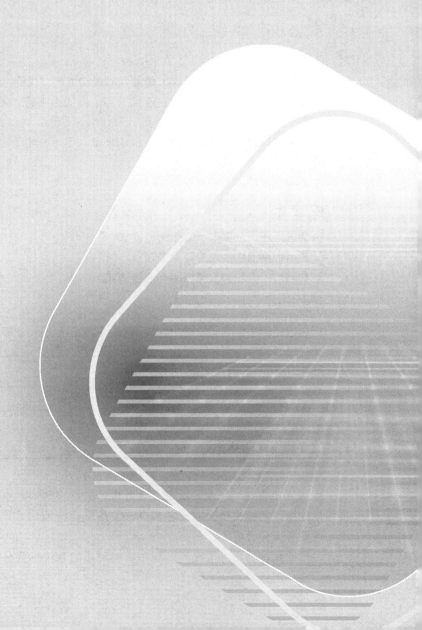

第一章 溶液和胶体

溶液和胶体是物质在自然界存在的两种形式，它们与日常生活和生产实践有着密切的联系。工农业生产和日常生活中的许多重要材料和现象，都在某种程度上与溶液和胶体有关。人体内的血液、胃液、尿液及淋巴液等都是溶液，生命过程所需的氧的输送和代谢产物二氧化碳的排出都是以各种形式在溶液中进行的。在工农业生产中，农药的使用、无土栽培技术的应用、组织培养液的配制、土壤的改良、工业废水的净化处理等都离不开溶液与胶体的知识。

知识目标

1. 掌握分散系的概念及分类，能够列举现实生产、生活中物质的聚集状态。
2. 掌握稀溶液的蒸气压下降、沸点升高、凝固点下降、渗透压等依数性，能够解释生产、生活中的有关现象。
3. 能够解释胶体的布朗运动、丁铎尔现象、电泳、电渗等四个性质在工农业生产、生活中的应用。
4. 能够画出胶体的扩散双电层结构。

能力目标

1. 会进行不同浓度表示方法间的换算。
2. 能用稀溶液依数性解释相关现象。
3. 会写出不同胶体双电层结构的表达式。

素质目标

1. 学习使用思维导图总结所学知识点，构建自己的化学知识网络图。
2. 通过学习徐光宪为我国化学领域作出的巨大贡献，培养学习化学的热情、建立民族自信与自豪感。

第一节 分散系

溶液与农业生产和生命现象有着密切的联系。例如，农药常常是配制成不同浓度的溶液再加以施用。动植物所摄取的养料也常常是形成溶液后才能被吸收。掌握溶液的有关物理、化学性质是十分必要的。

一种或几种物质分散在另一种物质里形成的系统称为分散系。分散系中被分散的物质称为分散质；而容纳分散质的物质称为分散剂。

在分散系内，分散质和分散剂可以是固体、液体或气体，故按分散质和分散剂的聚集状态分类，分散系可以有以下几种形式，见表 1-1。

表 1-1 分散系按聚集状态的分类

分散质	分散剂	举 例
气	气	空气、煤气
气	液	汽水、泡沫
气	固	木炭、海绵、泡沫塑料
液	气	云、雾
液	液	石油、豆浆、牛奶、白酒、一些农药乳浊液
液	固	硅胶、冻肉、珍珠
固	气	烟、灰尘
固	液	泥浆、糖水、溶胶、涂料
固	固	有色玻璃、合金、矿石

根据分散质粒子的大小不同，可把分散系分为离子或分子分散系、胶体分散系和粗分散系三类，见表 1-2。

表 1-2 分散系的分类

分散质粒子直径/nm	分散系类型		分散质粒子组成	一般性质	实 例
<1	离子或分子分散系	真溶液	分散质是小分子	最稳定，能透过滤纸和半透膜	NaCl、HCl、NaOH 等水溶液
1～100	胶体分散系	胶体溶液	分散质是分子的小集合体	稳定，不能透过半透膜	$Fe(OH)_3$ 胶体、云、雾等
		高分子溶液	分散质是大分子	很稳定，不能透过半透膜	蛋白质、核酸等水溶液
>100	粗分散系	悬浊液、乳浊液	分散质是分子的大集合体	不稳定，不能透过半透膜	植物油与水、泥浆等形成的溶液

1. 离子或分子分散系

离子或分子分散系又称为溶液，它是由一种或几种物质分散到另一种物质里，形成均一的、稳定的混合物。分散质的颗粒直径小于 10^{-9}m。例如，把蔗糖放在水里所形成的溶液。如果外界条件不变，溶液可长期不变。

2. 胶体分散系

胶体是在 19 世纪 60 年代初，由英国科学家格雷姆首次提出的概念。通常把分散质颗粒直径在 1～100nm 之间的分散系，称为胶体。例如，把 $FeCl_3$ 溶液滴入沸水即制得 $Fe(OH)_3$ 胶体。胶体的种类很多，按分散剂的不同，可分为液溶胶、气溶胶和固溶胶。胶体分散系比较稳定，胶体分散质的粒子不能透过半透膜。

3. 粗分散系

粗分散系是指悬浊液和乳浊液。在粗分散系中，分散质颗粒的直径在 100nm 以上，用肉眼或普通显微镜可看到分散质的颗粒。例如，耕耘后的水稻田中由水和泥形成的浊液。粗分散系不稳定，不能透过紧密滤纸。

第二节 溶液

一、溶液的一般概念

一种或多种物质以分子、原子或离子状态分散于另一种液体物质中所构成的均匀而又稳定的混合物称为溶液。溶液中被溶解的物质称为溶质，溶解溶质的物质称为溶剂。水是最常见的溶剂，以水为溶剂的溶液称为水溶液，简称溶液。乙醇、汽油、苯、四氯化碳等作为溶剂可溶解有机物，所得的溶液称非水溶液。

液态溶液按组成溶液的溶质与溶剂的状态可分为三种类型：①气态物质与液态物质形成的溶液，如氨气、氯化氢气体溶于水所形成的溶液；②固态物质与液态物质形成的溶液，如蔗糖溶于水、食盐溶于水所形成的溶液；③液态物质与液态物质形成的溶液，如乙醇溶于水、乙酸溶于水所形成的溶液。

二、溶液组成的若干表示方法

化学反应很多是在溶液中进行的，如果研究这类反应中各物质的数量关系时，就应该知道溶液中溶质的含量。比如，在给果树或农作物喷施农药时，就必须使药液中含有适量的药剂，如果药液过稀，就达不到灭菌或杀虫的效果；药液过浓，则会使果树或农作物受害。因此，必须掌握好溶液组成的知识，才能更好地为农牧业生产、科学研究等服务。

对于溶液的组成，可用不同的方法表示。主要有以下几种。

(1) 质量分数　溶液中溶质 B 的质量 $m(\mathrm{B})$ 与溶液质量（m）之比称为溶质 B 的质量分数，符号为 $w(\mathrm{B})$，其数学表达式为

$$w(\mathrm{B})=\frac{m(\mathrm{B})}{m}$$

质量分数也可以用“百分数”表示，即

$$w(\mathrm{B})=\frac{m(\mathrm{B})}{m}\times 100\%$$

例如，$w(\mathrm{HCl})=0.37$，是指 HCl 的质量分数为 0.37，即 $w(\mathrm{HCl})=37\%$。市售浓酸、浓碱大多用这种方法表示。

(2) 体积分数　在相同的温度和压力下，混合前溶质 B 的体积 $V(\mathrm{B})$ 与溶液的体积（V）之比称为 B 的体积分数，适用于溶质 B 为液体的溶液，符号为 $\varphi(\mathrm{B})$，表达式为

$$\varphi(\mathrm{B})=\frac{V(\mathrm{B})}{V}$$

当两种液体相混合成溶液时，如果不考虑体积变化，某一组分的浓度也可用体积分数表示。用体积分数表示溶液浓度，使用方便，可用于简单配制所需溶液。例如，将原装液体试剂稀释时，多采用这种方法表示，如需消毒用的酒精 $\varphi(\mathrm{C_2H_5OH})=0.75$，也可写成 $\varphi(\mathrm{C_2H_5OH})=75\%$，可量取无水乙醇 75mL，加水稀释至 100mL 即可。

(3) 质量浓度　溶质 B 的质量 $m(\mathrm{B})$ 与溶液体积（V）之比，称为溶质 B 的质量浓度。符号用 $\rho(\mathrm{B})$ 表示，单位为 $\mathrm{kg \cdot L^{-1}}$，但常用单位是 $\mathrm{g \cdot L^{-1}}$。

$$\rho(\mathrm{B})=\frac{m(\mathrm{B})}{V}$$

例如，将 10g NaOH 溶于水配成 1L 溶液，该溶液 NaOH 的质量浓度是 $10g \cdot L^{-1}$。

（4）物质的量浓度　以单位体积溶液中含有溶质 B 的物质的量 $n(B)$ 表示的溶液浓度称为溶质 B 的物质的量浓度。符号用 $c(B)$ 表示，单位是 $mol \cdot L^{-1}$ 或 $mol \cdot dm^{-3}$。

$$c(B)=\frac{n(B)}{V}$$

$$n(B)=\frac{m(B)}{M(B)}$$

式中　$n(B)$——溶质 B 的物质的量，mol；

$m(B)$——溶质 B 的质量，g；

$M(B)$——溶质 B 的摩尔质量，$g \cdot mol^{-1}$。

例如，1L 溶液中含有 1mol NaCl，NaCl 的物质的量浓度就是 $1mol \cdot L^{-1}$。再如，把 8g NaOH 溶解在适量的水中配成 100mL 溶液，该溶液的物质的量浓度就是 $2mol \cdot L^{-1}$。

（5）质量摩尔浓度　溶液中溶质 B 的物质的量 $n(B)$ 与溶剂 A 的质量 $m(A)$ 之比称为溶质 B 的质量摩尔浓度。符号用 $b(B)$ 表示，单位是 $mol \cdot kg^{-1}$ 或 $mol \cdot g^{-1}$。

$$b(B)=\frac{n(B)}{m(A)}$$

式中　$n(B)$——溶质 B 的物质的量，mol；

$m(A)$　　溶剂的质量，kg。

由于物质的质量不受温度的影响，所以溶液的质量摩尔浓度是一个与温度无关的物理量。因此，它通常被用于稀溶液依数性的研究和一些精密的测定中。在浓度很稀的水溶液中，质量摩尔浓度在数值上近似等于物质的量浓度。

（6）摩尔分数　溶质 B 的物质的量 $n(B)$ 与全部溶质和溶剂的物质的量的总和 $n(B)+n(A)$ 之比称为该溶质 B 的摩尔分数。

溶质 B 的摩尔分数　$$x(B)=\frac{n(B)}{n(A)+n(B)}$$

溶剂 A 的摩尔分数　$$x(A)=\frac{n(A)}{n(A)+n(B)}$$

溶质和溶剂的摩尔分数之和应为 1，即 $x(A)+x(B)=1$。

三、溶液组成之间的相互换算

表示溶液组成的方法很多，根据不同需要，可采用不同的方法表示。在实际应用过程中，常常需要将一种浓度转换成另一种浓度的表示形式。

（1）物质的量浓度与质量分数的关系　如果已知某溶液的密度 ρ 和该溶液中溶质的质量分数 $w(B)$，那么该溶液中溶质的物质的量浓度 $c(B)$ 可表示为：

$$c(B)=\frac{n(B)}{V}=\frac{m(B)}{M(B)V}=\frac{m(B)}{M(B)\times m/\rho}=\frac{\rho\times m(B)/m}{M(B)}=\frac{w(B)\rho}{M(B)}$$

其中，$V=m/\rho$，$w(B)=m(B)/m$。

上式中，$c(B)$ 的单位为 $mol \cdot L^{-1}$；ρ 的单位为 $kg \cdot L^{-1}$；$M(B)$ 的单位为 $kg \cdot mol^{-1}$。

【例 1-1】 已知某市售浓硫酸的密度为 $1.84g \cdot mL^{-1}$，硫酸的质量分数为 98.0%，试计算该市售浓硫酸中 $c(H_2SO_4)$ 是多少？

解 已知 $w(H_2SO_4)=98.0\%$ $\rho(H_2SO_4)=1.84g\cdot mL^{-1}=1.84kg\cdot L^{-1}$

$M(H_2SO_4)=98.0\times10^{-3}\ kg\cdot mol^{-1}$

根据公式
$$c(B)=\frac{w(B)\rho}{M(B)}$$

则有：$c(H_2SO_4)=\frac{w(H_2SO_4)\rho(H_2SO_4)}{M(H_2SO_4)}=\frac{98.0\%\times1.84kg\cdot L^{-1}}{98.0\times10^{-3}kg\cdot mol^{-1}}=18.4mol\cdot L^{-1}$

答：该市售浓硫酸中 $c(H_2SO_4)$ 是 $18.4mol\cdot L^{-1}$。

（2）物质的量浓度与质量浓度的关系

$$\rho(B)=\frac{m(B)}{V}=\frac{n(B)M(B)}{V}=c(B)M(B)$$

（3）物质的量浓度与质量摩尔浓度的关系

根据公式
$$c(B)=\frac{n(B)}{V}=\frac{n(B)}{m/\rho}=\frac{n(B)\rho}{m}$$

假设某溶液是由两种组分组成的，且B组分的含量较少时，则 $m\approx m(A)$，上式可近似成为

$$c(B)=\frac{n(B)\rho}{m}\approx\frac{n(B)\rho}{m(A)}=b(B)\rho$$

假设该溶液是一很稀的水溶液时，其密度可近似等于1，即 $\rho=1kg\cdot L^{-1}$，则

$$c(B)\approx b(B)$$

对于上述两个公式来说，是在溶液浓度较小的时候才能成立，对于浓度较大的溶液来说，使用上述两个公式会产生较大的误差。

【例 1-2】 某实验需要 500mL $0.2mol\cdot L^{-1}$ 的 H_2SO_4 溶液，如果要配制此浓度的硫酸溶液，需要【例 1-1】题中市售的浓硫酸多少毫升？

解 溶液在稀释过程中，虽然溶液的体积发生了变化，但溶液中溶质的物质的量不变。即在溶液稀释前后，溶液中溶质的物质的量是相等的。

$$c_1V_1=c_2V_2$$

已知 $c_1=c(H_2SO_4)=0.2mol\cdot L^{-1}$ $V_1=V(H_2SO_4)=500mL=0.5L$

$$c_2=c(\text{浓}\ H_2SO_4)=18.4mol\cdot L^{-1}$$

根据公式
$$c_1V_1=c_2V_2$$

则
$$V_2=\frac{c_1V_1}{c_2}=\frac{0.2mol\cdot L^{-1}\times0.5L}{18.4mol\cdot L^{-1}}=0.0054L=5.4mL$$

答：配制 500mL $0.2mol\cdot L^{-1}$ 的 H_2SO_4 溶液，需用市售的浓硫酸 5.4mL。

?【问题 1-1】 某一实验需要 500mL $0.1mol\cdot L^{-1}$ H_2SO_4 溶液和 500mL $0.2mol\cdot L^{-1}$ NaOH 溶液，该如何进行配制？

第三节 稀溶液的依数性

在日常生活中经常会遇到这样一些现象。例如，为什么冰盐混合物的凝固点比水的要低；为什么葡萄糖液的沸点比水的沸点高；为什么海鱼不能生活在淡水里等。这些现象都与

溶液的依数性有关。研究发现，在难挥发性溶剂中加入难挥发的非电解质溶质后，它们所表现的一类性质是相同的，这类性质只与溶液的组成有关，而与溶质的本性无关。包括稀溶液的蒸气压下降、凝固点降低、沸点升高和产生渗透压等，这类性质称为稀溶液依数性。讨论溶液的依数性，必须具备以下条件：第一，溶质为非电解质，而且该溶质必须是难挥发性的物质，如蔗糖（$C_{12}H_{22}O_{11}$）、尿素［$CO(NH_2)_2$］等。第二，溶液必须是稀溶液，不考虑粒子间相互作用。倘若是浓溶液，则溶质粒子间相互作用较大，此时溶质粒子间的相互作用就不能忽略。

一、溶液的蒸气压下降

在一定温度下，含难挥发溶质的溶液，其溶剂在液体表面发生的汽化现象称为蒸发。液体如处于一敞开容器中，液态分子不断吸收周围的热量，使蒸发过程不断进行，液体将逐渐减少，温度愈高，蒸发愈快。若将液体置于密闭容器中，情况就不同了。一方面，液体分子进行蒸发变成气态分子；另一方面，一些气态分子撞击液体表面会重新返回液体，这个与液体蒸发现象相反的过程称为凝聚。在相同条件下，各种液体蒸发的速率不同。例如，乙醇比水快，海水比淡水慢。

如果在单位时间内，脱离液面变成气体的分子数等于返回液面变成液体的分子数，形成了蒸发与凝聚的动态平衡。

$$液体 \underset{凝聚}{\overset{蒸发}{\rightleftharpoons}} 蒸气$$

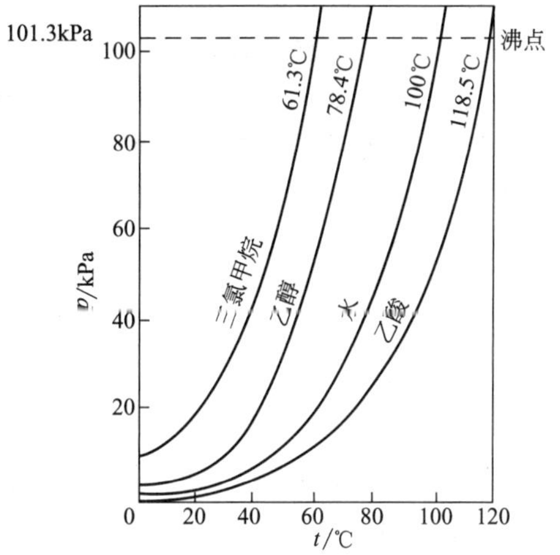

图 1-1　液体物质的蒸气压与温度的关系示意图

在恒定温度下，与液体平衡的蒸气称为饱和蒸气，饱和蒸气的压力就是该温度下的饱和蒸气压，简称蒸气压。如果液体是水，称为水的蒸气压。例如，在 20℃时，水的蒸气压是 2.33kPa；乙醇的蒸气压是 5.9kPa。液体的蒸气压随温度的升高而增大。如图 1-1 所示几种液体物质的蒸气压与温度的关系。

水的蒸气压与温度有关，温度越高，水的蒸气压也越高（见表 1-3）。如果在水中加入一些难挥发非电解质的溶质时，就会降低单位体积内水分子的数目。那么，在单位时间内逸出液面的水分子数目就会相应减少，因此溶液在较低的蒸气压下即可建立平衡。所以，达到平衡时溶液的蒸气压就要比纯溶剂的饱和蒸气压低。

表 1-3　水在不同温度下的饱和蒸气压

温度/℃	蒸气压/kPa	温度/℃	蒸气压/kPa	温度/℃	蒸气压/kPa
0	0.61	35	5.63	75	38.54
1	0.65	40	7.37	80	47.34
5	0.87	45	9.59	85	57.81
10	1.23	50	12.33	90	70.10
15	1.71	55	15.73	95	84.54
20	2.33	60	19.92	100	101.32
25	3.17	65	25.00	101	105.00
30	4.24	70	31.16	120	198.50

1887 年法国物理学家拉乌尔（F. M. Raoult）通过大量的实验得出一条关于溶剂蒸气压

的规律。指出：在一定温度下，难挥发非电解质稀溶液的蒸气压等于纯溶剂的蒸气压乘以溶剂在溶液中的摩尔分数。其表达式为：

$$p=p^{*}x(\mathrm{A})$$

式中 p——溶液的蒸气压，Pa；

p^{*}——纯溶剂的蒸气压，Pa；

$x(\mathrm{A})$——溶剂的摩尔分数。

如果某溶液是由两个组分组成的，有 $x(\mathrm{A})+x(\mathrm{B})=1$，即 $x(\mathrm{A})=1-x(\mathrm{B})$，所以

$$p=p^{*}x(\mathrm{A})=p^{*}[1-x(\mathrm{B})]=p^{*}-p^{*}x(\mathrm{B})$$

$$p^{*}-p=p^{*}x(\mathrm{B})$$

$$\Delta p=p^{*}x(\mathrm{B})$$

式中 Δp——稀溶液蒸气压的降低值，Pa；

$x(\mathrm{B})$——溶质的摩尔分数。

上述公式可表明，在一定温度下，难挥发非电解质稀溶液的蒸气压下降与溶质的摩尔分数成正比，通常称为拉乌尔定律。

拉乌尔定律表达式也可用质量摩尔浓度来表示。溶质和溶剂的物质的量分别为 $n(\mathrm{B})$ 和 $n(\mathrm{A})$，在稀溶液中，$n(\mathrm{A})$ 的数值一定比 $n(\mathrm{B})$ 大得多，因此

$$x(\mathrm{B})=\frac{n(\mathrm{B})}{n(\mathrm{A})+n(\mathrm{B})}\approx\frac{n(\mathrm{B})}{n(\mathrm{A})}$$

$$\Delta p=p^{*}x(\mathrm{B})\approx p^{*}\times\frac{n(\mathrm{B})}{n(\mathrm{A})}$$

若溶剂为水，溶解在 1kg 水（1kg 水相当 $1000\mathrm{g}/18.0\mathrm{g}\cdot\mathrm{mol}^{-1}=55.6\mathrm{mol}$）中的溶质的物质的量 $n(\mathrm{B})$ 就与该溶液质量摩尔浓度 $b(\mathrm{B})$ 数值相等，则

$$\Delta p=p^{*}x(\mathrm{B})\approx p^{*}\times\frac{n(\mathrm{B})}{n(\mathrm{A})}\approx p^{*}\times\frac{b(\mathrm{B})}{55.6\mathrm{mol}\cdot\mathrm{kg}^{-1}}\approx Kb(\mathrm{B})$$

式中 K——比例常数，称为蒸气压下降常数。

因此，拉乌尔定律也可表述为：在一定温度下难挥发非电解质稀溶液的蒸气压下降与溶液的质量摩尔浓度 b（B）成正比。

【例 1-3】 已知 20℃ 时水的蒸气压为 2.33kPa，现将 17.1g 蔗糖（$C_{12}H_{22}O_{11}$）溶于 100g 水。求该溶液的蒸气压是多少？

解 蔗糖的摩尔质量 $M(\text{蔗糖})=342\mathrm{g}\cdot\mathrm{mol}^{-1}$

溶质蔗糖的物质的量 $n(\text{蔗糖})=m(\text{蔗糖})/M(\text{蔗糖})=17.1\mathrm{g}/342\mathrm{g}\cdot\mathrm{mol}^{-1}=0.05\mathrm{mol}$

溶剂水的摩尔质量 $M(\text{水})=18\mathrm{g}\cdot\mathrm{mol}^{-1}$

溶剂水的物质的量 $n(\text{水})=m(\text{水})/M(\text{水})=100\mathrm{g}/18\mathrm{g}\cdot\mathrm{mol}^{-1}\approx5.56\mathrm{mol}$

溶剂水的摩尔分数 $x(\text{水})=\dfrac{n(\text{水})}{n(\text{水})+n(\text{蔗糖})}=\dfrac{5.56\mathrm{mol}}{5.56\mathrm{mol}+0.05\mathrm{mol}}=0.991$

根据公式 $p=p^{*}x(\text{水})=2.33\mathrm{kPa}\times0.991=2.31\mathrm{kPa}$

答：该溶液的蒸气压为 2.31kPa。

【例 1-4】 已知在 20℃ 时，苯的蒸气压为 9.99kPa，现将 1.02g 苯甲酸乙酯（$C_6H_5COOC_2H_5$）溶于 10.0g 苯中，测得溶液蒸气压为 9.49kPa。试求苯甲酸乙酯的摩尔质量是多少？

解 设苯甲酸乙酯的摩尔质量为 $M(\text{苯甲酸乙酯})$，根据公式 $\Delta p=p^{*}x(\mathrm{B})$ 得

$p(\text{苯})-p(\text{苯甲酸乙酯})=p(\text{苯})x(\text{苯甲酸乙酯})$

$9.99\text{kPa}-9.49\text{kPa}=x(\text{苯甲酸乙酯})\times 9.99\text{kPa}$

$$x(\text{苯甲酸乙酯})=\frac{9.99\text{kPa}-9.49\text{kPa}}{9.99\text{kPa}}=0.05$$

苯的摩尔质量 $M(\text{苯})=78.0\text{g}\cdot\text{mol}^{-1}$

$$10.0\text{g 苯的物质的量 } n(\text{苯})=\frac{10.0\text{g}}{78.0\text{g}\cdot\text{mol}^{-1}}=0.128\text{mol}$$

$$x(\text{苯甲酸乙酯})=\frac{n(\text{苯甲酸乙酯})}{n(\text{苯甲酸乙酯})+n(\text{苯})}$$

$$n(\text{苯甲酸乙酯})=\frac{n(\text{苯})x(\text{苯甲酸乙酯})}{1-x(\text{苯甲酸乙酯})}=\frac{0.128\text{mol}\times 0.05}{1-0.05}=0.00674\text{mol}$$

$$M(\text{苯甲酸乙酯})=\frac{m(\text{苯甲酸乙酯})}{n(\text{苯甲酸乙酯})}=\frac{1.02\text{g}}{0.00674\text{mol}}\approx 151.3\text{g}\cdot\text{mol}^{-1}$$

答：苯甲酸乙酯的摩尔质量是 $151.3\text{g}\cdot\text{mol}^{-1}$。

实际上 M(苯甲酸乙酯) 为 $150\text{g}\cdot\text{mol}^{-1}$，实验数值与其基本相符。

二、渗透压

当办公室里的花草或农民田地里的作物缺水时，它们的茎叶会发蔫，如果给它们浇上水，不久会发现这些植物的茎叶挺立起来。这是由于水渗入植物细胞内的结果。

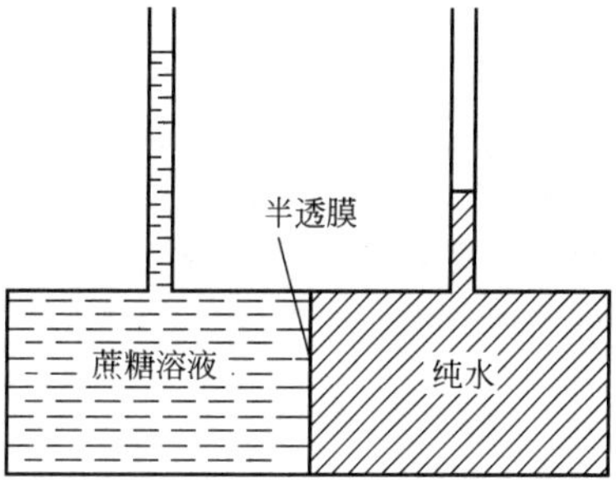

图 1-2　渗透压示意图

设计一个实验，用半透膜（如动物的膀胱、人造羊皮纸等）把蔗糖溶液和纯水分隔开，按如图 1-2 的装置，放置一段时间后，会发现蔗糖水溶液的液面升高，像这种溶剂分子通过半透膜进入溶液的现象，称为渗透现象。这是由于在单位体积内，纯水比蔗糖溶液中的水分子数目多，在单位时间内，进入蔗糖溶液的水分子数目比离开的水分子数目多些，结果使蔗糖溶液的液面升高。

当蔗糖液面高度不再发生变化时，即单位时间内水分子从纯水进入蔗糖溶液的数目与从蔗糖溶液进入纯水的数目相等，体系就建立起一个动态平衡，这种平衡称为渗透平衡。如果使两边的液面相同时，就得在蔗糖液面上外加压力，这种外加压力称为该溶液的渗透压。

荷兰物理学家范托夫（Van't Hoff）根据实验结果，指出稀溶液的渗透压与溶液的浓度和温度的关系如下：

$$\Pi V=nRT$$

或

$$\Pi=cRT$$

式中　Π——渗透压，Pa；

V——溶液的体积，m^3；

R——气体常数，$8.314\text{J}\cdot\text{mol}\cdot\text{K}^{-1}$；

T——热力学温度，K；

c——物质的量浓度，$\text{mol}\cdot\text{m}^{-3}$。

在一定温度下，稀溶液的渗透压与溶液的物质的量浓度成正比，而与溶质的本性无关。

三、溶液沸点上升和凝固点下降

当纯溶剂的蒸气压与外界大气压（101.325kPa）相等时开始沸腾，此时的温度就是该纯溶剂的沸点。当向其中加入难挥发的溶质后，由于溶液的蒸气压下降而使溶液的沸点上升。由图1-3可知，水在100℃时蒸气压恰好为101.325kPa，所以水的沸点是100℃。根据拉乌尔定律，在相同温度下，难挥发非电解质溶液的蒸气压总是低于纯溶剂的蒸气压。100℃时难挥发溶质的稀溶液的蒸气压一定小于101.325kPa，不会沸腾。要使溶液的蒸气压与外压达到相等，必须继续升高温度，因此溶液的沸点必然高于纯溶剂的沸点，这种现象称为溶液的沸点上升。

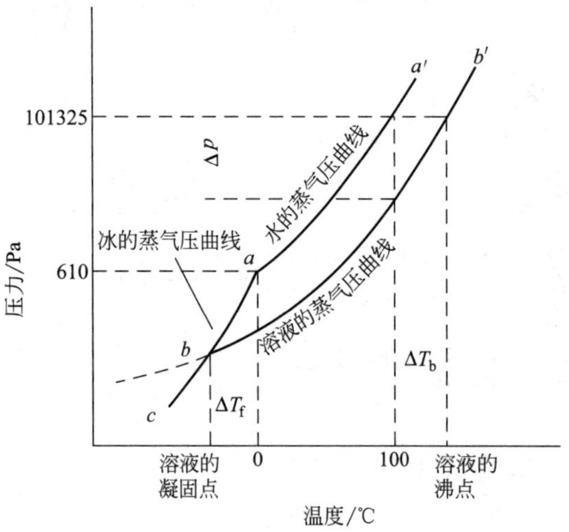

图1-3　水、冰和溶液的蒸气压曲线

实验表明：溶液沸点的升高与蒸气压下降成正比，即 $\Delta T_b \propto \Delta p$。已知难挥发非电解质稀溶液蒸气压的下降与溶液中溶质的质量摩尔浓度成正比，故溶液沸点的升高也与溶质的质量摩尔浓度成正比

$$\Delta T_b \propto b(\mathrm{B})$$

即
$$\Delta T_b = K_b b(\mathrm{B})$$

式中　ΔT_b——溶液的沸点升高值，K或℃；

K_b——溶剂的质量摩尔沸点常数，$\mathrm{K \cdot kg \cdot mol^{-1}}$ 或 $℃ \cdot \mathrm{kg \cdot mol^{-1}}$。它只与溶剂的本性有关，可以通过实验测得。

液态纯物质的液相和固相的蒸气压相等时液固两相平衡共存，此时的温度称为该物质的凝固点。由图1-3可知，在常压下，水的凝固点为0℃，也称为冰点。纯水冷却到0℃时结冰，这时冰的蒸气压等于水的蒸气压（610Pa）。如果在处于平衡状态的水中加入难挥发的溶质，由于溶液的蒸气压低于纯溶剂的蒸气压，在0℃时，溶液的蒸气压小于冰的蒸气压，溶液和冰不能共存，溶液在0℃不能结冰。溶液降到0℃以下的某个温度，会出现冰的蒸气压和溶液的蒸气压相等的一点，这就是溶液的凝固点，它比纯水的凝固点要低。所以，溶液的凝固点总是低于纯溶剂的凝固点。如图1-3，ΔT_f 为凝固点下降值。实验表明：ΔT_f 与 ΔT_b 一样，与 Δp 成正比，亦是与溶液中溶质的质量摩尔浓度成正比。所以

$$\Delta T_f \propto b(\mathrm{B})$$

即
$$\Delta T_f = K_f\, b(\mathrm{B})$$

式中　ΔT_f——凝固点下降值，K或℃；

K_f——溶剂的质量摩尔凝固点常数，$\mathrm{K \cdot kg \cdot mol^{-1}}$ 或 $℃ \cdot \mathrm{kg \cdot mol^{-1}}$。可以通过实验测得。

上式表明，稀溶液的凝固点下降与溶质的质量摩尔浓度成正比。式中 K_f 为溶剂的质量摩尔凝固点常数，它决定于溶剂的本性。

第四节　胶体

胶体在自然界普遍存在，对于工农业生产和科学技术都起着重要作用。例如，石油、造纸、纺织、制药、食品等工业，以及润滑剂、催化剂、感光材料和塑料生产等，在一定程度上都需要胶体化学知识。地壳上的岩层大多数是由胶体形成的，土壤和土壤中发生的多种过程也都程度不同地与胶体现象相联系。

一、胶体的性质

1. 布朗运动

英国植物学家布朗（Brown R.）把花粉颗粒放在水中，然后用显微镜观察悬浮在液体表面的颗粒，发现其颗粒在作无休止、无规则的运动（见图 1-4）。后来用超显微镜观察到溶胶中胶粒的运动也具有类似的现象，把这一现象称为布朗运动。

布朗运动是由于胶体粒子本身的热运动及分散剂粒子从各个方向碰撞溶胶体粒子所导致的结果。在粗分散系中，由于分散质粒子的质量和体积比分散剂粒子大得多，它受到的碰撞力与其本身的重力比，可以忽略。胶粒越小，布朗运动就越剧烈。布朗运动是胶体分散系的特征之一。

2. 丁铎尔现象

英国物理学家丁铎尔（Tyndall）发现，在暗室里将一束聚光光束通过胶体溶液时，就可以从侧面看到胶体有一条发亮的光柱。此现象称为丁铎尔现象（见图 1-5）。

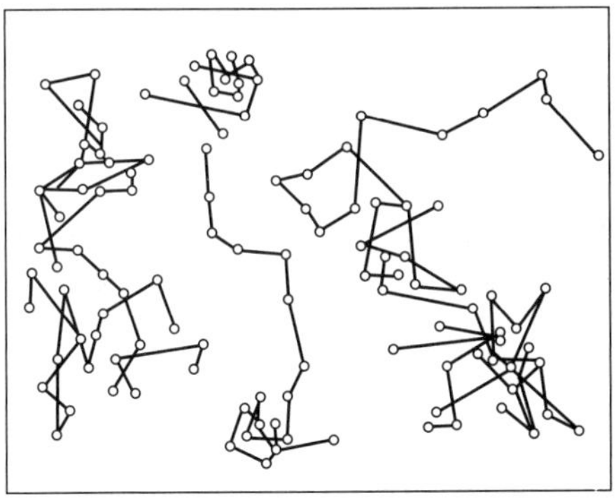

图 1-4　布朗运动

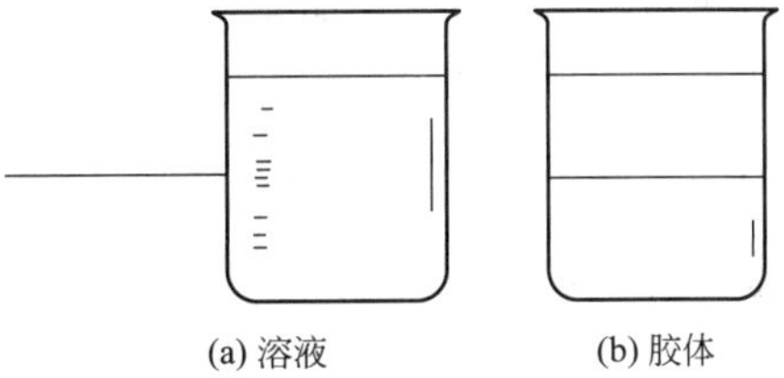

图 1-5　丁铎尔现象

丁铎尔现象的产生，是由于胶体粒子对光的散射而形成的。当光线射到分散系颗粒上时，可以发生两种情况，如颗粒大于入射光波长，光就从粒子的表面上按一定的角度反射，在粒子粗大的悬浮体中可以观察到这种现象。如果颗粒小于入射光的波长，就发生光的散射。这时颗粒本身好像是一个光源，向各个方向“发射”出光线，散射出来的光称为乳光。如果颗粒太小（小于 1nm），光的散射极弱，因此没有丁铎尔现象。可利用此性质来鉴别溶胶和溶液。

3. 电泳

取一支 U 形管，在管内装入红褐色的 $Fe(OH)_3$ 胶体，在 U 形管的两端各插入一个电极（如图 1-6 所示），通电一段时间后，阴极附近溶胶颜色变深，溶胶界面上升；阳极附近溶胶颜色变浅，溶胶界面下降。

这是由于 $Fe(OH)_3$ 胶体粒子带正电荷，在外加电场的作用下向阴极移动。像这样如果在外加电场的作用下，胶体分散系的分散质粒子在分散剂中发生定向移动的现象称为电泳。

4. 电渗

在外加电场的作用下，使溶胶粒子固定，让分散剂在电场作用下迁移，这种现象称为电渗。如图 1-7 所示，在电渗管两半透膜中装入氢氧化铁溶胶，在半透膜的两侧加入溶剂水并分别插入电极（开始时两端毛细管液面等高）。接通电源后，由于氢氧化铁溶胶粒子的直径较大，不能通过半透膜（被固定），而分散剂可以自由通过。结果发现，正极一端毛细管液面上升，负极一端液面下降，说明分散剂是带负电的（溶胶体系为电中性）。

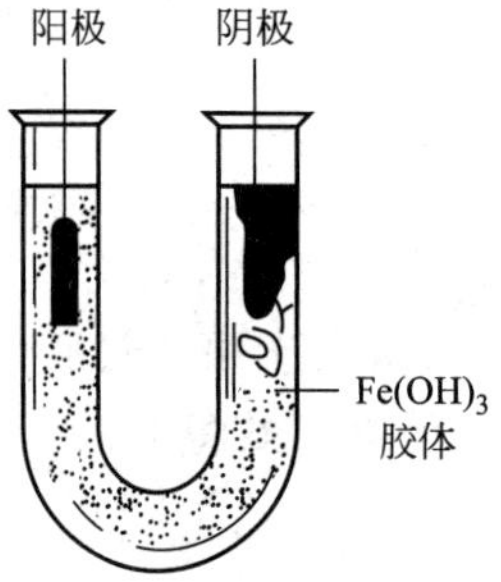

图 1-6　电泳

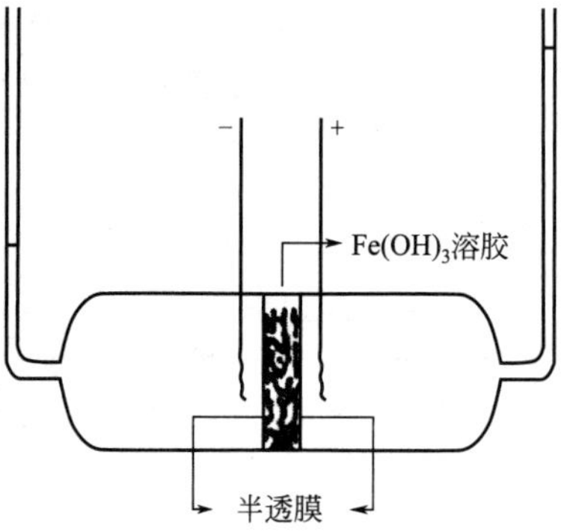

图 1-7　电渗

电泳和电渗现象都说明胶体粒子是带电的。胶粒带正电荷的溶胶，称为正溶胶，如金属氢氧化物的胶粒带正电。胶粒带负电荷的溶胶，称为负溶胶，如金属硫化物、硅酸、土壤等多数情况下带负电。

二、胶体的结构

在胶体溶液中，把胶体粒子中心称为胶核，如图 1-8 中用最里面的圆圈表示。胶核本身不带电。胶核有选择性地吸附溶液中与其组成有关的离子，而使胶核表面带电荷。决定胶核表面电位的离子称为电位离子（或定位离子）。溶液中与电位离子带相反电荷的离子称为反离子。反离子一方面受胶核电荷的吸引有靠近胶核的趋势，另一方面本身的热运动有远离胶核的趋势。其结果，一部分反离子也被吸附在胶核表面而形成吸附层，如图 1-8 中用中圆圈表示。胶核与吸附层构成胶粒。另一部分反离子松散地分布在胶粒外面，形成了扩散层。扩散层和胶粒一起称为胶团。胶团呈电中性。

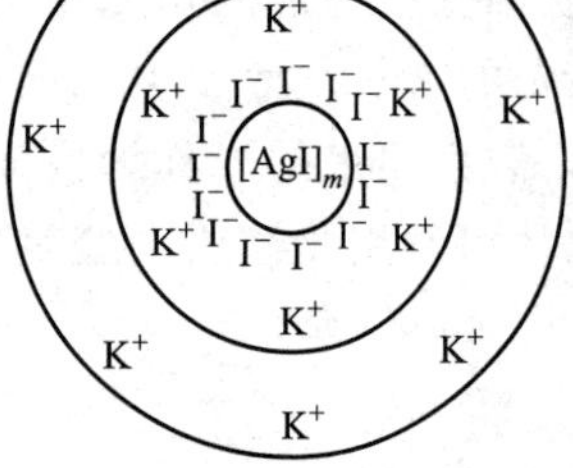

图 1-8　AgI 胶团结构示意图

用稀 $AgNO_3$ 与过量的稀 KI 溶液反应来制备 AgI 溶胶，其溶胶结构示意图见图 1-8。小圆圈表示胶核，m 表示胶核中所含 AgI 的分子数，通常是一个比较大的数值（约 10^3）。I^- 是电位离子，K^+ 为反离子。AgI 溶胶胶团的结构为：

$$\underbrace{\underbrace{(AgI)_m \cdot \underset{\substack{\text{电位}\\\text{离子}}}{nI^-} \cdot \underset{\text{反离子}}{(n-x)K^+}}_{\text{吸附层}}}_{\text{胶粒(带电荷)}} \underbrace{}^{x-} \cdot \underset{\text{反离子}}{xK^+}$$

扩散层(带电荷)

胶团(电中性)

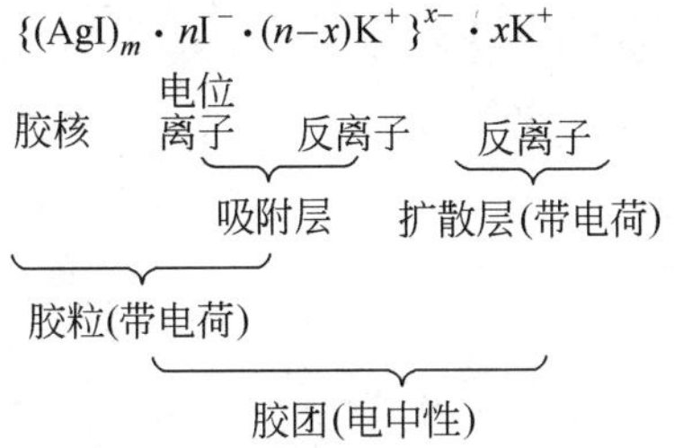

土壤中的硅酸溶胶是由许多硅酸分子聚合而成的。硅酸溶胶颗粒表面上的偏硅酸可部分解离：

$$H_2SiO_3 \Longrightarrow H^+ + HSiO_3^-$$

$HSiO_3^-$ 是电位离子，H^+ 是反离子。H_2SiO_3 溶胶团的结构为

$$\{(H_2SiO_3)_m \cdot nHSiO_3^- \cdot (n-x)H^+\}^{x-} \cdot xH^+$$

胶核　电位离子　反离子　反离子

吸附层　扩散层(带电荷)

胶粒(带电荷)

胶团(电中性)

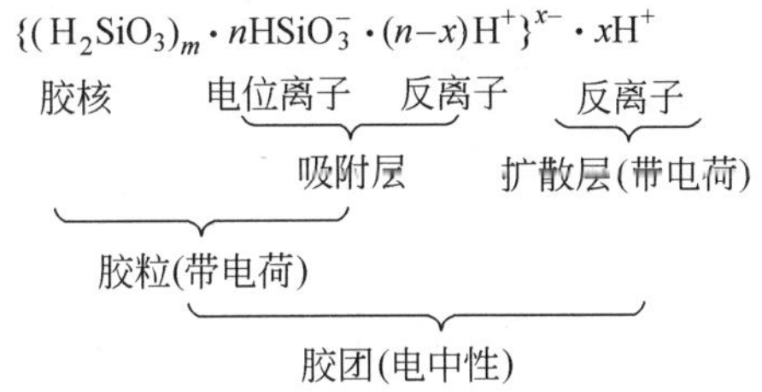

三、胶体的破坏

胶体与粗分散系不同，有相对的稳定性，这是由于胶粒较小，布朗运动剧烈，能克服重力引起的沉降作用。另一方面，胶粒带有相同电荷，胶粒间会产生静电斥力，从而阻止胶粒互相接触而沉降。另外，胶粒结构中的吸附层和扩散层的离子都是水化的，在此水化层保护下，胶粒就难因碰撞而沉降。

胶体的稳定性是相对的，有条件的。如果胶体溶液失去稳定因素，胶粒相互碰撞将导致颗粒聚集变大，最后将以沉淀形式析出，这种现象称为聚沉。影响聚沉的因素很多，像在胶体溶液中加入强电解质、加入异电荷的溶胶或加热等都会促使胶粒聚沉。例如，明矾 $[KAl(SO_4)_2 \cdot 12H_2O]$ 溶于水后，形成带正电荷的 $Al(OH)_3$ 溶胶，而水中悬浮的胶粒多是带负电荷的，两种胶粒相互吸引而聚集沉淀，从而使水净化。

四、胶体的应用

胶体在工农业生产中被广泛应用。例如，在冶金工业中，利用电泳原理进行选矿，可以提高冶炼效率；血液中所含的难溶的碳酸钙、磷酸钙等，这些盐类的浓度比在水中的溶解度大得多，这是在血液中蛋白质的保护下而以胶体形式存在的；常用的墨水也是一种胶体，质量越好，它的稳定性越高，长时间也不易聚沉，这是因为为了保护墨水的稳定性，常加入明胶或阿拉伯胶对胶体起保护作用。

本章小结

一、溶液组成的表示方法及其计算

1. 溶质 B 的质量分数

$$w(\mathrm{B})=\frac{m(\mathrm{B})}{m}$$

2. 溶质 B 的体积分数

$$\varphi(\mathrm{B})=\frac{V(\mathrm{B})}{V}$$

3. 溶质 B 的质量浓度

$$\rho(\mathrm{B})=\frac{m(\mathrm{B})}{V}$$

4. 溶质 B 的物质的量浓度

$$c(\mathrm{B})=\frac{n(\mathrm{B})}{V}$$

5. 溶质 B 的质量摩尔浓度

$$b(\mathrm{B})=\frac{n(\mathrm{B})}{m(\mathrm{A})}$$

6. 溶质 B 的摩尔分数

$$x(\mathrm{B})=\frac{n(\mathrm{B})}{n(\mathrm{A})+n(\mathrm{B})} \qquad x(\mathrm{A})=\frac{n(\mathrm{A})}{n(\mathrm{A})+n(\mathrm{B})}$$

二、稀溶液的依数性

1. 溶液的蒸气压下降

在恒定温度下，与液体平衡的蒸气称为饱和蒸气，饱和蒸气的压力就是该温度下的饱和蒸气压，简称蒸气压。

拉乌尔定律：在一定温度下，难挥发非电解质稀溶液的蒸气压下降与溶质的摩尔分数成正比。其公式为：

$$\Delta p=p^{*}x(\mathrm{B})$$

2. 稀溶液的渗透压与溶液的浓度和温度的关系

$$\Pi V=nRT \qquad 或 \qquad \Pi=cRT$$

3. 溶液沸点上升和凝固点下降

$$\Delta T_{\mathrm{b}}=K_{\mathrm{b}}b(\mathrm{B})$$

$$\Delta T_{\mathrm{f}}=K_{\mathrm{f}}b(\mathrm{B})$$

三、胶体

1. 一种或几种物质分散在另一种物质里形成的系统称为分散系。被分散的物质称为分散质或称为分散相；而容纳分散质的物质称为分散剂。

2. 胶体：分散质颗粒直径在 1～100nm 之间的分散系。

3. 胶体的性质有布朗运动、丁铎尔现象、电泳、电渗等。

习题

1. 填空题

（1）1mol 任何物质中所含有的粒子数约为________。

(2) 4.0g NaOH 固体溶解后配制成 250mL 溶液，该溶液的物质的量浓度为________。

(3) 胶体粒子直径在________之间。

(4) 胶体的性质主要有________、________、________。

(5) 在一定的温度下，难挥发非电解质稀溶液的蒸气压下降与溶质的________成正比。

(6) 250mL $1mol \cdot L^{-1}$ 的 H_2SO_4 溶液中，溶质的质量是________。此溶液中 H^+ 的物质的量浓度为________。

2. 选择题

(1) 250mL $0.1mol \cdot L^{-1}$ 下列各物质溶液中 H^+ 的物质的量浓度最大的是（　　）。

A. HCl　　B. NaOH　　C. H_2SO_4　　D. H_3PO_4

(2) 相同温度相同体积的两瓶蔗糖溶液，浓度分别为 $0.1mol \cdot L^{-1}$ 和 $0.1mol \cdot kg^{-1}$，那么溶液中蔗糖含量应是（　　）。

A. 一样多　　B. $0.1mol \cdot L^{-1}$多　　C. $0.1mol \cdot kg^{-1}$多　　D. 不能确定

(3) 在溶液稀释过程中（　　）一定相等。

A. 溶质的物质的量　　B. 溶质的质量　　C. 溶剂的质量　　D. 溶剂的物质的量

(4) 欲配制 500mL $0.1mol \cdot L^{-1}$ NaOH 溶液，需要称取 NaOH 的质量为（　　）。

A. 1g　　B. 2g　　C. 3g　　D. 4g

(5) 已知 20℃时水的蒸气压为 2.33kPa，现将 10.0g 蔗糖溶于水，那么该溶液的蒸气压是（　　）。

A. 2.33kPa　　B. 大于 2.33kPa　　C. 小于 2.33kPa　　D. 无法确定

(6) 在电泳实验中，观察到分散相向阳极移动，表明（　　）。

A. 胶粒带正电　　B. 胶粒带负电　　C. 胶粒为电中性　　D. 胶粒为两性

3. 计算题

(1) 市售浓 H_2SO_4 的质量分数为 98%，密度为 $1.84g \cdot cm^{-3}$，求：

① 浓 H_2SO_4 的物质的量浓度。

② 浓 H_2SO_4 的质量摩尔浓度。

③ 如欲配制 500mL $0.1mol \cdot L^{-1}$ H_2SO_4 溶液，应取该浓 H_2SO_4 多少毫升。

(2) 已知 60℃时水的饱和蒸气压为 19.92kPa，在此温度下将 180g 葡萄糖（$C_6H_{12}O_6$）溶到 180g 水中，此水溶液的蒸气压是多少？

(3) 10.00mL NaCl 的饱和溶液重 12.003g，将其蒸干后得 NaCl 3.173g。求：

① NaCl 的溶解度。

② 溶质 NaCl 的质量分数。

③ 溶液的物质的量浓度。

④ 溶液的质量摩尔浓度。

⑤ NaCl 的摩尔分数和 H_2O 的摩尔分数。

4. 用学过的知识来解释下列现象

(1) 明矾为什么能净水？

(2) 江河入海口为什么常常形成三角洲？

(3) 对淀粉、蛋白质等高分子溶于水形成的分散系，为什么有时称其为溶液，有时又称其为胶体？

知识拓展

等渗、低渗和高渗溶液

在相同温度下，渗透压力相等的两种溶液，称为等渗溶液。对于渗透压力不相等的两种溶液，渗透压力高的称为高渗溶液，渗透压力低的称为低渗溶液。渗透现象在动植物体内，具有非常重要的作用。因为它是将水分布到活的有机体所有细胞中去的过程。细胞膜是半透膜，活细胞的膜对不同溶质呈现不同程度的渗透性或选择性。这种选择性在某种程度上取决于溶质粒子的大小和它们的浓度。如果将红细胞放入纯水中或低渗溶液（比血浆渗透压低的溶液）中，水分子主要向红细胞内渗透，使红细胞膨胀，甚至会破裂，出现溶血现象。如果将红细胞放入高渗溶液（比血浆渗透压高的溶液）中，红细胞内的水就向外渗出，红细胞便逐渐萎缩，这种现象叫胞浆分离。

溶液是否等渗在医药学上具有重要意义。由于红细胞在低渗或高渗溶液中将出现溶血现象或胞浆分离而丧失生理功能，为了不因输入液体而影响血浆的渗透压力，在大量输液时应用等渗溶液是一个基本原则。因此，临床上大量输液时，须用 $9g \cdot L^{-1}$ 的 NaCl 溶液或 $50g \cdot L^{-1}$ 葡萄糖溶液（均为等渗溶液）。

素质拓展阅读

无机化学家——徐光宪

徐光宪（1920～2015 年），浙江省上虞县人（今绍兴市上虞区），我国著名物理化学家、无机化学家、教育家，北京大学教授，中国科学院学部委员（院士），“国家最高科学技术奖”获得者，被誉为“中国稀土之父”。徐光宪一生共发表期刊论文 560 余篇，论文被引用 2200 余次，出版《物质结构》和《量子化学》等 10 本教材及专著。徐光宪培养博士生和硕士生近百人，包括量子化学领域的黎乐民院士、稀土配位化学和光电功能材料领域的黄春辉院士、分子磁体领域的高松院士、重稀土萃取领域的严纯华院士等，为中国稀土产业界培养了大批工程技术人员。

中国溶液配合物化学研究的先行者。徐光宪把握国际学术发展新动向，结合中国实际选择有前途的研究领域。徐光宪回国初期主要从事量子化学研究。后来，国际上对溶液中配合物平衡的研究兴起，他率先在国内开展溶液中配合过程物理化学的研究，在配合平衡常数测定方面的工作迅速达到国际先进水平，根据配合平衡与吸附平衡的相似性提出配合物平衡的吸附理论，可以简便地描述溶液中弱配合物平衡过程，这些研究成果为后来成功地开展核燃料萃取化学和稀土化学研究奠定了基础。

开展物理化学和无机化学的教学和研究。徐光宪的研究涉及量子化学、化学键理论、配位化学、萃取化学、核燃料化学和稀土科学等领域，他提出了原子价的新定义及其量子化学定义，提出了原子核外电子排布 $n+0.7l$ 规则。基于对稀土化学键、配位化学和物质结构等基本规律的深刻认识以及配合物平衡的吸附理论，他改进和提出了几种测量萃取常数的方法，提出了最优化串级萃取设计方案，建立了新的串级萃取理论，并用于稀土工业生产。发现了稀土溶剂萃取体系具有“恒定混合萃取比”基本规律，提出了适于稀土溶剂萃取分离的串级萃取理论可以“一步放大”，直接应用于生产实际，引导稀土分离技术的全面革新，促进了中国从稀土资源大国向高纯稀土生产大国的飞跃。

开展生物无机化学研究。徐光宪意识到研究生物分子配体配合物的重要意义，他鼓励、支持和指导科研组的同志开展这方面的工作，研究胆结石的生成机理、稀土羊毛染色机理、抗癌药物分子对金属离子的配合作用等。在固体配合物的合成、结构测定和谱学研究等方面，他指导助手和学生做了大量工作，特别是在稀土元素的多核、异核配合物方面。他带领的团队在国际上首次合成了具有特殊结构和性能的一系列四核稀土双氧配合物，引起同行的重视。

探寻物质结构与性能的关系。 徐光宪总结大量实验资料和已有的理论，对不同类型的稀土化合物进行了系统的量子化学计算，提出了一个适用于金属有机化合物、原子簇化合物和一般分子的结构规则，取名为 $nxc\pi$ 规则（n 为分子片数；x 为分子超额电子数；c 为环数；π 为 π 键数）。提出了原子共价的新定义，利用 $nxc\pi$ 结构规则，对其成键情况进行分析，根据分子结构式即可估计分子的稳定性，从而可以预测可能存在的新化合物。这一结构规则和定义，已经通过了大量实验结果和量子化学计算结果的检验，显示出正确性与广泛适用性。

桃李满天下，师德传四方。 徐光宪教授已在我国化学界辛勤耕耘了 50 多年，为我国化学教育事业的发展和科学研究水平的提高做出了突出贡献。几十年来，为适应国家需要，四次变更科研方向，每次都能看准前沿，迅速取得累累硕果。

第二章

化学反应速率和化学平衡

在研究一个理论上能够发生的化学反应时，必然涉及两个基本问题：第一，这个化学反应进行得快慢如何，哪些因素能影响反应的快慢？第二，这个化学反应能进行到什么程度？哪些因素能影响反应的程度？人们总是希望对人类生产和生活有益的化学反应进行得更快、更完全一些；而对那些影响人类生活质量、危害人体健康的化学反应，如金属锈蚀、药品失效变质等，则希望进行得慢一些。因此，对于化学反应速率和化学平衡的研究，无论在理论上，还是在化工生产和日常生活中都具有重大意义。

知识目标

1. 理解化学反应速率的概念及表示方法。
2. 了解活化能及碰撞理论，能说明影响化学反应速率的因素。
3. 掌握化学平衡的概念，理解平衡常数的意义。
4. 掌握浓度、温度、压力等外界条件对化学平衡移动的影响及勒夏特列原理。
5. 掌握化学平衡的简单计算。

能力目标

1. 能用化学反应速率和化学平衡理论解释实验现象。
2. 会用勒夏特列原理判断化学平衡移动的方向，理解其在工业生产中的应用。

素质目标

通过小组学习、师生讨论等形式学习沟通技巧，培养协作、友爱和宽容的品德。

第一节 化学反应速率

不同的化学反应进行的快慢是不一样的，有的化学反应进行得非常快，在瞬间就可以完成。例如，酸、碱溶液的中和反应，氢气和氧气混合后遇火发生爆炸等。有的化学反应则进行得很慢，如日常生活中用的塑料袋，它的分解需要几十年以上，石油和煤的形成就需要几百万年甚至更长时间。这说明不同的化学反应具有不同的反应速率。

一、化学反应速率表示方法

化学反应速率是指在一定条件下反应物转变为生成物的速率。化学反应速率通常用单位时间内反应物浓度的减少或生成物浓度的增加来表示。浓度一般用 $mol \cdot L^{-1}$，时间用 s、 min、h 等为单位来表示。常见的反应速率单位有 $mol \cdot L^{-1} \cdot s^{-1}$、$mol \cdot L^{-1} \cdot min^{-1}$、$mol \cdot L^{-1} \cdot h^{-1}$ 等。

设一化学反应：
$$A+B \longrightarrow D+E$$

如果以反应物 A 浓度的变化来表示，则平均反应速率：

$$\bar{v}=-\Delta c(A)/\Delta t$$

式中，Δt 表示反应时间的间隔，即 $\Delta t=t_2-t_1$；$\Delta c(A)$ 表示在 Δt 时间间隔内反应物 A 的浓度变化，即 $\Delta c(A)=c_2-c_1$。由于 $\Delta c(A)$ 是负值，为了保持反应速率为正值，所以在前面加上一个负号。

例如，N_2O_5 在 CCl_4 溶液中的分解反应为：

$$2N_2O_5 = 4NO_2 + O_2$$

通过实验测得数据见表 2-1。

表 2-1 在 CCl_4 溶液中 N_2O_5 的分解速率（298K）

t/s	Δt/s	$c(N_2O_5)$ /$(mol \cdot L^{-1})$	$\Delta c(N_2O_5)$ /$(mol \cdot L^{-1})$	$\bar{v}(N_2O_5)$ /$(mol \cdot L^{-1} \cdot s^{-1})$
0	0	2.10	—	—
100	100	1.95	−0.15	1.5×10^{-3}
300	200	1.70	−0.25	1.25×10^{-3}
700	400	1.31	−0.39	9.75×10^{-4}
1000	300	1.08	−0.23	7.67×10^{-4}
1700	700	0.76	−0.32	4.57×10^{-4}
2300	600	0.56	−0.20	3.33×10^{-4}
2800	700	0.37	−0.19	2.71×10^{-4}

在时间间隔 Δt 内，用反应物浓度减少来表示的平均反应速率 $\bar{v}$ 为：

$$\bar{v}=-\frac{c_2(N_2O_5)-c_1(N_2O_5)}{t_2-t_1}=-\frac{\Delta c(N_2O_5)}{\Delta t}$$

计算在第二个时间间隔 100s 内的平均反应速率 $\bar{v}$

$$\bar{v}=-\frac{\Delta c(N_2O_5)}{\Delta t}=-\frac{(1.70-1.95)mol \cdot L^{-1}}{(200-100)s}=2.5\times10^{-3} mol \cdot L^{-1} \cdot s^{-1}$$

【问题 2-1】 如果用生成物的浓度变化来表示上述反应的反应速率，请计算第二个时间间隔 100s 内的 NO_2 和 O_2 的平均反应速率。

* 二、活化能与碰撞理论

早在 1918 年，路易斯（Lewis）就提出了碰撞理论。该理论认为，发生化学反应的前提是反应物分子之间必须相互碰撞。反应物分子间碰撞的频率越高，反应速率就越大。但是，不是每次反应物分子之间的碰撞都能发生反应，否则所有气体之间的反应都会在瞬间完成。

例如，HI(g) 的分解反应式为：

$$2HI(g) = H_2(g) + I_2(g)$$

经理论计算，在 973 K 时，$c(HI)$ 为 $1.0\times10^{-3} mol \cdot L^{-1}$，分子碰撞次数约为 3.5×10^{28} 次 $\cdot L^{-1} \cdot s^{-1}$。如每次碰撞都能发生反应，那么该反应速率约为 $5.8\times10^{4} mol \cdot L^{-1} \cdot s^{-1}$。但是，经实验测得相同条件下，反应速率约为 $1.2\times10^{-8} mol \cdot L^{-1} \cdot s^{-1}$。这个数值远小于通过理论计算的数值，这说明在大量的碰撞次数中，只有极少数的碰撞是有效的。这

种能发生化学反应的碰撞称为有效碰撞。能够发生有效碰撞的分子称为活化分子。

反应物分子间要发生有效碰撞必须要满足以下两个条件。

① 反应物分子在碰撞时，分子必须有恰当的取向，使相应的原子能相互接触而形成生成物。按图 2-1（a）分子间碰撞的取向，结果就没有发生化学反应，即为无效碰撞；按图 2-1（b）可以发生有效碰撞。

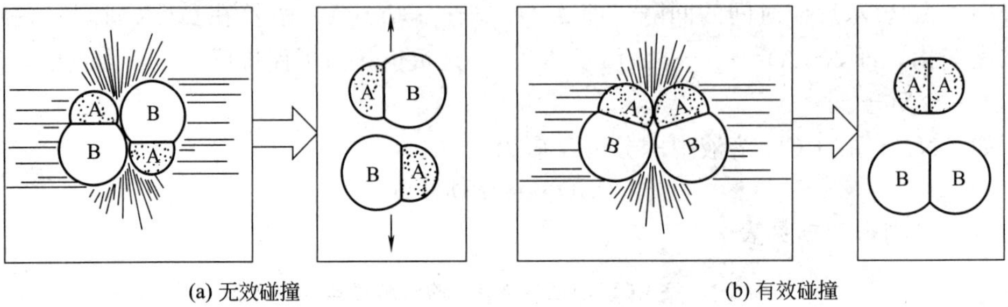

图 2-1 分子之间的碰撞

② 反应物的分子必须具有足够的能量，见图 2-2，这样分子在碰撞时原子的外层电子才能相互穿透，成键电子重新排列，打破旧的化学键，形成新的化学键即得到了生成物。

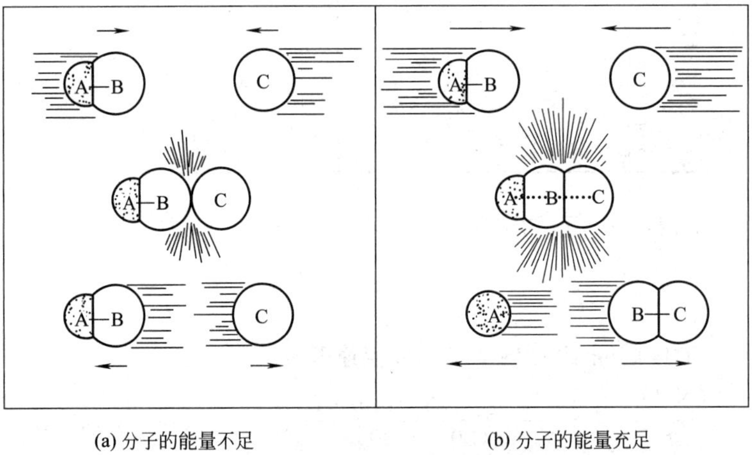

图 2-2 分子能量不同与化学反应发生的关系

活化能是由阿伦尼乌斯（S. A. Arrhenius）于 1889 年提出来的，随后塔尔曼（Tolman）进一步给活化能下了定义，活化能（E_a）是活化分子的平均能量（E_m^*）与反应物分子的平均能（E_m）之差（见图 2-3），即

$$E_a = E_m^* - E_m$$

表 2-2 一些化学反应的活化能

化学反应方程式	反应活化能 $E_a/(kJ \cdot mol^{-1})$
$2HI(g) = H_2(g) + I_2(g)$	183
$2N_2O(g) = 2N_2(g) + O_2(g)$	245
$3H_2(g) + N_2(g) = 2NH_3(g)$	330
$2SO_2(g) + O_2(g) = 2SO_3(g)$	251

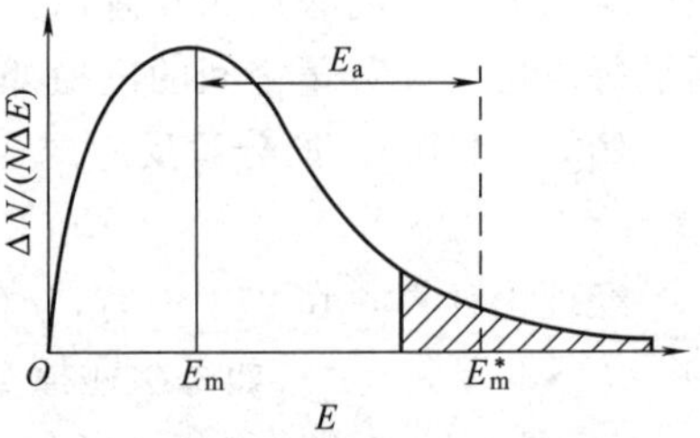

图 2-3 气体分子能量分布示意图

一般化学反应的活化能为 40～400kJ·mol^{-1}。活化能小于 40kJ·mol^{-1} 的反应可在瞬间完成；活化能大于 400kJ·mol^{-1}的反应，其化学反应速率非常慢。表 2-2 列出了一些化学反应的活化能。

在一定温度下，反应的活化能越大，活化分子所占的反应分子总数的比例就越小，反应越慢。反之，活化能越小，活化分子所占的反应分子总数就越大，反应就越快。

三、影响化学反应速率的因素

在化学反应历程中，反应物粒子（分子、原子、离子、自由基等）直接作用生成新的产物的反应，即一步完成的反应，称为基元反应。基元反应是整个反应速率的决定因素。

化学反应速率的大小除了与反应物的本性有关外，还受反应物的浓度、温度、压力、催化剂等外界条件的影响。

1. 浓度对化学反应速率的影响

在木炭、铁丝燃烧实验中，把红热的木炭、铁丝放进盛有氧气的集气瓶里，会发现木炭、铁丝都会剧烈燃烧。这说明集气瓶里的氧气浓度比空气中氧气浓度大，反应速率加快。

对于某一基元化学反应：　$mA+nB=\!=\!=pD+qE$

那么此反应的速率与反应物浓度之间的关系可表示为：

$$v=kc^m(A)c^n(B)$$

式中　k——速率常数；

$c(A)$——反应物 A 的浓度，mol·L^{-1}；

$c(B)$——反应物 B 的浓度，mol·L^{-1}；

m——$c(A)$ 的指数；

n——$c(B)$ 的指数。

浓度对化学反应速率的影响

该方程式被称为化学反应的速率方程。

速率常数 k 是化学反应在一定温度下的特征常数，可由实验测得。它是化学反应速率相对大小的物理量。k 不随浓度改变而改变，但受温度的影响，通常温度升高，反应速率常数 k 增大。

总之，在温度恒定的情况下，增加反应物浓度，单位体积内活化分子数增多，增加了单位时间内反应物分子有效碰撞的频率，从而导致化学反应速率加快。

2. 温度对化学反应速率的影响

一般情况下，升高温度对大多数化学反应来说，化学反应速率是增大的。这是因为：

① 升高温度，分子运动速率加快，反应物分子间碰撞频率增大；

② 增加了活化分子的百分数。

但是也有少数化学反应的反应速率是降低的。通常，温度每升高 10K，反应速率增大至原来的 2～4 倍。

【问题 2-2】 有一化学反应，通过实验测得，每升高 10K 化学反应速率增大至原来的 3 倍，如果温度升高了 30K，请问温度升高后反应速率是原来的多少倍？

以在 CCl_4 中 N_2O_5 的分解反应为例，$2N_2O_5=\!=\!=4NO_2+O_2$ 在不同温度下的反应速率常数见表 2-3。

表 2-3 N_2O_5 的分解反应在不同温度下的 k 值

T/K	293.15	298.15	303.15	308.15	313.15	318.15
$k/(L \cdot mol^{-1} \cdot s^{-1})$	0.235×10^{-4}	0.469×10^{-4}	0.933×10^{-4}	1.82×10^{-4}	3.62×10^{-4}	6.29×10^{-4}

对实验数据结果的分析表明，随着温度升高，反应速率常数 k 显著增大。

3. 压力对化学反应速率的影响

对于有气体参加的反应来说，当温度一定时，增大压力，就是增加单位体积里反应物和生成物的物质的量，即增大了浓度，因而可增大化学反应速率。相反，减少压力，气体的体积扩大，浓度减小，因而化学反应速率也减小。如果参加反应的各种物质是固体、液体和溶液时，改变压力对它们的体积的影响是很小的，对其浓度变化影响也很小。因此，可以认为，改变压力对于没有气体参加或生成的化学反应速率无影响。

4. 催化剂对化学反应速率的影响

催化剂是一种能改变化学反应速率，而本身在反应前后的质量和化学组成均不改变的物质。在现代化工生产中有 80%以上的反应都使用催化剂。能加速反应速率的催化剂称为正催化剂；如催化剂 MnO_2 可以加快 H_2O_2 溶液的分解反应速率。能减慢反应速率的催化剂称为负催化剂；如在食用油脂里加入 0.01%～0.02%没食子酸丙酯，就可以有效地防止酸败，没食子酸丙酯就是一种负催化剂。

催化剂加快反应速率的原因，是它能够降低反应所需要的能量，这就使更多的反应物的分子成为活化分子，增加了单位体积内反应物分子中活化分子所占的百分数，从而大大地提高了化学反应速率。例如，在 503K 时分解 HI 气体，若无催化剂时，它的反应活化能 E_a 为 $184.1kJ \cdot mol^{-1}$，如果以 Au 作催化剂时，活化能 E_a 降至 $104.1kJ \cdot mol^{-1}$，虽然 E_a 降低了 $80kJ \cdot mol^{-1}$，但反应速率却增大 1 亿多倍。

催化剂对化学反应速率的影响

催化剂具有选择性，对于不同的反应要用不同的催化剂。例如，V_2O_5 宜于 SO_2 的氧化，Fe 宜于合成氨等。另外，相同的反应物如果采用不同的催化剂，会得到不同的产物。例如，以乙醇为原料，在不同条件下用不同的催化剂可得到如乙醛、乙烯、乙醚等不同的产物。

第二节 化学平衡

一个化学反应不可能一直进行下去，从理论上讲，任何化学反应都有一定的可逆性，也就是说反应物不可能全部转化为生成物，这就是化学反应进行的限度问题。

一、可逆反应与化学平衡

1. 可逆反应

在许多化学反应中，有一些化学反应能够进行“到底”，就是说反应物几乎全部转变为生成物。而在相同的条件下，生成物几乎不能转回成反应物。像这样只能向一个方向进行的化学反应称为不可逆反应。例如：

氢气在氧气中燃烧的反应： $2H_2 + O_2 = 2H_2O$

实验室制取氧气的反应：　$2KClO_3 \xrightarrow[\triangle]{MnO_2} 2KCl + 3O_2\uparrow$

氢氧化钠与盐酸溶液的反应：$NaOH + HCl \longrightarrow NaCl + H_2O$

而有些化学反应，在相同条件下，既能向正反应方向进行，也能向逆反应方向进行，这种反应称为可逆反应。例如：

工业合成 NH_3 的反应：　$N_2 + 3H_2 \rightleftharpoons 2NH_3$

硫酸工业制备 SO_3 的反应：　$2SO_2 + O_2 \rightleftharpoons 2SO_3$

2. 化学平衡

在一定条件下，对于一个可逆反应，开始时由于反应物浓度较大，所以正向反应速率很大，但随着反应的进行，反应物浓度越来越小。而相反，反应刚开始时，由于生成物浓度为零，所以逆向反应速率也为零。随着反应的进行，生成物浓度越来越大，所以逆向反应速率也越来越大。正向反应速率越来越小，总有一时刻正逆反应速率相等。化学反应正逆反应速率相等的状态称为化学平衡状态。

对一个可逆反应：

$$H_2(g) + I_2(g) \rightleftharpoons 2HI(g)$$

在一定温度下，H_2 和 I_2 化合生成 HI，同时 HI 又分解为 H_2 和 I_2。如果条件不变，在某一时刻，该反应的正反应速率（$v_正$）和逆反应速率（$v_逆$）相等，即 $v_正 = v_逆$（见图 2-4），化学反应进行到最大限度，反应物和生成物的浓度就不再发生变化，反应物和生成物的混合物就处于化学平衡状态。

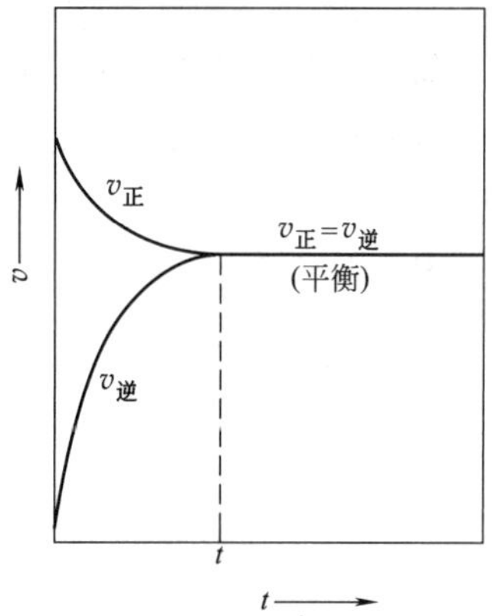

图 2-4　正、逆反应速率随时间变化示意图

化学平衡是一种动态平衡，从表面上看，反应似乎停止，但实际上是正、逆反应仍在进行，只是在单位时间内，因反应所消耗的反应物分子数等于逆反应生成的分子数。另外，化学平衡是有条件的平衡，如果外界条件改变了，原有的平衡即被破坏，直至在新的条件下建立新的平衡。

二、实验平衡常数

对于任一可逆反应：$aA + bB \rightleftharpoons dD + eE$。在一定温度下，可逆反应达平衡时，以化学计量数为指数的生成物浓度的乘积与以化学计量数为指数的反应物浓度的乘积之比是一常数 K_c。

$$K_c = \frac{c^d(D)c^e(E)}{c^a(A)c^b(B)}$$

【例 2-1】 在某一温度下，化学反应：

$$CO(g) + H_2O(g) \rightleftharpoons H_2(g) + CO_2(g)$$

$$K_c = 9$$

若 CO 和 H_2O 的起始浓度都为 $0.01mol \cdot L^{-1}$，求 CO 的平衡转化率。

解　设反应达到平衡时 $c(H_2)$ 和 $c(CO_2)$ 均为 $x(mol \cdot L^{-1})$。

	$CO(g)$ +	$H_2O(g) \rightleftharpoons$	$H_2(g)$ +	$CO_2(g)$
起始时浓度/$(mol \cdot L^{-1})$	0.01	0.01	0	0
平衡时浓度/$(mol \cdot L^{-1})$	$0.01-x$	$0.01-x$	x	x

根据公式 $$K_c=\frac{c(H_2)c(CO_2)}{c(CO)c(H_2O)}=\frac{x^2}{(0.01-x)\times(0.01-x)}=9$$

解得 $x=0.0075\text{mol}\cdot\text{L}^{-1}$

即平衡时 $c(H_2)=c(CO_2)=0.0075\text{mol}\cdot\text{L}^{-1}$

根据化学反应方程式可知，平衡时消耗掉 $c(CO)=0.0075\text{mol}\cdot\text{L}^{-1}$

所以 CO 的平衡转化率为

$$\frac{0.0075\text{mol}\cdot\text{L}^{-1}}{0.01\text{mol}\cdot\text{L}^{-1}}\times100\%=75\%$$

答：CO 的平衡转化率为 75%。

【例 2-2】 在催化剂存在下，将 2.00mol SO_2 和 1.00mol O_2 混合在 2L 的容器中，加热至 1000K，当反应达到平衡时，经实际测得 SO_2 的转化率为 46%，求该温度下的平衡常数 K_c？

解 先计算出 SO_2 和 O_2 在反应开始前的浓度分别为：

$c(SO_2)=2.00\text{mol}/2\text{L}=1.00\text{mol}\cdot\text{L}^{-1}$ $c(O_2)=1.00\text{mol}/2\text{L}=0.50\text{mol}\cdot\text{L}^{-1}$

	$2SO_2(g)$ +	$O_2(g)$ $\rightleftharpoons$	$2SO_3(g)$
起始时浓度/($\text{mol}\cdot\text{L}^{-1}$)	1.00	0.50	0
平衡时浓度/($\text{mol}\cdot\text{L}^{-1}$)	1.00－1×46%	0.50－(1×46%)/2	1×46%
	0.54	0.27	0.46

$$K_c=\frac{c^2(SO_3)}{c^2(SO_2)c(O_2)}=\frac{0.46^2}{0.54^2\times0.27}=2.69$$

答：该温度下的平衡常数为 2.69。

【问题 2-3】 对**【例 2-1】**，如果化学反应式为 $2CO(g)+2H_2O(g)\rightleftharpoons 2H_2(g)+2CO_2(g)$，起始浓度和平衡转化率不变的情况下，它的平衡常数 K_c 是多少？与例题中的平衡常数 K_c 的关系？

若是气相反应，由于温度一定时，气体的分压与浓度成正比，可用平衡时气体的分压来代替气态物质的浓度，得到压力平衡常数 K_p。

$$K_p=\frac{p^d(D)p^e(E)}{p^a(A)p^b(B)}$$

K_c 和 K_p 分别称为浓度平衡常数和压力平衡常数，都是从实验数据得到的。所以，K_c 和 K_p 统称为实验平衡常数。实验平衡常数的大小说明平衡时反应进行的程度。若反应前后分子数不同，K_c 和 K_p 是有量纲的量，且随反应不同量纲也不同，这给平衡计算带来很多麻烦，也不便于与热力学函数联系。因此引入标准平衡常数。

三、标准平衡常数

1. 标准平衡常数的表达式

标准平衡常数又称为热力学平衡常数，用符号 $K^\ominus$ 表示。其表达方式与实验平衡常数相同，只是相关物质的浓度要用相对浓度 $\frac{c}{c^\ominus}$、压力要用相对压力 $\frac{p}{p^\ominus}$ 来代替，其中 $c^\ominus=1\text{mol}\cdot\text{L}^{-1}$，$p^\ominus=100\text{kPa}$。

对可逆反应 $aA(s)+bB(aq)\rightleftharpoons dD(aq)+fH_2O(l)+eE(g)$，系统达到平衡时，其标准平衡常数表达式为：

$$K^{\ominus}=\frac{\left[\frac{c(\mathrm{D})}{c^{\ominus}}\right]^{d}\left[\frac{p(\mathrm{E})}{p^{\ominus}}\right]^{e}}{\left[\frac{c(\mathrm{B})}{c^{\ominus}}\right]^{b}}$$

标准平衡常数 $K^{\ominus}$ 无浓度平衡常数和压力平衡常数之分，是无量纲的量。在后面各章节中所涉及的平衡常数均为标准平衡常数。为了简便起见，计算表达式中标准浓度 $c^{\ominus}$ 可省去。

2. 书写和应用标准平衡常数表达式时的注意事项

① 平衡常数表达式中各物质的浓度（或分压），必须是在系统达到平衡状态时相应的值。

② 平衡常数表达式要与计量方程式相对应。同一个化学反应，用不同计量方程式表示时，平衡常数表达式不同，得到的数值也不相同。

③ 有纯固体、纯液体参与反应时，它们的浓度为 1，不必写入 $K^{\ominus}$ 的表达式。稀溶液中的溶剂参与反应时，也不必列入。例如：

$$\mathrm{CaCO_3(s)} \rightleftharpoons \mathrm{CaO(s)} + \mathrm{CO_2(g)}$$

$$K^{\ominus}=\frac{p(\mathrm{CO_2})}{p^{\ominus}}$$

但在非水溶液中的反应，若有水参加，因水的量少，水的浓度不可视为常数，必须写在平衡常数表达式中，如【例 2-1】的化学反应。

④ 温度发生改变，化学反应平衡常数也随之改变，因此，在使用时须注意相应的温度。

【例 2-3】 将 $N_2(g)$ 和 $H_2(g)$ 以 1∶3 体积比装入一密闭容器中，在 673K、5000kPa 压力下反应达到平衡，产生 12.5%的 $NH_3(g)$（体积比），求该反应的标准平衡常数 $K^{\ominus}$？

解 合成氨反应为 $\mathrm{N_2(g)+3H_2(g)} \rightleftharpoons \mathrm{2NH_3(g)}$

因起始 $N_2(g)$∶$H_2(g)$ 的体积比为 1∶3，从反应方程式可知 $N_2(g)$∶$H_2(g)$ 平衡时的体积比仍为 1∶3。

由分压定律可求得各组分的平衡分压：

$p(\mathrm{N_2})=(1/4)\times(1-0.125)\times5000\mathrm{kPa}=1093.75\mathrm{kPa}$

$p(\mathrm{H_2})=(3/4)\times(1-0.125)\times5000\mathrm{kPa}=3281.25\mathrm{kPa}$

$p(\mathrm{NH_3})=0.125\times5000\mathrm{kPa}=625\mathrm{kPa}$

$$\begin{aligned}K^{\ominus}&=[p(\mathrm{NH_3})/p^{\ominus}]^2[p(\mathrm{H_2})/p^{\ominus}]^{-3}[p(\mathrm{N_2})/p^{\ominus}]^{-1}\\&=(625/100)^2\times(3281.25/100)^{-3}\times(1093.75/100)^{-1}\\&=1.01\times10^{-4}\end{aligned}$$

答：该反应的标准平衡常数 $K^{\ominus}$ 为 1.01×10^{-4}。

第三节 化学平衡的移动

当一个可逆反应达到平衡时，体系中各物质的浓度不再随时间的变化而变化，这是化学平衡状态最主要的特征。化学平衡与其他所有平衡一样，都是相对的，一旦外界条件如浓度、压力、温度等改变，就可能破坏原来的平衡，那么达到平衡的反应混合物里各组分的浓度也会随之改变，直至达到新的平衡状态。因外界条件改变，使可逆反应从原来的平衡状态转变到新的平衡状态的过程叫化学平衡的移动。

一、影响化学平衡移动的因素

对于一个可逆反应：$a\mathrm{A}+b\mathrm{B} \rightleftharpoons d\mathrm{D}+e\mathrm{E}$

达到平衡时

$$K_c=\frac{c^d(\mathrm{D})c^e(\mathrm{E})}{c^a(\mathrm{A})c^b(\mathrm{B})} \quad 或 \quad K_p=\frac{p^d(\mathrm{D})p^e(\mathrm{E})}{p^a(\mathrm{A})p^b(\mathrm{B})}$$

如果在现有的平衡体系中，改变反应物浓度或压力时，平衡就发生了变化，并令：

$$Q_c=\frac{c^d(\mathrm{D})c^e(\mathrm{E})}{c^a(\mathrm{A})c^b(\mathrm{B})} \quad 或 \quad Q_p=\frac{p^d(\mathrm{D})p^e(\mathrm{E})}{p^a(\mathrm{A})p^b(\mathrm{B})}$$

Q_c 和 Q_p 分别称为浓度商和分压商。当可逆反应处于平衡状态时，如果改变浓度或分压时，平衡向何方向移动，可以有以下三种情况：

① 若 $Q<K$，即 $Q/K<1$，则平衡向正反应方向移动，直至建立新的平衡；

② 若 $Q>K$，即 $Q/K>1$，则平衡向逆反应方向移动，直至建立新的平衡；

③ 若 $Q=K$，即 $Q/K=1$，则反应维持原平衡状态。

1. 浓度对化学平衡的影响

【例 2-4】 在**【例 2-1】**的平衡体系中，如再加入 $0.01\mathrm{mol \cdot L^{-1}}$ 的 $H_2O(g)$，保持温度不变，求：（1）平衡向何方向移动？（2）建立新的平衡状态时各物质的浓度是多少？（3）CO 总的转化率？

解 （1）欲知平衡向何方向移动，通过计算将 Q 与 K 进行比较便得知。因温度不变，K_c 与**【例 2-1】**是相同的，$K_c=9$。对于刚加入 $H_2O(g)$ 时，体系中各种物质的浓度为：

$c(\mathrm{CO})=0.01\mathrm{mol \cdot L^{-1}}-0.0075\mathrm{mol \cdot L^{-1}}=0.0025\mathrm{mol \cdot L^{-1}}$

$c(\mathrm{H_2O})=(0.01\mathrm{mol \cdot L^{-1}}-0.0075\mathrm{mol \cdot L^{-1}})+0.01\mathrm{mol \cdot L^{-1}}=0.0125\mathrm{mol \cdot L^{-1}}$

$c(\mathrm{H_2})=0.0075\mathrm{mol \cdot L^{-1}}$

$c(\mathrm{CO_2})=0.0075\mathrm{mol \cdot L^{-1}}$

$$Q_c=\frac{c(\mathrm{H_2})c(\mathrm{CO_2})}{c(\mathrm{CO})c(\mathrm{H_2O})}=\frac{0.0075\times0.0075}{0.0025\times0.0125}=1.8$$

由于 $Q_c<K_c$，所以平衡向右移动，即向正反应方向移动。

（2）设反应到达新平衡时新产生的 $c(\mathrm{H_2})$ 和 $c(\mathrm{CO_2})$ 均为 $x(\mathrm{mol \cdot L^{-1}})$。

	CO(g) +	$H_2O(g) \rightleftharpoons$	$H_2(g)$ +	$CO_2(g)$
起始时浓度/$(\mathrm{mol \cdot L^{-1}})$	0.0025	0.0125	0.0075	0.0075
平衡时浓度/$(\mathrm{mol \cdot L^{-1}})$	$0.0025-x$	$0.0125-x$	$0.0075+x$	$0.0075+x$

根据公式 $$K_c=\frac{c(\mathrm{H_2})c(\mathrm{CO_2})}{c(\mathrm{CO})c(\mathrm{H_2O})}=\frac{(0.0075+x)\times(0.0075+x)}{(0.0025-x)\times(0.0125-x)}=9$$

解得 $x_1=0.0171\mathrm{mol \cdot L^{-1}}$（不符合题意，舍去） $x_2=0.0016\mathrm{mol \cdot L^{-1}}$

达到新平衡时，各物质的浓度分别为：

$c(\mathrm{CO})=0.0025\mathrm{mol \cdot L^{-1}}-0.0016\mathrm{mol \cdot L^{-1}}=0.0009\mathrm{mol \cdot L^{-1}}$

$c(\mathrm{H_2O})=0.0125\mathrm{mol \cdot L^{-1}}-0.0016\mathrm{mol \cdot L^{-1}}=0.0109\mathrm{mol \cdot L^{-1}}$

$c(\mathrm{H_2})=0.0075\mathrm{mol \cdot L^{-1}}+0.0016\mathrm{mol \cdot L^{-1}}=0.0091\mathrm{mol \cdot L^{-1}}$

$c(\mathrm{CO_2})=0.0075\mathrm{mol \cdot L^{-1}}+0.0016\mathrm{mol \cdot L^{-1}}=0.0091\mathrm{mol \cdot L^{-1}}$

（3）CO总平衡转化率为

$$\frac{(0.01-0.0009)\text{mol/L}}{0.01\text{mol/L}}\times 100\%=91\%$$

答：（1）平衡向右移动。（2）$c(CO)$、$c(H_2O)$、$c(H_2)$ 和 $c(CO_2)$ 浓度分别为 $0.0009\text{mol}\cdot L^{-1}$、$0.0109\text{mol}\cdot L^{-1}$、$0.0091\text{mol}\cdot L^{-1}$ 和 $0.0091\text{mol}\cdot L^{-1}$。（3）CO总平衡转化率为91%。

从上题可见，当加入 $H_2O(g)$ 后，CO的转化率由75%提高到91%。因此可以得到启示，在化工生产中，可以采用增大容易取得的或成本较低的反应物浓度的方法，使成本较高的原料得到充分利用。

可见，在温度恒定条件下，增大反应物的浓度或减小生成物的浓度，平衡向正反应方向移动；相反，减小反应物浓度或增大生成物浓度，平衡向逆反应方向移动。

2. 压力对化学平衡的影响

一个有气体参加的可逆反应 $a\text{A}+b\text{B}\rightleftharpoons d\text{D}+e\text{E}$ 在一密闭容器中达到平衡，保持体系温度恒定，如果将系统的总压力增加到原来的 n 倍，此时各组分的分压也改变到原来的 n 倍，分别为 $np(\text{A})$、$np(\text{B})$、$np(\text{D})$、$np(\text{E})$，则

$$Q_p=\frac{[np(\text{D})]^d[np(\text{E})]^e}{[np(\text{A})]^a[np(\text{B})]^b}=\frac{p(\text{D})^d p(\text{E})^e}{p(\text{A})^a p(\text{B})^b}n^{(d+e)-(a+b)}=K_p n^{(d+e)-(a+b)}$$

当 $n>1$ 时，如果 $(d+e)-(a+b)<0$，则 $Q_p<K_p$，反应向正反应方向进行；如果 $(d+e)-(a+b)>0$，则 $Q_p>K_p$，反应向逆反应方向进行。

当 $0<n<1$ 时，如果 $(d+e)-(a+b)<0$，则 $Q_p>K_p$，反应向逆反应方向进行；如果 $(d+e)-(a+b)>0$，则 $Q_p<K_p$，反应向正反应方向进行。

当 $(d+e)-(a+b)=0$ 时，则有 $Q_p=K_p$，平衡不发生移动。

总之，在温度恒定条件下，增大压力，平衡就向气体分子数目减少的方向移动；减小压力，平衡就向气体分子数目增加的方向移动。

3. 温度对化学平衡的影响

化学反应常常伴随着能量的变化，对于一个可逆反应，如果正反应是放热反应，那么，它的逆反应就是吸热反应，且放出和吸收的热量是相同的。

温度对化学平衡的影响与浓度、压力有本质的区别。在恒温条件下，浓度和压力对化学平衡的影响是改变系统的组成，但平衡常数不改变。而温度的改变，改变了平衡常数，从而导致平衡的移动。如合成氨反应是一个放热反应，该反应的平衡常数随温度的变化而变化，见表2-4。

表2-4　合成氨反应的平衡常数随温度的变化而变化

T/K	473	573	673	773	873	973
K	4.4×10^{-2}	4.9×10^{-3}	1.9×10^{-4}	1.6×10^{-5}	2.8×10^{-6}	4.8×10^{-7}

通过表2-4可见，对于一个正反应是放热的可逆反应来说，升高温度，平衡常数减小，平衡向逆反应方向进行。相反，一个正反应是吸热的可逆反应，升高温度，平衡常数增大，平衡向正反应方向进行。

温度对化学平衡的影响

二、勒夏特列原理及其实践意义

综上所述，在一个可逆反应的平衡体系中，增大反应物浓度，平衡就向正反

应方向进行；在有气体参与反应的平衡体系中，增大体系压力，平衡就向减小气体分子数的方向移动；升高温度，平衡向吸热反应方向进行。对于这些因素对化学平衡的影响，1884 年法国科学家勒夏特列（Le Chatelier）归纳出一条关于平衡移动的普遍规律：如果改变影响平衡的一个条件（如浓度、压力或温度等），平衡就向能够减弱这种改变的方向移动。

该原理适用于已达到平衡的体系，不适用于非平衡体系。

在化工生产过程中，充分利用原料、提高产量、缩短生产周期、降低成本等是企业所追求的目标。如何应用勒夏特列原理，达到最佳工艺条件，应结合实际生产过程加以考虑。

对于任何一个化学反应，增大反应物的浓度，都会提高反应速率。在生产中，常使一种廉价易得的原料适当过量，以提高另一种原料的转化率。例如，为了使 CO 充分转化为 CO_2，常常通入过量的水蒸气；在硫酸工业中，为了让 SO_2 充分转化成为 SO_3，常通入过量的 O_2。

对于有气体参加的且生成物的气体分子数减少的反应，增加压力平衡向正反应方向进行。例如，在合成氨工业中，增大压力能提高氨的产率。但是增加压力，会对设备的材质提出较高的要求，因此可适当提高生产压力，最终压力的选取应综合各方面因素决定。

对于吸热反应来说，升高温度可以提高转化率。在生产过程中，可适当提高温度。

本章小结

一、化学反应速率

1. 化学反应速率通常用单位时间内反应物浓度的减少或生成物浓度的增加来表示。浓度一般用 $mol \cdot L^{-1}$，时间用 s、min、h 等为单位来表示。

2. 发生化学反应的前提是反应物分子之间必须相互碰撞。反应物分子碰撞的频率越高，反应速率就越大。把这种能发生反应的碰撞称为有效碰撞。能够发生有效碰撞的分子称为活化分子。

3. 活化能（E_a）是活化分子的平均能量（E_m^*）与反应物分子的平均能（E_m）之差。

4. 化学反应速率与反应的本性有关，且受温度、浓度、压力、催化剂等的影响。

二、化学平衡

1. 在可逆反应中，当正反应速率和逆反应速率相等的状态称为化学平衡。

2. 化学平衡是一种动态平衡，化学平衡是有条件的平衡，如果外界条件改变了，原有的平衡即被破坏，直至在新的条件下建立新的平衡。

3. 在一定温度下，该反应达到化学平衡时，各生成物的浓度以反应方程式中计量数为指数的幂的乘积与各反应物的浓度以反应方程式中计量数为指数的幂的乘积之比为一常数，该常数称为化学平衡常数。平衡常数只与温度有关。标准平衡常数 $K^\ominus$ 表达方式与实验平衡常数 K_c、K_p 相同，只是相关物质的浓度用相对浓度$\frac{c}{c^\ominus}$、压力用相对压力$\frac{p}{p^\ominus}$代替，其中 $c^\ominus = 1mol \cdot L^{-1}$，$p^\ominus = 100kPa$。

三、化学平衡的移动

1. 因外界条件改变，使可逆反应从原来的平衡状态转变到新的平衡状态的过程叫化学平衡的移动。

2. 勒夏特列原理：如果改变影响平衡的一个条件（如浓度、压力或温度等），平衡就向能够减弱这种改变的方向移动。

习题

1. 填空题

（1）影响化学反应速率的外界条件主要有________、________、________、________。

（2）在温度恒定的情况下，增加反应物浓度，其化学反应速率________。

（3）催化剂是一种能改变化学反应速率，而本身在反应前后________和________均不改变的物质。

（4）化学反应平衡常数 K_c 只与________有关。

（5）对一个正反应是吸热的可逆反应，降低体系温度，化学平衡向________反应方向移动。

（6）如果改变影响平衡的一个条件，平衡就向________方向移动。

2. 选择题

（1）对于可逆反应 $H_2(g)+I_2(g) \rightleftharpoons 2HI(g)$，如果增大压力，平衡向（　　）移动。

A. 正反应方向　　B. 逆反应方向　　C. 不移动　　D. 无法确定

（2）对于反应 $CO(g)+H_2O(g) \rightleftharpoons CO_2(g)+H_2(g)$，如果要提高 CO 的转化率可以采用________的方法。

A. 增加 CO 的量　　B. 增加 $H_2O(g)$ 的量

C. 同时增加 CO 和 $H_2O(g)$ 的量　　D. 降低 $H_2O(g)$ 的量

（3）对已达平衡的反应 $3A(g)+B(g) \rightleftharpoons 2D(g)+2E(s)$，如果增大压力，会对平衡产生的影响是（　　）。

A. 正反应速率增大，逆反应速率减小，平衡向正反应方向移动

B. 正反应速率减小，逆反应速率增大，平衡向逆反应方向移动

C. 正、逆反应速率都增大，平衡不发生移动

D. 正、逆反应速率都没有变化，平衡不发生移动

（4）对合成氨工业中达到平衡状态的可逆反应 $N_2(g)+3H_2(g) \rightleftharpoons 2NH_3(g)$，此可逆反应的正反应为放热反应，下列叙述中正确的是（　　）。

A. 增大压力，不利于氨的合成　　B. 反应物和生成物的浓度不再发生变化

C. 降低温度，平衡混合物里 NH_3 的浓度减小　　D. 反应物和生成物的浓度相等

（5）容积相同且不变的四个密闭容器中，进行着同样的可逆反应，$2A(g)+B(g) \rightleftharpoons 3D(g)+2E(g)$，起始时四个容器所盛 A、B 的物质的量分别是：甲，A 2mol、B 1mol；乙，A 1mol、B 1mol；丙，A 2mol、B 2mol；丁，A 1mol、B 2mol。在相同的温度下建立平衡，A 或 B 的转化率大小关系是（　　）。

A. A 的转化率：甲＜丙＜乙＜丁　　B. A 的转化率：甲＜乙＜丙＜丁

C. A 的转化率：甲＜乙＝丙＜丁　　D. B 的转化率：甲＞丙＞乙＞丁

3. 计算题

（1）某温度下，可逆反应 $2SO_2(g)+O_2(g) \rightleftharpoons 2SO_3(g)$，$K_c=45.89$。现有三个混合体系中各物质的浓度如下表，判断各体系中反应进行的方向。

体系	$c(SO_2)/(mol \cdot L^{-1})$	$c(O_2)/(mol \cdot L^{-1})$	$c(SO_3)/(mol \cdot L^{-1})$	反应进行的方向
1	0.0600	0.4000	2.0000	
2	0.0960	0.3000	0.0050	
3	0.0862	0.2630	1.0200	

（2）CO_2 和 H_2 的混合气体加热到 1123K 时建立了平衡 $CO_2(g)+H_2(g) \rightleftharpoons CO(g)+H_2O(g)$，在此温度下 $K_c=1$，若平衡时有 90% 的 H_2 转化为 H_2O，求 CO_2 和 H_2 原来是按怎样的物质的量之比相互混合的？

（3）$AgNO_3$ 和 $Fe(NO_3)_2$ 两种溶液会发生下列反应：

$$Fe^{2+}+Ag^{+} \rightleftharpoons Fe^{3+}+Ag$$

在25℃时，将$AgNO_3$和$Fe(NO_3)_2$溶液混合，开始时溶液中Ag^+和Fe^{2+}浓度各为0.100mol·L^{-1}，达到平衡时Ag^+的转化率为19.4%。求：(1) 平衡时Fe^{2+}、Ag^+和Fe^{3+}各离子的浓度；(2) 该温度下的平衡常数。

(4) 在713K时，可逆反应$H_2(g)+I_2(g) \rightleftharpoons 2HI(g)$标准平衡常数$K^{\ominus}=49.5$，现将0.200mol H_2和0.200mol I_2通入10.0L的密闭容器中，当反应达到平衡后，求平衡时各物质的浓度是多少？

4. 简答题

向下列各平衡体系加入一定量稀有气体并保持总体积不变，平衡如何移动？

(1) $CO(g)+H_2O(g) \rightleftharpoons CO_2(g)+H_2(g)$；

(2) $4NH_3(g)+7O_2(g) \rightleftharpoons 4NO_2(g)+6H_2O(l)$；

(3) $CaCO_3(s) \rightleftharpoons CaO(s)+CO_2(g)$。

知识拓展

生物体内的催化剂——酶

酶是活体细胞产生的具有催化功能的蛋白质。生物体内的一切化学反应几乎都是在酶的催化下完成的。可以说生命离不开酶，没有酶就没有生命，所以酶也被称为生物催化剂。

酶所催化的反应叫作酶促反应。体内消化酶的存在，使食物中蛋白质、脂肪、糖类等大分子物质在消化道内（37℃、一定pH）很快被消化、分解成小分子物质。如果在体外，这些反应必须在强酸、强碱条件下，高温加热才能进行，即使加入一般的化学催化剂，也难以达到体内物质分解代谢的速率。

酶的种类很多，经鉴定的酶就有2000多种。酶与一般化学催化剂不同，具有如下特点：①酶的化学本质是蛋白质，对热非常敏感，37～40℃是多数酶的最适温度；超过80℃，酶将变性失去催化活性。②酶的催化有高度的专一性，一种酶通常只能催化一种化学反应；体内消化食物的酶就有胃蛋白酶、淀粉酶、脂肪酶等。③酶的催化效率极高，比一般的催化剂高10^6～10^{10}倍，酶的催化效能主要是通过降低反应所需的活化能实现的。

第三章
原子结构与分子结构

物质在不同条件下表现出来的各种性质，包括物理性质和化学性质，都与它们的结构有关。为了寻找物质变化的本质和规律，就必须研究微观粒子的结构。在高速运动的微观世界中，经典的牛顿力学规律和方法已不再适用，目前人们已经能够用量子力学的思想和方法认识质子、中子、电子乃至超微结构层次的微观粒子。通过对原子结构的研究，带动了新技术的发明、新材料的研制，极大地丰富了人类的物质生活，但人类能真正依赖的物质宝库只是周期表上的100多个化学元素及其化合物。

知识目标

1. 理解原子核外电子运动的特殊性（不同于宏观世界）。
2. 认识电子云、原子轨道等概念，以图示法画出各种杂化轨道的形状。
3. 描述四个量子数的名称、符号、取值和意义。
4. 说明多电子原子轨道近似能级图和核外电子排布的规律。
5. 记忆周期表，能说明周期表中元素的分区及原子结构特征，讲述周期表的重大意义。
6. 讨论周期表中原子半径、电离能、电子亲和能和电负性的变化规律。
7. 总结离子键和共价键的形成及特征。
8. 描述分子间力和氢键，并解释对分子的熔点、沸点等影响。

能力目标

1. 运用核外电子排布规律写出常见元素原子的核外电子排布的能力。
2. 根据元素周期律判断物质变化规律性的能力。
3. 根据杂化轨道理论判断简单分子构型的能力。
4. 建立原子结构决定元素性质的逻辑思维能力。

素质目标

通过学习元素周期表发现的过程，培养热爱科学、勤于思考的素养。

第一节　原子核外电子运动状态

原子是化学变化中的最小微粒，物质在一般的化学（非核化学）反应中，原子核并不发生变化，而涉及的只是核外电子运动状态的改变。原子很小，其直径的数量级仅仅为10^{-10}m（曾用Å表示）。原子虽小，却有复杂的结构。早在20世纪，人们通过阴极射线、阳极射线、X射线及α粒子散射实验，对原子的微观结构有了初步的认识。人们了解到原子是由原子核和核外电子组成，原子核又由质子和中子组成。研究原子结构，实质上是研究原子核外电子的运动状态。

一、核外电子运动状态的理论描述

1. 核外电子运动的量子化特性——氢光谱和玻尔理论

“量子化”是指质点的运动和运动中能量状态的变化都是不连续的，而且以某一距离或能量单元为基本单位做跳跃式变化。

（1）氢光谱　人们对原子结构的认识是和原子光谱的实验分不开的。白光是由波长不同的各种颜色的光波组成，这些不同波长的光波排成的光带称为光谱。白光通过三棱镜后，产生红、橙、黄、绿、青、蓝、紫七种颜色的连续谱带，其波长是连续的，称为连续光谱。

原子受到一定程度的激发所发射出的光谱（只包含几种特征波长的光线的光谱），称为原子光谱。每种原子都有它自己特征的光谱。例如，氢原子光谱是通过一只装有氢气的放电管，通过高压电流，氢原子被激发后所发出的光经过分光镜所得到的光谱（图3-1）。氢光谱是最简单的一种线状不连续光谱，在可见光范围内，有四条比较明显的谱线：H_α、H_β、H_γ、H_δ。而在右侧红外区和左侧紫外区还有若干谱线。对于氢光谱的认识一定要明确，在某一瞬间一个氢原子只能放出一条谱线。在实验中得到的全部谱线，是无数个氢原子被激发到了高能级，而后又回到低能级的结果。

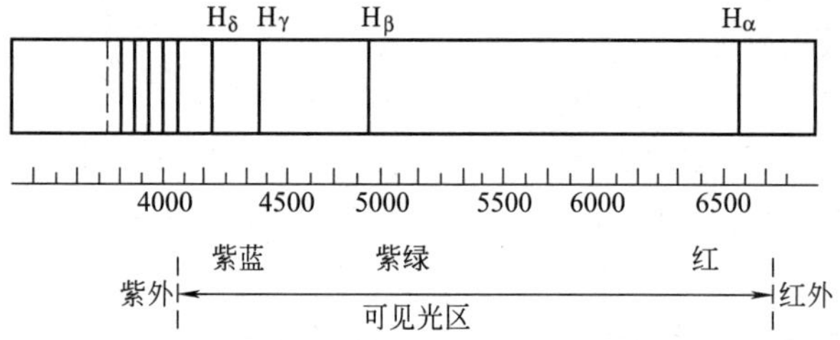

图3-1　氢原子光谱实验示意图

氢光谱的这些事实，用经典电磁理论无法解释。依照原子核模型学说，原子核外电子绕核做圆周运动，而一个带电质点（电子）在运动速率有变化的场合下会发射电磁波，电子不断地发射电磁波后本身能量会逐渐降低，运动轨道半径逐渐减小并向核靠近，最后堕入原子核产生湮灭。另外，由于电子能量是逐渐降低的，发射的光谱应该是连续的。氢光谱事实证明，原子没有湮灭，原子光谱也不是连续光谱。

（2）玻尔理论　对于氢光谱的这种规律性，直到1913年丹麦物理学家玻尔（N. Bohr）提出了玻尔原子模型的假设才得以成功地解释氢原子光谱的成因和规律。

玻尔理论认为，首先原子中的电子仅能在某些特定的轨道上运动。在此轨道上运动的电子不放出能量也不吸收能量，电子具有的能量取决于电子所在的轨道，距离原子核越远则能量越大。各轨道均有一定的能量称为能级，原子在正常或稳定状态时，电子尽可能地处于能量最低的轨道，这种状态叫基态。氢原子核外轨道的能量公式为：

$$E=\frac{-13.6}{n^2}\quad(\text{eV})$$

$n=1，2，3，4\cdots$（取正整数）

氢原子处于基态时，电子在 $n=1$ 的轨道上运动，能量最低，为 -13.6eV；其半径为 52.9pm，称为玻尔半径。

其次，电子在一定轨道上运动时不发生能量的变化，但是当电子受到外界能量激发时，能够从基态跃迁到高能级，而形成激发态。电子的能量只能取某些由量子化条件决定的正整数值。当激发到高能级（E_2）的电子跳回到较低能量的能级（E_1）时，就会放出能量，形成氢原子光谱。释放出的光子的频率和能量公式为：

$$\Delta E = E_2 - E_1 = h\nu = \frac{hc}{\lambda}$$

式中　h——普朗克常数，其值为 $6.626\times10^{-34}\text{J}\cdot\text{s}$；

c——光速，$3\times10^{8}\ \text{m}\cdot\text{s}^{-1}$；

ν——光谱的频率，s^{-1}；

λ——光谱的波长，m。

不同频率的光谱，其能量值（E）不同。

玻尔理论成功地解释了氢原子线状光谱现象，用量子化的观点建立了原子结构的近代模型，但限于当时对微观粒子运动规律的认识，这种“旧量子论”并没有彻底摒弃经典力学概念，在处理稍稍复杂的电子体系以及原子光谱的精细结构等问题时，便无能为力了。

2. 波粒二象性

光在传播时表现出波动性，具有一定的波长、频率，出现干涉、衍射等现象；光在与其他物体作用时则表现出粒子性，如光电效应。这就是 1903 年爱因斯坦（Einstein）的光子理论阐述的光的波粒二象性。德布罗意（L. de Broglie）在光的波粒二象性的启发下，设想具有静止质量的微观粒子（如分子、电子、质子、中子等）等实物粒子与光一样也具有波粒二象性的特征。为此他给出了一个关于粒子的波长、质量和运动速率的关系式：

$$\lambda = \frac{h}{m\nu}$$

这就是德布罗意关系式。在此式中，微观粒子的波动性和粒子性通过普朗克常数（$h=6.626\times10^{-34}\text{J}\cdot\text{s}$）联系起来了。

1927 年，物理学家戴维逊（Davisson）和革末（Germer）用电子束代替光束通过金属单晶光栅进行的电子衍射实验证明了德布罗意的假设。继而质子和中子等微观粒子的波动性也进一步被证实。

3. 测不准原理

对于宏观物体，可以同时测出其运动速率和位置。但是，对具有波粒二象性的微观粒子却不能同时精确地测出其速率和位置。1927 年德国物理学家海森堡（Heisenberg）推出适合具有波粒二象性的微观粒子的测不准关系式：

$$\Delta x \Delta p_x \approx h$$

式中　Δx——粒子位置测不准值；

Δp_x——粒子动量的测不准值。

【例 3-1】 原子大小的数量级为 10^{-10}m，如需确定原子中电子的位置，其合理的准确度至少为 10^{-11}m 才有意义。求速率的不准确量（Δv），并指出计算结果说明的问题。

$$\Delta v=\frac{h}{m\Delta x}=\frac{6.626\times10^{-34}}{9.11\times10^{-31}\times10^{-11}}=7.3\times10^{7}(\mathrm{m\cdot s^{-1}})$$

结果说明：速率的不准确量比电子本身的速率（$10^6\mathrm{m\cdot s^{-1}}$）还要大，可见要准确确定电子的位置，则速率就测不准。

微观粒子的位置（坐标）和速率（动量）不可能同时具有准确数值的规律叫“测不准关系”。

现代量子力学理论认为，微观粒子的运动只能采用统计的方法，做出概率性的判断。

二、核外电子运动状态

1. 电子云

电子是具有波粒二象性的微观粒子，电子在核外空间的高速运动，不能像宏观物体那样能求得准确的位置和动量，只能用统计的方法指出它在原子核外某处出现的可能性——概率的大小。在原子中，电子不是在固定的轨道中绕核运动，而是在距核很近到很远的整个原子空间中运动，短时间内游遍原子空间各处。但在各处出现的机会并不相同，有的区域电子经常出现，即概率大（机会大）；有的区域概率小（机会少）。为了便于描述电子在原子空间内各个区域出现的频繁程度，除用概率的概念外，还常采用概率密度的概念，即单位体积中电子出现的概率。

电子在空间的概率密度分布常称作“电子云”，如图 3-2 所示基态氢原子的电子云。通常把在核外出现的概率密度大小用小黑点的疏密来表示，电子云是概率密度的形象表示法，并非真正电子组成的云。表征概率密度的电子云是没有边界的，即使离核很远的地方电子仍存在出现概率，但实际上距核 200～300pm 以外的区域，电子出现的概率密度已小到可忽略不计。

电子云可用如下方法进行表示。

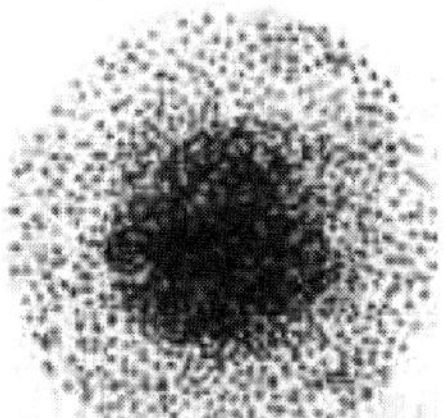

图 3-2 基态氢原子电子云图

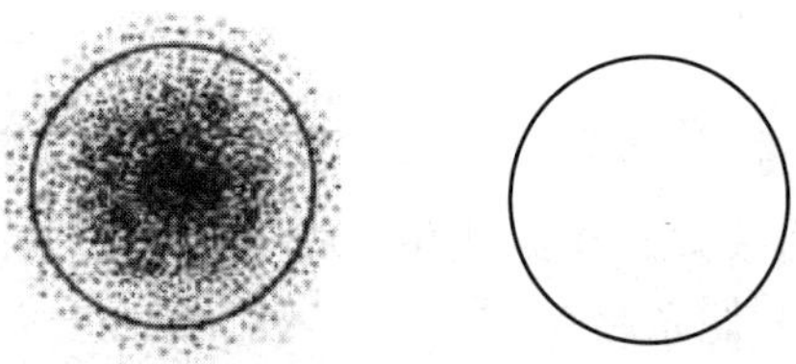

(a) 电子云示意图　(b) 界面图

图 3-3 氢原子 1s 电子云

电子云

① 界面图。把概率密度相同的各点连成一个曲面，称为等密度面。若在某一个等密度面以内，电子出现的总概率达 90%，则可以认为该密度面就是电子云的界面（图 3-3），通常提到的电子云图形均指电子云的界面图。

② 角度分布图。概率和概率密度分布除与离核的距离有关，还与空间角度有关，图 3-4 是 s、p、d 电子云的角度分布图。

2. 波函数

1926 年奥地利物理学家薛定谔（E. Schrodinger）根据德布罗意关于物质波的观点，引用电磁波的波动方程，提出了描述微观粒子运动规律的波动方程——薛定谔方程，这是一个二阶偏微分方程：

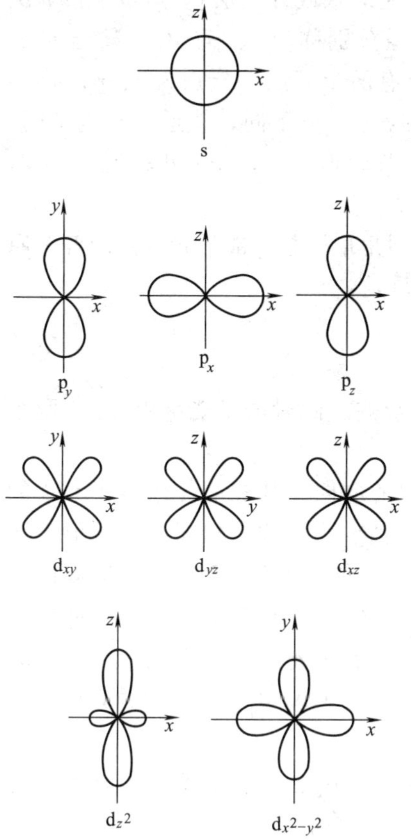

图 3-4 电子云角度分布图

$$\frac{\partial^2\psi}{\partial x^2}+\frac{\partial^2\psi}{\partial y^2}+\frac{\partial^2\psi}{\partial z^2}+\frac{8\pi^2 m}{h^2}(E-V)\psi=0$$

式中，m 为电子的质量；E 是系统的总能量；h 为普朗克常数；V 是系统势能；ψ 是空间坐标 x、y、z 的函数，称为波函数。

因为波函数是描述原子核外电子运动状态的数学函数式，所以每一个波函数都表示电子的一种运动状态，通俗起见借用“轨道”一词代替运动状态，通常把这种函数称为原子轨道。这里所说的“轨道”是电子的一种运动状态，并不是玻尔理论所说的那种固定半径的圆形轨迹，它与经典的轨道有着本质的区别。

3. 四个量子数

现在只能对简单的氢原子薛定谔方程精确求解。在求解过程中很自然地引入了三个参数 n、l、m，称为量子数。为了全面地描述电子的运动状态，从相对论出发引入了第四个量子数 m_s。为使四个量子数有合理的物理意义，必须对它们的取值有一定限制。现将它们的取值和在描述电子运动状态时的物理意义分述如下。

四个量子数的取值规定为

$n=1, 2, 3, 4, \cdots, \infty$	正整数
$l=0, 1, 2, 3, \cdots, n-1$	共可取 n 个值
$m=0, \pm1, \pm2, \pm3, \cdots, \pm l$	共可取 $2l+1$ 个值
$m_s=+1/2, -1/2$	共可取 2 个值

前三个量子数的组合符合一定的规律。例如，对于基态原子，$n=1$，$l=0$，$m=0$，n、l、m 三个量子数只有一种组合形式（1，0，0）；当 $n=3$ 时，三个量子数的组合方式有 9 种；$n=4$ 时，可以有 16 种……$n>1$ 时氢原子处于激发态。当三个量子数都已确定时，波函数的函数式也随之而确定了。

量子数的物理意义如下。

（1）主量子数 n　主量子数反映了电子在核外空间出现概率最大的区域离核的远近，是决定电子能量的主要因素。主量子数取任意正整数，一般认为 n 值越大，电子出现概率最大区域距核越远，能量越高。

通常 n 值相同的电子在离核平均距离相近的核外空间区域运动的概率较大，故通常将 n 值相同的电子称为同层电子，其所在区域俗称为电子层。当 $n=1$、2、3、4…时，相应用光谱学符号 K、L、M、N…来表示第一、二、三、四……电子层。

可见 n 值越大，电子能级越高。与 n 值对应的电子层符号是：

主量子数 n	1	2	3	4	5	6	7	…
电子层符号	K	L	M	N	O	P	Q	…

（2）角量子数 l　角量子数 l 决定原子轨道和电子云的形状，并在多电子原子中配合主量子数 n 一起决定电子的能量。

其取值受主量子数 n 的限制，可取包括 0 在内的正整数，即 $l=0$、1、2、3、4、5、…、

$n-1$，共可取 n 个值。同一电子层中的电子可分为若干个能级（或称亚层），角量子数 l 决定了同一电子层中不同的亚层，通常 $l=0$、1、2、3 的轨道分别称为 s、p、d、f 轨道或 s、p、d、f 亚层。例如，$n=2$ 时，l 值可取 0、1，即 L 层上有两个亚层，分别为 s、p；$n=3$ 时，l 可取 0、1、2，M 层上有三个亚层，分别为 s、p、d。l 数值不同，轨道形状也不同。例如，s 轨道，$l=0$，其轨道形状为球形；p 轨道，$l=1$，其轨道呈双球形；d 轨道，$l=2$，其轨道呈花瓣形等。

同一电子层内的电子能量也稍有差异，通常将具有相同角量子数（能量相等）的各个原子轨道认为同属一个电子亚层，与 l 对应的电子亚层的符号是：

角量子数 l	0	1	2	3	4
电子亚层符号	s	p	d	f	g

对于多电子原子来说，角量子数 l 对其能量也将产生影响。此时电子能级由 n、l 两个量子数决定。

（3）磁量子数 m　可以确定原子轨道或电子云在空间的取向。其取值受角量子数 l 的限制，可取包括 0，±1，±2，±3，…，$\pm l$，共 $2l+1$ 个值。当 l 数值相同，m 数值不同时，表示与 l 对应形状的原子轨道可以在空间取不同的伸展方向，从而得到几个空间取向不同的原子轨道。如 $l=0$，$m=0$，在空间只有一种取向，只有一个 s 轨道；$l=1$，$m=0$，±1，在空间有三种取向，表示 p 亚层有三个轨道：p_x，p_y，p_z；$l=2$，$m=0$、±1、±2，在空间有五种取向，表示 d 亚层有五个轨道：d_{xy}，d_{xz}，d_{yz}，d_{z^2}，$d_{x^2-y^2}$；$l=3$，$m=0$、±1、±2、±3，在空间有七种取向，表示 f 亚层有七个轨道。

在没有外加电场的情况下，同一亚层的原子轨道（如 p_x、p_y、p_z）能量相等，称为等价轨道（或简并轨道）。

由于 n、l、m 量子数的取值限制，相应各原子轨道的总数为 n^2 个。表 3-1 列出了 n、l、m 三个量子数与原子轨道间的关系。

表 3-1　原子轨道和三个量子数的关系

电子层	n	l	m	轨道名称	轨道数
K	1	0	0	1s	1
L	2	0	0	2s	1
		1	−1，0，+1	2p	3
M	3	0	0	3s	1
		1	−1，0，+1	3p	3
		2	−2，−1，0，+1，+2	3d	5
N	4	0	0	4s	1
		1	−1，0，+1	4p	3
		2	−2，−1，0，+1，+2	4d	5
		3	−3，−2，−1，0，+1，+2，+3	4f	7

（4）自旋量子数 m_s　为了全面描述电子的运动状态，用 m_s 来表征核外电子除围绕原子核的空间运动状态之外其本身的自旋运动。自旋运动也是量子化的，其取值只有 +1/2 和 −1/2，分别表示顺时针和逆时针两种自旋运动，通常也可分别用“↑”和“↓”表示。

在同一原子轨道中，可容纳两种自旋方向相反的电子，称为成对电子，它们具有相同的能量。

这样，原子核外的每个电子的运动状态均可用相应的一套 n、l、m、m_s 等 4 个量子数来描述。由于同一原子轨道中可容纳两种自旋状态相反的电子，因而各电子层可容纳的电子数为轨道数的 2 倍，即 $2n^2$ 个。例如，L 电子层最多可容纳 8 个电子。

综上所述，要全面地描述电子的运动状态必须采用 4 个量子数，这对研究多电子原子系统也适用。

三、原子轨道的近似能级图

1. 近似能级图

在多电子原子中，轨道能量除决定于主量子数 n 以外，还与角量子数 l 有关。鲍林（L. Pauling）根据光谱实验，提出了多电子原子轨道的近似能级图，见图 3-5。在图中，每一个小方块代表一个原子轨道，小方块位置的高低表示原子轨道能级的高低。

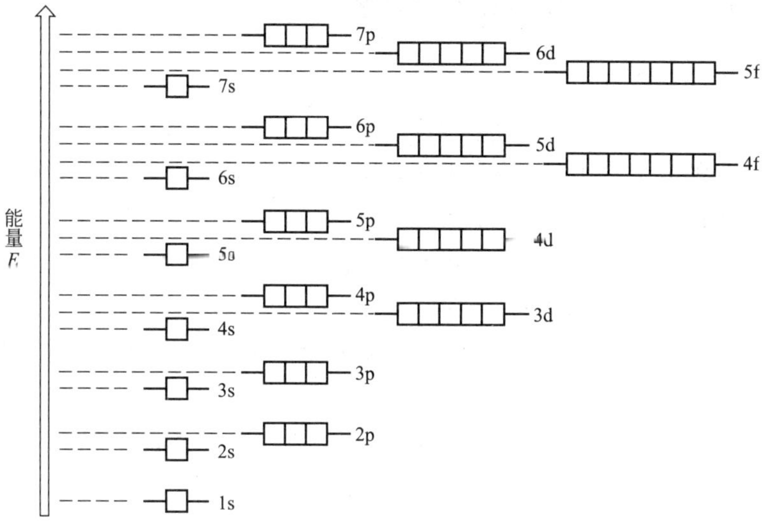

图 3-5 鲍林近似能级图

从近似能级图可见：当角量子数 l 相同时，随主量子数 n 的增大，轨道能级升高。例如，$E_{1s}<E_{2s}<E_{3s}$，$E_{2p}<E_{3p}<E_{4p}$。当主量子数 n 相同时，随角量子数 l 的增大，轨道能级升高。例如，$E_{ns}<E_{np}<E_{nd}<E_{nf}$。在同一电子层中分裂为不同能级的轨道，叫能级分裂。当主量子数和角量子数都不同时，有时出现能级交错现象。例如，$E_{4s}<E_{3d}$，$E_{5s}<E_{4d}$。

轨道能级的高低可由我国化学家徐光宪教授提出的（$n+0.7l$）规则进行计算。（$n+0.7l$）值越大，电子所处的原子轨道能级越高。他还把（$n+0.7l$）值中的整数部分相同的能级化为同一个能级组，1s、2s 2p、3s 3p、4s 3d 4p、5s 4d 5p、6s 4f 5d 6p、7s 5f 6d 7p…。同一能级组中各原子轨道的能级较接近，而相邻两组的能级差较大。“能级组”与后面将要介绍的元素周期系中的“周期”是相对应的。

多电子原子能级的能级交错现象可用屏蔽效应、钻穿效应等概念予以理解。

2. 屏蔽效应

对多电子原子来说，电子不仅受原子核的吸引，而且电子之间也存在着相互作用。例如，Li（$Z=3$）有三个电子，其中任意一个电子都处在原子核和其余两个电子的共同作用之下，而且这三个电子又在不停地运动，因此，要精确地确定其余两个电子对指定的某个电子的作用是困难的。在近似的处理方法中提出了屏蔽效应的概念。即在多电子原子中，可以把其余电子对指定电子的排斥作用近似地看成是其余电子抵消了一部分核电荷对指定电子（被屏蔽电子）的吸引力，称为屏蔽作用。其他电子的屏蔽作用对待定电子产生的效果称为屏蔽效应。

3. 钻穿效应

钻穿效应是指电子渗入内部空间而靠近核的本领。4s 的电子云是球形对称的，而 3d 电子云是花瓣形的，分布较为松散。因而 4s 电子靠近核附近，钻穿效应大，回避了里层电子对它的屏蔽，于是核对它的吸引力大，能量就较低，这样可以解释 3d 的能量为什么大于 4s 的能量。屏蔽效应是来自其他电子对选定电子的屏蔽能力，而钻穿效应是待定电子回避其他电子屏蔽的能力。它们是从两个侧面去描述多电子原子中电子之间的相互作用对轨道能级的影响。着眼点不同，但本质上都是一种能量效应。

四、核外电子排布规则

根据原子光谱实验结果和量子力学理论，以及对元素周期律的分析、归纳，人们总结出核外电子排布遵循的三个原则，即泡利不相容原理、能量最低原理、洪德规则。

1. 泡利（W. E. Pauli）不相容原理

在同一原子中不可能有运动状态（四个量子数）完全相同的两个电子。或者说每一轨道中最多只能容纳两个自旋方向相反的电子。因此一个 s 轨道最多只能有 2 个电子，p 轨道最多可容纳 6 个电子。按照这个原理，可归纳出第 n 个电子层能容纳的电子总数为 $2n^2$ 个。

2. 能量最低原理

自然界一个普遍的规律是“能量越低越稳定”。原子中电子的运动也是如此。当多电子原子处于基态时，核外电子的分布，在不违反泡利原理的前提下总是尽可能先占有能量最低的轨道，以使体系最稳定。只有当能量最低的轨道占满后，电子才依次进入能量较高的轨道，这就是能量最低原理。

原子轨道能量的高低（也称能级）主要由主量子数 n 和角量子数 l 决定。当 l 相同时，n 越大，原子轨道能量越高，例如：

$$E_{1s} < E_{2s} < E_{3s} \quad E_{2p} < E_{3p} < E_{4p}$$

当 n 相同时，l 越大，原子轨道的能量也越高，例如：

$$E_{3s} < E_{3p} < E_{3d}$$

当 n 和 l 都不同时，情况比较复杂，必须同时考虑屏蔽效应和钻穿效应。

3. 洪德（F. Hund）规则

从光谱实验数据总结出，电子在相同的原子轨道（等价轨道或简并轨道，如 3 个 p、5 个 d、7 个 f 轨道）上分布的电子，将尽可能分占不同的轨道，而且自旋方向平行。量子力学证明，这样的分布可使能量降低。例如，碳原子核外有 6 个电子，依据能量最低原理和泡利不相容原理，首先有 2 个电子排布到第一层的 1s 轨道中，另外 2 个电子排布到第二层的 2s 轨道中，剩余 2 个电子排布在 2 个 p 轨道上，具有相同的自旋方向，而不是两个电子集中在一个 p 轨道，自旋方向相反。

在等价轨道处于全充满、半充满及全空的状态时一般比较稳定，这种排布方式称为洪德规则的特例。

全充满：s^2、p^6、d^{10}、f^{14}；半充满：p^3、d^5、f^7；全空：p^0、d^0、f^0。

五、核外电子的排布

在详细学习原子轨道的能级和电子排布规则后，可很容易地对核外电子进行排布。以 26 号 Fe 元素为例，具体的方法如下。

第一步：根据核外电子的排布规则，按轨道能级组顺序将电子依次从低能轨道向高能轨道填入：

$$1s^2 2s^2 2p^6 3s^2 3p^6 4s^2 3d^6$$

第二步：将轨道以主能级为序依次排列，即可得到 Fe 元素的核外电子排布式：

$$1s^2 2s^2 2p^6 3s^2 3p^6 3d^6 4s^2$$

第三步：完成核外电子的排布后，需要特别注意考虑洪德规则的特例。如 Cr 是第 24 号元素，排布式为：$1s^2 2s^2 2p^6 3s^2 3p^6 3d^4 4s^2$，不符合洪德规则的特例，而应排布为 $1s^2 2s^2 2p^6 3s^2 3p^6 3d^5 4s^1$。

在进行核外电子排布时应注意，核外电子排布的三个规则只适用于一般情况，对于原子序数较大的原子，它们基态时的电子排布有些就不遵循这些规则，如 La 系和 Ac 系的元素。遇到这种情况，应以实验事实为准，而不可生搬硬套规则。

核外电子排布的表示方法，常用的有以下几种。

1. 电子排布式

电子排布式是将轨道符号按能级顺序排列，并在轨道符号右上角标出该轨道内排布的电子数目。如 Na 的电子排布式写作：$1s^2\ 2s^2 2p^6 3s^1$。

2. 轨道表示式

原子轨道表示式是用○或□表示，并在其上方（或左边）加注轨道符号，用“↑”“↓”以及“↑↓”表示电子的排布、自旋或是成对情况。如 Na 的轨道表示式写作：

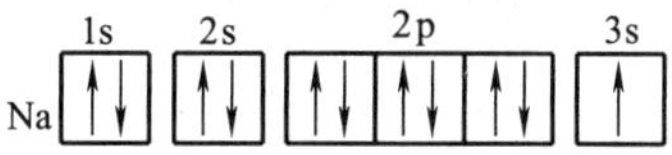

3. 量子数表示法

量子数表示是用一套量子数（n，l，m，m_s）定义电子的运动状态。如 $3s^2$ 电子用量子数可分别表示为：(3，0，0，1/2)，(3，0，0，−1/2)。

4. “原子实+ 价层组态”表示法

一个完善的核外电子排布一般可以分为两部分。一部分是充满的稀有气体的电子层结构的内层电子（称为原子实）；另一部分是原子实外的外层电子，称之为价层电子。原子实部分可用“[稀有气体元素]”来表示，而价态电子常用价层电子结构或价层组态（电子排布式）来表示。如钠（Na）原子核外共有 11 个电子，按照电子排布顺序，最后一个电子应填充到第三电子层上，可表示为 [Ne] $3s^1$；铬（Cr）原子核外有 24 个电子，最高能级组中有 6 个电子，可表示为 [Ar] $3d^5 4s^1$，这是因为 $3d^5$ 的半充满结构是一种能量较低的稳定结构。

第二节 原子结构和元素周期系

一、元素性质呈现周期性的内在原因

当把元素按原子序数（即核电荷）递增的顺序依次排列成周期表时，原子最外层排布的电子数目由 1 到 8，呈现出明显的周期性变化，即电子层结构重复 s^1 到 s^2p^6 的变化。而每一次这样的重复，都意味着一个新周期的开始，一个旧周期的结束。同时，原子最外层电子数目的每一次重复出现，元素性质也在重复呈现某些相似的性质变化。这是因为元素化学性质主要取决于它的最外电子层的结构；而最外电子层的结构，又是由核电荷数和核外电子排布规律所决定的。因此，元素周期律正是原子内部结构变化的反应，元素性质的周期性来源于原子电子层结构的周期性。

元素的性质随着核电荷数的递增而呈现周期性的变化，这个规律称为元素周期律。元素周期表则是各元素原子核外电子排布呈现周期性变化的反映，是元素周期律的具体表现形式。

二、周期与族的划分

1. 周期与能级组

元素周期表划分为 7 个横行，每一个横行称为 1 个周期。原子结构呈现规律性变化，一个周期相当于一个能级组，根据能级组的不同，将元素周期表划分成特短周期、短周期、长周期、特长周期（见周期表）。特短周期就是第一周期只有 2 种元素。第二、三周期叫短周期，每周期有 8 种元素。第四、五周期，叫长周期，长周期出现 d 亚层，故元素总数为 18 种。第六、七周期叫特长周期，特长周期出现 f 亚层，故元素总数为 32 种。

对照表 3-1 和图 3-5，不难看出周期与能级组有密切的关系。

① 周期表中的周期数就是能级组数。能级组有七个，相应就有七个周期。元素的周期划分，实质上是按原子结构中能级组高低顺序划分元素的结果。

② 元素所在的周期序数，等于该元素原子外层电子所处的最高能级组序数，也等于该元素原子最外电子层的主量子数。例如，硫原子的外层电子构型为 $3s^2 3p^4$，$n=3$，硫位于第三周期；汞原子的外层电子构型为 $5d^{10} 6s^2$，$n=6$，汞位于第六周期。

③ 各周期元素的数目，等于相应能级组各原子轨道所能容纳的最多电子数。例如，第四能级组，包含 4s、3d 和 4p 轨道，共可容纳 18 个电子，故第四周期共有 18 种元素；第六能级组，包含 6s、4f、5d 和 6p 轨道共可容纳 32 个电子，故第六周期共有 32 种元素；第七周期亦如此。

此外，周期表中每一新周期的出现，相当于原子中一个新的能级组的建立；每一周期完成，都是原子中一个能级组被电子所饱和；每一能级组中电子的填充都是从 ns^1 开始到 np^6 结束，对应于每个周期（第一周期除外）都是从碱金属开始，到稀有气体结束，如此循环重复。由此充分证明，元素性质的周期性变化，是各元素原子中核外电子周期性排布的结果。

2. 族与价电子结构

元素的原子参加化学反应时，能参与化学键形成的电子称为价电子，价电子所在的电子层的电子排布式，称为价电子层结构。

周期表中的各元素根据它们的价电子结构和相似的化学性质划分为 18 个列，形成 16 个族。

(1) 主族 凡价电子结构为 $ns^{1\sim2}$ 或 $ns^2np^{1\sim6}$ 的元素称为主族元素，以族号罗马数字加 A 表示，即ⅠA～ⅧA，也称为 A 族。元素周期表共有 8 个主族。第ⅧA 族是稀有气体元素，因这些元素化合价为零，也称为零族。各主族元素的族序号等于该元素原子的最外层电子数。同一主族的元素具有相同的价电子结构和相同的最外层电子数。

(2) 副族 凡价电子结构有次外层 $(n-1)$ d 能级或倒数第三层 $(n-2)$ f 能级的元素，称为副族元素，以族号罗马数字加 B 表示也称为 B 族。ⅠB～ⅡB 的族序号等于最外层 ns 能级上的电子数；ⅢB～ⅦB 的族序号等于价电子数；ⅧB 族有三个纵行，价电子总数为 8～10 个，与族序号不完全相同，也称为第Ⅷ族。

国际纯粹与应用化学联合会（IUPAC）建议用 18 族法取代 A、B 排法。

3. 元素在周期表中区的划分

根据原子核外电子的排布规律，可以把元素周期表划分成几个区域，分别是 s、p、d、ds 和 f 五个区（见图 3-6），称为元素划分。

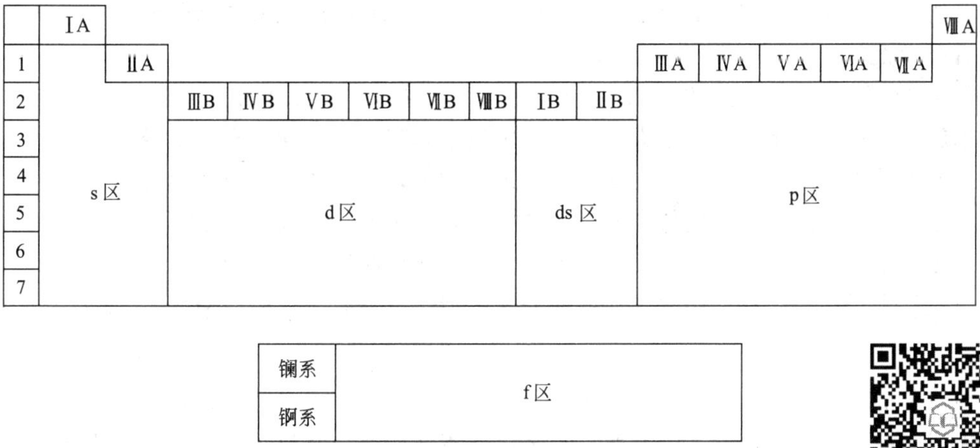

图 3-6 周期表中的分区

元素周期表

由图 3-6 可见：

① s 区。即最后一个电子填入 s 轨道的元素，包括第ⅠA、ⅡA 族元素，最外层电子构型为 $ns^{1\sim2}$。

② p 区。即最后一个电子填入 p 轨道的元素，包括ⅢA～ⅦA 和零族元素，外层电子构型为 $ns^2np^{1\sim6}$。

③ d 区。即最后一个电子填入 d 轨道的元素，包括ⅢB～ⅧB 族元素，外层电子构型为 $(n-1)d^{1\sim10}ns^{1\sim2}$。

④ ds 区。包括ⅠB 和ⅡB 族元素，外层电子构型为 $(n-1)d^{10}ns^{1\sim2}$。

⑤ f 区。即最后一个电子填入 f 轨道的元素，包括镧系和锕系元素，外层电子构型为 $(n-2)f^{1\sim14}(n-1)d^{0\sim2}ns^2$。

分区图使我们对元素周期律的认识深化了，即用原子结构的知识揭示元素周期律的本质。

三、原子结构与元素性质

随着核电荷数的递增，原子的电子层结构呈周期性变化，因而元素的一些基本性质，如原子半径、电离能、电子亲和能和电负性等，也必然呈现周期性的变化。

1. 原子半径

（1）原子半径的定义　原子半径是元素的一个重要参数，对元素及化合物的性质有较大影响。根据测定方法的不同，常见的有共价半径、金属半径和范德瓦尔斯半径。

共价半径：同种元素的原子以共价单键结合时，核间距的一半称为共价半径。

金属半径：在金属晶格中相邻两原子核间距的一半定为金属半径。

范德瓦尔斯半径：当两个原子之间没有形成化学键而只有范德瓦尔斯力（即分子间作用力）互相接近时，两个原子核间距离的一半称为范德瓦尔斯半径。

（2）原子半径变化的周期性

① 同周期元素原子半径变化规律。同周期主族元素中，自左向右有效核电荷增加显著，电子层数并不增加，核对外层电子的吸引力自左向右增强，势必使外层电子向核靠拢，导致原子半径减小。同一周期中，随着核电荷依次增加原子半径一般依次缓慢减小。到稀有气体半径突然增大，因为它们是范德瓦尔斯半径。而第Ⅰ、Ⅱ副族元素的原子半径不但没有减小反而有所增大。

② 同族元素原子半径变化规律。同族元素中，从上到下，主族元素的原子半径依次增大。副族元素的原子半径略有增大，但副族中位于第五、六周期的原子半径很接近。这是由于同族元素从上到下电子层依次增加，原子半径增大，虽然核电荷数亦同时增加，将使原子半径缩小，但前者的影响占优势，所以总的结果是原子半径递增。位于第五、六周期ⅡB族以后的各副族元素的原子半径大小非常接近，则是镧系收缩所造成的。

总之，原子半径随原子序数的递增而变化的情况，具有明显的周期性。

2. 元素的金属性和非金属性

（1）短周期元素　从左至右，由于核电荷依次增多，原子半径逐渐减小，最外层电子数也依次增多，元素的金属性逐渐减弱，非金属性逐渐增强。以第三周期为例，从活泼金属钠到活泼非金属氯，递变非常明显。

（2）长周期过渡元素　同一周期中的主族元素性质的递变与短周期元素相同。长周期中过渡元素原子的最外层电子数较少，一般为 2 个，所以都是金属元素。由于最外层电子数不多于 2 个，而且几乎保持不变，只有次外层的 d 电子数有差别，所以金属性从左到右减小缓慢。同主族元素自上而下随着主量子数增大，电子层数增多，半径增大，使核对外层电子引力减弱，所以自上而下非金属性减弱，金属性增强。

3. 电离能、电子亲和能和电负性

（1）电离能（I）　在一定温度和压力下，使基态的气态原子或离子失去一个电子所需要的最低能量称为电离能。使基态的气态原子失去一个电子形成+1 价气态正离子时所需要的最低能量称为第一电离能（I_1）；从+1 价离子失去一个电子形成+2 价气态正离子时所需要的最低能量称为第二电离能（I_2），其余依此类推。显然，同一种元素的第二电离能要比第一电离能大。例如，铝的第一、第二、第三电离能分别是 $578kJ \cdot mol^{-1}$、$1825kJ \cdot mol^{-1}$、$2705kJ \cdot mol^{-1}$。

原子失去电子的难易程度可用第一电离能（见表 3-2）来衡量。从表 3-2 中可见，元素的第一电离能具有周期性的变化规律。

表 3-2　元素的第一电离能　　单位：$kJ \cdot mol^{-1}$

ⅠA																	ⅧA
H																	He
1312.0	ⅡA											ⅢA	ⅣA	ⅤA	ⅥA	ⅦA	2372.3
Li	Be											B	C	N	O	F	Ne
520.3	899.5											800.6	1086.4	1402.3	1314	1681.0	2080.7
Na	Mg											Al	Si	P	S	Cl	Ar
495.8	737.5	ⅢB	ⅣB	ⅤB	ⅥB	ⅦB	ⅧB	ⅧB	ⅧB	ⅠB	ⅡB	577.6	786.5	1011.8	999.6	1251.1	1520.5
K	Ca	Sc	Ti	V	Cr	Mn	Fe	Co	Ni	Cu	Zn	Ga	Ge	As	Se	Br	Kr
418.9	589.8	631	658	650	652.8	717.4	759.4	758	736.7	745.5	906.4	578.8	762.2	944	940.9	1139.9	1350.7
Rb	Sr	Y	Zr	Nb	Mo	Tc	Ru	Rh	Pd	Ag	Cd	In	Sn	Sb	Te	I	Xe
403.0	549.5	616	660	664	685.0	702	711	720	805	731.0	867.7	558.3	708.6	831.6	869.3	1008.4	1170.4
Cs	Ba	La	Hf	Ta	W	Re	Os	Ir	Pt	Au	Hg	Tl	Pb	Bi	Po	At	Rn
375.7	502.9	523	654	761	770	760	840	880	870	890.1	1007.0	589.3	715.5	703.3	812	912	1037.0

同一周期的主族元素的电离能 I_1，基本上随着原子序数的增加而增加。金属元素的第一电离能较小，非金属元素的第一电离能较大，而稀有气体元素的第一电离能最大。

同一周期中电离能 I_1，并非单调上升。例如，Be、N、Ne 的电离能 I_1 都较相邻两元素为高，这是由于它们的原子轨道上的电子填充时出现了全充满、半充满或全空的情况。

同一主族中自上而下，元素的电离能一般有所减少，但对副族元素来说，这种规律性较差。

（2）电子亲和能（Y）　使基态的一个气态中性原子获得一个电子形成气态－1 价负离子时所放出的能量称为第一电子亲和能，通常简称电子亲和能，可用来衡量气态原子获得电子的难易程度。与电离能相似，也有第二电子亲和能等。

一般元素的第一亲和能为负值，表示得到一个电子形成负离子时放出能量。若为正值，表示得到电子时要吸收能量，说明该元素的原子成为负离子很困难。元素的第二亲和能一般均为正值，说明从－1 价的离子变成－2 价的离子很困难。碱金属和碱土金属元素的电子亲和能都是正值，说明其形成负离子的倾向很小，非金属性很弱，而金属性较强。故可用电子亲和能衡量原子的非金属性大小，但电子亲和能难以测定，目前数据尚不全。

一般地说，主族元素从上到下第一亲和能逐渐减少，同周期元素从左到右第一亲和能逐渐增加。

（3）电负性　电离能和电子亲和能分别从不同方面反映了元素原子得失电子能力。但在形成化合物时，有些原子并没有得失电子，而只是电子发生偏移，因此只从电离能和电子亲和能来考虑判断元素的金属性和非金属性有一定的局限性。1932 年，鲍林首先提出电负性概念。原子在分子中吸引成键电子的能力称为电负性，并指定氟的电负性为 4.0，然后以此计算出其他元素的电负性，故电负性是一个相对数值，没有单位。表 3-3 为各元素的电负性数值。

电负性越大，原子在分子中吸引电子的能力越强；电负性越小，原子在分子中吸引电子的能力越弱。从表 3-3 中可见，元素的电负性具有明显的周期性规律。在一般情况下金属元素的电负性小于 2.0（除铂系元素和金），而非金属元素（除硅）的电负性大于 2.0。

表 3-3 元素的电负性

H																
2.1																
Li	Be											B	C	N	O	F
1.0	1.5											2.0	2.5	3.0	3.5	4.0
Na	Mg											Al	Si	P	S	Cl
0.9	1.2											1.5	1.8	2.1	2.5	3.0
K	Ca	Sc	Ti	V	Cr	Mn	Fe	Co	Ni	Cu	Zn	Ga	Ge	As	Se	Br
0.8	1.0	1.3	1.5	1.6	1.6	1.5	1.8	1.9	1.9	1.9	1.6	1.6	1.8	2.0	2.4	2.8
Rb	Sr	Y	Zr	Nb	Mo	Tc	Ru	Rh	Pd	Ag	Cd	In	Sn	Sb	Te	I
0.8	1.0	1.2	1.4	1.6	1.8	1.9	2.2	2.2	2.2	1.9	1.7	1.7	1.8	1.9	2.1	2.5
Cs	Ba	La～Lu	Hf	Ta	W	Re	Os	Ir	Pt	Au	Hg	Tl	Pb	Bi	Po	At
0.7	0.9	1.0～1.2	1.3	1.5	1.7	1.9	2.2	2.2	2.2	2.4	1.9	1.8	1.9	1.9	2.0	2.2
Fr	Ra	Ac	Th	Pa	U	Np～No										
0.7	0.9	1.1	1.3	1.4	1.4	1.4～1.3										

第三节 物质的形成

物质的分子是由原子组成的，原子之间能结合成分子，说明原子之间存在着相互作用，这种相互作用称为化学键。自然界中形形色色的物质，就是依赖化学键作用的结果。化学变化的实质是原子的重新组合，化学变化的过程是旧键断裂和新键形成的过程。物质的性质与化学键有密切关系。化学键一般可分为三种类型，分别是离子键、共价键和金属键。

一、离子键

离子键

1. 离子键理论的确立

离子键理论是 1916 年柯塞尔（W. Kossel）根据稀有气体原子的电子层结构特别稳定的事实提出来的。该理论认为不同的原子间相互结合时，它们都有达到稀有气体稳定结构的倾向，首先形成正、负离子，并通过静电吸引作用结合而形成化合物。根据这一理论，原子形成化合物时通过失去或获得电子而形成正、负离子，这两种离子通过静电引力形成“离子型分子”。例如，NaCl“分子”的形成，这种由正、负离子的静电作用形成的化学键称为离子键。

2. 离子键的形成

离子间的静电作用与离子所带电荷及离子间距离大小有关。一般离子所带电荷越多，离子间距离越小，则正负离子间作用力越大，所形成的离子键越牢固。

异号电荷离子除了静电引力外，当它们相当接近时，电子云之间还将产生排斥作用。当离子间的排斥力和静电吸引力达到暂时平衡，正负离子在平衡位置上振动，此时体系能量最低，形成了稳定的离子键。

3. 离子键的特征

（1）没有方向性　由于离子电荷的分布可看作是球形对称的，它在各个方向上的静电效应是等同的。因此离子间的静电作用在各个方向上都一样。

（2）没有饱和性 同一个离子可以和不同数目的异号电荷离子结合，只要离子空间许可，每一个离子就有可能吸引尽量多的异号电荷离子。但这里不要误解为一种离子周围所配位的异号电荷离子的数目可以是任意的。恰恰相反，在晶体中每种离子都有一定的配位数。它不仅取决于相互作用的离子的相对大小，还取决于带不同电荷的离子间的吸引力应超过同号离子间的排斥力。没有饱和性并不是说可以吸引任意多个带相反电荷的离子，实际上每一种离子键都各有自己的配位数。

4. 离子半径

离子半径的大小是影响离子化合物性质的重要因素之一。离子半径是指正、负离子相互作用形成离子键时所表现出来的有效半径，可近似地把正、负离子看成相互接触的圆球，核间距就是正、负离子的有效半径之和。离子半径的大小决定化合物的诸多性质，如半径越小，离子间的引力越大，熔点越高。离子半径的变化规律大致如下：

① 元素周期表中，主族自上而下，离子半径逐渐增大，如 $Li^+<Na^+<K^+<Rb^+<Cs^+$，$F^-<Cl^-<Br^-<I^-$。

② 在同一周期中，主族元素随着族数递增正离子电荷数增大，离子半径依次减小。如：$Na^+>Mg^{2+}>Al^{3+}$。

③ 正离子中的电子受过剩核电荷的吸引其半径比原子半径小，离子带正电荷越多半径越小。负离子因接受了电子减弱了核电荷对核外电子的引力，电子的排斥力增加，因而负离子的半径大于原子半径。

④ 周期表中处于相邻的左上方和右下方对角线上的正离子半径近似相等，亦称为对角线规则。例如，Li^+(60pm)与 Mg^{2+}(65pm)；Na^+(95pm)与 Ca^{2+}(99pm)。

二、共价键

1. 经典的路易斯（Lewis）八隅体规则

两个电负性相等或相近的原子结合形成分子（H_2、O_2、N_2、HCl 等）时，显然不可能以得、失电子的方式形成稳定的八电子结构。1916 年路易斯提出共用电子对形成八隅体的学说。例如，两个 Cl 原子形成 Cl_2 时，每个氯原子各提供一个电子，这两个电子为两个 Cl 原子共用，两个氯原子都形成稳定的八电子结构。两个原子间，若共用两对电子，则形成双键；共用三对电子则形成三键。C_2H_4 分子内含有碳碳双键，C_2H_2 分子内含碳碳三键。路易斯认为原子可以通过共用电子对形成八电子稳定结构，这种原子间通过共用电子对形成的化学键称为共价键。用这个概念可以阐明许多非金属原子间形成共价化合物的规律，至今仍为化学界采用。但是，路易斯八隅体规则未能阐明共价键的本质和特性，成键电子对的两个电子都带负电，同性相斥，它们是怎样结合的？有些元素的化合物和不少共价分子的结构和性质都不能用八隅规则解释。因此，随后建立了电子配对理论即现代价键理论。

2. 现代价键理论

（1）现代价键理论的创立 1927 年海特勒（W. Heitler）和伦敦（F. London）应用量子力学求解氢分子的薛定谔方程以后，共价键的本质才得到理论上的解释，并在此基础上逐步建立了现代价键理论。共价键的现代理论就是量子力学理论在分子中的应用。主要有价键理论（valence bond theory，简称 VB 法）和分子轨道理论（molecular orbital theory，简称 MO

共价键

法），此处主要讨论价键理论。

（2）共价键形成　如果两个原子各有一个未成对的电子，且自旋相反，当两个原子靠近时可以相互配对形成稳定的化学键，即共价键。一个原子有几个未成对电子，便可以和几个自旋相反的未成对电子配对成键。如 H—H 单键，H—Cl 也是以单键结合的，因为 H 原子上有一个 1s 电子，而 Cl 原子有一个未成对的 3p 电子。如果两个原子各有两个或三个未成对电子，则在两个原子间可以形成共价双键或共价三键。如 N≡N 分子以三键结合，因为每个 N 原子有 3 个未成对的 2p 电子。He 原子则因为没有未成对电子而不能形成双原子分子。

如果 A 原子有两个未成对电子，B 原子只有一个未成对电子，则 A 原子可同时与两个 B 原子形成共价单键，则形成 AB_2 分子，如 H_2O 分子。

（3）共价键的特征

① 饱和性。在形成分子时，一个电子和另一个电子配对后就不能再和其他电子配对。如氢分子中的两个电子已配对，就再不能和第三个电子结合，所以 H_3 不能存在。

② 方向性。原子轨道重叠时，总是沿着重叠最多的方向进行。重叠越多，形成的共价键越牢固，核间概率密度越大，键越牢固分子越稳定。这就是原子轨道的最大重叠原理。

（4）共价键的类型

① σ 键。原子轨道沿键轴（即两核间连线）方向以“头碰头”方式进行重叠，重叠部分沿键轴呈圆柱形对称分布，这种键称为 σ 键。例如，H_2 分子中的 s-s 键重叠、HCl 分子中 s-p_x 重叠、Cl_2 分子中的 p_x-p_x 沿键轴的方向“头碰头”的方式重叠等［图 3-7（a）］均为 σ 键。

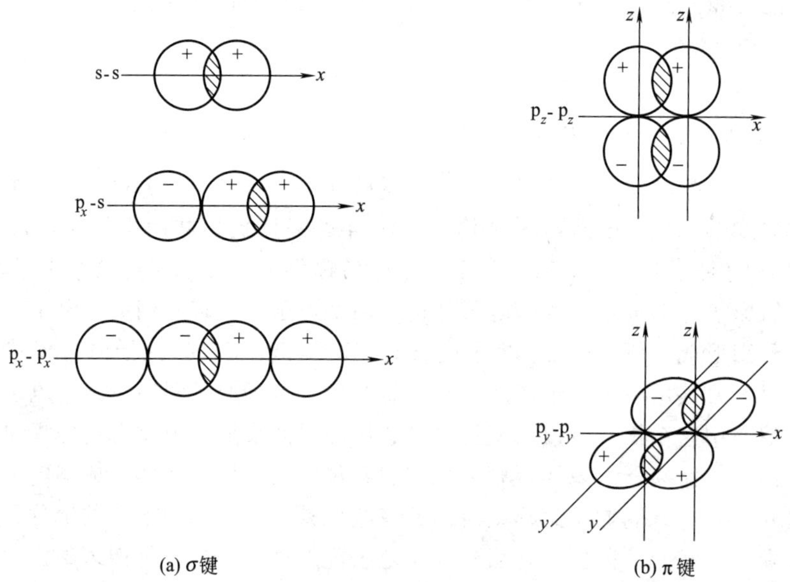

σ 键、π 键的形成

图 3-7　σ 键和 π 键

② π 键。当成键的两个原子轨道沿键轴方向以平行或“肩并肩”方式进行重叠［图 3-7（b）］，这种键称为 π 键。例如，氮原子最外层有三个 p 电子分别在 $2p_x$、$2p_y$、$2p_z$ 轨道上，在形成氮分子时，沿 x 轴方向“头碰头”的重叠形成一个 σ 键，剩下的 $2p_y$ 和 $2p_z$ 只能以“肩并肩”的方式重叠，形成两个 π 键。

一般来说，由于重叠的方向不同，π 键重叠程度小于 σ 键，因而没有 σ 键稳定，在化学反应中容易被打开，是化学反应中的积极参与者。共价键一般为 σ 键，在双键和三键中，除一个 σ 键外，其余为 π 键。

③ 配位键。在形成共价键时，由成键原子某一方提供孤对电子所形成的共价键称为共价配位键或称为配位键。用“→”表示。提供共用电子对的原子，称为电子对给予体；参与成键的另一个原子必须具有空的原子轨道，这个原子称电子对接受体。例如，NH_4^+ 的形成，NH_3 分子中 N 原子最外层的 5 个电子（$2s^2 2p^3$），有 3 个电子已与氢成键，还有一对电子；H^+ 是一个有空的 1s 轨道的质子。如果以“→”表示这种共价键的形成，则写法如图 3-8 所示。以这种方式形成的共价键称配位键。配位键存在于许多化合物中，如 N_2O（O═N→N）、CO（C≜O）、H_4BF（H_3B←FH）、含氧酸根等。配离子中的化学键，主要是配位键。

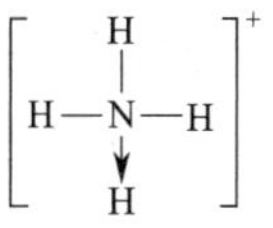

图 3-8　NH_4^+ 的写法

3. 共价键的键参数

凡能表征化学键性质的物理量统称为键参数。对于共价键而言，主要有键长、键能、键角等。这些键参数可以用来衡量共价分子的热稳定性和几何构型等性质。

（1）键长　键长是指成键原子核间的平均距离，键长的单位以皮米（pm）表示。两原子形成共价键的键长越短，表示键能越强，两原子结合越牢固。表 3-4 列出了一些化学键的键长。

由表 3-4 所列键长数据可见，H—F、H—Cl、H—Br、H—I 的键长依次增大，表示核间距离依次增大，成键原子轨道重叠程度逐渐减弱，键的强度也逐渐减弱。碳原子之间形成单键、双键、三键的键长依次缩短，则键的总强度依次增大。但是，化学键的强度通常是用打开这个键所需要的能量来衡量的。

表 3-4　某些键长和键能的数据

共价键	键长/pm	键能/($kJ \cdot mol^{-1}$)	共价键	键长/pm	键能/($kJ \cdot mol^{-1}$)
H—H	74.2	436.00	F—F	141.8	154.8
H—F	91.8	565±4	Cl—Cl	198.8	239.7
H—Cl	127.4	431.20	Br—Br	228.4	190.16
H—Br	140.8	362.3	I—I	266.6	148.95
H—I	160.8	294.6	C—C	154	345.6
O—H	96	458.8	C═C	134	602±21
S—H	134	363±5	C≡C	120	835.1
N—H	101	386±8	O═O	120.7	493.59
C—H	109	411±7	S═S	168.7	424.7±6
Si—H	148	318	N≡N	109.8	941.69
Na—H	188.7	197	C≡N	116	887

（2）键能　键能是从能量角度表征化学键强弱的物理量，用来说明拆开或形成一个化学键的难易程度。一般情况下键能越大，键长越短，键越牢固，由该键构成的分子也就越稳定。由表 3-4 可以看出 HF、HCl、HBr、HI 的键能依次减小，它们分子的稳定性也依次降低。实验表明，同一个键在不同的分子中，其键长和键能基本保持不变。

（3）键角　键角是指共价分子中成键原子核连线之间的夹角，即所形成的键与键之间的夹角。这一参数可以表征分子的几何形状。对于双原子分子，其形态总是直线形的。对于多原子分子，由于分子中的原子在空间排布情况不同，各化学键之间的夹角不同，分子的几何构型也不同。

4. 杂化轨道理论与分子的空间构型

价键理论虽然能够成功地解释许多双原子分子化学键的形成，但对多原子分子的空间构型的解释却遇到了困难。1931 年鲍林在电子配对法的基础上提出了轨道杂化的概念，较好地解释了许多分子的空间构型问题，形成杂化轨道理论（theory of hybrid orbital）。

杂化轨道理论认为，在成键过程中，由于原子间的相互影响，同一原子中能量相近的某些原子轨道可以“混合”起来，重新组合成成键能力更强的新的原子轨道，从而改变了原有轨道的状态。这个过程称为原子轨道的杂化，所组成的新的原子轨道称为杂化轨道。下面应用此理论来说明一些分子的空间构型。

（1）sp 杂化与 $BeCl_2$ 的分子构型　sp 杂化是 1 个 s 轨道与 1 个 p 轨道杂化，以 $BeCl_2$ 分子为例。Be 在与 Cl 成键的过程中，Be 原子的价电子构型为 $2s^2$，可以吸收能量激发为 $2s^1 2p^1$ 状态，同时原来的 2s 和 2p 轨道“混合”起来，重新组成两个能量等同的杂化轨道。由 1 个 s 轨道和 1 个 p 轨道进行的杂化叫作 sp 杂化，所形成的轨道叫 sp 杂化轨道，其过程如图 3-9（a）。每一个 sp 杂化轨道都含有 $\frac{1}{2}$s 和 $\frac{1}{2}$p 成分，两个等同的 sp 杂化轨道在 Be 原子两侧对称分布，轨道夹角为 180°，Be 原子的两个 sp 杂化轨道分别与两个 Cl 原子的 3p 轨道重叠形成两个 sp-p 轨道的 σ 键［图 3-9（b）］，因此 $BeCl_2$ 的分子是线形结构。

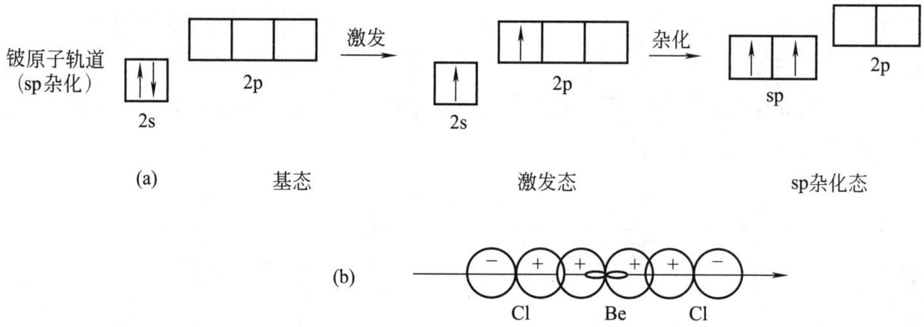

图 3-9　$BeCl_2$ 的分子形成示意图

由图 3-9（b）可见，sp 杂化轨道的形状与原来的 s 和 p 轨道都不相同，其形状一头大一头小；成键时用大的一头与 Cl 原子的 3p 轨道重叠。这样重叠更有效，成键能力更强，形成的共价键更牢固。

（2）sp^2 杂化与 BF_3 分子构型　实验证明，气态时 BF_3 为平面三角形结构，B 原子位于三角形的中心，3 个 B—F 键是等同的，键角为 120°（图 3-10）。基态 B 原子的外层电子构型为 $2s^2 2p^1$，在成键过程中，B 原子的 1 个 2s 电子被激发到 1 个空的 2p 轨道上去，产生 3 个未成对电子。同时 B 原子中的 1 个 2s 轨道和 2 个 2p 轨道进行杂化，形成 3 个能量等同的 sp^2 杂化轨道。

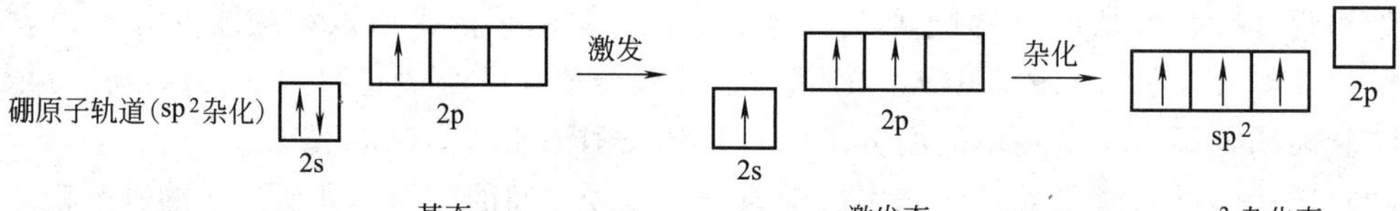

图 3-10　BF_3 分子杂化轨道形成示意图

每一个 sp^2 杂化轨道含有 $\frac{1}{3}$s 和 $\frac{2}{3}$p 成分。3 个杂化轨道对称地分布在 B 原子周围，在同一平面内互成 120°［图 3-11（a）］。这 3 个 sp^2 杂化轨道各与 1 个 F 原子的 2p 轨道重叠，形成 3 个 sp^2-p 的 σ 键。因而 BF_3 分子的空间构型为平面三角形［图 3-11（b）］。

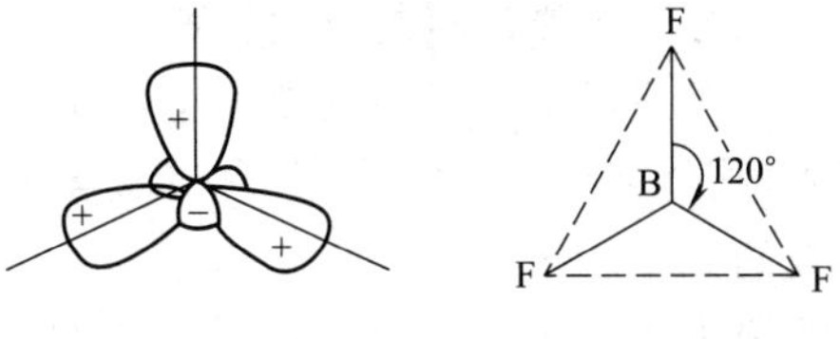

(a)　　(b)

图 3-11　sp^2 杂化轨道与 BF_3 分子构型

（3）sp^3 杂化与甲烷的分子构型　实验证明，CH_4 分子的空间构型为正四面体形。基态 C 原子外层电子构型为 $2s^2 2p^2$，在成键过程中，有 1 个 2s 电子被激发到 2p 轨道上，产生 4 个未成对电子。同时 C 原子中的 1 个 2s 轨道和 3 个 2p 轨道杂化，形成 4 个能量等同的 sp^3 杂化轨道［图 3-12（a）］，每一个 sp^3 杂化轨道含有 $\frac{1}{4}$s 和 $\frac{3}{4}$p 成分。4 个 sp^3 杂化轨道对称分布在 C 原子周围，其空间互成 109°28′夹角。4 个 sp^3 杂化轨道各与 1 个 H 原子的 1s 轨道重叠，形成 4 个 sp^3-s 的 σ 键。因此 CH_4 为正四面体分子［图 3-12（b）］。

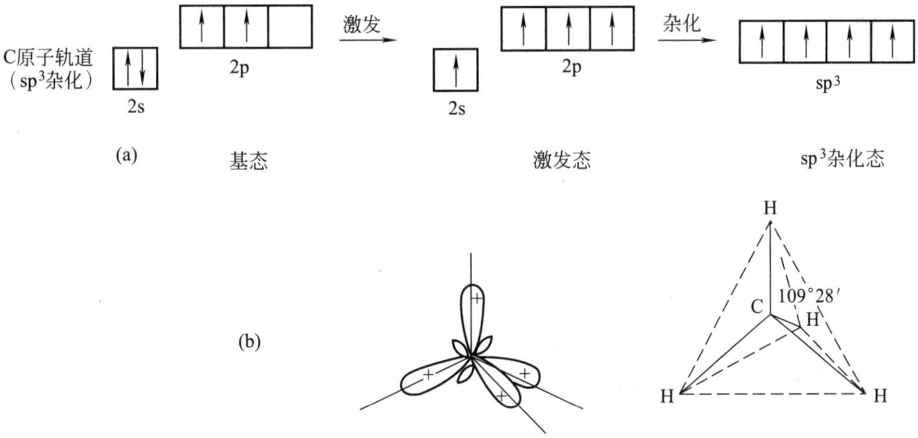

图 3-12　sp^3 杂化轨道与甲烷的分子构型

（4）不等性 sp^3 杂化和分子构型　轨道杂化并非仅限于含有未成对电子的原子轨道。含孤对电子的原子轨道也可和含未成对电子的原子轨道杂化。NH_3 分子就是一例。N 原子的外层电子构型为 $2s^2 2p^3$，其中 2s 为含有孤对电子的轨道，它仍能和 $2p_x$、$2p_y$、$2p_z$ 轨道杂化，形成 4 个 sp^3 杂化轨道，其中 3 个含未成对电子的杂化轨道与 3 个氢原子的 1s 轨道成键，另一个含有孤对电子的杂化轨道则未参与成键。由于这一对孤对电子未被 H 共用而更靠近 N 原子，所以孤对电子（只受 N 原子核吸引）轨道比成键电子（受 N 核和 H 核的吸引）轨道"肥大"。或者说，电子云伸展得更开些，所占体积更大些。这就使 N—H 键在空间受到排斥，N—H 键之间的夹角压缩到 107°18′，因此，氨分子的空间构型不是正四面体，而是三角锥形，如图 3-13（a）所示。在水分子中，由于氧原

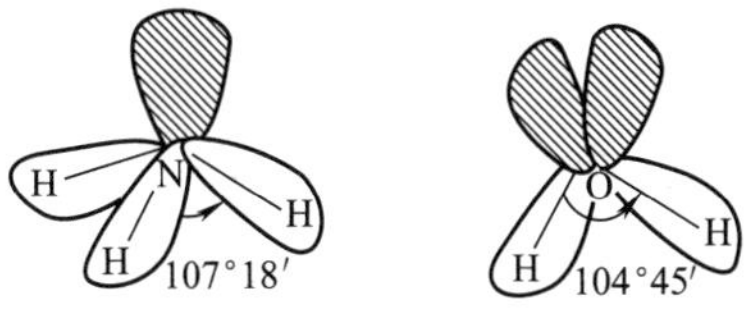

(a)　　(b)

图 3-13　氨和水的分子构型

子有两对孤对电子，因此 O—H 键在空间受到更强烈的排斥，O—H 键的夹角被压缩到 104°45′。因此，水的几何构型为 V 形，如图 3-13（b）所示。

在甲烷分子中碳的 4 个 sp^3 杂化轨道，每一个 sp^3 杂化轨道含有 $\frac{1}{4}$s 和 $\frac{3}{4}$p 成分，这种杂化称为等性杂化。而在氨和水分子中氮、氧的杂化轨道中，孤对电子所占的轨道含 s 轨道成分较多，含 p 轨道成分较少；而成键电子所占的轨道正好相反，含 s 轨道成分较少，含 p 轨道成分较多。这种由于孤对电子的存在，使各杂化轨道所含的成分不同的杂化称为不等性杂化。氨和水分子都是不等性的 sp^3 杂化。

由 s 轨道和 p 轨道形成的杂化轨道和分子的空间构型见表 3-5，其他杂化轨道类型本书不讨论。

表 3-5　s 轨道和 p 轨道形成的杂化轨道和分子的空间构型

杂化轨道类型	sp	sp^2	等性 sp^3	不等性 sp^3
参加杂化轨道	1 个 s、1 个 p	1 个 s、2 个 p	1 个 s、3 个 p	1 个 s、3 个 p
杂化轨道数	2	3	4	4
成键轨道夹角	180°	120°	109°28′	90°～109°28′
空间构型	直线形	平面三角形	正四面体形	三角锥形或“V”字形
实例	$BeCl_2$、$HgCl_2$	BF_3、BCl_3	CH_4、$SiCl_4$	NH_3、PH_3、H_2O、H_2S

三、金属键

金属原子和金属离子通过自由电子结合在一起所形成的化学键称为金属键。对金属结构的研究表明，在金属中每个原子常被 8 个或 12 个直接相邻的原子所包围，而金属原子通常只有一两个价电子。由于缺乏足够的价电子与直接相邻的原子共价成键，因而它们的价电子被看作可以自由地在整体金属中流动，而不固定于某些相邻原子之间。也可以将这些价电子看作是金属整体中许多原子或离子所共有。这就是金属键及其形成的初步概念。

第四节　分子间力和氢键

分子间力就是分子与分子之间的相互作用力。它的强度弱于化学键，但它与决定物质化学性质的化学键不同，主要影响物质的物理性质，如熔点、沸点、溶解度、黏度、表面张力等。正是由于分子间力的存在，才使得气态物质可凝聚成液态，液态物质可凝固成固态。分子间力最早是由荷兰物理学家范德瓦尔斯（Van der Waals）提出的，因此又称为范德瓦尔斯力（旧称“范德华力”）。分子间作用力与分子的极性密切相关。

一、分子的极性和电偶极矩

1. 分子的极性

分子中的正、负电荷的电量是相等的，所以分子总体上是中性的。但按分子内部的两种电荷分布情况可把分子分成极性分子和非极性分子两类。正如物体有重心，可以设想分子中有一个“正电荷中心”和一个“负电荷中心”。正、负电荷中心的相对位置用“+”和“−”表示。正负电荷中心重合的分子称为非极性分子［图 3-14（a）］，正、负电荷中心不重合的分子称为极性分子［图 3-14（b）］。

(a) 非极性分子 (b) 极性分子

图 3-14 非极性分子和极性分子

2. 分子的电偶极矩

分子极性的强弱，可用实验方法测得的电偶极矩来量度。电偶极矩等于正负电荷中心间的距离（即偶极长度 d）和偶极上一端所带电量 q 的乘积，以符号 μ 表示，单位为 C·m。

$$\mu=qd$$

表 3-6 列出某些物质的电偶极矩。电偶极矩的数值越大，表示分子的极性越大，电偶极矩为零的分子为非极性分子。

表 3-6 一些物质的电偶极矩（在气相中）

物质	偶极矩 $\mu/(10^{-30}\mathrm{C\cdot m})$	物质	偶极矩 $\mu/(10^{-30}\mathrm{C\cdot m})$
H_2	0	H_2S	3.07
CO	0.33	H_2O	6.24
HF	6.40	SO_2	5.34
HCl	3.62	NH_3	4.34
HBr	2.60	BCl_3	0
HI	1.27	CH_4	0
CO_2	0	CCl_4	0
CS_2	0	$CHCl_3$	3.37
HCN	9.94	BF_3	0

从表 3-6 中可见，由同种元素组成的双原子分子（如 H_2、N_2、O_2、Cl_2…）是非极性分子，电偶极矩为零。像卤化氢 HX（HF、HCl、HBr、HI）这类由不同元素组成的双原子分子的极性强弱与分子中共价键的极性强弱是一致的。由于从 F 到 I，电负性依次减小，H—X 键的极性也依次减弱，所以电偶极矩依次减小。

分子是否有极性对物质的一些性质有明显的影响。例如，极性物质易溶于极性溶液中，非极性物质易溶于非极性溶液中。NH_3、HF、HCl 等极性物质在水中溶解度很大，而 CH_4、H_2 等在水中溶解度就很小。用微波炉能加热食物，就是由于食物中含有强极性的水分子。当微波通过时，水分子在超高频电磁场中反复交变极化，在此过程中完成电磁能向热能的转换，食物被加热。

二、分子间力的种类和特点

分子的极化变形、取向等作用，不仅在外电场中发生，在分子邻近处也会发生，因为每个极性分子的固有偶极都相当于一个微电场。当极性分子与极性分子、极性分子与非极性分子邻近时，都将发生取向、极化变形，这样便产生了分子间力。

1. 分子间力的种类

（1）取向力 当极性分子与极性分子相邻时，它们的固有偶极之间必然会产生同极相斥、异极相吸，从而发生取向、吸引，因而产生分子间力。这种由固有偶极的取向而产生的作用力称为取向力。取向力的大小主要取决于分子极性的强弱。分子的极性越强，取向力也越大。

（2）诱导力　当极性分子与非极性分子相互靠近时，除存在色散力的作用外，由于它们固有偶极之间的同极相斥、异极相吸，从而使非极性分子变形极化，产生诱导偶极并相互吸引。这种固有偶极与诱导偶极之间的作用力称为诱导力。显然极性分子之间也存在诱导力。

（3）色散力　非极性分子间也存在相互作用力。例如，室温下溴是液体，碘是固体。在低温下氯、氮、氧甚至稀有气体也能液化。这是分子瞬时偶极相互作用的结果，即非极性分子内部，由于电子的运动和原子核的振动可以发生瞬间的相对位移（正、负电荷中心暂时不重合），从而产生瞬时偶极。这种瞬时偶极也会诱导邻近的分子产生和它相吸引的瞬时偶极，于是两个分子可以靠瞬时偶极相互吸引在一起。这种瞬时偶极与瞬时偶极间的作用力叫作色散力。量子力学计算表明，色散力与相互作用分子的变形性有关，变形性越大，色散力越大。

综上所述，分子间力有三种。非极性分子之间只存在色散力；极性分子与非极性分子之间既有色散力、又有诱导力；极性分子之间则取向力、诱导力和色散力都有，所以可以把分子间力看作这三种作用力的总和。

2. 分子间力的特点

① 分子间力是普遍存在于任何分子之间的，无论是取向力、诱导力还是色散力，其本质都是电性引力。大多数分子间力以色散力为主，即色散力≫取向力＞诱导力。

② 分子间力仅在很短的范围内起作用（300～500pm），超出这个范围，分子间力便显著减弱到可以忽略不计。所以物质在固态及液态时分子间力较显著，而在气态（尤其是低压下）时则很小可忽略。

③ 分子间力与化学键不同。这表现在分子间力一般没有方向性和饱和性，而且它的作用能在 2～20kJ·mol^{-1} 之间，而化学键键能则为 100～600kJ·mol^{-1}，可见分子间力要比化学键能小 1～2 个数量级。

三、氢键

除上述三种作用力外，在某些分子间还存在与分子间力大小相当的另一种作用力——氢键。氢键是氢原子与电负性大的 X 原子形成共价键时，由于键的极性很强，共用电子对强烈地偏向 X 原子一边，而使氢原子的核几乎“裸露”出来。这个半径很小的氢核能吸引另一个分子中电负性大的 X（或 Y）原子的孤对电子而形成氢键。如图 3-15 所示。

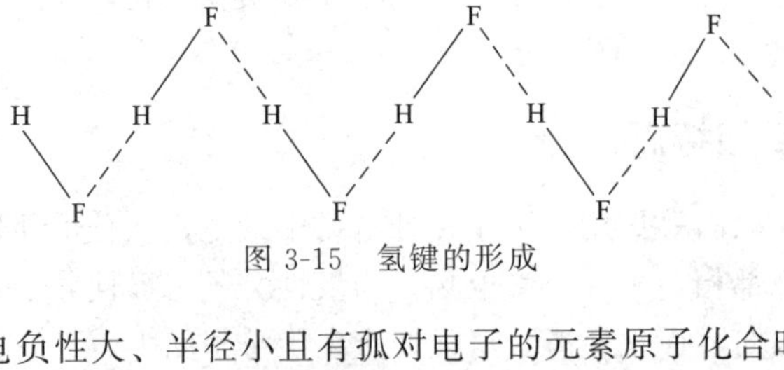

图 3-15　氢键的形成

氢键的形成

氢键只有当氢与电负性大、半径小且有孤对电子的元素原子化合时才能形成。这样的元素有氧、氮和氟等，如 H_2O、NH_3、HF 等都含有氢键。氢键的存在相当普遍，无机含氧酸、有机酸、醇、胺、蛋白质等分子间都存在氢键。除分子间可形成氢键外，分子内也可以形成氢键。

氢键的键能一般在 40kJ · mol^{-1} 以下，比化学键弱，与分子间力具有相同的数量级，属分子间力的范畴。对于某些物质，由于氢键的存在，使分子间作用力大大加强，从而对其性质产生明显影响。

壁虎可在光滑墙壁上行走、倒挂在天花板上，是由于壁虎脚底的大量细毛与物体表面的分子之间的分子间力累积的结果。壁虎每只脚大约有 50 万根极细的刚毛，而每根刚毛末端有 400～1000 根细的分支，这使得刚毛与物体的距离非常靠近而产生范德瓦尔斯力。四只脚的总作用力相当于 1.0MPa。据此，人们可望用仿生技术研制出黏合力超强的新型胶纸，还易于揭下，但又不对物体表面造成伤害，并可反复使用。

四、分子间力和氢键对物质的物理性质的影响

1. 物质的熔点和沸点

对于同类型的单质和化合物，其熔点和沸点一般随分子量的增加而升高。这是由于物质分子间的色散力随分子量的增加而增强的缘故。例如：

氢化物	CH_4	SiH_4	GeH_4	SnH_4
沸点/℃	−164	−112	−90	−52

含氢键物质的熔、沸点较其同类型无氢键的物质要高。例如，HF 的熔、沸点较同族氢化物高（HF、HCl、HBr、HI 的沸点分别为 20℃、−85℃、−67℃、−36℃），这是因为 HF 分子间存在氢键，使分子发生缔合的缘故。

2. 物质的溶解性

物质的溶解性也与分子间作用力有关，分子间作用力相似的物质易于互相溶解，反之，则难于互相溶解。

① 分子极性相似的物质易于互相溶解（相似相溶原理）。如 I_2 易溶于 CCl_4、苯等非极性溶剂而难溶于水。这是由于 I_2 为非极性分子，与苯、CCl_4 等非极性溶剂有着相似的分子间力（色散力）。而水为极性分子，分子间除色散力外，还有取向力、诱导力以及氢键。要使非极性分子能溶于水中，必须克服水的分子间力和氢键，这就比较困难。

② 彼此能形成氢键的物质能互相溶解。例如，乙醇、羧酸等有机物都易溶于水，因为它们与 H_2O 分子之间能形成氢键，使分子间互相缔合而溶解。

本章小结

一、原子核外电子的运动状态

1. 主量子数 n：主要决定电子的能量高低和电子层，其数值可以取 1 开始的正整数。

2. 角量子数 l：决定电子亚层或所在能级，其数值可以取 0 到 $n-1$ 的正整数。

3. 磁量子数 m：表示同一亚层中的轨道数，其数值可取从 $+l$ 到 $-l$ 包括 0 在内的整数，可以有 $2l+1$ 个轨道。

4. 自旋量子数 m_s：它只有 $+\frac{1}{2}$ 和 $-\frac{1}{2}$ 两种取值。

二、原子核外电子排布与元素周期系

1. 核外电子的排布应遵循能量最低原理、泡利不相容原理和洪德规则三个基本原则。

2. 元素周期律：随着原子核电荷的递增，核外电子排布呈现周期性的变化规律，这是元素性质周期性变化规律的内在本质。

3. 元素周期表：元素周期表是周期律的表现形式，根据原子电子层结构的特点和最后充填电子进入的亚层，可以把周期表中的元素划分为 s、p、d、ds 和 f 几个区，更便于从原子结构本质上认识元素在周期表中的位置。

三、原子结构与元素性质的关系

1. 原子半径是与元素性质密切相关的一个参数，随着原子结构周期性的变化，原子半径也呈现周期性的变化规律。

2. 元素的金属性和非金属性可以通过电离能、电子亲和能、电负性来衡量，这些参数也都随原子结构周期性的改变而呈现周期性的变化规律。

四、物质的形成

1. 离子键：离子键是由原子得失电子后，形成的正、负离子之间通过静电吸引作用而形成的化学键。

2. 共价键：如果两个原子各有一个未成对的电子，当两个原子靠近时自旋相反的两个电子可以相互配对形成稳定的化学键，即共价键。

3. 金属键：许多个金属原子和金属离子通过自由电子结合在一起形成的化学键称为金属键。

五、分子间力

1. 色散力：由瞬时偶极之间产生的吸引力叫作色散力。

2. 诱导力：固有偶极之间的同极相斥、异极相吸，从而使非极性分子极化变形，产生诱导偶极并相互吸引。

3. 取向力：由固有偶极的取向而产生的作用力称为取向力。取向力的大小主要取决于分子极性的强弱。

习题

1. 填空题

（1）3p 能级：$n=$__________，$l=$__________，有__________个简并轨道。

（2）按下表要求填入数字：

符号	主量子数 n	角量子数 l	所含原子轨道数	可容纳电子数
2p				
4f				
6s				
5d				

（3）核外电子排布遵循的三个原则是__________，__________和__________，它们是从__________中归纳出来的。

（4）电负性是指某元素的一个原子吸引__________的能力，电负性最大的元素是__________。

（5）化学键中，具有饱和性和方向性的是__________，而__________则无方向性和饱和性。分子间力__________方向性和饱和性，但__________有方向性和饱和性。

（6）下列四种物质① CsCl　② C_6H_5Cl　③ $[Cu(NH_3)_4]SO_4$　④ SiO_2 中，含有离子键的是__________，含有共价键的是__________，含有配位键的是__________。

（7）对于① H_2　② CH_4　③ $CHCl_3$　④ 氨水　⑤ 溴与水之间，只存在色散力的是__________，只有色散力和诱导力的是__________；既有色散力又有诱导力的是__________；不仅有分子间力，还有氢键的是__________。

（8）填表：

原子序数	19				
电子排布式			$1s^22s^22p^6$		
外层电子构型				$4d^55s^1$	$6p^3$
周期		5			
族					
未成对电子数		5			
最高氧化数					

（9）使水汽化，需要克服__________，而使水分解需要克服__________。

（10）在① SiF_4　② PH_3　③ CO_2　④ H_2S 中，极性分子有__________，非极性分子有__________。

（11）在① HCl　② NH_3　③ I_2　④ CH_4　⑤ CH_3OH 中，易溶于水的物质是__________，难溶于水的物质是__________。这是由于前者都是__________，而后者都是__________。

2. 选择题

（1）在多电子原子中，轨道能量是由（　　）决定的。

A. n（主量子数）　　B. n 和 l　　C. n、l、m　　D. n 和 m

（2）下列各组量子数中，合理的一组是（　　）。

A. $n=2$，$l=1$，$m=0$　　B. $n=2$，$l=0$，$m=\pm1$

C. $n=3$，$l=3$，$m=-1$　　D. $n=2$，$l=3$，$m=\pm2$

（3）以下元素的原子半径递变规律由小到大的是（　　）。

A. Be＜B＜Na＜Mg　　B. B＜Be＜Mg＜Na

C. Be＜B＜Mg＜Na　　D. B＜Be＜Na＜Mg

（4）在周期表中，第一电子亲和能具有最大值的元素是（　　）。

A. 氟　　B. 氯　　C. 溴　　D. 氧

3. 简答题

（1）试举例说明原子核外电子排布应遵循哪些原则？

（2）元素周期表分区的依据是什么？周期表中共分几个区？

（3）什么是极性分子和非极性分子？分子的极性与化学键的极性有何关系？

知识拓展

反物质——宇宙中还有一个“反地球”吗？

物质的原子核是由质子和中子构成的，核外有电子。1930 年，英国物理学家狄拉克明确提出电子有两种，两种电子的质量相同，但所带电荷不同，除了带负电荷外，有的电子带正电荷。这两种电子恰好相反，即一正一反。带负电荷的电子叫正电子，而带正电荷的电子叫反电子。当时狄拉克提出正反电子的理论之后，人们半信半疑：这反电子在哪里呢？为了证明狄拉克的理论，物理学家们在实验室内通过实验寻找反电子存在的证据。1932 年，美国物理学家安德森果然发现了反电子。

1964 年，美国科学家用 70 亿电子伏特能量的质子轰击 Be，生成一个反质子与一个反中子构成的反氘核。1996 年欧洲核子研究中心制造了 9 个反氢原子，2002 年 9 月又制取了 5 万个，这是反物质研究的一个重要里程碑。

为什么人们对反物质如此情有独钟？因为正反物质碰在一起，湮灭后会放出巨大能量，而不留下任何渣滓，绝无环境污染问题。如果用 2t 正、反物质，即可解决全世界一年的能量所需。

人们提出这样的问题：既然存在反物质，那么反太阳、反地球、反宇宙……在哪里？应该到哪里去寻找反物质？为什么反物质不能长期存在？

为探索反物质之谜，目前科学家除了在实验室制造反物质外，还在自然界寻找反物质，科学家认为，约在140亿年前，宇宙诞生时产生了大体相等的正物质和反物质（也有人认为正物质多于反物质）。1997年，哈萨克斯坦科学家提出，在太阳系相反的一面存在着一个大小和质量与地球一样的星球，即反地球。2001年5月30日诺贝尔奖得主丁肇中在北京市科学技术协会（简称北京科协）作前沿物理科普报告时说：“也许宇宙中还存在一个由反物质组成的北京科协呢。”他说：“正如电子有正负之分一样，物质也有正反两种，但是，它们组成的世界是什么样呢？”1977年，美国五个著名科学机构的天文学家宣布，他们利用先进的γ射线探测卫星时发现在银河系上方约3500光年处有一个不断喷射反物质的反物质源。喷出的反物质在宇宙中形成了一个高达2490光年的“喷泉”。这是宇宙反物质研究领域的重大突破。

1998年6月，由美国“发现号”航天飞船把α频谱仪（AMS）带到太空。美、中、俄等十多个国家的37个科研机构参与了这一计划——探测宇宙中的反物质。中国运载火箭研究院承担了整个探测器的机械结构的制造和实验中最关键的永磁铁的研制以及环境实验，中国科学院高能物理研究所承担了磁谱仪复合计数器的研制工作。

目前，反物质的利用尚有困难，因为反物质能量太大，无法与正物质“和平共处”，因此，降能技术已成为当今的努力方向。

素质拓展阅读

元素周期表发明者——门捷列夫

门捷列夫（1834～1907年），生于俄国西伯利亚托博尔斯克。俄国化学家，曾就读于圣彼得堡国立交通大学、圣彼得堡师范大学、德国海德堡大学，任敖德萨中学教师、圣彼得堡国立大学教授、技术专科学校化学教授。依照原子量排列出世界上第一张元素周期表，预见了一些尚未发现的元素。研究过气体定律、气象学、石油工业、农业化学、无烟火药、度量衡。门捷列夫编著的《化学原理》被国际化学界公认为标准著作，影响了一代又一代的化学家。联合国大会宣布2019年为国际化学元素周期表年，旨在纪念俄罗斯化学家门捷列夫在150年前发表元素周期表这一科学发展史上的重大成就。1955年，为纪念这位伟大的科学家，由美国的乔索、哈维、肖邦等人人工合成的新的元素，便以门捷列夫的名字被命名为钔（Md）。

门捷列夫对化学这一学科发展的最大贡献在于发现了化学元素周期律，在批判地继承前人工作的基础上，对大量实验事实进行了订正、分析和概括，总结出元素的性质随着原子量的递增而呈周期性变化，即元素周期律。根据元素周期律编制了第一张元素周期表，把已经发现的63种元素全部列入表里，从而初步完成了使元素排列系统化的任务。第一张元素周期表中留有空位，预言了类似硼、铝、硅的未知元素的性质，并指出当时测定的某些元素原子量的数值有错误，而门捷列夫在周期表中也没有机械地完全按照原子量数值的顺序排列。若干年后，门捷列夫的预言都得到了证实。门捷列夫工作的成功，引起了科学界的震动。人们为了纪念他的功绩，就把元素周期律和周期表称为门捷列夫元素周期律和门捷列夫元素周期表。

攀登科学高峰的路，是一条艰苦又曲折的路。门捷列夫任化学副教授以后，负责讲授“化学基础”课。自然界到底有多少元素？元素之间有什么异同又存在什么内部联系？新的元素应该怎样去发现？对于这些问题，当时的化学界正处在探索阶段。虽然当时有些化学家如德贝莱纳和纽兰兹在一定深度和不同角度客观地叙述了元素间的某些关系，但他们没有把所有元素作为整体来总结，没有找到元素的正确分类原则。年轻的门捷列夫也毫无畏惧地冲进了这个领域，开始了艰难的探索工作。他不分昼夜地思索着，探求元素的化学特性和它们的原子特性，然后将每个元素和它们的原子数量记在一张小纸卡上，企图在元素全部的复杂的特性里，捕捉元素的共同性。他一次又一次地失败了，可他不屈服，不灰心。为了彻底解决这个问题，他走出实验室，出外考察和收集资料，去德国海德堡进行深造，研究物理化学，探索元素间内在关系；考察巴库油田，对液体进行深入研究，重测了一些元素的原子量；参加世界工业展览馆，考察了法国、德国、比利时的化工厂、实验室；继续研究纸卡，把重新测定过的原子量的元素，按照原子量的大小依次排列起来。他发现性质相似的元素，它们的原子量并不相近，相反，有些性质不同的元素，它们的原子量反而相近。他紧紧抓住元素的原子量与性质之间的相互关系，不停地研究。他的大脑因过度紧张，而经常昏眩。1869 年 2 月 19 日，他终于发现了元素周期律。他的周期律说明：简单物体的性质，以及元素化合物的形式和性质，都和元素原子量的大小有周期性的依赖关系。门捷列夫在排列元素表的过程中，又大胆指出一些公认的原子量不准确。实践证实了门捷列夫的论断，也证明了周期律的正确性。

恩格斯在《自然辩证法》一书中曾经指出：“门捷列夫不自觉地应用黑格尔的量转化为质的规律，完成了科学上的一个勋业，这个勋业可以和勒威耶计算尚未知道的行星海王星的轨道的勋业居于同等地位。”由于时代的局限性，门捷列夫的元素周期律并不是完美无缺的。1894 年，稀有气体氩的发现，对周期律是一次考验和补充。1913 年，英国物理学家莫塞莱在研究各种元素的伦琴射线波长与原子序数的关系后，证实原子序数在数量上等于原子核所带的正电荷，进而明确作为周期律的基础不是原子量而是原子序数。在周期律指导下产生的原子结构学说，不仅赋予元素周期律以新的说明，并且进一步阐明了周期律的本质，把周期律这一自然法则放在更严格更科学的基础上。元素周期律经过后人的不断完善和发展，在人们认识自然、改造自然、征服自然的斗争中，发挥着越来越大的作用。

第四章

滴定分析法概论

分析化学是研究物质化学组成的分析方法及有关理论的学科，它包括定性分析和定量分析两部分。定性分析的任务是鉴定物质所含的组分，对于有机物质还需要确定其官能团及分子结构。而定量分析的任务是测定各组分的相对含量。

根据定量分析所采用方法的不同，又可分为化学分析法和仪器分析法，化学分析法是以物质的化学反应和相互的定量关系为基础的经典分析方法。仪器分析法是以物质的物理性质或物理化学性质为基础，利用专门的仪器来进行测定的方法，适合于微量组分的分析。

知识目标

1. 掌握误差的类型及其表示方法，能够说明误差在科学研究和生产中的意义。
2. 掌握有效数字及其运算规则，并运用于分析化学实验。
3. 能够描述滴定分析法原理、讨论滴定分析的反应条件及滴定方式。
4. 能够概括基准物质应具备的条件，掌握标准溶液的配制和标定技术。

能力目标

1. 会进行有效数字的修改与计算。
2. 能正确处理分析数据。
3. 会配制标准溶液。

素质目标

1. 从定量分析理论和实践中获知分析化学学科中精益求精的精神，养成严谨的科学精神。
2. 通过了解汪尔康的生平，培养热爱祖国的情怀。

第一节　滴定分析法概述

滴定分析法是化学分析法中最常用的一类分析方法。它是以化学反应为基础的，根据滴定所利用化学反应类型的不同，滴定分析法一般可分为四类：酸碱滴定法、沉淀滴定法、氧化还原滴定法、配位滴定法。

一、滴定分析法原理

滴定分析法又称容量法，是将一种已知准确浓度的溶液（即标准溶液）用滴定管滴加到一定量被测组分的溶液中（或将被测物质的溶液滴加到一定量已知准确浓度的溶液中），直到所加的标准溶液与被测的组分按化学计量关系完全反应为止，然后，根据标准溶液的浓度和体积，计算被测组分含量的一类分析方法。滴加标准溶液的操作过程称为滴定。

当滴加的标准溶液与待测组分按化学计量关系恰好完全反应的这一点称为化学计量点或理论终点。滴定分析的关键在于能否及时地指出到达化学计量点的时刻。许多滴定反应达到化学计量点时溶液并没有明显的外观变化，所以通常利用外加试剂颜色的变化（或其他方法）来判断终点，这种外加试剂称为指示剂。一般把滴定至指示剂颜色变化的突变点称为滴定终点。

化学计量点与滴定终点的含义不同，前者是根据化学反应的定量关系求得的理论值。后者是滴定时实际测定的，由于指示剂变色点不一定恰好在化学计量点上，而是在化学计量点附近，因此化学计量点与滴定终点常常不一致，其差别称为终点误差。终点误差的大小取决于化学反应的完全程度和指示剂的选择是否恰当。

二、滴定分析法的特点

滴定分析法使用的仪器比较简单，操作简便、快速、准确度较高，因此，在生产实践和科学实验中用途较广，适合常量组分分析（组分含量＞1%），但滴定分析法灵敏度较低，不适用于含量低的微量组分（0.01%～1%）测定和含量更低的痕量组分（＜0.01%）的测定。

三、滴定分析法的类型

根据反应类型的不同，滴定分析法可分为以下四类。

1. 酸碱滴定法

以酸碱中和反应为基础的滴定分析法，也称中和滴定法，其实质可表示为：

$$H^+ + OH^- \rightleftharpoons H_2O$$

2. 氧化还原滴定法

以氧化还原反应为基础的滴定分析法，反应的实质是电子的得失，可以测量各种氧化剂和还原剂的含量，如高锰酸钾法、重铬酸钾法、碘量法等，其反应可表示为：

$$MnO_4^- + 5Fe^{2+} + 8H^+ \rightleftharpoons Mn^{2+} + 5Fe^{3+} + 4H_2O$$

$$Cr_2O_7^{2-} + 6Fe^{2+} + 14H^+ \rightleftharpoons 2Cr^{3+} + 6Fe^{3+} + 7H_2O$$

$$I_2 + 2S_2O_3^{2-} \rightleftharpoons 2I^- + S_4O_6^{2-}$$

3. 配位滴定法

以生成配位化合物的配位反应为基础的一种滴定分析法称为配位滴定法。滴定的最终产物是配合物（或配离子）。其中最常用的是用（乙二胺四乙酸 EDTA）标准溶液测定各种金属离子的含量，其反应为：

$$M^{n+} + H_2Y^{2-} = MY^{n-4} + 2H^+$$

此法用于测定多种金属或非金属元素，有着广泛的实际应用（用 H_2Y^{2-} 代表 EDTA）。

4. 沉淀滴定法

以生成沉淀反应为基础的滴定分析方法称为沉淀滴定法，这类方法在滴定过程中有沉淀产生，如银量法，反应为：

$$Ag^+ + Cl^- = AgCl\downarrow$$

$$Ag^+ + SCN^- = AgSCN\downarrow$$

四、滴定分析法对化学反应的要求

在化学分析中，不是所有的化学反应都可以用作滴定分析的，适合滴定分析的化学反应必须具备以下几个条件。

① 反应必须按一定反应式进行，即有确定的化学计量关系，否则就失去了定量的依据。无副反应发生，而且反应必须完全，即要求在达到滴定终点时至少完成 99.9%以上。

② 反应必须迅速完成。若反应进行得太慢，则终点不易或不能确定。为此，通常采用加热或加催化剂的办法来加快反应速率。

③ 有比较简便、可靠的方法确定终点，如用适当的指示剂或其他物理化学方法来确定终点。

④ 溶液中若有其他组分共存时，应不干扰主反应，否则需采取掩蔽或分离的措施以消除干扰。

五、滴定分析方式

滴定分析中常用的滴定方式有四类。

1. 直接滴定法

用标准溶液直接滴定被测物质的方法，如用标准盐酸滴定未知含量的碱溶液，称为直接滴定法。它具备简单、迅速、准确等优点，是滴定分析中最常用、最基本的滴定方法。如果滴定反应符合分析反应必须具备的条件，就可用标准溶液直接滴定被测物质。如用 NaOH 溶液滴定 HCl 溶液。

2. 返滴定法

返滴定法也称为回滴法或剩余量滴定法。若滴定反应进行较慢或没有合适的指示剂，可先在被测组分的溶液中加入过量标准溶液 A，待反应完全后，再用另一种标准溶液 B 滴定剩余的标准溶液 A，这种方法叫返滴定法。根据两种标准溶液的浓度和用量，则可求得被测物质的含量，如用 $AgNO_3$ 滴定酸性溶液中的 Cl^-，无合适的指示剂，此时可先加入过量的 $AgNO_3$ 标准溶液，使 Cl^- 沉淀完全，再以三价铁盐作指示剂，用 NH_4SCN 标准溶液返滴过量的 Ag^+，出现 $[Fe(SCN)]^{2+}$ 淡红色为终点，其反应式为：

$$NaCl + AgNO_3 = AgCl\downarrow + NaNO_3$$

$$AgNO_3 + NH_4SCN = AgSCN\downarrow + NH_4NO_3$$

$$Fe^{3+} + SCN^- = \underset{\text{(淡红色)}}{[Fe(SCN)]^{2+}}$$

3. 置换滴定法

由于被测物质不能直接滴定，而加入另一种物质与之反应，置换出一定量能被滴定的物质，然后用适当滴定剂进行滴定的方法，称之为置换滴定法。例如，硫代硫酸钠不能直接滴定重铬酸钾及其他氧化剂，因为重铬酸钾等氧化剂将 $S_2O_3^{2-}$ 氧化为 $S_4O_6^{2-}$ 或 SO_4^{2-}，没有一定的计量关系，可以在酸性重铬酸钾等氧化剂溶液中加入过量的 KI，使其反应，产生与重铬酸钾等氧化剂“物质的量”相等的 I_2，然后再用 $Na_2S_2O_3$ 的标准溶液滴定。其反应式为：

$$Cr_2O_7^{2-} + 6I^- + 14H^+ = 2Cr^{3+} + 3I_2 + 7H_2O$$

$$I_2 + 2S_2O_3^{2-} = 2I^- + S_4O_6^{2-}$$

4. 间接滴定法

对不能与滴定剂直接反应的物质可以通过另外的反应间接进行滴定。例如，被测 Ca^{2+} 不能和 $KMnO_4$ 直接反应，可以将 Ca^{2+} 沉淀成 CaC_2O_4 后，用 H_2SO_4 溶解，再用 $KMnO_4$ 标准溶液滴定与 Ca^{2+} 结合的 $C_2O_4^{2-}$，从而间接测定 Ca^{2+}，其反应式为：

$$Ca^{2+}+C_2O_4^{2-} = CaC_2O_4\downarrow$$

$$CaC_2O_4+H_2SO_4 = CaSO_4+H_2C_2O_4$$

$$2MnO_4^{-}+5C_2O_4^{2-}+16H^{+} = 2Mn^{2+}+10CO_2\uparrow+8H_2O$$

这种被测物质不能与滴定剂直接反应，但能通过另一种能与滴定剂反应的物质而被间接测定的方法，称为间接滴定法。

六、基准物质和标准溶液

1. 基准物质

能用于直接配制或标定标准溶液的物质称为基准物质或标准物质，基准物质必须符合下列条件。

① 纯度高。物质必须具有足够高的纯度，其纯度一般为99.99%以上，其杂质能够用已知灵敏度的分析方法进行检查。

② 组成恒定。物质的组成与化学式相符，若含结晶水，结晶水的数量也应与化学式一致。如 $AgNO_3$、$CuSO_4\cdot5H_2O$ 等。

③ 稳定性高，易于保存。如在空气中称量时，不吸湿，不被空气氧化，不受二氧化碳影响，不挥发，加热干燥不分解，在适当的储存条件下成分不变，性质稳定。

④ 具有较大的摩尔质量。基准物质的摩尔质量愈大，称取的量就愈多，这样可减少因称量造成的误差。

常用的基准物质有纯金属和纯化合物，如 Cu、Zn 和 Na_2CO_3、$H_2C_2O_4\cdot2H_2O$、$K_2Cr_2O_7$、KIO_3、$Na_2C_2O_4$、$CaCO_3$ 等。它们的含量一般要求在99.99%以上，才可用做基准物质。

2. 标准溶液的配制

（1）直接配制法　准确称取一定量的基准物质，溶解后定量转移入容量瓶中，加蒸馏水稀释至一定刻度，充分摇匀。根据称取基准物质的质量和容量瓶的容积，即可计算出其准确浓度。例如，称取4.4130g重铬酸钾（基准试剂），以水溶解后，转移至1L容量瓶中用水稀释至刻度，它的浓度是 $0.01500mol\cdot L^{-1}$。

（2）间接配制法　对于不符合基准物质条件的试剂，不能直接配制成标准溶液，可采用间接法配制。即先配制成近似于所需浓度的溶液，然后用基准物质或另一种标准溶液来测定它的准确浓度，这种测定所配溶液浓度的过程叫标定。如 NaOH（易吸收空气中的 CO_2 和 H_2O）、浓 H_2SO_4（易吸水）、浓 HCl（易挥发）、$KMnO_4$ 和 $Na_2S_2O_3$（不易提纯，在空气中也不稳定）等都可采用间接法配制标准溶液。例如，需要 $0.1mol\cdot L^{-1}$ 标准盐酸溶液时，先配成浓度大约 $0.1000mol\cdot L^{-1}$ 的盐酸溶液，然后用基准碳酸钠或氢氧化钠标准溶液标定，即可求得盐酸溶液的准确浓度。

第二节 误差的基本知识

定量分析的目的是准确测定待测组分在试样中的含量，因此要求分析结果具有一定的准确度。在定量分析过程中，通常包括取样、试样的分解、干扰的消除、测定和分析结果的计算等步骤，一般都要求分析结果达到适当的准确性。若分析结果不准确则会造成产品报废、资源浪费，甚至在科学上得出错误的结论。

但是，由于受分析工作者的主客观条件和操作熟练水平的限制，测得的结果不可能绝对准确。即使由两位技术很熟练的分析工作者，采用同样的分析方法对同一试样进行测定，所得的分析结果很难做到完全一致；同一个人进行多次实验，所得结果也不可能完全相同，如果不同的人采用不同方法对同一试样进行测定，出现的差异可能更大些。这说明在分析过程中误差是客观存在的，测定结果只能趋近于真值而不能达到真值。因此，在定量分析中应该了解分析过程中产生误差的原因及误差出现的规律，并采取相应措施减少误差，还必须对分析结果的所得数据进行归纳、取舍，合理的分析结果的可靠性和精确程度，使测定的结果接近客观真值，满足生产、科学研究等各方面的要求。

一、误差的分类及产生原因

在分析过程中，分析结果与真实值之间的差值叫误差，分析结果与平均值的差值叫偏差。根据误差的性质和产生原因，误差可分为系统误差和随机误差两大类。

1. 系统误差

这类误差是由于某种特定原因造成的，通常是按一定的规律重复出现。误差的正负、大小总是重复出现，具有单向性，即在同样条件下的实验中增加测定次数，不可能使系统误差消除。若能找出产生系统误差的原因，并设法加以测定，就可进行校正，消除误差。系统误差按其产生的原因分为以下几种。

① 方法误差。方法误差是由于测量方法本身的限制所造成的误差，不管分析操作者如何谨慎细心、严格遵守操作规程，方法误差仍然不可避免。如滴定分析中反应进行不完全、由指示剂确定的终点与化学计量点不符合以及发生副反应等，都系统地影响测定结果偏低或偏高。

② 仪器误差。仪器误差是由于测量时所用仪器本身不够精确所造成的误差。

③ 操作误差。操作误差是指在正常操作情况下，由于分析工作者的主观原因所产生的误差。

④ 试剂误差。由于试剂或蒸馏水中含有微量杂质或干扰物质而引起的误差。

2. 随机误差

随机误差也称偶然误差，它是某些难以控制或无法避免的偶然因素所造成的误差。如测定时环境的温度、湿度、大气压的微小变化，仪器性能的微小波动等引起的测量数据的波动。

随机误差的大小、正负都是不固定的，似乎没有规律性，但是，引起随机误差的各种偶然因素是相互影响的，消除系统误差后，在同样条件下进行多次测定，就可发现随机误差分布规律如下。

① 小误差出现机会多，大误差出现机会少，特别大的误差出现机会极小。

② 大小相等的正、负误差出现的概率相等，测量次数越多，测量的平均值越接近真实值。

应当指出，由于分析工作者粗心大意或违反操作规程所产生的错误，如看错试剂，看错滴定管刻度，溶液溅失而引起的较大过失，不同于随机误差和系统误差。如发生由于过失引起的错误，要返工重做，或将此次测定结果弃去不用。

【问题 4-1】 分析工作中，出现下列情况属于何种误差？

（1）试样未经充分混合　　（2）砝码未经校正　　（3）天平零点突然有变化

二、误差的表示方法

1. 准确度与误差

准确度是指分析结果与真实值的接近程度，以误差表示。误差小则分析结果的准确度高，反之则低。误差又分为绝对误差（E）和相对误差（RE）。测得值（x_i）与真实值（x_μ）之差称为绝对误差，误差在真实值中所占的百分率，称为相对误差。其表示方法如下：

$$\text{绝对误差}=\text{测得值}-\text{真实值}$$

$$E=x_i-x_\mu$$

$$\text{相对误差}=\frac{\text{绝对误差}}{\text{真实值}}\times 100\%$$

$$RE=\frac{E}{x_\mu}\times 100\%$$

绝对误差的数值并不能准确表达测得值的准确度。例如，某硅酸盐样品中 SiO_2 的质量分数，真实值是 37.34%，测得值是 37.30%。某铁矿中氧化铁的质量分数，真实值是 60.39%，测得值是 60.35%，两种样品分析结果的绝对误差分别为：

$$E=37.30\%-37.34\%=-0.04\%$$

$$E=60.35\%-60.39\%=-0.04\%$$

两种样品分析结果的相对误差分别为

$$RE=\frac{37.30\%-37.34\%}{37.34\%}\times 100\%=-0.11\%$$

$$RE=\frac{60.35\%-60.39\%}{60.39\%}\times 100\%=-0.07\%$$

绝对误差和相对误差都有正值和负值，正值表示测得结果偏高，负值表示测得结果偏低，由于相对误差能反映误差在真实值中所占的比例，故常由相对误差来表示或比较各种情况下测定结果的准确度。

2. 精密度与偏差

在实际工作中，真实值常常是不知道的，因此无法求出分析结果的准确度，所以，一般用精密度来衡量分析结果的可靠程度。在相同条件下，多次平行测得结果彼此相接近的程度称精密度，以偏差表示。偏差分绝对偏差（d）和相对偏差（d_i）。单次测得值 x_i 与几次测定结果平均值 $\overline{x}$（通常是指算术平均值，即将测定值的总和除以测定次数）的差值称绝对偏差。

$$绝对偏差=单次测定值-几次测定结果的平均值$$

$$d=x_i-\overline{x}$$

$$相对偏差=\frac{绝对偏差}{测定结果的平均值}\times 100\%$$

$$d_i=\frac{d}{\overline{x}}\times 100\%$$

绝对偏差和相对偏差也有正、负值。为正值时测定值偏高；为负值时，测定值偏低。

以上所述绝对偏差与相对偏差都是单次测定结果与平均值比较所得的偏差。对多次测定结果的精密度，常用平均偏差表示，平均偏差也分绝对平均偏差（$\overline{d}$）（简称平均偏差）和相对平均偏差（$\overline{d}_i$）。

$$绝对平均偏差=\frac{单次测定绝对偏差的绝对值之和}{测定次数}$$

$$\overline{d}=\frac{|d_1|+|d_2|+\cdots+|d_n|}{n}=\frac{1}{n}\sum|d_i|$$

$$相对平均偏差=\frac{绝对平均偏差}{测定结果的平均值}\times 100\%$$

$$\overline{d}_i=\frac{\overline{d}}{\overline{x}}\times 100\%$$

绝对平均偏差与相对平均偏差都是正值。当测定所得数据的分散程度较大时，仅以其平均偏差还不能看出精密度好坏，需用标准偏差和变异系数来衡量精密度。

标准偏差是指个别测定的偏差平方值的总和除以测定次数减 1 后的开方值，也称为均方根偏差，以 s 表示。

$$s=\sqrt{\frac{\sum d_i^2}{n-1}}$$

相对标准偏差也称变异系数 CV，其计算式为

$$CV=\frac{s}{\overline{x}}\times 100\%$$

当测定次数仅为两次时，精密度也可用相差（D）和相对相差（D_r）来表示。

$$D=|x_1-x_2|$$

$$D_r=\frac{|x_1-x_2|}{\overline{x}}\times 100\%$$

【例 4-1】 用基准物质无水 Na_2CO_3 标定 HCl 溶液的准确度（$mol\cdot L^{-1}$）所得数据为：0.2041，0.2049，0.2039，0.2043，计算分析结果的平均值（$\overline{x}$）、平均偏差、相对平均偏差、标准偏差、变异系数。

解 （1） $\overline{x}=\frac{x_1+x_2+x_3+\cdots+x_n}{n}=\frac{0.2041+0.2049+0.2039+0.2043}{4}=0.2043$

（2） $d_1=-0.0002$，$d_2=+0.0006$，$d_3=-0.0004$，$d_4=0.0000$，则得

$$\overline{d}=\frac{|d_1|+|d_2|+|d_3|+|d_4|}{4}=\frac{0.0002+0.0006+0.0004+0}{4}=0.0003$$

（3） 相对平均偏差 $=\frac{\overline{d}}{\overline{x}}\times 100\%=\frac{0.0003}{0.2043}\times 100\%=0.15\%$

（4）标准偏差　$s=\sqrt{\dfrac{0.0002^2+0.0006^2+0.0004^2+0}{4-1}}=0.0004$

（5）变异系数　$CV=\dfrac{s}{\bar{x}}\times100\%=\dfrac{0.0004}{0.2043}\times100\%=0.20\%$

答：平均值（$\bar{x}$）、平均偏差、相对平均偏差、标准偏差、变异系数分别为 0.2043、0.0003、0.15%、0.0004 和 0.20%。

3. 精密度与准确度的关系

精密度是指几次平行测定结果相互接近的程度，表示的是结果的重复性。为了获得可靠的分析结果，在实际工作中人们总是在相同条件下对试样作几次平行测定，然后取平均值。如果几次测定的数据比较接近表示分析结果的精密度高。

准确度则表示的是测定结果与真实值接近的程度。它们之间差别越小，则分析结果越准确，即准确度高。但在实际工作中，真实值一般是不知道的，人们只能确定一些相对准确的物质和分析结果作为真实值。例如，分析天平的砝码，各种基准物质如纯锌、重铬酸钾等以及国家颁布的某些标准试样的标准值常当作真实值处理。

精密度是确保准确度的前提，如果一批分析结果的精密度较差，那就谈不上准确度了。有时分析结果的精密度很好，但准确度却不高，这就必须考虑可能出现了系统误差，必须及时加以校正。这说明高的精密度并不一定能保证高的准确度。

4. 提高分析结果准确度的方法

为了使分析结果达到一定的准确度，满足实际工作的需要，首先要选择合适的分析方法。滴定法的准确度高，但灵敏度低，适合对常量组分的分析；光度法的灵敏度较高，但准确度就差些，适合对微量组分的分析。

测定方法确定后，要尽可能减小可能产生的误差。首先在操作过程中要认真仔细，绝对避免过失误差；其次应尽量减小系统误差和随机误差。

系统误差主要是由测定方法本身、仪器、试剂和操作者自身习惯等因素引起的。通常采用对照试验、空白试验、应用校正值等方法减少系统误差。

对于随机误差，根据其出现的规律，可进行平行测定，取其平均值作为测定值，增加测定次数，可以减少测定平均值的随机误差。但测定次数过多，得不偿失，在实际工作中，一般平行作 3～4 次就可以了，要求较高时，可以适当增加测定次数。

【问题 4-2】 有一样品送到甲、乙两处分析，分析方法相同，其分析结果：

（甲）40.15%　40.14%　40.16%　　（乙）40.02%　40.25%　40.18%

试分别计算两处的精密度，问哪处分析结果较可靠？

第三节　有效数字及其运算规则

定量分析中获得的数值称为数据。为了得到准确的分析结果，必须准确地记录数据和正确地计算。

一、有效数字

有效数字是指在分析测定工作中实际上能测量到的有实际意义的数字。有效数字由准确数字加一位估计（欠准确）数字组成。通常最后一位数字为估计数字，前面的数字为准确数字。例如，一般分析天平能称取至±0.0001g，可称量准确到小数点后第三位，而小数点后第四位是不可靠的。若在分析天平上称取表面皿 18.3420g，实际上可能为 18.3420g±0.0001g，为 6 位有效数字，数据中除了最后一位“0”欠准确外，其余各位都是准确的。滴定管能读至±0.01mL，消耗某滴定剂体积为 23.70mL，实际上可能为 23.70mL±0.01mL。值得注意的是“0”在数据中具有双重意义，是否为有效数字与它在整个数据中所起的作用和所处的位置有关。如 0.0050 有 2 位有效数字，前面的三个“0”只起定位作用，后面的一个“0”才是有效数字。整数末尾的“0”意义往往不明确，如 1500，为了避免混淆，通常可以写成指数形式，因此在记录数据时应根据测量精度将结果写成指数形式，即 1.500×10^3（4 位）、1.50×10^3（3 位）、1.5×10^3（2 位）。记录数据和计算结果时究竟保留几位数字，须根据测定方法和使用仪器的准确程度来决定。在记录数据和计算结果时，所保留的有效数字中只有最后一位是可疑的数字。

分析化学中常用的一些数值，有效数字的位数如下：

分析天平称取试样量	0.9508g	4 位有效数字
滴定管读数	20.10mL	4 位有效数字
标准溶液浓度	$0.0120mol\cdot L^{-1}$	3 位有效数字
离子含量	75.18%	4 位有效数字
pH	3.48，12.09	2 位有效数字

?【问题 4-3】 下列数值各含有几位有效数字？

（1）1.302 （2）0.058 （3）10.305 （4）0.0100g （5）6.3×10^{-5}
（6）2.86×10^2

二、有效数字的运算规则

在分析测定工作中，由于得到的数据的准确度不同（有效数字的位数不一定相等），因此运算时必须按照一定的计算规则，合理地保留有效数字的位数。

1. 有效数字的修约规则

目前，大多采用“四舍六入五留双”规则对数字进行修约，这是我国关于数字修约的国家标准。在整理和计算过程中舍弃多余数字时，当尾数≤4 时舍弃；尾数≥6 时进位；当尾数为 5 而后面无其他数字时，若前一位是偶数（包括 0）则舍去，前一位是奇数则进位，使修约后的最后一位为偶数，当 5 后面有非 0 数字时，则进位。

【例 4-2】 将下列数据修约为 4 位有效数字。

解 0.486746→0.4867　　0.686760→0.6868

2.36650→2.366　　2.36750→2.368

2.36651→2.367

2. 有效数字运算规则

（1）加减法　加减运算所得的结果应继承最大的绝对误差，和或差只能保留一位可疑数字。有效数字的保留应按小数点后位数最少的数为准。先进行修约，后再进行运算。

例如，将 0.012235、34.37、6.37751 三个数相加。计算时由于 34.37 小数点后面只有两位，所以可将 0.012235、6.37751 分别修约为 0.01 和 6.38 后相加，即为：

$$0.01+34.37+6.38=40.76$$

(2) 乘除法 几个数据相乘除时，应以各数据中相对误差最大（通常是有效数字位数最少）的数字为依据来进行修约，其结果所保留的有效数字的位数与该有效数字的位数相同。

例如，将 0.0178、13.34、5.98732 三个数相乘。计算时由于 0.0178 位数最少，所以可将 13.34 和 5.98732 修约为 13.3 和 5.99，即为：

$$0.0178\times13.3\times5.99=1.42$$

习惯上，有的计算过程中，暂时多保留一位数字，乘、除计算得到最后结果时，再弃去多余数字。

(3) 对数运算 所取对数位数（对数整数部分除外）与真数的有效数字位数相同，真数有几位有效数字，则其对数的小数部分亦应有几位有效数字。如求溶液 pH 时，$-\lg(1.8\times10^{-5})=4.74$。

【例 4-3】 计算：$14.23\times0.652+8.4250-4.92\times0.00212$

解 $14.23\times0.652+8.4250-4.92\times0.00212$

$=14.2\times0.652+8.4250-4.92\times0.00212$

$=9.26+8.4250-0.0104$

$=9.26+8.42-0.01$

$=17.67$

在分析计算的过程中，一般要求保留四位有效数字，误差的表示一般用两位有效数字即可。在化学实验中，计算精度一般只要求达到±0.01%，故一般计算的结果只需保留小数点后两位。

在使用计算器为运算工具时，应注意使用有效数字来表达结果，明确哪些有效数字后面的一长串数字非但不能使结果更精确，反而降低了结果的可信程度，是一堆“垃圾数字”。

本章小结

一、滴定分析原理

滴定分析法是指将一种已知准确浓度的试剂溶液，通过滴定管滴加到一定量的待测组分的溶液中，直至所加试剂与待测组分按化学计量关系完全反应为止，然后根据标准溶液的浓度和体积计算待测组分含量。

二、滴定分析的方法和方式

滴定分析按原理分为酸碱滴定法、氧化还原滴定法、配位滴定法及沉淀滴定法等。按方式分为直接滴定法、间接滴定法、置换滴定法、返滴定法等。

三、定量分析中的误差

1. 误差的表示方法

$$\text{绝对误差 } E=x_i-x_\mu$$

$$\text{相对误差 } RE=\frac{E}{x_\mu}\times100\%$$

2. 偏差的表示方法

$$\text{绝对偏差 } d=x_i-\overline{x}$$

$$\text{相对偏差 } d_i=\frac{d}{x}\times100\%$$

$$绝对平均偏差\ \bar{d}=\frac{|d_1|+|d_2|+\cdots+|d_n|}{n}=\frac{1}{n}\Sigma|d_i|$$

$$相对平均偏差\ \bar{d}_i=\frac{\bar{d}}{\bar{x}}\times 100\%$$

$$标准偏差\ s=\sqrt{\frac{\Sigma d_i^2}{n-1}}$$

$$相对标准偏差\ CV=\frac{s}{\bar{x}}\times 100\%$$

$$相对相差\ D_r=\frac{|x_1-x_2|}{\bar{x}}\times 100\%$$

四、有效数字

有效数字修约按“四舍六入五留双”原则。有效数字运算时，加减法以小数点后位数最少数据为准，乘除法以有效数字位数最少为准。

习题

1. 填空题

（1）误差按其来源和性质可分为两类：__________和__________。

（2）随机误差是指由于某种__________因素引起的误差。其特点是__________和__________，多次重复测定时随机误差符合规律。

（3）在分析过程中，下列情况各造成何种（系统，随机）误差（或过失）

① 天平两臂不等长。__________

② 称量物品时，未冷至室温就进行称量。__________

③ 读取滴定管读数时，总是偏高或偏低。__________

④ 蒸馏水中含有微量杂质。__________

⑤ 重量分析中，有共沉淀现象。__________

2. 选择题

（1）在滴定分析中，出现的下列情况，导致系统误差的为（　　）。

A. 试样未经充分混匀　　B. 滴定管读数错误

C. 滴定时有液体溅出　　D. 砝码未经校正

（2）分析测定中的偶然误差，就统计规律来讲，其（　　）。

A. 数值固定不变　　B. 正误差出现概率大于负误差

C. 大误差出现概率小，小误差出现概率大　　D. 数值相等的正、负误差出现的概率均等

（3）下列哪种方法可减小偶然误差？（　　）

A. 对照实验　　B. 空白实验

C. 校正仪器　　D. 增加平行测定次数

（4）下列分析中哪种情况为偶然误差？（　　）

A. 滴定时所加试剂中含有微量被测物质

B. 某分析人员几次读取同一滴定管读数不能取得一致

C. 某分析人员读取滴定管读数总是偏高或偏低

D. 滴定时发现有少量溶液溅出

（5）下列物质中，可直接配制标准溶液的是（　　）。

A. 盐酸　　B. 氢氧化钠

C. 重铬酸钾　　D. 高锰酸钾

3. 简答题

（1）定量分析的目的和任务是什么？

（2）什么是系统误差和偶然误差？误差的来源是什么？

（3）什么是有效数字？记录和计算时有效数字的取舍原则是什么？

（4）下列数据各包括几位有效数字？

A. 0.02　　B. 1.2010　　C. 5.02%　　D. 15.368　　E. 3.6×10^{-2}

4. 计算题

（1）按有效数字计算规则计算下式。

15.1+2.1+165.34

（2）用台秤称取35.8g氯化钠，又用分析天平称取4.5162g氯化钠，合并溶于水，并稀释至1000mL，问该溶液的物质的量浓度怎样表示？

（3）某铁矿中铁含量的测定结果为：0.057%，0.056%，0.057%，0.058%，0.055%。试求算术平均值和标准偏差。

（4）现有一盐酸溶液，其浓度为$0.1125\text{mol}\cdot\text{L}^{-1}$，取此溶液100mL，问需加多少毫升蒸馏水，方能使其浓度为$0.1000\text{mol}\cdot\text{L}^{-1}$？

（5）0.2540g基准试剂碳酸钠，用$0.2000\text{mol}\cdot\text{L}^{-1}$盐酸标准溶液滴定，问能消耗盐酸溶液多少毫升？

知识拓展

分析化学的作用及发展趋势

分析化学被称为科学技术的眼睛。只要涉及物质及其变化的研究，就离不开分析化学。例如，土壤肥力的测定；肥料、农药、饲料、农产品品质的鉴定；作物生长过程中营养成分或有毒物质在生物体内及土壤中的迁移、转化、积累情况的研究；家畜、家禽的科学管理和临床诊断等都要借助分析化学。在生命科学中，为揭示生命的起源、生命过程、疾病及遗传奥秘等，需使用分析化学的手段研究糖类、蛋白质、脱氧核糖核酸、酶、维生素、各种抗原抗体、激素及激素受体的组成、结构、生物活性以及免疫功能。在环境科学中，为追踪污染源，弄清污染物种类、数量，研究其转化规律和危害程度，分析化学具有不可忽视的作用。工业方面，从原料的选择、工艺流程的控制直至成品的质量检测；从资源勘探、矿山开发到三废的处理和综合利用无一不依赖分析化学的配合。

分析化学是进行科学研究的基础。由于它在国民经济的发展、国防力量的壮大、自然资源的开发及科学技术的进步等方面起着举足轻重的作用，所以分析化学水平被认为是衡量国家科学技术水平的重要标志。

经过近百年的发展与变革，分析化学已经成为“人们获得物质化学组成和结构信息的科学”。以计算机应用为主要标志的信息时代的到来，为分析化学提供了高灵敏度、高选择性、高速化、自动化和智能化等手段，分析化学的任务已不仅是提供物质的含量等，更重要的是对物质的形态（价态、化合态、晶态、异构体）、结构、微区、表面薄层以及活性做出瞬时追踪、在线检测及过程控制。

未来的分析化学发展途径将是更高程度的自动化和机器人技术，真正的智能仪器和仪器网络、在线传感器和微型化系统以及高级遥感技术等。通过以上途径，分析化学将能够获得更高的灵敏度和选择性，能够直接探测分子、过渡态和反应动力学的能量分布，通过更具创新性的分析方法联用等技术进行三维微量、纳米和亚表面分析以及在更苛刻的原位条件下进行分析。

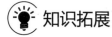

素质拓展阅读

分析化学家——汪尔康

汪尔康，1933 年 5 月 4 日出生于江苏镇江，分析化学家，中国科学院学部委员（院士），发展中国家科学院院士，中国科学院长春应用化学研究所研究员、博士生导师、原所长。汪尔康在上海沪江大学（今上海理工大学）化学系毕业后，于中国科学院长春应用化学研究所工作。1959 年获得捷克斯洛伐克科学院极谱研究所副博士学位后回国，仍在长春应用化学研究所供职。荣获伊朗第十届霍拉子米科学优秀奖，吉林省首届科技进步特殊贡献奖，获得第三届中国电化学成就奖。汪尔康累计发表论文 900 多篇，总被引 30000 多次；先后获得国家自然科学奖 4 项、省部级奖 14 项、国际奖 2 项、发明专利 40 项。在国际学术舞台上，所发起组织的分析化学学术会议，已经成为影响力与活跃程度与日俱增的学术交流平台。

汪尔康先生响应党的号召，大学毕业后选择扎根在长春，从做科研到做管理，一干就是一辈子，其忘我的工作模式，对科研工作严谨、专注的科学态度，对青年人是最好的示范。在培养后辈科技人才方面，乐意扮演“人梯”的角色，力图帮助青年科研人员站得更高、走得更远，让他的团队从一株幼苗长成了一棵参天大树，并且枝蔓向着更远的地方不断扩散伸展。

1959 年，诺贝尔化学奖获得者、极谱学创始人海罗夫斯基曾挽留汪尔康，汪尔康先生为了“国家需要”毫不犹豫地选择回国，并做出了一系列让中国科学家为之鼓舞的重要成果。

汪尔康先生 60 多年来始终致力于分析化学和电分析化学的研究，为发展中国的分析科学做出了重要贡献。20 世纪 50～60 年代，他最早发现了阴离子促使汞电极氧化发生极谱氧化波的普遍规律，提出了界面形成汞配合物及汞盐膜理论，丰富和发展了极谱学理论。70 年代，成功研制以中国第一台脉冲极谱仪为代表的系列极谱仪器，为深化极谱学的发展提供了重要支撑。80 年代，首创线性电流法研究液-液界面电化学的新方法，创新性地提出了离子转移新理论，开拓了仿生膜电化学的研究，推进了电分析化学的新发展。近年来，又系统研究各类微电极、化学修饰电极、电化学检测器与液相色谱和毛细管电泳联用，并率先开展了电化学扫描探针显微学、毛细管电泳电化学和纳米生物电化学等的基础和应用研究，取得了系列重大创新性成果。

献身祖国科学事业，是汪尔康先生人生奋斗的目标，践行共产主义信仰，是其从事一切工作的出发点。2021 年“七一”前夕，全国“两优一先”表彰大会上，汪尔康荣获全国优秀共产党员荣誉称号，这是对他至诚报国精神的最好褒奖。国家劳模、特级劳模、优秀科技工作者、全国优秀共产党员……这一连串荣誉的背后，是一名党员科学家对于科学的执着追求，对于祖国人民的深深眷恋，这炙热的情感终汇成了一条奔涌的河流，融入我国科技事业的海洋，奔腾不息。

第五章

电解质溶液和解离平衡

大多数无机化学反应是在水溶液中进行的，参加反应的物质主要是酸、碱、盐，它们都是电解质。人体中的各种体液均是电解质溶液，其电解质多以离子形式存在于体液和组织中。它们在体液中的存在状态及其含量，影响到体液的渗透平衡、水盐代谢及酸碱度等。在农业生产中，化肥施用、土壤的酸碱性与农作物生长的关系等问题也都涉及电解质溶液的有关知识。

知识目标

1. 能够解释强电解质溶液理论的基本含义、活度、活度系数、离子强度等概念。
2. 能够讲述弱电解质解离平衡原理并能进行有关计算。
3. 能够描述缓冲溶液的组成、缓冲作用原理、缓冲溶液的性质及其重要作用。
4. 能够写出盐的水解平衡方程式并能进行溶液 pH 的计算。
5. 了解酸碱溶液和难溶电解质平衡中的同离子效应。

能力目标

1. 会进行一元弱酸（弱碱）、水溶液中 H^+ 浓度和 pH 的计算。
2. 能计算缓冲溶液的 pH。
3. 会配制所需 pH 的缓冲溶液。

素质目标

1. 学习化学平衡理论，了解人体中的酸碱平衡对健康的重要意义，正确认知化学家的贡献。
2. 通过了解侯德榜的生平，培养热爱祖国、爱岗敬业的精神。

第一节 电解质的解离平衡

根据电解质溶液导电性的强弱，可将其分为强电解质和弱电解质。强电解质在水溶液中完全解离，弱电解质在水溶液中部分解离。电解质的强弱与其溶解度的大小是两个不同的概念。许多难溶物质［如 AgCl、$CaCO_3$、$Ca(OH)_2$、$BaSO_4$］的溶解度很小，但属于强电解质，因为溶解的部分完全解离。弱电解质的解离平衡及其移动规律对研究化学、生物学等具有重要意义。

一、强电解质

1. 强电解质的概念

在水溶液中能完全解离的物质称为强电解质，强电解质甚至在晶体时也以离子状态存在，这已由 X 射线研究所证明。强酸、强碱和绝大多数盐都是强电解质，如 NaCl、KCl 等固体盐类或 HCl、HNO_3 等。理论上，强电解质在水溶液中的解离度应该是 100%，但根据溶液导电性实验所测得的强电解质在溶液中的解离度都小于 100%，而且随着浓度的增大而降低。这是什么原因呢？1923 年德拜（Debye）和休克尔（Hückel）提出强电解质离子相互作用而形成“离子氛”的概念，解释了造成这种现象的原因。虽然强电解质在水溶液中是完全解离的，但由于离子间的相互作用，每个离子都被带异号电荷的离子所包围，形成“离子氛”。溶液中离子的不断运动，使“离子氛”被拆散，但又随时形成。由于“离子氛”的存在，溶液的导电性就要比理论上的低一些，产生了一种解离不完全的假象。

强电解质解离度的含义与弱电解质不同，弱电解质的解离度表示已解离的分子百分数，而强电解质的解离度仅反映溶液中离子间相互牵制作用的强弱程度，称为表观解离度。表 5-1 中列出了几种常见强电解质的表观解离度。

表 5-1　部分强电解质的表观解离度（298K，$0.10mol \cdot L^{-1}$）

电解质	KCl	$ZnSO_4$	HCl	HNO_3	H_2SO_4	NaOH	$Ba(OH)_2$
表观解离度/%	86	40	92	92	61	91	81

2. 活度和活度系数

为了定量描述电解质溶液中离子间的牵制作用，引入活度的概念。单位体积电解质溶液中，表观上所含有的离子浓度称为活度，也称有效浓度。活度 a 与实际浓度 c 的关系为

$$a = fc$$

f 称为活度系数，它反映了电解质溶液中离子相互牵制作用的大小，溶液越浓，离子电荷越高，离子间的牵制作用越大，f 就越小，活度和浓度间的差距越大，反之亦然。当溶液浓度极稀时，离子间相互作用极微，$f \to 1$，此时活度与浓度基本趋于一致。

3. 离子强度

某离子的活度系数不仅受它本身浓度和电荷的影响，还受溶液中其他离子的浓度及电荷的影响，为了说明这些影响，引入离子强度的概念。

$$I = \frac{1}{2}(c_1 Z_1^2 + c_2 Z_2^2 + c_3 Z_3^2 + \cdots)$$

式中，I 为离子强度；c_1、c_2、c_3 及 Z_1、Z_2、Z_3 等分别表示各离子的浓度（用质量摩尔浓度表示，稀溶液也可用物质的量浓度表示）及电荷数（绝对值）。离子强度是溶液中存在的离子所产生的电场强度的量度。它仅与溶液中各离子的浓度和电荷有关，而与离子本性无关。

【例 5-1】 计算 $0.10mol \cdot L^{-1}$ HCl 和 $0.10mol \cdot L^{-1}$ $CaCl_2$ 混合溶液的离子强度。

解 $I = \frac{1}{2}(c_1 Z_1^2 + c_2 Z_2^2 + c_3 Z_3^2 + \cdots) = \frac{1}{2}[c(H^+)Z^2(H^+) + c(Ca^{2+})Z^2(Ca^{2+}) + c(Cl^-)Z^2(Cl^-)]$

$$=\frac{1}{2}(0.10\times1^2+0.10\times2^2+0.30\times1^2)$$

$$=0.4$$

答：混合溶液的离子强度为 0.4。

二、弱电解质

弱酸、弱碱和极少数盐［如 $HgCl_2$、$Pb(Ac)_2$、Hg_2Cl_2］是弱电解质。

1. 水的解离和溶液的酸碱性

纯水有微弱的导电能力，说明水分子可以发生微弱的解离。水的解离平衡为：

$$H_2O+H_2O \rightleftharpoons H_3O^+ + OH^-$$

为简便起见，用 H^+ 代表水合氢离子 H_3O^+，上式可简写为：

$$H_2O \rightleftharpoons H^+ + OH^-$$

为方便起见，将 $c^{\ominus}=1mol\cdot L^{-1}$ 略去（后同），得

$$K^{\ominus}=\frac{c(H^+)c(OH^-)}{c(H_2O)}$$

1L 纯水相当于 55.6mol 的水，因此可将 $c(H_2O)$ 看成是一常数，将它与 $K^{\ominus}$ 合并，用 $K_w^{\ominus}$ 表示，则有：

$$K_w^{\ominus}=c(H^+)c(OH^-)$$

$K_w^{\ominus}$ 称为水的离子积。它表明在一定温度下，水中的 $c(H^+)$ 和 $c(OH^-)$ 之积是一个常数。它和其他的化学平衡常数一样，只与温度有关，表 5-2 列出了水在不同温度下的离子积。

表 5-2　水在不同温度下的离子积

T/K	273	283	295	298	323	373
$K_w^{\ominus}$	0.13×10^{-14}	0.36×10^{-14}	1.00×10^{-14}	1.27×10^{-14}	5.6×10^{-14}	7.4×10^{-14}

只要温度一定，无论是在纯水还是酸性或碱性溶液中，水的离子积恒定不变。水的解离是吸热反应，温度升高，$K_w^{\ominus}$ 增大，但常温时，一般可认为 $K_w^{\ominus}=1.0\times10^{-14}$。通常情况下，溶液的酸碱性和 $c(H^+)$、$c(OH^-)$ 关系可表示如下：

中性溶液 $c(H^+)=c(OH^-)=1.0\times10^{-7}mol\cdot L^{-1}$

酸性溶液 $c(H^+)>1.0\times10^{-7}mol\cdot L^{-1}>c(OH^-)$

碱性溶液 $c(H^+)<1.0\times10^{-7}mol\cdot L^{-1}<c(OH^-)$

2. pH

对于 H^+ 浓度很小的溶液，可以用 pH 或 pOH 来表示水溶液的酸碱性。

溶液中 H^+ 浓度的负对数叫作 pH。

溶液中 OH^- 浓度的负对数叫作 pOH。

$$pH=-\lg c(H^+) \qquad pOH=-\lg c(OH^-)$$

在 295K 时，水溶液中 $K_w^{\ominus}=c(H^+)c(OH^-)=1.0\times10^{-14}$，故有 pH+pOH=14。

中性溶液　pH=pOH=7

酸性溶液　pH<7　或　pOH>7

碱性溶液　pH>7　或　pOH<7

pH 越小，酸性越强；反之，pH 越大，碱性越强。pH 的应用范围一般在 0～14 之间［$c(H^+)$ 在 $1\sim10^{-14}mol \cdot L^{-1}$ 之间］，如果 $c(H^+)>1mol \cdot L^{-1}$，则 pH<0，这种情况下就直接用 $c(H^+)$ 表示，而不用 pH 表示溶液的酸碱性。pH 试纸在实验中广泛使用，它沾到不同 pH 溶液时，会显出不同的颜色，将此颜色与标准色板比较，就可知道溶液的 pH。表 5-3 列出了几种常见液体的 pH。

表 5-3　常见液体的 pH

名　称	pH	名　称	pH
血液	7.35～7.45	牛奶	6.3～6.6
胃液	1.0～3.0	眼泪	7.4
唾液	6.5～7.5	酒	2.8～3.8

3. 一元弱酸（碱）的解离平衡

（1）解离平衡常数　弱酸、弱碱是弱电解质，在水溶液中仅部分解离。在一定温度下，弱电解质在溶液中的解离是可逆的。溶液中既存在着弱电解质分子，也存在着由分子解离生成的离子，这些分子和离子处于动态平衡。

一元弱酸以 HAc 为例，它的平衡式为：

$$HAc+H_2O \rightleftharpoons H_3O^+ + Ac^- \quad 简写为 \quad HAc \rightleftharpoons H^+ + Ac^-$$

当正逆两个过程速率相等时，分子与离子之间就达到动态平衡，这种平衡称为解离平衡。解离平衡是化学平衡的一种，服从化学平衡定律。

其平衡常数表达式为 $K_a^{\ominus}=\dfrac{c(H^+)c(Ac^-)}{c(HAc)}$

一元弱酸的解离平衡

式中，$K_a^{\ominus}$ 称为酸的解离平衡常数，简称解离常数。

一元弱碱以氨水为例，它的解离平衡式为

$$NH_3 \cdot H_2O \rightleftharpoons NH_4^+ + OH^-$$

其平衡常数表达式为 $K_b^{\ominus}=\dfrac{c(NH_4^+)c(OH^-)}{c(NH_3 \cdot H_2O)}$

式中，$K_b^{\ominus}$ 为碱的解离常数。

一元弱碱的解离平衡

解离平衡常数与酸（碱）的本性及温度有关，而与物质的浓度无关。解离平衡常数的大小，代表着弱酸（弱碱）在水溶液中的解离程度以及弱酸（弱碱）的酸（碱）性的相对强弱。解离平衡常数越大，表示该酸（碱）的解离程度越大，酸（碱）性也越强。

（2）解离度　在平衡状态下，弱电解质的解离程度可用解离度来表示。

解离度是指解离达到平衡时，已解离的弱电解质分子占解离前溶液中分子总数的百分数。解离度常用 a 表示。

$$a=\frac{已解离的分子数}{解离前的分子总数}\times100\%$$

解离度 a 是解离平衡时弱电解质的解离百分数，解离度的大小可以相对地表示电解质的强弱。解离度属于平衡转化率，与弱电解质的本性、浓度有关。

（3）解离平衡常数与解离度的关系　关于弱电解质的解离平衡常数与解离度之间的关系，以弱酸 HA 为例讨论。

$$HA \rightleftharpoons H^+ + A^-$$

起始浓度/(mol·L^{-1})　　c　　0　　0

平衡浓度/(mol·L^{-1})　　$c-ca$　　ca　　ca

$$K_a^\ominus=\frac{c(H^+)c(A^-)}{c(HA)}=\frac{c^2a^2}{c-ca}=\frac{ca^2}{1-a}$$

当 $c_{酸}/K_a^\ominus>500$，$a\leqslant5\%$，此时可近似认为 $1-a\approx1$，于是

$$K_a^\ominus=ca^2 \quad 或 \quad a=\sqrt{\frac{K_a^\ominus}{c}}$$

对于一元弱碱溶液

$$BOH \rightleftharpoons B^+ + OH^-$$

同理可以得到

$$K_b^\ominus=\frac{c(B^+)c(OH^-)}{c(BOH)}$$

$$K_b^\ominus=ca^2 \quad 或 \quad a=\sqrt{\frac{K_b^\ominus}{c}}$$

上式所表示的意义是：同一弱电解质的解离度与其浓度的平方根成反比，即浓度越稀，解离度越大；同一浓度的不同弱电解质的解离度与其解离平衡常数的平方根成正比。也称为稀释定律。

【例 5-2】 298K 时，HAc 的解离常数为 1.76×10^{-5}。计算 0.10mol·L^{-1} HAc 溶液的 H^+ 浓度、pH 和解离度。

解 当酸解离出来的 H^+ 浓度远大于 H_2O 解离出的 H^+ 浓度时，可忽略水的解离，此时溶液中 $c(H^+)\approx c(Ac^-)$。设 $c(H^+)=x$(mol·L^{-1})。

$$HAc \rightleftharpoons H^+ + Ac^-$$

平衡浓度/(mol·L^{-1})　　$0.10-x$　　x　　x

$$K_a^\ominus=\frac{c(H^+)c(Ac^-)}{c(HAc)}=\frac{x^2}{0.10-x}=1.76\times10^{-5}$$

因为　　$c/K_a^\ominus>500$

所以可用近似计算　$0.10-x\approx0.10$(mol·L^{-1})

$$c(H^+)=x=\sqrt{1.76\times10^{-5}\times0.10}=1.33\times10^{-3}(mol\cdot L^{-1})$$

$$pH=-\lg c(H^+)=-\lg1.33\times10^{-3}=2.88$$

$$a=\frac{x}{c}\times100\%=\frac{1.33\times10^{-3}}{0.10}=1.33\%$$

答：溶液的 H^+ 浓度、pH 和解离度分别为 1.33×10^{-3}mol·L^{-1}、2.88 和 1.33%。

4. 多元弱酸 (碱)的解离平衡

多元弱酸（碱）的解离是分步进行的，每一步都有一个解离平衡常数。

二元酸（碳酸）

$$H_2CO_3 \rightleftharpoons H^+ + HCO_3^- \qquad K_{a_1}^\ominus=4.3\times10^{-7}$$

$$HCO_3^- \rightleftharpoons H^+ + CO_3^{2-} \qquad K_{a_2}^\ominus=5.6\times10^{-11}$$

三元酸（磷酸）

$$H_3PO_4 \rightleftharpoons H^+ + H_2PO_4^- \qquad K_{a_1}^\ominus=7.52\times10^{-3}$$

$$H_2PO_4^- \rightleftharpoons H^+ + HPO_4^{2-} \qquad K_{a_2}^\ominus=6.23\times10^{-8}$$

多元弱酸的解离平衡

$$HPO_4^{2-} \rightleftharpoons H^+ + PO_4^{3-} \qquad K_{a_3}^{\ominus}=2.2\times10^{-13}$$

一般而言，对于二元弱酸：$K_{a_1}^{\ominus} \gg K_{a_2}^{\ominus}$；对于三元弱酸：$K_{a_1}^{\ominus} \gg K_{a_2}^{\ominus} \gg K_{a_3}^{\ominus}$

【例 5-3】 室温下，饱和碳酸水溶液物质的量浓度为 0.040mol·L^{-1}，求此溶液中 H^+、HCO_3^- 和 CO_3^{2-} 的浓度。

解 已知 $c(H_2CO_3)=0.040$mol·L^{-1}，$K_{a_1}^{\ominus}=4.3\times10^{-7}$，$K_{a_2}^{\ominus}=5.6\times10^{-11}$

设溶液中的 $c(H^+)$ 为 x(mol·L^{-1})。

	$H_2CO_3 \rightleftharpoons$	H^+	$+HCO_3^-$
起始浓度/(mol·L^{-1})	0.040	0	0
平衡浓度/(mol·L^{-1})	$0.040-x$	x	x

因为 $c/K_a^{\ominus}>500$，可做近似计算，所以 $0.040-x\approx0.040$(mol·L^{-1})

$$K_{a_1}^{\ominus}=\frac{c(H^+)c(HCO_3^-)}{c(H_2CO_3)}=\frac{x^2}{0.040}=4.3\times10^{-7}$$

$$x=c(H^+)=\sqrt{K_{a_1}^{\ominus}\times0.040}=\sqrt{4.3\times10^{-7}\times0.040}=1.3\times10^{-4}(\text{mol}\cdot\text{L}^{-1})$$

HCO_3^- 的二级解离为

$$HCO_3^- \rightleftharpoons H^+ + CO_3^{2-}$$

$$K_{a_2}^{\ominus}=\frac{c(H^+)c(CO_3^{2-})}{c(HCO_3^-)}=5.6\times10^{-11}$$

由于 $K_{a_1}^{\ominus} \gg K_{a_2}^{\ominus}$ $\qquad c(H^+)\approx c(HCO_3^-)$

所以 $\qquad c(CO_3^{2-})\approx K_{a_2}^{\ominus}$

答：$c(H^+)=c(HCO_3^-)=1.3\times10^{-4}$mol·L^{-1}，$c(CO_3^{2-})=5.6\times10^{-11}$mol·L^{-1}。

由上例可以得出如下结论：

① 多元弱酸解离时，溶液中的 H^+ 主要由一级解离产生。当 $c/K_a^{\ominus}>500$ 时，可以根据公式 $c(H^+)=\sqrt{K_a^{\ominus}c_{\text{酸}}}$，将多元弱酸当作一元弱酸处理进行近似计算。

② 二元弱酸溶液中，酸根的浓度近似等于 $K_{a_2}^{\ominus}$，与酸的浓度无关。

③ 多元弱酸根的浓度极低，当需要大量此种酸根时，往往用其盐来代替。

5. 同离子效应

在弱酸或弱碱水溶液中，加入含有相同离子的强电解质时，会使酸碱平衡发生移动。

例如，当在 0.10mol·L^{-1} HAc 溶液中，滴加几滴甲基橙指示剂，溶液呈红色，向溶液中加入固体 NaAc，振荡，则红色渐渐褪去，最后变成黄色。这是因为 HAc-NaAc 溶液中存在着下列解离平衡：

$$HAc \rightleftharpoons H^+ + \boxed{Ac^-}$$
$$NaAc = Na^+ + \boxed{Ac^-}$$

由于 NaAc 完全解离为 Na^+ 和 Ac^-，溶液中 Ac^- 浓度增大，使 HAc 的解离平衡向左移动，从而降低了 HAc 的解离度。同理，在氨水溶液中加入氯化铵，由于 NH_4^+ 浓度大大增加，也会使下列平衡向左移动，因而 NH_3 的解离度会变小。

$$NH_3 + H_2O \rightleftharpoons \boxed{NH_4^+} + OH^-$$
$$NH_4Cl = \boxed{NH_4^+} + Cl^-$$

由此得出结论：在已经建立平衡的弱电解质溶液中，加入与其含有相同离子的另一强电解质后，使弱电解质的解离平衡发生移动，降低了弱电解质的解离度的效应称为同离子效应。同离子效应只降低解离度，而不改变解离平衡常数。

6. 盐效应

若在 HAc 溶液中加入不含相同离子的强电解质，如 NaCl、KNO_3 等，则因溶液中离子之间的相互牵制作用增大，使 HAc 的解离度略有增大，这种作用称为盐效应。可以看出，产生同离子效应时，必然伴随盐效应，但同离子效应的影响比盐效应要大得多，所以一般情况下，可以不考虑盐效应的影响。

【例 5-4】 298K 时，在 1L 0.10mol·L^{-1} HAc 溶液中加入 0.10mol 固体 NaAc（设溶液体积不变）后，求该溶液的 $c(H^+)$ 和解离度。

解　设 HAc 解离出的 $c(H^+)$ 为 x（mol·L^{-1}）。

$$HAc \rightleftharpoons H^+ + Ac^-$$

平衡浓度/(mol·L^{-1})　　$0.10-x$　　x　　$0.10+x$

由于同离子效应，0.10mol·L^{-1} HAc 的解离度更小，所以

$c(HAc)=0.10-x\approx0.10(mol\cdot L^{-1})$　　$c(Ac^-)=0.10+x\approx0.10(mol\cdot L^{-1})$

代入平衡 $K_a^\ominus=\dfrac{c(H^+)c(Ac^-)}{c(HAc)}=\dfrac{(0.10+x)x}{0.10-x}=1.76\times10^{-5}$

$$x=c(H^+)=1.76\times10^{-5}(mol\cdot L^{-1})$$

$$a=\frac{c(H^+)}{c_{酸}}=\frac{1.76\times10^{-5}}{0.10}=1.76\times10^{-4}$$

答：该溶液的 $c(H^+)$ 为 1.76×10^{-5}mol·L^{-1}，解离度为 1.76×10^{-4}。

【问题 5-1】 成人胃液（pH=1.4）的 $c(H^+)$ 是婴儿胃液（pH=5.0）$c(H^+)$ 的多少倍？

第二节　缓冲溶液

缓冲溶液在工业、农业、医学、化学、生物学等方面都有重要的应用。例如，土壤溶液是很好的缓冲溶液，它是由碳酸及其盐、腐殖酸及其盐类组成的缓冲对，这有利于微生物的正常活动和农作物的发育生长。再如正常人体血液 pH 保持在 7.35～7.45 的狭小范围内，pH 低于 7.35，就会出现酸中毒；高于 7.45 则会出现碱中毒。另外，在许多配位滴定反应中，必须在一定酸度范围内才能顺利完成，偏高或偏低的酸度会引起严重的副反应或反应进行不彻底。对于这些反应过程都可通过缓冲溶液来控制 pH。

一、缓冲溶液及其组成

1. 定义

缓冲溶液是一种能够抵抗少量外加强酸、强碱及加水稀释的影响，而保持本身 pH 基本不变的溶液。缓冲溶液所起的作用称为缓冲作用。

2. 组成

缓冲溶液中含有抗酸成分和抗碱成分，通常把这两种成分称为缓冲对。常见缓冲对有如下类型。

弱酸-弱酸盐：HAc-NaAc

弱碱-弱碱盐：$NH_3 \cdot H_2O$-NH_4Cl

多元弱酸酸式盐-相应次级盐：NaH_2PO_4-Na_2HPO_4、$NaHCO_3$-Na_2CO_3 等

实际上，较高浓度的强酸或强碱溶液由于本身酸度或碱度较高，外加少量酸、碱或稀释后，溶液的 pH 变化不大，也能起到缓冲溶液作用。

二、缓冲作用的原理

缓冲溶液为什么具有缓冲作用呢？现以 HAc-NaAc 体系为例来说明缓冲作用原理。

HAc 是弱电解质，在溶液中只有少量的解离：

$$HAc \rightleftharpoons H^+ + Ac^-$$

NaAc 是强电解质，在溶液中完全解离：

$$NaAc = Na^+ + Ac^-$$

由于大量的 Ac^- 的存在，必然会降低 HAc 的解离度（同离子效应），于是在 HAc 和 NaAc 的混合体系中存在着大量未解离的 HAc 和 Ac^-（来自 NaAc），这是此缓冲溶液的两个主要成分。此外溶液中还有大量的 Na^+（无缓冲作用）和少量的 H^+（参与 HAc 的解离平衡）。

当在此缓冲溶液中加入少量强酸（如 HCl）时，溶液中的 Ac^- 便和外加的 H^+ 结合生成 HAc，使 HAc 解离平衡向左移动，结果使溶液中的 $c(H^+)$ 不会显著增大，溶液的 pH 也几乎没有变化。Ac^-（或 NaAc）是缓冲溶液的抗酸成分。

当在此缓冲溶液中加入少量强碱（如 NaOH）时，溶液中的 H^+ 便与 OH^- 结合成水，使溶液中的 $c(H^+)$ 稍有降低，这时溶液中大量存在着的 HAc 会立即解离出 H^+ 来补充溶液中减少的 H^+，使 HAc 解离平衡向右移动，结果使溶液中的 $c(H^+)$ 几乎没有降低，溶液的 pH 也几乎没有变化。HAc 是缓冲溶液的抗碱成分。这就是缓冲溶液具有缓冲能力的原因。

缓冲溶液的原理

弱碱及弱碱盐组成的缓冲溶液，其作用原理与 HAc-NaAc 的作用原理相似。

当然，如果向缓冲溶液中加入大量的酸或碱，当溶液中的抗酸成分或抗碱成分消耗将尽时，它就不再有缓冲能力了，所以缓冲溶液的缓冲能力是有限的。

【问题 5-2】 请分析由 $NH_3 \cdot H_2O$ 和 NH_4Cl 组成的缓冲溶液作用原理是怎样的？写出相关的解离平衡关系式。

三、缓冲溶液的 pH 计算

缓冲溶液的计算公式推导如下。

以 HAc-NaAc 体系为例

$$HAc \rightleftharpoons H^+ + Ac^-$$

$$NaAc = Na^+ + Ac^-$$

$$K_a^\ominus = \frac{c(H^+)c(Ac^-)}{c(HAc)} \qquad c(H^+) = K_a^\ominus \frac{c(HAc)}{c(Ac^-)}$$

由于 HAc 的解离度很小，加上 Ac^- 的同离子效应，使 HAc 的解离度更小，所以可以做近似处理

$$c(HAc) = c_{弱酸} \qquad c(Ac^-) = c_{弱酸盐}$$

$$c(H^+)=K_a^\ominus \frac{c_{弱酸}}{c_{弱酸盐}}$$

将上式两边取负对数：

$$pH=pK_a^\ominus+\lg\frac{c_{弱酸盐}}{c_{弱酸}}$$

对于弱碱及其盐组成的缓冲溶液，同样可推导出：

$$pOH=pK_b^\ominus+\lg\frac{c_{弱碱盐}}{c_{弱碱}}$$

其中，$\lg\frac{c_{弱酸盐}}{c_{弱酸}}$和$\lg\frac{c_{弱碱盐}}{c_{弱碱}}$称为缓冲比。

【例 5-5】 若在 90mL 的 HAc-NaAc 缓冲溶液中（其中 HAc 和 NaAc 的浓度皆为 $0.10mol \cdot L^{-1}$），加入 10mL $0.010mol \cdot L^{-1}$ 的 NaOH 溶液，求溶液的 pH。

解 根据公式 $pH=pK_a^\ominus+\lg\frac{c_{弱酸盐}}{c_{弱酸}}$

未加 NaOH 之前，$pH=4.75+\lg\frac{0.10}{0.10}=4.75$

加入 NaOH 之后，$c(HAc)=0.10\times\frac{90}{90+10}mol \cdot L^{-1}-0.010\times\frac{10}{100}mol \cdot L^{-1}=0.089 mol \cdot L^{-1}$

$$c(Ac^-)=0.10\times\frac{90}{90+10}mol \cdot L^{-1}+0.010\times\frac{10}{100}mol \cdot L^{-1}=0.091mol \cdot L^{-1}$$

$$pH=4.75+\lg\frac{0.091}{0.089}=4.76$$

答：溶液的 pH 为 4.76。

四、缓冲溶液的配制

1. 缓冲范围

缓冲溶液的缓冲作用是有限度的，如果外加强酸或强碱的量较大，缓冲溶液对强酸、强碱的抵抗能力就逐渐减弱直至最终消失。当缓冲比小于 1/10 或大于 10/1 时，pH 与 $pK_a^\ominus$ 之差超过 1 个 pH 单位，一般认为缓冲溶液的缓冲作用能力弱。因此，把 $pH=pK_a^\ominus\pm1$ 作为缓冲作用的有效区间，并称为缓冲溶液的缓冲范围。

2. 缓冲溶液的配制

缓冲溶液的应用极其广泛，在实际工作中常会遇到缓冲溶液的选择和配制问题。缓冲溶液的配制一般应遵循以下原则。

① 选择合适的缓冲对：所选缓冲对弱酸的 $pK_a^\ominus$ 尽量接近于所需 pH，并尽量在缓冲对的缓冲范围内，而且所选缓冲对不能与溶液中主物质发生作用。

② 缓冲溶液的总浓度要适当，一般在 $0.1\sim0.5mol \cdot L^{-1}$ 之间。

③ 计算所需缓冲对的量，为方便计算和配制，常用相同浓度的缓冲对溶液，分别取不同体积混合即可。

④ 实际值与计算 pH 常有出入，需用 pH 计或精密 pH 试纸校正。

【例 5-6】 欲配制 1L pH = 5.00，$c(HAc)=0.20mol \cdot L^{-1}$ 的缓冲溶液，问需

1.00mol·L^{-1}HAc和NaAc溶液各多少毫升？

解 根据 $pH=pK_a^{\ominus}+\lg\frac{c_{弱酸盐}}{c_{弱酸}}$

$$5.00=4.75+\lg\frac{c(Ac^-)}{0.20}$$

$$c(Ac^-)=c(NaAc)=0.36mol\cdot L^{-1}$$

根据 $c_1V_1=c_2V_2$

对于 HAc $V=\frac{0.20\times1000}{1.00}mL=200mL$

对于 NaAc $V=\frac{0.36\times1000}{1.00}mL=360mL$

答：将 200mL 1.00mol·L^{-1} 的 HAc 溶液和 360mL 1.00 mol·L^{-1} 的 NaAc 溶液混合，然后用水稀释至1L，即为pH=5.00的缓冲溶液。

五、缓冲溶液在生物科学中的作用

缓冲溶液在工农业、生物学、医学、化学等方面都有重要意义。例如，在土壤中由于含有 H_2CO_3-$NaHCO_3$ 和 NaH_2PO_4-Na_2HPO_4 以及其他有机酸及其盐类组成的复杂缓冲体系，所以能使土壤维持一定的pH，从而保证了微生物的正常活动和农作物的发育生长。

人体血液的pH在7.35～7.45范围内保持恒定的原因，固然是因为大部分依靠各种排泄器官将过多的酸、碱物质排出体外，但也因血液中含有多种缓冲体系：H_2CO_3-$NaHCO_3$、NaH_2PO_4-Na_2HPO_4、HHb-NaHb（血浆蛋白及其钠盐）、$HHbO_2$-$KHbO_2$（氧合血红蛋白及其钾盐）、HA-NaA（有机酸及其钠盐）等。这些缓冲对中以 H_2CO_3-$NaHCO_3$ 在血液中的浓度最高，缓冲能力最大，对维持血液的pH起主要作用。

?【问题 5-3】 为什么向 NaH_2PO_4-Na_2HPO_4 缓冲溶液中加入少量的强酸或强碱时其溶液的pH基本保持不变？

* 第三节　盐的水解

水溶液的酸碱性主要取决于溶液中 H^+ 浓度和 OH^- 浓度的相对大小。对于酸碱中和的产物盐来说，如NaAc、Na_2CO_3、NH_4Cl 等，它们在水中既不能解离出 H^+，也不能解离出 OH^-，所以它们的水溶液似乎应是中性的，但事实并非如此。

一、盐的水解概念和类型

由于盐溶于水时，盐的离子与水解离出的 H^+ 或 OH^- 作用，生成弱酸或弱碱，引起水的解离平衡发生移动，改变了溶液中的 H^+ 和 OH^- 的相对浓度，所以溶液就不呈现中性。盐的离子与水解离出的 H^+ 或 OH^- 作用产生弱电解质的反应称为盐的水解。

盐的类型有弱酸强碱盐、弱碱强酸盐、弱酸弱碱盐、强酸强碱盐四种类型，各类型盐的水解情况、溶液的酸碱性要在下面作进一步讨论。

二、水解平衡和水解常数

水解平衡实际上是水的解离平衡和弱电解质的解离平衡双重平衡的总结果。

1. 一元弱酸强碱盐的水解

以 NaAc 为例　　$NaAc \rightleftharpoons Na^+ + Ac^-$

水的解离　　$H_2O \rightleftharpoons H^+ + OH^-$　　(1)

$$c(H^+)c(OH^-) = K_w^\ominus \quad (2)$$

HAc 解离的逆过程　　$H^+ + Ac^- \rightleftharpoons HAc$　　(3)

$$\frac{c(HAc)}{c(H^+)c(Ac^-)} = \frac{1}{K_a^\ominus} \quad (4)$$

式（1）+式（3）得水解平衡　　$Ac^- + H_2O \rightleftharpoons HAc + OH^-$　　(5)

水解常数 $K_h^\ominus$ 为：

$$K_h^\ominus = \frac{c(HAc)c(OH^-)c(H^+)}{c(Ac^-)c(H^+)}$$

得

$$K_h^\ominus = \frac{K_w^\ominus}{K_a^\ominus} \quad (6)$$

从上面推导结果可见，在相同条件下，若有两个反应方程式相加得第三个反应方程式，则第三个反应方程式的平衡常数为前两个反应方程式平衡常数之积。这亦是多重平衡原则。

$K_h^\ominus$ 代表水解常数，是平衡常数的一种形式，它能衡量出水解反应进行的趋势。在一定温度下，水解常数 $K_h^\ominus$ 与弱酸解离平衡常数 $K_a^\ominus$ 成反比，所以生成盐的酸越弱，水解程度越大。

正如解离度一样，盐的水解也有水解度，用 h 表示。

$$h = \frac{\text{已水解了的盐的浓度}}{\text{盐的初始溶液浓度}} \times 100\%$$

【例 5-7】 计算 $0.10mol \cdot L^{-1}$ NaAc 溶液的 pH 和 h。已知 $K_a^\ominus = 1.76 \times 10^{-5}$。

解 忽略水解离出的 OH^-，可认为 $c(OH^-) = c(HAc)$。

设溶液中的 $c(OH^-)$ 为 $x(mol \cdot L^{-1})$。

$$Ac^- + H_2O \rightleftharpoons HAc + OH^-$$

	Ac^-	HAc	OH^-
起始浓度/$(mol \cdot L^{-1})$	c	0	0
平衡浓度/$(mol \cdot L^{-1})$	$c-x$	x	x

$c_{盐}/K_a^\ominus > 500$，因此 $0.10 - x \approx 0.10(mol \cdot L^{-1})$

$$K_h^\ominus = \frac{c(HAc)c(OH^-)}{c(Ac^-)} = \frac{x^2}{0.10}$$

$$x = \sqrt{K_h^\ominus \times 0.10} = \sqrt{\frac{K_w^\ominus}{K_a^\ominus} \times 0.10} = \sqrt{\frac{1 \times 10^{-14}}{1.76 \times 10^{-5}} \times 0.10} = 7.5 \times 10^{-6}(mol \cdot L^{-1})$$

$$pOH = -\lg(7.5 \times 10^{-6}) = 5.1 \qquad pH = 14 - pOH = 8.9$$

$$h = \frac{c(OH^-)}{c_{盐}} \times 100\% = \frac{7.5 \times 10^{-6}}{0.10} \times 100\% = 0.0075\%$$

答：$0.10mol \cdot L^{-1}$ NaAc 溶液的 pH 为 8.9，h 为 0.0075%。

通过上例的计算，可以推导出一元弱酸强碱盐的 OH^- 浓度的近似计算公式：

$$c(OH^-)=\sqrt{K_h^\ominus c_{盐}}=\sqrt{\frac{K_w^\ominus}{K_a^\ominus}c_{盐}}$$

2. 一元弱碱强酸盐的水解

以 NH_4Cl 为例 $NH_4Cl \longrightarrow NH_4^+ + Cl^-$

水的解离 $H_2O \rightleftharpoons H^+ + OH^-$ $K_w^\ominus$

$NH_3 \cdot H_2O$ 解离的逆过程 $NH_4^+ + OH^- \rightleftharpoons NH_3 \cdot H_2O$ $\frac{1}{K_b}$

水解平衡 $NH_4^+ + H_2O \rightleftharpoons NH_3 \cdot H_2O + H^+$ $K_h^\ominus$

同样可以推导出： $K_h^\ominus=\frac{K_w^\ominus}{K_b^\ominus}$

【例 5-8】 计算 0.10mol·L^{-1} NH_4Cl 溶液的 pH。已知 $K_b^\ominus=1.76\times10^{-5}$。

解 忽略水解离出的 H^+，可认为 $c(H^+)=c(NH_3 \cdot H_2O)$

设溶液中的 $c(H^+)$ 为 x（mol·L^{-1}）。

$$NH_4^+ + H_2O \rightleftharpoons NH_3 \cdot H_2O + H^+$$

起始浓度/(mol·L^{-1})	c	0	0
平衡浓度/(mol·L^{-1})	$c-x$	x	x

$c_{盐}/K_b^\ominus>500$，因此 $0.10-x\approx0.10$（mol·L^{-1}）

$$K_h^\ominus=\frac{c(NH_3 \cdot H_2O)c(H^+)}{c(NH_4^+)}=\frac{x^2}{0.10}$$

$$x=\sqrt{K_h^\ominus\times0.10}=\sqrt{\frac{K_w^\ominus}{K_b^\ominus}\times0.10}=\sqrt{\frac{1\times10^{-14}}{1.76\times10^{-5}}\times0.10}=7.5\times10^{-6}(mol\cdot L^{-1})$$

$$pH=-\lg(7.5\times10^{-6})=5.1$$

答：0.10mol·L^{-1} NH_4Cl 溶液的 pH 为 5.1。

通过上例的计算，可以导出一元弱碱强酸盐的 $c(H^+)$ 的近似计算公式：

$$c(H^+)=\sqrt{K_h^\ominus c_{盐}}=\sqrt{\frac{K_w^\ominus}{K_b^\ominus}c_{盐}}$$

3. 一元弱酸弱碱盐的水解

以 NH_4Ac 为例 $NH_4Ac \longrightarrow NH_4^+ + Ac^-$

水的解离 $H_2O \rightleftharpoons H^+ + OH^-$ $K_w^\ominus$

HAc 解离的逆过程 $H^+ + Ac^- \rightleftharpoons HAc$ $\frac{1}{K_a^\ominus}$

$NH_3 \cdot H_2O$ 解离的逆过程 $NH_4^+ + OH^- \rightleftharpoons NH_3 \cdot H_2O$ $\frac{1}{K_b^\ominus}$

水解平衡 $NH_4^+ + Ac^- + H_2O \rightleftharpoons HAc + NH_3 \cdot H_2O$ $K_h^\ominus$

同样可以推导出： $K_h^\ominus=\frac{K_w^\ominus}{K_a^\ominus K_b^\ominus}$

由此可见：弱酸弱碱盐的水解常数与 $K_a^\ominus$、$K_b^\ominus$ 之积成反比，又因 $K_a^\ominus$、$K_b^\ominus$ 数值较小，所以 $K_h^\ominus$ 通常较大，即弱酸弱碱盐水解倾向较大，水解得较彻底。

弱酸弱碱盐水溶液究竟显酸性、碱性还是中性，主要由组成盐的酸和碱的相对强度，即 $K_a^\ominus$、$K_b^\ominus$ 值的相对大小而定。

当 $K_a^\ominus = K_b^\ominus$ 时，$c(H^+)=\sqrt{K_w^\ominus}=1.0\times10^{-7}mol\cdot L^{-1}$　　溶液为中性

当 $K_a^\ominus > K_b^\ominus$ 时，$c(H^+)>1.0\times10^{-7}mol\cdot L^{-1}$　　溶液为酸性

当 $K_a^\ominus < K_b^\ominus$ 时，$c(H^+)<1.0\times10^{-7}mol\cdot L^{-1}$　　溶液为碱性

4. 强酸强碱盐

强酸强碱盐的阴、阳离子都不能与水解离出的 H^+ 和 OH^- 作用，不能破坏水的解离平衡。因此，它们不水解，其水溶液为中性。

三、影响盐类水解的因素

1. 盐类的本性

盐类水解程度的大小，主要决定于盐的本性（$K_h^\ominus$）。如果盐类水解后生成的酸或碱越弱，或者难溶于水，则平衡就向着水解的方向移动，水解程度也就越大。表 5-4 列出了几种常见弱酸、弱碱盐的水解度。

表 5-4　弱酸、弱碱盐水解度

盐	水解反应	$K_a^\ominus$ 或 $K_b^\ominus$	$K_h^\ominus$	h
NaAc	$Ac^- + H_2O \rightleftharpoons HAc + OH^-$	1.76×10^{-5}	5.68×10^{-10}	0.0075
NH_4Cl	$NH_4^+ + H_2O \rightleftharpoons NH_3\cdot H_2O + H^+$	1.76×10^{-5}	5.68×10^{-10}	0.0075
$NaHCO_3$	$HCO_3^- + H_2O \rightleftharpoons H_2CO_3 + OH^-$	4.3×10^{-7}	2.32×10^{-8}	0.048
Na_2CO_3	$CO_3^{2-} + H_2O \rightleftharpoons HCO_3^- + OH^-$	5.6×10^{-11}	1.78×10^{-4}	4.2
NaCN	$CN^- + H_2O \rightleftharpoons HCN + OH^-$	4.93×10^{-10}	2.03×10^{-5}	0.7

例如，Al_2S_3 在水中水解后，生成难溶的 $Al(OH)_3$ 和 H_2S 气体，所以它的水解程度很大，几乎完全水解。

$$2Al^{3+} + 3S^{2-} + 6H_2O \rightleftharpoons 2Al(OH)_3\downarrow + 3H_2S\uparrow$$

2. 盐的浓度

弱酸强碱盐和弱碱强酸盐，盐的浓度越小水解度越大。稀释溶液，体积增大，各物质浓度减小，破坏了原来的平衡，因此稀释溶液平衡向水解方向移动，可促进盐的水解。例如，将 Na_2SiO_3 稀释，则可析出 H_2SiO_3 沉淀。

$$SiO_3^{2-} + H_2O \rightleftharpoons HSiO_3^- + OH^-$$

$$HSiO_3^- + H_2O \rightleftharpoons H_2SiO_3\downarrow + OH^-$$

弱酸弱碱盐，水解度与浓度无关。

3. 酸度

水解反应常使溶液呈现酸性或碱性，如向盐溶液中加入酸（或碱），可以改变水解程度。例如，在配制 Sn^{2+}、Fe^{3+}、Bi^{3+}、Sb^{3+}、Hg^{2+} 溶液时，由于水解生成沉淀，不能得到所需溶液。以 Sn^{2+} 为例：

$$SnCl_2 + H_2O \rightleftharpoons Sn(OH)Cl\downarrow + HCl$$

加入相应的酸，由于同离子效应使平衡向生成盐的方向移动，抑制水解反应。所以，通常是将它们溶于较浓的酸中，然后再用水稀释到所需的浓度（不可先加水再加酸，因为水解

产物很难溶解）。

有时加酸或碱可以促进盐类的水解。

$$S^{2-}+H_2O \rightleftharpoons HS^{-}+OH^{-} \qquad \text{加酸促进水解}$$

$$Al^{3+}+3H_2O \rightleftharpoons Al(OH)_3\downarrow+3H^{+} \qquad \text{加碱促进水解}$$

4. 温度

由于中和反应是放热反应，因此其逆过程——水解反应是吸热反应，一般情况下，加热促进水解。例如，在洗涤物品时，加热碱水（Na_2CO_3 溶液），使 Na_2CO_3 的水解程度增大，溶液中的 $c(OH^-)$ 大，去污能力强，就是这个道理。

本章小结

本章主要讨论了电解质溶液中的各种平衡及其有关的计算。

一、强电解质

1. 活度 a 与实际浓度 c 的关系

$$a=fc$$

2. 离子强度

$$I=\frac{1}{2}(c_1Z_1^2+c_2Z_2^2+c_3Z_3^2+\cdots)$$

二、弱电解质

1. 水的解离和溶液的酸碱性

$$H_2O \rightleftharpoons H^{+}+OH^{-}$$

298K　　$K_w^\ominus=c(H^+)\ c(OH^-)$　　$K_w^\ominus$ 为水的离子积

2. pH

溶液中 H^+ 浓度的负对数叫作 pH，溶液中 OH^- 浓度的负对数叫作 pOH。

$$pH=-\lg c(H^+) \qquad pOH=-\lg c(OH^-)$$

中性溶液　pH＝pOH＝7

酸性溶液　pH＜7　或　pOH＞7

碱性溶液　pH＞7　或　pOH＜7

3. 一元弱酸（碱）的解离平衡

（1）解离平衡常数

一元弱酸以 HA 为例，其解离平衡常数为

$$K_a^\ominus=\frac{c(H^+)c(A^-)}{c(HA)}$$

一元弱碱以 BOH 为例，其解离平衡常数为

$$K_b^\ominus=\frac{c(B^+)c(OH^-)}{c(BOH)}$$

（2）同离子效应

在已经建立平衡的弱电解质溶液中，加入与其含有相同离子的另一强电解质后，使弱电解质的解离平衡发生移动，降低了弱电解质的解离度的效应称为同离子效应。同离子效应只降低解离度，而不改变解离平衡常数。

三、缓冲溶液及其 pH 计算

1. 缓冲溶液

一种能够抵抗外加少量强酸、强碱及加水稀释的影响，而保持本身 pH 基本不变的溶液叫作缓冲溶液。缓冲溶液所起的作用称为缓冲作用。

2. 缓冲溶液的 pH 计算

$$pH = pK_a^\ominus + \lg \frac{c_{弱酸盐}}{c_{弱酸}}$$

$$pOH = pK_b^\ominus + \lg \frac{c_{弱碱盐}}{c_{弱碱}}$$

四、盐的水解

水解平衡实际上是水的解离平衡和弱电解质的解离平衡双重平衡的总结果。

1. 一元弱酸强碱盐的水解

$$K_h^\ominus = \frac{K_w^\ominus}{K_a^\ominus}$$

一元弱酸强碱盐的 $c(OH^-)$ 的近似计算公式：

$$c(OH^-) = \sqrt{K_h^\ominus c_{盐}} = \sqrt{\frac{K_w^\ominus}{K_a^\ominus} c_{盐}}$$

2. 一元弱碱强酸盐的水解

水解常数 $K_h^\ominus$　　$K_h^\ominus = \frac{K_w^\ominus}{K_b^\ominus}$

一元弱碱强酸盐的 $c(H^+)$ 的近似计算公式：

$$c(H^+) = \sqrt{K_h^\ominus c_{盐}} = \sqrt{\frac{K_w^\ominus}{K_b^\ominus} c_{盐}}$$

3. 一元弱酸弱碱盐的水解

水解常数 $K_h^\ominus$　　$K_h^\ominus = \frac{K_w^\ominus}{K_a^\ominus K_b^\ominus}$

$$c(H^+) = \sqrt{\frac{K_w^\ominus K_a^\ominus}{K_b^\ominus}}$$

同理　　$c(OH^-) = \sqrt{\frac{K_w^\ominus K_b^\ominus}{K_a^\ominus}}$

习题

1. 简答题

(1) 在 HAc 溶液中分别加入少量 NaAc、HCl、NaOH，HAc 的解离度各有何变化？加水稀释又有何变化？

(2) 盐类水解的实质是什么？下列化肥能否水解？如若水解请判断溶液的酸碱性。

碳酸钾、硝酸钾、硫酸铵、氯化铵、硝酸铵、碳酸氢铵

（3）欲配制 pH＝3 的缓冲溶液，现有下列物质选择哪种合适？

A. HCOOH（293K）　　$K_a^\ominus=1.77\times10^{-4}$

B. HAc　　$K_a^\ominus=1.76\times10^{-5}$

C. $NH_3\cdot H_2O$　　$K_b^\ominus=1.76\times10^{-5}$

（4）解离平衡常数和解离度有何区别与联系？解离平衡常数与水解常数有何区别与联系？

（5）配制 $SnCl_2$ 和 $FeCl_3$ 溶液为什么不能用蒸馏水而要用盐酸？

2. 计算题

（1）计算下列溶液的 pH。

A. $0.20mol\cdot L^{-1}$ HCl　　B. $0.0005mol\cdot L^{-1}$ NaOH

C. $0.10mol\cdot L^{-1}$ H_2SO_4　　D. $0.020mol\cdot L^{-1}$ $Ba(OH)_2$

E. $0.20mol\cdot L^{-1}$ HF　　F. $0.50mol\cdot L^{-1}$ $NH_3\cdot H_2O$

（2）比较 $0.10mol\cdot L^{-1}$ $NH_3\cdot H_2O$ 溶液和 $0.20mol\cdot L^{-1}$ $NH_3\cdot H_2O$ 溶液中的 $c(H^+)$ 和 a。

（3）已知 HClO(291K) 的解离常数 $K_a^\ominus=2.95\times10^{-8}$，计算 $0.05mol\cdot L^{-1}$ HClO 溶液中的 $c(H^+)$、$c(ClO^-)$ 和解离度。

（4）室温时，碳酸饱和溶液的浓度约为 $0.04mol\cdot L^{-1}$，求此溶液中 H^+、HCO_3^-、CO_3^{2-} 的浓度。

（5）血浆中测得 $c(HCO_3^-)=2.5\times10^{-2}mol\cdot L^{-1}$，$c(H_2CO_3)=2.25\times10^{-3}mol\cdot L^{-1}$，求血浆的 pH。

（6）欲配制 500mL pH 为 9.5 的缓冲溶液，所用 $NH_3\cdot H_2O$ 的浓度为 $0.10mol\cdot L^{-1}$，问所加入 NH_4Cl 的物质的量和质量。

（7）欲配制 200mL pH 为 4.5 的缓冲溶液，需用 $0.5mol\cdot L^{-1}$ HAc 和 $0.5mol\cdot L^{-1}$ NaAc 各多少毫升？（不用水稀释）

（8）计算下列盐溶液的 pH。

A. $0.20mol\cdot L^{-1}$ NaF　　B. $0.0005mol\cdot L^{-1}$ NH_4Cl

C. $0.10mol\cdot L^{-1}$ Na_2SO_4　　D. $0.20mol\cdot L^{-1}$ NH_4F

（9）要配制 2L pH＝9.40 的 NaAc 溶液，需 NaAc 多少摩尔？

（10）50mL $0.10mol\cdot L^{-1}$ HAc 溶液和 25mL $0.1mol\cdot L^{-1}$ NaOH 溶液混合后，溶液的 $c(H^+)$ 有何变化？

知识拓展

生物体液如何维持酸碱平衡

生物现象最初起源于海洋。随着生物的进化，有些物种的生存环境虽然逐渐从水域转向陆地，但它们的整个生命活动依然离不开水。活的有机体中主要的物质是水，一般占生物体的 50％～95％不等，人体内水占 60％～70％。

活细胞对于体液酸碱度的极其微小的变化都很敏感。原因是生物催化剂——酶只有在一定的非常狭窄的 pH 范围内所起的作用最大。一旦 pH 发生改变，就会使酶的作用减慢或者停止。为了维持酶和活细胞的正常的生理功能，生物体内各种体液都保持着它们各自特定的 pH 范围。

生物体液都是天然的缓冲系统，这些体液的酸碱度哪怕是很微小的变化，都会影响到生物体的代谢作用，严重时甚至造成生命危险。那么生物体如何来维持各自的酸碱度呢？

血液中的主要缓冲系统有 H_2CO_3/HCO_3^-、$H_2PO_4^-/HPO_4^{2-}$ 等。

如肺气肿引起的肺部换气不足、充血性心力衰竭和支气管炎；患糖尿病或食用低糖类化合物和高脂肪食物引起代谢酸的增加；摄食过多的酸或在严重腹泻时丧失碳酸氢盐过多；因肾功能衰竭引起 H^+ 排泄的减少等很多因素都能引起血液中酸度的增加。使血液 pH 降到 7.1～7.2 引起酸中毒。这时机体可利用其缓冲系统把血液 pH 恢复到正常水平。首先是通过加快呼吸速度除去多余 CO_2；其次是加速 H^+ 的排泄和延长肾中 HCO_3^- 的停留时间，因此产生酸性尿。当强碱性物质进入该系统时，碱与 H^+ 反应生成水从而降低氢离子浓度，但这时平衡向右移动，又会产生 H^+，从而维持 H^+ 的浓度的稳定。

在发高烧或食用过多的碱性物质如抗酸药物或严重的呕吐等都会引起血液中碱的增加，血液的 pH 可增大到 7.5 以上引起碱中毒。这时机体可通过肺部降低 CO_2 的排泄量和通过肾脏增加 HCO_3^- 的排泄量来使 pH 恢复正常，因此产生碱性尿。

缓冲溶液除能抵抗外来酸、碱的影响外，也能抵抗稀释对溶液 pH 造成的影响，所以病人在静脉滴注大量生理盐水后，并不会使血液 pH 产生大的变化。

人体内血液 pH 正常值 7.35～7.45，若在外界因素作用下突然发生改变就会引起“酸中毒”或“碱中毒”。倘若 pH 低于 7 或者高于 7.8 即只要变化 0.4 单位以上就会有生命危险，但人体可以凭借缓冲系统的相互作用、相互影响来维持血液 pH 的相对稳定。生物体就会利用缓冲系统的这种作用以及自身的排泄作用保证了它正常的生理活动。

素质拓展阅读

工业化学家——侯德榜

侯德榜（1890～1974 年），生于福建省闽侯县。著名科学家，杰出化学家，英国皇家学会名誉会员，美国化学工程师学会和美国机械工程师学会荣誉会员，侯氏制碱法的创始人，中国重化学工业的开拓者，近代化学工业的奠基人之一，是世界制碱业的权威，一生共获得 20 多项荣誉，撰写了 10 余部著作，发表 60 多篇论文。侯德榜先生一生在化工技术上有三大贡献：第一，揭开了索尔维法的秘密；第二，创立了中国人自己的制碱工艺——侯氏制碱法；第三，发展小化肥工业。

勤奋好学，立志科学救国。侯德榜出生在福建闽侯的小乡村，家族世代务农为生，幼年家庭贫困的侯德榜在学过两年私塾后，辍学回家帮父母在田间干活，接受祖父侯昌霖的悉心教育，过着半耕半读的生活。侯德榜在学习上表现出非凡的读书天分，农闲时，他常趴在学堂外面听课，里面的学生还没记住，他在外面已经出口成诵，被教书先生视为奇才。农忙时他也时刻不忘学习，有“挂车攻读”的美名。13 岁的侯德榜在姑妈的资助下进入美国教会学校——英华书院求学。21 岁的侯德榜考入北平清华留美预备学堂，他以 10 门功课 1000 分的优异成绩誉满清华园，被保送进入美国麻省理工学院化工科学习，获学士学位后再入普拉特专科学院学习制革，次年获制革化学师文凭。28 岁又入哥伦比亚大学研究院研究制革，获硕士学位和博士学位，其博士论文《铁盐鞣革》被《美国制革化学师协会会刊》连载全文发表，成为制革界至今广为引用的经典文献之一。成绩优异的侯德榜先生成为美国科学会会员和美国化学会会员。

受邀回国工业救国，却遭外国技术封锁。已经在美国化学界与制革业小有名气的侯德榜先生，收到一封来自祖国的实业家范旭东聘请信，当时中国制碱业一片空白，处处受制于人，范旭东就萌生了创立“永利制碱厂”的想法。侯德榜先生被范旭东先生的爱国热情所感召，毅然放弃了自己的制革事业，义无反顾地走上了科学与工业救国之路，成为了永利制碱厂的总工程师，从此成为中国制碱业的拓荒者。十九世纪中后期，比利时人索尔维改进前人的研究，使氨碱法工业化获得成功，并创立了“索尔维法”，进而欧美国家垄断了纯碱的生产技术，中国的纯碱完全依赖进口。第一次世界大战结束后，中国的纯碱价格为英国公司所垄断，随着纯碱价格的不断升高，加上进口洋碱来源的持续锐减，人们因得不到价格高昂的纯碱，只得以酸馍为食，以纯碱为生产原料的工厂更是举步维艰。掌握索尔维制碱法的公司独享制碱技术，垄断成果，具体的生产工艺为外国公司所垄断，成了刚刚上任永利制碱厂总工程师侯德榜的拦路虎。

攻克重重难关，决定以德报怨。面对外国的技术封锁，一心报国的侯德榜没有灰心，下定了“虽粉身碎骨，我也要硬干出来”的决心。侯德榜先生一到永利制碱厂，就全身心扑在了工作上；埋头钻研永利用重金买到的一份“索尔维法”的简略资料。深入现场，亲自观察、检测、操作，他依靠广大职工，听取意见和建议，组织指导他们查阅书刊资料，搞试验研究，逐一解决了很多技术难题。在攻克重重难关、数百次试验后，侯德榜率领永利制碱厂技术、生产骨干们，终于在1926年生产出我国乃至亚洲第一批优质纯碱——“红三角”牌纯碱，并在同年举行的美国费城万国博览会上荣获金奖，获得“中国近代工业进步的象征”的评语，一举打破西方碱业公司的垄断。

侯德榜先生坚守老师杰克逊的铭言——科学技术是属于全人类的，它应该造福于人类，决定把自己实践获得的制碱技术经验公布于世，获范旭东赞赏与支持。1933年，侯德榜先生用英文撰写了《纯碱制造》(*Manufacture of Soda*)一书，作为美国化学会丛书之一，在纽约出版，结束了氨碱法制碱技术被垄断、封锁的历史，在学术界和工业界受到高度重视，被公认为制碱工业技术的权威著作。美国著名化学家威尔逊教授称赞这是“中国化学家对世界文明所做出的重大贡献”。侯德榜先生用以德报怨的惊人之举，让他不仅赢得国际同行的尊敬，也受到了各国人民的爱戴。

第六章

酸碱理论和酸碱滴定法

大量的化学变化都属于酸碱反应，研究酸碱反应，首先应了解酸碱的概念。人们对酸碱的认识经历了一个由浅入深，由低级到高级的认识过程。19 世纪后期，电离理论创立后，先后提出了多种现代的酸碱理论。酸碱滴定法是以酸碱反应为基础的滴定分析方法，一般酸、碱以及能与酸碱直接或间接反应的物质，几乎都可以用酸碱滴定法进行测定。酸碱滴定法常用来测定土壤、肥料、果品等试样的酸度和氮、磷的含量。

知识目标

1. 能够用酸碱定义解释酸碱反应的本质，能够用化学方程式表示酸碱解离过程。
2. 认识酸碱指示剂化学结构，了解酸碱指示剂作用原理。
3. 能够说明酸碱滴定法原理，了解酸碱滴定法的应用。
4. 能够描述酸碱滴定过程中 pH 值变化规律。

能力目标

1. 能够根据不同的酸碱滴定反应选择合适的酸碱指示剂。
2. 会进行滴定操作和准确判断终点。
3. 会正确记录和处理酸碱滴定中实验数据。

素质目标

1. 懂得研究化学的真正价值在于追求真理，在于为人类服务，形成独立思考、具备辩证思维的优良品质。
2. 通过学习唐敖庆的贡献，培养爱国主义精神。

第一节　酸碱理论

最初，人们是从物质所表现出来的性质来区分酸碱的。认为有酸味、能使蓝色石蕊变红的物质是酸；有涩味、滑腻感，能使红色石蕊变蓝的物质是碱。酸碱互相反应后，酸和碱的性质就消失了。

近代的酸碱理论是从电离理论开始的，它只适用于电解质的水溶液。前面章节中所研究的电解质的水溶液都以电离理论为基础。

一、酸碱电离理论

电离理论是由瑞典化学家阿伦尼乌斯（S. A. Arrhenius）提出来的。根据电离理论，凡是在水溶液中电离（或称解离）产生的阳离子都是 H^+ 的物质称为酸；而解离产生的阴离子都是 OH^- 的物质称为碱。H^+ 是酸的特征，OH^- 是碱的特征。酸碱反应称为中和反应，它的实质是 H^+ 与 OH^- 作用而生成 H_2O。

酸的解离式：　$HNO_3 \rightleftharpoons H^+ + NO_3^-$

碱的解离式：　$NaOH \rightleftharpoons Na^+ + OH^-$

中和反应实质：　$H^+ + OH^- \rightleftharpoons H_2O$

酸碱中和反应主要生成作为溶剂的水，另一产物是盐，如 NaCl、KNO_3 等。因此该理论将电解质分为酸、碱、盐三大类。

阿伦尼乌斯
酸碱理论

阿伦尼乌斯的电离理论在化学的发展过程中起了很大作用，至今仍普遍使用。例如，弱电解质的解离过程等。然而，这种理论有局限性，如它把酸碱只限于分子，溶剂限于水，并把碱限制为氢氧化物。这种理论还忽视了酸碱在对立中的相互统一。后来，人们在实践中发现有越来越多的反应是在非水溶液中进行的，不能解离出氢离子和氢氧根离子的物质也表现出酸和碱的性质。例如，NH_4Cl 溶液显酸性，Na_2CO_3 溶液显碱性，$NaHCO_3$、NaH_2PO_4 既表现出酸性（给出 H^+），又表现出碱性（接受 H^+），这些是电离理论无法解释的。

二、酸碱质子理论

1923 年，丹麦的布朗斯特（J. N. Bronsted）和英国的劳里（T. M. Lowry）同时独立地提出了酸碱的质子理论，从而扩大了酸碱的范围，更新了酸碱的含义。

1. 酸碱的定义

酸碱质子理论认为：凡是能给出质子（H^+）的物质（分子或离子）是酸，如 HCl、H_2SO_4、NH_4^+ 等；凡是能接受质子的物质（分子或离子）是碱，如 NaOH、NH_3。可用简式表示为：

$$酸 \rightleftharpoons 质子 + 碱$$

例如：

$$HCl \longrightarrow H^+ + Cl^-$$

$$NH_4^+ \rightleftharpoons H^+ + NH_3$$

$$H_3O^+ \rightleftharpoons H^+ + H_2O$$

质子理论中的酸碱不局限于分子，也可以是离子。所以酸可以是分子酸，如 HCl、H_3PO_4；阳离子酸，如 NH_4^+、$[Fe(H_2O)_6]^{3+}$；阴离子酸，如 HCO_3^-、$H_2PO_4^-$。至于碱，也有分子碱，如 NH_3；阳离子碱，如 $[Fe(OH)(H_2O)_5]^{2+}$；阴离子碱，如 CO_3^{2-}、$H_2PO_4^-$。既能给出质子又能接受质子的物质称为两性物质，如 $H_2PO_4^-$、H_2O。另外，质子理论中没有盐的概念，因为组成盐的离子在质子理论中被看作是离子酸和离子碱。由此可见，质子理论的酸碱范围很广泛。

2. 共轭酸碱的关系

根据酸碱质子理论，酸和碱不是孤立的，酸给出质子后生成相应的碱，而碱接受质子后就生成相应的酸。即酸和碱是对立的统一体，它们是通过质子的传递而相互转化，酸和碱之间的这种关系称为共轭关系，具有共轭关系的酸和碱称为共轭酸碱。可表示为：

$$\underset{(共轭酸)}{酸} \rightleftharpoons 质子 + \underset{(共轭碱)}{碱}$$

酸给出质子后，生成它的共轭碱；碱接受质子后，生成它的共轭酸。酸越强，它的共轭碱就越弱；酸越弱，它的共轭碱就越强。

质子酸碱理论

3. 酸碱反应

质子理论认为，酸碱反应的实质是两个共轭酸碱对之间质子传递的反应。即

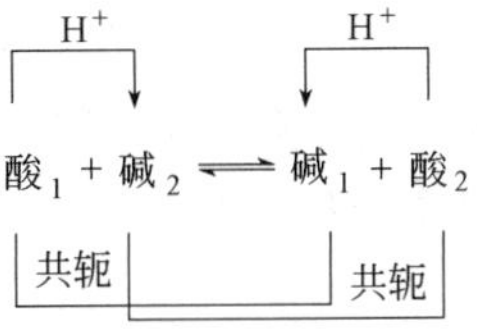

式中，酸$_1$、碱$_1$ 表示一对共轭酸碱；酸$_2$ 和碱$_2$ 表示另一对共轭酸碱。例如：

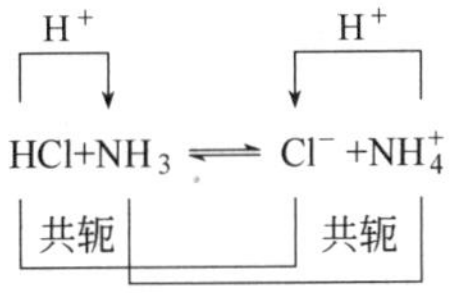

质子传递过程并不要求必须在水溶液中进行，可以在非水溶剂、无机溶剂等条件下进行，只要求质子从一种物质传递到另一种物质。所以 HCl 和 NH_3 的反应，无论是在水溶液中，还是在苯溶液或气相条件下进行，其实质都是一样的。HCl 是酸，给出质子转变成它的共轭碱 Cl^-；NH_3 是碱，接受质子转变成它的共轭酸 NH_4^+。

由此可见，酸碱质子理论不仅扩大了酸碱的范围，也扩大了酸碱反应的范围。从质子传递的观点来看，电离理论中的电离作用、中和反应、盐类水解等都属于酸碱反应。

4. 酸碱的相对强弱

根据质子理论，给出质子能力强的物质是强酸，接受质子能力强的物质是强碱，反之，便是弱酸和弱碱。但由于质子不能以游离的形式存在，因此，不能测出酸给出质子倾向强弱的确切程度，也不能测出碱接受质子倾向强弱的确切程度。但可以通过两对共轭酸碱之间质子传递反应的平衡常数 $K^\ominus$ 值，来确定酸、碱的相对强弱。在质子传递反应中，若酸$_1$ 比酸$_2$ 强而容易给出质子，碱$_2$ 比碱$_1$ 强而容易接受质子，则平衡偏向右方。酸$_1$、碱$_2$ 越强，平衡越偏向右方，即平衡常数 $K^\ominus$ 值越大。如 HCl 和 H_2O 的反应：

$$HCl + H_2O \longrightarrow Cl^- + H_3O^+$$

在稀的 HCl 水溶液中，这个反应进行完全。说明 HCl 的酸性比 H_3O^+ 强，H_2O 的碱性比 Cl^- 强。也可以认为，在水溶液中酸性比 H_3O^+ 强的 HCl 分子不能存在。因而在以水为溶剂的溶液中，溶剂（H_2O）的共轭酸（H_3O^+）是最强的酸。

若酸$_1$ 比酸$_2$ 弱，碱$_2$ 比碱$_1$ 弱，则质子传递反应平衡偏向于左方。例如：

$$HAc + H_2O \rightleftharpoons Ac^- + H_3O^+$$

说明 HAc 的酸性比 H_3O^+ 弱，H_2O 的碱性比 Ac^- 弱。即可以比较 HCl 和 HAc 酸性的相对强弱，即 HCl 的酸性比 HAc 强。

【问题 6-1】 指出下列反应中的共轭酸碱。

(1) $NH_4^+ + H_2O \rightleftharpoons NH_3 + H_3O^+$

（2）$NH_3 + H_2O \rightleftharpoons NH_4^+ + OH^-$

（3）$H_2O + H_2O \rightleftharpoons H_3O^+ + OH^-$

第二节 酸碱指示剂

滴定分析法的关键在于能否准确地确定到达化学计量点的时刻。酸碱滴定过程中，被滴定的溶液通常不发生任何外观的变化，为了确定反应的化学计量点，常需通过指示剂来确定滴定终点。酸碱指示剂是指可以借助其颜色变化来指示溶液的 pH 变化的物质。

一、酸碱指示剂的变色原理

酸碱指示剂一般都是有机弱酸或弱碱，它们在水溶液中存在解离平衡和共轭酸碱体系，因其共轭酸碱结构的不同，颜色也不同。当溶液的 $c(H^+)$ 发生变化时，其主要存在形式发生变化，而使溶液的颜色发生明显变化。以 HIn 代表酸碱指示剂，它在溶液中有如下解离平衡：

$$\underset{\text{酸式结构}}{HIn} \rightleftharpoons \underset{\text{碱式结构}}{In^-} + H^+$$

式中，HIn 是酸色成分，它所具有的颜色为酸色；In^- 是碱色成分，其颜色为碱色。当向含有指示剂的水溶液中加酸时，溶液中酸度增大，平衡左移，酸色成分增加，碱色成分减少，这时溶液的颜色以酸色为主。反之，向溶液中加碱时，溶液中酸度降低，平衡右移，碱色成分增加，酸色成分减少，这时溶液的颜色以碱色为主。因此，当溶液的 pH 在一定范围内变化时，使指示剂解离平衡发生移动，酸色成分和碱色成分浓度发生变化，显示出不同的颜色。例如，甲基橙为有机弱碱，在溶液中存在下面的解离平衡：

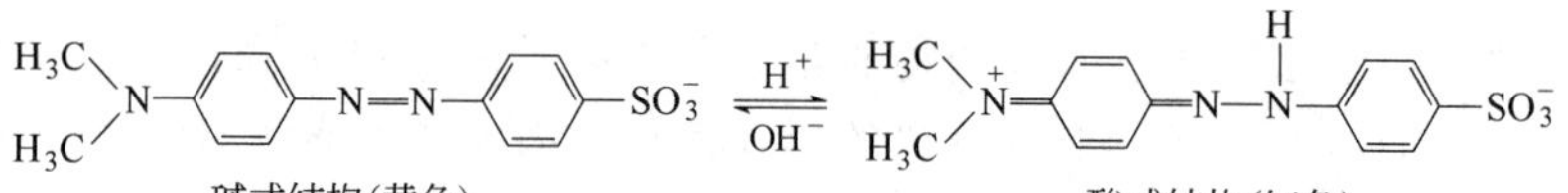

碱式结构(黄色)　　　　酸式结构(红色)

当增大溶液的酸度时，上述平衡右移，甲基橙由共轭碱转变为共轭酸，溶液由黄色逐渐转变为红色。反之，溶液由红色逐渐变为黄色。

酚酞是一种弱的有机酸，它在水溶液中共轭酸碱的结构和颜色变化如下：

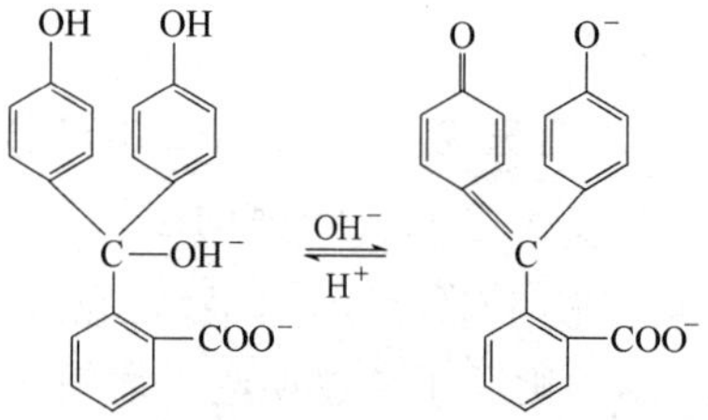

酸式结构(无色)　　　　碱式结构(红色)

由平衡关系看出，酸性溶液中，酚酞以无色形式存在，在碱性溶液中转化为红色醌式结构。

二、酸碱指示剂变色范围

指示剂颜色的变化与氢离子浓度有密切关系，在一定的 pH 范围内，可以看到酸式和碱式颜色的改变，指示剂发生颜色改变的 pH 范围，称为指示剂变色范围。每种指示剂都有它的变色范围。

以石蕊有机弱酸指示剂（以 HIn 表示）为例来说明指示剂变色与溶液 pH 的定量关系，指示剂 HIn 在溶液中存在着如下解离平衡：

$$\underset{\text{红色}}{HIn} \rightleftharpoons H^+ + \underset{\text{蓝色}}{In^-}$$

达到解离平衡时，指示剂常数 $K^{\ominus}_{HIn}=\dfrac{c(H^+)c(In^-)}{c(HIn)}$

此时溶液 $pH=pK^{\ominus}_{HIn}+\lg\dfrac{c(In^-)}{c(HIn)}$

可以看出，溶液中指示剂的两种颜色是共存的，仅是相对大小不同而已。由于在一定温度下，$K^{\ominus}_{HIn}$ 是定值，因而 $c(In^-)/c(HIn)$ 变化仅取决于 pH 的变化。

溶液的颜色取决于 $c(In^-)/c(HIn)$，由于人眼对颜色分辨能力的限制，通常只有当两种颜色物质的浓度比在 10 或 10 以上时，人们观察到的才是它“单独存在”的颜色，当两种型体的浓度比较接近时，人们看到的是指示剂酸式和碱式的过渡色。以石蕊指示剂为例，当溶液中的 $c(HIn)=c(In^-)$ 时，石蕊溶液呈现紫色（红色与蓝色的混合色）。

在溶液中加酸，$c(H^+)$ 增大，平衡向左移动，红色离子的浓度 $c(HIn)$ 逐渐增大，蓝色离子的浓度 $c(In^-)$ 逐渐减小，当 $c(HIn)/c(In^-)\geqslant 10$ 时，可观察到 HIn 的红色（酸式色）。再往溶液中加酸，红色的改变就不明显了。在溶液中加碱，$c(OH^-)$ 增大，平衡向右移动。当 $c(HIn)/c(In^-)\leqslant\dfrac{1}{10}$时，可观察到 In^- 的蓝色（碱式色）。

$c(In^-)/c(HIn)=1$时，即 $pH=pK^{\ominus}_{HIn}$称为指示剂的理论变色点，而 $pH=pK^{\ominus}_{HIn}\pm 1$ 为人眼能看到的指示剂颜色变化的 pH 范围，称为指示剂的变色范围，这个范围大约为 2 个 pH 单位。但由于人们对不同颜色的敏感程度不同，加之两种颜色之间相互掩盖的影响，导致实际观察到的大多数酸碱指示剂的变色范围是 1.6～1.8 个 pH 单位。并且指示剂的理论变色点也不是变色范围的中间点，但这并不影响在酸碱滴定中对指示剂的正确选择。

由于指示剂的 $pK^{\ominus}_{HIn}$ 不同，所以指示剂的变色点和变色范围也不同，常用酸碱指示剂见表 6-1。

表 6-1　常用酸碱指示剂

指示剂	pH 变色范围	颜色变化	$pK^{\ominus}_{HIn}$	浓度(质量分数)	用量/(滴/10mL)
百里酚蓝	1.2～2.8	红～黄	1.7	0.1%的 20%乙醇溶液	1～2
	8.0～9.6	黄～蓝	8.9		1～4
甲基黄	2.9～4.0	红～黄	3.3	0.1%的 90%乙醇溶液	1
甲基橙	3.1～4.4	红～黄	3.4	0.05%的水溶液	1
溴酚蓝	3.0～4.6	黄～紫	4.1	0.1%的 20%乙醇溶液(或其钠盐水溶液)	1
溴甲酚绿	4.0～5.6	黄～蓝	5.0	0.1%的 20%乙醇溶液(或其钠盐水溶液)	1～3
甲基红	4.4～6.2	红～黄	5.0	0.1%的 60%乙醇溶液(或其钠盐水溶液)	1
溴百里酚蓝	6.2～7.6	黄～蓝	7.3	0.1%的 20%乙醇溶液(或其钠盐水溶液)	1
中性红	6.8～8.0	红～橙	7.4	0.1%的 60%乙醇溶液	1
酚红	6.7～8.4	黄～红	8.0	0.1%的 60%乙醇溶液	2
酚酞	8.0～10.0	无～红	9.1	0.1%的 90%乙醇溶液	1～3
百里酚酞	9.4～10.6	无～蓝	10.0	0.1%的 90%乙醇溶液	1～2

使用指示剂应注意以下几点。

① 指示剂的用量要适当。指示剂用量不能太少。用量太少，颜色太浅，不易观察溶液的变色情况；用量太多，由于指示剂本身就是弱酸或弱碱，则指示剂本身会或多或少消耗标准溶液而造成误差。

② 温度对指示剂的解离常数有影响，因此温度不同，指示剂的变色范围会有差别。

③ 指示剂不能用于浓酸或浓碱的溶液，如酚酞在强碱中变为无色。

三、混合指示剂

酸碱滴定中，为缩小指示剂变色范围，可采用混合指示剂。在某些弱酸碱滴定中达到化学计量点的 pH 突跃范围是比较小的。这就要采用变色范围更窄、色调变化鲜明的指示剂才能正确指示滴定终点。为此，在实际应用中常将两种指示剂混合起来使用，利用它们的颜色之间的互补作用，使其变色范围更窄更敏锐。

混合指示剂有两种配制方法：一种是由两种或两种以上的指示剂混合，利用颜色互补使颜色变化敏锐并使变色范围变窄。例如，甲基橙（pH 3.1～4.4，黄～紫）和百里酚蓝（pH 8.0～9.6，黄～蓝）按 1∶3 混合，所得混合指示剂的变色范围变窄，为 pH8.2（粉红）～8.4（紫）。另一种是将惰性染料（颜色不随 pH 变化而改变）和某种指示剂相混合，借以提高颜色变化的敏锐性。由于颜色互补使变色敏锐，但变色范围不变。例如，甲基橙（pH 3.1～4.4，红～橙～黄）与靛蓝（惰性染料，蓝色）混合而成的混合指示剂，其颜色变化为 pH 3.1（紫）～4.4（绿），中间过渡色为近于无色的浅灰色，颜色变化十分明显，易于观察，可在灯光下滴定使用。常见的混合指示剂列于表 6-2。

表 6-2　常用酸碱混合指示剂

混合指示剂的组成	变色点 pH	颜色变化	备注
0.1%甲基橙水溶液与 0.25%靛蓝磺酸钠水溶液 1∶1 混合	4.1	紫～青绿	pH=4.1
0.1%溴甲酚绿钠盐水溶液与 0.02%甲基橙水溶液 1∶1 混合	4.3	橙～黄绿	pH=4.3
0.1%溴甲酚绿乙醇溶液与 0.2%甲基红乙醇溶液 3∶1 混合	5.1	酒红～绿	pH=5.1
0.1%溴甲酚绿钠盐水溶液与 0.1%氯酚红钠水溶液 1∶1 混合	6.1	蓝绿～蓝紫	pH=6.0
0.1%中性红乙醇溶液与 0.1%亚甲基蓝乙醇溶液 1∶1 混合	7.0	蓝紫～绿	pH=7.0
0.1%甲酚红水溶液与 0.1%百里酚蓝水溶液 1∶1 混合	8.0	黄～紫	
0.1%甲酚红钠盐水溶液与 0.1%百里酚蓝钠盐水溶液 3∶1 混合	8.3	黄～紫	
0.1%百里酚蓝 50%乙醇溶液与 0.1%酚酞 50%乙醇 1∶3 混合	9.0	黄～紫	黄→绿→紫
0.1%酚酞甲醇溶液与 0.1%百里酚酞乙醇溶液 1∶1 混合	9.9	无～紫	

第三节　强酸（碱）滴定强碱（酸）

酸碱滴定法是利用酸碱反应来进行滴定的分析方法，又叫中和法。

酸碱滴定过程，随着滴定剂的加入，溶液的酸碱度在不断发生着变化，这些变化可通过酸度计（又名“pH 计”）测量出来，也可用公式计算出来。

一、滴定过程中 pH 计算和滴定曲线

现以 0.1000mol · L^{-1} 的 NaOH 溶液滴定 20.00mL 0.1000mol · L^{-1} HCl 溶液为例，

讨论强碱滴定强酸时溶液酸碱度的变化。

强酸强碱之间相互滴定的基本反应是：$H^+ + OH^- = H_2O$

为了计算滴定过程中的 pH，可将整个滴定过程分为四个阶段。

1. 滴定前

滴定前，溶液的 pH 取决于 HCl 溶液的原始浓度。

$$c(H^+) = c(HCl) = 0.1000\ mol \cdot L^{-1} \quad pH = 1.00$$

2. 化学计量点前

化学计量点前，溶液的 pH 取决于 HCl 溶液的浓度。

$$c(H^+) = \frac{\text{HCl 物质的量}-\text{滴入的 NaOH 的物质的量}}{\text{溶液总体积}}$$

$$= \frac{c(HCl)[V(HCl)-V(NaOH)]}{V(HCl)+V(NaOH)}$$

3. 化学计量点时

当滴入的 NaOH 溶液到达化学计量点时，NaOH 和 HCl 刚好反应完全。

$$c(H^+) = c(OH^-) = 1.0 \times 10^{-7} \qquad pH = 7$$

4. 化学计量点后

达化学计量点后，溶液的 pH 取决于过量的 NaOH 溶液的浓度，即

$$c(NaOH) = \frac{\text{滴入 NaOH 的物质的量}-\text{溶液中的 HCl 的物质的量}}{\text{溶液总体积}}$$

$$= \frac{c(NaOH)[V(NaOH)-V(HCl)]}{V(HCl)+V(NaOH)}$$

$$c(H^+) = \frac{K_w^\ominus}{c(OH^-)}$$

$c(HCl)$ 和 $c(NaOH)$ 分别为 HCl 和 NaOH 的起始浓度。

将滴定过程中标准溶液加入量与溶液 pH 列于表 6-3。

表 6-3 0.1000mol·L^{-1} NaOH 滴定 20.00mL 0.1000mol·L^{-1} HCl 溶液 pH 变化

加入 NaOH/mL	HCl 被滴定百分数/%	剩余 HCl/mL	过量 NaOH/mL	$c(H^+)/(mol \cdot L^{-1})$	pH	
0	0	20.00		1.00×10^{-1}	1.00	
18.00	90.00	2.00		5.26×10^{-3}	2.28	
19.80	99.00	0.20		5.03×10^{-4}	3.30	
19.98	99.90	0.02		5.00×10^{-5}	4.30	突跃范围
20.00	100.00	0.00		1.00×10^{-7}	7.00	突跃范围
20.02	100.10		0.02	2.00×10^{-10}	9.70	突跃范围
20.20	101.00		0.20	2.00×10^{-11}	10.70	
22.00	110.00		2.00	2.10×10^{-12}	11.70	
40.00	200.00		20.00	3.00×10^{-13}	12.52	

以 NaOH 的加入量为横坐标，以溶液的 pH 为纵坐标，绘制坐标图，得到强碱滴定强酸的滴定曲线见图 6-1。

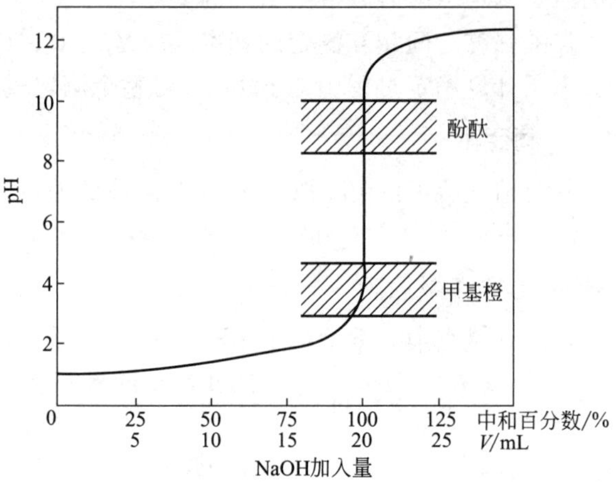

图 6-1 0.1000mol·L^{-1} NaOH 滴定 0.1000mol·L^{-1} HCl 的曲线

二、pH 的滴定突跃范围和指示剂的选择

由图 6-1 和表 6-3 可看出，从滴定开始到加入 19.98mL NaOH，溶液的 pH 从 1.00 缓慢升高到 4.30，只升高 3.30 个 pH 单位；而由 19.98mL 至 20.02mL，只加入 0.04mL（约 1 滴）NaOH，溶液的 pH 就从 4.30 跃升为 9.70，升高 5.40 个 pH 单位，使滴定曲线几乎成为一直线，此后曲线又趋于平缓。在分析化学上，将化学计量点前后由 1 滴滴定剂而引起的溶液 pH 急剧变化的范围，称为滴定突跃范围。

滴定过程中形成的突跃，是指示剂选择的依据。最理想的指示剂应该是刚好在化学计量点变色，但很难做到，实际上在突跃范围内能发生变化的指示剂都可使用，凡变色点的 pH 处于滴定突跃范围内的指示剂均适用，都可以用于指示滴定终点，且都能使滴定保证足够的准确度（相对误差在 0.1%以内）。

【问题 6-2】 想一想，上述滴定过程可以使用哪些指示剂呢？所选指示剂在滴定终点前后颜色变化怎样？

第四节 强碱（酸）滴定一元弱酸（碱）

一、滴定过程中 pH 的计算和滴定曲线

现以 0.1000mol·L^{-1} 的 NaOH 溶液滴定 20.00mL 0.1000 mol·L^{-1} 的 HAc 溶液为例来讨论强碱滴定弱酸。滴定过程中发生如下中和反应：

$$HAc + OH^- \rightleftharpoons Ac^- + H_2O$$

滴定过程中 pH 的变化分为四个阶段进行计算。

1. 滴定前

滴定前，是 0.1000mol·L^{-1} HAc 溶液。

$$c(H^+) = \sqrt{K_a^\ominus c} = \sqrt{1.76 \times 10^{-5} \times 0.1000} = 1.33 \times 10^{-3}(mol \cdot L^{-1})$$

$$pH = 2.88$$

2. 滴定开始至化学计量点前

化学计量点前，溶液中未反应的 HAc 和反应产物 Ac^- 同时存在，组成一个缓冲体系。依据前面学过的缓冲溶液 $c(H^+)$ 计算近似公式可知：

$$c(H^+)=K_a^\ominus \frac{c(HAc)}{c(Ac^-)}$$

$$pH=pK_a^\ominus + \lg \frac{c(Ac^-)}{c(HAc)}$$

$$pH=pK_a^\ominus + \lg \frac{\text{加入的 NaOH 的浓度}}{\text{溶液中 HAc 的浓度}}$$

$$pH=pK_a^\ominus + \lg \frac{c(NaOH)V(NaOH)/[V(HAc)+V(NaOH)]}{[c(HAc)V(HAc)-c(NaOH)V(NaOH)]/[V(HAc)+V(NaOH)]}$$

由 $c(HAc)=c(NaOH)=0.1000\ mol \cdot L^{-1}$，所以

$$pH=pK_a^\ominus + \lg \frac{V(NaOH)}{V(HAc)-V(NaOH)}$$

3. 在化学计量点

在化学计量点，HAc 全部被中和生成 NaAc，由于 Ac^- 为一元弱碱盐，则

$$Ac^- + H_2O \rightleftharpoons HAc + OH^-$$

由于 $c(Ac^-) \approx 0.0500mol \cdot L^{-1}$，$c/K_b^\ominus > 500$。可按一元弱酸强碱盐最简式计算，因而

$$c(OH^-)=\sqrt{K_b^\ominus c}=\sqrt{\frac{K_w^\ominus}{K_a^\ominus}c}$$

4. 在化学计量点后

化学计量点后，由于过量 NaOH 的存在，抑制了 Ac^- 的解离，溶解的 pH 主要取决于过量的 NaOH，其计算方式和强碱滴定强酸时相同。

$$c(OH^-)=\frac{\text{加入的 NaOH 的物质的量}-\text{溶液中 HAc 的物质的量}}{\text{溶液总体积}}$$

$$=\frac{c(NaOH)V(NaOH)-c(HAc)V(HAc)}{V(HAc)+V(NaOH)}$$

滴定过程结果列于表 6-4。

表 6-4　$0.1000mol \cdot L^{-1}$ NaOH 滴定 20.00mL $0.1000mol \cdot L^{-1}$ HAc 溶液 pH 变化

加入 NaOH 量/mL	HAc 被滴定百分数/%	剩余 HAc /mL	过量 NaOH /mL	pH	
0	0	20.00		2.88	
18.00	90.00	2.00		5.70	
19.80	99.00	0.20		6.73	
19.98	99.90	0.02		7.74	突跃范围
20.00	100.00	0.00		8.72	
20.02	100.10		0.02	9.70	
20.20	101.00		0.20	10.70	
22.00	110.00		2.00	11.70	
40.00	200.00		20.00	12.50	

以 NaOH 的加入量为横坐标，以溶液的 pH 为纵坐标，绘制坐标图，就得到强碱滴定弱酸的滴定曲线（图 6-2）。

二、pH的突跃范围和指示剂的选择

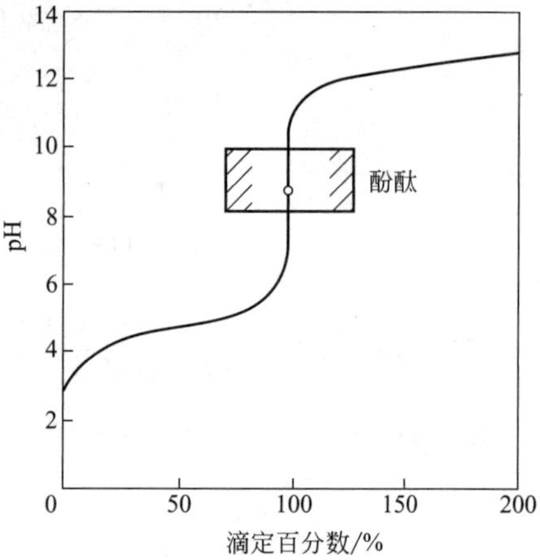

图 6-2 0.1000mol·L^{-1}NaOH 滴定 0.1000mol·L^{-1}HAc 滴定曲线

从表 6-4 和图 6-2 可知，NaOH-HAc 滴定曲线起点的 pH 比 NaOH-HCl 的滴定曲线起点高两个 pH 单位。因为 HAc 是弱酸，在溶液中部分解离，因而滴定开始前比同浓度的强酸溶液的 pH 高。滴定开始后，生成的 Ac^- 产生同离子效应抑制 HAc 的解离，$c(H^+)$ 较快地降低，pH 较快增加，随着滴定的进行，HAc 浓度不断降低，NaAc 不断生成，在一定范围内溶液为 NaAc-HAc 缓冲体系，pH 增加缓慢，使这一段滴定曲线较为平坦。在接近化学计量点时，剩余的 HAc 浓度已很低，溶液的缓冲作用显著减弱，若继续滴 NaOH，溶液的 pH 较快地增大，直到达到化学计量点时，溶液的 pH 发生突变，形成 pH 突跃。化学计量点时溶液呈碱性，其突跃范围也位于碱性范围，这是 Ac^- 解离的结果。突跃范围在 7.74～9.70 范围内，宜选用酚酞和百里酚蓝为指示剂。

由表 6-4 可以看出，强碱滴定弱酸的突跃范围比滴定同样浓度强酸的突跃小得多，而且是在弱碱性区域，突跃范围是 7.74～9.70。因此在酸性范围变色的指示剂如甲基橙、甲基红等都不能使用，而只能选择在碱性范围内变色的指示剂如酚酞、百里酚蓝等。

酸的强弱是影响突跃大小的重要因素，酸越弱（$K_a^\ominus$ 越小）突跃范围也就越小。同样，酸的浓度也影响着突跃大小，浓度愈小，突跃愈小。

强酸滴定弱碱的情况与强碱滴定弱酸相似，滴定过程中 pH 的计算方法与强碱滴定弱酸类似。但 pH 的变化方向相反，是由大到小。

*第五节　多元弱酸（碱）的滴定

一、多元弱酸的滴定

多元酸大多数是弱酸。对于多元弱酸的滴定，有两个问题首先要讨论：①多元弱酸是分步解离的，那么分步解离出来的 H^+ 是否均可被滴定？②如果分步解离出来的 H^+ 均可被滴定，那么是否会形成多个明显的 pH 突跃？如何选择指示剂？下面以二元弱酸为例，简单加以说明。如强碱滴定某二元酸时有如下两步反应：

$$H_2A + OH^- \rightleftharpoons HA^- + H_2O$$

$$HA^- + OH^- \rightleftharpoons A^{2-} + H_2O$$

如果 $K_{a_1}^\ominus$ 与 $K_{a_2}^\ominus$ 相差不大，将在第一步反应尚未进行完全时，就开始了第二步反应。这样在滴定的第一个化学计量点附近就没有明显的 pH 突跃，难以确定终点，也就是说不能滴定到这一步；如果 $K_{a_1}^\ominus$ 与 $K_{a_2}^\ominus$ 相差较大就可以定量地进行第一步滴定。由此可见，在讨论多元酸的滴定时，首先要解决的问题是多元酸每一步解离产生的 H^+ 能否被滴定；其次是如果能被分步滴定，怎样选择合适的指示剂。

依据一般多元酸滴定分析允许误差（1%）可推知用碱滴定多元酸的一般条件是：①首先要求 $cK_{a_1}^{\ominus} \geqslant 10^{-8}$，才可以进行滴定；②当 $K_{a_1}^{\ominus}/K_{a_2}^{\ominus} \geqslant 10^4$，则可以进行分步滴定。多元酸的第二步、第三步解离能否分步滴定也可依此条件推断。用碱滴定多元酸的一般条件是同时满足以上提到的一元弱酸能被准确滴定的条件。

H_3PO_4 是一种三元酸，在水溶液中分三步解离。$K_{a_1}^{\ominus}=7.52\times10^{-3}$，$K_{a_2}^{\ominus}=6.23\times10^{-8}$，$K_{a_3}^{\ominus}=2.2\times10^{-13}$。

用 0.1000mol·L^{-1} 的 NaOH 溶液滴定 0.1000mol·L^{-1} 的 H_3PO_4 溶液时，由于 $c(H_3PO_4)K_{a_1}^{\ominus}=7.52\times10^{-4}>10^{-8}$，$K_{a_1}^{\ominus}/K_{a_2}^{\ominus}>10^4$，$H_3PO_4$ 第一级解离的 H^+ 能被滴定。在第一化学计量点时，H_3PO_4 被滴定成两性物质 $H_2PO_4^-$。

第一个化学计量点在酸性范围内，可选用甲基橙作指示剂。

由于 $c(H_2PO_4^-)K_{a_2}^{\ominus}=0.32\times10^{-8}$，$K_{a_2}^{\ominus}/K_{a_3}^{\ominus}>10^4$，$H_3PO_4$ 第二级解离的 H^+ 勉强可被滴定。

在第二化学计量点时 $H_2PO_4^-$ 继续被滴定成两性物质 HPO_4^{2-}。第二化学计量点在碱性范围内，可用酚酞或溴百里酚酞作指示剂。

由于 $K_{a_3}^{\ominus}$ 很小，$c(HPO_4^{2-})K_{a_3}^{\ominus}\ll10^{-8}$，第三个化学计量点附近 pH 突跃范围很小，不能用一般的指示剂指示终点，因此 H_3PO_4 第三级解离的 H^+ 不能直接滴定。如果在溶液中加入 $CaCl_2$，则发生反应：

$$2HPO_4^{2-}+3Ca^{2+} = Ca_3(PO_4)_2\downarrow+2H^+$$

反应生成 H^+ 仍可用 NaOH 滴定。为使 $Ca_3(PO_4)_2$ 沉淀完全，应用酚酞作指示剂。

二、多元弱碱的滴定

多元弱碱用强酸滴定时，其情况与多元弱酸的滴定相似。这种情况不多，最重要的是滴定 Na_2CO_3，也是工业纯碱的主要成分。Na_2CO_3 是 H_2CO_3 的二元共轭碱，在水中分两步解离。

$$CO_3^{2-}+H_2O \rightleftharpoons HCO_3^-+OH^- \qquad K_{b_1}^{\ominus}=\frac{K_w^{\ominus}}{K_{a_2}^{\ominus}}=1.8\times10^{-4}$$

$$HCO_3^-+H_2O \rightleftharpoons H_2CO_3+OH^- \qquad K_{b_2}^{\ominus}=\frac{K_w^{\ominus}}{K_{a_1}^{\ominus}}=2.3\times10^{-8}$$

例如，用 0.1000 mol·L^{-1} 的 HCl 滴定 0.1000 mol·L^{-1} 的 Na_2CO_3 溶液，因为 $cK_{b_1}^{\ominus}=1.8\times10^{-5}>10^{-8}$，$cK_{b_2}^{\ominus}=2.3\times10^{-9}$，接近 10^{-8}，$K_{b_1}^{\ominus}/K_{b_2}^{\ominus}=7.8\times10^3\approx10^4$。因此 CO_3^{2-} 这个二元碱可以用标准酸溶液进行分步滴定，并且在两个化学计量点时分别出现两个 pH 突跃。在第一化学计量点时 CO_3^{2-} 全部生成两性物质 HCO_3^-。

$$c(H^+)=\sqrt{K_{a_1}^{\ominus}K_{a_2}^{\ominus}}=\sqrt{4.3\times10^{-7}\times5.6\times10^{-11}}=4.9\times10^{-9}(\text{mol}\cdot\text{L}^{-1})$$

pH 为 8.31，如果用酚酞作指示剂，变色不敏锐。如果采用甲酚红和百里酚蓝混合指示剂，可得到较为准确的结果。

第二化学计量点滴定产物是 H_2CO_3，其饱和溶液浓度约为 0.04mol·L^{-1}

$$c(H^+)=\sqrt{cK_{a_1}^{\ominus}}=\sqrt{0.04\times4.3\times10^{-7}}=1.3\times10^{-4}(\text{mol}\cdot\text{L}^{-1})$$

pH 为 3.89，可用甲基橙作指示剂，但由于 H_2CO_3 能慢慢分解，易形成 CO_2 的过饱和溶液，终点会提前出现，因此在滴定快到终点时，可加热溶液至沸腾，以驱除 CO_2，冷却后再滴定到终点。

第六节　酸碱滴定法应用示例

在水溶剂体系中，可以利用酸碱滴定法直接或间接地测定许多酸碱物质。酸碱滴定法广泛应用于日常生产、科研等方面的实际分析工作中。许多食品工业、化工产品及日用化学品的定量分析都采用酸碱滴定法。在农业方面，土壤肥料中养分含量测定、农产品品质测定、饲料成分的测定以及水质分析等，也经常用到酸碱滴定法。

一、直接滴定法

强酸强碱，以及解离常数大于 10^{-7} 的弱酸或弱碱，均可用标准碱或标准酸溶液直接滴定。除此以外，工业纯碱、烧碱以及 Na_3PO_4 等产品组成大多是混合碱，它们也可用直接法来测定其含量。

1. 混合碱的分析

例如，烧碱中 NaOH 和 Na_2CO_3 的测定，常采用双指示剂法。

（1）先用酚酞作指示剂　以 HCl 标准溶液滴定至红色刚好消失，用去 HCl 溶液 V_1（mL），此时，NaOH 全部被中和，而 Na_2CO_3 被中和到 $NaHCO_3$。

$$NaOH + HCl \xlongequal{\text{酚酞}} NaCl + H_2O$$

$$Na_2CO_3 + HCl \xlongequal{\text{酚酞}} NaHCO_3 + NaCl$$

（2）再加甲基橙指示剂　继续用 HCl 滴定至橙色，又用去 HCl 溶液 V_2（mL），此时 $NaHCO_3$ 全部被中和而生成 H_2CO_3。

$$NaHCO_3 + HCl \xlongequal{\text{甲基橙}} NaCl + H_2CO_3$$

$$w(Na_2CO_3) = \frac{c(HCl)V_2 \times 106.0}{m(\text{试样})} \times 100\%$$

$$w(NaOH) = \frac{c(HCl)(V_1 - V_2) \times 40}{m(\text{试样})} \times 100\%$$

式中，$w(Na_2CO_3)$ 和 $w(NaOH)$ 分别为 Na_2CO_3 和 NaOH 的含量；$c(HCl)$ 为 HCl 标准溶液的浓度，$mol \cdot L^{-1}$。Na_2CO_3 的摩尔质量是 $106.0g \cdot mol^{-1}$；NaOH 的摩尔质量是 $40g \cdot mol^{-1}$。

2. 农产品总酸度测定

农产品果蔬中的所有有机酸，主要有苹果酸、柠檬酸、酒石酸和乙酸等，它们的种类和含量随其种类、品种和成熟度变化很大。酸度的含量一定可增加其风味，但过量时又显示出不良品质。总酸度是指食品中酸性物质的总量，包括已解离的酸和未解离的酸。

农产品中的有机酸用标准碱滴定时，中和成盐类。

$$RCOOH + NaOH \xlongequal{} RCOONa + H_2O$$

化学计量点时，溶液呈碱性，用酚酞作指示剂

$$w(\text{总酸度}) = \frac{c(NaOH)V(NaOH)K}{m(\text{试样})}$$

式中，w(总酸度) 为样品总酸量的质量分数；c(NaOH) 为 NaOH 标准溶液的浓度，$mol \cdot L^{-1}$；V(NaOH) 为 NaOH 标准溶液的体积，L；K 为酸的换算系数，$g \cdot mol^{-1}$ [K(苹果酸)$=67g \cdot mol^{-1}$，K(柠檬酸)$=64g \cdot mol^{-1}$，K(酒石酸)$=75g \cdot mol^{-1}$，K(乙酸)$=60g \cdot mol^{-1}$，K(乳酸)$=90g \cdot mol^{-1}$]。一般蔬菜、苹果、桃等按苹果酸计；柑橘、柠檬等以柠檬酸计；葡萄以酒石酸计。

通常，CO_2 对滴定有影响，因为 CO_2 溶于水时形成 H_2CO_3，这样就会消耗过多的 NaOH 标准溶液。

$$H_2CO_3 + 2NaOH \xlongequal{} Na_2CO_3 + 2H_2O$$

为了获得准确的分析结果，所取 HAc 试液必须用不含 CO_2 的蒸馏水稀释，并用不含 Na_2CO_3 的 NaOH 标准溶液进行滴定。

二、间接滴定法

有些物质，虽然是酸或碱，但解离常数小于 10^{-7}，不能用酸或碱标准溶液直接滴定。还有许多不能满足直接滴定条件的酸碱物质，如 NH_4^+、ZnO、$Al_2(SO_4)_3$ 这类物质可用间接方法进行测定。

例如，NH_4^+ 的 $pK_a^{\ominus}=9.25$，是一种很弱的酸，在水溶剂体系中是不能直接滴定的，但可以采用间接法。测定的方法主要有蒸馏法和甲醛法，其中蒸馏法是根据以下反应进行的。

$$NH_4^+ + OH^- \xlongequal{\triangle} NH_3\uparrow + H_2O$$

$$NH_3 + HCl \xlongequal{} NH_4^+ + Cl^-$$

$$NaOH + HCl(剩余) \xlongequal{} NaCl + H_2O$$

即在 $(NH_4)_2SO_4$ 或 NH_4Cl 试样中加入过量 NaOH 溶液，加热煮沸，将蒸馏出的 NH_3 用过量但已知量的 H_2SO_4 或 HCl 标准溶液吸收，作用后剩余的酸再以甲基红或甲基橙为指示剂，用 NaOH 标准溶液滴定，这样就能间接求得 $(NH_4)_2SO_4$ 或 NH_4Cl 的含量。

再比如一些含氮有机物质（如含蛋白质的食品、饲料以及生物碱等），表面看是不能采用酸碱滴定法测定的，但可以通过化学反应将有机氮转化为 NH_4^+，再依 NH_4^+ 的蒸馏法进行测定。

测定时将试样与浓 H_2SO_4 共煮，进行消化分解，并加入 K_2SO_4 以提高沸点，促进分解过程，使所含的氮在 $CuSO_4$ 或汞盐催化下成为 NH_4^+。

$$C_mH_nN \xrightarrow[CuSO_4]{H_2SO_4,K_2SO_4} CO_2\uparrow + H_2O + NH_4^+$$

如将大豆用浓 H_2SO_4 进行消化处理，得到被测试液，然后加入过量的 NaOH 溶液，将释放出来的 NH_3 用 HCl 溶液吸收，多余的 HCl 采用甲基橙指示剂，以 NaOH 滴定至终点，便可计算出大豆中氮的质量分数。

$$w(N)=\frac{[c(HCl)V(HCl)-c(NaOH)V(NaOH)]M(N)}{m(试样)}\times 100\%$$

第七节　酸碱滴定分析计算的根据

计算是定量分析中一个非常重要的环节。按照分析方法和要求的不同，计算的方法也各不相同，如标准溶液的配制、滴定剂与被滴定物质反应之间的计算关系以及分析结果的计算等。如果概念不清，或者运算方法不对，就容易发生差错，造成严重后果。下面介绍滴定分析法的一些计算关系式。

一、滴定剂与待测组分的计量关系

滴定分析中无论采用哪种滴定方式，都离不开一个最根本的依据，就是滴定剂与待测组分之间发生了有确定计量关系的化学反应，这也是进行滴定分析计算的依据。

如以滴定剂 A 滴定待测物质 B 时，发生如下反应：

$$a\mathrm{A}+b\mathrm{B}=\!=\!=d\mathrm{D}+e\mathrm{E}$$

当反应到达终点时，按照物质的计量比规则，应有下列关系式：

$$\frac{n(\mathrm{A})}{n(\mathrm{B})}=\frac{a}{b} \tag{1}$$

二、物质的量与物质的质量之间的关系

物质的量（n）与物质的质量（m）的关系：

$$n(\mathrm{mol})=\frac{m(\mathrm{g})}{M(\mathrm{g\cdot mol^{-1}})} \tag{2}$$

三、溶质物质的量与溶液浓度之间的关系

在滴定分析法中是依据滴定剂溶液消耗的体积及其浓度进行计算的。常以物质的量浓度表示。

由于 $n(\mathrm{B})=\frac{m}{M}$，$c(\mathrm{B})=\frac{n(\mathrm{B})}{V}$，则得 $c(\mathrm{B})V=\frac{m}{M}$，或者可以表示为

$$m=c(\mathrm{B})VM \tag{3}$$

这样可以得到溶质的质量与溶液浓度之间的计算关系：

$$\frac{n(\mathrm{A})}{n(\mathrm{B})}=\frac{c(\mathrm{A})V(\mathrm{A})}{c(\mathrm{B})V(\mathrm{B})}=\frac{a}{b} \tag{4}$$

四、溶质物质的量、溶液浓度与待测物质质量分数之间的关系

若称取试样的质量为 m，测得待测物的质量为 $m(\mathrm{B})$，则待测物 B 的质量分数为

$$w(\mathrm{B})=\frac{m(\mathrm{B})}{m}\times100\%$$

由式（1）、式（2）、式（3）和式（4），即可求得待测物的质量为

$$m(\mathrm{B})=\frac{b}{a}c(\mathrm{A})V(\mathrm{A})M(\mathrm{B})$$

则待测物 B 的质量分数为

$$w(\mathrm{B})=\frac{\frac{b}{a}c(\mathrm{A})V(\mathrm{A})M(\mathrm{B})}{m}\times100\%$$

【例 6-1】 用无水 Na_2CO_3 标定 HCl 溶液浓度时，0.9980g Na_2CO_3 消耗 37.74mL 的 HCl，问 HCl 溶液的浓度是多少？

解 $$Na_2CO_3+2HCl=\!=\!=2NaCl+CO_2\uparrow+H_2O$$

$$\frac{m}{M}:[c(HCl)V(HCl)]=1:2$$

依据公式 $c(HCl)V(HCl)=2\times\frac{m}{M}$，得

$$c(HCl)\times 37.74\times 10^{-3}=2\times\frac{0.9880}{106.0}$$

所以　$c(HCl)=0.5000(mol \cdot L^{-1})$

答：HCl 的浓度是 $0.5000mol \cdot L^{-1}$。

【例 6-2】 准确移取某 NaOH 标准溶液 25.00mL，用 $0.02000mol \cdot L^{-1}$ HCl 溶液进行滴定，当到达化学计量点时，消耗 HCl 溶液的体积是 24.85mL，试计算 NaOH 溶液的浓度。

解
$$NaOH + HCl \longrightarrow NaCl + H_2O$$

得
$$n(NaOH):n(HCl)=1:1$$

即
$$c(NaOH)V(NaOH)=c(HCl)V(HCl)$$
$$c(NaOH)\times 25.00=0.02000\times 24.85$$
$$c(NaOH)=0.01988(mol \cdot L^{-1})$$

答：NaOH 溶液的浓度为 $0.01988mol \cdot L^{-1}$。

【例 6-3】 称取工业纯碱试样 0.2648g，用 $0.2000mol \cdot L^{-1}$ 的 HCl 标准溶液进行滴定，以甲基红为指示剂。当反应达到化学计量点时，消耗 HCl 溶液的体积为 24.00mL，求该工业试样中纯碱的纯度。

解
$$Na_2CO_3 + 2HCl \longrightarrow 2NaCl + CO_2\uparrow + H_2O$$
$$n(HCl):n(Na_2CO_3)=2:1$$
$$m(Na_2CO_3)=\frac{1}{2}c(HCl)V(HCl)M(Na_2CO_3)$$
$$w(Na_2CO_3)=\frac{\frac{b}{a}c(HCl)V(HCl)M(Na_2CO_3)}{m}\times 100\%$$
$$=\frac{\frac{1}{2}\times 0.2000mol \cdot L^{-1}\times 24.00\times 10^{-3}L\times 105.99g \cdot mol^{-1}}{0.2648g}\times 100\%$$
$$=96.06\%$$

答：该工业试样中纯碱的统一纯度为 96.06%。

本章小结

一、酸碱理论与酸碱平衡

1. 酸碱定义：凡是能给出质子（H^+）的物质（分子或离子）称为酸；而能接受质子的物质（分子或离子）称为碱。

2. 酸碱反应的实质：$酸_1 + 碱_2 \rightleftharpoons 酸_2 + 碱_1$

二、酸碱平衡

$$HA \rightleftharpoons H^+ + A^-$$
$$K_a^{\ominus}=\frac{c(H^+)c(A^-)}{c(HA)}$$

三、酸碱指示剂的变色原理

$$\mathrm{HIn} \rightleftharpoons \mathrm{In}^- + \mathrm{H}^+$$

酸式结构　碱式结构

四、酸碱指示剂变色范围

$$\mathrm{pH} = \mathrm{p}K^{\ominus}_{\mathrm{HIn}} + \lg\frac{c(\mathrm{In}^-)}{c(\mathrm{HIn})} = \mathrm{p}K^{\ominus}_{\mathrm{HIn}} \pm 1$$

五、滴定分析的运算

如以滴定剂 A 滴定待测物质 B 时，发生如下反应：

$$a\mathrm{A} + b\mathrm{B} = d\mathrm{D} + e\mathrm{E}$$

1. 滴定剂与待测组分的计量关系：$\frac{n(\mathrm{A})}{n(\mathrm{B})} = \frac{a}{b}$

2. 物质的量与物质的质量之间的关系：$n(\mathrm{mol}) = \frac{m(\mathrm{g})}{M(\mathrm{g \cdot mol^{-1}})}$

3. 溶质物质的量与溶液浓度之间的关系：$m = c(\mathrm{B})VM$

$$\frac{c(\mathrm{A})V(\mathrm{A})}{c(\mathrm{B})V(\mathrm{B})} = \frac{a}{b}$$

4. 溶质物质的量、溶液浓度与待测物质质量分数之间的关系

$$w(\mathrm{B}) = \frac{\frac{b}{a}c(\mathrm{A})V(\mathrm{A})M(\mathrm{B})}{m} \times 100\%$$

习题

1. 选择题

（1）用 NaOH 标准溶液滴定 HAc 的过程中，化学计量点偏碱性，应选择的指示剂为（　　）。

A. 甲基橙　　B. 酚酞　　C. 溴酚蓝　　D. 甲基红

（2）NH_4^+ 在酸碱质子理论中是（　　）。

A. 酸　　B. 碱　　C. 盐　　D. 在 NH_3-NH_4^+ 共轭酸碱对中是共轭酸

（3）根据酸碱质子理论，确定下列物质哪个是酸？（　　）

A. SO_3^{2-}　　B. PO_4^{3-}　　C. S^{2-}　　D. HCO_3^-

（4）关于质子酸碱理论下列描述中正确的是（　　）。

A. 共轭酸是酸性物质，在各种酸碱反应中均显酸性

B. 质子酸碱理论中盐是共轭酸和共轭碱反应的产物

C. 酸碱反应是两个共轭酸碱对相互传递质子的反应

D. 酸碱是在水介质中才存在的

2. 简答题

（1）酸碱指示剂的变色原理是什么？什么叫酸碱指示剂的变色范围？

（2）选择酸碱指示剂的依据是什么？突跃范围说明了什么？

（3）相同浓度的盐酸溶液和乙酸溶液 pH 是否相同？pH 相同的盐酸溶液和乙酸溶液浓度是否相同？若用烧碱中和 pH 相同的盐酸和乙酸，烧碱用量是否相同？

（4）分别写出 A 组物质的共轭酸和 B 组物质的共轭碱

A. S^{2-}；SO_4^{2-}；$H_2PO_4^-$；HSO_4^-；NH_3　B. H_2S；H_2SO_4；$H_2PO_4^-$；HSO_4^-；NH_3

（5）指出下列物质的共轭酸或共轭碱，计算它们的解离常数。

① F^-（$K_b^{\ominus}=2.86\times10^{-11}$）　　② HCN（$K_a^{\ominus}=6.2\times10^{-10}$）

3. 计算题

（1）用 $0.4000mol\cdot L^{-1}$ HCl 溶液滴定 1.000g 不纯的 Na_2CO_3，完全中和时需用 35.00mL，问试样中 Na_2CO_3 的质量分数。

（2）蛋白质试样 0.2318g，经消解成无机氮后，加碱蒸馏，用 4%的硼酸吸收蒸馏出来的氮，然后用 $0.1200mol\cdot L^{-1}$ 的 HCl 溶液 21.60mL 滴定至终点，计算试样中氮的质量分数？

（3）用硼砂标定盐酸溶液时，准确称取硼砂 0.4862g，滴定至终点时，消耗盐酸 24.78mL，计算盐酸溶液的物质的量浓度。

（4）某试样含有 Na_2CO_3 和 $NaHCO_3$，称取试样 1.2000g，溶于水后用 15.00mL 的 $0.5000mol\cdot L^{-1}$ HCl 溶液滴定至酚酞终点，改用甲基橙为指示剂继续滴定，又用去 HCl 溶液 22.00mL，计算试样中 Na_2CO_3 和 $NaHCO_3$ 的含量。

（5）中性铵盐样品质量 0.4672g，将其完全溶解后，加入中性甲醛，待反应完全后，用 $0.1024mol\cdot L^{-1}$ 的 NaOH 溶液滴定至酚酞变为红色，用去 NaOH 溶液 26.40mL，计算原铵盐样品中 N 的含量。

知识拓展

定点突变

1993 年的诺贝尔化学奖由加拿大不列颠哥伦比亚大学的 Michael Smith 和美国加利福尼亚 La Jolla 的 Kary B. Mullis 共同分享，他们发展了定点突变和聚合酶链式反应这样两个调整 DNA 的方法。定点突变可以使在 DNA 内部完成的编码重新编制来产生具有多种新性质的蛋白质。它广泛地应用在特定的抗体进攻特殊位点的蛋白质工程中（如攻击肿瘤细胞），为技术应用制作更加稳定的蛋白质，以及遗传疾病的治疗（膀胱纤维化）打下基础。这个方法已经应用在谷物的基因工程来生产出快速生长的抗病的品系。GM（基因修饰）食品成为现在争论的中心，主要是因为公众和媒体担心修饰的蛋白有不可预测的属性，尤其是其长期效应，以及它会与“自然”多样性来竞争的特性。

定点突变过程包括制备具有所期望的变异的寡核苷酸片段，变异采取遗传密码符号的一种替代形式。例如，把 CAC 替成 GCA，导致组氨酸被天科氨酸取代。这种变异的寡核苷酸被引入病毒 DNA 片段，结合在与没有变异的类似物相同的位置，这是因为螺旋链相互间的互补性能够容忍小量的碱基对不匹配。然后，变异的核苷酸 DNA 聚合酶，形成磷酸根-糖框架，把核苷酸片段连接在一起，结合到原始 DNA 的复制品里。得到突变 DNA 然后被引入一个合适的细菌生物主体，在那里繁殖，产生其自身复制品，当其数量增长到足够量时，就合成出（表达）期望的突变蛋白质。这样的突变在自然界随时都会以随机事件形式发生，是进化理论的基础之一。大部分自然的突变对生物体来说是致命的，但可控的设计突变可以是非常有利的。

第七章

沉淀溶解平衡和沉淀滴定法

在科学实验和生产实践中，常需利用沉淀的生成和溶解来制备所需的产品、进行离子的分离鉴定、除去溶液中的杂质以及进行定量分析等等。影响沉淀溶解度的主要因素有哪些，怎样判断沉淀能否生成或溶解，如何使沉淀的生成或溶解更加完全，又如何使溶液中某种离子先生成沉淀等等，这些都是实际工作中常会遇到的问题。认识沉淀的生成、溶解的规律，就可找到解决这些问题的途径；而以沉淀溶解平衡为基础，便可建立起沉淀滴定分析方法。

知识目标

1. 理解难溶电解质的沉淀平衡及溶度积 $K_{sp}^{\ominus}$ 的意义。
2. 理解溶度积和溶解度的区别与联系，能够说明它们之间的换算关系。
3. 理解沉淀滴定法的原理，了解沉淀滴定法的实际应用。
4. 掌握溶度积规则及相关计算。

能力目标

1. 能利用溶度积规则判断沉淀的生成、溶解和转化。
2. 会根据不同类型的沉淀滴定法选择合适的指示剂。
3. 能根据测定条件和物质不同选择恰当的沉淀滴定方法。

素质目标

通过学习唐敖庆的事迹，培养爱国主义精神。

第一节　沉淀溶解平衡

物质的溶解度有大有小，没有绝对不溶解的物质。习惯上把溶解度很小[小于 0.01g/100g(H_2O)]的物质称为难溶物质（沉淀）。多数沉淀反应是电解质之间的离子反应，生成的沉淀产物属难溶电解质。难溶电解质在水中存在沉淀溶解平衡。

一、沉淀溶解平衡概述

电解质在水中的溶解情况通常可分易溶、微溶和难溶等，它们之间没有明确的界限。通常把溶解度大于 0.1g/100g (H_2O) 的电解质称为易溶电解质；溶解度在 0.01～0.1g/100g (H_2O) 之间的电解质称为微溶电解质；溶解度小于 0.01g/100g (H_2O) 的电解质称为难溶电解质。在一定温度下将难溶电解质放入水中，会产生溶解和沉淀两个过程。

在难溶电解质的饱和溶液中，存在着固相（难溶电解质）与其液相离子间的平衡，例如如果将 $BaSO_4$ 固体置于水中，它在水中虽然难溶，但仍然会有少量的 Ba^{2+} 和 SO_4^{2-} 受到极性水分子的吸引而脱离固体表面，以离子形式进入溶液，这一过程称为溶解。同时溶液中的 Ba^{2+} 和 SO_4^{2-}，会受 $BaSO_4$ 固体表面的吸附从液相回到固相，这一过程称为沉淀。沉淀和溶解是两个相反并可逆的过程。在一定条件下，当溶解与沉淀的速率相等时，即达到平衡状态，这种平衡状态称为沉淀溶解平衡状态。它同样服从化学平衡定律。

沉淀溶解平衡

$$BaSO_4(s) \underset{\text{沉淀}}{\overset{\text{溶解}}{\rightleftharpoons}} SO_4^{2-}(aq) + Ba^{2+}(aq)$$

未溶解的固体　溶液中的离子

平衡时

$$K^{\ominus} = \frac{c(Ba^{2+})c(SO_4^{2-})}{c(BaSO_4)}$$

上式是将 $c^{\ominus} = 1mol \cdot L^{-1}$ 略去而得（后同）。

在一定温度下，$K^{\ominus}$ 为常数，固体的浓度视为常数，二者之积亦为常数，用 $K_{sp}^{\ominus}$ 来表示，即

$$K_{sp}^{\ominus}(BaSO_4) = c(Ba^{2+})c(SO_4^{2-})$$

上式说明，在一定温度下难溶电解质饱和溶液中的两种离子浓度的乘积是一常数。$K_{sp}^{\ominus}$ 称为难溶电解质的溶度积常数，简称溶度积。

推广开来，对于一般难溶电解质（A_mB_n），其沉淀溶解平衡关系式可表示为

$$A_mB_n \rightleftharpoons mA^{n+} + nB^{m-}$$

平衡时

$$K^{\ominus} = \frac{c^m(A^{n+})c^n(B^{m-})}{c(A_mB_n)}$$

$$K_{sp}^{\ominus}(A_mB_n) = c^m(A^{n+})c^n(B^{m-})$$

它表明在一定温度下，任何难溶电解质的饱和溶液中，各组分离子浓度幂的乘积为一常数。溶度积和其他平衡常数一样，与物质的本性和温度有关，而与离子浓度的改变无关。难溶电解质的溶度积可由实验测定。一些难溶电解质的溶度积见附录。

?【问题 7-1】 对于同一沉淀溶解平衡反应，$K^{\ominus}$ 和 $K_{sp}^{\ominus}$ 有何关系？

$K_{sp}^{\ominus}$ 是难溶电解质的特征常数，它的数值大小，表明同类型难溶电解质溶解能力的大小。难溶电解质的 $K_{sp}^{\ominus}$ 数值越大，代表其在水中的溶解能力越强。

二、溶度积规则

沉淀溶解平衡的建立是有条件的，这与弱电解质的解离平衡不同。例如，溶液中只要有 Ac^- 和 H^+，就可以建立 HAc 的解离平衡；但溶液中有 Ag^+ 和 Cl^- 时，就不一定能与 AgCl（s）建立起沉淀溶解平衡。要判断溶液是否有沉淀生成，或沉淀在溶液中能否溶解，必须比较难溶电解质溶液的离子积 Q_i 和溶度积 $K_{sp}^{\ominus}$，才能得出结论。

某难溶电解质溶液中，其离子浓度（以计量数为指数）的乘积称为离子积，用 Q_i 表示。如上述难溶物 A_mB_n 溶液的离子积：

$$A_mB_n \rightleftharpoons mA^{n+} + nB^{m-}$$

$$Q_i = c^m(A^{n+})c^n(B^{m-})$$

不难看出，$K_{sp}^{\ominus}$ 是 Q_i 的一种特例。因此，可以作出如下判断：

① 当$Q_i = K^{\ominus}_{sp}$时，溶液为饱和溶液，体系处于沉淀溶解平衡状态；

② 当$Q_i < K^{\ominus}_{sp}$时，溶液为不饱和溶液，无沉淀析出，此时若体系中有固体存在，则固体将溶解，直至饱和为止；

③ 当$Q_i > K^{\ominus}_{sp}$时，溶液为过饱和溶液，应有沉淀析出直至饱和。

以上Q_i与$K^{\ominus}_{sp}$的关系及其结论称为溶度积规则。它是难溶电解质多相离子平衡移动规律的总结。利用溶度积规则可以判断体系在发生变化过程中是否有沉淀生成或溶解，也可以通过控制有关离子的浓度，使沉淀产生和溶解。

三、溶度积常数规则的应用

对于难溶电解质，其溶解性大小除了用溶度积表示外，还可以用溶解度来表示，两者既有联系，又有区别，它们之间的区别在于：溶度积是未溶解的固相与溶液中相应离子达到平衡时的离子浓度乘积，只与温度有关；溶解度不仅与温度有关，还与系统的组成、pH 的改变、配合物的生成等因素有关。它们的联系在于它们之间可以相互换算，即可以由溶度积求得溶解度，也可以由溶解度求得溶度积。

【例 7-1】 等体积混合 0.002mol·L^{-1} 的 Na_2SO_4 溶液和 0.02mol·L^{-1} 的 $BaCl_2$ 溶液，是否有 $BaSO_4$ 白色沉淀生成？[已知 $K^{\ominus}_{sp}(BaSO_4) = 1.1\times10^{-10}$]

解 溶液等体积混合后，浓度减小一半，故

$$c(SO_4^{2-}) = \frac{1}{2}\times 0.002\text{mol}\cdot\text{L}^{-1} = 1\times10^{-3}\text{mol}\cdot\text{L}^{-1}$$

$$c(Ba^{2+}) = \frac{1}{2}\times 0.02\text{mol}\cdot\text{L}^{-1} = 1\times10^{-2}\text{mol}\cdot\text{L}^{-1}$$

$$Q_i = c(Ba^{2+})c(SO_4^{2-}) = 1\times10^{-3}\times1\times10^{-2} = 1\times10^{-5}$$

答：$Q_i > K^{\ominus}_{sp}(BaSO_4)$，所以溶液中有 $BaSO_4$ 沉淀生成。

【例 7-2】 某溶液中 $c(SO_4^{2-}) = 0.001\text{mol}\cdot\text{L}^{-1}$，欲使 $BaSO_4$ 沉淀生成，试计算所需 Ba^{2+} 的最低浓度。[已知 $K^{\ominus}_{sp}(BaSO_4) = 1.1\times10^{-10}$]

解 当 $Q_i > K^{\ominus}_{sp}(BaSO_4)$ 时，便有 $BaSO_4$ 沉淀析出，即

$$Q_i = c(Ba^{2+})c(SO_4^{2-}) > K^{\ominus}_{sp}(BaSO_4)$$

代入数据得

$$c(Ba^{2+})\times(1\times10^{-3}) > 1.1\times10^{-10}$$

$$c(Ba^{2+}) > \frac{1.1\times10^{-10}}{1\times10^{-3}} = 1.1\times10^{-7}(\text{mol}\cdot\text{L}^{-1})$$

答：使 $BaSO_4$ 沉淀析出所需 Ba^{2+} 的最低浓度为 1.1×10^{-7} mol·L^{-1}。

四、溶度积和溶解度的相互换算

溶度积和溶解度都可以用来表示物质的溶解能力，两者之间可以相互换算。如已知某难溶电解质的溶解度，即可计算出它的$K^{\ominus}_{sp}$值；反之，从$K^{\ominus}_{sp}$值也可以算其溶解度。在换算时应注意浓度单位必须采用 mol·L^{-1}。另外，由于难溶电解质的溶解度很小，即溶液很稀，所以换算时，可以近似地认为其饱和溶液的密度和纯水一样为 1g·cm^{-3}。

【例 7-3】 25℃时，求饱和 AgCl 溶液中 $c(Ag^+)$。

解 已知在 AgCl 的饱和溶液中 $c(Ag^+) = c(Cl^-)$，$K^{\ominus}_{sp}(AgCl) = 1.8\times10^{-10}$，所以

$$c(Ag^+) = \sqrt{K_{sp}^{\ominus}} = \sqrt{1.8\times10^{-10}} = 1.34\times10^{-5}(mol\cdot L^{-1})$$

答：溶液中 $c(Ag^+)$ 为 $1.34\times10^{-5}mol\cdot L^{-1}$。

【例 7-4】 $BaSO_4$ 在水中的溶解度为 $2.42\times10^{-3}\ g\cdot L^{-1}$，计算 $BaSO_4$ 的溶度积常数。

解　由于 $BaSO_4$ 的分子量为 233.4，故 $BaSO_4$ 的溶解度可转换为

$$\frac{2.42\times10^{-3}}{233.4} = 1.04\times10^{-5}(mol\cdot L^{-1})$$

在 $BaSO_4$ 的饱和溶液中：

$$BaSO_4 \rightleftharpoons Ba^{2+} + SO_4^{2-}$$

$$c(Ba^{2+}) = c(SO_4^{2-}) = 1.04\times10^{-5}\ mol\cdot L^{-1}$$

$$K_{sp}^{\ominus}(BaSO_4) = (1.04\times10^{-5})\times(1.04\times10^{-5}) = 1.08\times10^{-10}$$

答：$BaSO_4$ 的溶度积常数为 1.08×10^{-10}。

第二节　沉淀滴定法

一、沉淀滴定法原理

沉淀滴定法是利用沉淀反应来进行滴定分析的方法，虽然能生成沉淀的反应很多，但是只有符合下列条件的沉淀反应，才能用于沉淀滴定分析。

① 沉淀有固定的组成，反应物之间有准确的计量关系；

② 反应速率快，并容易指示终点；

③ 沉淀吸附杂质少；

④ 沉淀的溶解度必须小，反应能定量进行。

由于上述条件不易同时满足，故能用于沉淀滴定的反应不多。目前在生产上常用的是生成难溶性银盐的沉淀滴定法，如利用生成 AgCl、AgBr、AgI 和 AgSCN 沉淀的反应，可以测定 Cl^-、Br^-、I^-、SCN^- 和 Ag^+ 等，这种方法称为银量法。对于海、湖、井、矿盐和卤水以及电解液的分析和含氯有机物的测定，都有实际意义。

二、沉淀滴定法及其指示剂的选择

在银量法中，按照所选用指示剂的不同，可分为莫尔（Mohr）法、福尔哈德（Volhard）法、法扬斯（Fajans）法。

1. 莫尔法

（1）方法原理　在含有 Cl^- 的中性或弱碱性溶液中，以 K_2CrO_4 作指示剂，用 $AgNO_3$ 溶液进行滴定，这种直接滴定的方法通常称为莫尔法。此法测定 Cl^- 是根据分步沉淀的原理。25℃时，AgCl 沉淀的溶解度（$1.34\times10^{-5}mol\cdot L^{-1}$）小于 Ag_2CrO_4 沉淀的溶解度（$6.5\times10^{-5}mol\cdot L^{-1}$），AgCl 开始沉淀比 Ag_2CrO_4 开始沉淀所需的 Ag^+ 浓度要小，所以当滴加 $AgNO_3$ 溶液时，首先析出 AgCl 沉淀，然后才是 Ag_2CrO_4 沉淀，这种先后沉淀的现象称为分步沉淀。

其滴定过程可表示如下。

① 滴定前：将 K_2CrO_4 加到含 Cl^-、Br^- 待测液中，无变化。

② 终点前：$Ag^+ + Cl^-$（或 Br^-）$\rightleftharpoons AgCl\downarrow$（或 $AgBr\downarrow$）

③ 终点时：$2Ag^+ + CrO_4^{2-} \rightleftharpoons Ag_2CrO_4\downarrow$

（黄色）　　（砖红色）

（2）滴定条件　当 Cl^- 沉淀完毕后，稍微过量的 Ag^+ 即可与 K_2CrO_4 生成 Ag_2CrO_4 红色沉淀，变色要及时、明显，这样才能正确指示终点。在莫尔法滴定中，应注意以下事项：

① K_2CrO_4 溶液的浓度。因为 K_2CrO_4 溶液浓度的大小，会使 Ag_2CrO_4 沉淀或早或迟地出现，影响终点的正确判断。一般情况下，K_2CrO_4 溶液浓度应控制在 $5\times10^{-3}mol\cdot L^{-1}$ 左右为宜。

② 溶液的酸度。用 $AgNO_3$ 溶液滴定 Cl^- 时，反应需在中性或弱碱性介质（pH＝6.0～10.5）中进行。因为在酸性溶液中，不生成 Ag_2CrO_4 沉淀。强碱性或氨性溶液中，滴定剂会被碱分解或与氨生成配合物。

③ 滴定时要充分摇荡。在化学计量点前，Cl^- 还没滴完，先生成的 AgCl 沉淀易吸附 Cl^-，使 Ag_2CrO_4 沉淀过早出现，使操作者误以为是滴定终点。

④ 消除干扰离子。

【问题 7-2】 （1）莫尔法为何不能在氨性溶液中进行?

（2）莫尔法能否以氯化钠为标准溶液测定银离子含量?

2. 福尔哈德法

（1）方法原理　福尔哈德法是以铁铵矾[$NH_4Fe(SO_4)_2\cdot12H_2O$]为指示剂，在酸性条件下，用 KSCN 或 NH_4SCN 作标准溶液，直接测定 Ag^+ 含量的一种沉淀滴定法。福尔哈德法按滴定方式又分为直接滴定法和返滴定法。

① 直接滴定法。在含有 Ag^+ 的硝酸溶液中，以铁铵矾［$NH_4Fe(SO_4)_2\cdot12H_2O$］作指示剂，用 NH_4SCN(或 NaSCN）溶液进行滴定，产生 AgSCN 沉淀。在化学计量点后，稍微过量的 SCN^- 就与 Fe^{3+} 生成红色的［$Fe(SCN)^{2+}$］，以指示终点。用直接法测 Ag^+ 含量时，加入铁铵矾指示剂后，用 KSCN 标准溶液滴定，终点时溶液由白色转变为红色。

其滴定过程表示如下。

终点前：由于 $K_{sp}^{\ominus}(AgSCN) < K_{sp}^{\ominus}\{[Fe(SCN)]^{2+}\}$，故在含有 Ag^+ 和 Fe^{3+} 的溶液中发生如下反应

$$Ag^+ + SCN^- \rightleftharpoons AgSCN\downarrow \text{（白色）}$$

终点时：由于溶液中的 Ag^+ 几乎全部转化为沉淀，故加入的 KSCN 将与 Fe^{3+} 反应。

$$Fe^{3+} + SCN^- \rightleftharpoons [Fe(SCN)]^{2+} \text{（红色）}$$

② 返滴定法。用铁铵矾作指示剂，只能指示用 SCN^- 滴定的终点。如果要用 Ag^+ 滴定 Cl^-、SCN^-，就要先加入过量的 $AgNO_3$ 标准溶液，以铁铵矾作指示剂，再用 NH_4SCN 标准溶液返滴定。

其滴定过程表示如下。

加入过量 $AgNO_3$ 后：Ag^+（过量）$+ X^- \rightleftharpoons AgX\downarrow$

回滴剩余 $AgNO_3$：Ag^+（剩余量）$+ SCN^- \rightleftharpoons AgSCN\downarrow$（白色）

终点时：$Fe^{3+} + SCN^- \rightleftharpoons [Fe(SCN)]^{2+}$（红色）

（2）滴定条件

① 溶液的酸度。在中性或碱性介质中，指示剂 Fe^{3+} 会发生水解而沉淀；Ag^+ 会生成

Ag_2O 沉淀或 $[Ag(NH_3)]^+$，所以滴定反应要在 HNO_3 溶液中进行，HNO_3 的浓度以 0.2～0.5mol·L^{-1} 较为适宜。

② 铁铵矾溶液的浓度。一般在 50mL HNO_3 溶液（0.2～0.5mol·L^{-1}）中，加入 1～2mL 40%铁铵矾溶液，只需半滴（约 0.02mL）0.1mol·L^{-1} NH_4SCN 就可以看到红色。

③ 用 NH_4SCN 溶液直接滴定 Ag^+ 要充分振荡。AgSCN 沉淀对 Ag^+ 具有强烈的吸附性，以致在化学计量点前溶液中 Ag^+ 还没滴完时，SCN^- 就与 Fe^{3+} 显色，误认为到了终点。为了减小这种误差，滴定时必须将含 AgSCN 沉淀的悬浊液充分摇荡，使被沉淀吸附的 Ag^+ 释放出来，防止终点过早出现。

④ 用返滴定法测定 Cl^- 时需加有机溶剂或滤去 AgCl 沉淀。用直接滴定法测定 Ag^+ 时，溶液中只有一种 AgSCN 沉淀，利用摇荡的办法，可以使被沉淀吸附的 Ag^+ 释放出来。但用返滴定 Cl^- 时，则有 AgCl 和 AgSCN 两种沉淀，在化学计量点前，为防止 Ag^+ 被沉淀吸附，需要充分摇荡，但在化学计量点以后，如果再用力摇荡，溶液的红色就会消失，使终点不好判断。产生这种现象的原因是：当溶液中剩余的 Ag^+ 被滴定之后，稍微过量的 SCN^-，一方面与 Fe^{3+} 生成红色的 $[Fe(SCN)]^{2+}$，另一方面将 AgCl 转化为溶解度更小的 AgSCN 沉淀。

⑤ 铁铵矾浓度应控制在 0.015mol·L^{-1} 左右。

3. 法扬斯法

（1）方法原理　利用吸附指示剂指示终点的银量法称法扬斯法。吸附指示剂是一类有机物，它的阴离子在溶液中被吸附在带正电荷的沉淀微粒表面，使其结构改变，进而引起指示剂颜色变化。

用 $AgNO_3$ 溶液滴定 Cl^- 时，用荧光黄（以 HFIn 表示）作指示剂，化学计量点后，溶液由黄色转变为粉红色，可以指示终点。AgCl 沉淀具有吸附性质。在化学计量点以前，溶液中有剩余的 Cl^-，这时 AgCl 粒子吸附 Cl^- 而带负电荷，形成 $(AgCl)Cl^-$，荧光黄的阴离子 FIn^-（黄色）不被吸附。化学计量点以后，溶液中有多余的 Ag^+，AgCl 粒子吸附 Ag^+ 而带正电荷，形成 $(AgCl)Ag^+$，这时，它就能吸附荧光黄的阴离子，指示剂的结构发生了变化，溶液由黄色转变为粉红色。

滴定过程可表示如下。

终点前：因溶液中尚有未被滴定的 Cl^-，所以沉淀物 AgCl 将优先选择吸附与其自身组成相类似的 Cl^- 而使沉淀微粒带负电荷，因而不吸附 FIn^-。即

$$Ag^+ + Cl^- \rightleftharpoons AgCl\downarrow$$

$$(AgCl)_n + Cl^- \rightleftharpoons (AgCl)_n \cdot Cl^-$$

终点时：溶液中 Cl^- 几乎全部结合生成 AgCl，$AgNO_3$ 稍有过量（半滴）。此时沉淀物 AgCl 将优先选择吸附与其自身组成、结构相类似的 Ag^+ 而使沉淀微粒带正电荷。带正电荷的沉淀微粒能够吸附带负电荷的指示剂阴离子 FIn^- 使其产生颜色变化。即

$$(AgCl)_n + Ag^+ \rightleftharpoons (AgCl)_n \cdot Ag^+$$

$$\underset{\text{(黄色)}}{(AgCl)_n \cdot Ag^+ + FIn^-} \rightleftharpoons \underset{\text{(粉红色)}}{(AgCl)_n \cdot Ag^+ \cdot FIn^-}$$

（2）滴定条件

① 由于吸附指示剂是吸附在沉淀表面而变色，为使终点颜色变化更明显，就应使沉淀具有较大比表面积，滴定时常加入淀粉溶液作保护剂。

② 滴定必须在中性、弱碱性或弱酸性溶液中进行。

③ 因卤化银易感光变灰，应避免强光照射。

④ 滴定时选择指示剂的吸附能力应小于沉淀对被测离子的吸附能力。

常见的吸附指示剂见表 7-1。

表 7-1 常见的吸附指示剂

指示剂	pH 范围	被滴定离子	被滴定离子最低浓度/($mol \cdot L^{-1}$)
荧光黄	7 ～ 10	Cl^-,Br^-,I^-	0.005
二氯荧光黄	4 ～ 10	Cl^-,Br^-,I^-	0.0005
四溴荧光黄	2 ～ 10	Br^-,I^-,CNS^-	0.0005

三、沉淀滴定法的应用

在农业生产中的食品、饲料、兽药及环保等领域，沉淀滴定法都有一定的应用。

1. 天然水中 Cl^- 含量的测定

天然水中几乎都含有 Cl^-，其含量变化范围很大，河水、湖泊中 Cl^- 含量较低，海水、盐湖及某些地下水中含量则较高。水中 Cl^- 含量一般用莫尔法测定。若水中还含有 SO_4^{2-}、PO_4^{3-} 及 S^{2-}，则采用福尔哈德法测定。

2. 有机卤化物中卤素的测定

有机物中所含卤素多系共价键结合，须经适当处理使其转化为游离的卤离子后，才能用银量法测定。以农药“六六六”（其学名为六氯环己烷）为例，通常是将试样与 KOH 的乙醇溶液一起加热回流煮沸，使有机氯以 Cl^- 形式转入溶液。溶液冷却后，加 HNO_3 调至酸性，用福尔哈德法测定释放出的 Cl^-。

3. 银合金中银的测定

将银合金溶于硝酸制成溶液，制得的溶液，除去干扰离子，加入铁铵矾为指示剂，用 NH_4SCN 为标准溶液按沉淀滴定法进行测定。

本章小结

一、难溶电解质的沉淀溶解平衡

$$A_mB_n \rightleftharpoons mA^{n+} + nB^{m-}$$

$$K_{sp}^{\ominus}(A_mB_n) = c^m(A^{n+})c^n(B^{m-})$$

二、溶度积规则及应用

$$A_mB_n(s) \rightleftharpoons mA^{n+} + nB^{m-}$$

$$Q_i = c^m(A^{n+})c^n(B^{m-})$$

（1）当 $Q_i = K_{sp}^{\ominus}$ 时，溶液为饱和溶液，体系处于沉淀溶解平衡状态；

（2）当 $Q_i < K_{sp}^{\ominus}$ 时，溶液为不饱和溶液，无沉淀析出；

（3）当 $Q_i > K_{sp}^{\ominus}$ 时，溶液为过饱和溶液，应有沉淀析出直至饱和。

三、沉淀滴定法及应用

常见的沉淀滴定法主要有莫尔法、福尔哈德法和法扬斯法，对照如下。

滴定法	指示剂	标准溶液	测定对象	测定条件
莫尔法	K_2CrO_4	$AgNO_3$	Cl^-、Br^-	中性或弱碱性
福尔哈德法	$NH_4Fe(SO_4)_2$	KSCN	Ag^+、X^-	强酸性
法扬斯法	吸附指示剂	$AgNO_3$	X^-	因指示剂而定

习题

1. 选择题

（1）福尔哈德法的指示剂为（　　）。

A. 铁铵矾溶液　　B. 硝酸银溶液　　C. 氯化钾溶液　　D. 酚酞

（2）下列难溶电解质的饱和溶液中，溶解度最大的为（　　）。

A. 氯化银　　B. 溴化银　　C. 氰化银　　D. 碘化银

2. 简答题

（1）什么叫沉淀滴定法？沉淀滴定法所用的沉淀反应，必须具备哪些条件？

（2）什么叫溶度积规则？有何用处？将等量 NaCl 和 $AgNO_3$ 溶液混合，此时溶液中还有无 Ag^+ 及 Cl^- 存在，为什么？

（3）在莫尔法中为何要控制指示剂 K_2CrO_4 的浓度？为何溶液酸度应控制在 6.5～10.5 之间？如果在 pH＝2 时滴定 Cl^-，分析结果会怎样？

3. 计算题

（1）称取纯氯化钠 0.1269g，加水溶解后，以铬酸钾为指示剂，用去硝酸银 24.50mL，计算硝酸银溶液的物质的量浓度。

（2）称取氯化钾、溴化钾的混合物 0.3028g，溶于水后，以铬酸钾为指示剂，用去硝酸银标准溶液 30.20mL，计算混合物中氯化钾和溴化钾的含量。

（3）已知 25℃时，AgI 溶度积为 8.5×10^{-17}，求在纯水中 AgI 的溶解度。

（4）有生理盐水 10.00mL，加入 K_2CrO_4 指示剂，以 $0.1043mol\cdot L^{-1}$ $AgNO_3$ 标准溶液滴定至出现砖红色，用去 $AgNO_3$ 标准溶液 14.58mL，计算生理盐水中 NaCl 的质量浓度。

知识拓展

沉淀重量法——应用最广泛的重量分析法

重量分析法是经典的定量分析方法。该方法是先通过适当的分离方法将被测组分以元素或化合物形式析出或逸出，然后通过称量进行定量。

在重量分析中，沉淀法是最主要的方法，称为沉淀重量法，该方法是利用沉淀剂将被测组分以微溶化合物的形式沉淀出来（该形式称为沉淀形式），然后经过过滤、洗涤、烘干或灼烧，使之转化为称量形式（称量形式与沉淀形式可以相同，也可以不相同），最后通过称取称量形式的重量来求得被测组分的含量。

沉淀重量法的中心问题是如何获得一个沉淀完全、纯净、易于过滤和洗涤的沉淀物。要想沉淀完全就必须讨论沉淀平衡，了解影响沉淀溶解度的因素（详见本章第一节）；要想沉淀纯净就必须讨论沉淀的形成，了解沉淀沾污的原因；要想沉淀易于过滤和洗涤就必须在讨论沉淀形成的基础上掌握好适宜的沉淀条件。

重量分析对沉淀形式的要求主要有：第一，沉淀溶解度必须要小，这样才能保证被测组分沉淀完全，减小由溶解度引起的误差。第二，沉淀要尽量纯净，这样才能获得比较准确的结果。第三，沉淀应易于过滤和洗涤，故最好是生成颗粒较大的晶形沉淀。第四，沉淀应易于转化为称量形式（指称量形式和沉淀形式不相同的情况）。重量分析对称量形式的要求主要有：第一，称量形式的化学组成要恒定，即要符合一定的化学式，否则无法计算分析结果。第二，称量形式必须十分稳定，这样可保证在称量过程中称量形式不与空气中的水、二氧化碳或氧气作用而发生改变。第三，称量形式的分子量要大，这样可减少称量误差。

素质拓展阅读

量子化学家——唐敖庆

唐敖庆（1915～2008 年），江苏宜兴人，理论化学家和教育家，中国现代理论化学的开拓者和奠基人，中国科学院学部委员，国际量子和分子科学院院士，被尊称为“中国量子化学之父”。唐敖庆开展了化学键函数和分子内旋转理论、配位场理论、分子轨道图形理论、高分子反应统计理论、高分子固化理论与标度、原子簇化合物的结构规则等研究工作，培养出一批具有国际水平的理论化学研究人才。

年少勤奋，辗转求学为报国。唐敖庆先后就读无锡师范学校和北京大学。“九一八”事变爆发后，参加无锡学联组织的赴南京抗日请愿团，在救亡运动中，树立了成为一名化学家的理想，立志科学救国。“七七”事变爆发，北平沦陷，唐敖庆随学校南迁至长沙，到长沙临时大学学习。之后唐敖庆在西南联合大学继续学习并留校担任助教。抗日战争胜利后，唐敖庆赴美国哥伦比亚大学攻读博士学位。超负荷的学习强度使他的眼睛近视到千度以上，为节省眼睛，他开始练习强记的本领。上课时仅靠耳朵听，记下讲课内容，下课时回忆并一一追记笔记。唐敖庆将自己的大脑锻炼成了一台“电子计算机”。

艰苦创业，响应号召赴东北。中华人民共和国成立后，“科学救国”的理想和使命感让唐敖庆急于回到祖国，虽美国政府竭力挽留各国留学生，但他于 1950 年毅然回到魂牵梦绕的新中国。他说：“我知道我的祖国现在满目疮痍，百废待兴。但一个爱国者不会嫌弃祖国的贫困，改变祖国贫困落后的面貌，正是每个爱国者义不容辞的责任。”1952 年，唐敖庆响应国家号召，从北京大学举家迁往长春，在东北人民大学（吉林大学前身）任教授，唐敖庆一个人主讲无机化学、物理化学、物质结构、热力学、动力学、统计力学等十几门课程。唐老师上讲台从来不带教案，只凭一张嘴、几根粉笔，就能准确清晰地讲述复杂的理论推导、化学公式与计算。其独特的教学风格、严密的体系令人心驰神往，使青年们兴趣盎然地步入那变幻无穷的化学殿堂，深厚的学识赢得了师生们的尊重。1978 年，唐敖庆任吉林大学校长，坚持教学和科研“两个中心”的办学理念，使吉林大学成为中外著名的大学。学校成立理论化学研究所，设有量子化学、结构化学研究室和分子光谱、X 射线晶体结构、磁共振等实验室。理论化学研究所和理论化学计算国家重点实验室成为国际上享有盛誉的理论化学研究中心，也成为吉林大学化学学科乃至整个学校的一面旗帜。

潜心钻研，成就辉煌载史册。唐敖庆以严谨、求实、创新的科学态度，在理论化学领域共发表 300 余篇学术论文和 16 部学术专著。在量子化学领域，开展配位场理论研究、分子轨道图形理论研究、高分子反应统计理论研究、原子簇化合物结构规则研究。以开拓者和耕耘者的身份在杂化轨道、多中心积分、分子内旋转、分子间相互作用等当时在国际量子化学界前沿的学科领域进行科研与探索，所提出的唐-江定理被国际上誉为中国学派所开创的领域，成为中国理论化学走向世界的重要基石。唐敖庆 5 次获国家自然科学奖、陈嘉庚化学科学奖、何梁何利科学与技术成就奖，并用获得的国家自然科学奖奖金设立了量子化学研究生奖励基金，将 100 万元何梁何利科学与技术成就奖奖金分成了吉林大学作为奖励品学兼优学生的奖学金、中国化学会用作奖励优秀年轻化学工作者的基金、江苏省宜兴县用于支持家乡基础教育的基金三部分。

赓续传承，大师精神永流芳。为缅怀唐敖庆教授的辉煌业绩，吉林大学将他亲手创办的理论化学研究所命名为唐敖庆研究所；将中心校区理科实验楼命名为“唐敖庆楼”，在楼前树立唐敖庆塑像，以他德厚流光、忘我拼搏、无私奉献的一生教育后人；成立唐敖庆教育基金会，面向国内各高校和科研院所开展奖学、奖教和专项资助，鼓励基础理论研究，支持学科建设和人才培养；启动了“吉林大学唐敖庆特聘教授、讲座教授”计划、唐敖庆理科学生试验班计划，将唐敖庆教授的教育理念、治学精神发扬光大，激励全校广大师生以唐敖庆教授为榜样，勇攀科学高峰。

2020 年 1 月 9 日，为表彰唐敖庆教授在教育和科学研究领域做出的杰出贡献，经国际小行星命名委员会批准，国际编号为 218914 号的小行星被命名为“唐敖庆星”。2020 年 11 月 18 日，“唐敖庆星”命名仪式在国家自然科学基金委员会隆重举行。浩瀚星河中，“唐敖庆星”成为熠熠生辉的一颗，时刻提醒广大教师不忘教书育人的初心，指引科研人员勇敢地拓展人类认知的边界，科教兴国，惠泽世界。

第八章

氧化还原反应和氧化还原滴定法

化学反应一般可分为两大类：一类是在反应过程中，反应物之间没有电子的转移，如酸碱反应、沉淀反应及配位反应等；另一类是在反应过程中，反应物之间发生了电子转移，这一类反应就是氧化还原反应。日常生活中人们所接触到的许多反应，比如金属腐蚀、煤炭燃烧、炸药爆炸等都是氧化还原反应。氧化还原反应在化工、冶金生产上常涉及，是化学热能或电能的来源之一。因此，研究氧化还原反应有着十分重要的意义。

知识目标

1. 理解氧化数定义，能够解释氧化还原反应基本概念，列举常用氧化剂和还原剂。
2. 掌握原电池的基本组成，了解电极电势的测定方法。
3. 理解能斯特方程表达式及含义。
4. 掌握氧化还原滴定法的基本原理。
5. 了解高锰酸钾法、重铬酸钾法、碘量法的原理和实际应用。

能力目标

1. 能配平氧化还原反应方程式。
2. 会选择合适的氧化还原滴定方法测定物质的含量。

素质目标

通过了解太阳能电池等新能源领域的研究成果，培养尊重科学的素养。

第一节　氧化还原反应

在氧化还原反应中，氧化是指物质失去（提供）电子的反应，还原是指物质得到（接受）电子的反应，这两种反应是相互依存、同时发生的。

一、氧化数

为了便于讨论氧化还原反应，需引入元素的氧化数的概念。氧化数是指某元素一个原子的表观荷电数，这个荷电数是假设把每一个化学键中的成键电子指定给电负性更大的原子而求得的。例如，在 HCl 中，由于氯的电负性大，成键电子划归给氯，所以氯的氧化数为－1，氢为＋1。但是用这种方法确定原子的氧化数有时会遇到困难。因为有一些化合物，特别是一些结构复杂的化合物，它们的电子结构式本身就不易给出，更谈不上电子的划分了。为了避开这些困难，人们从经验中总结出一套规则，用来确定氧化数。确定氧化数的规则如下。

① 在单质中，元素的氧化数为零，如 Cl_2、H_2 等物质中元素的氧化数为零。

② 在中性分子中各元素的氧化数代数和为零。在多原子离子中各元素的氧化数代数和等于离子电荷。

③ 氧在化合物中的氧化数一般为－2，在过氧化物中为－1（如 H_2O_2、Na_2O_2），在超氧化物中为－1/2（如 KO_2），在 OF_2 中为＋2。氢的氧化数一般为＋1，在与活泼金属形成的金属氢化物中则为－1（如 NaH、CaH_2）。

④ 在共价化合物中，元素的氧化数是把电子对指定给电负性大的一方而求得的表观荷电数（如 HCl 中 H 的氧化数为＋1、Cl 的为－1）。

氧化数

根据以上规定，可以求出指定元素的氧化数。

【例 8-1】 求 Fe_3O_4、$S_2O_3^{2-}$ 中 Fe、S 的氧化数。

解 已知 O 的氧化数为－2，设 Fe 的氧化数为 x

据规则②得：$3x+4\times(-2)=0$ 得 $x=+\frac{8}{3}$

设 S 的氧化数为 y

则 $2y+3\times(-2)=-2$ 得 $y=+2$

答：Fe_3O_4 中 Fe 的氧化数为 $+\frac{8}{3}$，$S_2O_3^{2-}$ 中 S 的氧化数为＋2。

通过上面的计算可见，氧化数既可以是正、负整数，也可以是分数，是一个有一定人为性的、经验性的概念，不可以和中学的化合价（某元素的一个原子与其他几个元素的原子化合的能力，它只能是正、负整数）相混淆。

二、氧化作用与还原作用

1. 氧化剂与还原剂

在 18 世纪末，人们把与氧结合的过程叫氧化，而把从氧化物中夺取氧的过程叫还原。19 世纪中叶，建立了化合价的概念，人们将化合价升高的过程称为氧化，化合价降低的过程称为还原。20 世纪初，人们认识到氧化还原的本质是电子发生转移或偏移，并引起元素氧化数的变化。因此，把元素氧化数升高的过程称为氧化反应，氧化数降低的过程称为还原反应，氧化还原反应是同时发生的。一种元素的氧化数升高，必有另一种元素的氧化数降低，并且氧化数升高的数值与氧化数降低的数值相等。在氧化还原反应过程中，氧化数升高的物质称为还原剂（提供电子）；氧化数降低的物质称为氧化剂（得到电子）。可见氧化还原反应的实质是反应物之间电子的得失。

2. 氧化还原半反应与氧化还原电对

在氧化还原反应中，氧化剂被还原，生成较弱的还原剂；而还原剂被氧化，生成较弱的氧化剂，两者间互为共轭关系。人们把氧化剂与其共轭还原剂或还原剂与其共轭氧化剂之间的关系用氧化还原半反应来表示。如反应：

$$Cu^{2+} + Fe = Fe^{2+} + Cu$$

两个半反应可表示为

$$Cu^{2+} + 2e = Cu \quad \text{（还原半反应）}$$

$$Fe - 2e = Fe^{2+} \quad \text{（氧化半反应）}$$

在氧化还原半反应中，元素氧化数高的形态称为该元素的氧化态（Ox），元素氧化数低的形态称为该元素的还原态（Red），这种共轭的氧化还原体系称为氧化还原电对，一般用 Ox/Red 符号表示，如 Cu^{2+}/Cu、MnO_4^-/Mn^{2+}、AgCl/Ag、Zn^{2+}/Zn 等。元素的氧化态写在斜线的左侧，还原态写在斜线右侧。

【问题 8-1】 氧化还原反应的本质是什么？

3. 常用的氧化剂和还原剂

在物质中，具有高氧化数某元素的化合物，其元素的氧化数有降低的趋势，易被还原，可作为氧化剂，如 Fe^{3+}、MnO_4^- 等；具有低氧化数某元素的化合物，其元素的氧化数有增高的趋势，易被氧化，可作为还原剂，如 Na、S^{2-}、I^-；具有中间氧化数某元素的化合物，其元素的氧化数可以升高也可以降低，因此既可作氧化剂又可作还原剂，如 H_2O_2 等。常见的氧化剂、还原剂列于表 8-1 中。

表 8-1 常见的氧化剂、还原剂

氧化剂	常见还原产物	还原剂	常见氧化产物
活泼非金属单质		非金属单质	
X_2	X^-（卤离子）	H_2	H^+
O_2	H_2O 或氧化物	C	CO_2
氧化物或过氧化物		氧化物或过氧化物	
MnO_2	$Mn^{2+}(H^+)$	CO	CO_2
PbO_2	Pb^{2+}	SO_2	SO_3(或 SO_4^{2-})
H_2O_2	H_2O	H_2O_2	O_2
含氧酸及其盐		含氧酸及其盐	
浓 H_2SO_4	SO_2	H_2SO_3	SO_4^{2-}
浓 HNO_3	NO_2	$NaNO_2$	NO_3^-
稀 HNO_3	NO	氢化物	
H_2SO_3	S	H_2S 或(S^{2-})	S(或 SO_4^{2-})
$NaNO_2$	NO	HX(或 X^-)	X_2(X = Cl、Br、F)
$(NH_4)_2S_2O_8$	SO_4^{2-}	低氧化态金属	
NaClO	Cl^-	Fe^{2+}	Fe^{3+}
$KMnO_4$	$Mn^{2+}(H^+)$	Sn^{2+}	Sn^{4+}
$K_2Cr_2O_7$	Cr^{3+}		
$NaBiO_3$	Bi^{3+}		
高氧化态金属离子		活泼金属单质	
Sn^{4+}	Sn^{2+}	M(Na,Mg,Al)等	M^{n+}(Na^+,Mg^{2+},Al^{3+})等
Fe^{3+}	Fe^{2+}		
Ce^{4+}	Ce^{2+}		

三、氧化还原方程式的配平

氧化还原反应往往比较复杂，参加反应的物质也比较多，反应方程式很难用观察法配平。因此有必要介绍一下氧化还原方程式的配平方法。

配平氧化还原方程式的常用方法有两种：氧化数法和离子-电子法。

1. 氧化数法

氧化数法不但适用于水溶液中进行的氧化还原反应，也适用于气相或固相中进行的氧化还原反应的配平。

配平原则：① 在氧化还原反应中氧化数升高总数和降低总数相等。

② 根据质量守恒定律，反应前后各元素的原子总数相等。

以 $KMnO_4$ 把 HCl 氧化成 Cl_2 而自身被还原成 $MnCl_2$ 为例，说明氧化数法配平的步骤。

① 在箭号左边写反应物的化学式，右边写生成物的化学式。

$$KMnO_4 + HCl \longrightarrow MnCl_2 + Cl_2$$

② 计算氧化剂中原子氧化数的降低值及还原剂中原子氧化数的升高值，并根据氧化数降低总值和升高总值必须相等的原则，找出氧化剂和还原剂前面的化学计量数。

Mn：$(+7 \rightarrow +2)$　　氧化数降低 5（$\downarrow 5$）| $\times 2$

2Cl：$2(-1 \rightarrow 0)$　　氧化数升高 2（$\uparrow 2$）| $\times 5$

$$2KMnO_4 + 10HCl \longrightarrow 2MnCl_2 + 5Cl_2$$

③ 配平除氢和氧元素外各种原子的原子数（先配平氧化数有变化元素的原子数，后配平氧化数没有变化元素的原子数）。

$$2KMnO_4 + 16HCl \longrightarrow 2MnCl_2 + 5Cl_2 + 2KCl$$

④ 配平氢原子数，并找出参加反应（或生成）水的分子数。

$$2KMnO_4 + 16HCl = 2MnCl_2 + 5Cl_2 + 2KCl + 8H_2O$$

⑤ 最后核对氧，确定该方程式是否已配平。等号两边都有 8 个氧原子，证明上面的方程式确已配平。

【例 8-2】 配平下列方程式

$$HClO + Br_2 \longrightarrow HBrO_3 + HCl$$

解　　Cl：$(+1 \rightarrow -1)$　　氧化数降低 2　（$\downarrow 2$）| $\times 5$

2Br：2（$0 \rightarrow 5$）　　氧化数升高 10　（$\uparrow 10$）| $\times 1$

$$5HClO + Br_2 \longrightarrow 2HBrO_3 + 5HCl$$

上面方程式中元素 Cl 和 Br 的原子数都已配平，对于 H 原子，发现生成物中比反应物中多 2 个 H 原子，还需要消耗 1 个 H_2O，于是有：

$$5HClO + Br_2 + H_2O = 2HBrO_3 + 5HCl$$

* 2. 离子-电子法

由于许多氧化还原反应是在水溶液中进行的，而参加反应的仅是其中一部分离子，离子-电子法就是把水溶液中有关反应的离子作为配平的对象，因而它更能反映电解质溶液中氧化还原的本质。

配平原则：① 氧化剂获得电子总数等于还原剂失去电子总数。

② 反应前后每种元素的原子个数相等。

现在以 $FeCl_2$ 与 Cl_2 反应为例，说明离子-电子法配平步骤。

① 用离子方程式列出反应物和生成物。

$$Fe^{2+} + Cl_2 \longrightarrow Cl^- + Fe^{3+}$$

② 将这个方程式分成两个半反应式，一个表示还原剂被氧化的反应，另一个表示氧化剂被还原的反应。

$Fe^{2+} \longrightarrow Fe^{3+}$　　氧化反应

$Cl_2 \longrightarrow Cl^-$　　还原反应

③ 配平这两个半反应，先配平原子，再配平电荷。

第一个半反应式中，两边铁原子数已配平；而电荷数左边为+2，右边是+3，故在右边加上一个电子，两边电荷数相等，这样就得到配平的半反应式。

$$Fe^{2+} \longrightarrow Fe^{3+} + e$$

第二个半反应，经核对两边原子数、电荷，可得配平的半反应式。

$$Cl_2 + 2e \longrightarrow 2Cl^-$$

④ 根据氧化剂得到电子总数等于还原剂失去电子总数的原则，将两个半反应式各乘以适当的系数，然后将两个半反应式合并，就得到配平的离子方程式。

$$\begin{array}{r|l} 2\times & Fe^{2+} \longrightarrow Fe^{3+} + e \\ +)\ 1\times & Cl_2 + 2e \longrightarrow 2Cl^- \\ \hline \multicolumn{2}{c}{2Fe^{2+} + Cl_2 \longrightarrow 2Fe^{3+} + 2Cl^-} \end{array}$$

如果半反应中，反应物和生成物的氧原子数不同，可以根据反应在酸性或碱性介质中，采取在半反应式中添加 H^+ 或 OH^- 的办法，并利用水的解离平衡使反应两边氧原子数和电荷数相等。这里有一个原则应当注意，如反应在酸性介质中进行，其方程式中不应有碱（OH^-）出现；在碱性介质中进行，其方程式中不应有酸（H^+）出现；而在中性介质中的反应，其生成物可能有酸或有碱。

如果需要，再写成反应方程式

$$2FeCl_2 + Cl_2 = 2FeCl_3$$

【例 8-3】 用离子-电子法配平 $KClO_3$ 与 $FeSO_4$ 在酸性介质中反应的方程式。

解 （1）写出未配平的离子方程式。

$$ClO_3^- + Fe^{2+} \longrightarrow Fe^{3+} + Cl^-$$

（2）将上式分成两个半反应。

$$Fe^{2+} \longrightarrow Fe^{3+} \quad \text{氧化反应}$$

$$ClO_3^- \longrightarrow Cl^- \quad \text{还原反应}$$

（3）配平两个半反应。

$$Fe^{2+} \longrightarrow Fe^{3+} + e$$

$$6H^+ + ClO_3^- + 6e \longrightarrow Cl^- + 3H_2O$$

（4）两式各乘以适当的系数，使得失电子总数相等，然后合并。

$$\begin{array}{r|l} 6\times & Fe^{2+} \longrightarrow Fe^{3+} + e \\ +)\ 1\times & 6H^+ + ClO_3^- + 6e \longrightarrow Cl^- + 3H_2O \\ \hline \multicolumn{2}{c}{6Fe^{2+} + ClO_3^- + 6H^+ \longrightarrow 6Fe^{3+} + Cl^- + 3H_2O} \end{array}$$

（5）检查反应前后氧原子的总数是否相等。

如需写成分子方程式，可添上不参加反应的阴、阳离子，并得相应的分子方程式，如上面的反应在稀硫酸中进行，则反应方程式为：

$$6FeSO_4 + KClO_3 + 3H_2SO_4 = 3Fe_2(SO_4)_3 + KCl + 3H_2O$$

四、原电池与电极电势

1. 原电池

任一自发的氧化还原反应，原则上都可以拆分成为两个“半反应”，即“氧化半反应”和“还原半反应”。例如，金属锌置换铜离子的反应

$$Cu^{2+} + Zn = Zn^{2+} + Cu$$

两个半反应可表示为

$Cu^{2+} + 2e = Cu$　　　（还原半反应）

$Zn = Zn^{2+} + 2e$　（氧化半反应）

如图 8-1 所示，如果通过一个装置，使 Zn 失去的电子通过导体间接地转移给 Cu^{2+}，电子就会定向流动而产生电流。

在盛有 $ZnSO_4$ 溶液的烧杯中插入 Zn 片，盛有 $CuSO_4$ 溶液的烧杯中插入 Cu 片，并将两烧杯的溶液用盐桥连接（盐桥是一个倒置的 U 形管，里面一般装有琼脂与饱和 KCl 溶液制成的胶冻，离子可在其中自由移动）。用导线将锌片与铜片分别与检流计两端连接，可看到检流计的指针发生偏转，说明导线中有电流通过，通过检流计指针偏转的方向可知，电流从 Cu 极流向 Zn 极，即电子从 Zn 极流向 Cu 极。

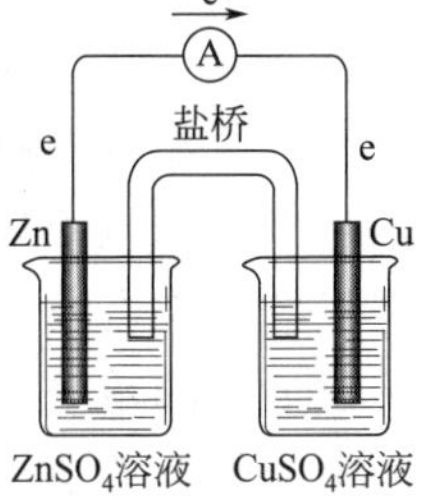

图 8-1　锌-铜原电池

这种能使氧化还原反应中电子的转移直接转变为电能的装置称为原电池。

原电池是由两个半电池组成，每个半电池由一个氧化还原电对组成，如铜-锌原电池中，电对 Cu^{2+}/Cu 组成铜半电池，Zn^{2+}/Zn 组成锌半电池。半电池所发生的反应称为半电池反应也叫电极反应。给出电子的电极为负极，发生氧化反应；接受电子的电极为正极，发生还原反应，两个电极反应之和称为原电池反应。如 Cu-Zn 原电池中：

负极（Zn 极）：　$Zn(s) - 2e \rightleftharpoons Zn^{2+}(aq)$　发生氧化反应

正极（Cu 极）：　$Cu^{2+}(aq) + 2e \rightleftharpoons Cu(s)$　发生还原反应

原电池反应：　$Zn(s) + Cu^{2+}(aq) \rightleftharpoons Zn^{2+}(aq) + Cu(s)$

从理论上讲，任何一个氧化还原反应都可以组成一个原电池。

铜锌原电池原理

2. 电极电势

在 Zn-Cu 原电池中，接通两个电极，电子便自锌极流向铜极，说明两电极之间存在着电势差。原电池中正极与负极之间的电势差称为原电池的电动势（ε）。若知道两个电极的电极电势，即可求得原电池的电动势。

$$\varepsilon = \varphi_{正} - \varphi_{负}$$

到目前为止，单个电极的电极电势还无法测定，而电动势可用电位计测定。所以通常是选用一个通用电极作为参比电极，人为地规定该电极的电势数值，然后将其他电极与该参比电极组成原电池，从而求出其他电极的电极电势相对值。

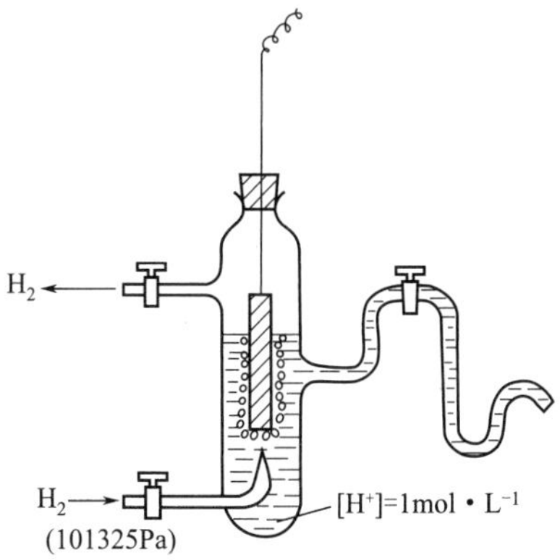

图 8-2　标准氢电极

目前采用的参比电极为标准氢电极，如图 8-2 所示。

标准氢电极是将镀有一层蓬松铂黑的铂片，插入 H^+ 浓度为 $1mol \cdot L^{-1}$ 的稀硫酸溶液中，在 298.15K 时不断通入压力 101.325kPa 的纯氢气，这时被铂黑吸收的 H_2 与溶液中的 H^+ 组成了一个电对 H^+/H_2，建立了如下平衡：

$$2H^+ + 2e \rightleftharpoons H_2$$

由于该电对中的物质都处于标准态，所以此电极称为标准氢电极。规定在 298.15K 时，标准氢电极的电极电势为零。表示为

$$\varphi^{\ominus}(H^+/H_2)=0.000V$$

标准态是指原电池中气体物质的分压为 100kPa，溶液中离子浓度为 $1mol \cdot L^{-1}$，固态或液态都是纯物质。

任何电极在标准态下的电极电势，称为标准电极电势，用 $\varphi^{\ominus}$ 表示。

测定某电极的标准电极电势，可将处在标准态下的该电极与标准氢电极组成原电池，测定出原电池的电动势，由电流方向确定出正、负极，通过公式 $\varepsilon^{\ominus}=\varphi^{\ominus}_{正}-\varphi^{\ominus}_{负}$，即可求出其他电极的标准电极电势。

例如，测定锌电极的标准电极电势，可将标准锌电极与标准氢电极组成原电池，测定出该原电池的标准电动势 $\varepsilon^{\ominus}=0.763V$，通过电流方向判断出锌电极为负极，氢电极为正极。

根据 $$\varepsilon^{\ominus}=\varphi^{\ominus}_{正}-\varphi^{\ominus}_{负}$$

即 $$\varepsilon^{\ominus}=\varphi^{\ominus}(H^+/H_2)-\varphi^{\ominus}(Zn^{2+}/Zn)$$

所以 $$\varphi^{\ominus}(Zn^{2+}/Zn)=0V-0.763V=-0.763V$$

利用这种方法可以测得大多数电极的标准电极电势。但标准氢电极为气体电极，使用不方便，所以实际工作中，通常采用甘汞电极作参比电极［如饱和甘汞电极的 $\varphi^{\ominus}$（Hg_2Cl_2/Hg）$=0.2145V$］。这种电极不仅使用方便，而且工作稳定。

使用标准电极电势表的几点说明：

① 标准电极电势 $\varphi^{\ominus}$ 是在标准态下的水溶液中测出的，不适用于非标准态和非水溶液。

② 标准电极电势 $\varphi^{\ominus}$ 值的大小只与电极本性有关，与电极反应的写法和电极反应中的计量系数无关。

电极反应通常写成还原形式，即：氧化型 + $ne \rightleftharpoons$ 还原型。

如 $$Zn^{2+}+2e \rightleftharpoons Zn \qquad \varphi^{\ominus}=-0.763V$$

但如果写成：$Zn \rightleftharpoons Zn^{2+}+2e$，其 $\varphi^{\ominus}$ 值不会改变。

同样，反应的计量系数改变时，$\varphi^{\ominus}$ 值也不变。如：

$$Cu^{2+}+2e \rightleftharpoons Cu \qquad \varphi^{\ominus}=0.337V$$

$$2Cu^{2+}+4e \rightleftharpoons 2Cu \qquad \varphi^{\ominus}=0.337V$$

电极电势的原理

③ 标准电极电势表分为酸表和碱表。酸性介质或不受酸碱性影响的电极反应查酸表，碱性介质中的电极反应查碱表。

五、氧化还原平衡

一个能自发进行的氧化还原反应，氧化剂与还原剂之间必然存在着电极电势差。氧化剂可以氧化电极电势比它低的还原剂，还原剂可以还原电极电势比它高的氧化剂。

氧化还原电对的电极电势可用能斯特（Nernst）公式求得。

设温度为 298.15K 时，任意状态下的电极反应为

$$a\ 氧化型+ne \rightleftharpoons b\ 还原型$$

电极电势的能斯特方程表达式为：

$$\varphi=\varphi^{\ominus}+\frac{0.0592V}{n}\lg\frac{[c(氧化型)]^a}{[c(还原型)]^b}$$

式中，φ 为电极在任意浓度或分压时的电极电势；$\varphi^{\ominus}$ 为电极的标准电极电势；n 为电极反应中转移的电子数；c(氧化型)、c(还原型）分别代表电极反应中氧化型一侧、还原型一侧各物质的相对浓度，包括氧化型、还原型物质以及参加电极反应的其他物质如 H^+、

OH^-等，若为气体，用分压（kPa）表示。但电极反应中的固体、纯液体（如 H_2O）不写在能斯特方程式中。

如电极反应：$Cr_2O_7^{2-} + 14H^+ + 6e \rightleftharpoons 2Cr^{3+} + 7H_2O$

能斯特方程表达式为：

$$\varphi(Cr_2O_7^{2-}/Cr^{3+}) = \varphi^{\ominus}(Cr_2O_7^{2-}/Cr^{3+}) + \frac{0.0592V}{6}\lg\frac{[c(Cr_2O_7^{2-})][c(H^+)]^{14}}{[c(Cr^{3+})]^2}$$

电极反应式为：$Cl_2 + 2e \rightleftharpoons 2Cl^-$

能斯特方程表达式为：

$$\varphi(Cl_2/Cl^-) = \varphi^{\ominus}(Cl_2/Cl^-) + \frac{0.0592V}{2}\lg\frac{p(Cl_2)}{[c(Cl^-)]^2}$$

【问题 8-2】 用能斯特（Nernst）公式表示下列电对的电极电势

（1）$Cu^{2+} + 2e \rightleftharpoons Cu$ （2）$Br_2(l) + 2e \rightleftharpoons 2Br^-$

（3）$Zn^{2+} + 2e \rightleftharpoons Zn$ （4）$I_2(s) + 2e \rightleftharpoons 2I^-$

可见，原电池电动势与系统组成有关，当各系统均处于标准状态时，原电池的电动势称为标准电动势，以 $\varepsilon^{\ominus}$ 表示。标准状态下，当氧化还原反应达到平衡时，由热力学理论可推导出电动势与其平衡常数的关系如下：

$$\lg K^{\ominus} = \frac{n\varepsilon^{\ominus}}{0.0592}$$

在铜-锌原电池中，$n=2$，$\varepsilon^{\ominus}=1.108V$，$\lg K^{\ominus}=37.43$，$K^{\ominus}=3\times10^{37}$。可见铜-锌原电池的反应进行相当完全。

在氧化还原滴定中，要求反应尽可能进行完全。反应进行的完全程度可用它的平衡常数来衡量，平衡常数越大，反应进行得越完全。氧化还原平衡常数可用能斯特方程及标准电极电势求得。如果 $\varepsilon^{\ominus}>0.2\sim0.3V$，反应可以按指定方向自发进行，并且进行比较完全。

【问题 8-3】 标准状态下，下列反应能否按指定方向进行，进行程度如何？

（1）$Zn + H_2SO_4 \longrightarrow ZnSO_4 + H_2$

（2）$I_2 + 2NaCl \longrightarrow 2NaI + Cl_2$

第二节 氧化还原滴定法简介

氧化还原滴定法是以氧化还原反应为基础的滴定分析法，也是应用最广泛的方法之一，能用于测定多种物质。利用氧化还原滴定法，不仅可以测定具有氧化性或还原性的物质，而且还可以测定能与氧化剂或还原剂定量反应形成沉淀的物质（如间接法测定 Ca^{2+}）。在氧化还原滴定中，随着滴定剂的加入，氧化剂或还原剂的电极电势在不断发生变化，这种改变可以通过电位差计测量，也可以通过能斯特公式计算出来。

一、氧化还原滴定法原理

氧化还原反应同酸碱反应和配位反应不同，酸碱反应和配位反应都是基于离子或分子的相互结合，反应简单，一般瞬时即可完成（有少数配位反应进行较慢）。氧化还原反应是基于电子转移的反应，进行的过程比较复杂，反应常是分步进行的，需要一定时间才能完成。必须注意反应速率，特别是在应用氧化还原反应进行滴定时，更应注意使滴定速度与反应速率相适应。

在氧化还原反应中，除了主反应外，还经常伴有各种副反应或因条件不同而生成的不同产物。因此，滴定时要创造适当的滴定条件，使它符合滴定分析的基本要求。

对于氧化还原滴定的一般要求如下。

① 反应能定量进行。为此，滴定分析中常需用强氧化剂和较强的还原剂作滴定剂。

② 有适当的方法或指示剂指示反应的等量点。

③ 滴定反应能较快地完成。

可以用来进行氧化还原滴定的反应是很多的。根据所要用的氧化剂或还原剂的不同，氧化还原滴定法有多种方法。这些方法常以氧化剂来命名，主要有高锰酸钾法、重铬酸钾法、碘量法、溴酸钾法及铈量法等。

二、氧化还原滴定法的指示剂

在氧化还原滴定中，可以根据所使用的标准溶液的不同，选用不同类型的指示剂来确定滴定的终点。

1. 自身指示剂

有些标准溶液或被滴定物质本身有很深的颜色，而滴定产物无色或颜色很淡。在氧化还原反应中，利用滴定剂或待测溶液自身的颜色变化来指示滴定的终点，称为自身指示剂。例如，$KMnO_4$ 本身显紫色，在酸性条件下，其被还原的产物 Mn^{2+} 则几乎无色，所以用 $KMnO_4$ 来滴定无色或浅色还原剂时，一般不必另加指示剂。化学计量点后，MnO_4^- 过量 $2\times10^{-6}mol\cdot L^{-1}$ 即使溶液呈粉红色。

2. 特殊指示剂

这类指示剂本身并无氧化还原性，但它能与滴定体系中的氧化剂或还原剂结合而显示出与其本身不同的颜色。例如，淀粉指示剂（可溶性淀粉溶液）本身无色，但它与 I_2 作用生成深蓝色的吸附化合物，利用蓝色的出现或消失可指示终点到达。如在以 I_2 溶液作为滴定还原剂的直接碘量法中，化学计量点附近稍过量的 I_2（$2\times10^{-5}mol\cdot L^{-1}$）就会与淀粉结合而使溶液显蓝色，从而指示终点，灵敏度很高。

3. 氧化还原指示剂

氧化还原指示剂是一类本身具有氧化还原性质的有机试剂，其氧化型与还原型具有不同的颜色。进行氧化还原滴定时，在化学计量点附近，指示剂由氧化型转变为还原型，或者由还原型转变为氧化型，从而引起溶液颜色突变，指示终点到达。例如，常用的氧化还原指示剂二苯胺磺酸钠，它的氧化型呈红紫色，还原型是无色的。当用 $K_2Cr_2O_7$ 溶液滴定 Fe^{2+} 到化学计量点时，稍过量的 $K_2Cr_2O_7$ 即将二苯胺磺酸钠由无色的还原型氧化为红紫色的氧化型，指示终点的到达。

三、常用氧化还原滴定法及应用

根据所用滴定剂的种类不同，氧化还原滴定法可分为高锰酸钾法、重铬酸钾法、碘量法、铈量法等。各种方法都有其特点和应用范围，应根据实际测定情况选用，这里介绍几种常用的方法。

1. 高锰酸钾法

（1）方法原理　高锰酸钾法是以高锰酸钾为标准溶液的氧化还原滴定法。$KMnO_4$ 在不同的条件下，得到的电子数目不同，产物不同。

$8H^+ + MnO_4^- + 5e \longrightarrow Mn^{2+} + 4H_2O$（酸性）　$\varphi^\ominus(MnO_4^-/Mn^{2+}) = 1.51V$

$2H_2O + MnO_4^- + 3e \longrightarrow MnO_2 + 4OH^-$（中性或弱碱性）　$\varphi^\ominus(MnO_4^-/MnO_2) = 0.595V$

$MnO_4^- + e \longrightarrow MnO_4^{2-}$（碱性）　$\varphi^\ominus(MnO_4^-/MnO_4^{2-}) = 0.558V$

$KMnO_4$ 在强酸性溶液中的电极电势高，氧化能力强，且终点生成的 Mn^{2+} 无色，有利于终点的观察。所以此法多在强酸性溶液中进行，所用的强酸是 H_2SO_4。

高锰酸钾在氧化有机物时，在碱性条件下的反应速率比在酸性条件下快，所以用高锰酸钾法测定有机物时，一般在碱性条件下进行。

高锰酸钾法的优点是 $KMnO_4$ 氧化能力强，应用广泛，且自身可作指示剂。同时也存在着选择性差的缺点，所以干扰比较严重，而且反应历程较复杂，易发生副反应。

（2）$KMnO_4$ 标准溶液的配制和标定　市售的 $KMnO_4$ 试剂中常含有少量 MnO_2 及其他杂质，故不能用直接配制法。其配制方法为：称取略多于理论计算量的固体 $KMnO_4$，溶解于一定体积的蒸馏水中，加热煮沸，保持微沸约 1h，或在暗处放置 7～10 天，使还原性物质完全氧化。冷却后用微孔玻璃漏斗过滤除去 MnO_2 沉淀。过滤后的 $KMnO_4$ 溶液储存于棕色瓶中置于暗处，避光保存。

标定 $KMnO_4$ 溶液的基准物质是 $H_2C_2O_4 \cdot 2H_2O$、$Na_2C_2O_4$、$FeSO_4 \cdot (NH_4)_2SO_4 \cdot 6H_2O$ 等。最常用的是 $Na_2C_2O_4$，它易提纯，稳定，不含结晶水。在酸性溶液中，$KMnO_4$ 与 $Na_2C_2O_4$ 的反应如下：

$$2MnO_4^- + 5C_2O_4^{2-} + 16H^+ \longrightarrow 2Mn^{2+} + 10CO_2\uparrow + 8H_2O$$

用 $Na_2C_2O_4$ 作基准物质标定 $KMnO_4$ 溶液，根据 $Na_2C_2O_4$ 量及所用 $KMnO_4$ 体积便可求 $KMnO_4$ 浓度。即

$$c(KMnO_4) = \frac{m(Na_2C_2O_4)}{M(Na_2C_2O_4)V(KMnO_4)} \times \frac{2}{5}$$

在应用 $KMnO_4$ 法进行滴定分析时，应注意下面两点：

① 当用 $KMnO_4$ 自身指示终点时，终点后溶液的粉红色会逐渐消失，原因是空气中的还原性气体和灰尘可与 MnO_4^- 缓慢作用，使 MnO_4^- 还原。所以滴定时溶液出现粉红色半分钟即可认为到达终点。

② 标定过的 $KMnO_4$ 溶液不宜长时间存放，因存放时会产生 $MnO(OH)_2$ 沉淀。使用久置的 $KMnO_4$ 溶液时，应将其过滤并重新标定。

（3）滴定条件　为使反应定量进行，需注意以下滴定条件。

① 温度。此反应在室温下进行缓慢，需加热至 70～80℃，但高于 90℃，$H_2C_2O_4$ 会分解生成 CO_2、CO 和 H_2O。

② 酸度。酸度过低，MnO_4^- 会部分被还原成 MnO_2；酸度过高，会促使 $H_2C_2O_4$ 分解。一般溶液的酸度控制在 0.5～1.0mol·L^{-1} 之间。

③ 滴定速度。若开始滴定速度过快，使滴入的 $KMnO_4$ 来不及和 $C_2O_4^{2-}$ 反应，而发生分解反应 $4MnO_4^- + 12H^+ \longrightarrow 4Mn^{2+} + 5O_2\uparrow + 6H_2O$，因此在滴定开始时，速度要慢，待产生

Mn^{2+}起自动催化作用后，速度可以稍快，临近终点时滴定速度减慢，反应终点为浅粉色。

（4）应用示例

① H_2O_2 的测定（直接滴定法）。在酸性条件下 H_2O_2 被 MnO_4^- 定量氧化，其反应原理如下：

$$2MnO_4^- + 5H_2O_2 + 6H^+ \longrightarrow 2Mn^{2+} + 5O_2\uparrow + 8H_2O$$

反应应在室温下进行，因 H_2O_2 不稳定，反应开始时速率较慢，待 Mn^{2+} 产生后，对反应起催化作用，使反应速率加快，至溶液显浅粉色 30s 内不褪色为终点。

过氧化氢的质量分数可按下式计算：

$$w(H_2O_2) = \frac{c(KMnO_4)V(KMnO_4)M(H_2O_2)}{m(\text{试样})} \times \frac{5}{2}$$

② Ca^{2+} 的测定（间接滴定法）。某些金属离子（如 Ca^{2+}、Sr^{2+}、Ba^{2+}、Ni^{2+}、Cd^{2+}、Zn^{2+} 等）能与 $C_2O_4^{2-}$ 生成难溶草酸盐沉淀。将生成的沉淀过滤洗涤并用酸溶解，再用 $KMnO_4$ 标准溶液滴定，就可以间接测定这些金属离子，Ca^{2+} 就是用此法测定的，其原理如下：

$$Ca^{2+} + C_2O_4^{2-} \longrightarrow CaC_2O_4\downarrow$$

$$CaC_2O_4 + 2H^+ \longrightarrow H_2C_2O_4 + Ca^{2+}$$

$$5H_2C_2O_4 + 2MnO_4^- + 6H^+ \longrightarrow 2Mn^{2+} + 10CO_2\uparrow + 8H_2O$$

$$w(Ca) = \frac{c(KMnO_4)V(KMnO_4)M(Ca)}{m(\text{试样})} \times \frac{5}{2}$$

2. 重铬酸钾法

（1）方法原理　重铬酸钾法是以 $K_2Cr_2O_7$ 为标准溶液的氧化还原滴定法，$K_2Cr_2O_7$ 在酸性条件下的氧化能力比 $KMnO_4$ 稍差，其半反应为：

$$Cr_2O_7^{2-} + 14H^+ + 6e \longrightarrow 2Cr^{3+} + 7H_2O \qquad \varphi^{\ominus}\ (Cr_2O_7^{2-}/Cr^{3+}) = 1.33V$$

$K_2Cr_2O_7$ 溶液为橙色，而其还原产物为绿色的 Cr^{3+}，故其滴定终点要借助氧化还原指示剂来判断。常用指示剂有二苯胺磺酸钠或邻苯氨基苯甲酸等。由于 $K_2Cr_2O_7$ 法的选择性高，故也是最常用的氧化还原滴定法。

（2）标准溶液配制　$K_2Cr_2O_7$ 易于提纯，干燥后可直接配制成标准溶液。以 $K_2Cr_2O_7$ 为基准试剂，在 150～180℃ 干燥两小时即可直接称量配制成标准溶液，无需标定；由于 $K_2Cr_2O_7$ 标准溶液稳定性高，长期密闭保存也无需重新标定。

$$c(K_2Cr_2O_7) = \frac{m(K_2Cr_2O_7)}{M(K_2Cr_2O_7)V(K_2Cr_2O_7)}$$

（3）应用实例——铁样品中全铁含量的测定　$K_2Cr_2O_7$ 法是测定铁样品中全铁含量的标准方法。一般采用浓盐酸加热溶解试样，再趁热用 $SnCl_2$ 溶液将 Fe^{3+} 全部还原为 Fe^{2+}，过量的 $SnCl_2$ 可用 $HgCl_2$ 除去：

$$2Fe^{3+} + Sn^{2+} \longrightarrow 2Fe^{2+} + Sn^{4+}$$

$$SnCl_2 + 2HgCl_2 \longrightarrow SnCl_4 + Hg_2Cl_2$$

然后在 H_2SO_4-H_3PO_4 混合酸中，以二苯胺磺酸钠作指示剂，用 $K_2Cr_2O_7$ 标准溶液标定 Fe^{2+}，溶液由浅绿色变为蓝紫色即为终点。滴定反应为：

$$Cr_2O_7^{2-} + 6Fe^{2+} + 14H^+ \longrightarrow 2Cr^{3+} + 6Fe^{3+} + 7H_2O$$

样品中铁的质量分数计算式为：

$$w(Fe)=\frac{6c(K_2Cr_2O_7)V(K_2Cr_2O_7)M(Fe)}{m(\text{试样})}$$

3. 碘量法

（1）方法原理 碘量法是利用 I_2 的氧化性或 I^- 的还原性进行滴定的方法。碘量法可分为直接碘量法和间接碘量法两种方式。I_2 是一种氧化剂，能与较强的还原剂作用；而 I^- 是中等强度的还原剂，能与许多氧化剂作用。其半反应为

$$I_2+2e \rightleftharpoons 2I^- \qquad \varphi^{\ominus}（I_2/I^-）=0.545V$$

此电对的电极电势在标准电极电势中属于中等，故其氧化还原能力中等。

① 直接碘量法。直接碘量法是利用 I_2 的氧化性，以淀粉为指示剂，用 I_2 标准溶液直接滴定还原剂溶液的滴定分析方法，也称为碘滴定法。它只能测定一些具有较强还原性的物质，如：S^{2-}、SO_3^{2-}、Sn^{2+}、$S_2O_3^{2-}$、AsO_3^{3-}、维生素 C 等。终点时溶液由无色变为蓝色。

直接碘量法不能在碱性条件下使用，因为此时 I_2 会发生如下反应：

$$3I_2+6OH^- = IO_3^- +5I^- +3H_2O$$

也不宜在强酸条件下进行，因为 I^- 易被溶解的氧氧化。

$$4I^- +O_2+4H^+ = 2I_2+2H_2O$$

只能在弱酸性或中性条件下进行。由于 I_2 是一种较弱的氧化剂，能被 I_2 氧化的物质不多，故直接碘量法的应用较为有限。

② 间接碘量法。间接碘量法是利用 I^- 的还原性，用电极电势高的氧化剂在一定条件下将 I^- 氧化为 I_2，然后用标准的 $Na_2S_2O_3$ 溶液滴定生成的 I_2，通过 $Na_2S_2O_3$ 消耗的量，计算氧化剂的含量。间接碘量法的应用范围相当广泛，可以测定 Cu^{2+}、ClO_3^-、ClO^-、CrO_4^{2-}、IO_3^-、BrO_3^-、MnO_4^-、AsO_4^{3-}、NO_2^-、H_2O_2 等多种氧化性物质。

利用间接碘量法时需注意反应必须在中性或弱酸性溶液中进行，否则在碱性或强酸性条件下，都将因发生副反应或分解而使滴定无法定量进行；其次反应必须加入过量的 KI（一般比理论值大 2～3 倍)，使生成的 I_2 与 I^- 形成 I_3^- 配离子，防止 I_2 的挥发；再次是滴定要迅速，不宜过分搅动，以减少 I_3^- 与空气的接触。

（2）标准溶液的配制和标定 碘量法使用的标准溶液有 $Na_2S_2O_3$ 和 I_2 两种。

① $Na_2S_2O_3$ 溶液的配制与标定。市售 $Na_2S_2O_3 \cdot 5H_2O$ 一般含有 S、Na_2SO_3、Na_2CO_3、Na_2SO_4 等杂质，不能作基准物质直接配成标准溶液，另外 $Na_2S_2O_3$ 溶液不稳定，易与水中的细菌及 CO_2 作用，因此配制 $Na_2S_2O_3$ 标准溶液的方法是：称取比计算用量稍多的 $Na_2S_2O_3$ 溶于新煮沸（除去水中的 CO_2 并灭菌）并已冷却的蒸馏水中，加入少量 Na_2CO_3 使溶液呈弱碱性，以抑制微生物的生长。溶液储于棕色瓶中放置数天后进行标定。若发现溶液变浑，需过滤后再标定，严重时应弃去重新配制。

标定 $Na_2S_2O_3$ 溶液的基准物质通常为 $K_2Cr_2O_7$、$KBrO_3$、KIO_3、I_2、Cu^{2+} 等，称取一定量基准物质，在酸性溶液中与过量 KI 作用，析出的 I_2 再用待标定的 $Na_2S_2O_3$ 溶液滴定。以 $K_2Cr_2O_7$ 为例，有关反应如下：

$$Cr_2O_7^{2-} +6I^- +14H^+ = 2Cr^{3+} +3I_2\downarrow +7H_2O$$

$$I_2+2S_2O_3^{2-} = 2I^- +S_4O_6^{2-}$$

$$c(Na_2S_2O_3)=\frac{6m(K_2Cr_2O_7)}{M(K_2Cr_2O_7)V(Na_2S_2O_3)}$$

② I_2 溶液的配制和标定。用升华法制得的纯 I_2 可作为基准物质，直接配制成标准溶液，但市售 I_2 一般含杂质，需预先配制成近似浓度的溶液，然后标定。称取一定量的 I_2，将其溶于 KI 溶液中，倒入棕色瓶中置于暗处保存，应避免 I_2 溶液与橡胶等有机物接触。

标定 I_2 标准溶液常用 As_2O_3（俗称砒霜，剧毒），其反应原理为：

$$As_2O_3 + 6OH^- \xlongequal{} 2AsO_3^{3-} + 3H_2O$$

$$I_2 + AsO_3^{3-} + H_2O \xlongequal{} AsO_4^{3-} + 2I^- + 2H^+$$

由于此反应是可逆的，应加入 $NaHCO_3$ 使溶液 pH 保持在 8 左右，保证反应定量进行。

$$c(I_2) = \frac{2m(As_2O_3)}{M(As_2O_3)V(I_2)}$$

（3）应用实例——胆矾中铜的测定　胆矾（$CuSO_4 \cdot 5H_2O$）是农药波尔多液的主要原料。其中所含的铜常用间接碘量法测定。测定基本原理是在弱酸性溶液（pH＝3.2～4.0）中，Cu^{2+} 与过量 KI 反应，生成难溶性的 CuI 沉淀，并定量析出 I_2，再用 $Na_2S_2O_3$ 标准溶液滴定析出的 I_2。

$$2Cu^{2+} + 4I^- \xlongequal{} 2CuI\downarrow + I_2$$

$$I_2 + 2S_2O_3^{2-} \xlongequal{} 2I^- + S_4O_6^{2-}$$

试样中的铜的质量分数可按下式求得：

$$w(Cu) = \frac{c(Na_2S_2O_3)V(Na_2S_2O_3)M(Cu)}{m(\text{试样})}$$

本章小结

根据反应中是否存在电子的得失或转移，化学反应可分为两大类：氧化还原反应和非氧化还原反应。

一、氧化还原反应

1. 氧化数

氧化数是指某元素一个原子的表观荷电数，这个荷电数是假设把每一个化学键中的电子指定给电负性更大的原子而求得的。

2. 氧化还原反应的实质

氧化还原反应的实质是反应物之间电子的得失。在氧化还原反应过程中，氧化数升高的物质叫还原剂（提供电子）；氧化数降低的物质叫氧化剂（得到电子）。

3. 氧化还原反应方程式的配平

氧化数法：配平原则是在氧化还原反应中氧化数升高总数和降低总数相等；根据质量守恒定律，反应前后各元素的原子总数相等。

离子-电子法：配平原则是氧化剂获得电子总数等于还原剂失去电子总数；反应前后每种元素的原子个数相等。

4. 原电池

原电池是能使氧化还原反应中电子转移直接转变为电能的装置。

5. 能斯特公式

$$\varphi = \varphi^{\ominus} + \frac{0.0592\text{V}}{n}\lg\frac{[c(\text{氧化型})]^a}{[c(\text{还原型})]^b}$$

二、氧化还原滴定法

1. 氧化还原滴定法原理

氧化还原滴定法是以溶液中氧化剂与还原剂之间的电子转移为基础的一种滴定分析方法。

2. 指示剂选择

在氧化还原滴定中，可以根据所使用的标准溶液的不同，选用不同类型的指示剂来确定滴定的终点。常用指示剂类型分为自身指示剂、特殊指示剂、氧化还原指示剂。

3. 氧化还原滴定法分类

根据所用滴定剂的种类不同，氧化还原滴定法可分为高锰酸钾法、重铬酸钾法、碘量法、铈量法等。各种方法都有其特点和应用范围，应根据实际测定情况选用。

习题

1. 将氯水慢慢加入含有 Br^-、I^- 的酸性溶液中，以 CCl_4 萃取，CCl_4 层显何种颜色？

2. 指出下列物质中各元素原子的氧化数

$$CrO_4^{2-}，MnO_4^-，Na_2O_2，Cr_2O_7^{2-}，PH_3，HClO$$

3. 计算下列物质中氮的氧化数

$$NO，N_2O，N_2O_3，N_2O_4，HNO_2，NH_3，N_2H_4\ (\text{肼})$$

4. 下列反应中，哪些元素的氧化值发生了变化？并标出氧化值的变化情况。

(1) $Cl_2 + H_2O = HClO + HCl$

(2) $Cl_2 + H_2O_2 = 2HCl + O_2$

(3) $Cu + 2H_2SO_4$（浓）$= CuSO_4 + SO_2 + 2H_2O$

(4) $K_2Cr_2O_7 + 6KI + 14HCl = 2CrCl_3 + 3I_2 + 7H_2O + 8KCl$

5. 用氧化数法或离子-电子法配平下列反应式（必要时可添加反应介质）。

(1) $MnO_4^- + SO_3^{2-} \longrightarrow Mn^{2+} + SO_4^{2-}$（酸性）

(2) $Cr_2O_7^{2-} + Fe^{2+} \longrightarrow Cr^{3+} + Fe^{3+}$（酸性）

(3) $MnO_4^- + SO_3^{2-} \longrightarrow MnO_4^{2-} + SO_4^{2-}$（酸性）

(4) $H_2O_2 + Cr(OH)_4^- \longrightarrow CrO_4^{2-} + H_2O$（碱性）

6. 取 0.1500g $Na_2C_2O_4$ 溶解后用 $KMnO_4$ 溶液滴定，用去 20.00mL 到达终点，求 $c(KMnO_4)$ 为多少？

7. 称取 0.1963g 基准 $K_2Cr_2O_7$，溶于水并酸化，加过量 KI，析出的 I_2 用 $Na_2S_2O_3$ 溶液滴定，消耗 $Na_2S_2O_3$ 溶液 33.61mL。计算 $Na_2S_2O_3$ 溶液的浓度。

8. 测定铜矿中铜含量，称取 0.5218g 试样，用 HNO_3 溶解，除去 HNO_3 及氮的化合物后，加入 1.5g KI，析出的 I_2 用 $0.1974mol \cdot L^{-1}$ $Na_2S_2O_3$ 溶液滴定使淀粉褪色，消耗 21.01mL $Na_2S_2O_3$ 溶液，计算其中铜的质量分数。[$M(Cu) = 63.546g \cdot mol^{-1}$]

知识拓展

新型储氢技术

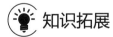

日本科学家开发了利用氧化铁（Fe_3O_4）的氧化还原反应的储氢技术，并开始研究将该技术用于燃料电池汽车。该储氢技术原理是让氧化铁与氢气发生还原反应后生成铁（Fe）。把生成的 Fe 作为储氢材料，加入水进行氧化反应后则可以生成氢。生成氢的条件为 300℃、常压，因此便于实际应用。由于氧化铁粒子的直径非常小，大约 100nm，因此其表面积较大，氧化还原反应可以稳定地进行。另外由于催化剂的作用，除了可以促进氧化还原反应之外，还有防止粒子之间烧结贴紧的作用。

在氧化铁中，储存氢的反应为 $Fe_3O_4+4H_2 \longrightarrow 3Fe+4H_2O$。该反应为吸热反应，在大约 300℃下进行反应。生成氢的反应为 $3Fe+4H_2O \longrightarrow Fe_3O_4+4H_2\uparrow$。也就是说氢是由水生成的。该反应本身是放热反应，但要使反应开始进行并提高反应速率，需要 200～300℃。

该技术中的氧化铁是利用“尿素法”制成的。所谓尿素法，是让尿素进行加水分解逐渐生成氨和氢氧根离子，由于 pH 可以保持稳定，因此使得粒子的直径变小。原料使用的是硝酸铁的水溶液。硝酸铁中加入氢氧根离子后生成氢氧化铁。将此溶液加热至 400～500℃便可生成氧化铁（Fe_3O_4）。另外可采用氯化铝水溶液作为催化剂与硝酸铁一起加入，可以形成催化剂均匀地分散于氧化铁粒子中的状态。催化剂的添加量为 3%～5%。采用这种方法的优点是可以将氧化铁制成约 100nm 的粒子，而且还可以加入铝等催化剂使其均匀扩散。

日本科学家在实验室内用玻璃器皿进行了氢的储存和生成实验。使用压缩成形机将粉末状的氧化铁制成圆桶形，在石英管内保存几克，在储氢时注入氢，在生成时加入水。尽管进行了压缩，小球中仍然存在很多空间，氢元素和水可浸入其中。当 Fe 全部变为 Fe_3O_4 后反应结束。生成的 Fe_3O_4 可以再次参加储存氢的反应，能够循环利用。如果将其配备到汽车上，大约 100kg 的 Fe 可以生成约 5kg 的氢气，这对于汽车行驶来讲已经足够了。100kg Fe 的体积大约为 13L，从空间的角度考虑，优势也非常明显。在实际使用时，可以将 Fe 做成盒状嵌入汽车中，在其全部变为 Fe_3O_4 后，可以在氢气供应站等处更换为 Fe。而在氢气供应站，可使用氢气将 Fe_3O_4 还原为 Fe。

同其他的储氢材料相比，氧化铁具有以下优点：安全、低价、不会排出二氧化碳，对环境的影响也较小。因此这将是一种很有发展前途的储氢材料。

第九章

配位平衡和配位滴定法

配位化合物是一类组成复杂、特点多样、应用广泛的化合物。目前，配位化学已成为无机化学中十分活跃的领域，是无机化学的一个重要分支，并且渗透到其他学科领域，形成一些边缘学科。配合物应用广泛，特别是在生物和医学方面更有其特殊的重要性。如生物体内的金属离子，多以配合物的形式存在，研究它们在生理生化、病理、药理等过程中所起的作用，对了解生命活动和治疗、控制疾病有着不可估量的作用。

知识目标

1. 理解配位化合物的定义、组成、命名和分类。
2. 掌握配位平衡和稳定常数的意义及其有关计算，理解配位平衡的移动及与其他平衡的关系。
3. 了解螯合物形成的条件和特殊稳定性。
4. 熟悉金属指示剂的作用原理及使用注意事项，列举常用金属指示剂。
5. 理解配位滴定的基本原理，配位滴定所允许的最低 pH 和酸效应曲线。

能力目标

1. 会进行配位平衡的简单计算。
2. 能用配位滴定法测定待测物质含量。

素质目标

1. 通过学习配位化学的发展史，感悟化学家们为了科学而勇于奉献的精神，获知配位化学进步给人类带来的益处，从而培养尊重科学的素养。
2. 通过了解戴安邦的贡献，培养勤奋不懈、谦虚好学的素养。

第一节 配位化合物

1704 年，普鲁士人迪斯巴赫（Diesbach）偶然制得第一个配合物——普鲁士蓝 $\{Fe_4[Fe(CN)_6]_3\}$。1893 年瑞士化学家维尔纳（A. Werner）提出了配合物配位理论，从此配位化学的研究得到了迅速发展。

一、配位化合物的定义及组成

1. 配位化合物定义

配位化合物（简称配合物）是由可以给出孤电子对或多个不定域电子的一定数目的离子

或分子（称为配位体）和具有接受孤对电子或多个不定域电子空轨道的原子或离子（称为中心原子或离子）按一定的组成和空间构型所组成的化合物。

在 $CuSO_4$ 溶液中逐滴滴加氨水，开始生成蓝色的 $Cu(OH)_2SO_4$ 沉淀。当加入过量的氨水时，则蓝色沉淀消失，生成深蓝色溶液：

$$CuSO_4 + 4NH_3 = [Cu(NH_3)_4]SO_4$$

实验证明，在此溶液中主要含有 $[Cu(NH_3)_4]^{2+}$ 和 SO_4^{2-}，几乎检查不出游离的 Cu^{2+} 和 NH_3 的存在。Cu^{2+} 与 NH_3 分子的结合用一般的经典的化学键理论是不能解释的，它们是通过配位键结合起来的。

2. 配位化合物组成

配合物一般是由内界和外界两个部分组成。在配合物内，提供电子对的分子或离子称为配位体；接受电子对的离子或原子称为配位中心离子（或原子），简称中心离子（或原子）。中心离子与配位体结合组成配合物的内界，如铜氨配合物由中心离子 Cu^{2+} 和配位体 NH_3 以配位键结合组成内界。书写时通常把这一部分放到方括号内。方括号以外部分为外界，如 SO_4^{2-}。

简单配合物

[Cu	(NH$_3$)	$_4$]	SO$_4$
中心离子	配位体	配位数	
内界			外界

（1）中心离子（或中心原子）　中心离子（或原子）也称配合物的形成体，位于配合物的中心位置，是配合物的核心。主要是一些过渡金属，如铁、钴、镍、铜、银、金、铂等金属元素的离子。但像硼、硅、磷等一些具有高氧化数的非金属元素的离子也能作为中心离子，如 $Na[BF_4]$ 中的 B(Ⅲ)，SiF_6^{2-} 中的 Si(Ⅳ)。也有不带电荷的中性原子作中心离子的，如 $[Fe(CO)_5]$、$[Ni(CO)_4]$ 中的 Fe、Ni 都是中性原子，还有极少数的阴离子如 I^-（I_3^-、I_5^-）。

（2）配位体　在配合物中与中心离子以配位键结合的负离子、原子或分子称为配位体，简称配体。配体位于中心离子周围，它可以是中性分子，如 NH_3、H_2O 等，也可以是阴离子，如 Cl^-、CN^-、OH^- 等。配位体中直接与中心原子配位的原子称为配位原子。如 NH_3 中的 N，H_2O 和 OH^- 中的 O 以及 CO、CN^- 中的 C 原子等。一般常见的配位原子主要是周期表中电负性较大的非金属元素原子 F、O、Cl、N、S、C 等。

根据配位体所含配位原子的数目，又可分为单齿配体和多齿配体（也称单基配体和多基配体）两种。单齿配体中只含有一个配位原子且与中心离子只形成一个配位键，其组成比较简单。如 NH_3、OH^-、CN^-、SCN^- 等。多齿配体含有两个或两个以上的配位原子，它们与中心离子可形成多个配位键，这些配体必须弯曲成环才可与中心原子或离子配位，其组成常较复杂，此种配体常称作螯合剂。多数是有机分子或有机酸根离子。如乙二胺：$H_2N—CH_2—CH_2—NH_2$（简写为 en）等。

（3）配位数　直接和中心离子（或原子）配位的原子的数目称为该中心离子（或原子）的配位数。一般中心离子的配位数为偶数，而最常见的配位数为 2、4、6，如 $[Ag(NH_3)_2]^+$、$[Fe(CN)_6]^{3-}$、$[Cu(NH_3)_4]^{2+}$。中心离子实际配位数的多少与中心离子、配体的半径、电荷有关，也和配体的浓度、形成配合物的温度等因素有关。一般来说，中心离子的电荷高，对配位体的吸引力较强，有利于形成配位数较高的配合物。比较常见的配位数与中心离子的电荷有如下的关系。

中心离子电荷：　+1　　+2　　+3　　+4

常见配位数：　　2　　4（或 6）　6（或 4）　6（或 8）

（4）配离子的电荷　配离子的电荷数等于中心离子和配位体总电荷的代数和。由于配合物是电中性的，因此，外界离子的电荷总数和配离子的电荷总数相等，而符号相反，因此由外界离子的电荷也可以推断出配离子的电荷。例如，在 $[Cu(NH_3)_4]SO_4$ 中，硫酸根带两个单位的负电荷，所以铜氨配离子带两个单位的正电荷。由于配位体 NH_3 是中性分子，所以配离子的电荷就等于中心离子的电荷数。

?【问题 9-1】 配合物的组成有何特征？举例说明。

二、配合物的命名

配合物的命名与一般的无机化合物的命名相同，称为某化某、某酸某、某某酸等。

配离子按下列顺序依次命名：阴离子配体→中性分子配体→“合”→中心离子（用罗马数字标明氧化数）。若有几种阴离子配体，命名顺序是：简单离子→复杂离子→有机酸根离子。若有几种中性分子配体，命名顺序是：NH_3→H_2O→有机分子。配体的数目用数字一、二、三……写在该种配体名称的前面，不同配体之间用“·”分开。具体实例如下：

① 配阴离子配合物

$K_3[Fe(CN)_6]$　六氰合铁（Ⅲ）酸钾

$K[PtCl_5(NH_3)]$　五氯·一氨合铂（Ⅳ）酸钾

$H[AuCl_4]$　四氯合金（Ⅲ）酸

② 配阳离子配合物

$[Cu(NH_3)_4]SO_4$　硫酸四氨合铜（Ⅱ）

$[CoCl_2(NH_3)_3(H_2O)]Cl$　氯化二氯·三氨·一水合钴（Ⅲ）

③ 中性配合物

$[PtCl_2(NH_3)_2]$　二氯·二氨合铂（Ⅱ）

$[Ni(CO)_4]$　四羰基合镍

某些在命名上容易混淆的配位体，需按配位原子不同分别命名。例如：

—ONO　亚硝酸根　　—NO_2　硝基

—SCN　硫氰酸根　　—NCS　异硫氰酸根

三、螯合物

螯合物

螯合物是多齿配体通过两个或两个以上的配位原子与同一中心离子形成的具有环状结构的配合物。例如，$K_2[Zn(C_2O_4)_2]$（图 9-1）、ZnY^{2-} 等。由于每一个配体上有几个配位原子与同一个中心离子键合，如同螃蟹的爪子同时钳住了中心离子而形成螯合环，因此叫螯合物。

螯合物的稳定性，是由于环状结构形成而产生的。螯合物中的环一般是五元环或六元环。其他环则较少见到，亦不稳定。螯合物中环数越多，其稳定性越强。

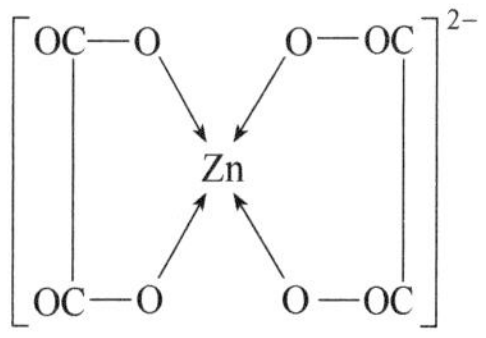

图 9-1　螯合物

螯合物一般具有鲜明的特征颜色，这一特性在分析化学中被广泛应用于检测和鉴定微量元素的存在和含量。例如，丁二铜肟与 Ni^{2+} 在氨性溶液中生成鲜红色的难溶螯合物，分析化学中利用

这一特征反应鉴定 Ni^{2+}。又如常用 NCS^- 来检测 Fe^{3+}、Co^{2+} 的存在。另外，分析化学中利用螯合物具有的特殊稳定性来掩蔽干扰离子。例如，用 EDTA 测定水中 Ca^{2+}、Mg^{2+} 时，Fe^{3+}、Al^{3+} 有干扰，常加入三乙醇胺，使之与 Fe^{3+}、Al^{3+} 形成稳定的螯合物而将其掩蔽起来，这时三乙醇胺不与 Ca^{2+}、Mg^{2+} 反应。

第二节 配位化合物解离平衡

一、配位化合物在水溶液中的解离平衡及其影响因素

1. 配离子在水溶液中的解离平衡

一般来说，配合物的配离子和外界是以离子键结合的，与强电解质相似，在水溶液中完全解离为配离子和外界离子。如 $[Cu(NH_3)_4]SO_4$ 的解离：

配位平衡

$$[Cu(NH_3)_4]SO_4 = [Cu(NH_3)_4]^{2+} + SO_4^{2-}$$

解离出的配离子在水溶液中则和弱电解质相似，会发生部分解离，存在着解离平衡。

$$[Cu(NH_3)_4]^{2+} \rightleftharpoons Cu^{2+} + 4NH_3$$

2. 影响配位化合物在水溶液中解离平衡因素

在水溶液中，除了配离子 M 与配位剂 Y 之间的主反应外，还往往由于某些离子或分子的存在，干扰主反应的进行。如溶液中的 H^+ 和 OH^-，溶液中共存的其他金属离子等都可能对配位化合物的解离平衡产生影响。由于它们的存在，必然会伴随一系列副反应的发生，使其解离平衡发生移动。

二、稳定常数、不稳定常数及有关计算

1. 稳定常数

将氨水加入 $CuSO_4$ 溶液中生成深蓝色的 $[Cu(NH_3)_4]^{2+}$，这类反应称为配位反应。在 $[Cu(NH_3)_4]^{2+}$ 溶液中加入 Na_2S 溶液，有黑色沉淀生成，说明 $[Cu(NH_3)_4]^{2+}$ 溶液中有 Cu^{2+} 存在。这说明 Cu^{2+} 和 NH_3 配位反应的同时还存在着解离反应。当配位反应和解离反应的速率相等时，达到了平衡状态，称为配位解离平衡。

$$Cu^{2+} + 4NH_3 \underset{\text{解离}}{\overset{\text{配位}}{\rightleftharpoons}} [Cu(NH_3)_4]^{2+}$$

为方便起见，将 $c^{\ominus} = 1mol \cdot L^{-1}$ 略去（后同），标准平衡常数表示为：

$$K^{\ominus}_{\text{稳}} = \frac{c[Cu(NH_3)_4^{2+}]}{c(Cu^{2+})c^4(NH_3)}$$

$K^{\ominus}_{\text{稳}}$ 为配合物的标准稳定常数，又称形成常数。其数值越大，说明生成配离子的倾向越大，解离的倾向越小，配离子越稳定，因此配离子的稳定常数是配离子的一种特征常数。一些常见配离子的稳定常数见附录。

2. 不稳定常数

除了可用 $K^{\ominus}_{\text{稳}}$ 表示配离子的稳定性外，也可从配离子的解离程度来表示其稳定性。

$$K^{\ominus}_{\text{不稳}} = \frac{c(Cu^{2+})c^4(NH_3)}{c[Cu(NH_3)_4^{2+}]}$$

$K^{\ominus}_{不稳}$为配合物的不稳定常数或解离常数。$K^{\ominus}_{不稳}$越大表示配离子越容易解离，即越不稳定。很明显$K^{\ominus}_{稳}$与$K^{\ominus}_{不稳}$互为倒数关系。

3. 逐级稳定常数

在溶液中，配离子的生成一般都是分步进行的，因此溶液中存在着一系列的配位平衡，每一步都有相应的稳定常数，称为逐级稳定常数。下面以$[Cu(NH_3)_4]^{2+}$的形成为例说明。

$$Cu^{2+} + NH_3 \rightleftharpoons [Cu(NH_3)]^{2+} \qquad K^{\ominus}_1 = 1.4\times10^4$$

$$[Cu(NH_3)]^{2+} + NH_3 \rightleftharpoons [Cu(NH_3)_2]^{2+} \qquad K^{\ominus}_2 = 3.17\times10^3$$

$$[Cu(NH_3)_2]^{2+} + NH_3 \rightleftharpoons [Cu(NH_3)_3]^{2+} \qquad K^{\ominus}_3 = 7.76\times10^2$$

$$[Cu(NH_3)_3]^{2+} + NH_3 \rightleftharpoons [Cu(NH_3)_4]^{2+} \qquad K^{\ominus}_4 = 1.39\times10^2$$

将上述反应加和到一起，根据多重平衡原则得总反应：

$$Cu^{2+} + 4NH_3 \rightleftharpoons [Cu(NH_3)_4]^{2+}$$

所以

$$K^{\ominus}_{稳} = K^{\ominus}_1 K^{\ominus}_2 K^{\ominus}_3 K^{\ominus}_4 = 4.8\times10^{12}$$

即配离子的稳定常数是逐级稳定常数的乘积。

由于在实际工作中，一般总是加入过量的配位剂，这时金属离子绝大部分处在最高配位数状态，其他较低级配离子很少，可以忽略不计，因此一般计算中，按总的$K^{\ominus}_{稳}$（或$K^{\ominus}_{不稳}$）进行计算。

【问题 9-2】 什么叫配合物的稳定常数和不稳定常数？二者有何关系？

4. 配位平衡的计算

【例 9-1】 计算在含NH_3的浓度为$1.0mol \cdot L^{-1}$的$0.10mol \cdot L^{-1}[Cu(NH_3)_4]^{2+}$溶液中的$Cu^{2+}$的浓度？（$K^{\ominus}_{稳}=4.8\times10^{12}$）

解　设$c(Cu^{2+})=x(mol \cdot L^{-1})$

	$[Cu(NH_3)_4]^{2+} \rightleftharpoons$	Cu^{2+}	$+ \ 4NH_3$
$c_{起始}/(mol \cdot L^{-1})$	0.10	0	1.0
$c_{平衡}/(mol \cdot L^{-1})$	$0.10-x$	x	$1.0+4x$

因为

$$K^{\ominus}_{稳} = \frac{c[Cu(NH_3)_4^{2+}]}{c(Cu^{2+})c^4(NH_3)} = 4.8\times10^{12}$$

所以

$$K^{\ominus}_{稳} = \frac{0.10-x}{x(1.0+4x)^4} = 4.8\times10^{12}$$

因为　$K^{\ominus}_{稳}$很大，$0.10-x\approx0.10$，$1.0+4x\approx1.0$

所以

$$\frac{0.10}{x\times1.0^4} = 4.8\times10^{12}$$

$$x = 2.1\times10^{-14} mol \cdot L^{-1}$$

答：Cu^{2+}的浓度为$2.1\times10^{-14}mol \cdot L^{-1}$。

三、配位化合物解离平衡的移动及其意义

配位平衡与其他的化学平衡一样，如果平衡体系的条件（如浓度、酸度等）发生改变，平衡就会发生移动。下面将分别讨论沉淀反应、溶液的酸度、氧化还原反应对配位平衡移动的影响，以及配离子的转化。

1. 配位平衡与沉淀平衡

在实验室或生产实际中，往往需要将一种沉淀溶解或者是在一种配合物溶液中将金属离子沉淀出来。例如，碘化银黄色沉淀很难溶于浓氨水，但它能迅速溶于 KCN 溶液，在此溶液中：

$$AgI(s) \rightleftharpoons Ag^+ + I^- \qquad K^\ominus_{sp} = 8.5\times10^{-17}$$

$$Ag^+ + 2CN^- \rightleftharpoons [Ag(CN)_2]^- \qquad K^\ominus_{稳} = 1.3\times10^{21}$$

根据化学平衡原理，将两个反应加和得总反应：

$$AgI(s) + 2CN^- \rightleftharpoons [Ag(CN)_2]^- + I^- \qquad K^\ominus_j = K^\ominus_{sp} K^\ominus_{稳} = 1.10\times10^5$$

$K^\ominus_j$ 称为竞争平衡常数。由于 $K^\ominus_j$ 值很大，说明 AgI 能溶于 KCN 溶液，形成稳定的配离子 $[Ag(CN)_2]^-$。同样也能利用沉淀平衡在配离子溶液中生成沉淀。

【例 9-2】 欲使 0.1mol 的 AgCl 完全溶解，最少需要 1L 多少浓度的氨水？

解 查表得 AgCl 的 $K^\ominus_{sp} = 1.8\times10^{-10}$，$[Ag(NH_3)_2]^+$ 的 $K^\ominus_{稳} = 1.12\times10^7$

设平衡时 NH_3 的浓度为 x($mol\cdot L^{-1}$)，平衡时

$$[Ag(NH_3)_2{}^+] = [Cl^-] \approx 0.1mol\cdot L^{-1}$$

$$AgCl(s) + 2NH_3 \rightleftharpoons [Ag(NH_3)_2]^+ + Cl^-$$

平衡浓度/($mol\cdot L^{-1}$)　　x　　0.1　　0.1

$$K^\ominus_j = \frac{c[Ag(NH_3)_2^+]c(Cl^-)}{c^2(NH_3)} = K^\ominus_{稳} K^\ominus_{sp}$$

$$\frac{0.1\times0.1}{x^2} = 1.12\times10^7\times1.8\times10^{-10}$$

$$x = 2.2mol\cdot L^{-1}$$

氨水的起始浓度为 $2.2+2\times0.1=2.4$ ($mol\cdot L^{-1}$)

答：最少需要 1L $2.4mol\cdot L^{-1}$ 的氨水。

2. 配位平衡与酸碱平衡

由于很多配位体本身是弱酸阴离子或弱碱，如 $[FeF_6]^{3-}$、$[Ag(CN)_2]^-$，因此溶液酸度的改变有可能使配位平衡移动。此溶液中配位平衡与酸碱平衡同时存在，互为竞争反应。

例如，在酸性介质中的配位反应 $Fe^{3+} + 6F^- \rightleftharpoons [FeF_6]^{3-}$ 达到平衡后，若增大酸度，当 $c(H^+) > 0.5mol\cdot L^{-1}$ 时，由于 H^+ 与 F^- 结合生成弱电解质 HF，溶液中 F^- 浓度降低，配位平衡将向解离方向移动，大部分 $[FeF_6]^{3-}$ 解离成 Fe^{3+}：

$$Fe^{3+} + 6F^- \rightleftharpoons [FeF_6]^{3-}$$

$$+$$

$$6H^+$$

$$\Updownarrow$$

$$6HF$$

同理，当酸度减小，即 $c(OH^-)$ 增加到一定程度时，Fe^{3+} 将发生水解，配位平衡向水解方向移动。

【例 9-3】 某一含 $c(NH_3) = 0.10mol\cdot L^{-1}$，$c(NH_4Cl) = 0.10mol\cdot L^{-1}$ 和 $c\{[Cu(NH_3)_4]^{2+}\} = 0.01mol\cdot L^{-1}$ 的混合溶液，计算在该溶液中能否有 $Cu(OH)_2$ 沉淀生成？

解　查表得 $[Cu(NH_3)_4]^{2+}$ 的 $K^{\ominus}_{稳}=4.8\times10^{12}$，$Cu(OH)_2$ 的 $K^{\ominus}_{sp}=2.2\times10^{-20}$，$NH_3$ 的 $K^{\ominus}_{b}=1.76\times10^{-5}$

由 $K^{\ominus}_{稳}=\dfrac{c\{[Cu(NH_3)_4]^{2+}\}}{c(Cu^{2+})c^4(NH_3)}$得

$$c(Cu^{2+})=\frac{0.01}{4.8\times10^{12}\times0.10^4}=2.1\times10^{-11}\ (mol\cdot L^{-1})$$

由于溶液中存在 NH_3-NH_4Cl 缓冲对，OH^- 浓度应按缓冲溶液计算，则

$$c(OH^-)=\frac{K^{\ominus}_{b}c(NH_3)}{c(NH_4Cl)}=\frac{1.76\times10^{-5}\times0.10}{0.10}=1.76\times10^{-5}\ (mol\cdot L^{-1})$$

$Q_i=c(Cu^{2+})c^2(OH^-)=2.1\times10^{-11}\times(1.76\times10^{-5})^2=6.6\times10^{-21}<K^{\ominus}_{sp}=2.2\times10^{-20}$

答：溶液中没有 $Cu(OH)_2$ 沉淀生成。

3. 配位平衡与氧化还原平衡

配位反应的发生可使溶液中金属离子的浓度降低，从而改变金属离子的氧化能力，改变氧化还原反应的方向。例如，一般情况下，Fe^{3+} 能氧化 I^-，反应式为：

$$2Fe^{3+}+2I^-\rightleftharpoons 2Fe^{2+}+I_2$$

若在该溶液中加入 F^- 后，由于生成比较稳定的配离子 $[FeF_6]^{3-}$，Fe^{3+} 的浓度大大降低，从而降低了 Fe^{3+} 的氧化能力，增强了 Fe^{2+} 的还原能力，当达到一定程度时，氧化还原反应方向改变。

$$\begin{array}{c}2Fe^{3+}+2I^-\rightleftharpoons 2Fe^{2+}+I_2\\ +\\ 12F^-\\ \Updownarrow\\ 2[FeF_6]^{3-}\end{array}$$

$$2Fe^{2+}+I_2+12F^-\rightleftharpoons 2[FeF_6]^{3-}+2I^-$$

4. 配位平衡之间的转化

在一种配合物的溶液中，加入另一种能与中心离子生成更稳定的配合物的配位剂，可使原有的配位平衡发生移动，建立新的配位平衡。例如，在 $[Ag(NH_3)_2]^+$ 溶液中，加入 KCN 溶液。

$$\begin{array}{c}[Ag(NH_3)_2]^+\rightleftharpoons Ag^++2NH_3\\ +\\ 2CN^-\\ \Updownarrow\\ [Ag(CN)_2]^-\end{array}$$

$$[Ag(NH_3)_2]^++2CN^-\rightleftharpoons[Ag(CN)_2]^-+2NH_3$$

$$K^{\ominus}_{j}=\frac{c\{[Ag(CN)_2]^-\}c^2(NH_3)}{c\{[Ag(NH_3)_2]^+\}c^2(CN^-)}=\frac{K^{\ominus}_{[Ag(CN)_2]^-}}{K^{\ominus}_{[Ag(NH_3)_2]^+}}=\frac{1.3\times10^{21}}{1.12\times10^{7}}=1.2\times10^{14}$$

竞争常数值 $K_j^{\ominus}$ 很大，说明反应向着生成 $[Ag(CN)_2]^-$ 的方向进行趋势很大。因此，在含有 $[Ag(NH_3)_2]^+$ 的溶液中，加入足量的 CN^- 时，$[Ag(NH_3)_2]^+$ 被破坏而生成 $[Ag(CN)_2]^-$。可见，较不稳定的配合物容易转化成较稳定的配合物。

第三节　金属指示剂

配位滴定法最重要的是利用金属指示剂来判断滴定终点。近年来，由于金属指示剂的迅速发展，使配位滴定法成为分析化学中最重要的滴定分析方法之一。

一、金属指示剂的作用原理

金属指示剂是一种配位剂，它能与金属离子形成与其自身颜色显著不同的配合物而指示滴定终点。由于它能指示出溶液中金属离子浓度的变化情况，故称金属离子指示剂，简称金属指示剂。

以 M 表示金属离子，In 表示指示剂，MIn 代表指示剂与金属离子形成的配合物。若以 EDTA 滴定 M，滴定开始时溶液中有大量的 M，其中少量的 M 与加入的指示剂形成 MIn 配合物，MIn 与 In 具有不同的颜色，其反应可表示如下：

$$\underset{\text{(甲色)}}{M+In} \rightleftharpoons \underset{\text{(乙色)}}{MIn}$$

此时溶液呈现 MIn 的颜色；滴定开始后，随着 EDTA 的不断加入，游离金属离子逐渐被 EDTA 配位，形成 M-EDTA。当达到反应的化学计量点时，由于金属离子与指示剂的配合物（MIn）稳定性比金属离子与 EDTA 的配合物（M-EDTA）稳定性差，EDTA 能从 MIn 配合物中夺取 M 而使 In 游离出来，这样溶液的颜色就从 MIn 的颜色（乙色）变为 In 的颜色（甲色），从而指示终点到达：

$$\underset{\text{(乙色)}}{MIn}+EDTA \rightleftharpoons M\text{-}EDTA+\underset{\text{(甲色)}}{In}$$

二、金属指示剂应具备的条件

金属离子的显色剂很多，但其中只有一小部分可以用作金属指示剂。作为金属指示剂，必须满足如下条件。

① 在滴定的 pH 范围内，MIn 与 In 的颜色应有显著的区别。这样，终点颜色变化才明显。

② 指示剂与金属离子的显色反应必须灵敏、迅速，且有良好的可逆性。

③ 有色配合物 MIn 的稳定性要适当。它既要有足够的稳定性，又要比该金属离子的 EDTA 的配合物（M-EDTA）的稳定性小，通常要求两者的稳定常数之差大于 100，即

$$\lg K_{\text{M-EDTA}}^{\ominus\prime} - \lg K_{\text{MIn}}^{\ominus\prime} > 2$$

如果 MIn 稳定性太低，终点会提前出现，而且变色不敏锐；如果 MIn 稳定性太高，就会使终点拖后，甚至不出现颜色的变化，不能指示终点。

④ 金属指示剂应比较稳定，便于储藏和使用。

⑤ 显色配合物 MIn 应易溶于水，如果生成胶体溶液或沉淀，会使变色不明显。

三、使用金属指示剂应注意的问题

1. 指示剂的封闭现象

某些金属离子能与指示剂形成的配合物比与 EDTA 的配合物更稳定。如果溶液中存在着这些金属离子，即使滴定已达到化学计量点，甚至过量的 EDTA 也不能从 MIn 配合物中夺取出金属离子而使指示剂 In 释放出来，这样就看不到终点应有的颜色变化，这种现象称为指示剂的封闭现象。例如，在 pH＝10 时以铬黑 T 为指示剂滴定 Ca^{2+}、Mg^{2+} 总量时，Al^{3+}、Fe^{3+}、Cu^{2+}、Ni^{2+} 和 Co^{2+} 等离子对铬黑 T 指示剂有封闭作用，使终点无法确定。这时可用 KCN 掩蔽 Cu^{2+}、Ni^{2+}、Co^{2+} 和三乙醇胺掩蔽 Al^{3+}、Fe^{3+} 以消除干扰。如发生封闭作用的离子是被测离子，一般利用返滴定法来消除干扰。

2. 指示剂的僵化现象

有些金属离子与指示剂形成的配合物溶解度小或稳定性差，使得与 EDTA 之间的交换反应慢，造成终点不明显或拖后，这种现象叫指示剂的僵化。这时可加入适当的有机溶剂促进难溶物的溶解，或将溶液适当加热以加快置换速率而消除。

3. 指示剂的氧化变质现象

金属指示剂大多是分子中含有许多双键的有机化合物，易被日光、空气和氧化剂所分解；有些指示剂在水溶液中不稳定，日久会因氧化或聚合而变质。由于上述原因，在配制铬黑 T 溶液时，可加入盐酸羟胺以防止聚合。为了保存较长时间，对于铬黑 T 或钙指示剂，常以固体 NaCl 为稀释剂，按质量比 1∶100 配成固体混合物使用。

四、常用金属指示剂

目前，合成的金属指示剂种类较多，且常有新的指示剂问世，表 9-1 列出了一些常用指示剂。

表 9-1　常用的金属指示剂

指示剂	使用的适宜 pH 范围	颜色变化 In　MIn	直接滴定的离子	注意事项
铬黑 T (EBT)	7～10	蓝　红	pH＝10，Mg^{2+}、Zn^{2+}、Cd^{2+}、Pb^{2+}、Mn^{2+}、稀土元素离子	Fe^{3+}、Co^{2+}、Al^{3+}、Cu^{2+}、Ni^{2+} 等离子封闭 EBT
二甲酚橙 (XO)	＜6	亮黄　红	pH＜1，ZrO^{2+} pH＝1～3，Bi^{3+}、Th^{4+} pH＝5～6，Tl^{3+}、Zn^{2+}、Pb^{2+}、Cd^{2+}、Hg^{2+}、稀土元素离子	Fe^{3+}、Al^{3+}、Ni^{2+}、Ti^{4+} 等离子封闭 XO
钙指示剂 (NN)	10～13	蓝　红	pH＝12～13，Ca^{2+}	Ti^{4+}、Fe^{3+}、Co^{2+}、Al^{3+}、Cu^{2+}、Ni^{2+}、Mn^{2+} 等离子封闭 NN

1. 铬黑 T

常用“BT”或“EBT”表示。其为弱酸性二酚羟基偶氮类染料，铬黑 T 的钠盐 (NaH_2In) 为黑褐色粉末，带有金属光泽。

铬黑 T 在 pH＜6 时，显红色；当 7＜pH＜11 时，显蓝色；当 pH＞12 时，显橙色。因此，铬黑 T 只能在 pH 为 7～11 的条件下使用。实际中常选择在 pH 为 9～10 的酸度下使用。铬黑 T 可作 Zn^{2+}、Mg^{2+}、Hg^{2+}、Cd^{2+} 等离子的指示剂。在 pH＝10 时，Ti^{4+}、Al^{3+}、Cu^{2+}、Ni^{2+}、Co^{2+} 等离子有封闭作用。

2. 钙指示剂

钙指示剂简称“NN”或“钙红”，也属于偶氮类染料。在 pH＜7 时，显红色；当 8＜pH＜13.5 时，显蓝色；当 pH＞13.5 时，显橙色。由于在 pH 为 12～13 时呈蓝色，而与 Ca^{2+} 形成酒红色配合物，所以常在 pH 为 12～13 的酸度下使用。Ti^{4+}、Fe^{3+}、Al^{3+}、Cu^{2+}、Ni^{2+}、Co^{2+}、Mn^{2+} 等离子有封闭作用；Ti^{4+}、Al^{3+} 和少量 Fe^{3+} 可用三乙醇胺掩蔽；Cu^{2+}、Ni^{2+}、Co^{2+} 可用 KCN 掩蔽。

固体铬黑 T 和钙指示剂都比较稳定，但其水溶液或醇溶液均不稳定，仅能保存几天。因此常把钙指示剂与纯净的惰性盐如 NaCl 按 1∶100 的比例混匀，研细，密封保存在干燥器内。

第四节 配位滴定法

形成配合物的反应很多，但能够用于配位滴定法的配位反应并不多。现在，成熟的配位滴定法大多是以有机螯合剂为滴定剂的。

一、配位滴定法原理

配位滴定法是以配位反应为基础的滴定分析方法。它是用配位剂作为标准溶液直接或间接滴定被测物质。在滴定过程中通常需要选用适当的指示剂来指示滴定终点。适用于配位滴定的配位反应，必须满足以下条件：

① 配位反应必须迅速且有适当的指示剂指示反应的终点。

② 配位反应要有严格的计量关系，反应中只形成一种配位比的配合物。

③ 配位反应必须完全，即配合物有足够大的稳定常数。这样在计量点前后才有较大的 pM 滴定突跃，终点误差较小。

二、配位剂

配位剂分为无机和有机两大类。无机配位剂大多是只含有一个配位原子。大多数金属离子与单基配体形成的配合物稳定性较差，并且存在逐级配位的现象，各级稳定常数相差很小，溶液中常有多种配合物并存，利用这种反应进行滴定时，很难找到理想的指示剂，所以应用受到限制。而有机配位剂中常含有两个或两个以上的配位原子，它与金属离子反应时形成具有环状结构的螯合物，稳定性高，金属离子与配位体的配位比恒定，能满足配位滴定的要求，因此配位滴定法主要是指形成螯合物的配位滴定法。

目前常用的是氨羧配位剂。它与绝大多数金属离子配位稳定，存在定量关系，还有很好的指示剂指示终点，因此现在常选择这种指示剂。

在氨羧配位剂中，乙二胺四乙酸最常用，简写为 EDTA，结构为：

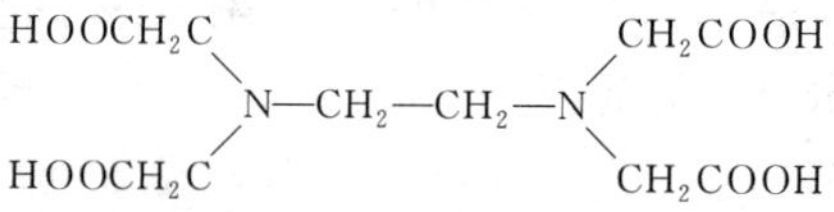

分子中含有2个氨基氮和4个羧基氧共6个配位原子，可以与许多金属离子形成十分稳定的螯合物。因此用它作标准溶液，可以滴定几十种金属离子。现在所说的配位滴定法一般就是指用EDTA滴定。

从结构上看，乙二胺四乙酸是一种四元酸，常用 H_4Y 表示。由于在水溶液中是分步解离，EDTA在水溶液中有多种形式存在，加碱可以促进它的解离，当 pH>10.3 时，EDTA几乎完全解离，以 Y^{4-} 形式存在。

EDTA在水中溶解度很小，20℃时每100mL水中约溶解0.02g。因此，在分析工作中通常使用它的二钠盐 $Na_2H_2Y \cdot 2H_2O$（也称EDTA二钠）作滴定剂，它在22℃时，每100mL水中溶解11.1g，浓度约为 $0.3mol \cdot L^{-1}$，pH约为4.4。

EDTA与金属离子的配位特点如下。

① 普遍性。EDTA几乎能与所有金属离子（碱金属离子除外）发生配位反应，生成稳定的螯合物。

② 组成一定。在一般情况下，EDTA与金属离子形成的配合物都是1∶1的螯合物。

③ 稳定性高。EDTA与金属离子所形成的配合物一般都是具有五元环的结构，所以稳定常数大，稳定性高。配合物的稳定性可以用稳定常数表示，表9-2为部分EDTA配合物的稳定常数值。从表中看出，除 Na^+、Li^+ 外，大多数金属离子与EDTA形成的配合物都相当稳定。

表9-2　EDTA配合物的 $\lg K^{\ominus}_{稳}$（离子强度 $I=0.1$，20～25℃）

离子	$\lg K^{\ominus}_{稳}$	离子	$\lg K^{\ominus}_{稳}$	离子	$\lg K^{\ominus}_{稳}$	离子	$\lg K^{\ominus}_{稳}$
Li^+	2.79	Eu^{3+}	17.35	Fe^{2+}	14.32	Cd^{2+}	16.46
Na^+	1.66	Tb^{3+}	17.67	Fe^{3+}	25.10	Hg^{2+}	21.70
Be^{2+}	9.30	Dy^{3+}	18.30	Co^{2+}	16.31	Al^{3+}	16.30
Mg^{2+}	8.70	Yb^{3+}	19.57	Co^{3+}	36.00	Sn^{2+}	22.11
Ca^{2+}	10.69	Ti^{3+}	21.30	Ni^{2+}	18.62	Pb^{2+}	18.18
Sr^{2+}	8.73	Cr^{3+}	23.40	Cu^{2+}	18.80	Bi^{3+}	27.94
La^{3+}	15.50	MoO_2^+	28.00	Ag^+	7.32	Th^{4+}	23.20
Sm^{3+}	17.14	Mn^{2+}	13.87	Zn^{2+}	16.50	U(IV)	25.80

④ 可溶性好。EDTA与金属离子所形成的配合物一般可溶于水，使滴定能在水中进行。

⑤ 颜色倾向性。EDTA与无色金属离子配位时，一般生成无色的配合物，与有色金属离子配位则生成颜色更深的配合物。例如，Cu^{2+} 显浅蓝色，而 CuY^{2-} 显深蓝色。

三、影响滴定突跃的因素

在配位滴定中，随着配位剂EDTA的不断加入和配合物MY的形成，溶液中待测金属离子的浓度逐渐减小，在化学计量点附近，发生急剧变化，如果以 c(M) 或pM为纵坐标，以加入配位剂的量为横坐标作图，就得到了反映配位滴定过程中被滴定金属离子浓度的变化规律的配位滴定曲线。图9-2是 $0.01000mol \cdot L^{-1}$ EDTA标准溶液滴定 $0.01000mol \cdot L^{-1}$ Ca^{2+} 溶液的滴定曲线。图中pCa表示钙离子浓度的负对数。从图中可以看出，溶液的pCa只有一个突跃。一般来说，配位滴定突跃范围的大小受配合物的稳定常数、被测金属离子的浓度和溶液的pH等因素的影响。在一般情况下，溶液的pH越大，配合物的稳定常数越大，被测金属离子的浓度越高，滴定突跃就越大。

四、配位滴定中酸度的控制

在水溶液中，EDTA 的离子结构可表示如下：

$$\text{HOOCH}_2\text{C} \quad\quad\quad\quad\quad \text{CH}_2\text{COO}^-$$
$$\text{HN}\overset{+}{—}\text{CH}_2—\text{CH}_2—\overset{+}{\text{NH}}$$
$$^-\text{OOCH}_2\text{C} \quad\quad\quad\quad\quad \text{CH}_2\text{COOH}$$

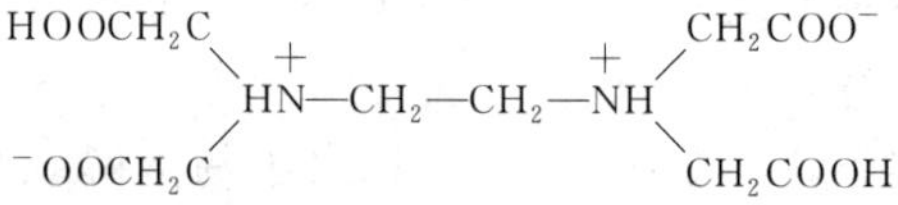

在水溶液中，EDTA 可以 H_6Y^{2+}、H_5Y^+、H_4Y、H_3Y^-、H_2Y^{2-}、HY^{3-}、Y^{4-} 七种型体存在，当 pH 不同时，各种存在型体所占的分布系数是不同的。在上述各种型体中，以 Y^{4-} 与金属离子形成的配合物最为稳定，因此溶液的酸度就成为影响配合物稳定性的一个重要因素。

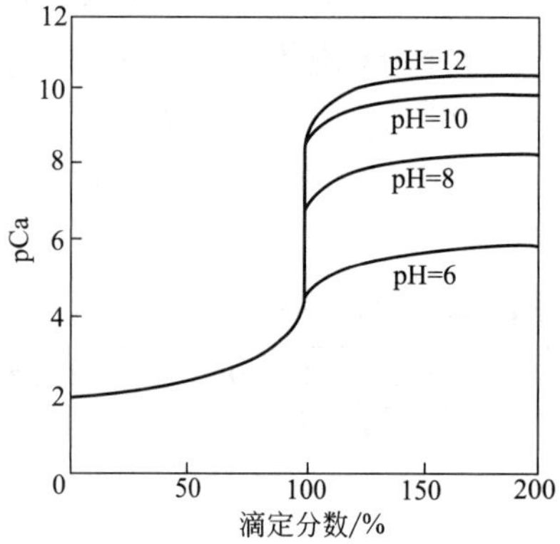

图 9-2　配位滴定曲线

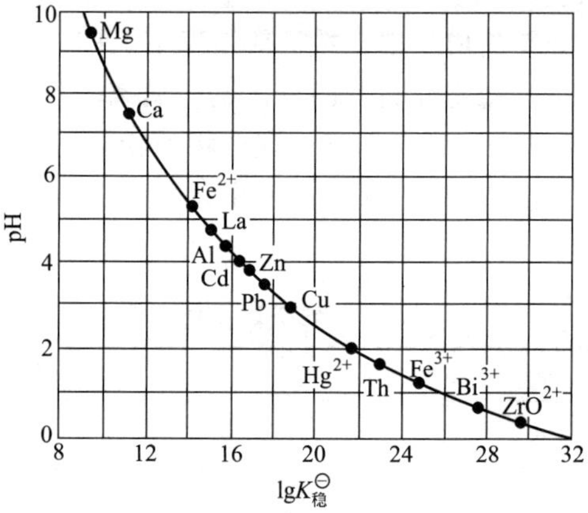

图 9-3　EDTA 的酸效应曲线
（金属离子浓度 $0.01\text{mol} \cdot \text{L}^{-1}$，
允许测定的相对误差为 $\pm 0.1\%$）

溶液中 H^+ 与 EDTA 发生酸碱反应使参与金属离子配位的 EDTA 浓度减小，从而导致 EDTA 与待测金属离子配位能力下降的现象，称为酸效应。由于酸效应的影响，各种金属离子与 EDTA 形成的配合物的稳定性各不相同，对稳定性高的配合物，溶液的酸度稍高也能进行准确滴定，但对稳定性差的配合物，酸度若高于某一数值时，就不能准确滴定。因此，滴定不同的金属离子时，所允许的最低 pH（或称最高酸度）不同。如果将各种金属离子的 $\lg K_{稳}^{\ominus}$ 与其允许的最低 pH 作图，即得到酸效应曲线（见图 9-3）或称为林邦（Ringbom）曲线。

应用酸效应曲线，可以解决以下几个方面的问题。

① 确定单独滴定某一金属离子时，所允许的最低 pH。如 EDTA 滴定 Fe^{3+} 时，pH 应大于 1；滴定 Zn^{2+} 时，pH 应大于 4；滴定 Mg^{2+} 时，pH 应大于 9.5。

② 判断在某一 pH 下，什么离子可以被滴定，什么离子有干扰。例如，在 pH＝4～6 时滴定 Zn^{2+}，若存在 Fe^{2+}、Cu^{2+}、Mg^{2+} 等离子，Fe^{2+}、Cu^{2+} 有干扰，而 Mg^{2+} 无干扰。

③ 判断当几种金属离子共存时，能否通过控制溶液酸度进行选择滴定或连续滴定。例如，当 Fe^{3+}、Mg^{2+}、Zn^{2+} 共存时，因为它们在酸效应曲线上距离较远，所以可以在 pH 为 1～2 滴定 Fe^{3+}，然后在 pH 为 4～5 滴定 Zn^{2+}，最后再调节溶液 pH＝10 左右滴

定 Mg^{2+}。

使用酸效应曲线要注意的问题：酸效应曲线给出的是理论上的配位滴定所允许的最低 pH（也称最高酸度），实际中，为了使配位反应更完全，通常采用的 pH 比最低 pH 略高。但也不能太高，否则金属离子可能发生水解，甚至生成氢氧化物沉淀。所以，在配位滴定时，常常加入缓冲溶液来控制溶液酸度。

五、配位滴定法的应用

配位滴定法多数以 EDTA 为标准溶液，通过直接或间接等方式来测定试样中的金属阳离子或 SO_4^{2-}、PO_4^{3-} 等酸根阴离子。

1. EDTA 标准溶液的配制

为防止蒸馏水或容器器壁中少量金属离子影响 EDTA 的准确浓度，通常采取间接法配制 EDTA 标准溶液。先称取一定质量的 EDTA 二钠盐（$M=372.2\text{g}\cdot\text{mol}^{-1}$），配成一定体积近似浓度的 EDTA 溶液（$0.01\sim0.05\text{mol}\cdot\text{L}^{-1}$），然后用基准物质标定。标定 EDTA 溶液的基准物质一般用金属纯锌，也可用 $CaCO_3$ 或 $MgSO_4\cdot7H_2O$ 等。标定时以铬黑 T 为指示剂，如用 $CaCO_3$ 标定，在 pH 为 10 的氨性缓冲溶液中进行，溶液由紫红色变为蓝色为终点。其浓度为

$$c(\text{EDTA})=\frac{c(\text{Ca}^{2+})V(\text{Ca}^{2+})}{V(\text{EDTA})}$$

2. 应用实例

（1）水的硬度及钙、镁含量测定　水的硬度及钙、镁含量测定，在水质分析、生物样品成分分析等应用广泛。工业上将含 Ca^{2+}、Mg^{2+} 较多的水称为"硬水"，其含量多少用"硬度"表示。水的硬度是工业用水的重要指标，我国沿用的硬度有两种表示方法，其中以度（°）表示时，规定为每升水中含 10mg CaO 为 1 度。

测定水的总硬度就是测定水中 Ca^{2+}、Mg^{2+} 的总量。测定时，取一定体积的水样，在 pH＝10 的氨性缓冲溶液中以铬黑 T 为指示剂，用 EDTA 直接滴定。铬黑 T（EBT）、EDTA 与 Ca^{2+}、Mg^{2+} 生成配合物的稳定性为

$$\text{Ca-EDTA}>\text{Mg-EDTA}>\text{Mg-EBT}>\text{Ca-EBT}$$

因此，滴定反应如下：

滴定前
$$\underset{\text{(蓝色)}}{\text{Mg}^{2+}+\text{EBT}}\rightleftharpoons\underset{\text{(紫红色)}}{\text{Mg-EBT}}$$

终点前
$$\text{Ca}^{2+}+\text{EDTA}\rightleftharpoons\text{Ca-EDTA}\quad \text{Mg}^{2+}+\text{EDTA}\rightleftharpoons\text{Mg-EDTA}$$

终点时
$$\underset{\text{(紫红色)}}{\text{Mg-EBT}}+\text{EDTA}\rightleftharpoons\text{Mg-EDTA}+\underset{\text{(蓝色)}}{\text{EBT}}$$

滴定结束后，记录下 EDTA 消耗的体积 V_1(L) 按下式计算总硬度：

$$\text{水的总硬度}(°)=\frac{c(\text{EDTA})V_1(\text{EDTA})M(\text{CaO})}{V(\text{水样})\times10\text{mg}\cdot\text{L}^{-1}}$$

如果只测水中钙的含量，测定时取与总硬度测定时相同体积的水样，用 $6\text{mol}\cdot\text{L}^{-1}$ 的 NaOH 调节 pH＞12，使水中 Mg^{2+} 全部转变为 $Mg(OH)_2$ 沉淀，然后加入钙指示剂（NN），用 EDTA 标准溶液直接滴定至终点。基本反应为

滴定前
$$\text{Mg}^{2+}+2\text{OH}^-\longrightarrow\text{Mg(OH)}_2\downarrow$$

$$Ca^{2+} + NN \rightleftharpoons Ca\text{-}NN$$
（蓝色）（酒红色）

终点前 $$Ca^{2+} + EDTA \rightleftharpoons Ca\text{-}EDTA$$

终点时 $$Ca\text{-}NN + EDTA \rightleftharpoons Ca\text{-}EDTA + NN$$
（酒红色）（蓝色）

滴定结束后，记录下 EDTA 消耗的体积 V_2，按下式分别计算水中 Ca^{2+}、Mg^{2+} 含量（mg/L）。

$$\rho(Ca^{2+}) = \frac{c(EDTA)V_2(EDTA)M(Ca)}{V(\text{水样})}$$

$$\rho(Mg^{2+}) = \frac{c(EDTA)(V_1 - V_2)M(Mg)}{V(\text{水样})}$$

（2）含钙营养品的测定　含钙食品、饮品等营养品中的钙，也可用 EDTA 标准溶液进行测定。测定时，准确称取一定质量的样品，将其中的钙转入溶液状态，然后进行测定。按下式计算 Ca^{2+} 含量：

$$w(Ca^{2+}) = \frac{c(EDTA)V(EDTA)M(Ca)}{m(\text{样品})}$$

本章小结

一、配位化合物

1. 配位化合物的定义：配位化合物是由可以给出孤电子对或多个不定域电子的一定数目的离子或分子（称为配位体）和具有接受孤对电子或多个不定域电子空轨道的原子或离子（称为中心原子或离子）按一定的组成和空间构型所组成的化合物。配合物一般是由内界和外界两个部分组成。在配合物内，提供电子对的分子或离子称为配位体；接受电子对的离子或原子称为配位中心离子（或原子），简称中心离子（或原子）。

2. 配位化合物的命名：配合物的命名与一般的无机化合物的命名相同，称为某化某、某酸某、某某酸等。配离子按下列顺序依次命名：阴离子配位体→中性分子配体→“合”→中心离子（用罗马数字标明氧化数）。

3. 螯合物是多齿配体通过两个或两个以上的配位原子与同一中心离子形成的具有环状结构的配合物。螯合物一般具有鲜明的特征颜色，这一特性在分析化学中被广泛应用于检测和鉴定微量元素的存在和含量。

二、配位化合物的解离平衡

配位化合物在水溶液中存在配位解离平衡，可用稳定常数来表示。

$$Cu^{2+} + 4NH_3 \underset{\text{解离}}{\overset{\text{配位}}{\rightleftharpoons}} [Cu(NH_3)_4]^{2+}$$

$$K^{\ominus}_{\text{稳}} = \frac{c[Cu(NH_3)_4^{2+}]}{c(Cu^{2+})c^4(NH_3)}$$

配位平衡与其他的化学平衡一样，如果平衡体系的条件（如浓度、酸度等）发生改变，平衡就会发生移动。沉淀反应、溶液的酸度、氧化还原反应，以及配离子的转化，都对配位平衡移动产生影响。

三、配位滴定法

配位滴定法是以配位反应为基础的滴定分析方法。它是用配位剂作为标准溶液直接或间接滴定被测物质。在滴定过程中通常需要选用适当的指示剂来指示滴定终点。

配位剂分为无机和有机两大类。其中有机配位剂应用广泛。而在有机配位剂中最常用的就是EDTA。

溶液中H^+与EDTA发生配位反应使参与金属离子配位的EDTA浓度减小，从而导致EDTA与待测金属离子配位能力下降的现象，称为酸效应。

四、金属指示剂

金属指示剂也是一种配位剂，它能与金属离子形成与其自身颜色显著不同的配合物而指示滴定终点。由于它能指示出溶液中金属离子浓度的变化情况，故称金属离子指示剂，简称金属指示剂。常用的金属指示剂有铬黑T、钙指示剂等。

习题

1. $[Ag(NH_3)_2]^+$溶液中存在的配位平衡为________，当分别加入（1）KI，由于________，平衡向________移动，（2）$Na_2S_2O_3$，由于________，平衡向________移动。

2. EDTA与金属离子配位有何特点？

3. 在配位滴定中酸效应曲线有什么作用？

4. 写出下列配合物的名称、中心离子、配位体、配位数及配离子的电荷。

$[CoCl_3(NH_3)_3]$　　$Na_3[SiF_6]$　　$[Pt(NH_3)_2Cl_2]$　　$[Co(NH_3)_5Cl]Cl_2$

5. 在$0.1mol \cdot L^{-1}[Ag(NH_3)_2]^+$溶液中含有浓度为$1.0mol \cdot L^{-1}$的氨水，试计算$Ag^+$的浓度。

6. 若在1L NH_3水中溶解0.01mol AgI，问氨水的最低浓度是多少？

7. 将$0.1mol \cdot L^{-1}$ $AgNO_3$溶液与$0.5mol \cdot L^{-1}$ $NH_3 \cdot H_2O$等体积混合，问：平衡时，溶液中各组分的浓度是多少？

8. 在1L $0.01mol \cdot L^{-1}$ Pb^{2+}的溶液中，加入$0.50mol \cdot L^{-1}$ EDTA及0.001mol Na_2S，问溶液中是否有沉淀生成？

9. 称取过磷酸钙试样0.3000g，经处理后，把其中的磷沉淀为$MgNH_4PO_3$。将沉淀过滤洗涤后，再溶解，然后在适当的条件下，用$0.0200mol \cdot L^{-1}$的EDTA标准溶液滴定其中的Mg^{2+}，消耗体积为36.00mL，求试样中P_2O_5的质量分数。

10. 试剂厂生产的无水$ZnCl_2$，采用EDTA配位滴定法测定产品的纯度。准确称取样品0.2500g，溶于水后，控制酸度在pH＝6的情况下，以二甲酚橙为指示剂，用$0.1024mol \cdot L^{-1}$ EDTA滴定溶液中的Zn^{2+}，用去了17.90mL，求样品中$ZnCl_2$的质量分数。

11. 称取煤样0.5000g，灼烧并使其中的硫完全转化成SO_4^{2-}。处理成溶液并除去重金属离子后，加入$0.0500mol \cdot L^{-1}$ $BaCl_2$ 20.00mL，使之生成$BaSO_4$沉淀。过量的Ba^{2+}又用$0.0250mol \cdot L^{-1}$ EDTA滴定，用去EDTA 20.00mL。计算煤中硫的质量分数。

知识拓展

坚果分子

所谓坚果分子（Carcerand）是指一类由主体分子（充当配位体的角色）和客体分子（充当中心原子的角色）所形成的特殊配合物。它们有较大的空腔但没有出入口，当作为主体分子时，能够使客体分子完全陷入其中，而且即使在高温条件下客体分子都不能脱离出来，也称为“牢笼”式配合物；还有一类是被称作“半牢笼”式配合物的坚果分子。它在高温下能让客体分子自由进出其空腔，但在常温下则仍然会形成稳定的配合物。坚果分子最初是由唐纳德·詹姆斯·克莱姆（Donald James Cram）于1985首次描述的，他发现这些大空腔分子能“俘获”一些较小的分子构成稳定的配合物分子。由于其构造和监狱相类似，而且形成的稳定配合物分子中，客体分子长期“监禁”在“监狱中”，所以采用了来源于拉丁文字“监狱”一词的Carcerand为这一类闭合的分子容器或分子胶囊命名。而后来的研究人员也常用坚果壳和果仁来描述主体分子和客体分子之间的关系，所以这类特殊配合物常被称作坚果分子。图9-4形象描述了典型的坚果分子结构。

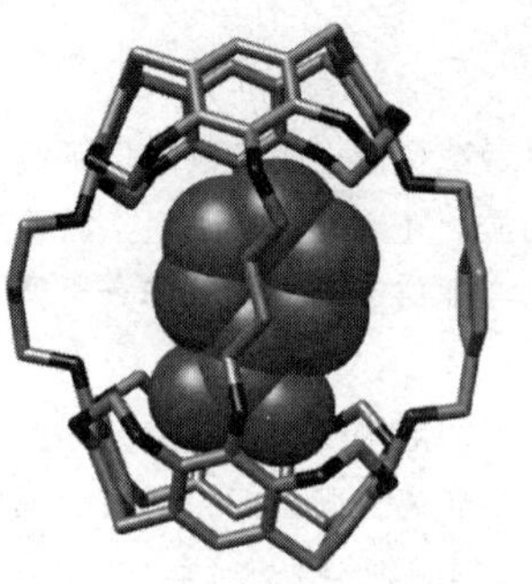

图9-4 硝基苯的“半牢笼”式配合物晶体结构

坚果分子的形成过程可简单描述如下：

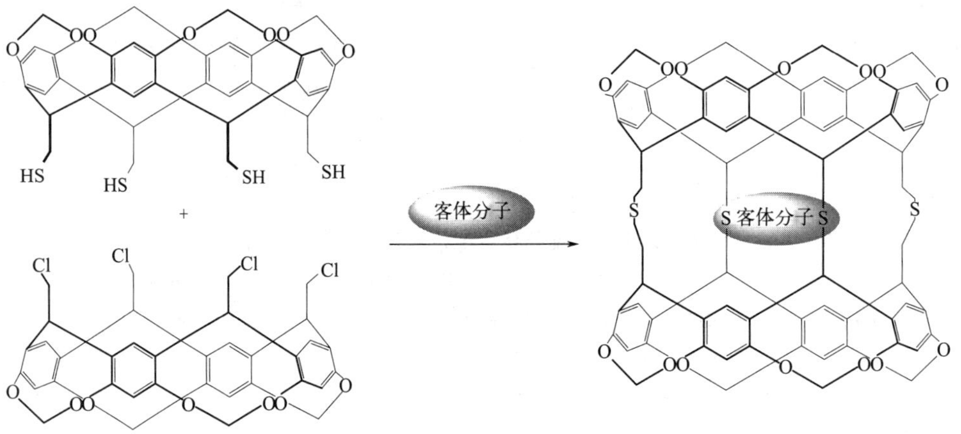

研究人员以坚果分子在室温下隔离一些极不稳定的类芳香族化合物，发现“半牢笼”式配合物稳定地将客体分子固定在其空腔晶体结构中，可防止它们与其他分子发生反应。而在后续的反应中需要用被固定的客体分子参与反应时，可调控反应条件使其释放出来。

坚果分子因其特殊的结构和性能，可应用在药物输送和传感器上，也常作为化学反应器、水的清除剂等。作为一类新型特殊配合物，坚果分子的合成条件及其结构控制还在进一步的研究中。

素质拓展阅读

无机化学家——戴安邦

戴安邦（1901～1999年），江苏丹徒人，我国著名的无机化学家、化学教育家、配位化学的开拓者和奠基人，中国科学院院士。毕业于金陵大学化学系，获美国哥伦比亚大学硕士学位和博士学位。新中国成立后历任南京大学配位化学研究所所长、中国化学会理事和常务理事、国家科委化学组组员、国务院学位委员会理学学科评议组成员、高校理科化学教材编审委员会副主任、《高等学校化学学报》副主编、《无机化学学报》主编等职。

在20世纪20年代末，戴安邦从配位化学的角度进行高价金属羟化物水溶胶的研究，在南京大学创办了全国络合物化学讲习班，为本科高年级学生开设“络合物化学”课程，创建南京大学络合物化学研究室、南京大学配位化学研究所、南京大学配位化学国家重点开放实验室等。

戴安邦在配位化学的基础和应用研究方面，完成了既有实验成果又有理论意义的工作。南京大学配位化学研究所先后发表科学论文200余篇。“硅酸聚合作用理论”解决了百多年来关于水深液体硅酸聚合作用的各种片面而自相矛盾的研究难题，是该领域的第一个定量理论，为硅溶胶生产、建材、铸造、电能贮存、萃取分离和硅肺发病机制等有关硅的实用领域提供了理论依据。戴安邦亲自参加调研和实验的“化学模拟生物固氮研究”课题，提出了合成氨催化剂活化氮中心的七铁原子簇模型，改变过去在高温高压条件为较温和条件合成氨。获得“多价金属离子水解聚合形成多碱”的研究成果，“多价金属离子水解聚合物”和“新型配合物的合成和结构”研究成果，“铂配合物抗癌作用及机理”研究成果，多次获国家自然科学奖。

戴安邦先生倡导“全面的化学教育”，长期在南京大学任教，关注启发式教学的研究和实践，形成了著名的“启发式八则”，对所讲的每一堂课，中心内容是什么，怎样让学生掌握重点，都成竹在胸。他授课语言生动，深入浅出，条分缕析，生动活泼，总能抓住学生的心理，课堂秩序井然，从事实出发，或做演示实验，或讲授化学历史故事，或表列实验数据，能够启发学生自觉有效地进行学习。学生和教师都说，听他的课是一种享受，不仅学到了知识，而且还学到了获取知识的方法。化学教学的主要任务是发展学生独立获取知识与技术并应用于解决实际问题的能力，要注意培养学生动手、观测、查阅、记忆、思维、想象和表达等7种能力，其中思维是核心。戴安邦说：“化学教育就是要求教学不仅是传授知识和技术，更重要的是要训练科学方法和科学思维，还要培养科学精神和科学品德，这就是全面的化学教育。”科学精神主要包括：崇实、贵确、求真、创新、存疑；科学品德主要包括：高尚理想、为道献身，艰苦创业、勤奋不懈，谦虚好学、乐于助人。

戴安邦先生治学极其勤奋，态度严谨，学风端正，作风民主，品德高尚，年届九旬时仍努力学习和工作，不论严寒酷暑、风霜雨雪，甚至生病住院也从不松懈。戴安邦先生多年一直保持在研究领域前沿并在晚年开拓出新的研究方向，业务功底深厚，为了把经验留传后代，笔耕不辍。对中青年教师和学生，既严格要求，又爱护备至。他奉行“立身首要是品德，人生价值在奉献”的格言，从小受到中华传统文化的影响，经过自身刻苦学习，不断努力，养成善于思考、善于创新的性格，最后成为国内外著名教授、中科院院士、化学大师，对我国教育和科学事业做出了重要贡献。

第十章

吸光光度法

吸光光度法是目前使用较广泛的一种仪器分析方法。它是利用物质对光的选择性吸收而建立起来的分析方法。包括比色法和分光光度法。比色法是以比较有色溶液颜色的深浅来确定其中有色物质含量的分析方法。分光光度法是通过待测溶液对特定波长光的吸收而确定物质含量的分析方法。根据物质对不同波长范围的光的吸收，分光光度法分为可见分光光度法、紫外分光光度法及红外分光光度法。

知识目标

1. 掌握物质颜色与光的吸收之间的关系。
2. 掌握光的吸收定律，能够进行相关计算。
3. 掌握比色法和分光光度法的原理，能够描述分光光度计的主要组成部件。
4. 了解吸光光度法测定自来水中铁的含量。

能力目标

1. 会绘制吸收曲线并确定最大吸收波长。
2. 会独立使用分光光度计测定物质吸光度。
3. 能使用标准曲线求算待测物质的含量。

素质目标

1. 在学习仪器分析方法过程中，培养认真做实验、认真记录和处理数据、认真思考的习惯。
2. 通过了解高鸿在分析化学领域的贡献，培养热爱祖国、爱岗敬业的精神。

第一节　光的性质及物质对光的吸收定律

分子结构不同的物质对光有选择吸收的特性。在分析上，基于物质对光选择性吸收而建立起来的分析方法——吸光光度法。

一、吸光光度法的特点

吸光光度法主要用于微量组分的测定，其特点如下。

① 灵敏度高。常用于测定试样中质量分数为 10^{-5}～10^{-2} 的微量组分，甚至可以测定质量分数为 10^{-8}～10^{-6} 的痕量组分。而容量分析法和重量分析法一般用于常量组分的测定。

② 准确度较高。一般比色法的相对误差为5%～10%，分光光度法为2%～5%，其准确度虽比滴定分析法和重量分析法低，但对微量组分的测定已完全满足要求。对于微量组分的测定，滴定分析法和重量分析法常常无能为力，更谈不上准确。

③ 操作简单、分析速度快。近年来，灵敏度高、选择性好的显色剂和掩蔽剂不断出现，常常可以不经分离就能进行吸光光度的测定。

④ 应用广泛。几乎所有的无机离子和许多有机化合物都可以直接或间接地用吸光光度法进行测定，配合物组成和酸碱解离常数等也可以用吸光光度法测定。目前吸光光度法已经广泛应用于工农业生产和科学研究等方面。

二、光的性质

光是电磁波，具有波动性和粒子性。不同波长（或频率）的光，其能量不同，短波的能量大，长波的能量小。

肉眼可感觉到的光，称为可见光。可见光只是电磁波中一个很小的波段，其波长范围为400～800nm。具有同一波长的光称为单色光，每种颜色的单色光都具有一定的波长范围，通常把由不同波长的光组成的光称为复合光，如白光（日光、白炽电灯光）是由各种不同颜色的光按一定强度比例混合而成。让一束白光通过棱镜，由于折射作用可分为红、橙、黄、绿、青、蓝、紫七种色光，这种现象称为色散，白光即为复合光。

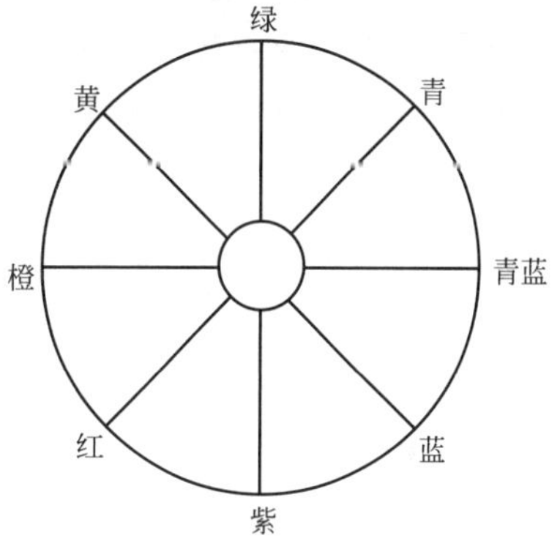

图 10-1 互补色示意图

实验证明不仅上面所说的七种颜色的光可以混合成白光，如果将适当颜色的两种单色光按一定的强度比例混合，也可以形成白光，这两种单色光被称为互补光，所显的颜色称为互补色。图 10-1 中处于直线关系的两种单色光为互补色光，如绿色光和紫色光为互补色光，蓝色光和黄色光为互补色光等。

三、光的选择性吸收及溶液的呈色

1. 概述

不同物质对各种波长光的吸收具有选择性。当白光通过某溶液时，某些波长的光被溶液吸收，而另一些波长的光则透过，溶液的颜色由透射光的波长决定。透射光与吸收光称为互补色光，两种颜色称为互补色。如白光通过 NaCl 溶液时，全部透过，NaCl 溶液无色透明，而 $CuSO_4$ 溶液则吸收白光中的黄光而呈蓝色，$KMnO_4$ 溶液吸收绿光而呈紫红色。物质呈现颜色与吸收光颜色的互补关系如表 10-1。

表 10-1 物质颜色与吸收光颜色的互补关系

物质颜色	吸收光		物质颜色	吸收光	
	颜色	波长/nm		颜色	波长/nm
黄绿	紫	380～420	紫	黄绿	520～550
黄	蓝紫	420～440	蓝紫	黄	550～580
橙	蓝	440～470	蓝	橙	580～620
红	绿蓝	470～500	绿蓝	红	620～680
紫红	绿	500～520	绿	紫红	680～780

2. 光吸收曲线

为了更准确地表示有色溶液对不同波长的光的吸收程度，将不同波长的单色光依次通过某浓度一定的有色溶液，测出相应波长下物质对光的吸收程度（吸光度 A），然后以波长 λ 为横坐标，吸光度 A 为纵坐标作图即为 A-λ 吸收曲线。图 10-2 是四种不同浓度 $KMnO_4$ 溶液的吸收曲线。由图可见：在可见光范围内，$KMnO_4$ 溶液对 525nm 的绿光吸收程度最强，称为最大吸收波长，用 λ_{max} 表示；不同浓度的 $KMnO_4$ 溶液最大吸收波长不变，在最大吸收峰附近，吸光度测量的灵敏度曲线最高。光吸收曲线是吸光光度法中选择测定波长的重要依据，通常选用溶液的最大吸收波长作为测定光的波长，以提高测定的灵敏度。

四、光的吸收定律

朗伯（Lambert）和比尔（Beer）分别于 1760 年和 1852 年提出物质对光的吸收程度与液层厚度及溶液的浓度之间的定量关系，二者结合称为朗伯-比尔定律，也叫光吸收定律。

当一束平行单色光照射到任何均匀的、非散射的介质（固体、液体或气体）时，光的一部分被吸收，一部分透过溶液，一部分被反射。如图 10-3 所示，假设入射光强度为 I_0，透过光强度为 I_t，吸收光强度为 I_a，反射光的强度为 I_r，由于采用同质同型的比色皿，反射光强度一致，其影响可以在测定时相互抵消，它们之间的关系为：

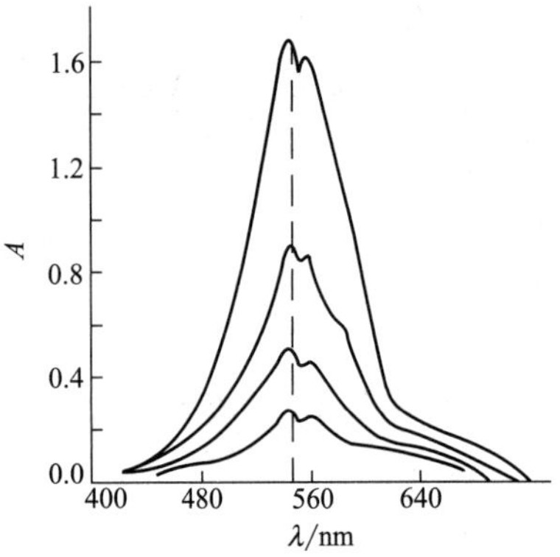

图 10-2 $KMnO_4$ 溶液的吸收

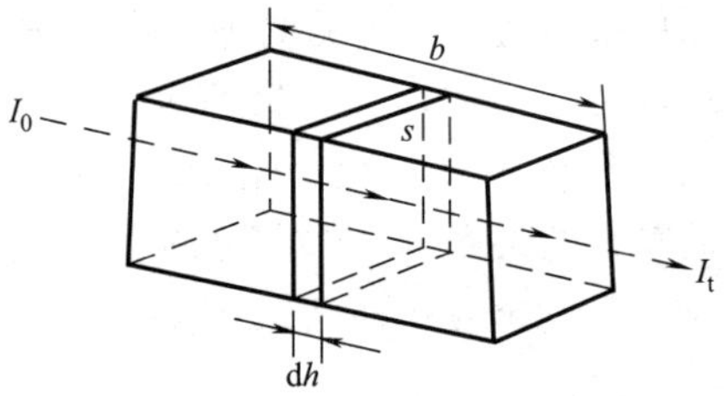

图 10-3 光吸收示意图

$$I_0 = I_a + I_t$$

经实验表明它们之间有下列关系：

$$\lg\frac{I_0}{I_t} = \kappa cb$$

式中，κ 为比例系数；c 为溶液浓度；b 为吸收液层厚度。

$\lg\frac{I_0}{I_t}$值越大，说明光被吸收得越多，故通常把 $\lg\frac{I_0}{I_t}$称为吸光度，用 A 表示。则有：

$$A = \lg\frac{I_0}{I_t} = \kappa cb$$

上式即为朗伯-比尔定律的数学表达式。它表明：在一定温度下，当一束平行的单色光通过有色溶液时，其吸光度与溶液浓度和厚度的乘积成正比。

透过光的强度 I_t 与入射光的强度 I_0 之比称为透光率，常用符号 T 表示，即

$$T=\frac{I_t}{I_0} \quad 或 \quad T=\frac{I_t}{I_0}\times 100\%$$

由上可见透光率、吸光度与溶液浓度和厚度的关系为：

$$A=\lg\frac{1}{T}=\lg\frac{I_0}{I_t}=-\lg T=\kappa cb$$

可见，溶液浓度和厚度的乘积只与吸光度成正比，而不与透光率成正比。式中的 κ 是比例系数，与入射光的波长、吸光物质的性质和测量的温度等因素有关。κ 值随 c 所用的单位不同而不同。当 c 的单位为 $g \cdot L^{-1}$，b 单位为 cm 时，κ 用 a 表示，其单位为 $L \cdot g^{-1} \cdot cm^{-1}$，$a$ 称为吸光系数，则

$$A=abc$$

当 c 的单位为 $mol \cdot L^{-1}$，b 单位为 cm 时，κ 用 ε 表示，其单位为 $L \cdot mol^{-1} \cdot cm^{-1}$，$\varepsilon$ 称为摩尔吸光系数，则

$$A=\varepsilon bc$$

摩尔吸光系数 ε 的物理意义为：在一定温度、波长下，待测物质浓度为 $1mol \cdot L^{-1}$，液层厚度为 1cm 时，所具有的吸光度。但实际工作中，不能在 $1mol \cdot L^{-1}$ 这样高的浓度下测量 ε，而是在适当低浓度时测定吸光度，根据吸收定律计算出 ε 值。

摩尔吸光系数 ε 是有色物质在特定波长下的特征常数，是表征显色反应灵敏度的重要参数，ε 值越大，测定的灵敏度也越高，反应越灵敏，可测量组分的浓度越低。一般来说：$\varepsilon<10^4$ 显色反应属于低灵敏度；$1\times10^4<\varepsilon<5\times10^4$ 属于中等灵敏度；$5\times10^4<\varepsilon<1\times10^5$ 属于高灵敏度。

【例 10-1】 已知 Fe^{2+} 的质量浓度为 $500\mu g \cdot L^{-1}$，用邻二氮菲显色后，用分光光度计测定，吸收池厚度为 2cm，在波长 508nm 处测的吸光度 $A=0.19$，求 ε。

解　Fe 的摩尔质量为 $55.85g \cdot mol^{-1}$

$$c(Fe^{2+})=\frac{500\times10^{-6}g \cdot L^{-1}}{55.85g \cdot mol^{-1}}\approx 9.0\times10^{-6}mol \cdot L^{-1}$$

$$\varepsilon=\frac{A}{cb}=\frac{0.19}{2\times9.0\times10^{-6}}=1.1\times10^4\ (L \cdot mol^{-1} \cdot cm^{-1})$$

答：ε 为 $1.1\times10^4 L \cdot mol^{-1} \cdot cm^{-1}$。

? **【问题 10-1】** 朗伯-比尔定律的物理意义是什么？

第二节　比色法与分光光度法

吸光光度法包括目视比色法、光电比色法和分光光度法。下面分别介绍一下这几种方法。

一、目视比色法

直接用眼睛观察，比较待测溶液和标准溶液颜色深浅，以确定物质含量的分析方法，称

为目视比色法。

常用的目视比色法是标准系列法。用一套由相同质料的玻璃制成的、形状大小完全相同的平底比色管，配制一系列已知浓度的标准溶液，显色、定容，就配成了一套颜色逐渐加深的标准色阶。然后将一定量待测试液置于另一比色管中，在同样条件下显色，稀释至同样体积。比较样品溶液与标准溶液的颜色，如果待测溶液与标准色阶中某一溶液颜色深度相同，则被测溶液的浓度就等于该标准溶液的浓度；如果被测试液浓度介于相邻两种标准溶液之间，则待测溶液浓度也就介于这两个标准溶液浓度之间。

目视比色法仪器简单，操作方便，不需要电源，可在日光下直接进行测定，适宜于大批试样的分析。其缺点是准确度不高，相对误差可达5%～20%；标准色阶不太稳定，不能长期保存，需临时配制。

二、光电比色法

光电比色法是用光电比色计代替人的眼睛进行测定的方法，从而提高了分析结果的准确度。光电比色法是利用光电比色计测量有色溶液对某一单色光的吸收强度，以求出被测组分含量的分析方法。

用于光电比色法的仪器称为光电比色计。光电比色法的基本原理是比较有色溶液对某一波长单色光的吸收程度。由光源发出的白光，通过滤光片后，得到一定波长范围的近似单色光，让单色光通过有色溶液，透过光投射到光电池上，产生电流，光电池所产生的电流大小与透过光的强度成正比。光电流的大小，用灵敏检流计测量，在检流计的标尺上，可读出相应的吸光度（A）或透光度（T）。

测量溶液的吸光度后，可用标准曲线法（工作曲线法）或标准试样计算法求出溶液的浓度。

三、分光光度法

1. 分光光度法概述

分光光度法是利用分光光度计测定有色溶液的吸光度，从而确定被测组分含量的分析方法，其基本原理与光电比色法相同。所不同的主要是获得单色光的方法不同，光电比色计是通过滤光片获得某一波长范围的光，而分光光度计是利用棱镜或光栅等分光器来获得纯度较高的单色光，从而提高了分析的准确度、灵敏度和选择性。所以，分光光度法的测量范围不再局限于可见光区，也可用于紫外光区和红外光区。

在光度分析法中，使被测物质在试剂（显色剂）的作用下形成有色化合物的反应称为显色反应。分光光度法对显色反应一般必须满足下列要求。

① 选择性好。即在显色条件下，显色剂尽可能不要与溶液中其他共存离子显色，如果其他离子也和显色剂反应，干扰离子影响应容易消除。

② 灵敏度高。显色反应的灵敏度高，才能测定低含量的物质。灵敏度可从摩尔吸光系数来判断，但灵敏度高的显色反应，不一定选择性好。在实践中应全面考虑。

③ 显色产物应具有固定的组成，符合一定的化学式。对于形成不同配合比的配合物的显色反应，需要严格控制实验条件，使生成一定组成的配合物，以提高其重现性。

④ 显色产物的化学性质应该稳定。在测量过程中溶液的吸光度应改变很小。

⑤ 显色产物与显色剂之间的颜色差别要大。这样显色时颜色鲜明。

常用的分光光度计有可见分光光度计，如国产 721 型、722 型；可见-紫外分光光度计，如 751 型（分光光度计的构造及使用见实验篇）。

2. 标准曲线

分光光度法在定量分析方法中最为常用的方法是标准曲线法，也称工作曲线法。

具体方法如下：先配制一系列已知浓度的标准溶液，用选定波长处（通常是 λ_{max}）的单色光分别测出它们的吸光度。然后以标准溶液浓度（ρ）为横坐标，吸光度（A）为纵坐标，绘制出一通过原点的直线——标准曲线（或称工作曲线），如图 10-4 所示。在测定待测物质溶液的浓度时，用与绘制标准曲线时相同的操作方法和条件测出该溶液的吸光度，再从标准曲线上查出相应的浓度或含量。

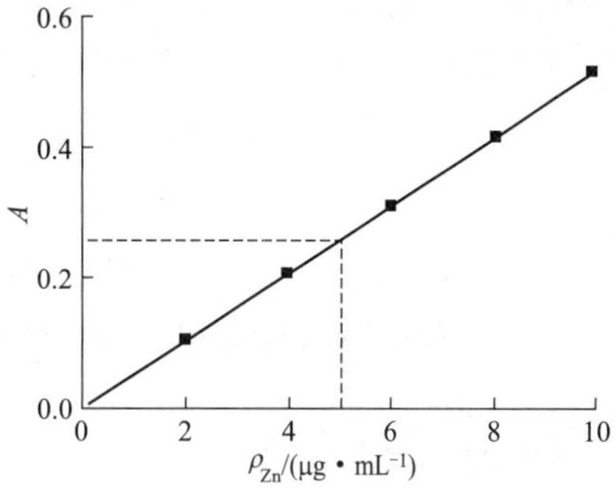

图 10-4　锌标准溶液工作曲线

该方法适用于经常性批量测定，但应注意溶液的浓度须在标准曲线的线性范围内。

【例 10-2】 在 456nm 处，用 1cm 吸收池测定显色后的锌标准溶液的吸光度得到以下结果：

锌标准溶液浓度/($\mu g \cdot mL^{-1}$)	2.0	4.0	6.0	8.0	10.0
吸光度(A)	0.105	0.205	0.310	0.415	0.515

在相同条件下，测得试样溶液的吸光度为 0.260，则待测物质中锌的含量是多少？

解 ① 绘制标准曲线。以吸光度 A 为纵坐标，锌标准溶液浓度为横坐标作图。

② 从曲线上可查得吸光度为 0.260 时的浓度为 $5.0\mu g \cdot mL^{-1}$。

四、参比溶液的选择

基于吸光度具有加和性，可用参比溶液消除干扰。其具体做法是：使用参比溶液调节仪器的零点，消除由于溶剂、试剂及比色皿壁等对入射光的吸收和反射所造成的误差。参比溶液一般是除了样品溶液以外的所有其他物质配制成的相应溶液（也称空白溶液）。进行可见分光光度法分析时，也可按下述方法选择参比溶液：

① 如果样品溶液、试剂、显色剂均为无色时，可用配制溶液的溶剂（一般为蒸馏水或去离子水）作为参比溶液，称为“空白溶剂”。

② 如果样品溶液有色，而试剂、显色剂无色时，应采用不加显色剂的溶液作为参比溶液，称为“样品空白”。

③ 如果样品溶液无色，而显色剂和试剂有颜色时，以不加样品的试剂和显色剂的溶液作为参比溶液，称为“试剂空白”。

第三节　吸光光度法的应用实例

吸光光度法的应用十分广泛。不仅用于微量组分的测定，也可用于高含量组分、多组分的测定及有关化学平衡的研究。

一、磷的测定

磷是土壤肥效三元素之一，也是构成生物体的重要元素之一，含量非常少。因此，常采用吸光光度法进行测量。微量磷的测定通常用磷钼蓝法，在酸性溶液中，磷酸盐与钼酸铵作用生成黄色的磷钼酸，其反应如下：

$$PO_4^{3-}+12MoO_4^{2-}+27H^+ = H_7[P(Mo_2O_7)_6]+10H_2O$$

在一定酸度下，加入适量的还原剂将磷钼酸还原为磷钼蓝，溶液呈深蓝色，增加了测定的灵敏度，在 510nm 波长处有最大吸收，由于含量低，基本上满足朗伯-比尔定律要求。

磷钼蓝法常用的还原剂是抗坏血酸，该还原剂得到的蓝色比较稳定，反应要求的酸度范围较宽，Fe^{3+}、AsO_4^{3-}、SiO_3^{2-} 的干扰较少，但显色反应速率较慢，需要沸水浴加热。

二、高含量组分的测定方法——示差法

示差法是采用一个浓度与试液接近的标准溶液代替纯溶剂作参比溶液，测定其他标准溶液及试液的吸光度 A 值。设作为参比溶液的标准溶液浓度为 c_s，试液的浓度为 c_x（$c_s < c_x$），当空白溶液作参比溶液时有：

$$A_s = \kappa b c_s$$

$$A_x = \kappa b c_x$$

两式相减得

$$A_x - A_s = \kappa b (c_x - c_s)$$

即

$$\Delta A = \kappa b \Delta c$$

上式表明：试液与参比溶液吸光度的差值 ΔA 和两溶液的浓度差值 Δc 成正比。以浓度为 c_s 的标准溶液作参比溶液，调节 T %为 100，在同等条件下测得一系列不同浓度标准溶液的吸光度，作 ΔA-Δc 曲线，得到一条通过原点的直线，即示差法工作曲线。测得试液的 ΔA，从工作曲线上可查得试液与参比溶液的浓度差 Δc_x，则试液的浓度为：

$$c_x = \Delta c_x + c_s$$

用示差法测量溶液的吸光度，其准确度比用一般的分光光度法要高，其误差一般为 0.5%左右。如果用已知浓度的标准溶液作参比溶液，此参比溶液的透光率为 10%，现调至 100%（$A=0$）测仪器的透光率的标尺扩大了 10 倍，如图 10-5 所示。

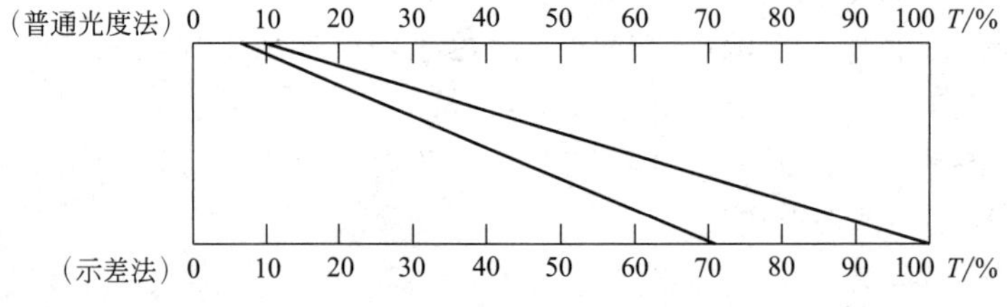

图 10-5 示差法标尺扩展原理

如待测溶液的透光率原为 7%，用示差法测量时将为 70%，于是就落到测量误差最小区域，减小了测量误差。

本章小结

一、吸光光度法的分类

利用物质对光的选择性吸收而建立起来的分析方法称为吸光光度法。它包括比色法和分光光度法。比色法是以比较有色溶液颜色的深浅来确定其中有色物质含量的分析方法。分光光度法是通过待测溶液对特定波长光的吸收而确定物质含量的分析方法。

二、光的性质及物质对光的吸收定律

1. 光的性质：光是电磁波，具有波动性和粒子性。不同波长（或频率）的光，其能量不同，短波的能量大，长波的能量小。肉眼可感觉到的光，称为可见光。通常把由不同波长的光组成的光称为复合光，如白光。如果将适当颜色的两种单色光按一定的强度比例混合，也可以形成白光，这两种单色光被称为互补光，所显的颜色称为互补色。

不同物质对各种波长光的吸收具有选择性。当白光通过某溶液时，某些波长的光被溶液吸收，而另一些波长的光则透过，溶液的颜色由透射光的波长决定。

2. 光吸收定律表明：在一定温度下，当一束平行的单色光通过有色溶液时，其吸光度与溶液浓度和厚度的乘积成正比。

三、吸光光度法

吸光光度法包括目视比色法、光电比色法和分光光度法。吸光光度法的应用十分广泛，不仅用于微量组分的测定，也可用于高含量组分、多组分的测定及有关化学平衡的研究。

习题

1. 摩尔吸光系数的物理意义是什么？影响它的因素有哪些？

2. 透光率与吸光度两者关系如何？测定条件指哪些？

3. 为什么吸光光度法测定时应选用 λ_{max}？

4. 5.0×10^{-3} $mol\cdot L^{-1}$ 的 $KMnO_4$ 溶液，在 $\lambda_{max}=525nm$ 处用 3.0cm 的吸收池，测得吸光度 $A=0.336$。计算吸光系数 a 和摩尔吸光系数 ε。

5. 某苦味酸铵试样 0.0250g，用 95%乙醇溶解并配成 1.0L 溶液，在 380nm 波长处用 1.0cm 的吸收池测得吸光度为 0.760，试估计该苦味酸铵的分子量是多少？（已知在 95%乙醇溶液中苦味酸铵在 380nm 时，$\kappa=10^{4.13}$）

6. 称取 0.5000g 钢样，溶于酸后，使其中的锰氧化成 MnO_4^-，在容量瓶中将溶液稀释至 100mL，稀释后的溶液用 2cm 的吸收池，在 520nm 波长处测得吸光度为 0.620，MnO_4^- 在该处的摩尔吸光系数为 2235。计算钢样中锰的质量分数。

7. 某一有色溶液，在 500nm 波长处测得吸光度为 0.800，取其标准溶液（浓度为 2.0×10^{-4} $mol\cdot L^{-1}$），在同等条件下测得其吸光度为 0.60，求该有色溶液的浓度是多少？

8. 用邻二氮菲显色法测定 Fe^{2+}，已知在 50mL 容量瓶中 Fe^{2+} 含量为 0.088mg，2cm 比色皿，在 508nm 处测得透光率为 50%，求吸光系数和摩尔吸光系数。

知识拓展

分光光度法测定蛋白质含量

测定蛋白质的方法有很多，如凯氏定氮法、双缩脲法、有机染料结合分光光度法、液相色谱法等。其中有机染料结合分光光度法，因其仪器简单、操作方便、选择性好、灵敏度高等特点成为目前国内外备受重视的蛋白质测定方法。具体分为两类。

1. 有机染料结合分光光度法

该方法依据的原理是在酸性条件下，蛋白质的肽键亚胺和 N 端氨基质子化成阳离子，

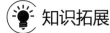

若有阴离子染料存在时，由于静电作用，蛋白质与染料结合成沉淀或改变结合染料的光吸收特性，借助染料颜色的变化程度来测定蛋白质的含量。

2. 金属离子-有机染料结合分光光度法

该方法依据的原理是金属离子与含有—OH 或—C═O 的有机染料相遇时，氧原子中的孤电子对顺利进入杂化轨道，形成稳定的配合体系，在酸性条件下，该体系遇到结构不对称的蛋白质分子时，互相极化产生静电作用，而结合成新的大分子团，改变原体系的光谱性质，从而能定量测定蛋白质的含量。目前研究较多的金属离子是 Mo^{5+}、Ti^{4+}、V^{4+} 等，而且在测定中为增大染料与蛋白质的溶解度，一般都加入表面活性剂或乳化剂。该方法的优点是操作简便快速、干扰离子少、灵敏度高、线性范围广，适用于常规分析。

素质拓展阅读

分析化学家——高鸿

高鸿（1918～2013 年），陕西泾阳人，分析化学家、教育家，中国科学院学部委员，曾就读工作于原国立中央大学、美国伊利诺伊大学，南京大学和西北大学终身教授。高鸿先后发表论文近 300 篇，出版学术专著 4 部。获得全国科学大会奖、国家自然科学奖、全国优秀图书奖等国家级奖励。高鸿长期从事电分析化学基础理论、新方法、新技术的研究。系统地研究和发展了示波分析方法，开辟了分析化学的一个新领域。

高鸿教授一生高瞻远瞩，严谨治学，精心育才，多次参加全国基础学科科学规划的制订工作，是中国分析化学与现代分析科学学科奠基者与开创者之一，近代仪器分析学科奠基人之一，对中国科教事业，尤其是中国西部科教事业做出了巨大贡献。高鸿教授在国内外学术界享有崇高威望，他高瞻远瞩，才智非凡，严谨治学，精心育才，胸怀通达，堪称后人楷模。从事化学教育工作 60 年，辛勤耕耘，教书育人，诲人不倦，高鸿教授把自己的全部精力献给了中国的科学教育事业。教育部 1990 年赠给他的石刻上写着，“老骥伏枥，志在千里，桃李不言，下自成蹊”，表彰了他的功绩。

在高鸿教授的研究工作中，完成了球形电极扩散电流公式的验证，解决了极谱学中长期悬而未决的问题。球形电极扩散电流公式是极谱学中的重要公式，极谱学权威学者曾断言这个公式是无法验证的，而高鸿教授选择了在电极上不产生密度梯度的抗坏血酸氧化反应，圆满地进行了验证，解决了这个问题。

高鸿教授提出和验证了球形汞齐电极的扩散电流公式，并在此基础上提出了一种新的测定金属在汞内扩散系数的方法，是目前世界上最好的方法，这些成果发表于 1964 年，比美国科学家提出类似的公式和方法早两年。他找到了正确的测定方法后，共测定了 16 种金属在汞内的扩散系数，得到了一组可信赖的数据，解决了由于测定方法不完善，文献中数据混乱的情况，并根据这一组可靠数据得出了金属在汞内扩散的基本公式。

高鸿教授解决了近代极谱分析中的一些基础理论问题。对线形变位极谱、方波极谱、交流极谱等近代极谱技术的重要电极过程进行了严格的数学处理，推导出一系列极谱电流公式，并在自己组装的仪器上对每一个公式进行了验证，对极谱分析的基础研究做出了贡献。开辟了新的电滴定分析领域——示波分析。高鸿教授首创了电滴定分析新技术——示波滴定，并将其发展成为一个新的分析领域，这一新技术改变了常量分析的落后状况，被推广应用于化学分析、药物分析等领域，取得了极大成功。

有机化学篇

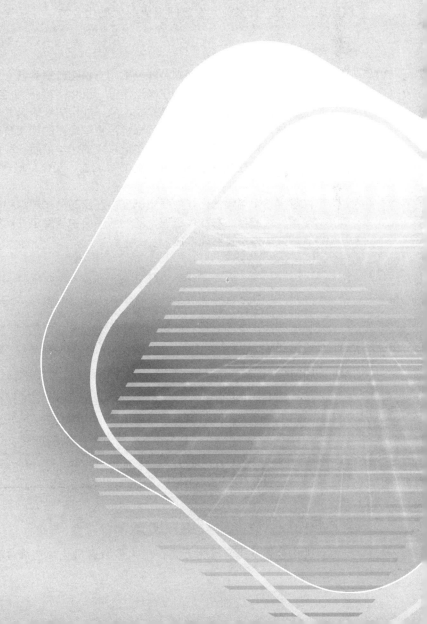

第十一章
开链烃

有机化学是化学学科的一个分支，它的研究对象是有机化合物（简称有机物）。自有人类生命以来，人类就本能地与各种有机物打交道，从逐渐认识和利用有机物，到设计并合成有机物。我国在夏、商时期就会酿酒、制醋。有机化学与人民的生活、工农业生产和国防建设等有着密切的关系，人们的衣、食、住、行都离不开有机物和有机化学。有机化合物种类繁多，到目前为止，已经发现和合成的有机化合物已达千万种，并且每天都在迅速增长着。而除碳以外的一百多种元素之间形成的无机化合物，其总数仅为有机物的百分之一左右。

知识目标

1. 能够讲述开链烃命名规则并能为常用有机物正确命名。
2. 能够叙述基团次序规则，正确运用顺、反和 Z、 E 命名法。
3. 能够画出乙烷的重叠式、交叉式构象，能用纽曼投影式表达分子结构。
4. 能够应用分子间作用力知识解释烷烃物理性质的规律及影响因素。
5. 能够运用构性分析方法分析并牢记烷烃的化学性质：取代、氧化、硝化等。
6. 能够运用构性分析方法分析并能书写加成、氧化、取代、聚合反应等化学性质相关反应方程式。
7. 能够描述单烯烃的化学性质和机理中涉及的马式规则和反马氏规则。
8. 了解烷烃的自由基取代机理，能够解释自由基稳定性规律。
9. 了解共轭体系及共轭效应。

能力目标

1. 能够鉴别烯烃、炔烃。
2. 能够推断烯烃、炔烃、二烯烃结构。
3. 建立立体化学的概念，能够表达有机物立体结构。
4. 会阅读有机化学相关文献，会撰写综述性论文或阅读体会，培养收集信息和处理信息的能力。

素质目标

树立学好有机化学的信心，培养有机化学学习兴趣。

第一节　有机化合物概述

一、有机化合物

有机化合物就是含碳化合物。绝大多数有机化合物都含有氢，有机化合物中除碳和氢以外，常见的元素还有氧、氮、卤素、硫、磷等。单质碳和一些简单的碳化合物，如碳化钙、一氧化碳、二氧化碳、碳酸及其盐等性质类似于无机化合物，也被作为无机化合物对待。

有机化合物种类繁多，性质千变万化。但对多数有机化合物可以概括出一些通性：一般能燃烧，溶、沸点低，不易溶于水而易溶于有机溶剂。有机化合物的化学反应速率一般较慢，通常需要加热或使用催化剂使反应加快，并常伴有副反应发生，产率很少能达到100%。

二、有机化学的产生和发展

有机化学作为一门科学是在19世纪产生的，但是，有机化合物在生活和生产中的应用则由来已久。最初是从天然产物中提取有用的成分。例如，从植物中提取染料、药物和香料，从甘蔗中提取蔗糖等等。到18世纪末，已经能得到一系列纯粹的有机化合物，如酒石酸、柠檬酸、苹果酸、没食子酸、乳酸、草酸、尿素等。这些以动植物为来源得到的化合物有许多共同的性质，与当时从矿物来源得到的化合物相比，有明显的区别。在19世纪初曾认为这些化合物是在生物体内生命力的影响下生成的，所以有别于从没有生命的矿物中得到的化合物。因此，把前者叫作有机化合物，而后者则称为无机化合物。从此有了有机化合物和有机化学的名称。

1828年德国化学家维勒（F. Wöhler）将氰酸铵的水溶液加热得到了尿素：

$$NH_4OCN \xrightarrow{\triangle} NH_2CONH_2$$

说明有机化合物可以在实验室里由无机化合物合成，随后其他一些有机化合物也从无机化合物合成出来。

虽然生命力不是区分有机化合物和无机化合物的原因，但由于有机化合物同当时知道的无机化合物在性质和研究方法上都有所不同，因此，有机化学这个名称仍然保留下来。

三、有机化合物的分类

根据化合物中是否含有碳氢以外的元素，可以把有机化合物简单区分为烃及烃的衍生物。

由碳氢两种元素组成的有机化合物称为烃类化合物，简称为烃。烃的分类见图11-1。分子中碳原子相连成链状的烃，叫作开链烃，也称脂肪烃。包含碳环的烃则称为环烃。根据分子中碳碳间的结合方式不同，又可将烃分为饱和烃和不饱和烃。不饱和烃是指分子中含有

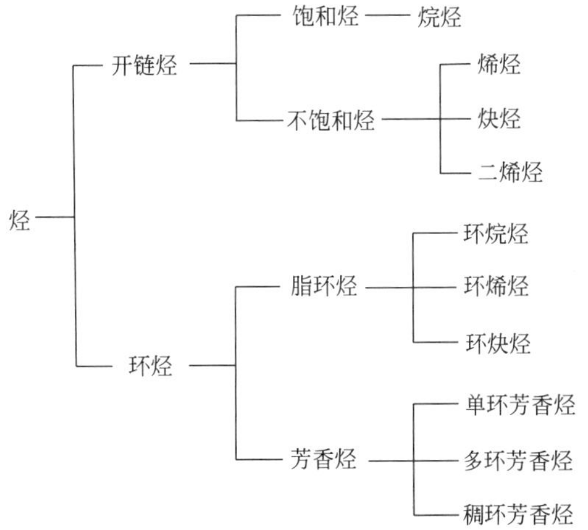

图11-1　烃的分类

碳碳重键（碳碳双键或碳碳三键）的烃类化合物，分子中含有碳碳双键的烃称为烯烃，根据分子中所含双键的数目又可分为单烯烃、二烯烃和多烯烃；分子中含有碳碳三键的烃称为炔烃。碳碳双键和碳碳三键分别是烯烃和炔烃的官能团。

分子中除碳氢外还含有其他元素的有机化合物称为烃的衍生物。常见的有卤代烃、醇、酚、醚、醛、酮、羧酸及其衍生物、含氮含磷有机化合物等。

第二节　烷烃

烷烃分子中碳原子间以单键相连，其余价键都与氢结合。由于分子中氢数已达最大限度，因此烷烃又称饱和烃。烷烃的通式为 C_nH_{2n+2}。

有机物分子中的原子按照一定的排列顺序相互连接，分子中原子的排列顺序和连接方式称为化学构造，表示有机物化学构造的式子称为构造式。如乙烷 $H-\overset{\overset{\displaystyle H}{|}}{\underset{\underset{\displaystyle H}{|}}{C}}-\overset{\overset{\displaystyle H}{|}}{\underset{\underset{\displaystyle H}{|}}{C}}-H$。为书写方便，也可省略一些代表单键的短线，可得构造简式，如 CH_3CH_3。

一、烷烃的同系列和同分异构现象

甲烷是最简单的烷烃，分子式是 CH_4，随着碳原子数的增长，依次是乙烷 C_2H_6、丙烷 C_3H_8、丁烷 C_4H_{10}、戊烷 C_5H_{12}……任何两个烷烃分子间都相差一个或若干个"CH_2"。这些具有同一通式、结构和性质相似、相互间相差一个或几个"CH_2"的一系列化合物称为同系列。同系列中的各个化合物互为同系物。同系物之间的差"CH_2"称为列差。在物理性质方面，随着碳原子数的递增，同系物呈现一定的规律性变化。

在有机化合物中，分子式相同而构造式不同的化合物称为同分异构体，这种现象称为同分异构现象。同分异构现象普遍存在，这也是有机化合物数目繁多的一个主要原因。例如，正丁烷和异丁烷分子式都是 C_4H_{10}，虽然它们具有相同的分子式，但因构造式不同而具有不同的性质，是不同的化合物。正丁烷和异丁烷的构造式为

$$CH_3-CH_2-CH_2-CH_3 \qquad CH_3\overset{\displaystyle}{\underset{\underset{\displaystyle CH_3}{|}}{CHCH_3}}$$

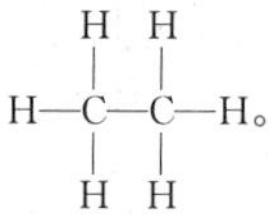

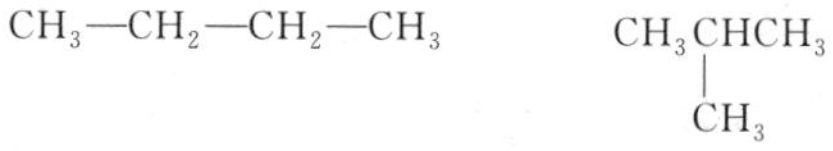

正丁烷　　　　　　　异丁烷

在烷烃同系列中，甲烷、乙烷、丙烷只有一种结合方式，没有异构现象，从丁烷起，才开始有异构现象出现。

正丁烷、异丁烷结构上的差异是由于分子中碳原子连接方式不同而产生的。把分子式相同而构造式不同所产生的同分异构现象称为构造异构，这种由于碳链的构造不同而产生的同分异构现象又称为碳链异构。

戊烷有三种同分异构体，分别是：

$$CH_3-CH_2-CH_2-CH_2-CH_3 \qquad CH_3-\overset{\overset{\displaystyle CH_3}{|}}{CH}-CH_2-CH_3 \qquad CH_3-\overset{\overset{\displaystyle CH_3}{|}}{\underset{\underset{\displaystyle CH_3}{|}}{C}}-CH_3$$

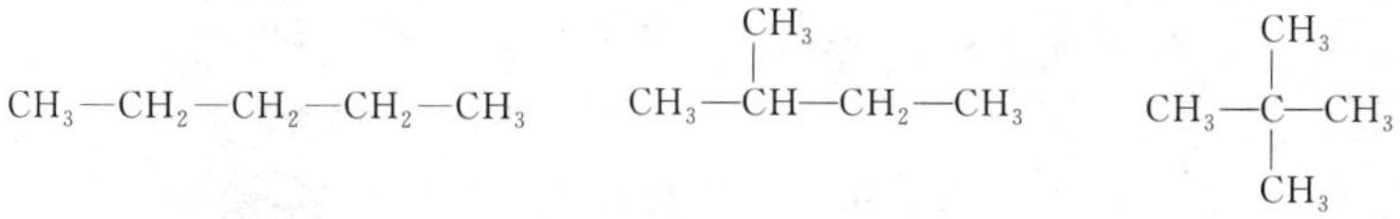

正戊烷　　　　　　　　异戊烷　　　　　　　　新戊烷

随着分子中碳原子数的增加，碳原子间就有更多的连接方式，异构体的数目明显增加，己烷有 5 个同分异构体，庚烷有 9 个，辛烷有 18 个，而癸烷有 75 个，二十五烷据推算有 3679 万之多。

烷烃分子中碳原子有不同的连接情况，直接与一个碳原子相连的称为伯（或一级）碳原子，用 $1°$ 表示；直接与两个碳原子相连的称为仲（或二级）碳原子，用 $2°$ 表示；直接与三个碳原子相连的称为叔（或三级）碳原子，用 $3°$ 表示；直接与四个碳原子相连的称为季（或四级）碳原子，用 $4°$ 表示。例如：

$$\overset{1°}{CH_3}\ \overset{1°}{CH_3}$$
$$\underset{1°}{CH_3}-\underset{2°}{CH_2}-\underset{3°}{CH}-\underset{4°}{C}-\underset{1°}{CH_3}$$
$$\underset{1°}{CH_3}$$

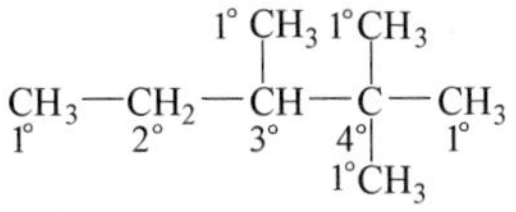

氢原子则按其与伯、仲或叔碳原子相连而分别称为伯、仲、叔（或一级、二级、三级）氢原子。不同类型的氢原子的活泼性有所不同。

?【问题 11-1】 写出己烷所有同分异构体的构造式，并标出各异构体的 $1°$、$2°$、$3°$、$4°$碳原子。

二、烷烃的命名

有机化合物种类繁多，结构复杂，为了区分各种不同的化合物，学习每一类化合物的命名是有机化学的一项重要内容。通用的命名法有普通命名法、系统命名法，有时也用俗名。

1. 普通命名法

普通命名法通常将烷烃泛称为"某烷"，"某"是指烷烃中碳的数目，由一到十分别用甲、乙、丙、丁、戊、己、庚、辛、壬、癸表示，自十一起用汉文数字表示。如：CH_3CH_3 叫乙烷，$C_{12}H_{26}$ 叫十二烷等。

为区别异构体，用"正"表示直链烃，用"异"表示具有—$CH(CH_3)_2$ 结构的异构体，用"新"表示具有—$C(CH_3)_3$ 结构的异构体。如

$$CH_3-CH_2-CH_2-CH_2-CH_3 \qquad \overset{CH_3}{\underset{}{CH_3-CH-CH_2-CH_3}} \qquad \overset{CH_3}{\underset{CH_3}{CH_3-C-CH_3}}$$

正戊烷   异戊烷   新戊烷

普通命名法只适用于构造比较简单的烷烃，对于结构复杂的烷烃则须使用系统命名法。

2. 系统命名法

系统命名法由国际纯粹与应用化学联合会（International Union of Pure and Applied Chemistry）修订而成，又称 IUPAC 命名法。中国化学会依据 IUPAC 命名法的原则结合中国汉字的特点制定了我国的系统命名法（1960 年）。1980 年、2017 年进行增补和修订，公布了《有机化学命名原则》，又称为 CCS80、CCS2017 命名法。由于 CCS2017 未被广泛使用，本教材仍介绍 CCS80 命名法。

系统命名法中，对于直链烷烃的命名与普通命名法基本相同。对于有支链的烷烃，命名可按照如下步骤进行。

① 选择一个最长的碳链作为主链，按这个链所含的碳原子数目称为某烷。将主链以外

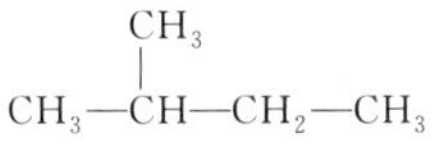

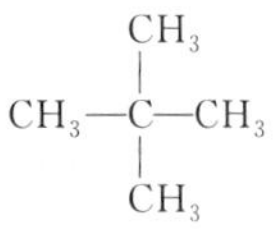

的其他烷基看作是主链上的取代基。

烷基是指由烷烃分子中除去一个氢原子后余下的部分，通常用—R 表示。对于具体烷基，按照相应母体烷烃命名。常见烷基如下：

$$CH_3— \qquad CH_3CH_2— \qquad CH_3CH_2CH_2— \qquad \overset{\displaystyle CH_3}{\underset{}{CH_3CH—}}$$

甲基（Me）　　　　乙基（Et）　　　　正丙基（n-Pr）　　　　异丙基（i-Pr）

$$CH_3CH_2CH_2CH_2— \qquad CH_3CH_2\overset{CH_3}{\underset{|}{CH}}— \qquad CH_3\overset{CH_3}{\underset{|}{CH}}CH_2— \qquad H_3C\overset{CH_3}{\underset{CH_3}{—C—}}$$

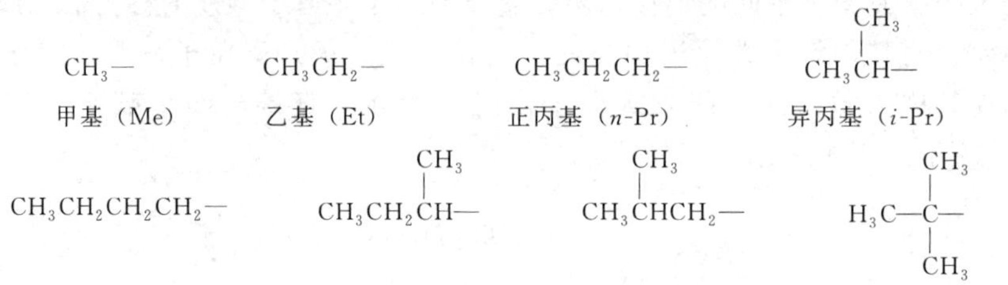

正丁基（n-Bu）　　仲丁基（s-Bu）　　异丁基（i-Bu）　　叔丁基（t-Bu）

② 从靠近支链的一端开始，将主链碳原子依次用阿拉伯数字编号，以确定支链的位置。如果取代基数目较多，应采用"最低系列"对主链碳进行编号。

"最低系列"指的是碳链以不同方向编号，得到两种或两种以上的不同编号的系列，然后顺次比较各系列的不同位次，最先遇到的位次最小者，定为"最低系列"。例如：

$$\begin{array}{c} \overset{8'}{_1}CH_3 \ \overset{7'}{_2}\overset{CH_3}{|}C \ \overset{6'}{_3}CH \ \overset{5'}{_4}CH_2 \ \overset{4'}{_5}CH_2 \ \overset{3'}{_6}CH \ \overset{2'}{_7}\overset{CH_3}{|}C \ \overset{1'}{_8}CH_3 \\ CH_3 \qquad\qquad CH_3 \end{array}$$

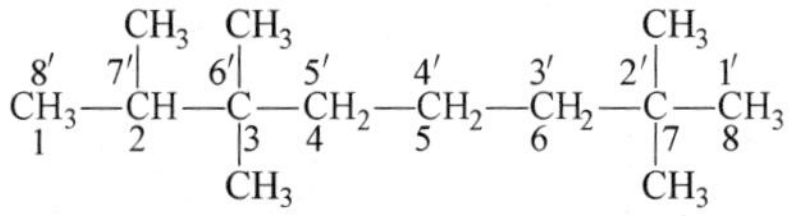

取代基的位置，从左到右编号得：2、3、3、7、7；从右到左编号得：2′、2′、6′、6′、7′。第一个数字都是"2"，故比较第二个数字"3"与"2"。因 2＜3，故编号应从右到左。若第二个数字仍相同，再比较第三个数字，依次类推，直至遇到位次最小者。

③ 将支链位次和支链名称间用一"-"相连，写在该烷烃的名称前面。如：

$$CH_3\overset{}{\underset{\overset{|}{CH_3}}{CH}}CH_2CH_2CH_3$$

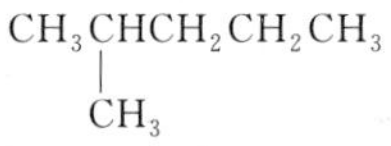

2-甲基戊烷

④ 如果分子中含有相同的支链，把它们合并起来，支链数目用二、三、四等来表示，其位次必须逐个注明，位次数字之间用","隔开。如果含有不同的支链，则列出先后顺序按中国化学会《有机化学命名原则》规定，按"顺序规则"中顺序较小的支链（或原子、基团）列在前，较优基团列在后。

例如：

$$CH_3\overset{CH_3}{\underset{CH_3}{—C—}}\overset{}{\underset{CH_3}{CH}}—CH_2—CH_3 \qquad\qquad CH_3—CH_2—\overset{CH_2CH_3}{\underset{}{CH}}—CH_2—\overset{CH_3}{\underset{}{CH}}—CH_3$$

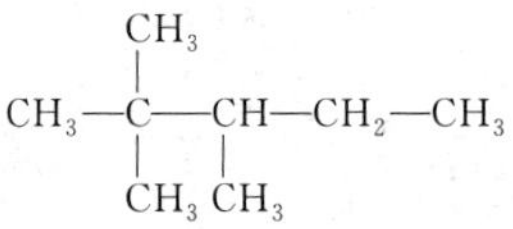

2,2,3-三甲基戊烷　　　　　　　　　　　　2-甲基-4-乙基己烷

"顺序规则"的内容如下：

a. 将各取代基中与母体直接相连的原子按原子序数大小排列，原子序数小的顺序小，同位素中质量数小的顺序小。有机化合物中常见的元素顺序排列如下：H＜D＜C＜N＜O＜F＜P＜S＜Cl＜Br＜I。

b. 如果多原子基团的第一个原子相同，则用外推法比较与它相连的其他原子，比较时仍按序数高低，先比较较大原子，仍然相同再按顺序比较居中、较小的。如—CH_2Cl＞—CHF_2，—CH_2CH_3＞—CH_3。

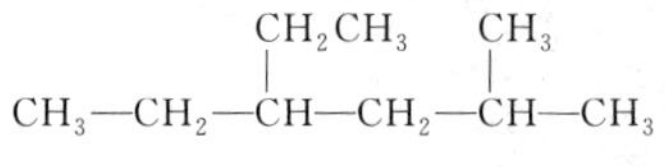

c. 含有双键或三键的基团，可认为是连有两个或三个相同的原子。如：

基团：

可分别看作：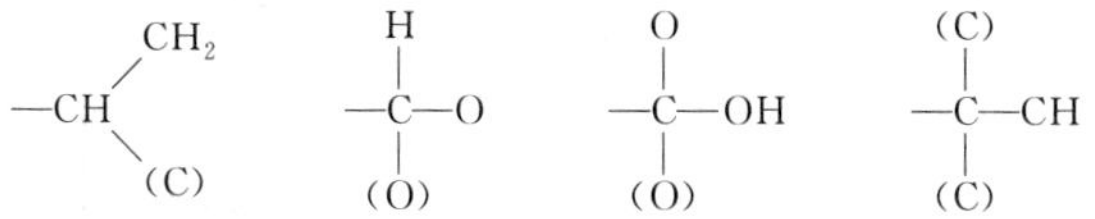

三、烷烃的结构

烷烃分子中碳原子都是以 sp^3 方式杂化，分别与 4 个碳（或氢）原子形成 4 个 σ 键。

甲烷为最简单的烷烃，构造式写成 CH_4，但该式只表示了甲烷分子的构造，而不能显示出氢原子与碳原子在空间的相对位置。据现代物理方法测定，甲烷分子为正四面体结构，碳原子位于正四面体的中心，四个氢居于四面体的四个顶点。四个碳氢键的键长相同，所有 H—C—H 的键角均为 109°28′，如图 11-2 所示。有机化合物的三维立体结构，也可用透视式表示，如图 11-3 所示。

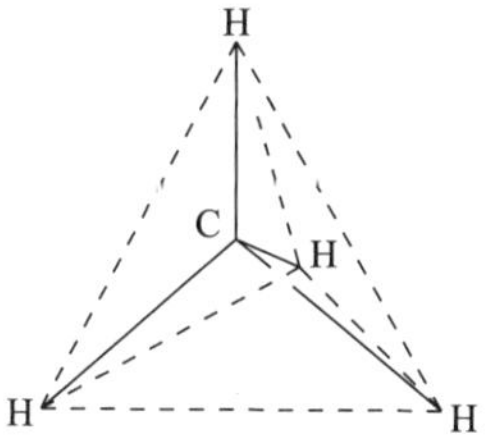

图 11-2 甲烷结构示意图

甲烷分子的构型

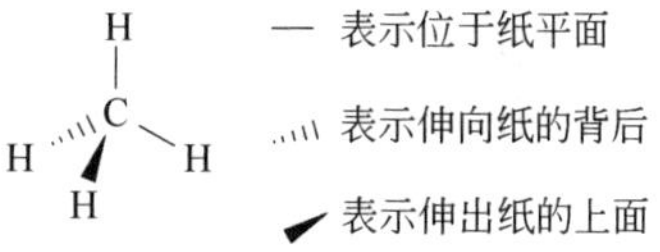

甲烷分子的形成

图 11-3 甲烷结构的透视图

由于碳的价键分布呈四面体形，而且碳碳单键可以自由旋转，所以 3 个碳以上烷烃分子中的碳链不是像构造式那样表示的直线形，而是以如下锯齿形或其他可能的形式存在。所以所谓“直链”烷烃是指分子中无支链。

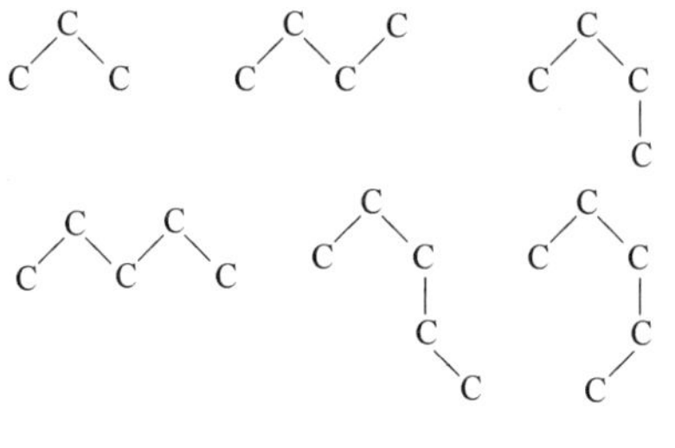

【问题 11-2】 为什么在结晶状态时，烷烃的碳链排列一般呈锯齿状？

四、烷烃的物理性质

有机化合物的物理性质主要包括化合物的状态、相对密度、沸点和熔点等。这些物理常数是用物理方法制定出来的，可以从化学和物理手册查出来。正烷烃常见物理常数如表 11-1 所示。

表 11-1　正烷烃的物理常数

名　称	结构式	熔点/℃	沸点/℃	相对密度 d_4^{20}
甲烷	CH_4	-182.4	-161	0.424
乙烷	CH_3CH_3	-183.3	-88.6	0.546
丙烷	$CH_3CH_2CH_3$	-187.7	-42	0.5005
丁烷	$CH_3CH_2CH_2CH_3$	-138	-0.5	0.579
戊烷	$CH_3(CH_2)_3CH_3$	-129.7	36	0.626
己烷	$CH_3(CH_2)_4CH_3$	-95	69	0.660
庚烷	$CH_3(CH_2)_5CH_3$	-90.5	98	0.684
辛烷	$CH_3(CH_2)_6CH_3$	-57	126	0.703
壬烷	$CH_3(CH_2)_7CH_3$	-54	151	0.718
癸烷	$CH_3(CH_2)_8CH_3$	-30	174	0.730
十一烷	$CH_3(CH_2)_9CH_3$	-26	196	0.740
十二烷	$CH_3(CH_2)_{10}CH_3$	-10	216	0.749
十三烷	$CH_3(CH_2)_{11}CH_3$	-6	234	0.757
十四烷	$CH_3(CH_2)_{12}CH_3$	5.5	252	0.764
十五烷	$CH_3(CH_2)_{13}CH_3$	10	266	0.769
十六烷	$CH_3(CH_2)_{14}CH_3$	18	280	0.775
十七烷	$CH_3(CH_2)_{15}CH_3$	22	292	0.777
十八烷	$CH_3(CH_2)_{16}CH_3$	28	308	0.777
十九烷	$CH_3(CH_2)_{17}CH_3$	32	329	0.778
二十烷	$CH_3(CH_2)_{18}CH_3$	36	343	0.778

从表 11-1 所列出的烷烃的物理常数中，可以清楚地看出，正烷烃的物理性质是随分子量的增加而呈规律性变化。

1. 物质状态

在常温常压下，$C_1 \sim C_4$ 为气体，$C_5 \sim C_{16}$ 为液体，C_{17} 以上为固体。

2. 沸点

烷烃同系物的沸点一般随碳原子数目（或烷烃分子量）的增加而升高，因为沸点和分子间的作用力（范德瓦尔斯力）有关，而烷烃分子之间的作用力随着碳原子数的增加而增大。在同数碳原子的烷烃异构体中，直链异构体的沸点最高，含支链越多的异构体沸点越低。这是因为支链增多时，空间阻碍增大，使分子间距离增大，范德瓦尔斯力减小，从而沸点降低。例如，戊烷的三种异构体的沸点如下：

$$CH_3CH_2CH_2CH_2CH_3 \qquad CH_3\underset{CH_3}{CH}CH_2CH_3 \qquad CH_3-\underset{\underset{CH_3}{|}}{\overset{\overset{CH_3}{|}}{C}}-CH_3$$

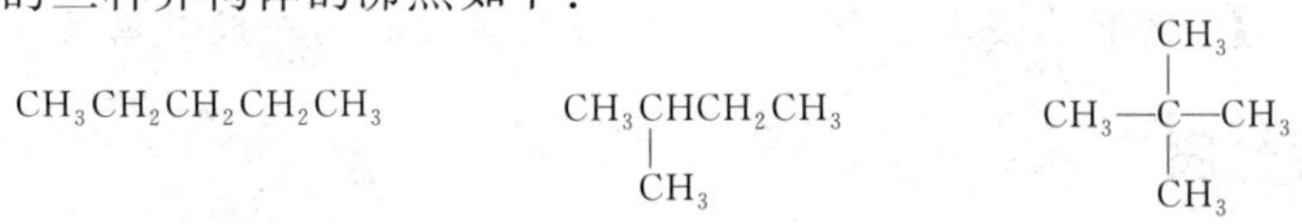

	正戊烷	异戊烷	新戊烷
沸点:	36℃	28℃	9.5℃

3. 熔点

正烷烃的熔点，同系列中头几个不那么规则，而 C_4 以上的正烷烃的熔点基本上是随着碳原子数的增加而升高。

4. 相对密度

正烷烃的相对密度随着碳原子数的增加而增大，但都小于1。

5. 溶解度

烷烃是非极性分子，根据相似相溶原理，烷烃几乎不溶于水，而易溶于有机溶剂，如苯、氯仿、四氯化碳等。

?【问题 11-3】 己烷的所有异构体中，哪一个异构体的沸点最低，哪一个异构体的沸点最高?

五、烷烃的化学性质

烷烃分子中，无论是C—C键还是C—H键结合得都比较牢固（键能较大），因此烷烃的化学性质比较稳定，尤其是正烷烃。但是，在一定条件下，如高温、光照或加催化剂，烷烃也能发生一系列化学反应。

1. 氧化反应

烷烃在空气中燃烧，生成二氧化碳和水，同时放出大量的热，这是汽油和柴油作为内燃机燃料的基本变化和根据。

$$C_nH_{2n+2}+\frac{3n+1}{2}O_2 \xrightarrow{\text{点燃}} nCO_2+(n+1)H_2O+\text{热量}$$

烷烃在室温下，一般不与氧化剂反应，与空气中的氧也不起反应，但在某些引发剂引发下可发生部分氧化，生成各种含氧衍生物如醇、醛、酸等。一般产物比较复杂，不能用某一特定的反应式来表达。

2. 卤代反应

烷烃的氢原子可被卤素取代，生成卤代烃，并放出卤化氢。这种取代反应称为卤代反应。

氟、氯、溴与烷烃反应生成一卤代和多卤代烷类，其反应活性为 $F_2>Cl_2>Br_2$，I_2 通常不反应。例如，甲烷和氯气在光或热（250～400℃）的条件下先生成一氯代甲烷和氯化氢。

$$CH_4+Cl_2 \xrightarrow{\text{光或热}} CH_3Cl+HCl$$

甲烷的氯代反应较难停留在一取代阶段，因为生成的一氯代烷还会继续被氯代。

$$CH_3Cl+Cl_2 \xrightarrow{\text{光或热}} CH_2Cl_2+HCl$$

$$CH_2Cl_2+Cl_2 \xrightarrow{\text{光或热}} CHCl_3+HCl$$

$$CHCl_3+Cl_2 \xrightarrow{\text{光或热}} CCl_4+HCl$$

甲烷与氯气反应，往往得到4种产物的混合物。碳链较长的烷烃氯代时，反应可以在分子中不同的碳原子上进行，取代不同位置的氢，产物也更为复杂。

六、自然界的烷烃

烷烃广泛存在于自然界中，甲烷是早期地球表面大气层的主要组分之一，至今大气层中仍有极少量的甲烷存在；天然气和沼气的主要成分也是甲烷。石油的成分比较复杂，但主要是各种烷烃的混合物，还有一些环烷烃及芳香烃等。石油是现代社会最重要的能源之一，是有机合成工业的基本原料。

某些动植物体中也有少量烷烃存在，如在烟草叶上的蜡中含有二十七烷和三十一烷，白菜叶上的蜡含有二十九烷，苹果皮上的蜡含有二十七烷和二十九烷。此外，某些昆虫的信息素就是烷烃。所谓"昆虫信息素"，是同种昆虫之间借以传递信息而分泌的化学物质。例如，有一种蚁，它们通过分泌一种有气味的物质来传递警戒信息，经分析，这种物质含有正十一烷和正十三烷。如雌虎蛾引诱雄虎蛾的信息素是 2-甲基十七烷，这样，人们就可合成这种昆虫信息素并利用它将雄虎蛾引至捕集器中将它们杀死。

第三节　烯烃

烯烃是指分子中含有碳碳双键（ \>C＝C\< ）的不饱和开链烃，烯烃比相对应的同碳数烷烃少两个氢原子，通式是 C_nH_{2n}。碳碳双键是烯烃的官能团。

一、乙烯的结构

乙烯是最简单的烯烃。现代物理方法证明，乙烯分子所有原子在同一个平面上，每两条键之间的夹角都接近于 120°。杂化轨道理论认为，乙烯碳原子成键时，一个 2s 轨道和两个 2p 轨道进行杂化，形成三个等同的 sp^2 杂化轨道。这三个轨道在同一个平面上，彼此成 120°角，分别与两个氢原子和另外一个碳原子形成三条 σ 键。两个碳原子上各剩余一个电子在未参与杂化的 2p 轨道内，这两个 p 轨道垂直于 sp^2 所形成的平面，发生"肩并肩"重叠而成一条 π 键，如图 11-4 所示。

由于 π 键的形成，双键连接的两个碳原子之间不能再以 C—C σ 键为轴自由旋转。由于 π 键是两个 p 轨道侧面重叠而成，重叠程度一般比 σ 键小得多，所以不如 σ 键稳定，比较容易断裂。由于 π 键的形成，双键碳原子核比单键原子核更为靠近，使双键键长变短。

图 11-4　乙烯分子中的 σ 键和 π 键

二、烯烃的异构和命名

1. 同分异构现象

由于烯烃含有双键，使烯烃同分异构现象比烷烃复杂得多，如丁烯存在多种异构体。

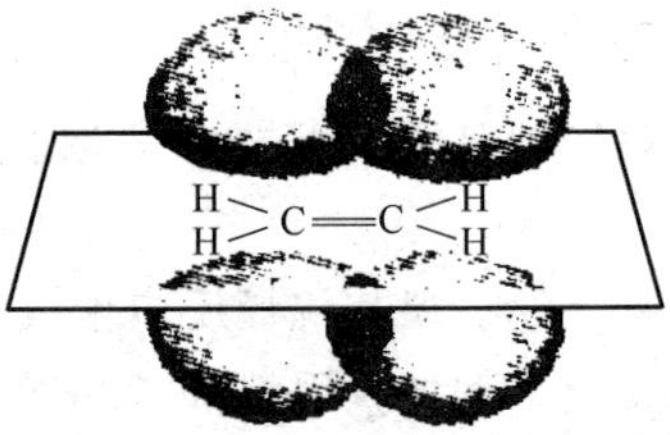

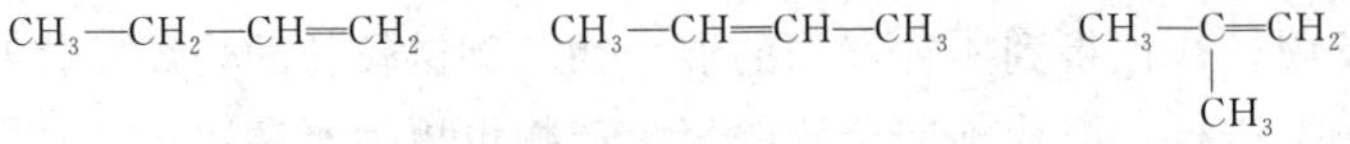

$$CH_3-CH_2-CH=CH_2 \qquad CH_3-CH=CH-CH_3 \qquad CH_3-C=CH_2$$
$$\qquad\qquad\qquad\qquad\qquad\qquad\qquad\qquad\qquad\qquad\qquad\qquad | \atop CH_3$$

1-丁烯　　　　　　　2-丁烯　　　　　　2-甲基-丙烯

（1）　　　　　　　　（2）　　　　　　　　（3）

（1）、（2）和（3）之间是由于碳的排列方式不同而引起的异构，称为碳链异构；（1）和

(2) 之间是由于双键的位置不同而引起的异构，称为官能团位置异构。2-丁烯存在两种顺反异构体。

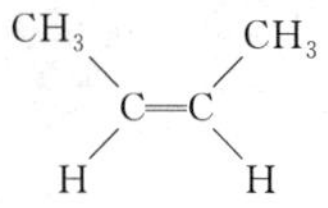

顺-2-丁烯（沸点 3.7℃）

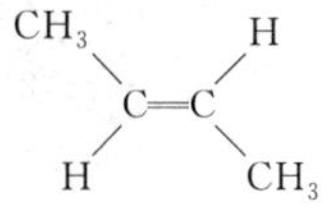

反-2-丁烯（沸点 0.88℃）

顺反异构是由于双键不能自由旋转，使分子中原子或基团在空间排列不同而引起的异构现象。两个相同原子或基团位于双键同侧的称为顺式结构，在异侧的称为反式结构。

并不是所有含双键的烯烃都有顺反异构现象，当双键的任何一个碳原子所连的原子或基团相同时，就没有顺反异构现象了。

2. 烯烃的命名

烯烃的系统命名法，步骤基本上与烷烃相似。其要点如下。

① 选择一条含双键的最长碳链作为主链，以主链碳原子数目命名为“某”烯。

② 从最靠近双键的一端起，把主链碳原子依次编号。

③ 写出双键碳原子中位次较小的编号，放在烯烃名称前。

④ 其他原则与烷烃相同。如：

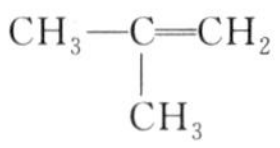

2-甲基丙烯

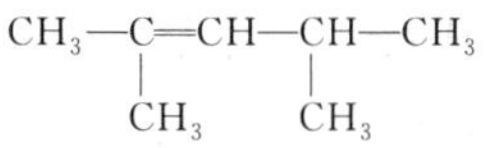

2,4-二甲基-2-戊烯

对于顺反异构体，如果双键两个碳上连接的原子或基团均不相同时，按上述顺反命名就有困难。IUPAC 命名法中，用 Z 或 E 来区别不同构型，称 Z/E 命名法。原则是：按照“顺序规则”，将每个双键碳原子连接的原子或基团比较顺序。当一个碳原子所连的两个原子或基团中序数大的与另一个碳原子所连的序数大的原子或基团处于平面同一侧的称为“Z”构型，反之若不在同一侧的称为“E”构型。如：

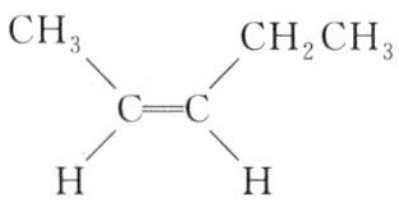

(Z)-2-戊烯

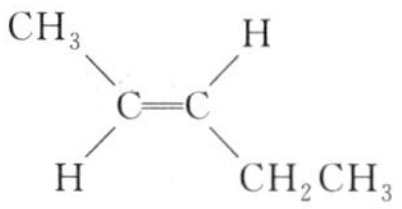

(E)-2-戊烯

【问题 11-4】 判断下列化合物有无顺反异构，如果有则写出其构型和名称。

(1) 异丁烯　(2) 4-甲基-3-庚烯　(3) 2-己烯

三、烯烃的物理性质

烯烃的物理性质与烷烃相似，也是随着碳原子数的增加而递变。在常温下，2～4 个碳原子的烯烃为气体，5～18 个碳原子的为液体，19 个以上碳原子的为固体。它们的熔点、沸点和相对密度基本随分子量的增加而上升，相对密度都小于 1，都是无色物质，不溶于水，易溶于有机溶剂中。乙烯稍带甜味，液态烯烃有汽油的气味。一些烯烃常见物理常数，见表 11-2。

表 11-2　一些烯烃的物理常数

名　　称	熔点/℃	沸点/℃	相对密度 d_4^{20}
乙烯	−169.4	−103.9	0.570(103.9)
丙烯	−185.2	−47.4	0.5193
1-丁烯	−185.4	−6.3	0.5951
顺-2-丁烯	−138.9	3.7	0.6213
反-2-丁烯	−105.6	0.88	0.6042
异丁烯	−140.4	−6.9	0.5902
1-戊烯	−165.2	30.0	0.6405
1-己烯	−138.0	63.4	0.6731
1-庚烯	−119.0	93.6	0.6970

四、烯烃的化学性质

烯烃中含有易断裂的 π 键，导致烯烃的化学性质十分活泼，能起加成、氧化、聚合等反应。其化学反应也主要发生在含有 π 键的碳碳双键上。

1. 加成反应

烯烃与试剂反应时，π 键断裂，双键上的两碳原子和其他原子或原子团结合，形成两条新 σ 键，这种反应称为加成反应。能与烯烃发生加成的试剂有 H_2、X_2（Br_2、Cl_2）、HX 及 H_2O 等。

$$\begin{array}{c}\diagup \\ C\end{array}=\begin{array}{c}\diagdown \\ C \\ \diagup\end{array} +X-Y \longrightarrow \begin{array}{c}\diagup \\ C- \\ | \\ X\end{array}\begin{array}{c}\diagdown \\ C \\ | \\ Y\end{array}$$

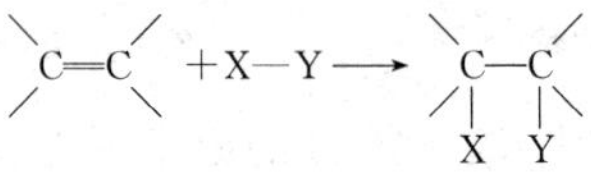

（1）催化加氢　氢化反应是还原反应的一种重要形式。在常温常压下，烯烃与氢不能直接加成。但若在催化剂如镍（Ni）、钯（Pd）、铂（Pt）等存在下，反应就很容易进行，生成相应的烷烃，称催化加氢反应。

$$R-CH=CH_2+H_2 \xrightarrow{\text{催化剂}} R-CH_2-CH_3$$

在油脂工业中常常把油脂烃基上的双键氢化，使含有不饱和键的液态脂肪变为固态的脂肪，改进油脂的性质，提高利用价值。烯烃的加氢是定量进行的，可以根据吸收氢气的体积算出烯烃中双键的数目。

（2）加卤素　烯烃与卤素加成生成邻二卤代物，反应在常温下就可迅速完成。

$$CH_3-CH=CH_2+Br_2 \xrightarrow{CCl_4} CH_3-\underset{\underset{Br}{|}}{CH}-\underset{\underset{Br}{|}}{CH_2}$$

与卤素反应的活性顺序为：$F_2>Cl_2>Br_2>I_2$。氟和烯烃反应剧烈，常使烯烃分解，碘与烯烃不起加成反应，烯烃可以使溴的四氯化碳溶液褪色，用于烯烃的鉴别。

（3）加卤化氢　烯烃与卤化氢气体或浓的氢卤酸发生反应生成一卤代烷。对于浓的氢碘酸和氢溴酸能直接与烯烃反应，但氯化氢需用无水氯化铝催化。

$$CH_2=CH_2+HCl \xrightarrow[30\sim40℃,\ 0.3\sim0.4MPa]{\text{无水 }AlCl_3} CH_3CH_2Cl$$
$$\text{氯乙烷}$$

乙烯是对称性分子，不论氢原子或卤原子加到哪个碳原子上，其加成产物都相同。而不对称烯烃与氢卤酸反应时，就可能生成两种不同的加成产物。如丙烯与卤化氢加成，可得到下列两种产物：

$$CH_3-CH=CH_2 + HX \longrightarrow CH_3-CH(X)-CH_3 \quad \text{2-卤代丙烷}$$

$$CH_3-CH=CH_2 + HX \longrightarrow CH_3-CH_2-CH_2X \quad \text{1-卤代丙烷}$$

实验证明，丙烯与卤化氢加成的主要产物是2-卤代丙烷。1868年俄国化学家马尔科夫尼科夫在总结大量实验事实的基础上提出：在不对称烯烃与卤化氢的加成反应中，氢原子总是加在含氢较多的碳原子上。通常称这个规则为马氏规则。根据马氏规则可以预测不对称烯烃的加成产物。例如：

$$CH_3CH_2CH=CH_2 + HBr \xrightarrow{\text{乙酸}} CH_3CH_2CH(Br)CH_3 \quad 80\%$$

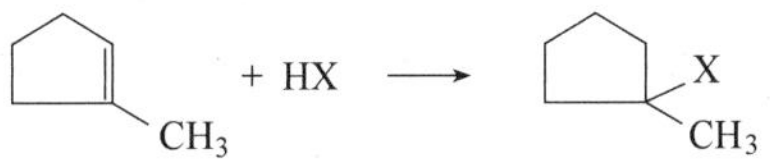

当有过氧化物（如 H_2O_2）存在时，溴化氢与丙烯或其他不对称烯烃发生加成反应时，反应取向是反马尔科夫尼科夫规则（反马氏规则）。如：

$$CH_3CH=CH_2 + HBr \xrightarrow{\text{过氧化物}} CH_3CH_2CH_2Br$$

HCl、HI与不对称烯烃反应时无过氧化物效应，仍然符合马氏加成规则。

（4）与水的加成　在强酸的催化下，烯烃可以和水加成生成醇。这是工业上由石油裂化气中低级烯烃制备醇的方法之一。烯烃与水的反应也遵循马氏规则。

$$CH_3-CH=CH_2 + H_2O \xrightarrow[250℃,\ 4MPa]{\text{磷酸-硅藻土}} CH_3-CH(OH)-CH_3$$

2. 氧化反应

烯烃容易被氧化，氧化产物与烯烃结构、氧化剂和氧化条件有关。

用稀的碱性或中性高锰酸钾溶液，在较低温度下氧化烯烃时，在双键处引入两个羟基，生成邻二醇。反应过程中，高锰酸钾溶液的紫色褪去，并且生成棕褐色的二氧化锰沉淀，所以这个反应可以用来鉴定烯烃。

$$R-CH=CH_2 \xrightarrow[\text{稀碱或中性}]{KMnO_4} R-CH(OH)-CH_2(OH) + MnO_2\downarrow$$

如将烯烃加入酸性高锰酸钾溶液中，则紫色褪去，生成颜色很浅的 Mn^{2+}，这也是鉴别不饱和键的常用方法。烯烃与酸性高锰酸钾反应得到的是碳碳双键断裂的产物。

$$R-CH=CH_2 \xrightarrow[H^+]{KMnO_4} RCOOH + CO_2$$

$$(R')(R)C=CHR'' \xrightarrow[H^+]{KMnO_4} (R')(R)C=O + R''COOH$$

即：$CH_2= \xrightarrow[H^+]{KMnO_4} CO_2$；$RCH= \xrightarrow[H^+]{KMnO_4} RCOOH$；$\begin{array}{l}R'\\ \quad \diagdown \\ \qquad C= \\ \quad \diagup \\ R\end{array} \xrightarrow[H^+]{KMnO_4} \begin{array}{l}R'\\ \quad \diagdown \\ \qquad C=O \\ \quad \diagup \\ R\end{array}$

因此可根据氧化产物推测原烯烃的结构。

3. 聚合反应

在催化剂作用下，烯烃分子通过加成方式相互结合，生成高分子化合物。这样的反应称为聚合反应。例如，在烷基铝-四氯化钛催化剂的作用下，可使乙烯在低压下聚合成聚乙烯。

$$nCH_2=CH_2 \xrightarrow[\triangle]{催化剂} [CH_2-CH_2]_n$$

五、自然界中的烯烃

许多植物器官中都含有微量的乙烯，乙烯作为植物激素能抑制细胞的生长，促进果实成熟和促进叶片、花瓣、果实等器官脱落，所以乙烯可用作水果的催熟剂，当需要的时候，可以用乙烯人工加速果实成熟。

自然界中还存在许多结构较为复杂的烯烃，如天然橡胶、植物中的某些色素以及香精油中的某些组分等。含有 11 个不饱和双键的 β-胡萝卜素是人类不可缺少的多烯类化合物，它是合成维生素 A 的前体物质。

第四节　炔烃

分子中含有碳碳三键的不饱和烃称为炔烃。链状单炔烃的通式为 C_nH_{2n-2}。碳碳三键是炔烃的官能团。

一、乙炔的结构

乙炔是最简单的炔烃，分子式为 C_2H_2。根据杂化轨道理论，乙炔碳原子是用 1 个 2s 轨道和 1 个 2p 轨道进行了 sp 杂化。两个碳原子各以 1 个 sp 杂化轨道相互重叠，形成 1 个 C—C σ 键，每个碳原子又各以 1 个 sp 杂化轨道分别与氢原子的 s 轨道重叠形成两个 C—H σ 键。两个碳原子还各剩下两个单电子存在于两条未杂化的 p 轨道中，这两个 p 轨道对称轴互相垂直，还与 sp 杂化轨道的轴相垂直。当 C—C σ 键形成时，两个碳上未参与杂化的 p 轨道便以彼此平行的方向进行肩并肩重叠而生成两条 π 键。由于两个 π 键电子云还可以相互重叠，使三键电子云总体上呈圆筒状。乙炔的 σ 键和 π 键的形成如图 11-5。

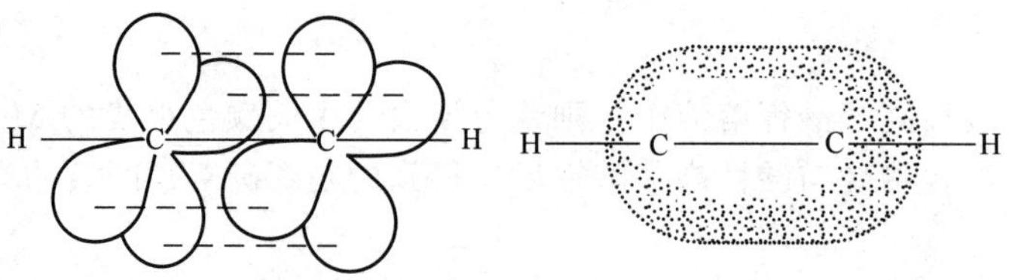

乙炔分子的形成

图 11-5　乙炔分子中 π 键和 σ 键的形成及电子云分布

二、炔烃的异构和命名

四个碳以上的炔烃，有碳链异构与三键位置异构现象。

炔烃的命名法和烯烃相似，只是将“烯”改为“炔”。例如：

$CH_3—C≡C—CH_3$

2-丁炔

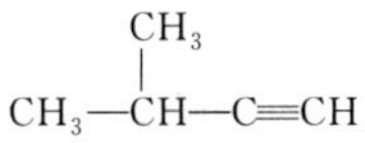

3-甲基-1-丁炔

同时含有三键和双键的分子称为烯炔。它的命名首先选取含双键和三键最长的碳链为主链，位次的编号通常使双键具有最小的位次。

三、炔烃的物理性质

炔烃的物理性质也是随着分子量的增加而有规律的变化。炔烃的沸点比对应的同碳数烯烃高 10～20℃，相对密度比对应的烯烃稍大。在水中的溶解度也比烷烃和烯烃大些。一些炔烃的常见物理常数见表 11-3。

表 11-3　一些炔烃的物理常数

名　　称	熔点/℃	沸点/℃	相对密度 d_4^{20}
乙炔	−80.8	−84.0	0.6208(−84℃)
丙炔	−102.7	−23.2	0.6911(−40℃)
1-丁炔	−125.7	8.1	0.6784(0℃)
2-丁炔	−32.3	27.0	0.6910
1-戊炔	−106.5	40.2	0.6901
2-戊炔	−109.5	56.1	0.7107
3-甲基-1-丁炔	−89.7	29.4	0.6660
1-己炔	−131.9	71.3	0.7155

四、炔烃的化学性质

炔烃的化学性质与烯烃相似，也有加成、氧化等反应。但活性并不完全相同。

1. 加成反应

炔烃含有两个 π 键，在适当的条件下，可以得到一个 π 键被加成的产物，也可得到两个 π 键都被加成的产物。

（1）催化加氢　在常用的催化剂如铂、钯的催化下，炔烃和足够量的氢气反应生成烷烃，反应难以停留在烯烃阶段。

$$R—C≡C—R' \xrightarrow[Pd]{H_2} R—CH═CH—R' \xrightarrow[Pd]{H_2} R—CH_2—CH_2—R'$$

（2）与卤素加成　炔烃也能和卤素（主要是氯和溴）发生加成反应，反应是分步进行的，先加一分子卤素生成二卤代烯，然后继续加成得到四卤代烷烃。

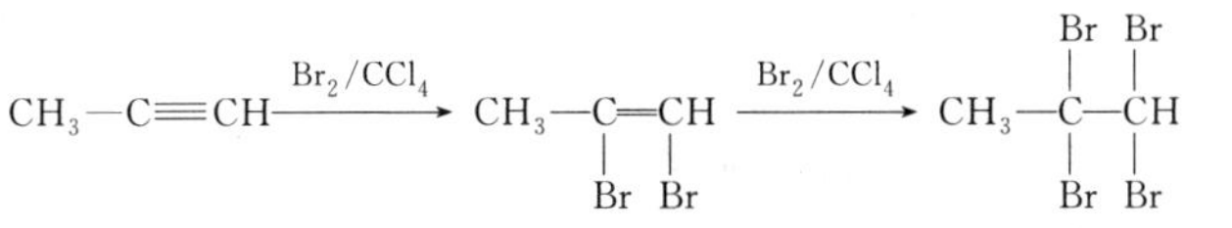

1,2-二溴丙烯　　1,1,2,2-四溴丙烷

（3）**与卤化氢加成**　不对称炔烃与卤化氢加成时，也遵循马氏规则。反应是分两步进行的，控制试剂的用量可只进行一步反应，生成卤代烯烃。

$$CH_3CH_2C\equiv CH \xrightarrow{HBr} CH_3CH_2C=CH_2 \xrightarrow{HBr} CH_3CH_2\underset{Br}{\overset{Br}{\underset{|}{\overset{|}{C}}}}CH_3$$

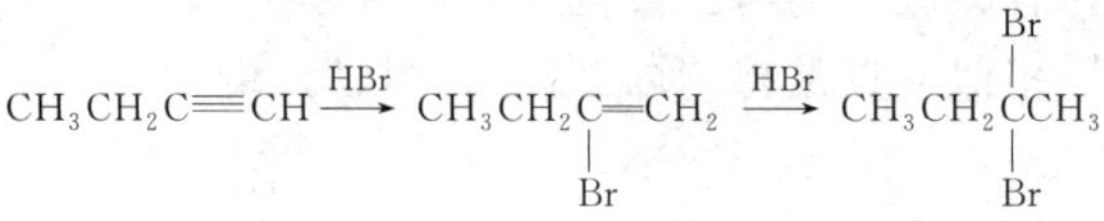

2-溴-1-丁烯　　　　2,2-二溴丁烷

（4）**与水加成**　在催化剂（如酸性汞盐）作用下，首先是三键与一分子水加成，生成羟基与双键碳原子直接相连的加成产物，称为烯醇。具有这种结构的化合物很不稳定，容易发生重排，形成稳定的羰基化合物。

$$CH\equiv CH + H_2O \xrightarrow[H_2SO_4]{HgSO_4} [CH_2=CH-OH] \xrightarrow{重排} CH_3-CHO$$

乙烯醇　　　　　　乙醛

炔烃与水的加成遵从马氏规则，因此除乙炔得到乙醛外，其他炔烃与水加成均得到酮。

$$RC\equiv CH + H_2O \xrightarrow[H_2SO_4]{HgSO_4} \left[\underset{OH}{\overset{}{RC}}=CH_2\right] \xrightarrow{重排} R-\overset{O}{\overset{||}{C}}-CH_3$$

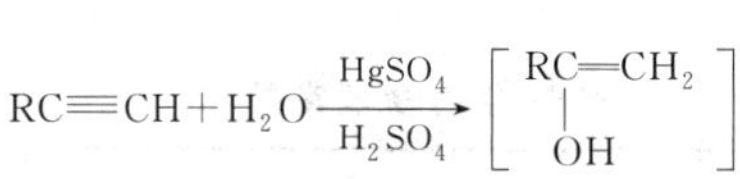

2. 氧化反应

炔烃可被高锰酸钾氧化，三键断裂生成羧酸、二氧化碳等产物。可根据高锰酸钾溶液的褪色来鉴别炔烃。

$$RC\equiv CH \xrightarrow[H^+]{KMnO_4} R-\overset{O}{\overset{||}{C}}-OH + CO_2$$

$$RC\equiv CR' \xrightarrow[H^+]{KMnO_4} R-\overset{O}{\overset{||}{C}}-OH + R'-\overset{O}{\overset{||}{C}}-OH$$

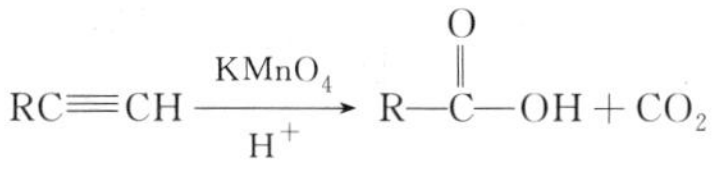

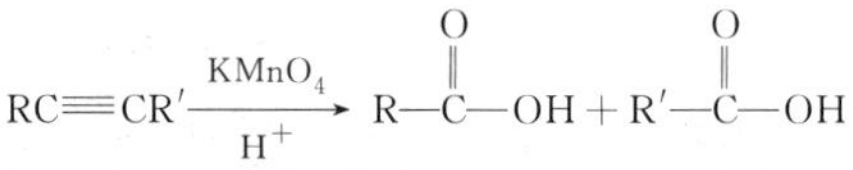

3. 金属炔化物的生成

炔烃分子中，三键碳原子上的氢原子（即炔氢原子）具有微弱的酸性，可以被金属取代，生成炔化物。例如，在银氨溶液、亚铜氨溶液中的取代反应。

$$CH\equiv CH + 2Ag(NH_3)_2NO_3 \longrightarrow AgC\equiv CAg\downarrow + 2NH_4NO_3 + 2NH_3$$

$$CH\equiv CH + 2Cu(NH_3)_2Cl \longrightarrow CuC\equiv CCu\downarrow + 2NH_4Cl + 2NH_3$$

生成的炔化银为白色沉淀，炔化亚铜为红棕色沉淀。可通过这两个反应来鉴别含炔氢的炔，即三键在端位的炔烃。

?【问题 11-5】　炔烃有没有顺反异构体，为什么？

第五节　二烯烃

分子中含有两个双键的烯烃称为二烯烃，通式与炔烃相同为 C_nH_{2n-2}。含同数碳原子的炔烃和二烯烃是同分异构体，但它们是两类不同的链烃。

一、二烯烃的分类和命名

二烯烃的性质和分子中两个双键的相对位置有密切的关系。根据分子中两个双键的相对位置，可把二烯烃分为三类。

（1）累积二烯烃　即含有 C═C═C 体系的二烯烃。例如，丙二烯（CH_2═C═CH_2），两个双键同时连在同一个碳原子上，这种烯烃不稳定，容易转化为炔烃。

（2）孤立二烯烃　两个双键被两个或两个以上单键隔开的二烯烃。例如，1,4-戊二烯（CH_2═CH—CH_2—CH═CH_2）。

（3）共轭二烯烃　两个双键被一个单键隔开，即含有 C═C—C═C 体系的二烯烃。例如，1,3-丁二烯（CH_2═CH—CH═CH_2），这样的体系称为共轭体系。由于两个双键的相互影响，它们有一些独特的物理性质和化学性质，在理论研究和生产上都具有重要价值。

二烯烃的命名法和单烯烃相似，命名时，将双键的数目用汉字表示，位次用阿拉伯数字表示。例如：

CH_2═C(—CH_3)—CH═CH_2

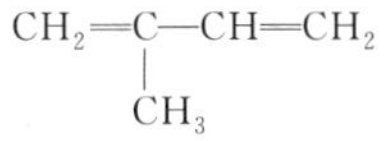

2-甲基-1,3-丁二烯

CH_2═CH—CH_2—CH═CH—CH_3

1,4-己二烯

二、 1, 3-丁二烯的结构

1,3-丁二烯分子中，每个碳原子都以 sp^2 杂化轨道互相重叠或与氢原子的 s 轨道重叠，形成 3 个 C—C σ 键和 6 个 C－H σ 键。这些 σ 键都处在同一个平面上，即 4 个碳原子和 6 个氢原子都在同一个平面上。它们之间的夹角都接近 120°。此外每个碳原子还剩下 1 个未参与杂化的与这个平面垂直的 p 轨道。在 σ 键形成的同时，4 个 p 轨道的对称轴互相平行并互相重叠，形成包含 4 个碳原子、4 个电子的 π 键，见图 11-6。

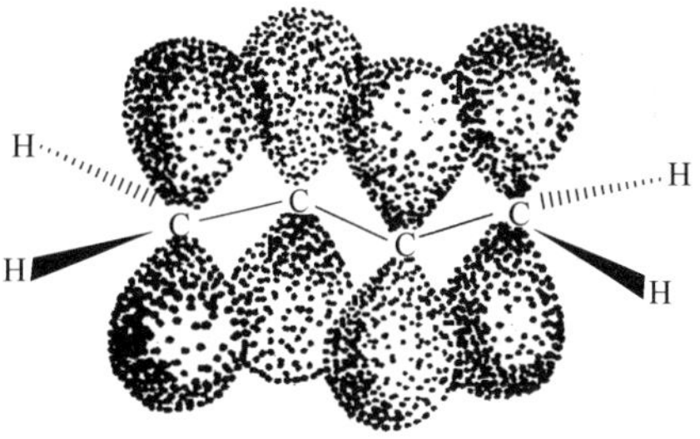

图 11-6　1,3-丁二烯分子中 p 轨道重叠示意图

在 1,3-丁二烯分子中，π 电子云分布不像单一双键那样只局限在两个碳原子之间，而是扩展（或称离域）到 4 个碳原子周围，这种现象称为电子离域现象，形成的键称为离域大 π 键。离域 π 键的形成，不仅使单双键键长产生平均化趋势，而且使分子内能降低，体系较为稳定。这种具有离域键的体系称为共轭体系。在共轭体系中，由于原子间的相互影响，使整个分子中电子云的分布趋于平均化的倾向称为共轭效应，又称电子离域效应。

三、共轭二烯烃的化学性质

由于共轭效应的存在，使共轭二烯烃的化学性质有别于单烯烃。

1. 加成反应

共轭二烯烃与卤素、卤化氢等也能发生加成，反应可发生在 1,2 位也可发生在 1,4 位，哪一种是主要产物受反应条件的控制。如在低温下或非极性溶剂中有利于 1,2-加成产物的生成，升高温度或在极性溶剂中则有利于 1,4-加成产物生成。

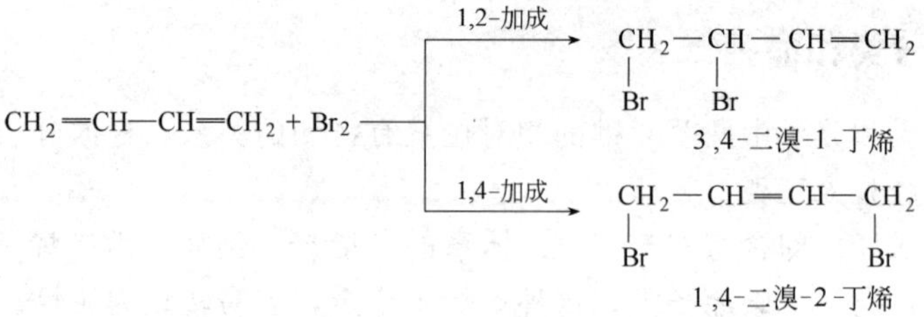
1,2-加成
CH_2—CH—CH═CH_2
Br
Br
3,4-二溴-1-丁烯
CH_2═CH—CH═CH_2 + Br_2
1,4-加成
CH_2—CH═CH—CH_2
Br
Br
1,4-二溴-2-丁烯

2. 第尔斯-阿尔德 (Diels-Alder) 反应

共轭二烯烃在加热条件下，与含有碳碳双键或三键的不饱和化合物，发生类似上述1,4-加成反应，生成环状化合物。

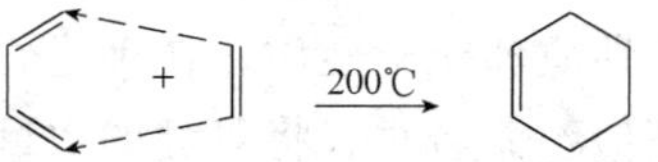

环己烯

一般称共轭二烯烃为双烯体，与双烯体进行合成反应的不饱和化合物称为亲双烯体。因此这类反应又称双烯合成反应，是第尔斯（O. Diels）和阿尔德（K. Alder）于1928年发现的，称第尔斯-阿尔德反应。由于此反应产量高，应用范围广，是有机合成的重要方法之一。在理论和生产上都占有重要的地位。

如果亲双烯体中双键连接的碳原子上连有吸电子基团（如—COOH、—CHO、—NO_2等）时，反应能更顺利地进行，且产率很高。

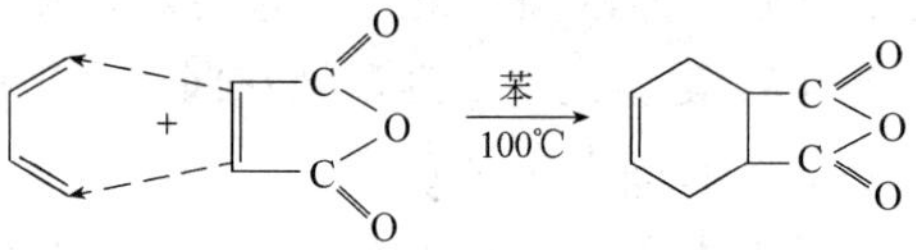

【问题 11-6】 完成下列反应式：

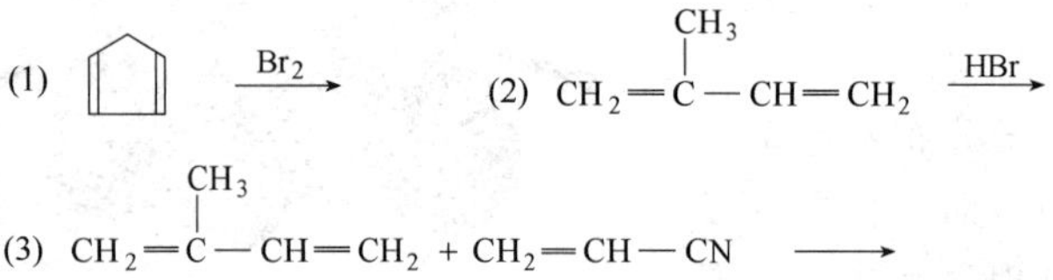

(1) 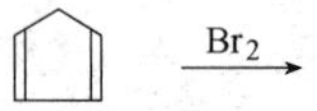
Br_2

(2) CH_2═C(CH_3)—CH═CH_2 $\xrightarrow{HBr}$

(3) CH_2═C(CH_3)—CH═CH_2 + CH_2═CH—CN ⟶

四、异戊二烯和橡胶

异戊二烯系统命名法为2-甲基-1,3-丁二烯，构造式为：

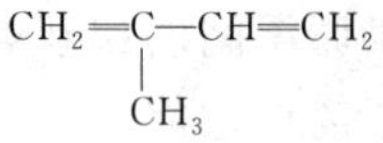

CH_2═C(CH_3)—CH═CH_2

橡胶属高分子化合物，是异戊二烯的聚合体，用途极为广泛。20世纪初，世界上只有天然橡胶，它主要来源于野生的或人工种植的橡胶树。它的化学成分是顺式或反式1,4-聚异戊二烯。

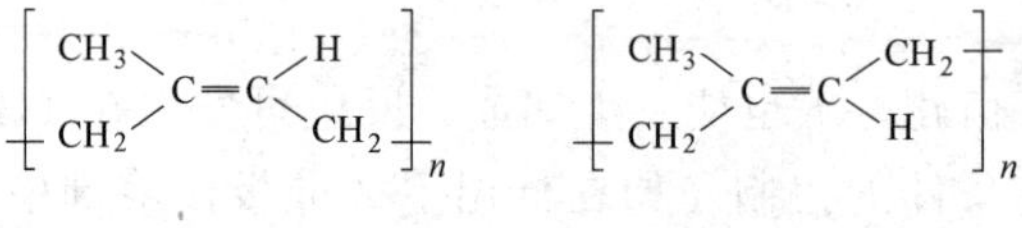

顺-1,4-聚异戊二烯　　反-1,4-聚异戊二烯

天然橡胶远不能满足工业对橡胶制品的需求，自 1932 年第一种人工合成的橡胶——丁钠橡胶投入生产以来，合成橡胶的品种越来越多，产量也远远超过天然橡胶。合成橡胶不仅在产量上弥补了天然橡胶的不足，而且各种耐磨、耐油或耐高温的特种合成橡胶的出现，满足了工业上对橡胶制品的要求。合成橡胶主要是以 1,3-丁二烯、异戊二烯或 2-氯-1,3-丁二烯等为单体的聚合物，也可由丁二烯与其他双键化合物如苯乙烯等共聚而成。橡胶广泛用于制作轮胎、体育器械、医疗器械以及日常用品。

本章小结

一、烷烃

1. 由碳氢两种元素组成的化合物称为烃。烷烃的通式为 C_nH_{2n+2}。烷烃分子中去掉一个氢原子，剩余的基团叫烷基（R—）。烷烃通常用普通命名法和系统命名法来命名。

2. 同分异构现象是有机化合物中普遍存在的现象，从丁烷起，烷烃有碳链异构，碳原子数越多，异构体的数目越多。在烷烃分子中，根据碳原子直接连接的碳原子个数可将碳原子分为伯、仲、叔、季碳原子，与相应碳原子相连的氢分别称为伯、仲、叔氢原子。

3. 烷烃的物理性质（沸点、熔点、溶解度和相对密度等）随着其分子量的增加而呈现规律性变化。

4. 烷烃分子中碳原子以 sp^3 杂化轨道成键，碳原子 4 个价键指向以碳原子为中心的四面体的 4 个顶点。烷烃分子中都是 σ 键，因此烷烃的化学性质比较稳定。但在一定条件下可以发生卤代反应等。

二、不饱和烃

1. 分子中含有碳碳重键（双键或三键）的烃类化合物，称为不饱和烃，其中含碳碳双键的称为烯烃，含碳碳三键的称为炔烃。

2. 单烯烃的通式为 C_nH_{2n}，碳碳双键是烯烃的官能团。炔烃和具有相同碳原子数的二烯烃是同分异构体，通式均为 C_nH_{2n-2}，碳碳三键是炔烃的官能团。

3. 烯烃和炔烃除了碳链异构外，还存在官能团位置异构。碳链异构和官能团位置异构都是由于分子中原子之间的连接方式不同而产生的，故均属于构造异构。由于双键不能自由旋转，当每个双键碳上连接的两个原子或基团均不相同时，烯烃还可产生顺反异构。顺反异构体的命名可采用两种方法：顺、反命名法和 Z/E 命名法。炔烃不存在顺反异构现象。

4. 烯烃分子中双键碳原子为 sp^2 杂化，双键中含 1 个 σ 键和 1 个 π 键。炔烃分子中三键碳原子均为 sp 杂化，三键中含 1 个 σ 键和 2 个 π 键。由于 π 键电子云受核约束力小，流动性大，易给出电子，因此，烯烃和炔烃均易发生加成反应，而炔烃一般比烯烃活性小。加成方式服从马氏规则。

5. 烯烃和炔烃还可进行催化加氢、聚合、氧化等反应。

6. 共轭二烯烃中单双键交替排列的体系称为共轭体系。由于共轭体系内原子间的相互影响，引起键长和电子云分布的平均化，体系能量降低，分子更稳定的现象称为共轭效应。共轭二烯烃除具有烯烃的一般性质外，由于共轭效应的影响还表现出一些特殊的化学性质，如双烯合成反应、与亲电试剂发生 1,2-加成和 1,4-加成反应。

 习题

1. 用系统命名法命名下列各化合物。

(1) $CH_3CH_2CHCH_2CH_3$
$\quad\quad\quad\quad\quad |$
$\quad\quad\quad\quad CH_2CH_2CH_2CH_3$

(2) $CH_3CHCHCH_3$
$\quad\quad\quad | \quad |$
$\quad\quad\quad CH_2CH_3$
（上方 CH_3）

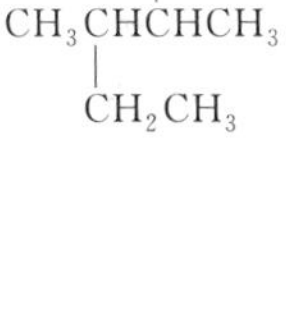

(3) 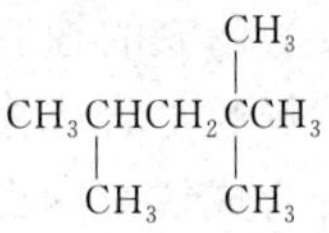　(4) 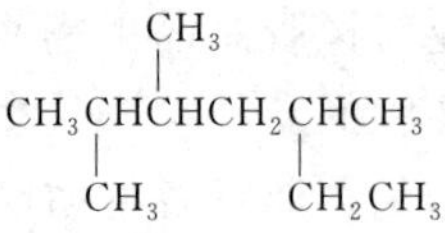

(5) 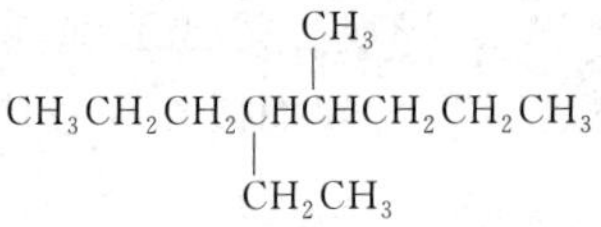　(6) 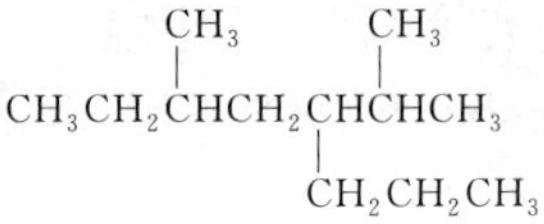

2. 写出构造式，并用系统命名法命名。

(1) C_5H_{12} 仅含有伯氢，没有仲氢和叔氢。

(2) C_5H_{12} 仅含有一个叔氢。

(3) C_5H_{12} 仅含有伯氢和仲氢。

3. 将下列化合物按沸点由高至低排列（不查表）。

(1) 3,3-二甲基戊烷　(2) 庚烷　(3) 2-甲基庚烷　(4) 戊烷　(5) 2-甲基己烷

4. 写出 2,2,4-三甲基戊烷进行氯代反应可能得到的一氯代产物的结构式。

5. 写出分子式为 C_5H_{10} 的烯烃的各种异构体的构造式，并用系统命名法命名。

6. 用系统命名法命名下列化合物。

(1) 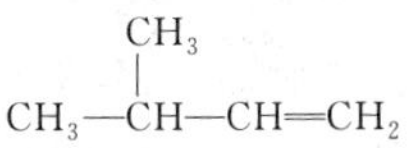　(2) 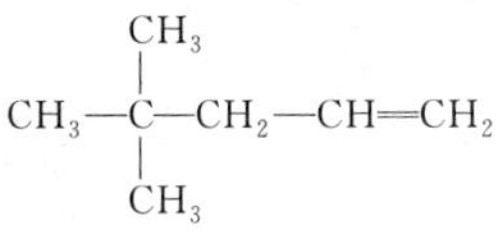　(3) $(CH_3CH_2)_2C{=}CH_2$

(4) $(CH_3CH_2)_2CHC{\equiv}CH$　(5) 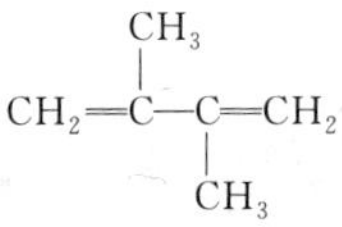

7. 指出下列化合物中哪个有顺反异构现象，写出异构体的构型，并注明顺、反。

(1) 1-丁烯　(2) 2-丁烯　(3) 2-甲基-2-戊烯　(4) 4-甲基-2-戊烯

8. 完成下列反应式。

(1) $CH_3CH(CH_3)CH{=}CH_2 + HCl \longrightarrow$

(2) $CH_3C(CH_3){=}CHCH_3 + HBr \longrightarrow$

(3) $CH_3C(CH_3){=}CHCH_3 \xrightarrow[H^+]{KMnO_4}$

(4) $CH_3CH_2C{\equiv}CH + H_2O \xrightarrow[H_2SO_4]{HgSO_4}$

(5) $CH_3CH_2C{\equiv}CH + 2HBr \longrightarrow$

9. 分子式为 C_6H_{10} 的烃，能使溴水褪色，并能与银氨溶液作用生成白色沉淀，写出该烃的可能结构。

素质拓展阅读

化学家——鲍林

莱纳斯·卡尔·鲍林（Linus Carl Pauling，1901～1994 年），生于美国俄勒冈州波特兰市。美国化学家，量子化学和结构生物学的先驱者之一。1954 年因在化学键方面的贡献获得诺贝尔化学奖，1962 年因反对核弹在地面测试的行动获得诺贝尔和平奖，鲍林是唯一一位先后两次单独获得诺贝尔奖的科学家。曾被英国《新科学家》周刊评为人类有史以来 20 位最杰出的科学家之一，与牛顿、居里夫人、爱因斯坦齐名。

成才之路。鲍林幼年聪明好学，在捷夫列斯的私人实验室做过许多化学演示实验，这使鲍林从小萌生了对化学的热爱，并走上了研究化学的道路。鲍林读中学时化学成绩

为全班第一名，经常埋头在实验室里做化学实验，立志当一名化学家。1917年，鲍林考入俄勒冈州农学院化学工程系，希望通过学习大学化学实现自己的理想。鲍林的家境不好，居住条件很差，在大学曾停学一年，自己去挣学费，靠勤工俭学来维持学习和生活，曾兼任分析化学教师的实验员，学习了原子物理、数学、生物学等多门学科。大学毕业后考取了加州理工学院的研究生，导师诺伊斯擅长物理化学和分析化学，知识渊博。诺伊斯告诉鲍林不要只停留在书本知识上，应当注重独立思考，同时要研究与化学有关的物理知识。鲍林在诺伊斯的指导下，完成的第一个科研课题是测定辉铝矿的晶体结构。

鲍林还得到了迪肯森、托尔曼的精心指导，迪肯森精通放射化学和结晶化学，托尔曼精通物理化学，两位大师的指导使鲍林拓宽了知识面，建立了完善的知识结构。鲍林获得化学哲学博士，他系统地研究了化学物质的组成、结构、性质三者的联系，从方法论上探讨了决定论和随机性的关系。鲍林曾在索末菲实验室里工作一年，又到玻尔实验室工作了半年，还去过薛定谔和德拜实验室，这使鲍林对量子力学有了深刻的了解，坚定了他用量子力学方法解决化学键问题的信心。鲍林认为，人们对物质结构的深入了解，将有助于人们对化学运动的全面认识。

化学贡献。鲍林自1930年代致力于化学键的研究，出版了化学史上有划时代意义的《化学键的本质》一书。这部书彻底改变了人们对化学键的认识，将其从直观的、臆想的概念升华为定量的和理性的高度。由于在化学键本质以及复杂化合物物质结构阐释方面杰出的贡献，鲍林获得了1954年诺贝尔化学奖。鲍林在对化学键本质的研究中，提出了杂化轨道理论，认为，在形成化学键的过程中，原子轨道自身重新组合，形成新的杂化轨道，以获得最佳的成键效果。饱和碳原子的四个价层电子轨道，即一个2s轨道和三个3p轨道线性组合成四个完全相同的sp^3杂化轨道，量子力学计算显示这四个杂化轨道在空间上形成正四面体，从而成功地解释了甲烷的正四面体结构。

在有机化学结构理论中，鲍林提出“共振论”。他在研究量子化学理论时，创造性地提出了共价半径、金属半径、电负性等概念，对现代化学、凝聚态物理的发展都有巨大意义。鲍林预言惰性气体可以与其他元素化合生成化合物，这一预言在1962年被证实。

鲍林是分子生物学的奠基人之一，研究了蛋白质的分子结构。根据结合血红蛋白的晶体衍射图谱，鲍林提出蛋白质中的肽链在空间中是呈螺旋形排列的，这就是最早的α螺旋结构模型，有科学史学者认为沃森和克里克提出的DNA双螺旋结构模型就是受到了鲍林的影响。1951年，鲍林结合他在血红蛋白领域进行的实验研究，以及对肽链和肽平面化学结构的理论研究，提出了α螺旋和β折叠是蛋白质二级结构的基本构建单元的理论，成为20世纪生物化学若干基本理论之一。鲍林还提出了酶催化反应的机理、抗原与抗体结构互补性原理以及DNA复制过程中的互补性原理，这些理论在20世纪的生物化学和医学领域都起到了非常重要的作用。

鲍林研究大脑的结构与功能，提出了有关麻醉和精神病的分子学基础。鲍林是第一个提出“分子病”概念的人，他发现镰刀形细胞贫血症就是一种分子病，包括了由突变基因决定的血红蛋白分子的变态。即在血红蛋白的众多氨基酸分子中，如果将其中的一个谷氨酸分子用缬氨酸替换，就会导致血红蛋白分子变形，造成镰刀形贫血病。他还研究了分子医学，论文《矫形分子的精神病学》指出：分子医学的研究，对解开记忆和意识之谜有着决定性的意义。

鲍林学识渊博，兴趣广泛，曾广泛研究自然科学的前沿课题。

和平事业。鲍林反对把科技成果用于战争，反对核战争，认为核战争可能毁灭地球和人类，鲍林倾注了大量时间和精力研究防止战争、保卫和平的问题。鲍林和爱因斯坦、罗素、约里奥·居里、玻恩等签署宣言：呼吁科学家共同反对发展毁灭性武器，反对战争，保卫和平，并起草了《科学家反对核实验宣言》，该宣言在几个月内，有49个国家的13000余名科学家签名。鲍林把“反核实验宣言”交给联合国秘书长哈马舍尔德，向联合国请愿。由于鲍林对和平事业的贡献，他在1962年荣获了诺贝尔和平奖，发表了《科学与和平》的演说，指出：“在我们这个世界历史的新时代，世界问题不能用战争和暴力来解决，而是按着对所有人都公平，对一切国家都平等的方式，根据世界法律来解决。”他号召：“我们要逐步建立起一个对全人类在经济、政治和社会方面都公正合理的世界，建立起一种和人类智慧相称的世界文化。”

鲍林是一位伟大的科学家与和平战士，他的影响遍及全世界。

第十二章

环烃

由碳和氢两种元素组成的环状化合物称为环烃，主要包括脂环烃和芳香烃两类。分子中具有碳环结构的烷烃称为环烷烃。

芳香族化合物最初是指从树脂或香精油等天然物质中提取得到的具有芳香气味的化合物，故称芳香族化合物。后来发现此类化合物都含有苯环，从此，芳香族化合物即指含有苯环的化合物。实际上含有苯环的化合物并不都具有芳香气味，具有芳香气味的化合物也不一定都含有苯环，所以“芳香族化合物”系指含有苯环的化合物并不确切。如今芳香族化合物的新含义，系指含有苯环结构及性质类似于苯（芳香性）的一类化合物。

知识目标

1. 能够说出脂环烃、芳香烃的命名规则，正确命名脂环烃、芳香烃。
2. 能够描述芳香烃结构，分析单环芳烃的化学反应，说出苯环的亲电取代定位规律。
3. 能够使用休克尔规则判断物质的芳香性。

能力目标

1. 能够归纳苯环上发生亲电取代反应位置与活性。
2. 能够应用亲电取代定位规律，设计目标有机化合物合成路线。
3. 能够推断和解析有机化合物结构。

素质目标

1. 认识到绿水青山就是金山银山，了解绿色化学。
2. 培养有机化学思维。

第一节　脂环烃

具有环状结构的烷烃称为环烷烃，通式为 C_nH_{2n}，与同碳数烯烃互为同分异构体。

一、环烷烃的异构现象和命名

在环烷烃同系物中，从含 4 个碳原子开始都有碳环异构。例如，分子式为 C_5H_{10} 的环烷烃有五种碳环异构体，它们的构造式分别为：

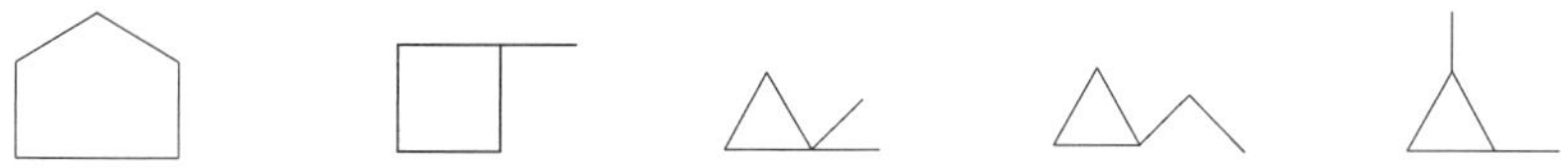

环烷烃的命名与烷烃相似，只是将成环碳作为主链，在同数碳原子的烷烃名称前加一个“环”字。环上有一个取代基时，将取代基的名称写在“环”之前；如有多个取代基时，则将环上碳编号，用小数字标明顺序较小取代基的位次，并使取代基的位次符合“最低序列”。

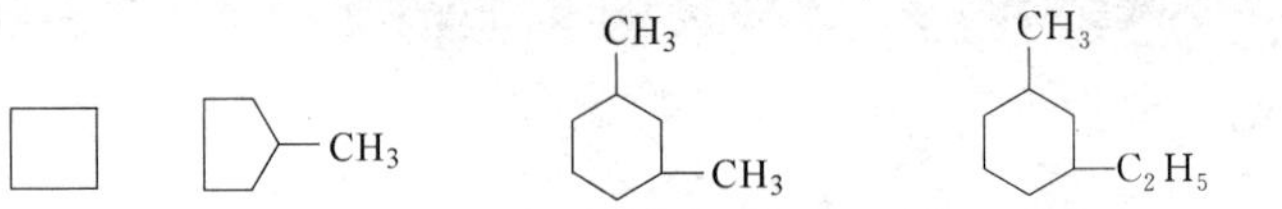

环丁烷　　甲基环戊烷　　1,3-二甲基环己烷　　1-甲基-3-乙基环己烷

二、环丙烷的结构

环烷烃分子中的碳原子都是 sp^3 杂化。但由于小环（尤其是三元环和四元环）分子中碳原子之间不能以最大方式重叠，而易断裂开环。如环丙烷分子中，平面型结构使 C—C—C 键的夹角应为 60°时才能实现电子云最大重叠，而以 sp^3 杂化的碳原子固定了 C—C—C 键的夹角为 109°28′。而实际上 C—C—C 键的夹角为 105.5°，H—C—H 键角为 114°，就是说 C—C 之间的电子云不可能在原子核连线的方向上重叠，即没有达到最大程度的重叠（如图 12-1），实际上呈弯曲状，人们常把这种键称为弯曲键或香蕉键，因而产生环张力，这样形成的键就没有正常的 σ 键稳定而易断裂发生化学反应。

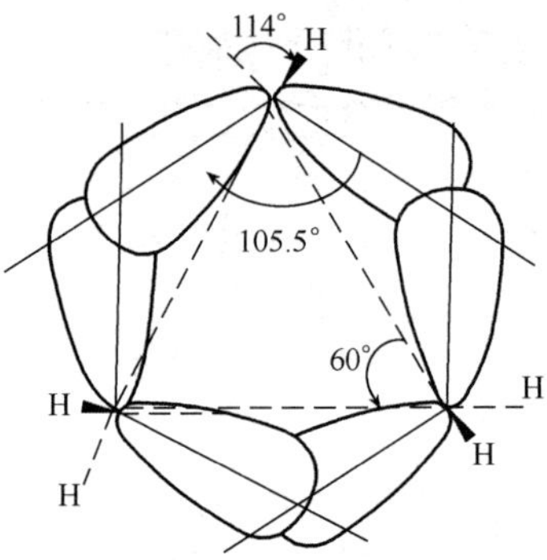

图 12-1　环丙烷分子中的 σ 键

三、环烷烃的物理性质

在常温下，环丙烷、环丁烷为气体，环戊烷以上则为液体或固体。环烷烃的熔点、沸点和相对密度都比相应的烷烃高。一些环烷烃物理性质见表 12-1。

表 12-1　环烷烃的物理常数

名　称	结构式	熔点/℃	沸点/℃	相对密度 d_4^{20}
环丙烷	$(CH_2)_3$	−127.6	−32.7	0.720(−70℃)
环丁烷	$(CH_2)_4$	−50	12	0.689
环戊烷	$(CH_2)_5$	−93.9	49.2	0.746
环己烷	$(CH_2)_6$	6.5	80.7	0.778
环庚烷	$(CH_2)_7$	−12	118.5	0.8098
环辛烷	$(CH_2)_8$	14.3	148.5	0.8349

四、环烷烃的化学性质

环烷烃的化学性质与烷烃类似，可发生取代反应，但由于碳环的存在还具有一些与烷烃不同的特性。如三元环和四元环烷烃由于分子中存在环张力，所以在化学性质上比较活泼，它们与烯烃相似，可以发生开环加成反应生成链状化合物。

1. 加成反应

三元环和四元环易于发生加成反应，反应后生成链状化合物。

（1）催化加氢

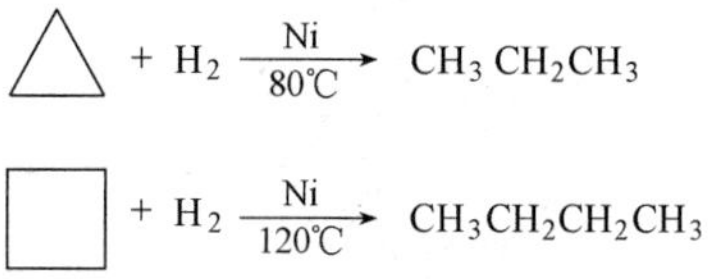

$$\triangle + H_2 \xrightarrow[80℃]{Ni} CH_3CH_2CH_3$$

$$\square + H_2 \xrightarrow[120℃]{Ni} CH_3CH_2CH_2CH_3$$

（2）与溴加成

$$\triangle + Br_2 \longrightarrow CH_2BrCH_2CH_2Br$$

$$\square + Br_2 \longrightarrow CH_2BrCH_2CH_2CH_2Br$$

（3）加卤化氢

$$\triangle + HBr \longrightarrow CH_3CH_2CH_2Br$$

$$\square + HBr \longrightarrow CH_3CH_2CH_2CH_2Br$$

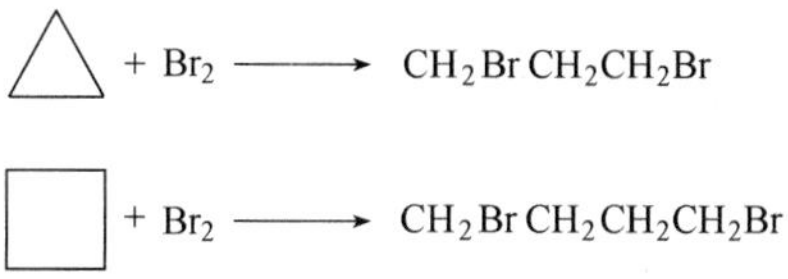

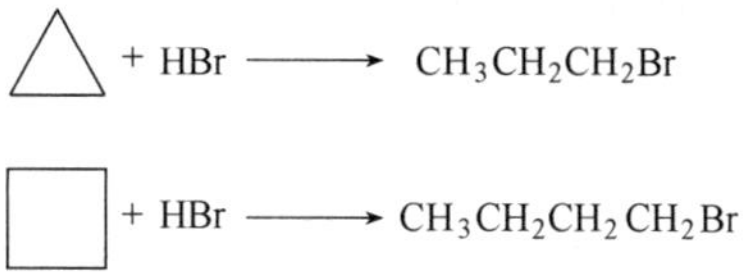

2. 取代反应

环戊烷和环己烷等在光照或加热条件下易与卤素发生取代反应，说明五元环、六元环比三元环和四元环稳定。

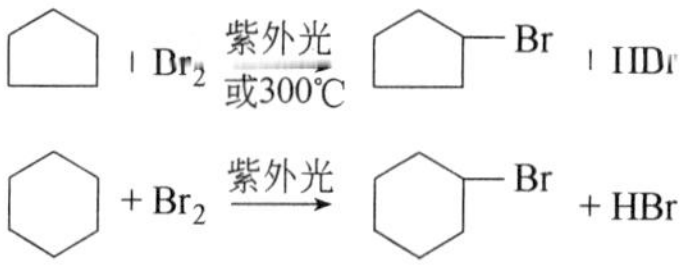

第二节　单环芳烃

芳香族烃类化合物通常称为芳香烃，简称为芳烃。"芳香"二字的来源，最初是指从天然树脂中提取得到的具有芳香气味的物质，它们的化学性质与烷、烯、炔及脂环烃比较有很大不同，这种特殊性曾被作为芳香性的标志。

一、芳烃的结构分类

1. 单环芳烃

分子中含有一个苯环的芳烃。包括苯及其同系物、乙烯苯、乙炔苯等。

2. 多环芳烃

分子中含有两个以上苯环的芳烃，根据苯环连接的方式不同，又可分为三类。

（1）联苯　苯环各以环上的一个碳原子直接相连。如：

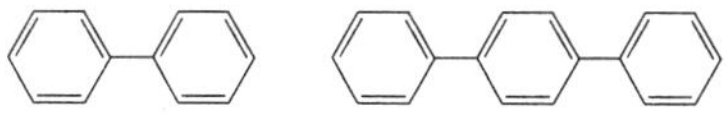

联苯　　　　1,4-联三苯

（2）多苯代脂肪烃　可以看成是以苯环取代脂肪烃中的氢原子而形成。

二苯甲烷　　　　1,2-二苯乙烷

（3）稠环芳烃　苯环之间通过共用相邻两个或两个以上碳原子结合而成。

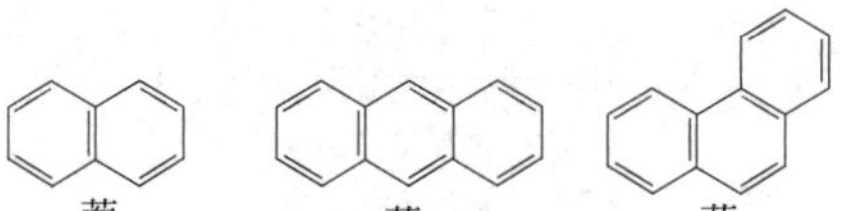

萘　　蒽　　菲

芳烃是芳香族化合物的母体，它们都是有机化学工业的原料。

二、苯分子的结构

苯

苯是芳香烃中最典型的代表物，学习芳烃，必须首先了解苯的结构。

1. 苯分子的凯库勒式

苯的分子式为 C_6H_6，1865 年凯库勒根据苯的一元取代产物只有一种的事实提出了苯的环状构造式，称为凯库勒式。

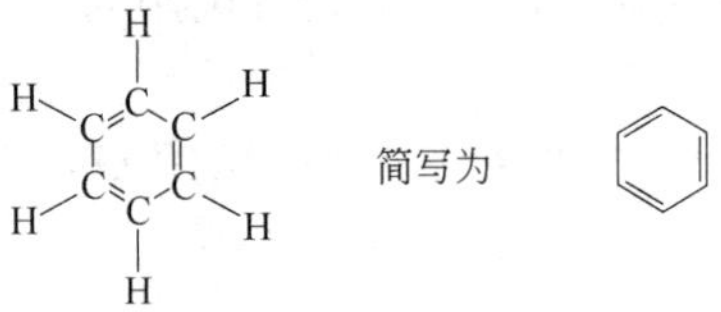

凯库勒结构式很好地说明了苯分子的组成和原子间的结合次序，但不能解释苯的某些性质，如：

① 既然在上式中包含有三个双键，为什么苯不发生类似烯烃的加成反应？

② 根据上式，苯的邻二元取代产物应该有（1）和（2）两种，然而事实上却只有一种。

(1)　　(2)

虽然人们现在仍习惯用凯库勒式表示苯，但它并不能确切地反应苯的真实情况。

2. 苯分子结构的价键观点

通过现代物理方法证实，苯分子是一个平面正六边形结构，每条键角都是 120°，碳碳键的键长都相等。轨道杂化理论认为，苯分子中 6 个碳原子都以 sp^2 方式进行杂化，且每个碳原子均以 3 个 sp^2 杂化轨道分别与相邻的碳原子的 sp^2 杂化轨道和氢的 s 轨道重叠，形成 6 个 C—C σ 键和 6 个 C—H σ 键。这些键都在同一平面上，键角均为 120°。每个碳原子还剩余 1 个未参与杂化的 p 轨道，并且都垂直于碳氢所形成的平面，它们分别与相邻的 p 轨道侧面“肩并肩”重叠，形成 1 个由 6 个 p 轨道组成的闭合共轭大 π 键。如图 12-2。

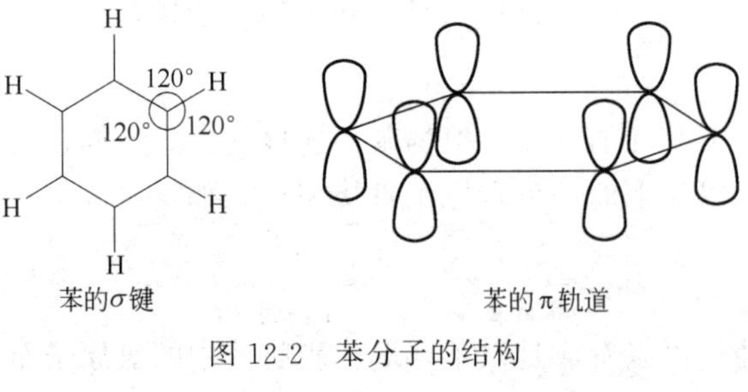

苯的σ键　　苯的π轨道

图 12-2　苯分子的结构

三、单环芳烃的异构现象与命名

单环芳烃可以看作是苯环上的氢原子被烃基取代的衍生物。

简单的烃基苯的命名是以苯环作主体，烃基作取代基，称为某烃基苯（“基”字常省略）。但如果烃基复杂或有不饱和键时，也可把链烃作为主体，苯环当作取代基（即苯基）。如：

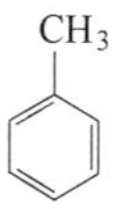
甲苯

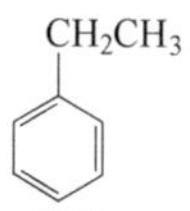
乙苯

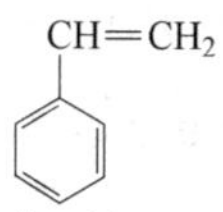
苯乙烯

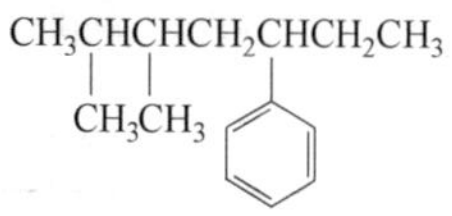
2,3-二甲基-5-苯基庚烷

二烃基苯有三种异构体，是由于取代基在苯环上的相对位置不同产生的。二取代苯中常根据两个取代基的位置，分别用“邻”“间”“对”来命名。如二甲苯有三种异构体，分别为：

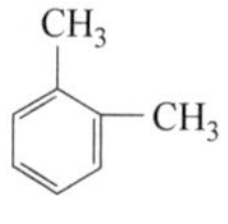
邻二甲苯
(1,2-二甲苯)

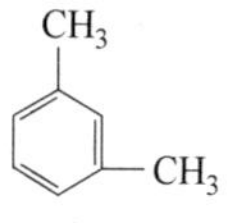
间二甲苯
(1,3-二甲苯)

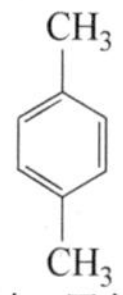
对二甲苯
(1,4-二甲苯)

芳烃分子去掉一个氢原子剩下来的基团叫作芳基。如：

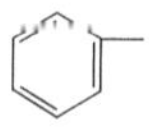
苯基

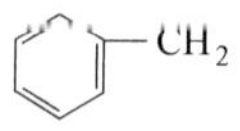
苄基

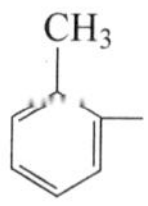
邻甲苯基

芳烃氢原子被其他基团取代的产物称为芳烃衍生物，其命名方法如下。

① 某些取代基如硝基（$-NO_2$）、亚硝基（—NO）、卤素（—X）等连苯环时通常只作为取代基，称为某基（代）芳烃。例如：

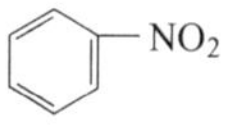
硝基苯

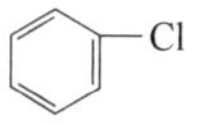
氯苯

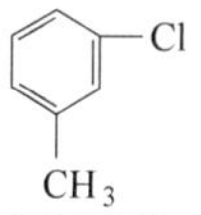
间氯甲苯

② 当取代基为氨基（$-NH_2$）、羟基（—OH）、醛基（—CHO）、羧基（—COOH）等时，则把它们与苯环一起看作一类化合物，分别叫作苯胺、苯酚、苯甲醛、苯甲酸。

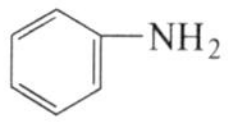
苯胺

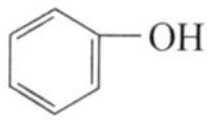
苯酚

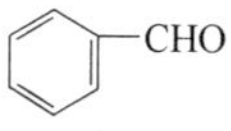
苯甲醛

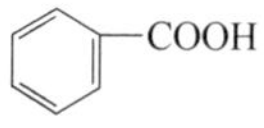
苯甲酸

③ 当环上有多种取代基时，首先选择好主体，依次编号。选择主体的顺序如下：—R、—OR、$-NH_2$、—OH、—CHO、—CN、—COOR、$-SO_3H$、—COOH 等。在这个顺序中排在后面的与苯一同作为主体，排在前面的为取代基，并将主体取代基在苯环上的位置定为 1 位，其他取代基的编号位置尽量取最小。例如：

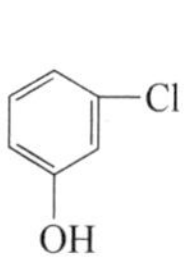
间氯苯酚
(3-氯苯酚)

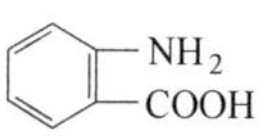
邻氨基苯甲酸
(2-氨基苯甲酸)

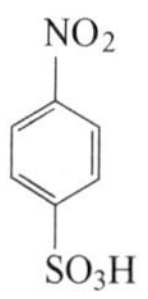
对硝基苯磺酸
(4-硝基苯磺酸)

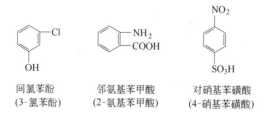

四、芳烃的物理性质

苯及其同系物一般为无色液体，不溶于水，相对密度比水小，易溶于有机溶剂。芳烃具有一定的毒性。一些单环芳烃的物理性质如表 12-2。

表 12-2　单环芳烃的物理常数

名　称	熔点/℃	沸点/℃	相对密度 d_4^{20}
苯	5.5	80.1	0.8786
甲苯	−95.0	110.6	0.8669
乙苯	−95.0	136.2	0.8670
正丙苯	−99.5	159.2	0.8620
异丙苯	−96.0	152.4	0.8618
邻二甲苯	−25.2	144.4	0.8802
间二甲苯	−47.9	139.1	0.8642
对二甲苯	13.3	138.4	0.8611
连三甲苯	−25.4	176.1	0.8944
均三甲苯	−44.7	164.7	0.8652
偏三甲苯	−43.8	169.4	0.8758
苯乙烯	−36.6	145.2	0.9060
苯乙炔	−44.8	142.4	0.9821

五、单环芳烃的化学性质

苯的结构中不含有一般的碳碳双键，所以它不具备烯烃的典型性质。苯环相当稳定，不易被氧化，也不易发生加成反应，而是容易发生取代反应。

1. 取代反应

在一定条件下，苯环上的氢原子可能被卤原子、硝基、磺酸基等取代，生成相应的取代产物。

（1）卤代反应　苯与氯或溴在一般情况下不发生取代反应，但在铁或卤化铁催化作用下加热，苯环上的氢可被氯或溴取代。

$$\text{（苯）} + Cl_2 \xrightarrow[55\sim60℃]{\text{Fe或FeCl}_3} \text{（氯苯）} + HCl$$

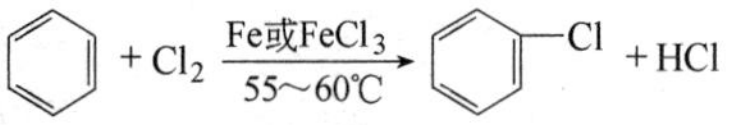

甲苯在铁或卤化铁存在下卤代，主要生成邻氯甲苯和对氯甲苯，且反应较苯的卤代容易。

$$\text{（甲苯）} + Cl_2 \xrightarrow{Fe} \text{（邻氯甲苯）} + \text{（对氯甲苯）} + HCl$$

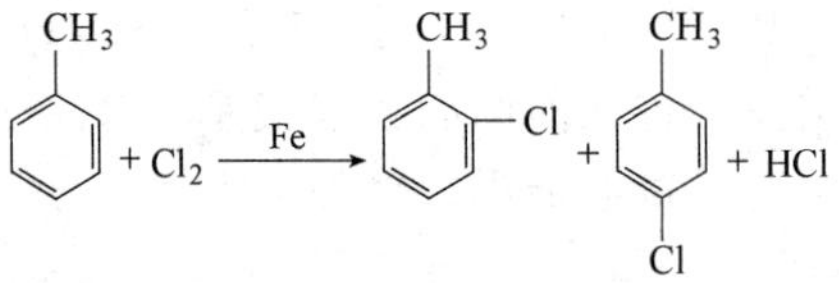

（2）硝化反应　苯与浓硝酸和浓硫酸的混合物于 $50\sim60℃$ 反应，苯环上的氢原子被硝基取代，生成硝基苯。向有机化合物中引入硝基的反应称为硝化反应。

$$\text{（苯）} + HNO_3 \xrightarrow[50\sim60℃]{H_2SO_4} \text{（硝基苯）}{-NO_2} + H_2O$$

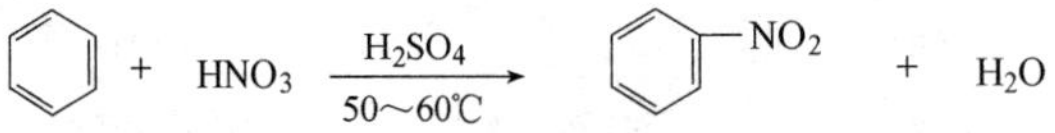

硝基苯一般不容易继续硝化，但如果用发烟 HNO_3 并提高反应温度，可得到间二硝基苯。

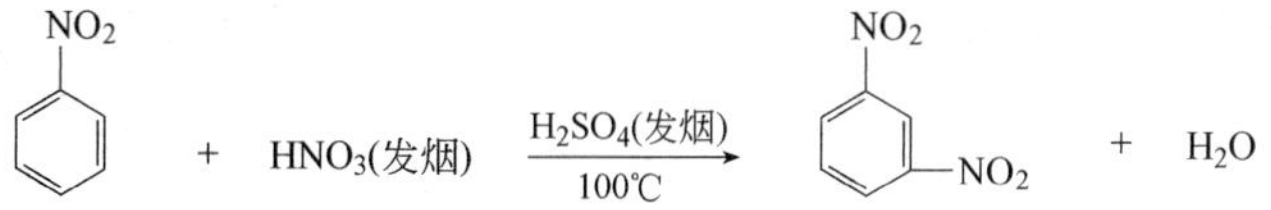

如以烷基苯进行硝化，则比苯容易，在 30℃就能反应，主要生成邻硝基甲苯和对硝基甲苯。

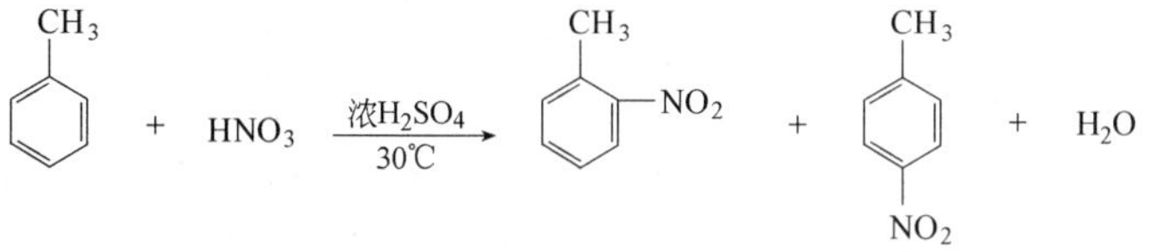

（3）磺化反应　苯与 98%浓硫酸在 75～80℃时发生反应，苯环上的氢原子被磺酸基（$—SO_3H$）取代生成苯磺酸。有机化合物分子中引入磺酸基的反应称为磺化反应。磺化反应与卤代、硝化不同，它是一个可逆反应，反应中生成的水使硫酸浓度变稀，磺化速率变慢，水解速率加快，因此常用发烟硫酸进行反应。

（4）弗里德-克拉夫茨反应（简称弗-克反应）　在无水卤化铝催化下，苯可以与卤代烷反应，生成烷基苯，称为弗-克烷基化反应。

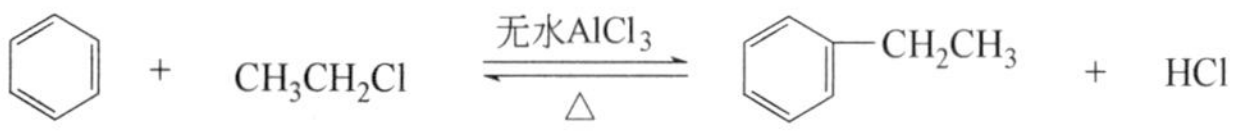

这是向苯环上引入烷基的方法之一。当用酰卤或酸酐代替卤代烷时，则可发生弗-克酰基化反应生成相应的酮。

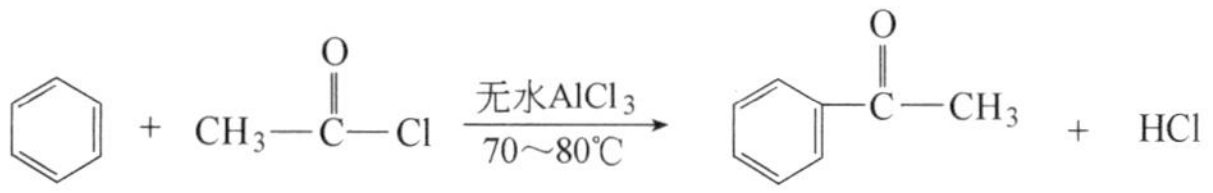

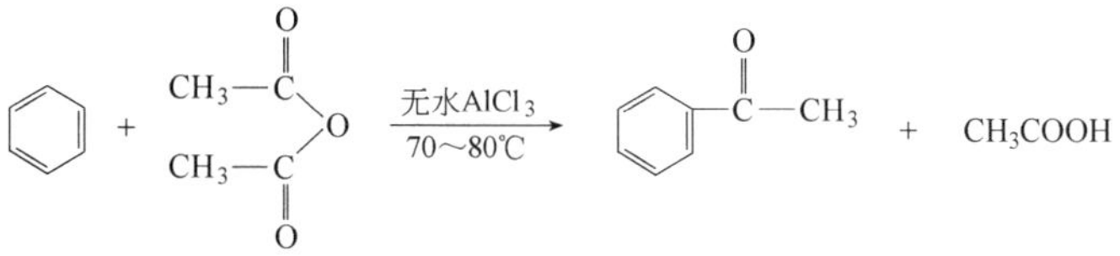

2. 加成反应

苯及其同系物与烯烃或炔烃相比，不易进行加成反应，但在一定条件下，仍可与氢气、氯气等加成，生成脂环烃或其衍生物。

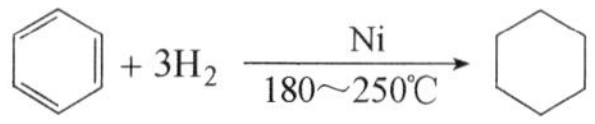

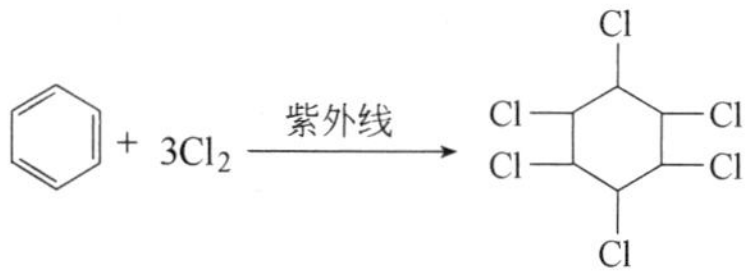
六氯环己烷

工业制备环己烷就是利用 Ni 催化苯环氧化的方法，产品纯度较高。

3. 侧链的反应

（1）卤代反应　烷基苯与氯气在高温或光照条件下发生侧链取代反应，与苯环直接相连的碳上的氢被取代。

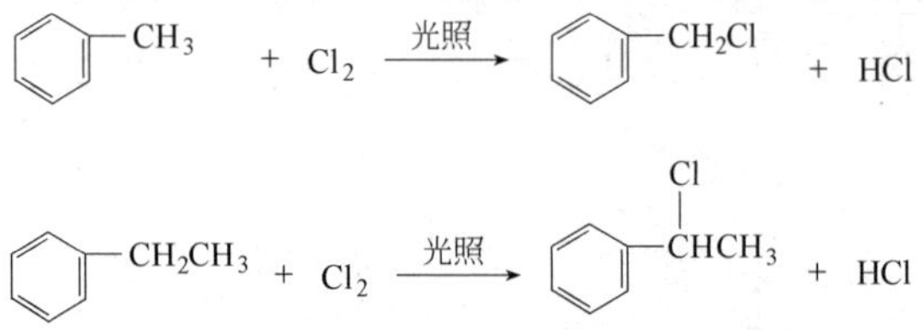

（2）氧化反应　苯环不易被氧化。但烃基苯在酸性高锰酸钾等氧化剂条件下侧链被氧化，氧化发生在与苯环直接相连的碳氢键上。氧化时，不论烷基长短，最后都成为羧基。如果与苯环直接相连的碳上没有氢（如叔丁基），则不能发生氧化反应。

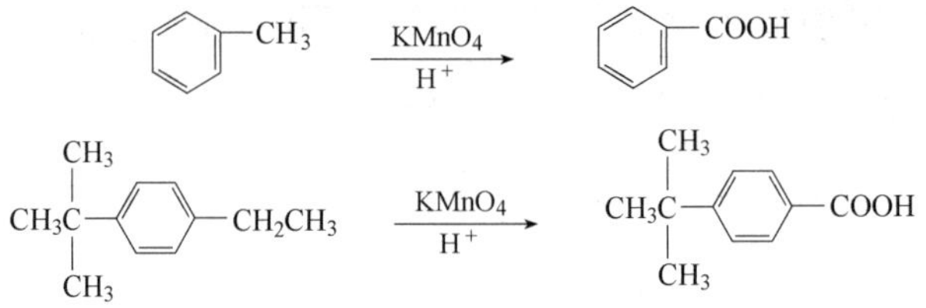

六、苯环的取代基定位规律

1. 取代基定位规律

在讨论苯和甲苯的反应时，可以得到如下结果。

① 将苯引入一个取代基时，产物只有一种。

② 将甲苯硝化，比苯硝化更容易进行，硝基主要进入邻、对位。

③ 将硝基苯硝化，比苯硝化难进行，第二个硝基主要进入间位。

④ 将氯苯氯代，比苯氯代难进行，第二个氯主要进入邻、对位。

人们通过大量的实验事实归纳出苯环的取代定位规律如下。

① 苯环上新引入的取代基的位置主要与原有取代基的性质有关，把原有的取代基称为定位基。

② 根据原有取代基（定位基）对苯环取代反应的影响，即新基团导入的位置和反应的难易，将定位基主要分成两类（见表 12-3）。

表 12-3　定位基的分类

定位基类别	新基导入位置	定位基举例	说　明
第一类基	邻、对位	X=—R、—OH、—OR、—NH_2、—C_6H_5 X=—Cl、—Br、—I、—CH_2Cl	使苯环活化 使苯环钝化
第二类基	间位	X=—NO_2、—CN、—SO_3H、—CHO、—COOH	使苯环钝化

如果苯环上连有第一类定位基，则再进行取代反应时，第二个基团主要进入它的邻、对位。除少数基团（如卤素基）外，一般能使苯环活化，即使反应较苯直接取代容易。如果苯环上连有第二类定位基，则再进行取代反应时，第二个基团主要进入它的间位，使苯环钝化，即使反应较苯直接取代困难。

2. 定位规律的应用

利用定位规律可以预测反应的主要产物，还可选择正确的合成路线，合成预期的产物。如由苯出发合成硝基氯苯，如果设计的反应顺序不同，产物就会不同。例如：

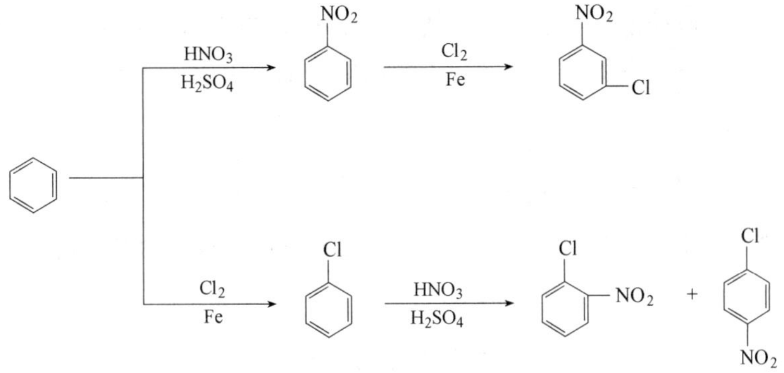

第三节　稠环芳烃

一、稠环芳烃的结构

萘的分子式为 $C_{10}H_8$，是由两个苯环共用两个相邻的碳原子稠合而成，两个苯环处于同一平面上。萘分子中每个碳原子均以 sp^2 杂化轨道与相邻的碳原子形成碳碳 σ 键，每个碳原子的 p 轨道互相平行，侧面重叠形成一个闭合共轭大 π 键，因此同苯一样具有芳香性。但萘和苯的结构不完全相同，萘分子中两个共用碳上的 p 轨道除了彼此重叠外，还分别与相邻的另外两个碳上的 p 轨道重叠，因此闭合大 π 键电子云在萘环上不是均匀分布的，导致碳碳键长不完全等同，所以萘的芳香性比苯差。

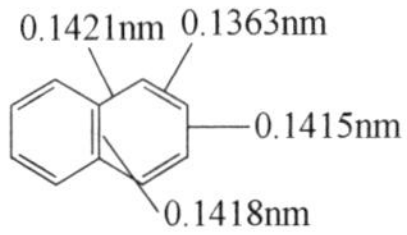

蒽和菲的分子式都是 $C_{14}H_{10}$，互为同分异构体。它们都是由三个苯环稠合而成的，并且三个苯环都处在同一平面上。不同的是，蒽的三个苯环的中心在一条直线上，而菲的三个苯环的中心不在一条直线上。

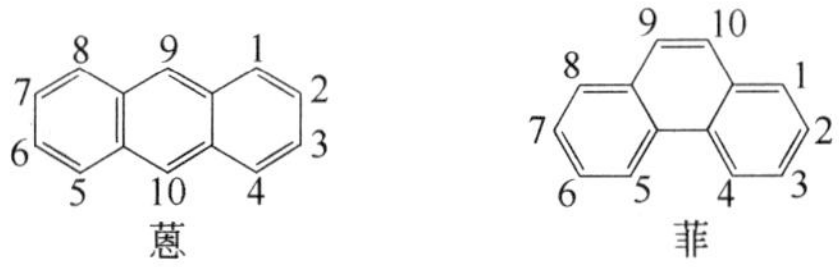

蒽　　菲

蒽、菲每个碳原子上的 p 轨道互相平行，从侧面重叠形成闭合大 π 键，因此它们都具有芳香性。但各个 p 轨道重叠的程度不完全等同，环上电子云密度分布比萘环更加不均匀，所以蒽、菲的芳香性比萘差。

二、萘的化学性质

萘具有芳香性，因此在化学性质上，它与苯有一定的相似之处。

1. 取代反应

萘比苯更易发生取代反应。取代主要发生在 α-位，而当温度较高时，主要为 β-位取代产物。在氯化铁催化下，将氯气通入萘的苯溶液中，主要生成 α-氯萘。

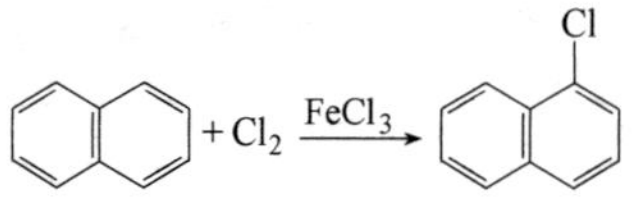

萘用混酸进行硝化，主要生成 α-硝基萘。α-硝基萘是合成染料和农药的中间体。

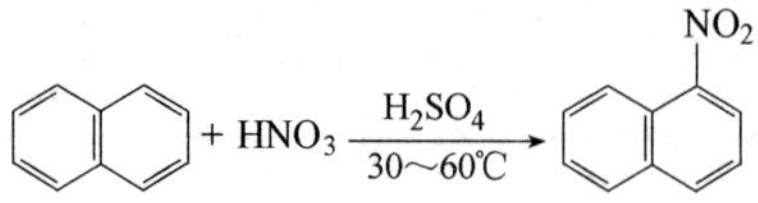

萘在较低的温度下磺化，主要生成 α-萘磺酸。在较高温度时磺化，主要生成 β-萘磺酸。因磺化反应是可逆的，温度升高使最初生成的 α-萘磺酸转化为对热更为稳定的 β-萘磺酸。

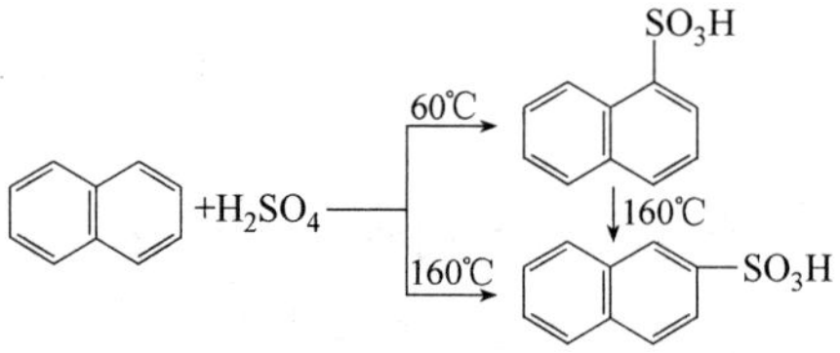

2. 氧化反应

萘比苯容易被氧化，在不同的条件下，可分别被氧化生成邻苯二甲酸酐和 1,4-萘醌。

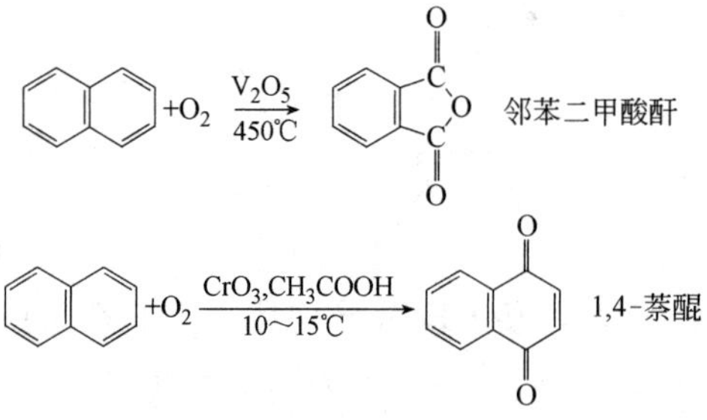

一般来说，萘氧化的产物为苯的衍生物，仍保留一个苯环，表明苯比萘稳定。

3. 加氢反应

萘的芳香性比苯差，在加氢反应中可充分体现出来。不使用催化剂，用新生态氢就可使萘发生加氢反应，生成 1,4-二氢萘或四氢化萘。

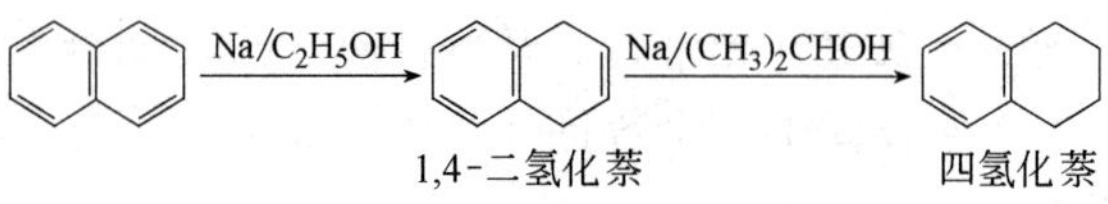

四氢化萘有一苯环，若进一步加氢，便与苯的加氢条件一样了。

$$+3H_2 \xrightarrow[200℃,10\sim30MPa]{Ni}$$

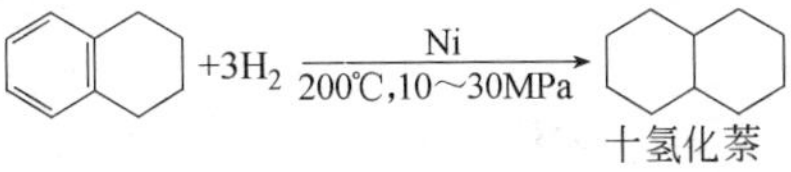

十氢化萘

多环芳烃来源丰富，大量存在于煤和石油的焦油中。目前已从焦油中分离出好几百种稠环芳烃，有待研究利用。

本章小结

一、脂环烃

单环烷烃通式为 C_nH_{2n}，与单烯烃互为同分异构体。环烷烃中小环存在很大张力，不稳定，易发生开环加成反应，性质与烯烃相似。环戊烷与环己烷分子中不存在张力，环非常稳定，在光照或加热的条件下，可发生卤代反应，与开链烃的性质相似。常温下环烷烃不与高锰酸钾等氧化剂反应，常用来区别烯烃与环烷烃。

二、芳香烃

1. 芳香烃根据分子中苯环的数目和结合方式不同，分为单环芳烃、多环芳烃和稠环芳烃。

单环芳烃命名时，若苯环上连有简单烷基，以苯为母体；若连有烯基、炔基或复杂烷基，以烯烃、炔烃和烷烃为母体，苯作为取代基。

2. 芳香烃的结构特点有均含有苯环，苯环具有闭合大 π 键，大 π 键电子云密度分布完全平均化，因此苯环非常稳定，一般条件下不易进行加成、氧化反应，而易发生取代反应。此性质称作"芳香性"。

苯及其同系物的苯环上容易发生卤代、硝化、磺化、弗-克烷基化和酰基化等取代反应。在光照条件下，芳烃侧链的 α-H 易被卤素取代；含 α-H 的侧链易被氧化，α-碳原子被氧化成羧基。

3. 一元取代苯进行取代反应时，第二个取代基进入苯环的位置，由苯环上原有取代基的性质决定，与第二个取代基的性质无关。苯环上原有的取代基叫作"定位基"。

根据大量的实验事实将定位基分为邻、对位定位基和间位定位基。邻、对位定位基使第二个取代基主要进入其邻位和对位，并对苯环有致活作用（卤素除外），即取代反应比苯容易；间位定位基使第二个取代基主要进入其间位，并对苯环有致钝作用，即取代反应比苯困难。

4. 萘、蒽、菲是常见的稠环芳烃，都具有芳香性，但芳香性均比苯差。萘的加成、氧化及亲电取代反应均比苯容易，并且取代反应主要发生在 α-位。

习题

1. 写出分子式为 C_5H_{10} 的所有芳烃异构体，并命名。

2. 命名下列化合物。

(1)

(2)

(3) $CH_3CHCH_2CHCH_3$

(4) $CH_2=CHCH_2CH_3$

(5)

(6) O_2N ... NO_2 ... NO_2

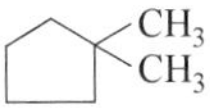

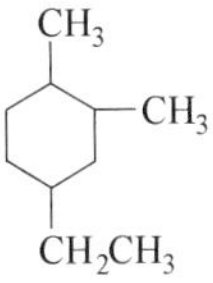

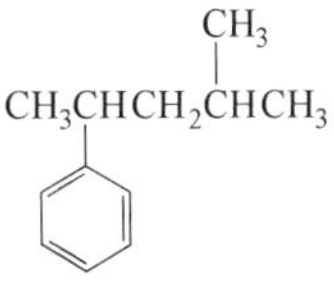

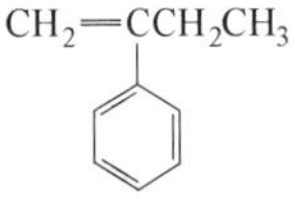

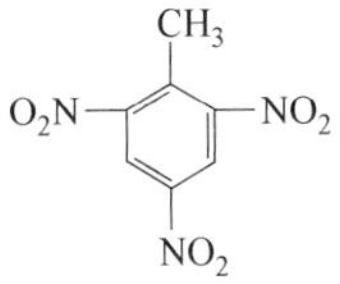

(7)

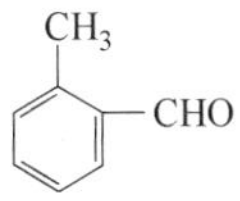

(8)

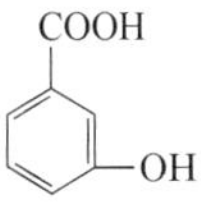

3. 完成下列反应式。

(1) [环己烯-CH₃] + HCl ⟶   (2) [环己烷] + Cl₂ —光照→

(3) [苯-CH=CH₂] + Br₂ ⟶   (4) [苯-CH(CH₃)₂] + Br₂ —光照→

(5) [苯-CH₂CH₃] + Cl₂ —Fe→   (6) [苯-CH₂CH₃] $\xrightarrow[H^+]{KMnO_4}$

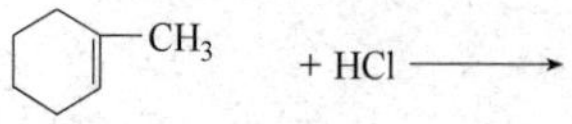

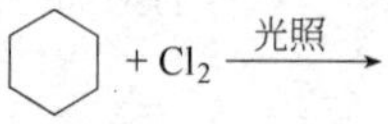

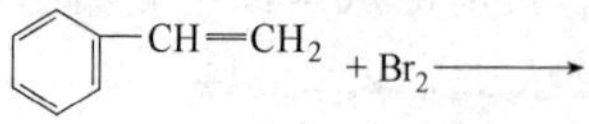

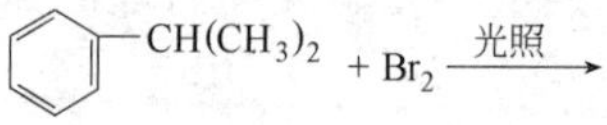

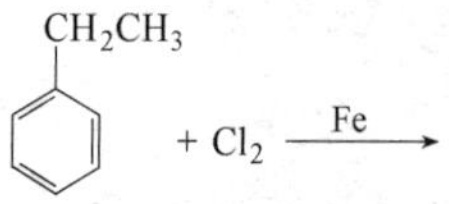

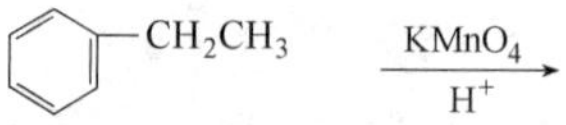

4. 下列化合物进行一元卤代时，主要产物是什么？

(1) [苯-Cl]   (2) [苯-COOH]   (3) [苯-CH₂CH₃]   (4) [苯-CH₂Br]

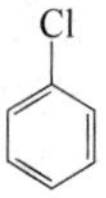

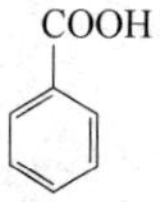

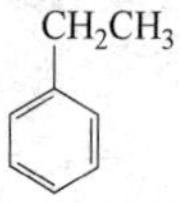

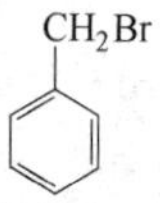

5. 用给定原料合成下列化合物（无机试剂任选）。

(1) [苯] ⟶ [间位-Cl, NO₂取代苯]   (2) [苯] ⟶ [邻位-Br, NO₂取代苯]

(3) [苯-CH₃] ⟶ [COOH, Br取代苯]   (4) [苯] ⟶ [Cl-苯-COOH]

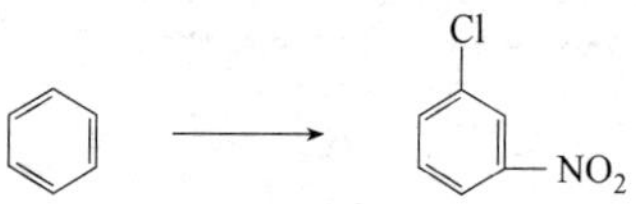

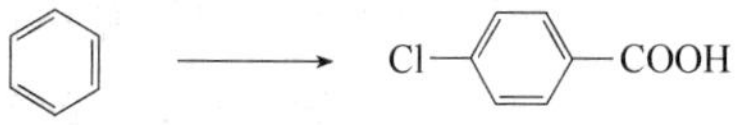

💡 知识拓展

石墨烯

　　2010 年的诺贝尔物理学奖将石墨烯带入了人们的视线。2004 年，英国曼彻斯特大学物理学家安德烈·盖姆和康斯坦丁·诺沃肖洛夫通过一种很简单的方法从石墨薄片中剥离出了石墨烯，为此他们二人也荣获 2010 年诺贝尔物理学奖。

　　石墨烯是一种二维晶体，由碳原子按照六边形进行排布，相互连接，形成一个碳分子，其结构非常稳定；随着所连接的碳原子数量不断增多，这个二维的碳分子平面不断扩大，分子也不断变大。单层石墨烯只有一个碳原子的厚度，即 0.335nm，相当于一根头发的 20 万分之一的厚度，1mm 厚的石墨中将近有 150 万层的石墨烯。

　　在 2015 年年末硼烯发现之前，石墨烯既是最薄的材料，也是最强韧的材料，断裂强度比最好的钢材还要高 200 倍。同时它又有很好的弹性，拉伸幅度能达到自身尺寸的 20%。它是目前自然界最薄、强度最高的材料，如果用一块面积 $1m^2$ 的石墨烯做成吊床，本身重量不足 1mg 便可以承受一只 1kg 的猫。

　　石墨烯目前最有潜力的应用是成为硅的替代品，制造超微型晶体管，用来生产未来的超级计算机。用石墨烯取代硅，计算机处理器的运行速度将会快数百倍。另外，石墨烯几乎是完全透明的，只吸收 2.3% 的光。另一方面，它非常致密，即使是最小的气体原子（氦原子）也无法穿透。这些特征使得它非常适合作为透明电子产品的原料，如透明的触摸显示屏、发光板和太阳能电池板。

　　作为目前发现的最薄、强度最大、导电导热性能最强的一种新型纳米材料，石墨烯被称为"黑金"，是"新材料之王"，科学家甚至预言石墨烯将"彻底改变 21 世纪"。极有可能掀起一场席卷全球的颠覆性新技术新产业革命。

第十三章
卤代烃

卤代烃是指烃分子中的氢原子被卤原子取代后的化合物。卤原子是卤代烃的官能团，通常为氯、溴和碘原子。卤代烃在自然界中存在极少，绝大多数是人工合成的。这些卤代烃被广泛用作农药、医药、农膜、防腐剂、溶剂等。由于碳卤键（C—X）是极性的，卤代烃的性质比较活泼，能发生多种化学反应，因而卤代烃在有机合成中起着桥梁作用。大量事实表明，一些作为杀虫剂的卤代烃在自然条件下难以降解或转化，对自然环境造成污染，对生态平衡构成危害，因此必须限制使用。

知识目标

1. 能够说出卤代烷取代、消除等主要的化学性质。
2. 掌握卤代烷的亲核取代反应、消除反应历程和影响因素。
3. 掌握各种类型的卤代烷烃、卤代烯烃、卤代芳烃在化学活性上的差异。
4. 能够鉴别不同类型的卤代烃。

能力目标

1. 能够书写主要化学反应并利用札依采夫规则判断消除反应主产物。
2. 理解亲核取代反应的两种历程和影响反应历程因素。
3. 能够讲解自己的有机化学综述论文，进行课堂讨论等。

素质目标

了解量变引起质变的哲学观点，探索有机化学奥秘。

第一节　卤代烃分类和命名

一、卤代烃的分类

① 按照卤原子的种类不同，可将卤代烃分为氟代烃、氯代烃、溴代烃和碘代烃。

② 按照卤原子的数目不同，可将卤代烃分为：一元卤代烃、二元卤代烃、多元卤代烃等。

③ 按照卤原子所连接的烃基结构的不同，可将卤代烃分为：饱和卤代烃、不饱和卤代烃、卤代芳香烃等。

④ 一元卤代烃又可根据和卤原子相连的碳原子的种类分为：伯卤代烃、仲卤代烃和叔卤代烃。

二、卤代烃的命名

卤代烃命名可用普通命名法、系统命名法，也可用俗名。结构比较简单的卤代烃，可采用普通命名法命名，按与卤原子相连的烃基，称为卤代某烃或某基卤。例如：

$$CH_3Cl \qquad CH_2=CHCH_2Br \qquad \text{（苄基）}CH_2Cl$$

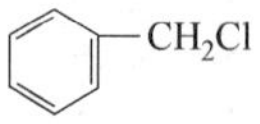

甲基氯　　　　烯丙基溴　　　　　　　苄基氯

结构相对复杂的卤代烃，用系统命名法命名，卤原子和其他侧链都作为取代基。

卤代烃的系统命名原则是选择连有卤原子的最长碳链作为主链，由距离取代基最近的一端开始对主链进行编号，将取代基按次序规则的先后顺序列出。如：

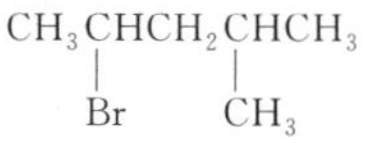

$$\underset{\underset{Br}{|}}{CH_3CHCH_2}\underset{\underset{CH_3}{|}}{CHCH_3} \qquad CH_3\underset{\underset{Br}{|}}{CH}CH=CHCH_3 \qquad CH_3CH_2CH_2CH_2Cl$$

2-甲基-4-溴戊烷　　　　　4-溴-2-戊烯　　　　　　1-氯丁烷

$$CH_3CH_2\underset{\underset{Cl}{|}}{CH}CH_3 \qquad CH_3\underset{\underset{CH_3}{|}}{\overset{\overset{Cl}{|}}{C}}CH_3 \qquad \text{（环己烷）}\overset{Cl}{\underset{Cl}{}}$$

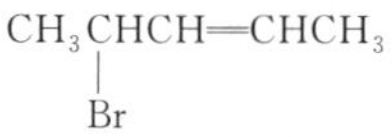

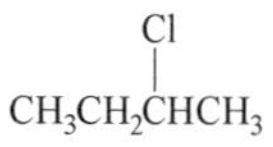

2-氯丁烷　　　　　　2-甲基-2-氯丙烷　　　　　1,2-二氯环己烷

有些卤代烃命名时也常用俗名，例如：

$$CHCl_3 \qquad CHBr_3 \qquad CHI_3 \qquad CCl_2F_2$$

氯仿　　　　溴仿　　　　碘仿　　　　氟利昂

?【问题 13-1】 写出符合下列名称的结构式。

(1) 对氯苯溴甲烷　　　　　(2) 1,2,4-三氯环己烷

(3) 2-甲基-4-氯-5-溴辛烷

第二节　卤代烃的物理性质

常温常压下，氯甲烷、氯乙烷、溴甲烷等低级卤代烃是气体，一般卤代烃大多为液体，高级卤代烃为固体。卤代烷的蒸气有毒，应尽量避免吸入体内。

所有的卤代烃均不溶于水，但能溶于醇、醚、烃类等有机溶剂中。有些卤代烃本身就是有机溶剂，如氯仿、四氯化碳等，可用它们从动植物组织中提取脂肪类物质。

卤代烷的沸点是随着碳原子数的增加而升高的。相同烃基、不同卤原子的卤代烃，其沸点随卤原子的序数增加而升高。同系列中沸点随着分子量的增加而升高。同分异构体中，支链越多，沸点越低。

碘代烃、溴代烃及多卤代烃的相对密度都大于1，卤代烷的相对密度随碳原子的增加而降低。常见卤代烃物理常数见表13-1。

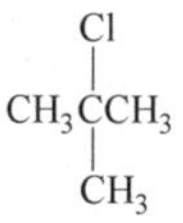

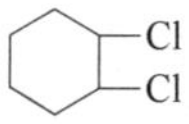

表 13-1　卤代烃物理常数

卤代烷	氯代烷		溴代烷		碘代烷	
	沸点/℃	相对密度 d_4^{20}	沸点/℃	相对密度 d_4^{20}	沸点/℃	相对密度 d_4^{20}
CH_3X	−24.2	0.916	3.6	1.676	42.4	2.279
CH_3CH_2X	12.3	0.898	38.4	1.460	72.3	1.933
$CH_3CH_2CH_2X$	46.6	0.890	71.0	1.335	102.5	1.747
$(CH_3)_2CHX$	35.7	0.859	59.4	1.310	89.5	1.705
$CH_3CH_2CH_2CH_2X$	78.4	0.884	101.6	1.276	130.5	1.617
$CH_3CH_2CHXCH_3$	68.3	0.871	91.2	1.258	120	1.595
$(CH_3)_2CHCH_2X$	68.8	0.875	91.4	1.261	121	1.605
$(CH_3)_3CX$	52.0	0.840	73.1	1.222	100(分解)	1.545
CH_2X_2	40.0	1.336	99	2.49	180(分解)	3.325
CHX_3	61.7	1.489	151	2.89	升华	4.008
CX_4	76.5	1.595	189.5	3.42	升华	4.230

第三节　卤代烃的化学性质

卤原子具有较大的电负性，卤代烷烃分子中的卤原子带部分负电荷，与卤原子直接相连的碳原了带部分正电荷，C—X 键是极性共价键，易发生断裂。当亲核试剂进攻与卤素相连的碳原子时，卤原子会带着一对电子离去，进攻试剂与碳原子结合而发生取代反应。由于在分子内存在着卤原子的吸电子效应，在强碱性试剂作用下，易脱去卤原子和相邻碳上的氢，发生消除反应。

卤代烃的化学性质可归纳如下：

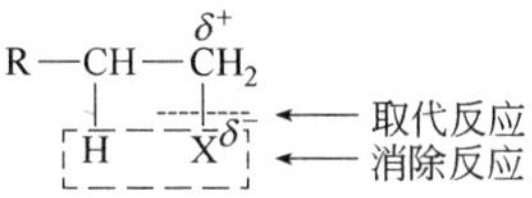

一、卤原子的取代反应

1. 被羟基取代

卤代烃和 NaOH 的水溶液共热，卤原子被羟基（—OH）取代，生成醇。这个反应也称为卤代烃的水解。这是用卤代烃制备醇的一种方法。

$$R—X + NaOH \xrightarrow[\triangle]{H_2O} R—OH + NaX$$

2. 被烷氧基取代

卤代烷与醇钠作用，卤原子被烷氧基（—OR′）取代而生成醚，这是有机合成中由卤代烃制取醚的方法。这个反应也称为卤代烃的醇解。

$$R—X + NaOR' \xrightarrow{ROH} ROR' + NaX$$

3. 被氨基取代

卤代烷与氨（胺）的水溶液或醇溶液作用，卤原子被氨基（$—NH_2$）取代生成胺。此反应也称为卤代烷的氨（胺）解。

$$R{-}X + NH_3 \xrightarrow{ROH} R{-}NH_2 + HX$$

产物很难停留在一元取代阶段，如果卤代烷过量，产物是各种取代胺及季铵盐。

$$RNH_2 \xrightarrow[ROH]{RX} R_2NH \xrightarrow[ROH]{RX} R_3N \xrightarrow[ROH]{RX} R_4N^+X^-$$

4. 被氰基取代

卤代烷与氰化钠或氰化钾的醇溶液共热，则氰基（—CN）取代卤原子而得腈，腈可发生水解生成羧酸。

$$RX + NaCN \xrightarrow[\triangle]{ROH} RCN + NaX$$

$$RCN \xrightarrow[H^+]{H_2O} RCOOH$$

由于产物比反应物多一个碳原子，因此，该反应是有机合成中增长碳链的方法之一。

5. 被硝酸根取代

卤代烷和硝酸银的醇溶液作用，卤原子被硝酸根取代生成硝酸酯，同时产生卤化银沉淀，此反应可用于卤代烷的鉴定。

$$RX + AgNO_3 \xrightarrow{ROH} RONO_2 + AgX\downarrow$$

根据生成卤化银沉淀的快慢可鉴别不同结构的卤代烃。

二、消除反应

卤代烷在 KOH 或 NaOH 等强碱的醇溶液中加热，能从分子中脱去一分子卤化氢，而形成烯烃。这种由一个分子中脱去一些小分子（如 HX、H_2O 等），同时产生不饱和键的反应叫作消除反应。

$$R{-}\underset{H}{\underset{|}{\overset{\beta}{C}H}}{-}\underset{X}{\underset{|}{\overset{\alpha}{C}H_2}} \xrightarrow[\triangle]{KOH/C_2H_5OH} R{-}CH{=}CH_2 + HX$$

卤代烷分子中在 β-C 原子上必须有氢原子时，才有可能发生消除反应。当含有两个以上 β-C 原子的卤代烷发生消除反应时，将按不同的方式脱去卤化氢，生成不同的产物。

大量实验事实证明，不对称卤代烃发生消除反应的主要产物是卤素结合含氢较少的 β-C 原子上的氢，生成双键碳原子上连有最多烃基的烯烃，这个规律叫作札依采夫（A. M. Saytzeff）规则。例如：

$$CH_3{-}\underset{H}{\underset{|}{\overset{\beta}{C}H}}{-}\underset{X}{\underset{|}{\overset{\alpha}{C}H}}{-}\underset{H}{\underset{|}{\overset{\beta}{C}H_2}} \xrightarrow[\triangle]{KOH/C_2H_5OH} \underset{81\%}{CH_3CH{=}CHCH_3} + \underset{19\%}{CH_3CH_2CH{=}CH_2}$$

取代反应和消除反应是相互竞争的。因此，卤代烃发生取代反应的同时可能发生消除反应，反之亦然。

一般说来，叔卤代烷易发生消除反应，伯卤代烷易发生取代反应，而仲卤代烷则介于二者之间。试剂的亲核性强（如 CN^-）有利于取代反应，试剂的碱性强（如叔丁基钾）则有利于消除反应，溶剂的极性强有利于取代反应，反应的温度升高有利于消除反应。

三、与金属反应

卤代烷能与各种金属反应生成有机金属化合物。有机金属化合物是重要的有机合成试剂，常见的如格氏试剂，格氏试剂可由卤代烷和金属 Mg 在无水乙醚作用下制取：

$$RX + Mg \xrightarrow{\text{无水乙醚}} RMgX$$

格氏试剂是有机合成中用途极广的一种试剂，其 C—Mg 键极性很强，化学性质非常活泼，能和多种化合物作用生成烃、醇、醛、酮、酸等物质。例如，格氏试剂和 CO_2 反应，经水解后可制取羧酸。

$$RMgX + CO_2 \xrightarrow{\text{无水乙醚}} R-\overset{\overset{\displaystyle O}{\|}}{C}-OMgX \xrightarrow{H_2O} R-\overset{\overset{\displaystyle O}{\|}}{C}-OH + MgX(OH)$$

格氏试剂能够和许多含有活泼 H^+ 的物质发生反应，因此在制取格氏试剂时必须用无水溶剂和干燥的反应器，防止水气、酸、醇、氨等物质的接触。

$$RMgX + HY \longrightarrow RH + MgXY$$

$$(Y = -OH、-OR、-NH_2、-X \text{ 等})$$

❓【问题 13-2】 制备格氏试剂时为什么必须是无水条件？

第四节 重要的卤代烃

一、三氯甲烷

三氯甲烷（$CHCl_3$）又称氯仿，是无色有香甜味的液体，不能燃烧，也不溶于水，是常用的有机溶剂，能溶解油脂、蜡、有机玻璃和橡胶等。纯净的氯仿可用作牲畜外科手术的麻醉剂。

氯仿在光照下能被空气缓慢氧化成剧毒的光气，所以氯仿要保存在棕色瓶中。医用氯仿必须十分纯净，常加入 1%的乙醇以破坏可能生成的光气。

$$CHCl_3 + O_2 \xrightarrow{\text{日光}} Cl-\overset{\overset{\displaystyle O}{\|}}{C}-Cl + HCl$$

二、四氯化碳

四氯化碳在常温下为无色液体，有毒，具有致癌作用，不溶于水，能溶解脂肪、树脂、橡胶等多种有机物，是实验室和工业上常用的有机溶剂和萃取剂。四氯化碳易挥发，不燃烧，是常用的灭火剂。

多卤代烃具有化学惰性和热稳定性，现已大量生产用作冷冻剂、工业溶剂、烟雾剂和灭火剂等。

三、氯乙烯及聚氯乙烯

氯乙烯是无色气体，稍有麻醉性，不溶于水，易溶于乙醇、乙醚、丙酮等有机溶剂，氯乙烯是制备聚氯乙烯的原料，工业上可用乙炔或乙烯作原料生产氯乙烯。

$$CH_2=CH_2 \xrightarrow{Cl_2} \underset{\displaystyle Cl}{\underset{|}{CH_2}}-\underset{\displaystyle Cl}{\underset{|}{CH_2}} \xrightarrow[\triangle]{NaOH} CH_2=CH-Cl$$

氯乙烯的主要用途是制备聚氯乙烯。

氯乙烯

$$nCH_2=\underset{\underset{Cl}{|}}{CH}\xrightarrow{催化剂}\left[CH_2-\underset{\underset{Cl}{|}}{CH}\right]_n \quad (n=800\sim1400)$$

聚氯乙烯

聚氯乙烯具有极好的耐化学腐蚀性，不燃烧，电绝缘性好，在工农业生产和日常生活中具有广泛的用途，可用于制造塑料、涂料、合成纤维等。但聚氯乙烯制品的耐热性、耐光性较差。

本章小结

1. 卤代烷烃可分为伯卤代烷、仲卤代烷和叔卤代烷；也可分为一卤代烷和多卤代烷。

2. C—X 键是极性共价键，卤代烷易发生 C—X 键断裂。当亲核试剂（OH^-、OR^-、CN^-、NH_3、NO_3^- 等）进攻 α-C 原子时，卤素带着一对电子离去，进攻试剂与 α-C 原子结合，从而发生亲核取代反应。

3. 卤原子吸电子诱导效应的影响，使卤代烷 β 位上碳氢键的极性增大，易脱去 β-H 和卤原子而发生消除反应。有多种 β-H 的卤代烷发生消除反应时，生成双键碳原子上连有较多烃基的烯烃，这个规律称为札依采夫（A. M. Saytzeff）规律。

4. 卤代烷还可与金属镁反应生成格氏试剂。

5. 卤代烷发生亲核取代反应的同时也可能发生消除反应，哪种反应历程占优势，主要由卤代烃的结构、亲核试剂的性质、溶剂的极性以及反应的温度等因素决定。

习题

1. 写出分子式为 C_3H_5Br 的所有同分异构体，并用系统命名法命名。

2. 写出下列化合物的结构式，并指出伯、仲、叔卤代烃。

（1）2-甲基-3-氯丁烷　（2）2,2-二甲基-1-溴丙烷　（3）2,3-二甲基-2-溴丁烷

（4）2-氯-1,4-戊二烯　（5）1-甲基-2-氯环己烷　（6）苯基氯

3. 命名下列化合物。

（1）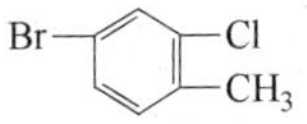

（2）$CH_3CH(CH_2CH_3)CH_2CH_2Cl$

（3）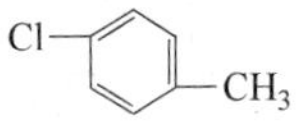

（4）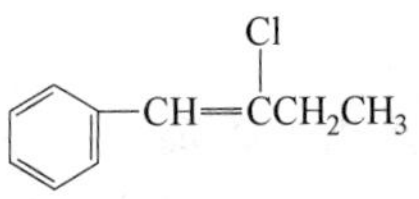

4. 完成下列转变。

（1）$CH_3CH=CH_2 \longrightarrow (CH_3)_2CHBr$

（2）$CH_3CH_2CH_2CH_2Br \longrightarrow CH_3CH=CHCH_3$

（3）$CH_2=CHCH_2Cl \longrightarrow CH_2=CHCH_2CN$

（4）$CH_2=CH_2 \longrightarrow HOOCCH_2CH_2COOH$

（5）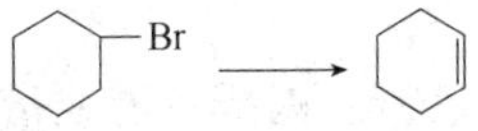

（6）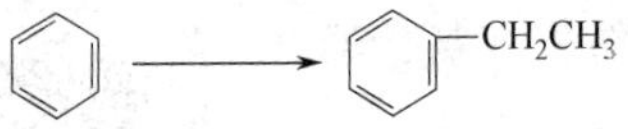

5. 完成下列反应式。

（1）$CH_3CH_2CH=CH_2 \xrightarrow{HBr} \xrightarrow{NaCN} \xrightarrow{H_3^+O}$

（2）$ClCH_2CH_2CH_2Cl \xrightarrow{NaCN} \xrightarrow{H_3^+O}$

（3）$\bigcirc$—Br $\xrightarrow[\text{ROH}]{\text{NaOH}}$ $\xrightarrow[\text{CCl}_4]{\text{Br}_2}$ $\xrightarrow{\text{NaCN}}$ $\xrightarrow{\text{H}_3^+\text{O}}$

（4）$\bigcirc$—CH$_3$ $\xrightarrow[\text{FeCl}_3]{\text{Cl}_2}$ $\xrightarrow[\text{光照}]{\text{Cl}_2}$ $\xrightarrow[\text{H}_2\text{O}]{\text{NaOH}}$

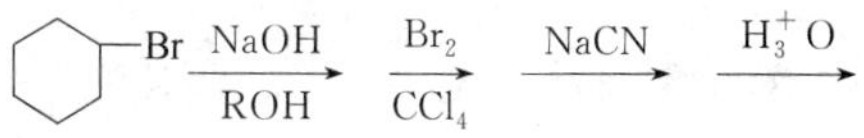

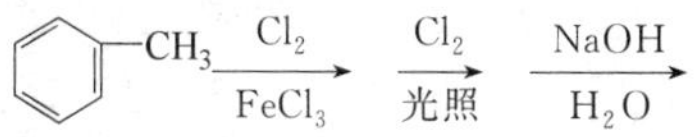

6. 写出 1-溴丁烷与下列化合物反应的主要产物。

（1）KOH/C_2H_5OH （2）KOH/H_2O （3）KCN （4）NH_3 （5）$Mg/$无水乙醚

7. 用化学方法鉴别下列各组化合物。

（1）1-溴环戊烯、3-溴环戊烯、4-溴环戊烯

（2）—Cl、Cl—$\bigcirc$—CH=CH$_2$、Cl—$\bigcirc$—CH$_2$CH$_3$

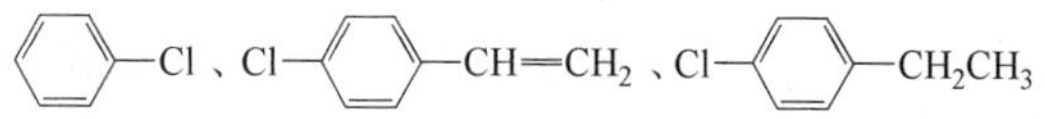

8. 某烃 A 的分子式为 C_5H_{10}，不与高锰酸钾作用，在紫外线光照射下与溴作用只得到一种一溴代物 B，B 的组成为 C_5H_9Br。将化合物 B 与 KOH 的醇溶液作用得到 C，C 的组成为 C_5H_8，化合物 C 经酸性高锰酸钾氧化得到戊二酸（$COOHCH_2CH_2CH_2COOH$）。根据上述事实，写出化合物 A 的结构式，并写出相应化学反应式。

9. 某卤代烃 A，含有氯 39.7%，能使 Br_2 和 $KMnO_4$ 溶液褪色，将 1gA 与过量的 CH_3MgI 作用，有 253.0mL CH_4 放出，请推测 A 的结构。

💡 知识拓展

卤代有机化合物和环境

目前，有多种卤代烃有机物被生成用于商业用途。氯代有机物最大的工业利用是在合成聚氯乙烯类塑料中。氯代有机物的其他重要用途还包括溶剂、工业润滑油、绝缘漆、除锈剂及杀虫剂等。

这些物质遗弃后持续残存于环境中，并对人和其他生物的健康产生各种有害的影响。比如氯丹和林丹杀虫剂。它们被认为是内分泌的破坏者，会引起动物遗传异常。这些物质在世界上很多国家被限制或明令禁止使用，但它们在环境中不易降解的物质仍大量存在。

人们针对氯代有机物的使用和处置问题想出了很多解决的方法。例如，超临界 CO_2 可以从咖啡豆中提取咖啡因，可以取代二氯甲烷。控制得当的焚化可以以对环境最小的影响来破坏卤代烃废弃物。有些厌氧微生物可以将氯代有机物中的氯除掉，将这些分子转变成了更容易被传统好氧细菌生物降解的物质，人类能否将这种生物补救法发展为大规模的使用技术，还需要科学家继续探索。

📖 素质拓展阅读

化学教育大师——李比希

李比希（Justus von Liebig，1803～1873 年），生于德国的达姆施塔特，对无机化学、有机化学、生物化学、农业化学都做出了卓越贡献。李比希一生获得过许多荣誉，1860 年被选为巴伐利亚科学院院长，还被选为德国、法国、英国、俄国、瑞典等国家科学院的院士或名誉院士。

幼年李比希对实验和观察有着浓厚的兴趣，经常自己做化学实验。有一次在做雷酸汞实验时，引起的爆炸震动了整个楼房，屋顶一角被炸毁。李比希的父亲没有责备他，反而说他有胆量、有追求精神，这激发了他对化学的热爱。青年时代的李比希，不远千

里到波恩求学，他的第一个老师是卡斯特纳。后来，李比希转到埃尔兰根大学学习，并于1822年获博士学位，博士论文题目是《论雷酸汞的成分》。之后他又到法国巴黎继续深造，经洪堡教授推荐，他进入了盖·吕萨克实验室进行研究工作。在1822～1824年两年的研究工作中，在探索各种有机化合物的同时，他系统地研究了雷酸盐，找到了防止雷酸盐爆炸的填充剂，发现用烘焙过的苦土（MgO）与雷酸盐相混合，可以有效地防止雷酸盐爆炸。

李比希在化学上建树极多，除雷酸盐的研究成果外，他于1829年发现了马尿酸；1831年合成了氯醛和氯仿；1932年和维勒鉴定出苯乙酰基；1834年提出乙醇、乙醚等，都可视为乙基化合物，并命名了乙基（C_2H_5—）；1837年，提出了有关多元酸的理论，开展了对有机酸的研究，说明了酸和氢的内在联系；1839年，研究了“发酵”和“腐败”问题，并对“发酵”和“腐败”做了理论说明。同时，他还研究了尿酸的衍生物、生物碱、氨基酸、胱胺、肌酸、肌酸酐等多种有机化合物的结构和性质。

1824年，李比希回到德国，担任吉森大学编外教授，两年后升为正式教授，当时年仅23岁。在从事教学过程中，李比希发现德国的化学教育落后于法国，化学实验室条件较差。为了改变这种情况，李比希加强了对实验室建设和化学教学法的研究，使化学教学真正具备了实验科学的特色。经过两年努力，李比希在吉森大学建立了完善的实验教学系统，后来这类实验室被称为“李比希实验室”。李比希一生为化学事业培养了一大批一流化学家，俄国的齐宁、法国的热拉尔、英国的威廉逊、德国的霍夫曼和凯库勒、英国的富兰克兰、法国的武尔兹等都是他的学生。

李比希对无机化学、有机化学、生物化学、农业化学都做出了卓越贡献。他发明和改进了有机分析的方法，准确地分析过大量的有机化合物，合成过氯仿、三氯乙醛和多种有机酸。李比希还开创了农业化学的研究，提出植物需要氮、磷、钾等基本元素，研究了如何提高土壤肥力的问题，由此被称为“农业化学之父”。

李比希逝世后，人们把吉森大学李比希工作过的地方改为李比希纪念馆。学术界尊称他为有机化学、生物化学和农业化学的开路人。

第十四章
醇、酚、醚

醇、酚、醚是烃的含氧衍生物之一，醇和酚的分子中均含有羟基（—OH）官能团，它们是官能团影响有机物结构和功能的一个很好的例子。羟基直接与脂肪烃基相连的是醇类化合物（R—OH），羟基直接与芳基相连的是酚类化合物（Ar—OH），氧原子直接与两个烃基相连的化合物是醚（R—O—R′、R—O—Ar、Ar—O—Ar′），醚通常是由醇或酚制得。

知识目标

1. 掌握醇、酚、醚的结构特点及主要化学性质。
2. 能写出醇、酚、醚主要化学反应。
3. 了解几种重要的醇类化合物及实际应用。

能力目标

1. 能够命名和写出醇、酚、醚类化合物结构。
2. 能够根据结构推导醇、酚、醚类化合物反应。
3. 能够鉴别醇、酚、醚类官能团。

素质目标

通过了解诺贝尔生平及诺贝尔奖的创立，培养热爱科学的素养。

第一节　醇

醇可看作是脂肪烃分子中的氢原子被羟基（—OH）取代的衍生物，也可以看作是水分子中的氢原子被脂肪烃基取代的产物，饱和一元醇的通式为 ROH。

一、醇的分类和命名

1. 醇的分类

① 根据分子中羟基所连烃基的结构，可把醇分为脂肪醇（饱和、不饱和）、脂环醇和芳香醇。例如：

CH_3CH_2OH	$CH_2=CHCH_2OH$	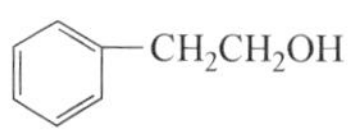	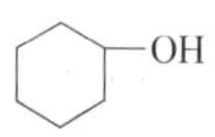
饱和脂肪醇	不饱和脂肪醇	芳香醇	脂环醇

② 根据分子中羟基的数目，可把醇分成一元醇、二元醇及三元醇等。例如：

$$CH_3CH_2CH_2OH$$

$$\begin{array}{c} CH_2-CH_2 \\ | \quad\quad | \\ OH \quad OH \end{array}$$

$$\begin{array}{c} CH_2OH \\ | \\ CHOH \\ | \\ CH_2OH \end{array}$$

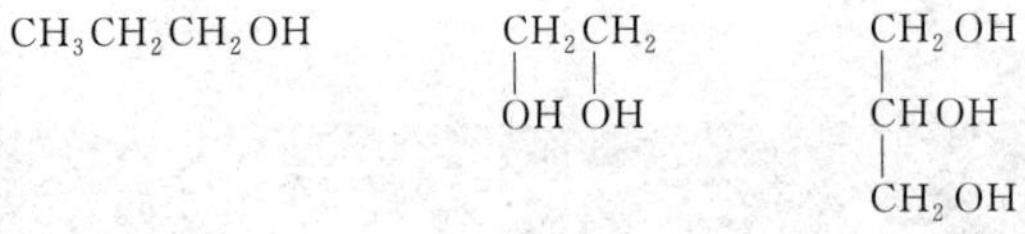

一元醇　　　　　　　二元醇　　　　　　　三元醇

③ 根据分子中羟基所连碳原子种类，可把醇分为伯醇（一级醇）、仲醇（二级醇）、叔醇（三级醇）。例如：

$$CH_3CH_2OH$$

$$\begin{array}{c} CH_3CHCH_3 \\ | \\ OH \end{array}$$

$$\begin{array}{c} CH_3 \\ | \\ CH_3CCH_3 \\ | \\ OH \end{array}$$

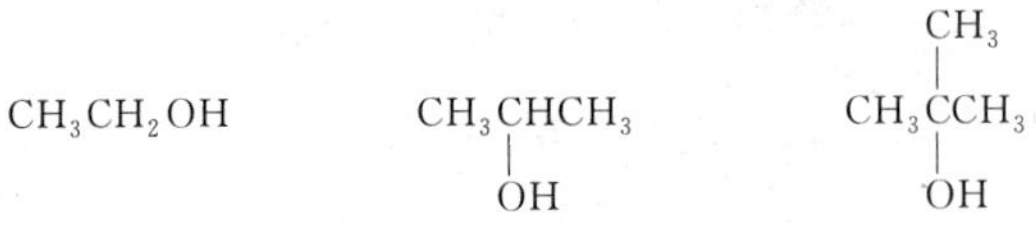

伯醇　　　　　　　　仲醇　　　　　　　　叔醇

2. 醇的命名

① 结构简单的醇，可用普通命名法命名，根据与—OH 相连的烃基的名称称为某醇。例如：

$$CH_3OH \quad\quad\quad CH_3CH_2OH \quad\quad\quad CH_2\!=\!CHCH_2OH$$

甲醇　　　　　　　　乙醇　　　　　　　　烯丙醇

② 结构比较复杂的醇，采用系统命名法命名。选择包含羟基所在碳原子的最长碳链作为主链，根据主链所含有的碳原子数目称为"某醇"，从距羟基较近的一端开始对主链编号，将羟基的位置标在醇的前面，再将取代基的位置和名称按顺序规则由小到大标在最前面。例如：

$$\begin{array}{c} CH_3CHCH_2CH_3 \\ | \\ OH \end{array}$$

$$\begin{array}{c} CH_3CHCH_2CH_2OH \\ | \\ CH_3 \end{array}$$

$$\begin{array}{c} OH \quad\quad\quad CH_3 \\ | \quad\quad\quad\quad | \\ CH_2CHCH_2CHCHCH_3 \\ \quad\quad\quad\quad\quad | \\ \quad\quad\quad\quad CH_2CH_3 \end{array}$$

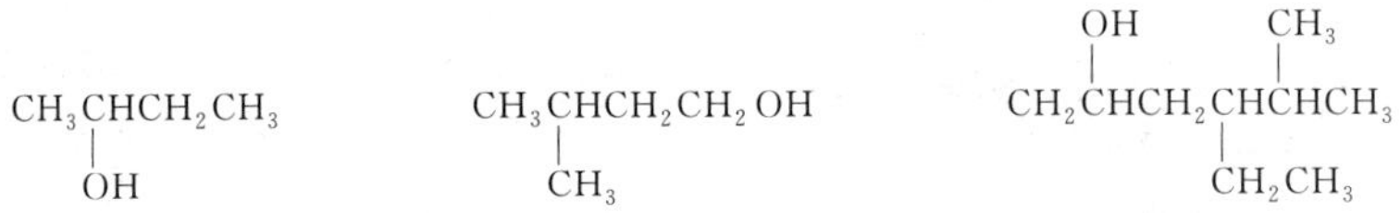

2-丁醇　　　　　　　3-甲基-1-丁醇　　　　　　5-甲基-4-乙基-2-己醇

③ 芳香醇的系统命名，是把芳香基作为取代基。例如：

$$\text{—CH}_2\text{CH}_2\text{CH}_2\text{OH}$$

$$\begin{array}{c} OH \\ | \\ \text{—CH}CH_2CH_3 \end{array}$$

3-苯基-1-丙醇　　　　　　　　　　　1-苯基-2-丁醇

④ 命名多元醇时，主链应包括尽可能多的羟基，按主链所含碳原子和羟基的数目称为"某二醇""某三醇"……例如：

$$\begin{array}{c} CH_2-CH_2 \\ | \quad\quad | \\ OH \quad OH \end{array}$$

$$\begin{array}{c} CH_2OH \\ | \\ CHOH \\ | \\ CH_2OH \end{array}$$

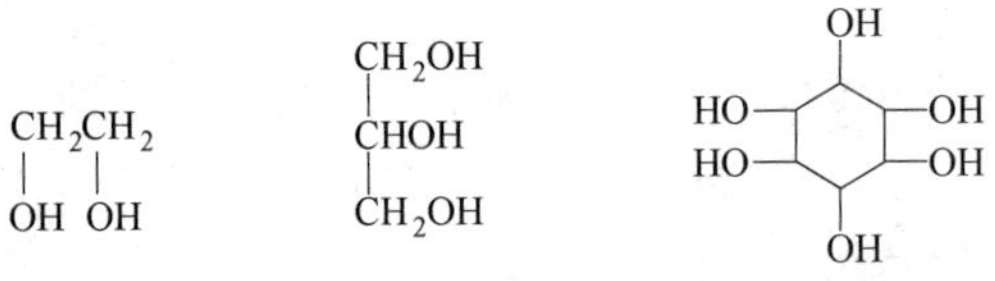

乙二醇　　　　　　　丙三醇　　　　　　　环己六醇

二、醇的物理性质

低级饱和一元醇是无色液体，具有特殊气味，高级醇是蜡状固体。某些存在于花或果实中的醇，有特殊的香味，可用于配制香精。

醇分子中的羟基能与水形成氢键，因此，在分子中引入羟基能增大化合物的水溶性。如乙二醇、丙三醇能与水以任意比互溶。$C_1\sim C_3$ 的一元醇为具有酒味的流动液体，因为羟基在分子中所占的比例较大，因此在水中的溶解度较大，可与水以任意比混溶。$C_4\sim C_9$ 的一元醇，由于烃基所占比例越来越大，所以在水中的溶解度迅速降低，C_{10} 以上的一元醇则难溶于水。

醇的沸点比多数分子量相近的其他有机物高，原因是醇为极性分子，而且分子的羟基之间还可以通过氢键缔合起来。如甲醇的沸点是 65℃，而乙烷的沸点为－88.6℃。由于羟基数目增加，则形成氢键增多，所以沸点也更高。例如，丙醇和乙二醇分子量相近，但沸点相差约 100℃。

一些常见醇的物理常数见表 14-1。

表 14-1 醇的物理常数

名 称	熔点/℃	沸点/℃	相对密度 d_4^{20}	溶解度/[g·(100g 水)$^{-1}$]
甲醇	－93.9	65	0.7914	∞
乙醇	－117.3	78.5	0.7893	∞
正丙醇	－126.5	97.4	0.8035	∞
异丙醇	－89.5	82.4	0.7855	∞
正丁醇	－89.5	117.2	0.8098	7.9
异丁醇	－108	108.1	0.8018	8.5
仲丁醇	－115	99.5	0.8063	12.5
叔丁醇	25.5	82.3	0.7887	∞
正戊醇	－79	137.3	0.8144	2.7
正己醇	－52	158.0	0.8136	0.59
环己醇	25.1	161.1	0.9624	3.6
烯丙醇	－129	97.1	0.8540	∞
苄醇	－15.3	205.3	1.0419	约 4
乙二醇	－11.5	198	1.1088	∞
丙三醇	18	290(分解)	1.2613	∞

【问题 14-1】 将下列每组中各化合物按沸点由高到低的次序排列：

(1) 甘油、1,2-丙二醇、1-丙醇

(2) 1-辛醇、1-庚醇、2-甲基-1-己醇、2,3-二甲基-1-戊醇

三、醇的化学性质

醇的化学性质主要由醇的官能团羟基决定，同时也受到烃基的影响。由于羟基上的氧原子电负性较强，使 C—O 键、O—H 键有明显的极性。因此，在反应中可发生 O—H 键断裂，也可发生 C—O 键断裂。断裂的位置，取决于烃基的结构和反应条件。醇的主要化学性质如下：

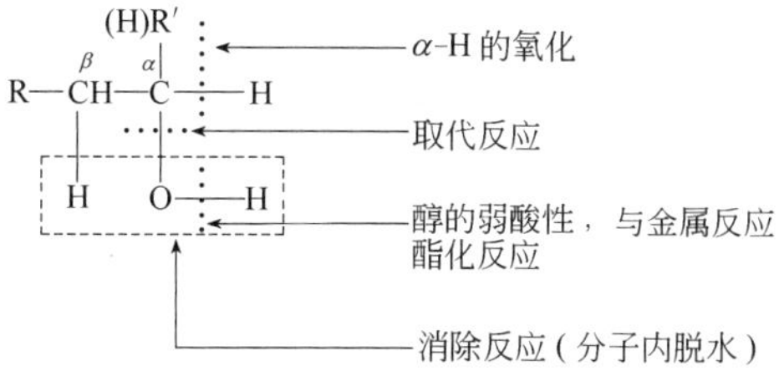

乙醇

1. 与活泼金属的反应

醇羟基上的氢与活泼金属反应放出氢气。如醇可与 Na、K、Mg 等反应而表现出一定的酸性，但反应比较缓慢，说明醇的酸性比较弱。

$$2CH_3CH_2OH + 2Na \longrightarrow 2CH_3CH_2ONa + H_2\uparrow$$

$$2CH_3CH_2OH + Mg \longrightarrow (CH_3CH_2O)_2Mg + H_2\uparrow$$

因为醇的酸性比较弱，所以 RO^- 的碱性比 OH^- 强。因此当醇盐遇水会发生水解反应而生成醇和金属氢氧化物：

$$CH_3CH_2ONa + H_2O \longrightarrow CH_3CH_2OH + NaOH$$

随着醇烃基的加大，和金属钠反应的速率也随之减慢。醇的反应活性是：

$$CH_3OH > 1^\circ > 2^\circ > 3^\circ$$

2. 酯化反应

醇和羧酸或无机含氧酸反应生成酯的反应称为酯化反应。

(1) 与羧酸的酯化反应　醇和羧酸在酸性条件下，发生分子间脱水而生成酯。

$$RCOOH + R'OH \underset{}{\overset{H^+}{\rightleftharpoons}} RCOOR' + H_2O$$

由于反应是可逆的，为提高酯的产量，可减少产物的浓度或增加反应物的浓度，使平衡向生成酯的方向移动。

(2) 与无机含氧酸成酯反应　常见的无机含氧酸有硫酸、硝酸、磷酸等，醇与之反应生成无机酸酯。例如：

$$CH_3OH + H_2SO_4 \longrightarrow \underset{\text{硫酸氢甲酯}}{CH_3OSO_2OH} + H_2O$$

$$CH_3OSO_2OH + CH_3OH \xrightarrow{\text{减压蒸馏}} \underset{\text{硫酸二甲酯}}{CH_3OSO_2OCH_3} + H_2O$$

$$ROH + HNO_3 \longrightarrow \underset{\text{硝酸酯}}{RONO_2} + H_2O$$

3. 与氢卤酸反应

醇与氢卤酸反应，分子中的C—O键断裂，羟基被卤原子取代而生成卤代烃和水。

$$ROH + HX \longrightarrow RX + H_2O$$

此反应是卤代烃水解的逆反应。不同的酸和相同卤代烃反应的活性次序为：HI>HBr>HCl。不同的卤代烃与相同的酸反应的活性次序为：叔醇>仲醇>伯醇。

实验室常用卢卡斯试剂（浓盐酸的饱和氯化锌溶液）来区分6个碳以下的伯、仲、叔醇。

由于6个碳以下的一元醇可溶于卢卡斯试剂，而生成的卤代烃则不溶而出现浑浊分层现象，根据出现浑浊的快慢便可鉴别出该醇的结构。所以加入卢卡斯试剂后：叔醇立即出现浑浊，仲醇静置片刻后出现浑浊，而伯醇在常温下不出现浑浊。

4. 脱水反应

醇和浓硫酸共热发生脱水反应，脱水方式随反应温度而变。在较高温度下，主要发生分子内脱水（消除反应）生成烯烃；在较低温度下，则发生分子间脱水生成醚。

(1) 分子内脱水

$$CH_3CH_2OH \xrightarrow[170^\circ C]{\text{浓}\ H_2SO_4} CH_2=CH_2 + H_2O$$

这是制备烯烃的常用方法之一。

仲醇和叔醇在发生分子内脱水反应时，遵守札依采夫规律。

(2) 分子间脱水

$$2CH_3CH_2OH \xrightarrow[140^\circ C]{\text{浓}\ H_2SO_4} CH_3CH_2OCH_2CH_3 + H_2O$$

如果用两个不同的醇反应，则得到三种醚的混合物。所以醇分子间脱水制取醚的方法，只适于制取简单醚，即两个烃基相同的醚。仲醇或叔醇与浓 H_2SO_4 共热的产物主要是烯。

5. 氧化反应

在醇分子中，由于—OH 吸电子能力较强，因此促使 α-H 的活性增大，容易被氧化。

（1）氧化　在高锰酸钾或重铬酸钾等氧化剂条件下，伯醇首先被氧化成醛，醛进一步被氧化成羧酸；仲醇则被氧化成酮。

$$RCH_2OH \xrightarrow{[O]} RCHO \xrightarrow{[O]} RCOOH$$

$$R-\underset{\displaystyle OH}{\overset{|}{CH}}-R' \xrightarrow{[O]} R-\overset{\displaystyle O}{\overset{\|}{C}}-R'$$

而叔醇在此条件下不易被氧化。根据氧化的难易，氧化产物的结构及反应过程中溶液颜色的变化可以区别伯、仲、叔醇。

（2）催化脱氢　伯醇或仲醇的蒸气在高温下用铜作催化剂，可脱氢生成醛或酮，此反应多用于化学工业上生产醛或酮。

$$RCH_2OH \xrightarrow[300℃]{Cu} RCHO + H_2O$$

$$R-\overset{\displaystyle OH}{\overset{|}{CH}}-R' \xrightarrow[300℃]{Cu} R-\overset{\displaystyle O}{\overset{\|}{C}}-R' + H_2O$$

四、重要的醇

1. 甲醇

甲醇早期从木材干馏得到，俗称木醇或木精，是无色易燃液体，略带刺激性气味，能和水及大多数有机溶剂互溶，本身是常用的有机溶剂。主要用于制备甲醛以及作为油漆的溶剂和甲基化试剂等。

甲醇有毒，服入 10mL 可导致人双目失明，服入 30mL 可致人死亡。工业上常用一氧化碳和氢气在高温、高压和催化剂作用下制甲醇。

2. 乙醇

乙醇是食用酒的主要成分，俗称酒精，是一种无色、易燃有酒香气味的液体，能与水及多种有机溶剂互溶。早在几千年前，我国劳动人民就懂得发酵酿酒，发酵是通过微生物进行的一种生物化学方法，发酵用的主要原料是含淀粉很丰富的各种谷物，至今发酵方法仍为制备乙醇和某些其他醇的重要方法之一。乙醇主要用作化工合成的原料、燃料、防腐剂和消毒剂（70%～75%乙醇溶液）。工业酒精由乙烯水合制得，燃料乙醇可由玉米发酵法制得，食用酒精以含淀粉的农产品为原料经过发酵制取。

工业酒精是含 95.6%乙醇与 4.4%水的恒沸混合物，沸点为 78.15℃，用直接蒸馏不能将水完全除掉。可用生石灰除去水分，通过蒸馏可得到 99.5%的乙醇，称为无水乙醇。再用金属镁或分子筛进一步处理，可得 99.95%的高纯度乙醇，称为绝对乙醇。

3. 乙二醇

乙二醇俗称甘醇，工业上由环氧乙烷水解得到。它是有甜味的无色黏稠液体，能与水混溶而不溶于乙醚。

乙二醇是常用的高沸点溶剂，60%（体积分数）的乙二醇水溶液的冰点约为－40℃，常用作汽车水箱的防冻剂。乙二醇也是合成树脂、合成纤维的重要原料。乙二醇甲醚、乙二醇乙醚等具有醇和醚的双重性质，能溶解极性或非极性化合物，是一种优良的溶剂，广泛用于纤维工业和油漆工业，俗称为溶纤剂。

4. 丙三醇

丙三醇俗名甘油，是无色、无臭、有甜味的黏稠液体。丙三醇能与水混溶，不溶于有机溶剂，有较强的吸水性。在碱性条件下与氢氧化铜反应生成绛蓝色的甘油铜溶液，可用此反应鉴别丙三醇或多元醇。

丙三醇广泛用于纺织、化妆品、皮革、烟草、食品等领域。与硝酸反应生成三硝酸甘油酯（硝化甘油），主要用作炸药，同时硝化甘油具有扩张冠状动脉的作用，在医药上治疗心绞痛和心肌梗死。

5. 肌醇

肌醇又叫环己六醇，主要存在于动物肌肉、心脏、肝、脑等器官中，是某些动物、微生物生长所必需的物质。它是有甜味的白色结晶固体，能溶于水而不溶于有机溶剂。可用于治疗肝病及胆固醇过高而引起的疾病。

6. 三十烷醇

三十烷醇又叫 1-三十醇，缩写符号 TA，由某些植物蜡（如米糠蜡）和动物蜡（如蜂蜡）制得。纯三十烷醇是白色鳞片状晶体，不溶于水，难溶于冷乙醇和丙酮，易溶于氯仿和四氯化碳等有机溶剂。

三十烷醇能提高作物的代谢水平和光合作用强度，促进作物产量提高，改善作物品质。在生产上应用剂量低，对人畜无毒无害，是一种适用性较广的新型植物生长调节剂。

第二节 酚

酚是具有 Ar-OH 通式的化合物。酚与醇在结构上的区别就在于它所含的羟基直接与芳环相连。

一、酚的命名

一般是在“酚”字前面加上芳烃名称。编号从酚羟基所在碳开始，其取代基的位次、名称写在酚名称前。多元酚称为二酚、三酚等。例如：

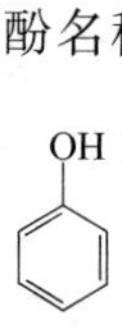

苯酚

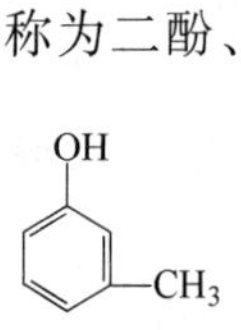

3-甲基苯酚（间甲基苯酚）

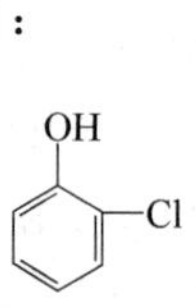

2-氯苯酚（邻氯苯酚）

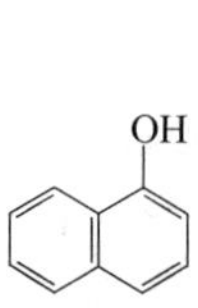

α-萘酚

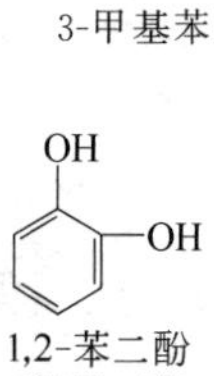

1,2-苯二酚
(邻苯二酚)

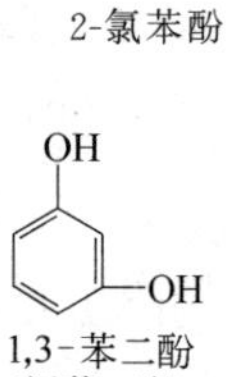

1,3-苯二酚
(间苯二酚)

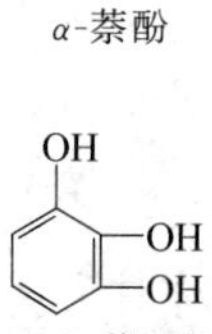

1,2,3-苯三酚
(均苯三酚)

二、酚的物理性质

常温下，除少数烷基酚是液体外，多数酚都是固体。纯净的酚无色，但由于其容易被空气中的氧气氧化而产生有色杂质，所以酚常常带有不同程度的黄或红色。由于分子间能形成氢键，所以酚的熔点和沸点比分子量相近的芳烃或芳基卤化物要高。酚在常温下微溶于水，加热时溶解度增加。酚能溶于乙醇、乙醚、苯等有机溶剂，一些常见酚的物理常数见表 14-2。

表 14-2　酚的物理常数

名　称	熔点/℃	沸点/℃	溶解度/[g·(100g 水)$^{-1}$]	pK$_a^\ominus$
苯酚	43	181.7	8.2	9.95
邻甲苯酚	30.9	191	2.5	10.2
间甲苯酚	11.5	202.2	0.5	10.01
对甲苯酚	34.8	201.9	1.8	10.17
邻苯二酚	105	245	45.1	9.4
间苯二酚	111	281	147.3	9.4
对苯二酚	173.4	285	6	10.0
1,2,3-苯三酚	133	309	易溶	7.0
1,2,4-苯三酚	140	—	易溶	—
1,3,5-苯三酚	218.9	—	1.13	7.0
α-萘酚	96(升华)	200	不溶	9.3
β-萘酚	123	295	不溶	9.5

三、酚的化学性质

酚毒性很大，口服致死量 530mg·kg^{-1}。在饮用水中即使含有微量的酚也会有一股难闻的特异气味。如饮用水进行氯化消毒时产生的 2,4-二氯苯酚，即使浓度极低，饮用也会有感觉。因此，为了保护人体健康，防止环境污染，防止自然生态被破坏，对含酚的污水，国家严格控制其含量，化工系和炼焦工业的含酚废水在排放前，必须加以处理。

苯酚

酚中含有羟基，使它能发生一些和醇相似的反应，但由于酚羟基和苯环的相互影响，这些反应与醇相比有一定的差异。

1. 酸性

酚类化合物的酸性强于水和醇，能够和强碱反应生成盐。例如：

$$\text{〇—OH} + NaOH \longrightarrow \text{〇—ONa} + H_2O$$

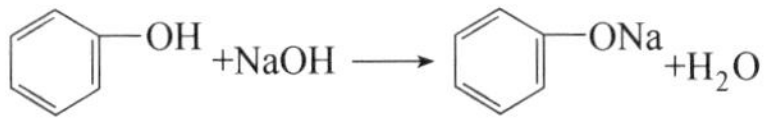

苯酚的酸性比碳酸弱，在苯酚钠的溶液中通入 CO_2 可使苯酚游离出来。利用这些性质可进行苯酚的分离和提纯。大多数酚的 pK$_a^\ominus$ 都在 10 左右。

$$\text{〇—ONa} + CO_2 + H_2O \longrightarrow \text{〇—OH} + NaHCO_3$$

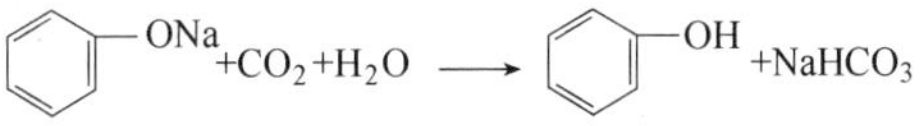

2. 与氯化铁的显色反应

具有羟基和 sp^2 杂化的碳原子相连结构（—C＝C—OH）的化合物大多能与氯化铁溶

液呈颜色反应，酚也具有这种结构，不同的酚与氯化铁产生不同的颜色。例如，苯酚、均苯三酚遇氯化铁溶液呈紫色，对苯二酚遇氯化铁呈绿色，甲苯酚遇氯化铁呈蓝色等。这种显色反应的实质是酚与氯化铁溶液作用生成有色的配合物，例如：

$$6C_6H_5OH + FeCl_3 \longrightarrow [Fe(C_6H_5O)_6]^{3-} + 6H^+ + 3Cl^-$$

这种显色反应主要用来鉴别酚或烯醇式结构的存在。

3. 酚醚的生成

由于酚羟基中的氧和芳环形成了 p-π 共轭体系，所以—OH 和芳环结合得比较牢固。因此，酚不能发生分子间脱水成醚，而必须用间接的方法。例如，由酚钠与卤代烃作用可生成酚醚。

4. 芳环上的取代反应

酚的芳环上可发生卤代、硝化、磺化等取代反应。由于羟基是邻、对位定位基，具有活化芳环的作用，因此，酚比芳香烃更易发生取代反应。

（1）卤代　苯酚的水溶液与溴水作用，生成 2,4,6-三溴苯酚的白色沉淀。

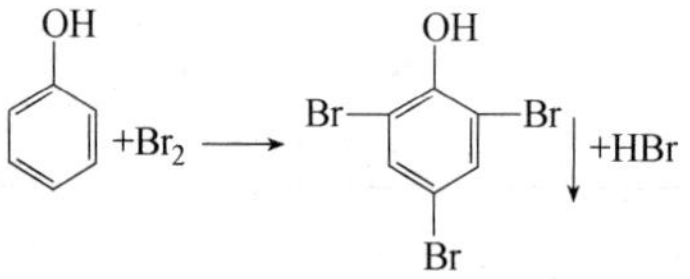

上述反应非常灵敏，而且定量完成。在极稀的苯酚溶液（1∶10000）中，加入一些溴水，即可看出明显的浑浊现象，这一反应可用于苯酚的定性分析或定量测定。

（2）硝化和磺化　苯酚的硝化和磺化反应一般在室温下即可顺利进行。例如：

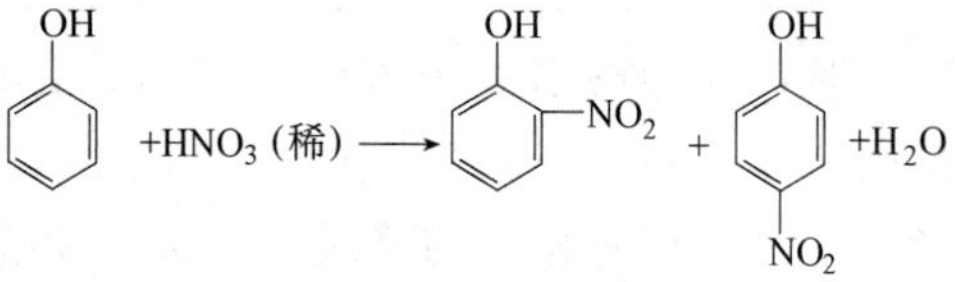

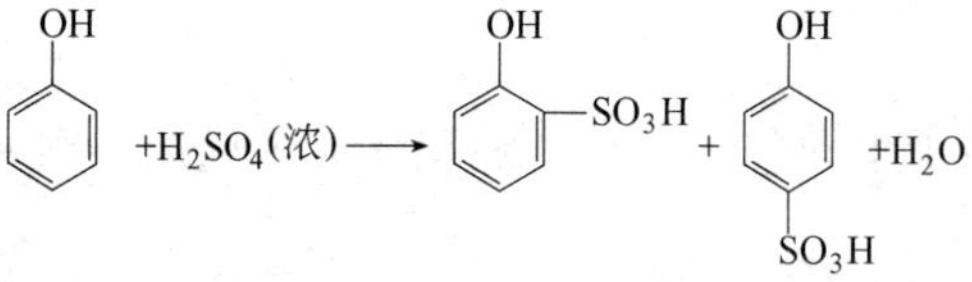

【问题 14-2】 用化学方法鉴别下列化合物：

甲苯、环己醇、苯酚、苯

5. 氧化

酚容易被氧化，空气中的氧就能将其氧化。例如，苯酚氧化可生成对苯醌。

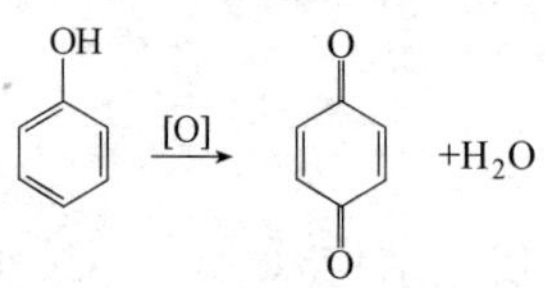

多元酚比苯酚更易氧化。三元酚是很强的还原剂，在碱液中能吸收氧气，常用作吸氧剂，在摄影中用作显影剂。酚易氧化成带有颜色的醌类物质，这是酚类物质常带有颜色的原因。

四、重要的酚

1. 苯酚

苯酚最初从煤焦油中分馏得到，具有酸性，俗称石炭酸。纯苯酚为无色针状结晶，有刺激性气味。苯酚微溶于水，易溶于乙醇和乙醚，在空气中放置易被氧化而变成红色。苯酚有毒，对皮肤有强烈的腐蚀性，一旦触及皮肤，可用酒精擦洗。在工业上，苯酚是一种重要的化工原料，大量用于制造酚醛树脂（电木粉）以及其他高分子材料、离子交换树脂、合成塑料、药物、炸药和染料等。苯酚能凝固蛋白质，使蛋白质变性，具有杀菌能力，可用作消毒剂和防腐剂。

2. 甲苯酚

甲苯酚有邻、间、对位三种异构体，它们的沸点很接近，难以分离，其混合物统称为甲苯酚。甲苯酚的杀菌能力比苯酚强，含47%～53%的三种甲苯酚的肥皂水溶液在医药上用作消毒剂，叫作“煤酚皂”，俗称“来苏儿”，一般家庭消毒和畜舍消毒时，可稀释至3%～5%后使用。

3. 苯二酚

苯二酚有邻、间、对位三种异构体，它们均为无色结晶，能溶于水、乙醇、乙醚。邻苯二酚俗名儿茶酚或焦儿茶酚，其衍生物存在于植物中。

间苯二酚常用于合成染料、树脂、胶黏剂等。邻和对苯二酚因易被弱氧化剂（如银氨溶液）氧化为醌，所以主要用作还原剂，如用作黑白胶片的显影剂（将胶片上感光后的卤化银还原为银）。苯二酚还常用作抗氧化剂或阻聚剂（防止高分子单体因氧化剂的存在而聚合）。如在储藏苯乙烯时，为防止苯乙烯聚合，常加入苯二酚抑制其聚合。又如苯甲醛易被氧化生成过氧苯甲酸，在苯甲醛中加入对苯二酚抑制其氧化。

4. 苯三酚

苯三酚有三种异构体，常见的有连苯三酚和均苯三酚。

均苯三酚俗称根皮苷酚。连苯三酚俗称焦倍酚或焦性没食子酚，是白色粉末状晶体，易溶于水，具有很强的还原性，常被氧化为棕色化合物。可用作摄影的显影剂，是合成药物和染料的原料之一。它因易吸收空气中的氧，常用于混合气体中氧气的定量分析。

5. 维生素 E

维生素 E 又称抗不育维生素或生育酚。

维生素 E 为淡黄色无嗅无味油状物，不溶于水而溶于油脂。α-生育酚磷酸酯二钠盐溶于水，不易被酸、碱及热破坏，在无氧时热至200℃也稳定。维生素 E 极易被氧化，可用作抗氧化剂，对白光相当稳定，但易被紫外光破坏。在紫外光259nm处有一吸收光带。

维生素 E 广泛存在于麦胚油、玉米油、花生油中，也存在于植物的脂肪中。缺乏维生素 E 会引起雌鼠的生殖力丧失，兔及豚鼠的肌肉剧烈萎缩，小鸡的脉管异常。维生素 E 也是一种强抗氧化剂，可防止皮肤衰老，常用于化妆品中。

第三节　醚

一、醚的命名

醚是两个烃基通过氧原子连接起来的化合物，其通式为R—OR、Ar—O—R、Ar—O—Ar。结构简单的醚一般采用普通命名法命名，即在烃基的名称后面加上“醚”字，烃基的“基”字可省略；两个烃基为相同的烷基时，“二”字常省略。例如：

$CH_3—O—CH_3$
二甲醚
(甲醚)

$CH_3CH_2—O—CH_2CH_3$
二乙醚
(乙醚)

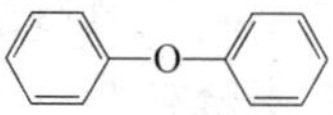
二苯醚

乙醚

如果两个烃基不同，将顺序较小的烃基写在前面，顺序较大的烃基写在后面，最后加上“醚”字。例如：

$CH_3—O—CH_2CH_3$
甲乙醚

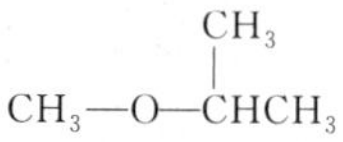
甲异丙醚

如果有芳香烃基，习惯上将芳香烃基的名称写在前面，例如：

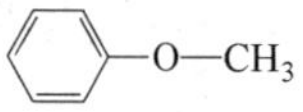
苯甲醚

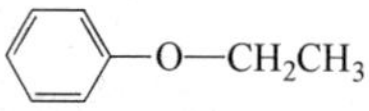
苯乙醚

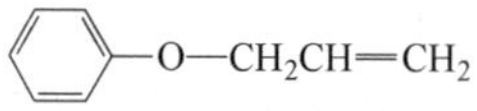
苯基烯丙基醚

结构比较复杂的醚，常把—OR（或—OAr）当作取代基（称为烃氧基），以烃为母体命名，例如：

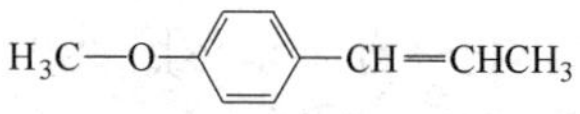
对甲氧基丙烯苯

$CH_3CH{=}CHCH_2OCH_3$
1-甲氧基-2-丁烯

烃基的两端通过氧原子连接起来形成一个环的，属于环醚，一般命名为环氧某烷，例如：

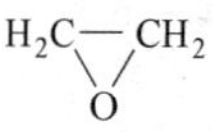
环氧乙烷

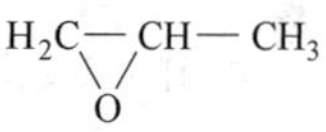
1,2-环氧丙烷

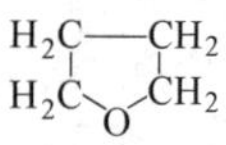
1,4-环氧丁烷
(四氢呋喃)

【问题 14-3】 写出下列物质结构式。

(1) 2,2′-二氯乙醚　　(2) 苯基苄基醚

(3) 2,3-二甲基-1-甲氧基-2-戊烯　　(4) 异丁醚

二、醚的物理性质

在常温下除了甲醚和甲乙醚为气体外，大多数醚在室温下为液体。醚分子中因无羟基而不能在分子间形成氢键，因此醚的沸点比相应的醇低而与分子量相当的烷烃相近。由于醚中的氧可与水或醇中羟基上的氢形成氢键，因此，醚在水中的溶解度比较大，并能溶于许多极性溶剂中。

乙醚是用途很广的一种醚，能溶于许多有机溶剂，本身也是一种良好的溶剂。乙醚有麻醉作用，极易着火，与空气混合点火能爆炸。一些醚的物理常数见表 14-3。

表 14-3 醚的物理常数

名　　称	熔点/℃	沸点/℃	相对密度 d_4^{20}
甲醚	−138.5	−25	
乙醚	−116	34.5	0.7138
正丁醚	−95.3	142	0.7689
二苯醚	28	257.9	1.0748
苯甲醚	−37.3	155.5	0.9961
环氧乙烷	−111	13.5	0.8824
四氢呋喃	−108	67	0.8892

三、醚的化学性质

除某些环醚外，C—O—C 键是相当稳定的，不易发生一般的有机反应。所以在许多反应中，可用醚作溶剂。醚在常温下和金属 Na 不起反应，可以用金属 Na 来干燥。但是，在某些条件下，醚也能发生一些特殊的反应。

1. 锌盐的生成

醚分子中的氧原子在强酸条件下，可接受质子生成锌盐：

$$R—O—R+HCl \rightleftharpoons \left[\begin{array}{c} R—O—R \\ | \\ H \end{array}\right]^+ Cl^-$$

$$CH_3—O—CH_3+H_2SO_4(浓) \rightleftharpoons \left[\begin{array}{c} CH_3—O—CH_3 \\ | \\ H \end{array}\right]^+ HSO_4^-$$

生成的锌盐可溶于冷的强酸中，用水稀释会分解析出原来的醚。利用此性质可区分醚与烷烃或卤代烃，也可用于分离提纯醚类化合物。

2. 醚键的断裂

在较高温度下，强酸能使醚链断裂，使醚链断裂最有效的试剂是浓氢卤酸（一般是 HBr 和 HI）。醚与氢碘酸或氢溴酸一起加热，则 C—O 键断裂生成醇与碘代烃。若使用过量的氢碘酸，则生成的醇将进一步和氢碘酸作用生成碘代烃。

$$R—O—R+HI \xrightarrow{\triangle} RI+ROH \xrightarrow{HI} RI+H_2O$$

芳基烷基醚与氢卤酸作用时，总是烷氧键断裂，生成酚和卤代烷。例如：

$$\text{〇—O—CH}_3 \xrightarrow[120\sim130℃]{57\%HI} \text{〇—OH} + CH_3I$$

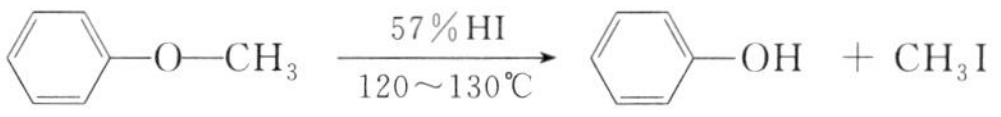

二芳基醚（如二苯醚）在氢碘酸作用下，醚链不易断裂。

本章小结

一、醇

1. 醇分子中羟基上的氧氢键极性较强，所以醇也具有一定的酸性，可与活泼金属反应生成盐。醇盐负离子 RO⁻ 是醇的共轭碱，其碱性比 OH⁻ 强。

2. 醇中的碳氧键在一定条件下能断裂发生取代反应。如能与氢卤酸反应生成卤代烃。不同烃基结构的醇与同一氢卤酸反应的活性次序为：叔醇＞仲醇＞伯醇。在较高的温度下，醇能发生分子内脱水，产物一般遵从札依采夫规律，产生较稳定的烯烃。在较低的温度下，醇能发生分子间脱水，产物为醚。由于醇羟基的吸电子诱导效应使 α-H 的活性增大，所以伯醇易被氧化成醛或酸，仲醇易被氧化成酮，叔醇因无 α-H 不易被氧化。

3. 卢卡斯试剂可用于鉴别不同结构的 6 个碳原子以下的一元醇。反应时，叔醇立即出现浑浊，仲醇数分钟内出现浑浊，伯醇室温下不浑浊。

二、酚

1. 酚羟基中碳氧键极性弱不易断裂，氧氢键极性强，表现出一定的酸性。酚能与氢氧化钠或碳酸钠溶液反应生成盐，但酚的酸性比碳酸弱，不能与碳酸氢钠溶液反应生成盐。

2. 酚在碱性条件下与卤代烃作用可生成醚，是制备芳香族对称醚或不对称醚的方法。酚羟基使苯环上的电子云密度增加，使苯环进行取代反应，比苯容易。酚比醇更易被氧化，常温下，酚能被空气中的氧气氧化生成带有颜色的物质。

3. 酚与 $FeCl_3$ 的显色反应可用来鉴别酚类或具有稳定烯醇式结构的化合物。

三、醚

醚键很稳定，所以醚对活泼金属、碱、氧化剂、还原剂等都很稳定。在浓 HI 条件下，才可发生醚键的断裂，生成碘代烷和醇或酚。醚分子中氧原子的电子云密度偏高，能接受质子生成𨦡盐，增加了醚在水中的溶解度，所以不溶于水的醚能溶解在浓强酸中。

习题

1. 命名下列化合物。

(1) $CH_3CH(C_2H_5)CH_2\underset{\underset{CH_3}{|}}{C}(OH)CH_3$ 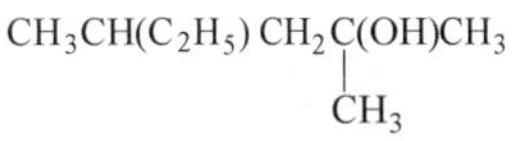

(2) 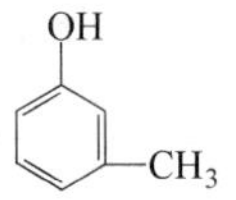(3) 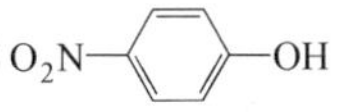(4) 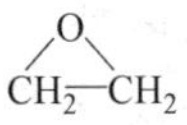(5) 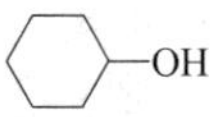(6) $CH_3-\overset{\overset{CH_3}{|}}{\underset{\underset{CH_3}{|}}{C}}-CH_2OH$ 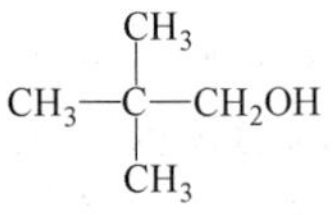

(7) (8) (9) $CH_3-\underset{\underset{CH_3}{|}}{CH}-O-C_2H_5$ 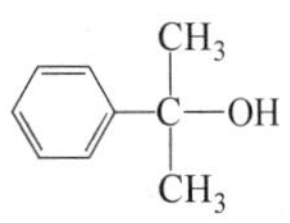

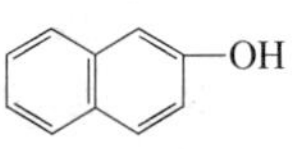

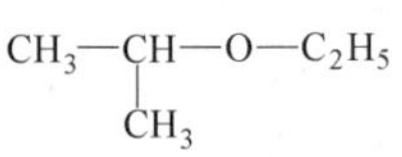

2. 写出下列化合物结构式。

（1）对硝基苯甲醚　（2）1,3-环氧丁烷　（3）2,3-二甲氧基丁烷

（4）邻甲氧基苯甲醇　（5）对甲苯酚　（6）均苯三酚

3. 写出下列反应主要产物。

(1) $CH_3CH_2\overset{\overset{OH}{|}}{\underset{\underset{CH_3}{|}}{C}}C_2H_5+HBr\longrightarrow$ 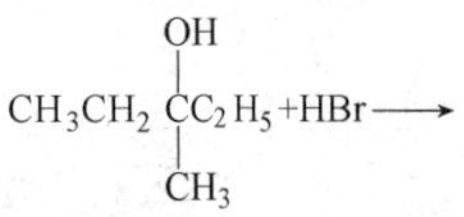

(2) $CH_3-O-CH_3+HI\longrightarrow$

(3) $CH_3CH_2\overset{\overset{OH}{|}}{C}HCH_3\xrightarrow{\text{浓硫酸}}$ 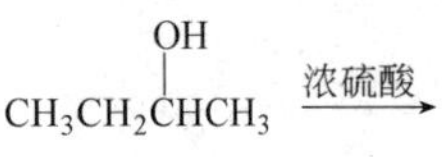

(4) 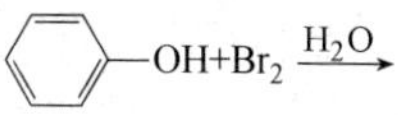(5) $CH_3CH_2\underset{\underset{OH}{|}}{C}HCH_3 \xrightarrow[OH^-]{KMnO_4}$ 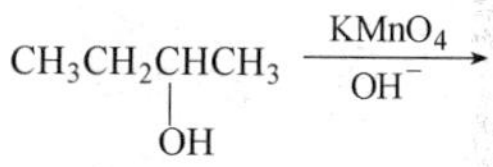

4. 完成下列转化。

(1) 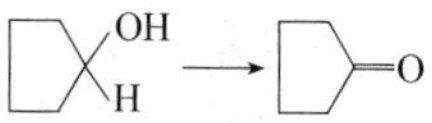(2) $C_6H_5CH_2Br \longrightarrow C_6H_5CH_2OH$

(3) $CH_3CH_2CH_2CH_2OH \longrightarrow CH_3CH_2CH_2CH_2Br$

(4) $CH_3CH_2CH_2CH_2Br \longrightarrow CH_3CH_2\underset{\underset{OH}{|}}{C}HCH_3$ 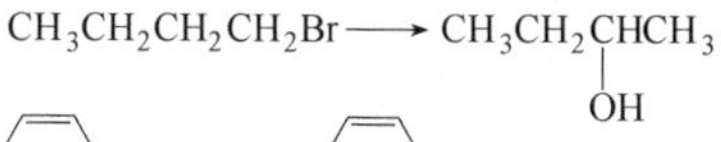

(5) 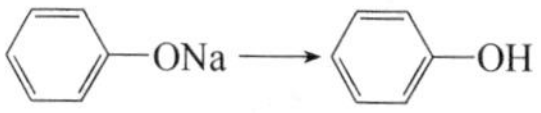 5. 用化学方法鉴别下列各组化合物。

(1) 乙醇、异丙醇和叔丁醇

(2) 和 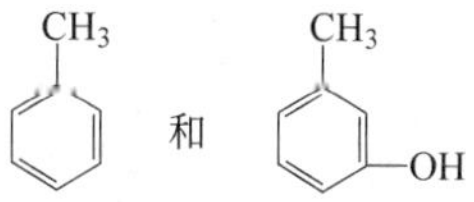(3) $CH_3CH_2OCH_2CH_3$ 和 $CH_3CH_2CH_2CH_2OH$

6. 如何分离苯和苯酚的混合物？如何除去环己烷中含有的少量乙醚杂质？

7. 某卤代烃 A，分子式是 C_3H_7Br，它和氢氧化钠的醇溶液共热后生成 B，B 的分子式为 C_3H_6。如使 B 和溴化氢作用，则得到 A 的异构体 C，推断 A 和 C 的结构式，写出相应的反应方程式。

8. 有分子式为 $C_5H_{12}O$ 的两种醇 A 和 B，A 与 B 氧化后都得到酸性产物。两种醇脱水后再催化氢化，得到同一种烷烃。A 脱水后氧化得到一分子酮和 CO_2，B 脱水后再氧化得到一分子羧酸和 CO_2，推断 A 和 B 的结构式。

知识拓展

呼吸分析检测器

在醇存在下，可使 Cr(Ⅵ，橙色) 变成 Cr(Ⅲ，绿色)，这种颜色变化现象被用于测定被怀疑喝酒的司机呼出的气体中乙醇的含量。它的作用原理是因为血液中的乙醇扩散至肺并进入呼出的气体中，平均分布比例大约为 2100∶1。这种测试方法简单，要求被测者以持续 10～20s 的时间向检测器的管口中吹气（管中含有 $K_2Cr_2O_7$ 和 H_2SO_4 载于粉末状硅胶）。若呼出的气体中存在少许的乙醇，则在将乙醇氧化为乙酸的同时，Cr 元素由六价的橙色被还原为三价的绿色，这可作为检验的特征性反应。

$$2K_2Cr_2O_7 + 8H_2SO_4 + 3CH_3CH_2OH \longrightarrow 2Cr_2(SO_4)_3 + 2K_2SO_4 + 3CH_3COOH + 11H_2O$$

如果绿色变化程度达到一定标准，显示血液中乙醇超标，如饮酒量致使 100mL 血液中含有 80mg 乙醇时，司机被确定为酒驾，在许多国家就会被认为违规或刑事犯罪。

素质拓展阅读

诺贝尔创立者——诺贝尔

阿尔弗雷德·贝恩哈德·诺贝尔（Alfred Bernhard Nobel，1833 ～1896 年），出生于斯德哥尔摩。获瑞典乌普萨拉大学荣誉哲学博士学位。瑞典化学家、工程师、发明家、军工装备制造商和硅藻土炸药的发明者，一生拥有 355 项专利发明，并在五大洲 20 个国家开设了约 100 家公司和工厂，积累了巨额财富。1895 年，诺贝尔立遗嘱将其遗产的大部分（约 920 万美元）作为基金，每年所得利息分为 5 份，设立诺贝尔奖，分为物理奖、化学奖、生理学或医学奖、文学奖及和平奖 5 种奖金（1969 年瑞典银行增设经济学奖），授予世界各国在这些领域对人类做出重大贡献的人。为了纪念诺贝尔做出的贡献，人造元素锘（Nobelium）以诺贝尔命名。

求学时代。8 岁的诺贝尔就读于当地的约台小学，这是他一生中接受正规教育的唯一一所学校。由于时常生病，他上课出勤率最低，但是成绩经常名列前茅。后来全家移居俄国的圣彼得堡，诺贝尔因不懂俄语，身体又不好，不能进当地学校，父亲请了一位家庭教师，辅导他及兄弟学习文化，诺贝尔进步很快。17 岁的诺贝尔远渡重洋，到美国在艾利逊工程师的工场里实习，实习期满后，又到欧美各国考察了 4 年，才回到家中。在考察中，他每到一处，就立即开始工作，深入了解各国工业发展的情况。诺贝尔为研究化学留学美国，1859 年，因父亲生意失败带着弟弟耶米尔回到斯德哥尔摩。

研究成就。1860 年，诺贝尔开始从事硝化甘油炸药的研究，与父亲及弟弟共同研制炸药。因一次意外爆炸事故炸毁工场，弟弟被炸死，政府禁止他们再次进行试验。诺贝尔一度把实验室设在了斯德哥尔摩市外马拉湖的一条驳船上，成功发明了硝化甘油炸药，获得硝化甘油炸药的专利，后来诺贝尔在欧洲各地开设诺贝尔公司，炸药事业鼎盛，与父亲同时获得瑞典科学研究院的亚斯特奖，瑞典国王颁发的科学勋章，法国大勋章，被推荐为伦敦皇家协会、巴黎技术协会、瑞典皇家科学协会的会员。诺贝尔对于使用硝化甘油的导火线、无声枪炮、金属的硬化处理、焊接、熔接，以及子弹的安定、使用瓦斯的海底装备及其安全性、救助海难用火箭、人造橡胶、人造皮革、以硝化纤维素为基础制造真漆或染料、人造宝石等方面的实验研究都有理论与实际的成就。

爱好文学和哲学。诺贝尔长期爱好文学，在青年时代曾用英文写过一些诗。诺贝尔也是一位剧作家，晚年开始创作小说，《在最明亮的非洲》《姊妹们》两部作品抒发他对社会改革的观点，喜剧《杆菌发明专利权》则对现实持批评态度，作品充满了挖苦和讥讽，唯一的一部正式出版的戏剧作品是《复仇的女神》。诺贝尔在少年时代深受英国诗人雪莱的影响，并有过想当诗人的“雪莱梦”。成年之后，尽管由于技术发明与商务发展两方面的事务极为繁忙，业余时间很少，但其对文学的爱好与他对科学的爱好一样始终如一。文学与科学是诺贝尔的两大精神支柱，他也喜欢与文学密切相关的哲学。在哲学方面，诺贝尔曾列出过一些准备写的论文目录和提纲。

诺贝尔是一位 19 世纪典型的、极富天才的发明家，他的发明似乎更多地来自其敏锐的直觉和非凡的创造力。诺贝尔崇尚科学，毕生致力于科学发明，逝世后把自己全部财产都捐献给了科学事业，设立了举世闻名的诺贝尔奖，他的名字和人类在科学探索中取得的成就一道，永远地留在了人类社会发展的文明史册上。诺贝尔喜欢思考，具有敏锐的洞察力及不屈的精神，也憎恨战争，对炸药被转为军事用途而感到忧心，对人生常保持着诗人的态度。诺贝尔对金钱和财物并不贪得无厌，对旁人慷慨施舍，对发展科学大力援助，自己却生活俭朴。诺贝尔为人类创造了大量物质文明财富，给人类留下了艰苦创业，不慕功利与虚名的精神。

第十五章

醛、酮和醌

醛、酮都是醇的氧化产物，广泛存在于自然界中，开花植物之所以能吸引昆虫、蜜蜂、蝴蝶等来帮助它们传递花粉，就是因为花中含有一些醛、酮、酯等化合物。醌是酚的氧化产物，醛、酮、醌在生物代谢中起重要作用，是重要的化工原料。

醛、酮、醌分子中都含有官能团羰基$\left(\begin{array}{c}\mathrm{O}\\ \|\\ -\mathrm{C}-\end{array}\right)$，故统称为羰基化合物。

羰基和两个烃基相连的化合物称为酮，至少和一个氢原子相连的化合物称为醛。酮分子中的羰基称为酮基，醛分子中的 $\begin{array}{c}\mathrm{O}\\ \|\\ -\mathrm{C}-\mathrm{H}\end{array}$ 称为醛基，简写为—CHO，醌是一类特殊的不饱和环状二酮。

知识目标

1. 理解醛、酮、醌的命名规则并能正确命名。
2. 能够写出醛、酮、醌的加成、α-卤代及碘仿、羟醛缩合、氧化还原等化学反应。
3. 能够描述醛、酮用沃尔夫-吉日聂尔-黄鸣龙还原法将羰基还原为亚甲基的方法。

能力目标

1. 能够用构性分析的方法分析出醛、酮化学反应。
2. 能够用电子效应分析醛、酮亲核加成反应的活性顺序。
3. 能够用不同的化学方法鉴别出不同类醛、酮。

素质目标

1. 培养安全意识。
2. 通过了解黄鸣龙对有机化学的贡献，培养爱国情怀。

第一节 醛、酮

一、醛、酮的分类和命名

1. 醛、酮的分类

根据羰基所连烃基的结构，可分为脂肪族、脂环族和芳香族醛、酮等。例如：

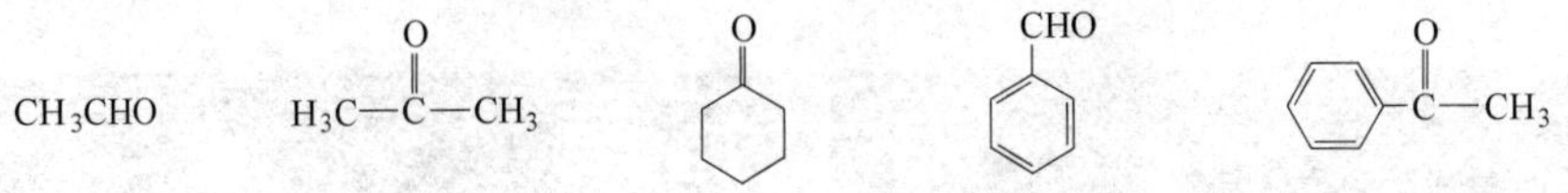

脂肪醛　　脂肪酮　　脂环酮　　芳香醛　　芳香酮

根据羰基所连烃基的饱和程度，可分为饱和与不饱和醛、酮。例如：

饱和醛　　不饱和醛　　不饱和酮　　不饱和酮

根据分子中羰基的数目，可分为一元、二元和多元醛、酮等。例如：

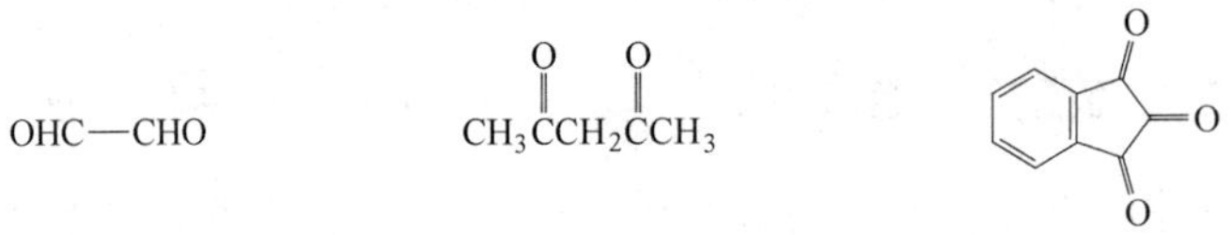

二元醛　　二元酮　　多元酮

碳原子数相同的饱和一元醛、酮互为官能团异构体，具有相同的通式：$C_nH_{2n}O$。

2. 醛、酮的命名

结构简单的醛、酮，可采用普通命名法命名，即在与羰基相连的烃基名称后面加上“醛”或“酮”字。例如：

异丁醛　　二甲(基)酮　　甲(基)乙(基)酮　　甲基苯基酮

结构复杂的醛、酮可采用系统命名法命名。选择含有羰基的最长碳链为主链，从距羰基最近的一端编号，根据主链的碳原子数称为“某醛”或“某酮”。主链上有取代基时，将取代基的位次、数目及名称写在醛、酮名称之前。主链编号也可以用希腊字母 α、β、γ…表示。与羰基相邻的碳叫 α-C，然后依次以 β、γ…标记。命名不饱和醛、酮时，需标出不饱和键的位置。例如：

2-甲基丙醛或 α-甲基丙醛　　4-甲基-2-戊酮

CH_3CHO　　$CH_3CH=CHCHO$

乙醛　　2-丁烯醛

羰基在环内的脂环酮，称为“环某酮”，如羰基在环外，则将环作为取代基。例如：

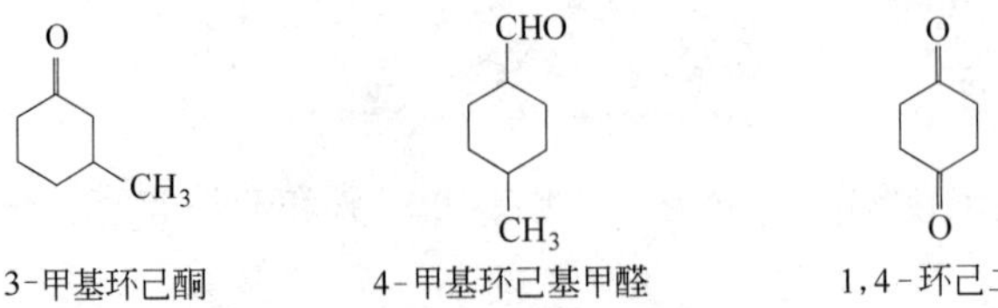

3-甲基环己酮　　4-甲基环己基甲醛　　1,4-环己二酮

芳香醛、酮命名时，把芳香烃基作为取代基。

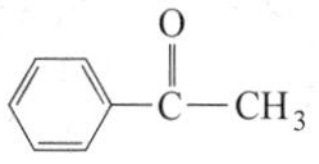

苯乙酮

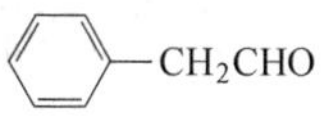

苯乙醛

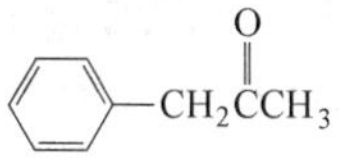

1-苯基-2-丙酮

许多醛常习惯用俗名（括号内为俗名），而多数俗名是按其氧化后所得相应羧酸的俗名命名的，例如：

$CH_3CH=CHCHO$

巴豆醛

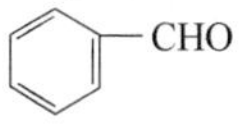

苯甲醛（苦杏仁油）

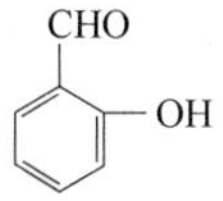

2-羟基苯甲醛（水杨醛）

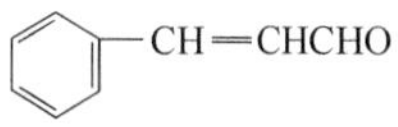

3-苯基丙烯醛（肉桂醛）

二、醛、酮的物理性质

室温下，甲醛是气体，十二个碳原子以下的脂肪醛、酮为液体，高级脂肪醛、酮和芳香酮多为固体。酮和芳香醛具有愉快的气味，低级醛具有强烈的刺激气味，中级醛具有果香味，含有 C_9～C_{10} 个碳原子的醛可用于制作香料。

醛、酮不能形成分子间氢键，所以脂肪醛、酮的沸点较分子量相近的醇低得多。但由于醛、酮分子中羰基具有较强的极性，增强了醛、酮分子间的作用力，因此醛、酮的沸点比分子量相近的烷烃和醚高得多。例如：

	丁烷	丙醛	丙酮	丙醇
分子量	58	58	58	60
沸点/℃	−0.5	48.8	56.1	97.2

一些醛、酮的物理常数见表 15-1。

表 15-1 醛、酮的物理常数

名 称	熔点/℃	沸点/℃	相对密度 d_4^{20}	溶解性
甲醛	−92	−21	0.815	溶
乙醛	−121	20.8	0.7838(18℃)	溶
丙醛	−81	48.8	0.8058	溶
丁醛	−99	75.7	0.8170	溶
戊醛	−91.5	103	0.8095	不溶
丙酮	−95.35	56.2	0.7899	溶
丁酮	−86.3	79.6	0.8054	溶
2-戊酮	−77.8	102	0.8089	不溶
3-戊酮	−39.8	101.7	0.8138	不溶
苯甲醛	−26	178.62	1.0415(10℃)	不溶
环己酮	−16.4	155.6	0.9478	不溶
苯乙酮	−20.5	202.6	1.0281	不溶
水杨醛	−7	197.93	1.1674	不溶

三、醛、酮的化学性质

醛、酮的化学性质主要决定于它们的官能团——羰基。醛酮羰基的加成反应大多是可逆的，而烯烃的加成反应一般是不可逆的。羰基是较强的吸电子基团，由它产生的诱导效应使邻近原子间，尤其α-碳氢原子间键的极性增强，容易发生键的异裂。α-H 的反应是醛、酮化学性质的主要部分。醛、酮既可被氧化，又可被还原，所以氧化-还原反应也是醛、酮的一类重要反应。

醛、酮易于发生化学反应的部位可归纳如下：

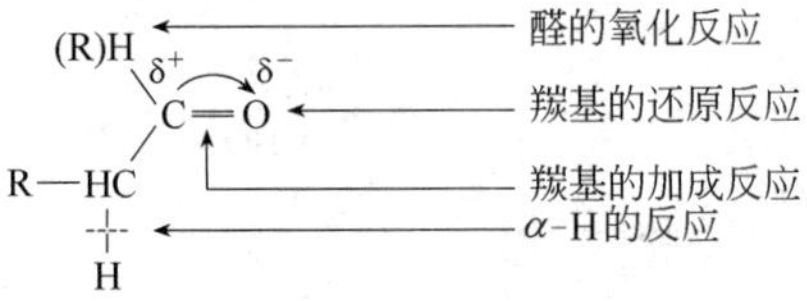

1. 羰基的加成反应

（1）与氢氰酸加成　醛、脂肪族甲基酮及 8 个碳原子以下的环酮与氢氰酸作用，生成 α-羟基腈。

α-羟基腈在酸性条件下可进一步水解得到 α-羟基酸。由于产物比反应物增加了一个碳原子，所以该反应是有机合成中增长碳链的方法。

$$\underset{(H)R_2}{\overset{R_1}{\diagdown}}C=O + HCN \Longrightarrow \underset{(H)R_2}{\overset{R_1}{\diagdown}}\underset{CN}{\overset{OH}{C}} \xrightarrow[H^+]{H_2O} \underset{(H)R_2}{\overset{R_1}{\diagdown}}\underset{COOH}{\overset{OH}{C}}$$

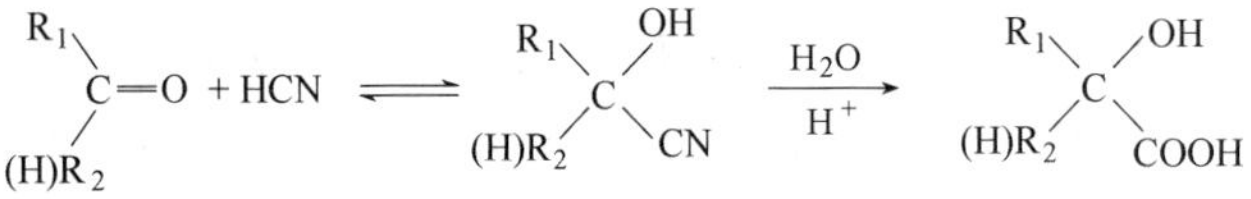

（2）与亚硫酸氢钠加成　醛、脂肪族甲基酮、8 个碳原子以下的环酮与饱和亚硫酸氢钠溶液作用，生成 α-羟基磺酸钠。反应是可逆的，必须加入过量的饱和亚硫酸氢钠溶液，以促使平衡向右移动。

$$\underset{(H)R_2}{\overset{R_1}{\diagdown}}C=O + HO\overset{\cdot\cdot}{\underset{\cdot\cdot}{S}}-O^-\ Na^+ \Longrightarrow \underset{(H)R_2}{\overset{R_1}{\diagdown}}\underset{SO_3Na}{\overset{OH}{C}}$$

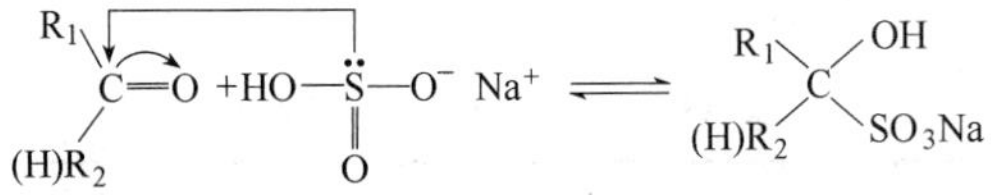

由于 α-羟基磺酸钠不溶于饱和亚硫酸氢钠溶液，以白色结晶型沉淀析出，所以此反应可用来鉴别醛、酮。α-羟基磺酸钠溶于水而不溶于有机溶剂，与稀酸或稀碱共热可分解析出原来的醛、酮，所以此反应也可用于分离提纯某些醛、酮。

$$R-\underset{OH}{\overset{}{C}}HSO_3Na \begin{cases} \xrightarrow[H_2O]{HCl} RCHO+NaCl+SO_2\uparrow+H_2O \\ \xrightarrow[H_2O]{Na_2CO_3} RCHO+Na_2SO_3+NaHCO_3 \end{cases}$$

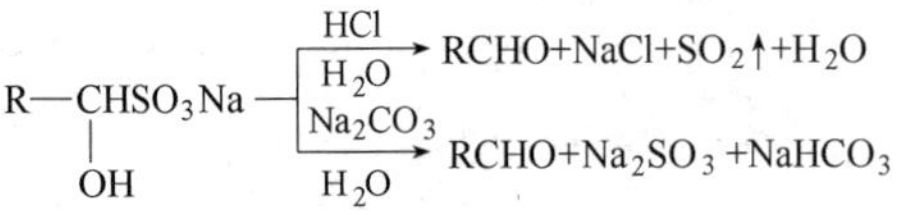

❓【问题 15-1】 *如何分离乙醇与乙醛的混合物？*

（3）与格氏试剂加成　格氏试剂非常容易与醛、酮进行加成反应，加成的产物不必分离便可直接水解生成相应的醇，是制备醇的最重要的方法之一。

$$\overset{R-MgX}{\underset{\diagdown}{\diagdown}}C=O \longrightarrow \underset{\diagup}{\overset{R}{\diagdown}}C-OMgX \xrightarrow[H^+]{H_2O} \underset{\diagup}{\overset{R}{\diagdown}}\underset{OH}{\overset{}{C}} + Mg(OH)X$$

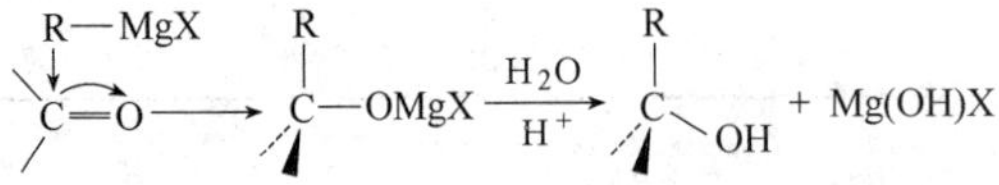

甲醛与格氏试剂作用可得到伯醇，其他醛与格氏试剂作用可得到仲醇，酮与格氏试剂作用可得到叔醇。

$$RMgX+HCHO \xrightarrow{干燥乙醚} RCH_2OMgX \xrightarrow[H^+]{H_2O} RCH_2OH \quad 伯醇$$

$$RMgX+R_1CHO \xrightarrow{干燥乙醚} R-\underset{R_1}{\underset{|}{CHOMgX}} \xrightarrow[H^+]{H_2O} R-\underset{R_1}{\underset{|}{CH-OH}} \quad 仲醇$$

$$RMgX+\underset{R_2}{\overset{R_1}{C}}=O \xrightarrow{干燥乙醚} R-\underset{R_2}{\overset{R_1}{\underset{|}{\overset{|}{C}}}}-OMgX \xrightarrow[H^+]{H_2O} R-\underset{R_2}{\overset{R_1}{\underset{|}{\overset{|}{C}}}}-OH \quad 叔醇$$

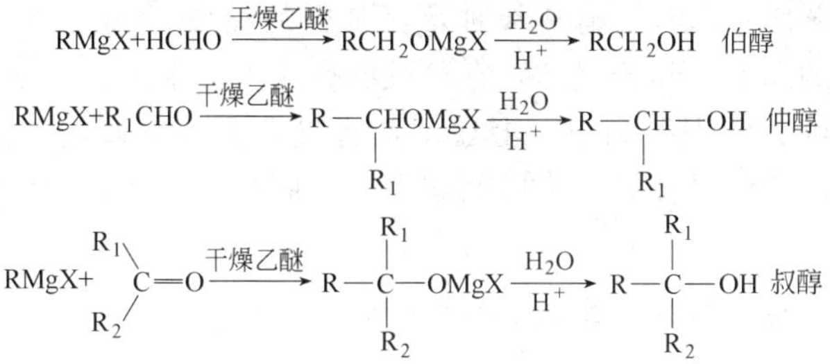

由于产物比反应物增加了碳原子，所以该反应在有机合成中是增长碳链的方法。

（4）与醇加成　在干燥氯化氢的催化下，醛中羰基可以与醇发生加成反应，生成半缩醛。半缩醛又能继续与过量的醇作用，脱水生成缩醛。反应是可逆的，必须加入过量的醇以促使平衡向右移动。

$$\underset{(H)R_2}{\overset{R}{C}}=O+R_1\ddot{O}H \xrightleftharpoons{干HCl} \begin{bmatrix} R & OH \\ & C \\ H & OR_1 \end{bmatrix} \underset{干HCl}{\overset{R_1OH}{\rightleftharpoons}} \underset{H}{\overset{R}{C}}\underset{OR_1}{\overset{OR_1}{}}$$

半缩醛　　　　　　　缩醛

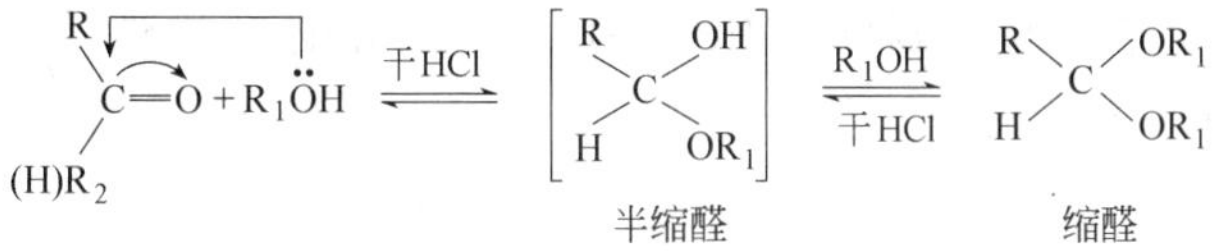

缩醛比半缩醛稳定得多，尤其在碱性溶液中相当的稳定。但在稀酸中易分解成原来的醛和醇，因此在有机合成中常用生成缩醛的方法来保护醛基。

在同样的条件下，酮很难与醇发生加成反应。

2. 与氨的衍生物的加成-消除反应

醛、酮可与氨的衍生物如伯胺、羟胺、肼、苯肼等发生加成反应，首先生成不稳定的加成产物，随即从分子内消去一分子水，生成含碳氮双键的化合物，所以此反应称为加成-消除反应。反应可以用通式表示如下：

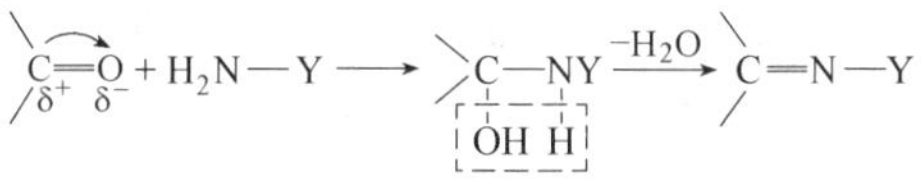

$$\underset{\delta^+ \ \delta^-}{C}=O + H_2N-Y \longrightarrow \underset{\overset{OH}{|} \overset{H}{|}}{C-NY} \xrightarrow{-H_2O} C=N-Y$$

常见的氨的衍生物有：

$$NH_2OH \quad NH_2NH_2 \qquad NHNH_2 \qquad NHNH_2 \qquad H_2N-C-NHNH_2$$

羟胺　　肼　　苯肼　　2,4-二硝基苯肼　　氨基脲

它们与羰基化合物进行加成-消除反应的产物如下：

$$C=O +$$

H_2N-R(Ar)	C=N-R	席夫(schiff)碱
H_2N-OH	C=N-OH	肟
H_2N-NH_2	C=N-NH_2	腙
H_2N-NH-苯基	C=N-NH-苯基	苯腙
H_2N-NH-(2,4-二硝基苯)	C=N-NH-(2,4-二硝基苯)	2,4-二硝基苯腙
H_2N-NH-C(=O)-NH_2	C=NNHC(=O)-NH_2	缩胺脲

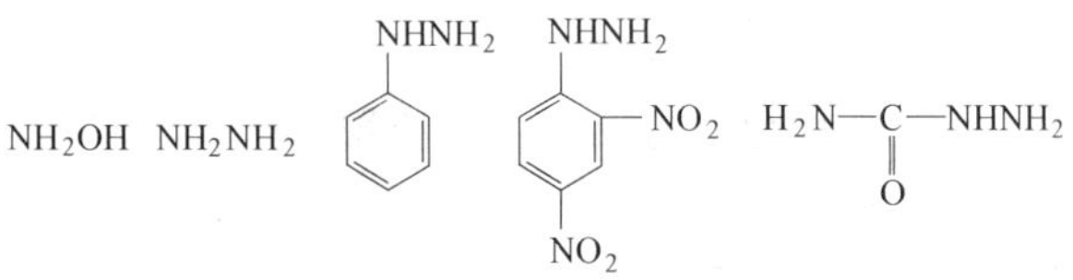

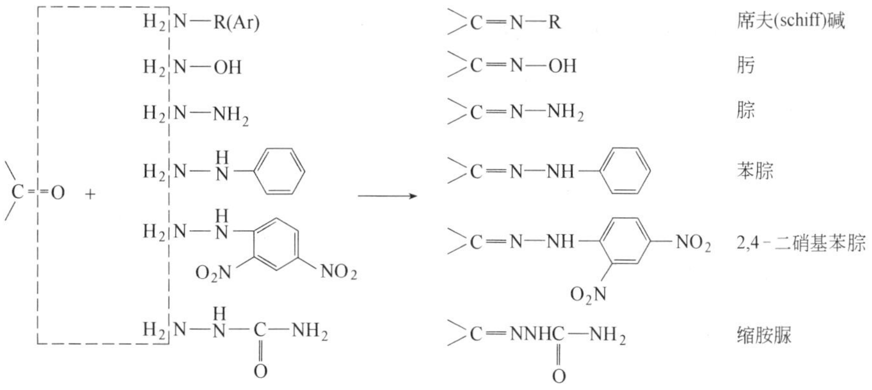

醛、酮与羟胺、苯肼、2,4-二硝基苯肼及氨基脲的加成-消除产物大多为黄色晶体，有固定的熔点，有一定的晶形，易于提纯，在稀酸的作用下能水解为原来的醛、酮。利用这些性质可用来分离、提纯、鉴别醛和酮。上述试剂也被称为羰基试剂，其中 2,4-二硝基苯肼与醛、酮反应所得到的黄色晶体具有不同的熔点、不同晶形，常把它作为鉴定醛、酮的灵敏试剂。

❓【问题 15-2】 用化学方法鉴别下列化合物

（1）苯乙酮　　（2）苯甲醇　　（3）苯

3. α-H 的反应

醛、酮分子中，与羰基直接相连的碳原子上的氢原子称为 α-H 原子。由于羰基吸电子诱导效应的影响，使 α-H 更加活泼，能发生以下反应。

（1）卤代及碘仿反应　醛、酮分子中的 α-H 原子在酸性或中性条件下容易被卤素取代，生成 α-卤代醛或 α-卤代酮。例如：

$$\underset{}{\text{C}_6\text{H}_5\text{—C(=O)—CH}_3} + Br_2 \xrightarrow[\text{微量 AlCl}_3]{\text{乙醚}} \text{C}_6\text{H}_5\text{—C(=O)—CH}_2\text{Br} + HBr$$

α-卤代酮是一类催泪性很强的化合物。

卤代反应也可被碱催化，碱催化的卤代反应很难停留在一卤代阶段。如果 α-C 为甲基，如乙醛或甲基酮 $\left(\text{CH}_3\text{C(=O)—}\right)$，则 3 个氢都可被卤素取代，生成三卤代醛、酮。例如：

$$H_3C\text{—C(=O)—CH}_3 + X_2 \xrightarrow{\text{NaOH}} H_3C\text{—C(=O)—CX}_3$$

生成的 1,1,1-三卤代丙酮，由于羰基氧和 3 个卤原子的吸电子作用，使 C—C 键活性增强，在碱的作用下会发生断裂，生成卤仿和相应的羧酸盐。例如：

$$H_3C\text{—C(=O)—C}\underset{X}{\overset{X}{\underset{|}{X}}} \xrightarrow[\text{H}_2\text{O}]{\text{NaOH}} H_3C\text{—C(=O)—O}^- + CHX_3$$

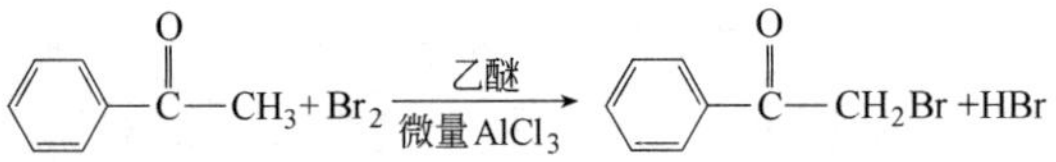

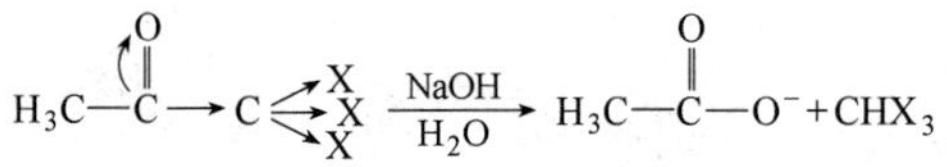

因为有卤仿生成，故此反应称为卤仿反应。若使用的卤素是碘时，称为碘仿反应。碘仿（CHI_3）是不溶于水的黄色沉淀，所以利用碘仿反应可鉴别乙醛和甲基酮。

α-C 上有甲基的仲醇也能被碘的氢氧化钠（NaOI）溶液氧化为相应羰基化合物：

$$H_3C\text{—CH—R(H)} \xrightarrow{\text{NaOI}} H_3C\text{—C—R(H)}$$
$$\underset{\text{OH}}{|} \qquad\qquad \underset{\text{O}}{\|}$$

所以利用碘仿反应，不仅可鉴别乙醛或甲基酮，还可鉴别带有甲基的仲醇。

（2）羟醛缩合反应　在稀碱催化下，含 α-H 的醛发生分子间的加成反应，生成 β-羟基醛，这类反应称为羟醛缩合反应。例如：

$$H_3C\text{—CH(=O)} + HCH_2\text{—C(=O)—H} \underset{}{\overset{\text{稀 OH}^-}{\rightleftharpoons}} H_3CHC\text{—CH}_2\text{CHO}$$
$$\underset{\text{OH}}{|}$$

β-羟基醛在加热下很容易脱水生成 α,β-不饱和醛：

$$H_3C\text{—CH—CHCHO} \xrightarrow{\triangle} H_3CCH\text{=CHCHO} + H_2O$$
$$\underset{\text{OH H}}{|\quad\ |}$$

关于羟醛缩合反应的几点说明如下。

① 不含 α-H 的醛，如甲醛、苯甲醛等不发生羟醛缩合反应。

② 如果使用两种不同的含有 α-H 的醛，则可得到 4 种羟醛缩合产物的混合物，不易分离，无制备意义。

③ 如果一个含 α-H 的醛和另一个不含 α-H 的醛反应，则可得到收率好的单一产物。例如：

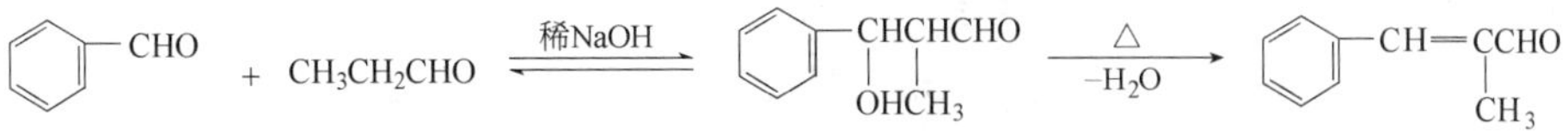

4. 氧化-还原反应

（1）氧化反应　醛、酮最主要的区别是对氧化剂的敏感性。因为醛中羰基的碳上还有氢，所以醛很容易被氧化为相应的羧酸，空气中的氧都可将醛氧化。酮则不易被氧化，即使在高锰酸钾的中性溶液中加热，也不受影响。因此，利用这种性质可以选择一个较弱的氧化剂来区别醛和酮。常用的弱氧化剂有多伦（Tollens）试剂、费林（Fehling）试剂和本尼迪克特（Benedict）试剂。

① 多伦（Tollens）试剂。即为硝酸银的氨溶液。将醛和多伦试剂共热，醛被氧化为羧酸，银离子被还原为金属银附着在试管壁上形成明亮的银镜，这个反应又称为银镜反应。

$$RCHO+2Ag(NH_3)_2OH \xrightarrow[(水浴)]{\triangle} RCOONH_4+2Ag\downarrow+H_2O+3NH_3$$

多伦试剂可氧化脂肪醛和芳香醛，在同样的条件下酮不发生反应。

② 费林（Fehling）试剂。由 A、B 两种溶液组成，A 为硫酸铜溶液，B 为酒石酸钾钠和氢氧化钠溶液，使用时等量混合组成费林试剂。

脂肪醛与费林试剂反应，生成氧化亚铜砖红色沉淀。酮及芳香醛不与费林试剂反应。

$$RCHO+2Cu^{2+}+NaOH+H_2O \xrightarrow[\triangle]{} RCOONa+Cu_2O\downarrow+4H^+$$

甲醛可使费林试剂中的 Cu^{2+} 还原成单质的铜。

$$HCHO+Cu^{2+}+NaOH \xrightarrow[(水浴)]{\triangle} HCOONa+Cu\downarrow+2H^+$$

以上反应可用于鉴别醛、甲醛和酮。

③ 本尼迪克特（Benedict）试剂。由硫酸铜、柠檬酸钠和碳酸钠组成的混合液。本尼迪克特试剂应用范围基本上与费林试剂相同，但甲醛不能还原本尼迪克特试剂。起氧化作用的是二价铜离子。

上述三种弱氧化剂只氧化醛基，不氧化双键，所以不饱和醛可被氧化为不饱和酸。例如：

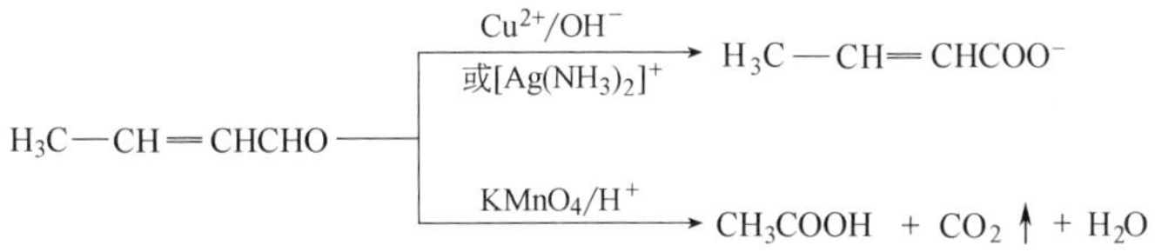

（2）还原反应　醛、酮可以发生还原反应，在不同的条件下，还原的产物不同。醛、酮经催化氢化可分别被还原为伯醇或仲醇，常用的催化剂是镍、钯、铂。

$$RCHO+H_2 \xrightarrow{Ni} RCH_2OH$$

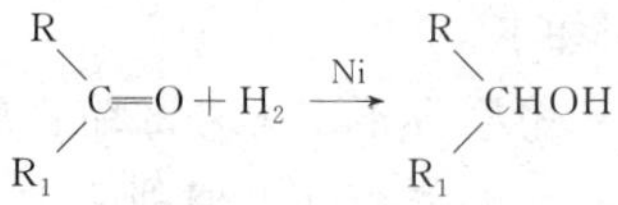

$$\begin{matrix}R\\ \quad\backslash\\ \quad C{=}O\\ \quad/\\ R_1\end{matrix} + H_2 \xrightarrow{Ni} \begin{matrix}R\\ \quad\backslash\\ \quad CHOH\\ \quad/\\ R_1\end{matrix}$$

催化氢化的选择性不强，分子中同时存在的不饱和键也同时会被还原。例如：

$$H_3C{-}CH{=}CHCHO + H_2 \xrightarrow{Ni} CH_3CH_2CH_2CH_2OH$$

某些金属氢化物如硼氢化钠（$NaBH_4$）、氢化铝锂（$LiAlH_4$）有较高的选择性，它们只还原羰基，不还原分子中的不饱和键。例如：

$$H_3C{-}CH{=}CHCHO \xrightarrow{NaBH_4} H_3C{-}CH{=}CHCH_2OH$$

（3）歧化反应　不含 α-H 的醛，如 HCHO、$R_3C{-}CHO$ 等，在与浓碱共热下会发生自身的氧化-还原反应，一分子醛被氧化成羧酸，另一分子醛被还原为醇，这个反应叫作歧化反应，也叫作坎尼札罗（Cannizzaro）反应。例如：

$$2HCHO \xrightarrow{\text{浓 }NaOH} HCOO^- + CH_3OH$$

四、重要的醛和酮

1. 甲醛

甲醛又名蚁醛，沸点是-21℃，甲醛在常温下是无色、对黏膜有刺激性的气体，易溶于水。甲醛有凝固蛋白质的作用，因而有杀菌和防腐的作用。35％的甲醛水溶液（常含有8％～10％甲醇）是医学和农业上常用的消毒剂“福尔马林”。

甲醛在水溶液中能以水合甲醛的形式存在。甲醛容易聚合，如甲醛的浓溶液经长期放置便能出现多聚甲醛固体，多聚甲醛是优良的工程塑料。甲醛还可以和氨作用生成六亚甲基四胺，俗称乌洛托品，为无色晶形固体，易溶于水，它可用作橡胶硫化的促进剂，纺织品的防缩剂，在医药上常用作利尿剂和尿道消毒剂。也可作为特殊燃料。甲醛还是合成酚醛树脂和脲醛树脂必不可少的原料。

2. 乙醛

乙醛是无色有刺激气味的液体，易溶于水和乙醇等有机溶剂。乙醛能聚合成环状三聚体或四聚体。三聚乙醛是有香味的液体，难溶于水，是储存乙醛的最好形态，加稀酸蒸馏时即解聚为乙醛。

乙醛是合成水合三氯乙醛的原料。工业上，生产乙醛常采用乙炔水化法、乙醇氧化法和乙烯直接氧化法。

3. 苯甲醛

苯甲醛是具有杏仁香味的无色液体，微溶于水，易溶于乙醇、乙醚、氯仿等有机溶剂。苯甲醛工业上叫苦杏仁油，它和糖类物质结合存在于杏仁、桃仁等许多果实的种子中。苯甲醛在空气中放置能被氧化为苯甲酸。苯甲醛多用于制造香料及制备其他芳香族化合物的原料。

4. 丙酮

丙酮常温下是无色液体，具有令人愉快的气味，可与水、乙醇、乙醚等混溶，也是一种优良的溶剂，具有酮的典型性质。丙酮是重要的有机合成原料，应用丙酮可以合成有机玻璃，并可制得氯仿、碘仿、乙烯酮等。

*第二节　醌

一、醌的结构和命名

1. 结构

醌是一类特殊的环状不饱和二酮，分子中含有如下的醌型结构：

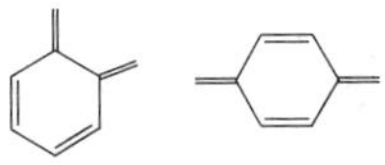

醌的结构中虽然存在碳碳双键和碳氧双键的 π-π 共轭体系，但不同于芳香环的环状闭合共轭体系，所以醌不属于芳香族化合物，也没有芳香性。

2. 命名

醌一般由芳香烃衍生物转变而来，命名时在“醌”字前加上芳基的名称，并标出羰基的位置。例如：

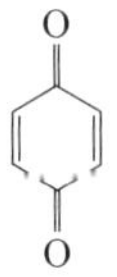

对苯醌(1,4-苯醌)
黄色结晶

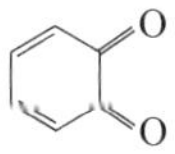

邻苯醌(1,2-苯醌)
红色结晶

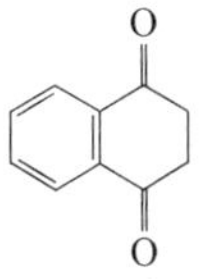

1,4-萘醌
黄色结晶

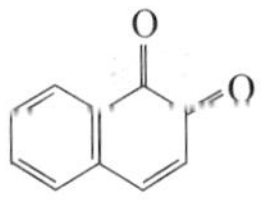

1,2-萘醌
橙黄色结晶

二、醌的物理性质

醌为结晶形固体，都具有颜色，对位醌多呈黄色，邻位醌则常为红色或橙色。

对位醌具有刺激性气味，可随水蒸气汽化，邻位醌没有气味，不随水蒸气汽化。

三、醌的化学性质

醌分子中含有碳碳双键和碳氧双键的共轭体系，因此醌具有烯烃和羰基化合物的典型反应，能发生多种形式的加成反应。

1. 加成反应

（1）羰基的加成　醌分子中的羰基能与羰基试剂等加成。如对苯醌和羟氨作用生成单肟和双肟。

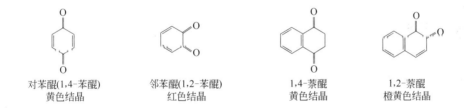

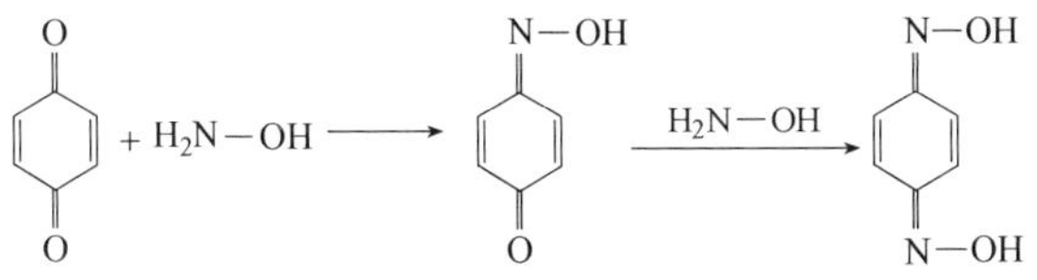

对苯醌单肟　　对苯醌双肟

（2）烯键的加成　醌分子中的碳碳双键能和卤素、卤化氢等亲电试剂加成。如对苯醌与氯气加成可得二氯或四氯环己二酮的衍生物。

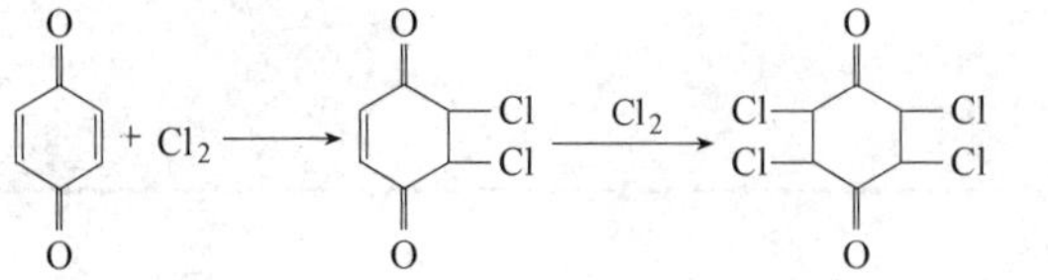

2,3,5,6-四氯-1,4-环己二酮

2. 还原反应

对苯醌容易被还原为对苯二酚（或称氢醌），这是对苯二酚氧化的逆反应。在电化学上，利用二者之间的氧化还原性质可以制成氢醌电极，用来测定氢离子的浓度。

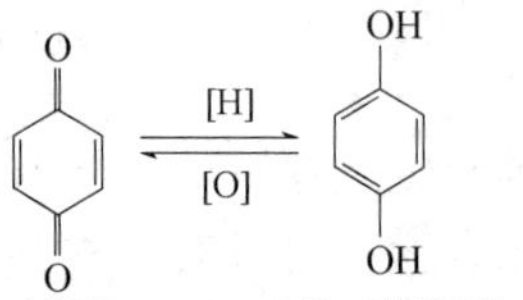

对苯醌　　对苯二酚(氢醌)

这一反应在生物化学过程中有重要的意义。生物体内进行的氧化还原作用常是以脱氢或加氢的方式进行的，在这一过程中，某些物质在酶的控制下所进行的氢的传递工作可通过酚醌氧化还原体系来实现。

四、自然界的醌

1. 维生素 K

维生素 K 是一类能促进血液凝固的萘醌衍生物，现已发现的天然产物有维生素 K_1 和维生素 K_2，维生素 K_3 是人工合成的。维生素 K_1 和维生素 K_2 存在于猪肝、蛋黄、苜蓿和其他绿色蔬菜中，植物的绿色部分含维生素 K_1 最多，腐鱼肉含维生素 K_2 最多，人和动物肠内的细菌能合成维生素 K_1 和维生素 K_2。

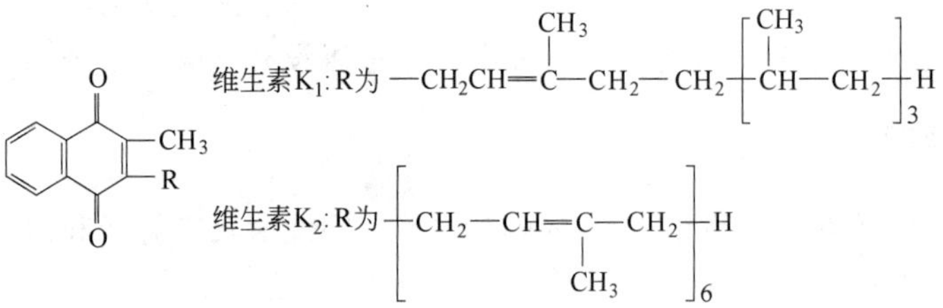

维生素 K_1 为黏稠的黄色油状物，熔点－20℃，不溶于水，微溶于甲醇，易溶于石油醚、苯、醚、丙酮等。维生素 K_2 为黄色结晶，熔点 53.5～54.5℃，不溶于水，易溶于醚、苯、丙酮、石油醚、无水乙醇等。人工合成的维生素 K_3 化学名称为 2-甲基-1,4-萘醌，为亮黄色结晶，熔点 105～107℃，不溶于水，易溶于有机溶剂。维生素 K 可用于预防手术后流血和新生儿出血，也可用于治疗阻塞性黄疸。

2. 泛醌

泛醌（辅酶 Q）是苯醌的衍生物，其结构式如下：

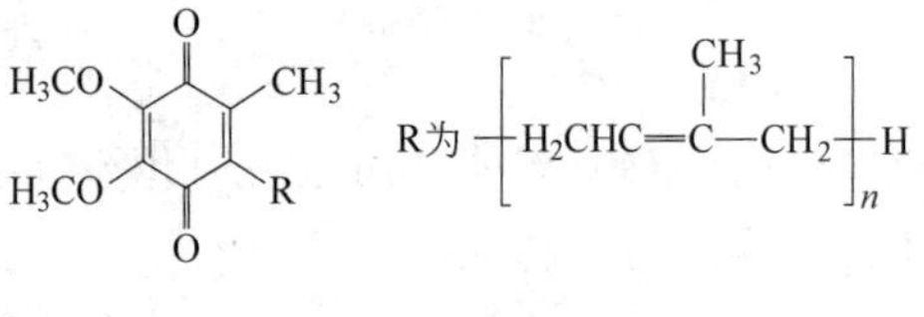

泛醌为脂溶性化合物，因动植物体内广泛存在而得名。它通过醌与氢醌间的氧化还原过程在生物体内传递电子，所以是生物体内氧化还原过程中极为重要的物质。

本章小结

一、醛和酮

1. 醛、酮均含有羰基，羰基化合物中的碳氧双键也是由 σ 键和 π 键组成，羰基中氧原子的电负性大于碳原子，碳氧双键的电子云偏向于电负性大的氧原子，因而羰基的碳氧双键是极性的。

2. 醛、酮易发生加成反应。由于醛、酮二者的结构差别，在加成反应中醛比酮更为活泼。如能与 HCN 和 $NaHSO_3$ 加成的羰基化合物是醛、脂肪族甲基酮和少于 8 个碳原子的环酮，其他酮则难以反应。

3. 醛、酮与 HCN 的加成，是有机合成中增长碳链的合成方法。

在干燥 HCl 存在下，醛与过量的醇加成生成缩醛。缩醛对碱、氧化剂、还原剂等都比较稳定，但在酸性溶液中却容易发生水解，释放出原来的醛。

4. 醛、酮与过量饱和 $NaHSO_3$ 反应生成 α-羟基磺酸钠沉淀，可用于鉴定醛、脂肪族甲基酮和少于 8 个碳的环酮。由于 α-羟基磺酸钠不溶于有机溶剂，可溶于水，用酸或碱处理可析出原来的醛或酮，因此常用于醛、酮的分离、提纯。

5. 醛、酮与氨的衍生物加成-消除产物在稀酸作用下，可水解成原来的醛、酮，以此可用于分离、提纯醛、酮。由于加成产物大多有特殊颜色或是结晶，因此也可用于鉴定羰基化合物，而氨的衍生物也因此被称为羰基试剂。

6. 含 α-H 的醛、酮能发生卤代反应和羟醛缩合反应。乙醛、甲基酮、乙醇及具有 α-甲基的仲醇都能与 I_2/NaOH 发生碘仿反应，可用来鉴别乙醛、甲基酮、乙醇及具有 α-甲基的仲醇。

7. 无 α-H 的醛在浓碱作用下可发生歧化反应，如果发生反应的两种醛之一是甲醛，因甲醛比其他醛更易被氧化，所以总是甲醛被氧化，另一种醛则被还原。

8. 醛、酮用催化加氢的方法，或用硼氢化钠、氢化铝锂等作还原剂，均可被还原成醇，且硼氢化钠、氢化铝锂等还原剂只还原羰基，不还原碳碳双键及三键，利用这些还原剂可由不饱和醛、酮制备不饱和醇。

9. 醛极易被氧化。多伦试剂、费林试剂、本尼迪克特试剂等弱氧化剂就能将醛氧化成羧酸，而酮不被氧化，可以此来区别醛和酮。但费林试剂不能氧化芳香醛，本尼迪克特试剂不能氧化甲醛和芳香醛，也可以区别脂肪醛和芳香醛。

二、醌

醌具有烯烃和羰基化合物的典型反应，能发生多种形式的加成反应，如双键的加成、羰基的加成、1,4-加成等。

习题

1. 命名下列化合物。

(1) $(CH_3)_2CHCHO$

(2) 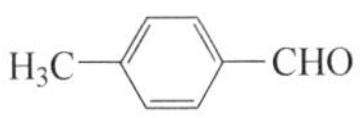

(3) 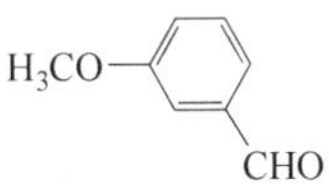

(4) $(CH_3)_2CHCOCH(CH_3)_2$

(5) 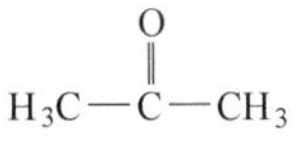

(6) $H_3CHC{=}CHCHO$

2. 写出下列化合物的结构式。

(1) 1,3-环己二酮　　　　(2) 乙醛　　　　　　(3) 苯乙酮

(4) 邻羟基苯甲醛　　　　(5) 丙酮　　　　　　(6) 乙二醛

(7) 2-甲基环戊酮　　　　(8) 肉桂醛　　　　　(9) 2-戊酮

3. 写出下列反应的主要产物。

(1) $2HCHO \xrightarrow{\text{浓 NaOH}}$

(2) $CH_3CHO \xrightarrow{[O]}$

(3) $CH_3CHO \xrightarrow{[H]}$

(4) $2\ \text{[}\bigcirc\text{]}—CHO \xrightarrow{\text{浓NaOH}}$

(5) $\underset{\overset{\parallel}{O}}{H_3C—C}—CH_2CH_3 + H_2N—OH \longrightarrow$

(6) $\text{[}\bigcirc\text{]}—CH_2—\underset{\overset{\parallel}{O}}{C}—CH_3 + I_2 + NaOH \longrightarrow$

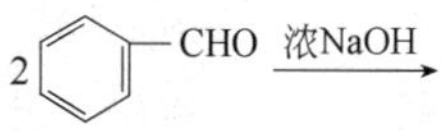

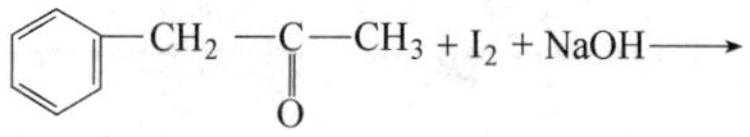

4. 用简单化学方法鉴别下列各组化合物。

(1) 乙醛、甲醛　　　　　　　　　　(2) 乙醛、乙醇、乙醚

(3) 丙醛、丙酮、丙醇、异丙醇　　　(4) 戊酮、2-戊酮、环戊酮

(5) 乙醛、苯乙酮、苯甲醛　　　　　(6) 苯甲醇、苯甲醛、苯酚、苯乙酮

5. 下列化合物哪些能发生碘仿反应？写出其反应产物。

(1) 丁酮　　　　(2) 异丙醇　　　　(3) 正丁醇　　　　(4) 3-戊酮

(5) 苯甲醛　　　(6) 丁醛　　　　　(7) 2-戊酮　　　　(8) 甲醛

6. 写出分子式为 $C_9H_{10}O$ 的含有苯环的醛和酮的同分异构体。

7. 某化合物分子式为 $C_5H_{12}O$（A），氧化后得分子式为 $C_5H_{10}O$ 的化合物（B）。B 能和 2,4-二硝基苯肼反应得黄色结晶，并能发生碘仿反应。（A）和浓硫酸共热后得 C_5H_{10}，经酸性高锰酸钾氧化得到丙酮和乙酸。试推出 A 的构造式，并用反应式表明推导过程。

 知识拓展 ···

乙醛衍生物的催眠作用

　　乙醛衍生物有氯醛衍生物及副醛，它们都具有催眠及镇静作用。水合氯醛是最早用于临床的催眠药，效力较强，作用迅速，服药后 10～15min 开始入睡，维持时间长达 6～8h，无不良反应，不易引起蓄积中毒，但对胃有刺激作用，迄今为止仍为临床有效的催眠药之一。特别适合难以入睡及对巴比妥类催眠药耐受性不好的儿童和老年人。副醛为较老的催眠药，亦有局部刺激性，其催眠作用较水合氯醛弱，而毒性较小；但服用后部分药物从呼吸道排出，发出大蒜的气味，刺激呼吸道，所以有呼吸道疾病的病人不能用此药催眠。副醛放置后易分解，生成乙醛和乙酸，近年来已很少用副醛作为催眠药。

···

素质拓展阅读

有机化学家——黄鸣龙

　　黄鸣龙（1898～1979 年），江苏扬州人，有机化学家，中国科学院学部委员，中国甾族激素药物工业奠基人。毕业于浙江医院专科学校，获德国柏林大学博士学位回国后，

历任中国人民解放军医学科学院化学系主任、中国科学院有机化学研究所研究员、中科院数学物理化学部委员、中国药学会副理事长、中国科学院上海有机化学研究所研究员。黄鸣龙先生数十年如一日战斗在科研第一线，毕生致力于有机化学的研究，特别是甾体化合物的合成研究，为中国有机化学的发展和甾体药物工业的建立、科技人才的培养做出了突出贡献，发表研究论文近百篇。

研究中药延胡索和细辛中有效成分。黄鸣龙先生在当时科研条件极差、实验设备与化学试剂奇缺的情况下，从事甾体化学的研究，研究甾族的双烯酮酚反应。他想方设法就地取材，从药房买回驱蛔虫药山道年，用仅有的盐酸、氢氧化钠、乙醇等试剂，在频繁的空袭警报的干扰下，进行了山道年及其一类物质的立体化学研究，发现了变质山道年的四个立体异构体可在酸碱作用下转变的规律，并由此推断出山道年和四个变质山道年的相对构型，为以后中国解决山道年及其一类物质的绝对构型问题和全合成提供了理论依据。

改进了沃尔夫-吉日聂尔还原法。“沃尔夫-吉日聂尔-黄鸣龙还原法”已编入各国有机化学教科书中，黄鸣龙还原法是数千个有机化学人名反应中以中国人命名的唯一一个反应。1945 年，黄鸣龙先生在美国从事沃尔夫-吉日聂尔还原法的研究时，进行了反应条件上的改良，先将醛、酮、氢氧化钠、肼的水溶液和一个高沸点的水溶性溶剂（如二甘醇、三甘醇）一起加热，使醛、酮变成腙，再蒸出过量的水和未反应的肼，待达到腙的分解温度（约 200℃）时继续回流 3～4h 至反应完成，反应可在常压下进行，而且反应时间缩短，反应产率提高（可达 90%）。

以国产薯蓣皂苷元为原料成功合成可的松。黄鸣龙先生用微生物氧化加入 11α-羟基和用氧化钙-碘-乙酸钾加入 C_{21}-OAc 的方法，七步合成了可的松，这不仅填补了中国甾体工业的空白，而且使中国可的松的合成方法，跨进了世界先进行列。有了合成可的松的工业基础，许多重要的甾体激素，如黄体酮、睾丸素、强的松、地塞米松等，都在 20 世纪 60 年代初期先后生产出来，中国的甾体激素药物也从进口转为出口。1959 年，乙酸可的松获国家创造发明奖。黄鸣龙先生还亲自开课，系统地讲授甾体化学，培养出一批熟悉甾体化学的专门人才。

第十六章

羧酸及其衍生物和取代酸

羧酸及羧酸的衍生物，如酯、酰胺等广泛存在于自然界。羧酸是许多有机化合物氧化的最终产物，常以盐和酯的形式存在，因而是生物体内新陈代谢的重要物质。羧酸及其衍生物又是重要的有机合成原料，可以合成医药、农药和尼龙（聚酰胺纤维）等织物。

羧酸是分子中含有羧基（—COOH）官能团的含氧有机化合物。除甲酸外，所有的一元羧酸都可以看作是烃分子中的氢原子被羧基取代后的化合物。羧酸分子中羧基上的羟基被其他原子或原子团取代后生成的化合物称为羧酸衍生物（如酰卤、酸酐、酯和酰胺等）。羧酸分子中烃基上的氢原子被其他原子或基团取代的产物称为取代酸（如羟基酸、羰基酸、卤代酸和氨基酸等）。

知识目标

1. 能够描述羧酸、四大羧酸衍生物、四大取代酸的分类。
2. 理解羧酸的命名规则，并能正确命名。
3. 能够写出羧酸、羧酸衍生物和取代酸的主要化学反应。

能力目标

1. 能够用构型分析的方法分析出羧酸、羧酸衍生物、取代酸化学反应。
2. 能够用电子效应分析羧酸酸性、羧酸衍生物活性顺序。

素质目标

通过学习羧酸及取代酸的应用，了解到有机化学在医药领域的重要性，培养有机化学学习动力。

第一节　羧酸

一、羧酸的分类和命名

1. 羧酸的分类

羧酸的种类繁多，根据羧酸分子中所连烃基的结构，可将羧酸分为脂肪羧酸（饱和脂肪羧酸和不饱和脂肪羧酸）、脂环羧酸（饱和脂环羧酸和不饱和脂环羧酸）、芳香羧酸；按羧酸分子中羧基的数目不同，又可把羧酸分为一元羧酸、二元羧酸和多元羧酸等。

2. 羧酸的命名

羧酸的命名方法有俗名和系统命名两种。许多羧酸是从天然产物中得到的，因此羧酸的俗名常根据最初来源命名如草酸、琥珀酸和苹果酸等。

脂肪族羧酸的系统命名原则与醛相似。即选择含有羧基的最长碳链作为主链，按主链上碳原子数目称为"某酸"，编号从羧基碳原子开始，由于羧基总是位于链端，所以其位次不用标出。取代基的位置除可用阿拉伯数字表示外，对一些简单的脂肪酸，也可以用 α、β、γ 等希腊字母表示取代基的位置。α 表示该碳原子与羧基相邻，其他依次类推。例如：

$$H-\overset{\overset{\displaystyle O}{\|}}{C}-OH \qquad\qquad CH_3-\overset{\overset{\displaystyle O}{\|}}{C}-OH \qquad\qquad \underset{\underset{\displaystyle CH_3}{|}}{CH_3CH}CH_2COOH$$

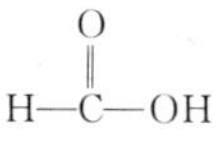

甲酸(蚁酸)　　　　　　　乙酸(醋酸)　　　　　　3-甲基丁酸或 β-甲基丁酸

不饱和脂肪羧酸的系统命名，是选择含有羧基和不饱和键的最长碳链作为主链，根据碳原子数称为"某烯酸"，并把不饱和键的位置标在"某"字之前。例如：

$$CH_2\!=\!CHCOOH \qquad\qquad\qquad CH_3CH\!=\!CHCOOH$$

丙烯酸　　　　　　　　　　　　　　2-丁烯酸

二元脂肪酸是选择包含两个羧基的最长碳链为主链，称为"某二酸"，例如：

$$HOOC-COOH \qquad\qquad\qquad HOOC-CH_2-COOH$$

乙二酸(草酸)　　　　　　　　　　　丙二酸

芳香羧酸和脂环羧酸的系统命名一般把环作为取代基。例如：

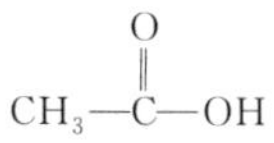

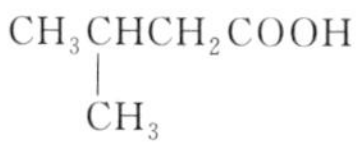

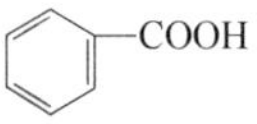

苯甲酸(安息香酸)　　3-苯基丙烯酸(肉桂酸)　　邻羟基苯甲酸(水杨酸)

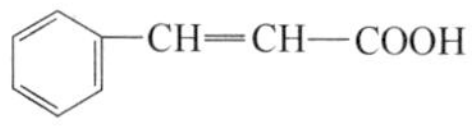

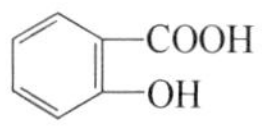

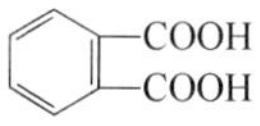

邻苯二甲酸　　　　　环戊基甲酸　　　　1-萘乙酸或 α-萘乙酸

二、羧酸的物理性质

低级饱和脂肪酸如甲酸、乙酸、丙酸等，是具有较强刺激气味的液体，其水溶液有酸味。含有 $C_4 \sim C_9$ 的羧酸是具有腐败恶臭气味的油状液体，动物的汗液和奶油发酵变坏的气味是因为存在正丁酸的缘故。C_{10} 以上的羧酸为无气味的蜡状固体。饱和脂肪族二元羧酸和芳香族羧酸在室温下都是结晶形固体。

低级的一元脂肪酸（甲酸、乙酸、丙酸）易溶于水，但随着羧酸分子量的增大，在水中的溶解度逐渐降低。高级脂肪酸不溶于水，而易溶于乙醇、乙醚、苯、氯仿等有机溶剂。二元羧酸的分子两端都含有羧基，极性增强，易溶于水，难溶于乙醚等有机溶剂。

羧酸的沸点随分子量的增大而逐渐升高，并且比分子量相近的烷烃、卤代烃、醇、醛、酮的沸点高。这是由于羧基是强极性基团，羧酸分子间的氢键比醇羟基间的氢键更强。低级的羧酸，如甲酸、乙酸在气态时也以二聚合体形式存在。

$$CH_3-\overset{\overset{\displaystyle O\cdots H-O}{\|}}{\underset{\underset{\displaystyle O-H\cdots O}{\|}}{C}}-C-CH_3$$

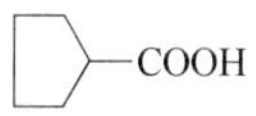

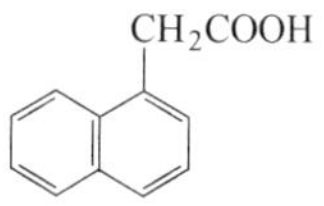

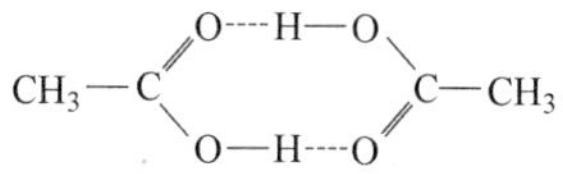

直链饱和一元羧酸和二元羧酸的熔点不是随着分子量的增加而递增的，而是表现出一种特殊的规律：随着分子中碳原子数目的增加呈锯齿状的变化，含偶数碳原子的羧酸的熔点，比和它相邻的两个含奇数碳原子的羧酸的熔点高。一些羧酸的物理常数见表 16-1 和表 16-2。

表 16-1 一元羧酸的物理常数

名　称	熔点/℃	沸点/℃	$pK_a^\ominus$(25℃)	溶解度/[g·(100g 水)$^{-1}$]
甲酸(蚁酸)	8.4	100.7	3.77	∞
乙酸(醋酸)	16.6	117.9	4.76	∞
丙酸(初油酸)	−20.8	141	4.88	∞
丁酸(酪酸)	−4.26	163.5	4.82	∞
戊酸(缬草酸)	−33.8	186.1	4.81	3.7
己酸(羊油酸)	−2.0	205.4	4.85	1.10
庚酸(毒水芹酸)	−7.5	223.0	4.89	0.24
辛酸(羊脂酸)	16.5	239.3	4.89	0.068
壬酸(天竺葵酸)	12.2	255.0	4.96	难溶

表 16-2 二元羧酸的物理常数

名　称	熔点/℃	溶解度/[g·(100g 水)$^{-1}$]	解离常数(25℃)	
			$pK_{a1}^\ominus$	$pK_{a2}^\ominus$
乙二酸(草酸)	189(分解)	8.6	1.46	4.40
丙二酸(缩苹果酸)	136(分解)	73.5	2.80	5.85
丁二酸(琥珀酸)	185	5.8	4.21	5.64
戊二酸(胶酸)	98	63.9	4.34	5.41
己二酸(肥酸)	151	1.5	4.43	5.41
庚二酸(蒲桃酸)	106	2.5	4.47	5.52
辛二酸(软木酸)	144	0.14	4.52	5.52
壬二酸(杜鹃花酸)	106.5	0.2	4.54	5.52
癸二酸(皮脂酸)	134.5	0.1	4.55	5.52
顺-丁烯二酸(马来酸)	139	78.8	1.94	6.50
反-丁烯二酸(延胡索酸)	302	0.7	3.02	4.50

?【问题 16-1】 将下列化合物按沸点由高到低的顺序排列。

(1) 正戊烷 (2) 丙醛 (3) 丙酸 (4) 正丙醇 (5) 乙酸

三、羧酸的化学性质

从羧酸的结构可以看出，由于羧基中羟基氧原子上的未共用电子对与羧基中羰基的 π 键形成 p-π 共轭体系，使得羟基氧原子上的电子云向羰基转移，从而降低了羟基氧原子上的电子云密度，O—H 键间的电子云同时向氧原子靠近，从而增大了 O—H 键的极性，有利于 O—H 键中氢能以氢离子的形式解离，因此羧酸的酸性明显大于醇，羟基被取代的反应比醇难。同时，由于 p-π 共轭效应，使得羰基碳的电子云密度有所增高，从而失去了典型的羰基性质，不能与羰基试剂反应。因此，羧酸的羧基不能像醛、酮那样发生典型的亲核加成反应。根据羧酸的结构，它可以发生如下类型的反应：

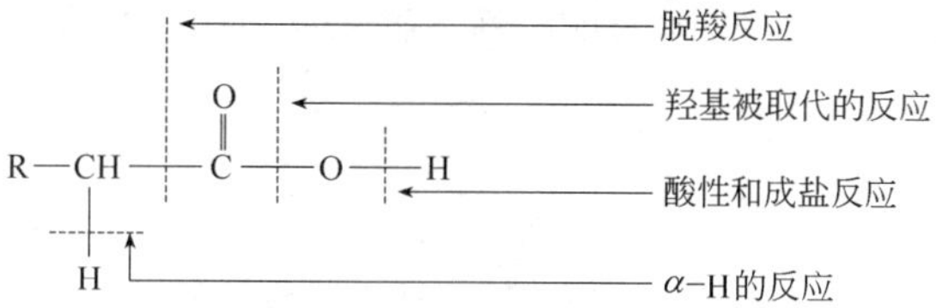

1. 酸性

羧酸具有酸性，在水溶液中能解离出 H^+。

$$\mathrm{R-\overset{O}{\overset{\|}{C}}-OH \rightleftharpoons R-\overset{O}{\overset{\|}{C}}-O^- + H^+}$$

羧酸的酸性强弱用解离平衡常数 $K_a^{\ominus}$ 或 $pK_a^{\ominus}$ 表示。$K_a^{\ominus}$ 值越大或 $pK_a^{\ominus}$ 值越小，其酸性越强。饱和一元羧酸的 $pK_a^{\ominus}$ 值均在 3.7～5.0 之间，比碳酸的酸性（$pK_a^{\ominus}=6.37$）和苯酚（$pK_a^{\ominus}=10$）的酸性强些，但比其他无机酸弱。常见羧酸的 $pK_a^{\ominus}$ 值见表 16-1。二元羧酸能分两步解离，第二步解离比第一步要难，见表 16-2。

羧酸能与金属氧化物、氢氧化物反应生成盐和水，也能和活泼的金属作用放出氢气。

$$\mathrm{RCOOH + NaOH \longrightarrow RCOONa + H_2O}$$

羧酸的酸性比碳酸强，所以羧酸可与碳酸钠或碳酸氢钠反应生成羧酸盐，同时放出 CO_2。用此反应可鉴定羧酸。

$$\mathrm{RCOOH + NaHCO_3 \longrightarrow RCOONa + H_2O + CO_2\uparrow}$$

生成的羧酸盐用硫酸或盐酸酸化后，又能析出游离的羧酸，可应用此性质鉴别、分离、提纯羧酸。

$$\mathrm{HCl + RCOONa \longrightarrow RCOOH + NaCl}$$

羧酸的碱金属盐如钠盐、钾盐等，都能溶于水。不溶于水的羧酸，如果转化为碱金属盐后，便可溶于水。利用这种性质，可以使羧酸与其他不溶于水的中性有机物分离。例如，用碳酸钠水溶液与苯甲酸的乙醚溶液一起振荡，则苯甲酸可转化为苯甲酸钠进入水层，分去醚层，再将水层酸化，就可得到苯甲酸，这样就可从苯甲酸的乙醚溶液中分离出苯甲酸。羧酸的酸性比酚强，所以用碳酸氢钠可将羧酸与酚分离。

羧酸的酸性与分子结构有关。例如：

酸性 $\mathrm{HCOOH > CH_3COOH > CH_3CH_2COOH > (CH_3)_3CCOOH}$。

?【问题 16-2】 用简便方法分离下列混合物：苯甲酸、苯甲醇。

2. 羧基中羟基被取代的反应

在一定条件下，羧酸分子羧基上的羟基可被卤素（—X）、烷氧基（—OR）、酰氧基（—OCOR）、氨基（$—NH_2$）取代，分别生成酰卤、酸酐、酯和酰胺等羧酸衍生物。

（1）酰卤的生成　羧酸与三卤化磷、五卤化磷等反应，羧基中羟基可被卤素取代生成酰卤。有机合成中最常用的酰卤是酰氯。

$$\mathrm{R-\overset{O}{\overset{\|}{C}}-OH + PCl_3 \xrightarrow{\triangle} R-\overset{O}{\overset{\|}{C}}-Cl + H_3PO_3}$$

$$\mathrm{R-\overset{O}{\overset{\|}{C}}-OH + PCl_5 \xrightarrow{\triangle} R-\overset{O}{\overset{\|}{C}}-Cl + POCl_3 + HCl\uparrow}$$

（2）酯的生成　羧酸和醇生成酯的反应称为酯化反应。酯化反应须在加热及无机酸催化下进行。

$$R-\overset{\overset{\large O}{\|}}{C}-OH + HO-R' \xrightleftharpoons{H^+,\ \triangle} R-\overset{\overset{\large O}{\|}}{C}-OR' + H_2O$$

由于酯化反应是可逆的，所以为提高产率，则必须增大某一反应物的用量或降低生成物的浓度，使平衡向生成酯的方向移动。如果生成的酯沸点较低，可在反应过程中不断蒸出酯。

（3）酸酐的生成　羧酸在强脱水剂如 P_2O_5 的存在下加热，两分子羧酸间失去一分子水而形成酸酐。

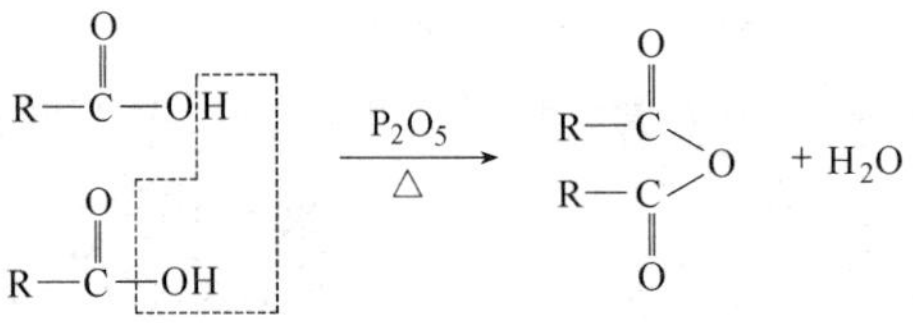

羧酸分子中二缔合体的形成

某些二元羧酸分子内脱水生成内酐（一般生成五、六元环）。例如：

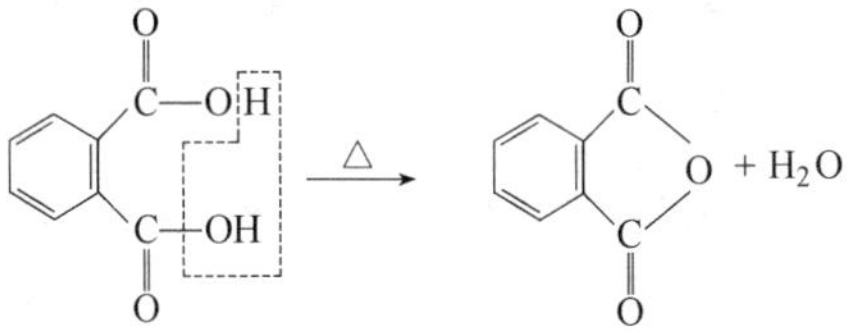

（4）酰胺的生成　羧酸中通入氨气或加入碳酸铵，生成羧酸铵盐，将该羧酸铵盐加热，首先失去一分子水生成酰胺。

$$R-\overset{\overset{\large O}{\|}}{C}-OH + NH_3 \longrightarrow R-\overset{\overset{\large O}{\|}}{C}-ONH_4$$

$$R-\overset{\overset{\large O}{\|}}{C}-OH + (NH_4)_2CO_3 \longrightarrow R-\overset{\overset{\large O}{\|}}{C}-ONH_4 + CO_2\uparrow + H_2O$$

$$R-\overset{\overset{\large O}{\|}}{C}-ONH_4 \xrightarrow[\triangle]{P_2O_5} R-\overset{\overset{\large O}{\|}}{C}-NH_2 + H_2O$$

对氨基苯酚与乙酸加热，脱水的产物是对羟基乙酰苯胺（扑热息痛）。

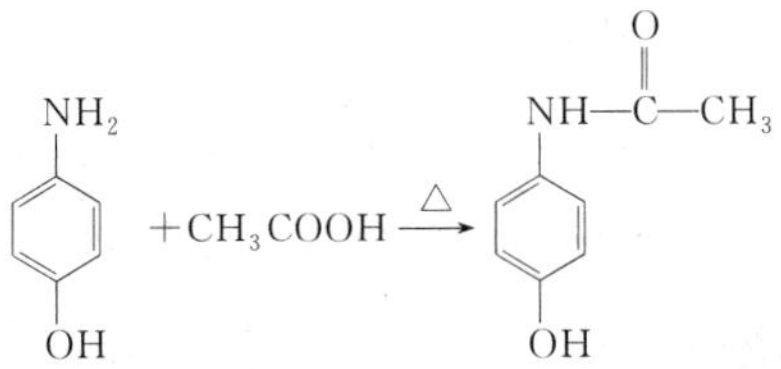

3. 脱羧反应

在通常情况下，羧酸中的羧基是比较稳定的，但在一些特殊的条件下也可以脱去羧基，放出二氧化碳，这类反应称为脱羧反应。

一元羧酸的钠盐与强碱共热，生成比原来羧酸少一个碳原子的烃。例如，实验室用无水乙酸钠与碱石灰共热制备甲烷。

$$H_3C-\overset{\overset{\large O}{\|}}{C}-ONa + NaOH \xrightarrow[\triangle]{CaO} CH_4\uparrow + Na_2CO_3$$

有些低级的二元羧酸如乙二酸和丙二酸，受热容易发生脱羧反应，生成比原来羧酸少一个碳原子的一元羧酸。

$$HOOC—COOH \xrightarrow{\triangle} HCOOH + CO_2\uparrow$$

$$HOOC—CH_2—COOH \xrightarrow{\triangle} CH_3COOH + CO_2\uparrow$$

脱羧反应是生物体内重要的生物化学反应，呼吸作用所生成的二氧化碳就是羧酸脱羧的结果。生物体内的脱羧是在脱羧酶的作用下完成的。

$$CH_3COOH \xrightarrow{\text{脱羧酶}} CH_4\uparrow + CO_2\uparrow$$

4. α-H的卤代反应

羧基也能使α-H活化，但羧基的致活作用比羰基小得多，所以羧酸α-H被卤素取代的反应比醛、酮困难。必须在光或少量红磷、碘等催化下，反应才能进行。例如：

$$CH_3COOH \xrightarrow[P]{Cl_2} \underset{\text{一氯乙酸}}{ClCH_2COOH} \xrightarrow[P]{Cl_2} \underset{\text{二氯乙酸}}{Cl_2CHCOOH} \xrightarrow[P]{Cl_2} \underset{\text{三氯乙酸}}{Cl_3CCOOH}$$

卤代羧酸是合成多种农药和药物的重要原料。例如，氯乙酸与2,4-二氯苯酚钠在碱性条件下反应，可制得2,4-二氯苯氧乙酸（简称2,4-D），它是一种有效的植物生长调节剂，高浓度时可防治禾谷类作物田中的双子叶杂草；低浓度时，对某些植物有刺激早熟，提高产量，防止落花落果，产生无子果实等多种作用。

5. 还原反应

羧基很难用一般的还原剂还原。但用氢化铝锂（$LiAlH_4$）可以将羧酸直接还原成醇。

$$RCOOH \xrightarrow{LiAlH_4} RCH_2OH$$

四、重要的羧酸

1. 甲酸

甲酸俗称蚁酸，存在于蚂蚁、蜂毒、毛虫的分泌物中，也存在于松叶、荨麻中。甲酸是无色、有刺激气味的液体，易溶于水，也溶于乙醇、乙醚等有机溶剂。甲酸有较强的酸性和腐蚀性，能刺激皮肤起泡、红肿。

甲酸的分子结构中既有羧基又有醛基存在，因此甲酸除了具有羧酸的一般性质外，还具有还原性，能发生银镜反应，也可使高锰酸钾溶液褪色，这些性质常用于甲酸的定性鉴定。甲酸与浓硫酸在60～80℃条件下共热，可以分解为水和一氧化碳，实验室中常用此法制备纯净的一氧化碳。甲酸在工业上用来合成酯和某些染料。甲酸具有杀菌能力，医药上用作消毒剂和防腐剂。

2. 乙酸

乙酸俗称醋酸。普通食醋中含有4%～8%的乙酸。纯乙酸为无色有强烈刺激性气味的液体。纯乙酸在16℃以下能结成冰状的固体，俗称冰醋酸。乙酸能与水、乙醇、甘油、乙醚、四氯化碳等混溶，是染料、香料、医药、农药生产中不可缺少的原料。

乙酸广泛存在于自然界中，常以盐或酯的形式存在于植物的果实和汁液内，许多微生物可以将某些有机物转化为乙酸，生物体内乙酸是重要的中间代谢产物。

3. 苯甲酸

苯甲酸常以苯甲酸苄酯的形式存在于安息香胶及其他一些树脂中，故俗称安息香酸。苯甲酸为白色晶体，难溶于冷水，易溶于沸水、乙醇、氯仿和乙醚。苯甲酸毒性较低，有抑制霉菌的作用，故苯甲酸的钠盐常用作食品和某些药物的防腐剂。

4. 乙二酸

乙二酸常以盐的形式存在于许多植物的细胞壁中，俗称草酸。在室温下为无色晶体，常含两分子结晶水，加热至105℃可失水而得无水草酸，易溶于水而不溶于乙醚等有机溶剂。草酸除了具有一般羧酸的性质外，还具有还原性，能还原高锰酸钾。由于这一反应是定量进行的，所以被用作标定高锰酸钾的基准物质。工业上常用草酸作漂白剂。

$$5HOOC-COOH + 2KMnO_4 + 3H_2SO_4 \longrightarrow K_2SO_4 + 2MnSO_4 + 10CO_2\uparrow + 8H_2O$$

5. 丁烯二酸

丁烯二酸有顺丁烯二酸和反丁烯二酸两种异构体。

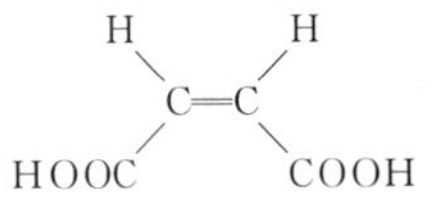

顺丁烯二酸

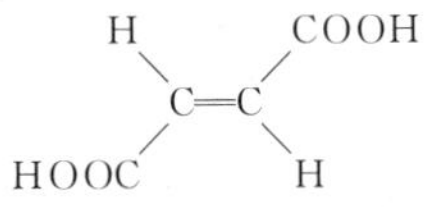

反丁烯二酸

顺丁烯二酸俗称马来酸或失水苹果酸，为无色晶体，易溶于水，熔点139.0℃，受热易脱水形成酸酐。用于合成树脂，也可用作油脂的防腐剂。反丁烯二酸俗称延胡索酸或富马酸，为无色晶体，难溶于水，熔点302.0℃。反丁烯二酸广泛分布于植物体内，也分布于温血动物的肌肉中，是生物体内物质代谢的重要中间产物之一。反丁烯二酸是国际上允许使用的食品添加剂，其二甲酯是广谱杀菌剂，可用于饲料的防腐。

6. α-萘乙酸

α-萘乙酸简称NAA，白色晶体，熔点133.0℃，难溶于水，但其钠盐和钾盐易溶于水。NAA是植物生长调节剂，低浓度时可以刺激植物生长，防止落花落果；高浓度时能抑制植物生长，可做除草剂。α-萘乙酸甲酯可防止马铃薯在储存期间发芽。

7. 过氧乙酸

过氧乙酸又称过氧醋酸，结构式为 $CH_3\overset{\overset{O}{\|}}{C}OOH$，为无色透明液体，有辛辣味，易挥发，有强刺激性和腐蚀性。能溶于水、醇、醚和硫酸，在中性稀的水溶液中稳定。

过氧乙酸是一种杀菌剂，具有使用浓度低、消毒时间短、无残留毒性、−20～40℃下也能杀菌等优点。主要用于香蕉、柑橘、樱桃以及蔬菜等采收后处理和农产品的容器消毒，可防治真菌和细菌性腐烂。也可用作鸡蛋消毒、室内消毒，在抗击非典中发挥了巨大的作用。工业上用它作各种纤维的漂白剂、高分子聚合物的引发剂及制备环氧化合物的试剂。

8. 丙烯酸

丙烯酸是简单的不饱和羧酸，可发生氧化和聚合反应，放久后本身自动聚合成固体物质。丙烯酸是非常重要的化工原料，用丙烯酸树脂生产的高级油漆色泽鲜艳、经久耐用，可用作汽车、电冰箱、洗衣机、医疗器械等的涂饰，也可做建筑内外及门窗的涂料。丙烯酸系列产品还有保鲜作用，可使水果、鸡蛋的保鲜期大大延长而对人体无害。丙烯酸可由丙烯腈在酸性条件下水解得到。

第二节　羧酸衍生物

羧酸分子中羧基上的羟基被其他原子或原子团取代后生成的化合物称为羧酸衍生物。羧酸衍生物主要有酰卤、酸酐、酯和酰胺。它们的分子中都含有酰基，因此它们在化学性质上有许多相似之处。本节主要讨论酰卤、酸酐、酯的结构与性质，酰胺将在第十八章讨论。

一、羧酸衍生物的命名

酰卤是根据酰基（—COR）和卤原子的名称来命名，称为"某酰卤"。

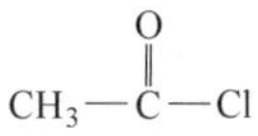

$$
\underset{\text{乙酰氯}}{CH_3-\overset{\overset{O}{\|}}{C}-Cl} \qquad \underset{\text{丙酰溴}}{CH_3CH_2-\overset{\overset{O}{\|}}{C}-Br} \qquad \underset{\text{苯甲酰氯}}{C_6H_5-\overset{\overset{O}{\|}}{C}-Cl}
$$

酸酐是根据相应的羧酸来命名。两个相同羧酸形成的酸酐为简单酸酐，称为"某酸酐"；两个不同羧酸形成的酸酐为混合酸酐，称为"某酸某酸酐"。二元羧酸分子内失去一分子水形成的酸酐为内酐，称为"某二酸酐"。例如：

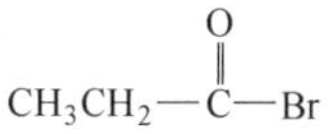

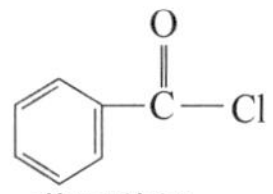

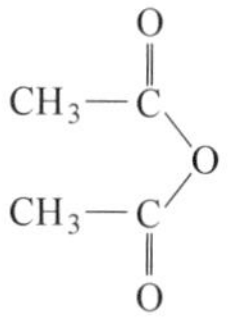

$$
\underset{\text{乙(酸)酐}}{\begin{array}{c} CH_3-\overset{\overset{O}{\|}}{C} \\ CH_3-\underset{\underset{O}{\|}}{C} \end{array}\Big\rangle O} \qquad \underset{\text{乙(酸)丙(酸)酐}}{\begin{array}{c} CH_3-\overset{\overset{O}{\|}}{C} \\ CH_3CH_2-\underset{\underset{O}{\|}}{C} \end{array}\Big\rangle O} \qquad \underset{\text{邻苯二甲酸酐}}{}
$$

酯是根据形成它的羧酸和醇或酚的名称来命名，称为"某酸某酯"。例如：

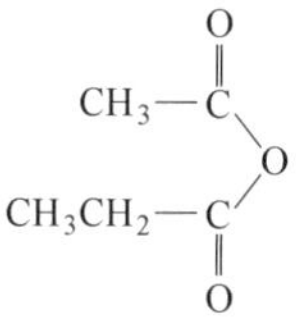

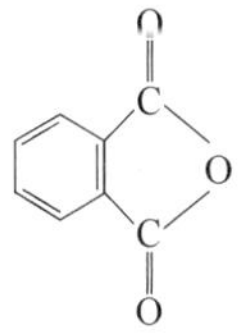

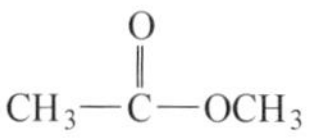

$$
\underset{\text{乙酸甲酯}}{CH_3-\overset{\overset{O}{\|}}{C}-OCH_3} \qquad \underset{\text{乙酸乙酯}}{CH_3-\overset{\overset{O}{\|}}{C}-O-CH_2CH_3} \qquad \underset{\text{苯甲酸甲酯}}{C_6H_5-\overset{\overset{O}{\|}}{C}-OCH_3}
$$

二、羧酸衍生物的物理性质

室温下，低级的酰卤、酸酐都是无色且对黏膜有刺激性的液体，高级的酰卤、酸酐为白色固体。大多数常见的酯都是液体，具有愉快的香味，许多花和水果散发香味就是由酯引起的。如正戊酸异戊酯有苹果香味，丁酸甲酯有菠萝香味等，因此酯多用于香料工业。

酰卤、酸酐、酯分子间不能通过氢键缔合，因此沸点比分子量相近的羧酸低很多。羧酸衍生物一般都难溶于水而易溶于乙醚、苯、丙酮等有机溶剂。

三、羧酸衍生物的化学性质

羧酸衍生物分子中都含有酰基，因此化学性质有相似之处，只是在反应活性上有较大的差异。

1. 水解反应

羧酸衍生物在化学性质上的一个主要共同点是，它们都能水解生成相应的羧酸：

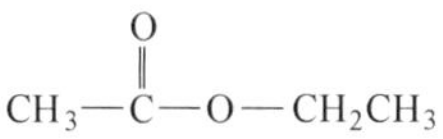

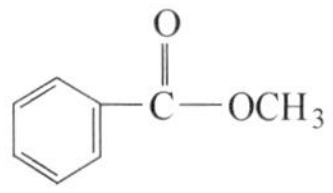

$$
\begin{array}{ll}
\underset{\underset{\text{低}}{\underset{\text{次}}{\underset{\text{依}}{\underset{\text{性}}{\text{活}}}}}}{\Big\downarrow}
\begin{array}{l}
\overset{O}{\underset{}{R-C}}-Cl \\[4pt]
\overset{O}{\underset{}{R-C}}-O\overset{O}{\underset{}{C}}-R' + H-OH \longrightarrow \overset{O}{\underset{}{R-C}}-OH + R'COOH \\[4pt]
\overset{O}{\underset{}{R-C}}-OR'
\end{array}
&
\begin{array}{l}
HCl \\[18pt]
\\[18pt]
R'OH
\end{array}
\end{array}
$$

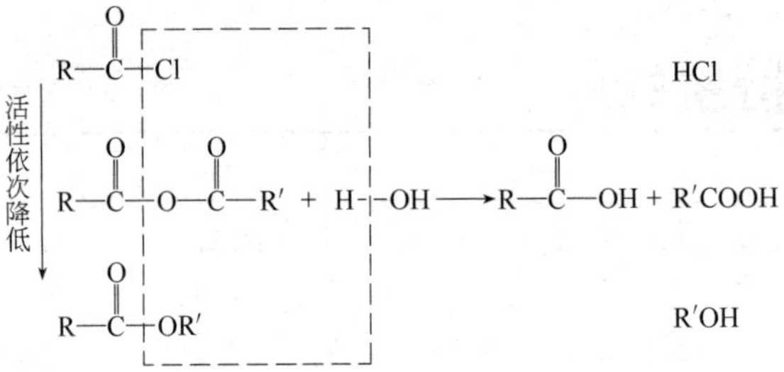

酯在酸催化下的水解是酯化反应的逆反应，在碱催化下水解时，产生的酸可与碱生成盐而从平衡体系中除去，所以在足够量碱的存在下，水解反应可以进行到底。酯在碱性溶液中的水解又称皂化，因为肥皂是高级脂肪酸甘油酯（油脂）的碱性水解产物。

$$
\overset{O}{\underset{}{R-C}}-OR' + H_2O \xrightarrow{\ NaOH\ } \overset{O}{\underset{}{R-C}}-ONa + R'OH
$$

2. 醇解反应

酰卤、酸酐、酯都能发生醇解反应，主要产物是酯。酯的醇解反应也叫酯交换反应，即醇分子中的烷氧基取代了酯中的烷氧基，酯交换反应是可逆的。它常用来制备高级醇的酯。生物体内也有类似的酯交换反应。

$$
\begin{array}{ll}
\underset{\underset{\text{低}}{\underset{\text{次}}{\underset{\text{依}}{\underset{\text{性}}{\text{活}}}}}}{\Big\downarrow}
\begin{array}{l}
\overset{O}{\underset{}{R-C}}-Cl \\[4pt]
\overset{O}{\underset{}{R-C}}-O\overset{O}{\underset{}{C}}-R' + H-OR'' \longrightarrow \overset{O}{\underset{}{R-C}}-OR'' + R'COOH \\[4pt]
\overset{O}{\underset{}{R-C}}-OR'
\end{array}
&
\begin{array}{l}
HCl \\[18pt]
\\[18pt]
R'OH
\end{array}
\end{array}
$$

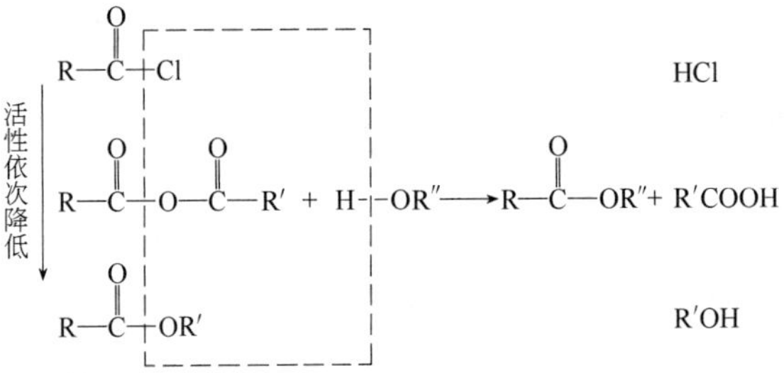

3. 氨解反应

酰卤、酸酐、酯都能发生氨解反应，主要产物是酰胺。由于氨本身是碱，所以氨解反应比水解反应更容易进行。

$$
\begin{array}{ll}
\underset{\underset{\text{低}}{\underset{\text{次}}{\underset{\text{依}}{\underset{\text{性}}{\text{活}}}}}}{\Big\downarrow}
\begin{array}{l}
\overset{O}{\underset{}{R-C}}-Cl \\[4pt]
\overset{O}{\underset{}{R-C}}-O\overset{O}{\underset{}{C}}-R' + H-NH_2 \longrightarrow \overset{O}{\underset{}{R-C}}-NH_2 + R'COONH_4 \\[4pt]
\overset{O}{\underset{}{R-C}}-OR'
\end{array}
&
\begin{array}{l}
NH_4Cl \\[18pt]
\\[18pt]
R'OH
\end{array}
\end{array}
$$

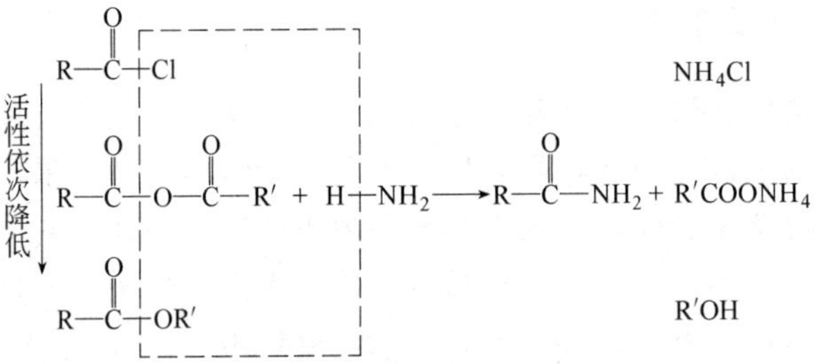

由以上水解、醇解、氨解反应可以看出，4 种衍生物之间，以及它们与羧酸之间都可以通过一定的试剂而相互转化。

4. 酯缩合反应

酯分子中的 α-H 也是比较活泼的。在醇钠的作用下，两分子的酯脱去一分子的醇生成 β-酮酸酯，这个反应称为克莱森（Claisen）酯缩合反应。例如：

$$H_3C-\overset{O}{\overset{\|}{C}}+\overset{\cdot}{\underset{\cdots}{OC_2H_5}}+\overset{\cdot}{\underset{\cdots}{H}}+CH_2-\overset{O}{\overset{\|}{C}}-OC_2H_5 \xrightleftharpoons{C_2H_5ONa} CH_3-\overset{O}{\overset{\|}{C}}-CH_2-\overset{O}{\overset{\|}{C}}-OC_2H_5+C_2H_5OH$$

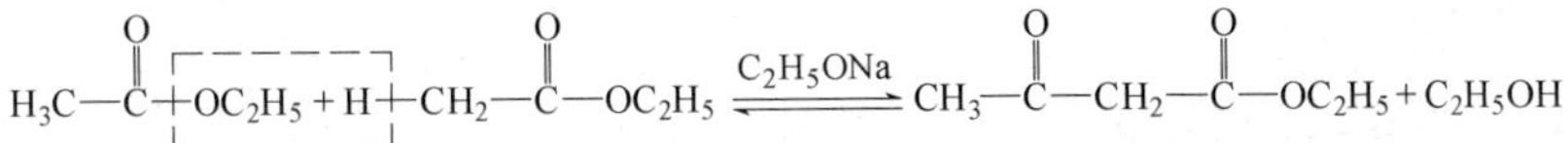

乙酰乙酸乙酯

四、重要的羧酸衍生物

1. 除虫菊酯

除虫菊酯是存在于除虫菊中的具有杀虫效力的成分之一，其结构为：

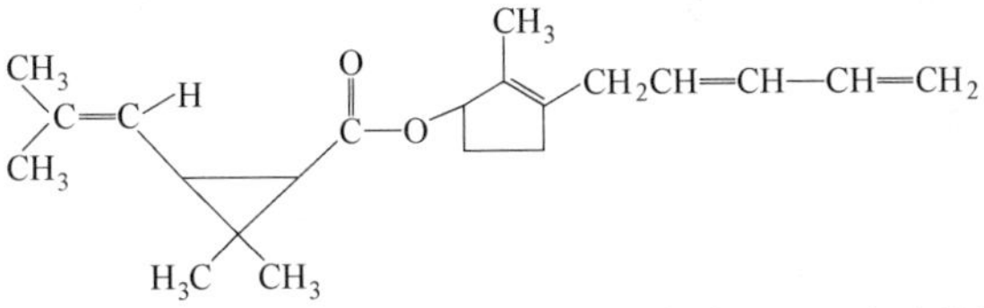

自从发现除虫菊酯的杀虫效力以后，许多国家先后合成了一系列其类似物，统称为拟除虫菊酯。由于这类化合物杀虫效力高，残留少，对环境污染小，所以是一类很有前途的农药。

2. 青霉素

青霉素是抗生素的一种，是微生物在生长过程中产生的，能杀死多种微生物或有选择性地抑制其他微生物生长的物质。

青霉素是一个内酰胺，同时具有与四氢噻唑并联的内酰胺环系。青霉素是由青霉菌培养液中分离出的几种 R 不同而骨架相同的物质，作为抗菌药使用的是青霉素 G。青霉素 G 很容易被胃酸分解，所以口服效果很差。

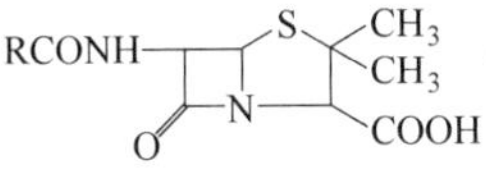

第三节　取代酸

羧酸分子中烃基上的氢原子被其他原子或基团取代的产物称为取代酸。重要的取代酸有羟基酸、羰基酸、卤代酸和氨基酸等，取代酸在有机合成或生物代谢中，都是非常重要的物质。本节重点讨论羟基酸、羰基酸。

一、羟基酸

1. 羟基酸的分类和命名

羧酸分子中烃基上的氢原子被羟基取代的产物称为羟基酸。羟基酸包括醇酸和酚酸两类，许多醇酸是生物体代谢过程中非常重要的物质。酚酸则多以盐、酯或糖苷的形式存在于植物中。

根据分子中羟基与羧基的相对位置，有 α，β，γ…羟基酸。羟基连在羧酸 α-C 原子上的，叫作 α-羟基酸；连在羧酸 β-C 原子上的，叫作 β-羟基酸。

羟基酸除可按系统命名法命名外，更常用俗名，因为许多重要的羟基酸能由自然界取得。按系统命名法命名时，选择含有羧基和羟基的最长碳链为主链，编号由距离羟基最近的羧基开始。例如：

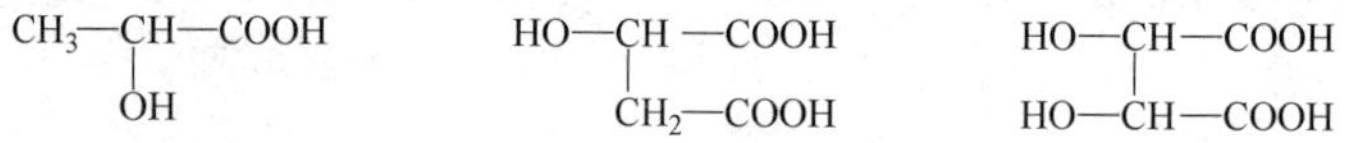

$$CH_3-\underset{\underset{OH}{|}}{CH}-COOH$$

2-羟基丙酸(乳酸)

$$HO-\underset{\underset{CH_2-COOH}{|}}{CH}-COOH$$

羟基丁二酸(苹果酸)

$$HO-\underset{\underset{HO-CH-COOH}{|}}{CH}-COOH$$

2,3-二羟基丁二酸(酒石酸)

$$HO-\underset{\underset{CH_2-COOH}{|}}{\overset{\overset{CH_2-COOH}{|}}{C}}-COOH$$

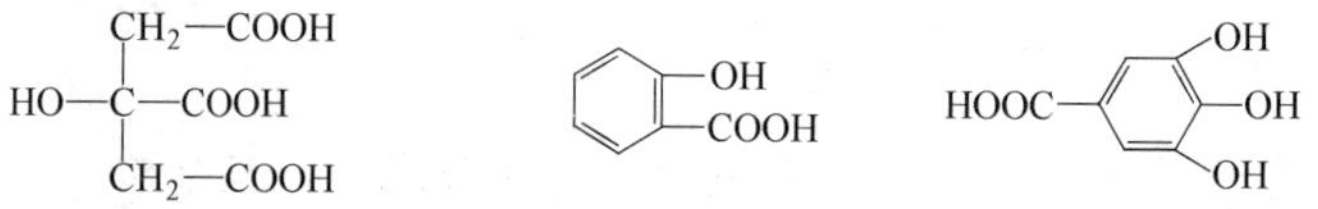

3-羟基-3-羧基戊二酸(柠檬酸)

邻羟基苯甲酸(水杨酸)

3,4,5-三羟基苯甲酸

2. 羟基酸的物理性质

醇酸多为结晶或糖浆状的液体，酚酸都是固体。由于分子中含有羟基和羧基两个极性基团，它们都能与水形成氢键，所以羟基酸一般能溶于水，水溶性大于相应的羧酸。

3. 羟基酸的化学性质

羟基酸除具有羧酸和醇（酚）的典型化学性质外，还具有两种官能团相互影响而表现的特殊性质。

（1）酸性　由于羟基的吸电子诱导效应，醇酸的酸性比相应的羧酸强。羟基离羧基越近，其酸性越强。例如，羟基乙酸的酸性比乙酸强，而 α-羟基丙酸的酸性比 β-羟基丙酸的酸性强。

（2）α-醇酸的氧化反应　α-醇酸中的羟基比醇中的羟基更容易被氧化。多伦试剂与醇不发生作用，但能把 α-醇酸氧化为 α-羰基酸。例如：

$$CH_3-\underset{\underset{OH}{|}}{CH}-COOH \xrightarrow{[Ag(NH_3)_2]^+} CH_3-\underset{\underset{O}{\|}}{C}-COOH$$

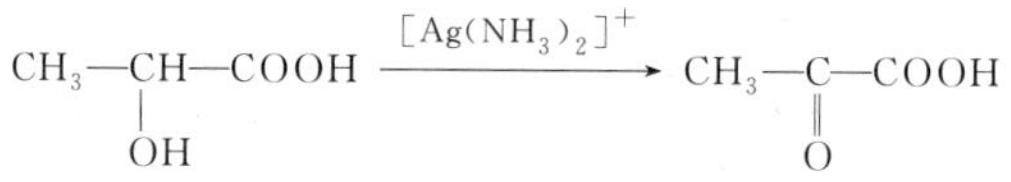

乳酸　　　　　　　　　　　丙酮酸

生物体内的多种醇酸在酶的催化下也能发生类似的氧化反应。

$$\underset{\underset{COOH}{|}}{\overset{\overset{COOH}{|}}{CH}}\overset{|}{\underset{\underset{CH_2}{|}}{CHOH}} \underset{+2H}{\overset{-2H}{\rightleftharpoons}} \underset{\underset{COOH}{|}}{\overset{\overset{COOH}{|}}{\underset{CH_2}{|}}}\overset{|}{C=O}$$

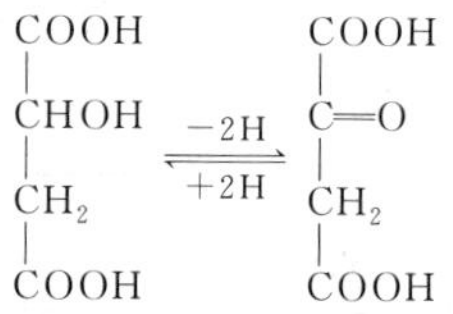

苹果酸　　　草酰乙酸

（3）α-醇酸的分解反应　α-醇酸与稀硫酸共热，羧基与 α-C 原子之间的键断裂，生成醛和甲酸。例如：

$$CH_3-\underset{\underset{OH}{|}}{CH}-COOH \xrightarrow{稀 H_2SO_4} CH_3CHO+HCOOH$$

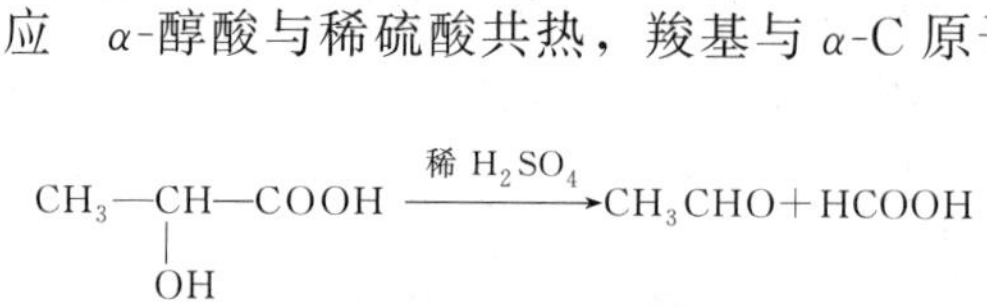

（4）醇酸的脱水反应　醇酸受热能发生脱水反应，但脱水的方式随羟基的位置而不同。

α-醇酸受热一般发生双分子的脱水反应，一分子 α-羟基酸中的羟基与另一分子的羧基两两脱水，形成环状的酯，叫作交酯。例如：

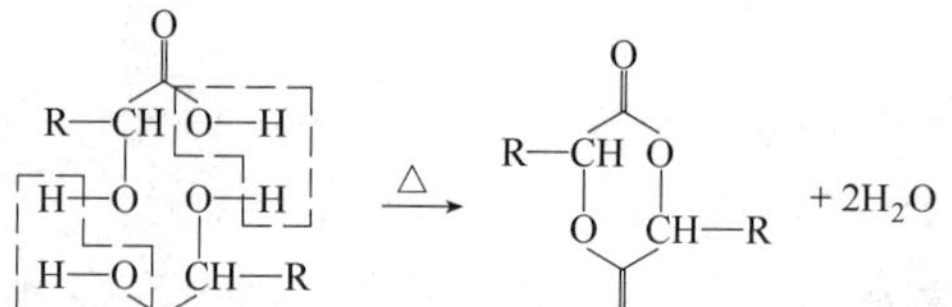

β-醇酸中的α-H同时受羧基和羟基的影响，比较活泼，所以在受热时，容易和相邻碳原子上的羟基脱水而生成α,β-不饱和羧酸。例如：

$$\begin{array}{l}CH_3—\underset{\displaystyle |\atop\displaystyle OH}{CH}—CH_2—COOH \xrightarrow{\triangle} CH_3—CH{=}CH—COOH+H_2O\end{array}$$

生物体内，某些β-醇酸在酶的作用下发生分子内脱水，生成不饱和羧酸。例如：

$$\begin{array}{l}HO—CH—COOH\\ \quad\ |\\ \quad CH_2—COOH\end{array} \underset{}{\overset{\text{酶}}{\rightleftharpoons}} \begin{array}{l}\qquad\quad CH—COOH\\ \qquad\quad \|\\ HOOC—C—H\end{array}$$

（5）酚酸的脱羧反应　羟基在羧基邻位或对位的酚酸，受热容易发生脱羧反应。例如：

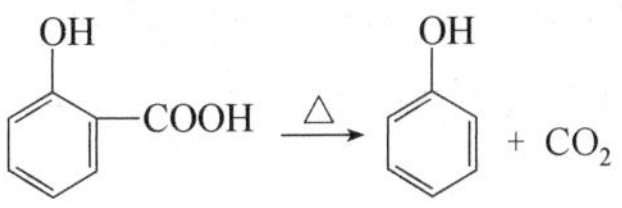

4. 重要的取代酸

（1）乳酸　乳酸最初是从酸牛奶中得到的，因而得名。牛奶中的乳糖受微生物的作用，发酵产生乳酸。蔗糖发酵也能得到乳酸。乳酸广泛存在于自然界，许多水果都含有乳酸，也存在青贮饲料、酸乳和泡菜中。存在于人的血液和肌肉中的乳酸是葡萄糖经缺氧代谢得到的氧化产物。

乳酸是无色黏稠的液体，有很强的吸湿性，水及能与水混溶的溶剂都能与乳酸混溶。乳酸不挥发，无气味，广泛用作食品工业的酸味调味剂。乳酸的酸性很强，在医药上用作防腐剂。乳酸的钙盐不溶于水，所以在工业上常用乳酸作除钙剂；医药上用作补钙剂。

（2）苹果酸　苹果酸最初从苹果中取得，因而得名。苹果酸广泛存在于水果、蔬菜和某些植物的叶子中，未成熟的水果果实中含量高。苹果酸是糖代谢的中间产物，也是植物体内重要的有机酸之一。苹果酸也有旋光异构体，自然界存在的是其中的一种，叫作左旋苹果酸，为无色晶体，熔点100℃，易溶于水和乙醇，微溶于乙醚。常用于制药和食品工业。

（3）酒石酸　酒石酸以游离态或以钾、钙、镁盐的形式存在于多种水果中，以葡萄中含量最多。葡萄发酵制酒的过程中，酒石酸氢钾由于难溶于水及乙醇，便逐渐以细小的结晶析出，古代将这种附着于酒桶上的沉淀叫作酒石，酒石酸的名称由此而来。酒石酸为无色晶体，易溶于水而难溶于有机溶剂。在食品工业上，酒石酸可作酸味剂。酒石酸钾钠用于配制费林试剂，酒石酸锑钾俗称吐酒石，可用作催吐剂和治疗血吸虫病。

（4）柠檬酸　柠檬酸又称枸橼酸，柠檬酸广泛存在于各种果实中，以柠檬和柑橘类的果实中含量较多，未成熟的柠檬中含量可高达6%。烟草中也含有大量的柠檬酸，是提取柠檬酸的重要原料。柠檬酸是无色晶体，易溶于水、乙醇和乙醚，有强酸味。在食品工业上用作糖果及清凉饮料的调味品，也可用于制药，如柠檬酸钠是抗凝血剂，柠檬酸铁铵用作补血剂。柠檬酸也是生物体代谢的一个很重要的中间产物。

（5）水杨酸　水杨酸因取自水杨柳而得名，又名柳酸。是无色针状的晶体，微溶于冷水，易溶于沸水、乙醇、乙醚、氯仿中。水杨酸是典型的酚酸，具有酚和羧酸的性质。其水溶液与氯化铁溶液作用显紫色。水杨酸钠盐及其衍生物是常用的药物，具有杀菌防腐、镇痛解热和抗风湿的作用。如乙酰水杨酸就是常用的解热镇痛药阿司匹林。

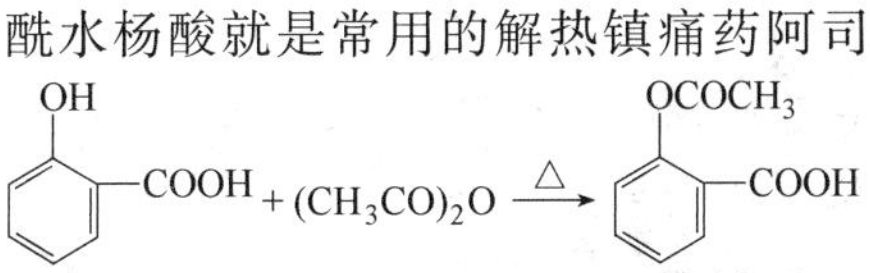

乙酰水杨酸

水杨酸以酯的形式存在于某些植物中，如水杨酸甲酯是由冬青叶中取得的冬青油的主要成分，有特殊香味，可用于配制肥皂、牙膏和糖果等的香精，也可用作扭伤时的外擦药。

（6）五倍子酸和单宁　五倍子酸又叫没食子酸，它是植物中分布最广的酚酸，常以游离态或结合成单宁存在于五倍子、槲树皮、茶叶和其他植物中。五倍子酸为白色固体，在空气中能迅速氧化成暗褐色，其水溶液与氯化铁反应生成蓝黑色沉淀。利用这种性质，工业上将其作为抗氧剂和制造蓝墨水的原料。

单宁又称鞣酸或鞣质，是在植物界广泛分布的一种天然产物，存在于石榴、柿子、苹果、茶叶、咖啡等许多植物中。未成熟的水果肉质较硬和具有涩味就是由于含较多的单宁所致。单宁有杀菌、防腐和凝固蛋白质的作用，所以在医药上用它作止血药及收敛剂和生物碱中毒时的解毒剂。单宁还具有鞣革的作用，在工业上用于鞣制皮革和媒染剂。

二、羰基酸

羰基酸是指脂肪酸碳链上含有羰基的化合物，可分为醛酸和酮酸，羰基在碳链一端的是醛酸，在链中的是酮酸。酮酸常根据羰基和羧基的相对位置分为 α-酮酸、β-酮酸等。

羰基酸的系统命名与羟基酸相似，是选择含羰基和羧基的最长碳链为主链，叫作某醛酸或某酮酸，命名酮酸时需注明羰基的位次。也可用酰基命名，称为“某酰某酸”。例如：

$H-\overset{\overset{\displaystyle O}{\|}}{C}-COOH$	$CH_3-\overset{\overset{\displaystyle O}{\|}}{C}-COOH$	$CH_3-\overset{\overset{\displaystyle O}{\|}}{C}-CH_2-COOH$
乙醛酸（甲酰甲酸）	丙酮酸（乙酰甲酸）	β-丁酮酸（乙酰乙酸）

丙酮酸是最简单的 α-酮酸，乳酸氧化可得丙酮酸。丙酮酸是无色有刺激味的液体，沸点 165℃，易溶于水、乙醇中。丙酮酸除了具有酮和羧酸的一般性质外，还具有 α-酮酸的特性，如氧化、脱羧等。

酮酸与稀硫酸共热，发生脱羧反应生成醛和二氧化碳。例如：

$$CH_3-\overset{\overset{\displaystyle O}{\|}}{C}-COOH \xrightarrow[\triangle]{H_2SO_4} CH_3CHO + CO_2\uparrow$$

生物体内的丙酮酸在缺氧时，在酶的作用下脱羧生成乙醛，然后还原为乙醇。水果刚开始腐烂或饲料开始发酵时，常有酒味，就是由此引起的。

$$CH_3-\overset{\overset{\displaystyle O}{\|}}{C}-COOH \xrightarrow{\text{酶}} CO_2 + CH_3CHO$$
$$CH_3CHO \xrightarrow[\text{酶}]{[H]} CH_3CH_2OH$$

丙酮酸是糖类在生物体内代谢的中间产物，是联系糖、油脂和蛋白质代谢的枢纽，在物质代谢过程中处于重要地位。

本章小结

一、羧酸及其衍生物

1. 羧酸是有机酸，具有酸的一切通性。除甲酸是中强酸外，其他饱和一元羧酸都是弱酸，但比碳酸的酸性强，能与碳酸盐或碳酸氢盐反应生成羧酸盐，所以常用碳酸盐来鉴别羧酸。另外，羧酸盐遇无机强酸可析出原来的羧酸，用这一反应分离、提纯羧酸。

2. 根据羧酸的结构，它可发生如下一些主要反应：脱羧反应、α-H 的取代反应、羟基被取代的反应和羧基被还原的反应。

3. 羧酸的衍生物常见的有酰卤、酸酐、酯和酰胺，它们的共同点是都可以发生水解、醇解和氨解反应。

4. 酯分子中的 α-H 由于受到酯羰基的影响变得较为活泼，用强碱（CH_3CH_2ONa）处理时可发生克莱森酯缩合反应，生成 β-酮酸酯。

二、取代酸

1. 醇酸具有醇和羧酸的典型反应性能，同时由于羧基和羟基的相互影响表现出某些特性，如受热分解，α-醇酸中的羟基比醇中的羟基更容易被氧化。脱水反应是醇酸的典型反应，脱水方式依据羟基和羧基的相对位置不同而异。

2. 酚酸具有芳香羧酸和酚的典型反应性能，如能与氯化铁溶液作用呈现颜色，与碱成盐，与醇或酸成酯等。

3. 羰基酸除具有一般羧酸和醛、酮的典型性质外，还具有某些特性，如某些酮酸可被弱氧化剂氧化、脱羧及存在互变异构现象。

 习题

1. 给下列化合物命名。

(1) CH_3CHCH_2COOH
　　　　|
　　　 CH_3

(2) $CH_3C\!\!=\!\!CHCOOH$
　　　　|
　　　 CH_3

(3) $CH_3CH_2\!-\!C\!-\!Cl$
　　　　　　‖
　　　　　　O

(4) $(CH_3CH_2CH_2CO)_2O$

(5) $CH_3CH_2\!-\!C\!-\!OCH_2CH_3$
　　　　　　‖
　　　　　　O

(6) $CH_3CCH_2CHCOOH$
　　　　‖　　|
　　　　O　CH_3

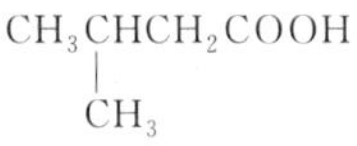

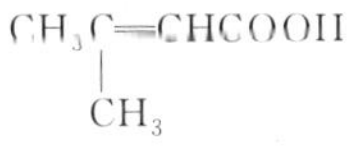

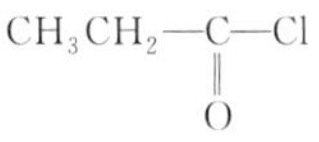

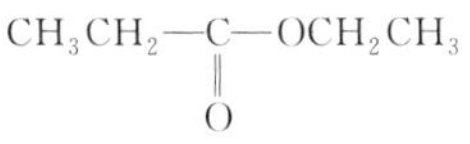

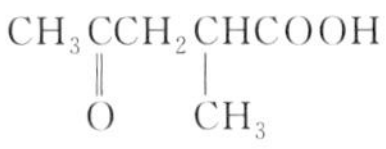

2. 写出下列化合物的结构式。

(1) 顺丁烯二酸　　　(2) 尿素　　　(3) 草酸　　　(4) 乙酸苯酯

(5) β-丁酮酸　　　(6) 丙酰氯　　　(7) 丁二酸酐　　　(8) 柠檬酸

3. 用化学方法鉴别下列各组化合物。

(1) 乙醇、乙醛、乙酸　　　(2) 甲酸、乙酸、乙醛

4. 写出下列反应的主要产物。

(1)

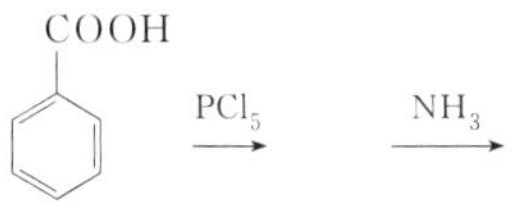

(2) $CH_3CH_2CCOOH \xrightarrow[\triangle]{稀\ H_2SO_4}$
　　　　　‖
　　　　　O

(3) $CH_3CH_2\!-\!C\!-\!OC_2H_5 + H_2O \xrightarrow{NaOH}$
　　　　　　‖
　　　　　　O

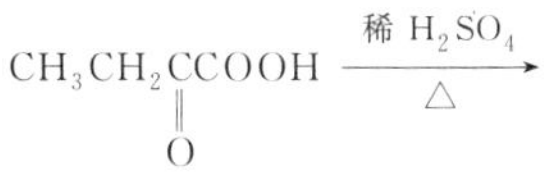

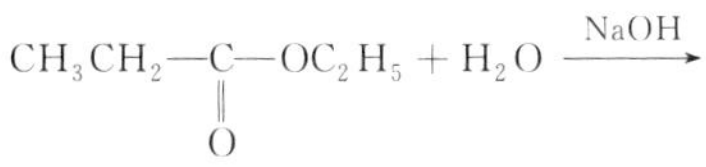

5. 用化学方法分离下列各组混合物。

(1) 丁酸和丁酸丁酯　　　　　　(2) 苯甲醚、苯甲酸、苯酚

(3) 乙酸、苯酚、环己酮、环己醇　　　(4) 苯甲酸、苯酚、环己醇

6. 化合物 A、B、C 的分子式都是 $C_3H_6O_2$，只有 A 能和 $NaHCO_3$ 作用生成 CO_2，B 和 C 在 NaOH 水溶液中水解，B 的水解产物之一能起碘仿反应。试推测 A、B、C 的构造式。

7. 某化合物 A（$C_5H_8O_2$），可使溴水褪色，与稀酸共热生成化合物 B 和 C。B 可与 NaIO 反应生成黄色结晶，但不能与 $NaHCO_3$ 作用。C 可与 $NaHCO_3$ 反应放出 CO_2，也可使溴水褪色，与酸性 $KMnO_4$ 作用仅生成 CO_2 和 H_2O。试写出 A、B、C 的构造式。

知识拓展

草酸的毒性

草酸（乙二酸），可用作洗衣店里的漂洗剂和用于除去汽车水箱中的水垢和铁锈。这些用途源于草酸具有与铁离子形成可溶性配合物的能力。这一能力在某种程度上也使草酸变得毒性很大。

草酸的名字源于“oxalis”，希腊语为“酸”，并且也是包括番茄、菠菜和大黄的草本植物的标志，它们都含有一定量的草酸。大黄叶中含有很大量的酸，毒性相当大，因而只有大黄的茎可以食用。菠菜中草酸的量较少，但如果食用太多，依然存在草酸过量的危险。草酸过量的症状包括从肠胃不舒服到呼吸困难，肌肉无力，肾衰（草酸结合钙离子形成不溶的肾结石），循环性虚脱、昏迷和死亡。

第十七章

旋光异构

有机物的同分异构现象包括构造异构和立体异构。构造异构是指分子中原子或基团的连接顺序或方式不同而产生的异构，包括碳链异构、位置异构、官能团异构和互变异构。立体异构是指分子中原子或基团的连接顺序或方式相同，但在空间的排列方式不同而产生的异构，包括构象异构、顺反异构和旋光异构（也称对映异构）。立体异构是研究分子中基团在空间的排布与性质的关系的，因此它们都属于立体化学的范畴。其中旋光异构对于研究有机化合物的结构、反应机理以及天然产物的生理性能等都起着重要的作用。

本章主要介绍旋光异构现象。学习旋光异构体的判断、构型表示和标记，以及旋光异构体的性质。

知识目标

1. 能说出手性、手性分子、手性碳原子、旋光度、对映体、内消旋体、外消旋体等概念。
2. 能理解旋光异构体 D/L、 *R/S* 构型，使用 Fischer 投影式表达旋光异构体。
3. 能够描述旋光异构体的性质和生理功能。
4. 能够说明一个、两个手性碳原子化合物的旋光异构情况。

能力目标

1. 理解物质的旋光性与分子结构关系。
2. 能够判断物质是否具有旋光性的能力。
3. 能够撰写有机化学相关综述性论文，来表达自己的观点。

素质目标

1. 让学生发现微观世界有机物结构之美，培养有机化学学习兴趣。
2. 分子的手性是手性分子生物学性质的决定因素，清楚有机物分子给人类带来益处的同时也会带来危害，形成辩证思维。

第一节　物质的旋光性

一、偏振光和旋光性

光是一种电磁波，光振动的方向垂直于光波前进的方向。普通光是由各种波长的光组成的，光波可在垂直于前进方向的各个平面内振动。如图 17-1 中，圆圈表示一束普通光的横截面，双箭头表示在不同方向上振动的光。当普通光通过一个由方解石制成的尼科耳棱镜时，由于这种棱镜只能使和棱镜的轴平行的平面内振动的光通过，其他各个方向上的光都被挡住，所得到的光只能在一个平面上振动。这种仅在某一平面上振动的光就叫作平面偏振光，简称偏振光。当在某一平面上振动的偏振光通过不同物质（液体或溶液）时，它所受到的影响是不同的。例如，有些物质（如水、乙醇等）对偏振光不发生影响，光线仍然在原平面上振动；但有些物质（如乳酸、葡萄糖水溶液）能使通过它的偏振光的振动平面旋转一定的角度（见图 17-2）。

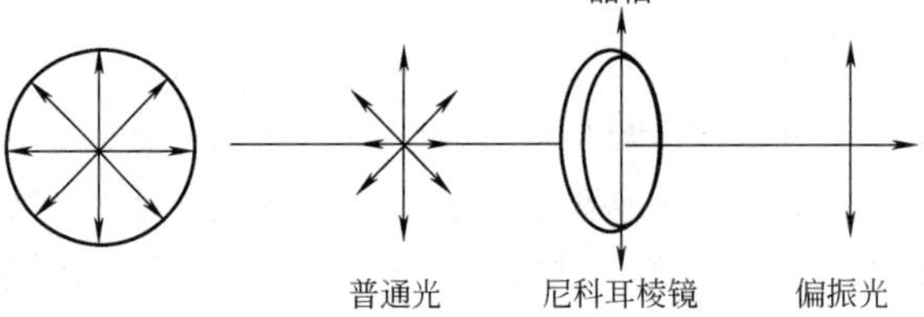

图 17-1 普通光和偏振光

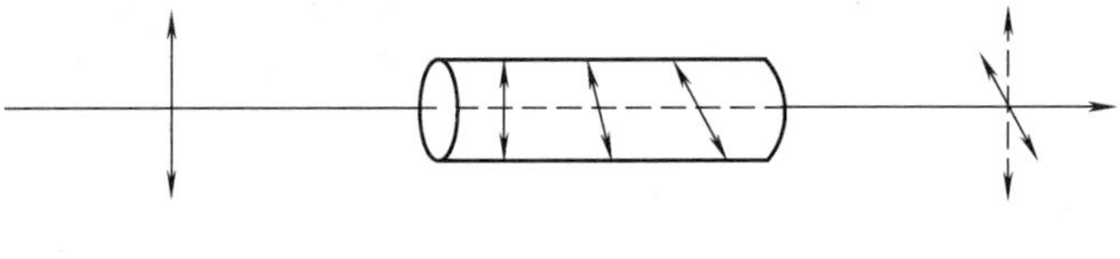

图 17-2 旋光性物质能使偏振光旋转

物质的这种能使偏振光的振动平面发生旋转的性质叫作旋光性，具有旋光性的物质叫作旋光性物质，也称光学活性物质。

二、旋光度和比旋光度

当偏振光通过某一旋光物质时，其振动平面会向着某一方向旋转一定的角度，这一角度叫作旋光度。通常用“α”表示。每一种旋光活性物质在一定的条件下都具有一定的旋光度。

旋光度的大小可以用旋光仪来测定，旋光仪的构造及其工作原理如图 17-3 所示。图中起偏镜和检偏镜均为尼科耳棱镜，起偏镜是固定不动的，其作用是将入射光变为偏振光，检偏镜和刻度盘固定在一起，可以旋转，用来测量偏振光振动平面旋转的角度。

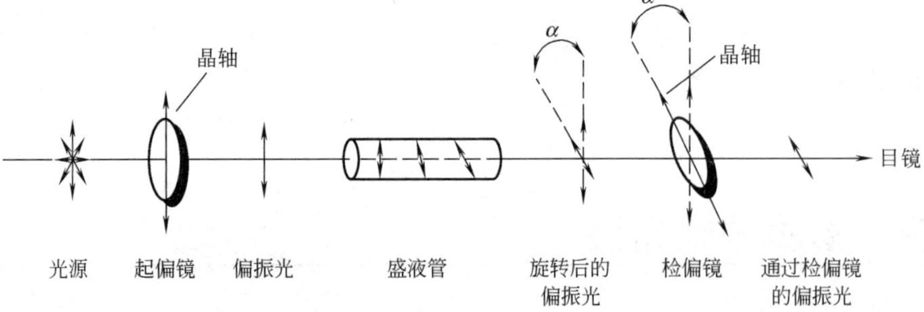

图 17-3 旋光仪的构造及其工作原理

当检偏镜和起偏镜平行，并且盛液管是空着或放有无旋光活性物质的溶液时，用光源照射，则经检偏镜后可以见到最大强度的光，这时刻度盘指在零度。当盛液管中放入旋光活性物质的溶液后，则由起偏镜射来的光的振动平面被它向左或向右旋转了一定角度，因此观察到的光的强度就被减弱，这样，转动检偏镜至光的亮度最强时为止，由刻度盘上就可读出左旋或右旋的度数。

能使偏振光以顺时针方向旋转的化合物称右旋体，用（+）表示。能使偏振光以逆时针方向旋转的化合物称左旋体，用（−）表示。

物质旋光度的大小除取决于物质的本性外，也与测定的条件密切相关。它随测定时所用溶液的浓度、盛液管的长度、温度、光波的波长以及溶剂的性质等而改变。所以，在比较不同物质的旋光性时，必须限定在相同的条件下，当修正了各种因素的影响后，旋光度才是每个旋光性化合物的特性。通常规定溶液的浓度为 $1g \cdot mL^{-1}$，盛液管的长度为 1dm，在此条件下测得的旋光度称为比旋光度，用 $[\alpha]_{\lambda}^{t}$ 表示，它与旋光度之间有如下关系：

$$[\alpha]_{\lambda}^{t}=\frac{\alpha}{cl}$$

式中　α——旋光仪测得的旋光度；

λ——所用光源的波长，常用钠光，波长 589nm，标记为 D；

t——测定时的温度，一般为 20℃；

c——溶液的浓度，$g \cdot mL^{-1}$；

l——盛液管的长度，dm。

如被测物质是纯液体，可用该液体的密度替换上式中的浓度来计算其比旋光度。

上面的公式不仅可以用来计算旋光性物质的比旋光度，也可以利用比旋光度测定物质的浓度或鉴定物质的纯度。

第二节　旋光性和分子结构的关系

一、手性和手性分子

为什么有的物质没有旋光性，而有的物质却有呢？物质的性质是与其结构紧密相关的，所以，物质的旋光性必定是由于其分子的特殊结构引起的。那么，具有怎样结构的分子才具有旋光性呢？

人的两只手，看起来似乎没有差别，但是将左手的手套戴在右手上是不合适的；而如果把左手放在镜子前面，在镜中呈现的影像恰与右手相同。两只手的这种关系可以比喻为“实物”和“镜像”的关系，它们之间的区别就在于五个手指的排列顺序恰好相反，因此左手和右手是不能完全重叠的，见图 17-4。并不是所有的物体都和它的镜像不能完全重叠，比如一个皮球和它的镜像则毫无差别，它们之间实物和镜像是可以完全重叠的。

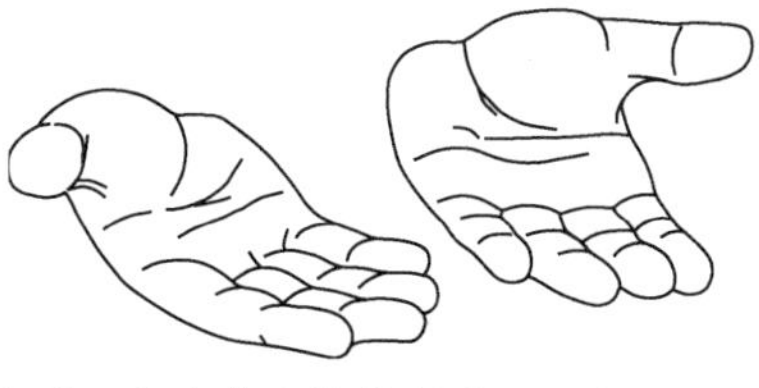

图 17-4　左右手互为实物和镜像的关系，但二者不能完全重叠

实验证明，如果某种分子不能与其镜像完全重叠，这种分子就具有旋光性。分子这种实物与其镜像不能完全重叠的特殊性质叫作分子的手征性，简称手性，这种特点也同样存在于微观世界的分子中，某些化合物的分子也具有"手性"。

任何一个不能与它的镜像完全重叠的分子就具有手性，称为手性分子。凡手性分子构成的物质就有旋光性，非手性分子构成的物质则没有旋光性。

？【问题 17-1】　判断下列各物体是否具有手性。

（1）人的脚　（2）耳朵　（3）螺钉　（4）试管　（5）烧杯

二、对称因素与手性碳原子

1. 对称因素

要判断一个分子是否具有手性，最直观的方法，是制作分子的实物和镜像两个模型，观察它们是否能够完全重叠。但是这种方法不太方便，特别对复杂分子更不实用。从分子内部来说，手性与分子的对称性有关。一个分子是否有对称性，则可以看它有无对称因素，对称因素主要是指对称面和对称中心。如果一个分子中没有上述任何一种对称因素，这种分子就叫不对称分子，不对称分子就有手性，就是手性分子。

（1）对称面　假如有一个平面能把一个分子切成两半，这两半互成实物与镜像的关系，该平面就称为这个分子的对称面。例如，二氯甲烷分子呈四面体形，如果使两个氯原子位于纸面上，虚楔形连接的氢原子伸向纸后，实楔形连接的氢原子伸向纸前，则纸面（即 Cl—C—Cl 形成的平面）或垂直于纸面的平面（即 H—C—H 形成的平面）都是分子的对称面。图 17-5 中，这个分子是对称性的分子，它们没有手性，因此也就没有旋光性。

（2）对称中心　假设分子内有一个中心点 P，通过 P 点作直线，在直线上距中心点等距离的两端有相同的原子或基团，那么该中心点就称为这个分子的对称中心。图 17-6 中，这个分子具有对称中心，不具有手性，因此也就没有旋光性。

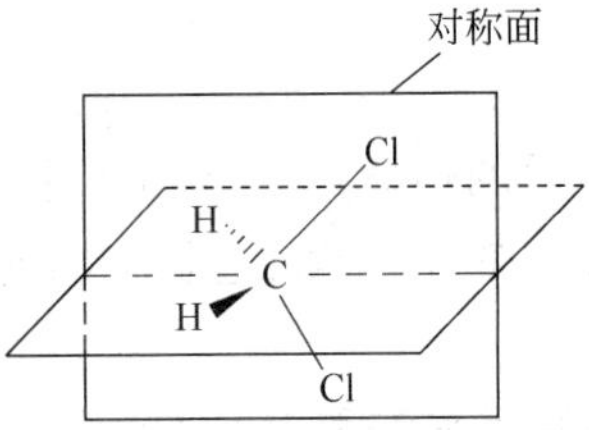

图 17-5　分子的对称面示意图

图 17-6　分子的对称中心示意图

2. 手性碳原子

使有机物分子具有手性的最普遍的因素是手性碳原子。在绝大多数情况下，分子有无手性通常与分子中是否含有手性碳原子有关。所谓手性碳原子，是指和 4 个不相同的原子或基团直接相连接的那个碳原子，通常用"＊"予以标注，例如，下面分子中，用"＊"号标出的碳原子即为手性碳原子。

$$CH_3—\overset{*}{C}H—COOH \qquad CH_3—\overset{*}{C}H—CH_2CH_3 \qquad COOH—\overset{*}{C}H—CH_2—COOH$$
$$\qquad\quad | \qquad\qquad\qquad\qquad | \qquad\qquad\qquad\qquad\qquad\quad |$$
$$\qquad\quad OH \qquad\qquad\qquad\qquad Br \qquad\qquad\qquad\qquad\qquad\quad OH$$

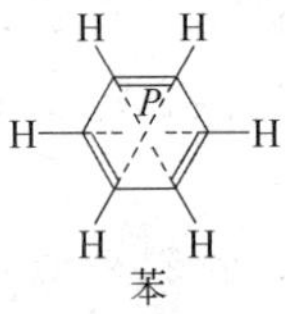

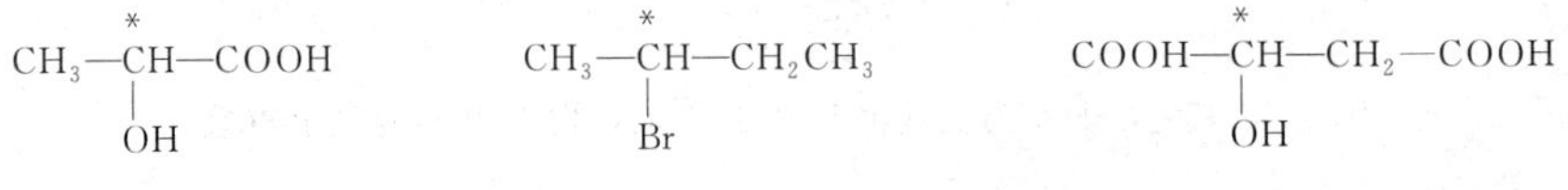

一般来说，含有一个手性碳原子的分子往往都是手性的，不含手性碳原子的分子往往是非手性的。需要指出的是，手性碳原子是分子具有手性的普遍因素，但不是唯一的因素。含有手性碳原子的分子不一定都有手性，而不含手性碳原子的分子不一定不具有手性。

第三节 含手性碳原子化合物的旋光异构

一、含一个手性碳原子化合物的旋光异构

乳酸就是发现较早的含有一个手性碳原子的化合物。从肌肉中得到的乳酸能使平面偏振光的偏振平面向右旋转，称右旋乳酸，用（+)-乳酸表示；利用左旋乳酸菌使糖类发酵得到的乳酸能使平面偏振光的偏振平面向左旋转，称左旋乳酸，用（—)-乳酸表示；酸败牛乳得到的或人工合成的乳酸没有旋光性。

右旋乳酸与左旋乳酸不仅分子式相同（$C_3H_6O_3$），构造式也相同。二者的区别在于 α-碳原子上所连的 4 个不相同的原子或基团在空间的排列方式不同，即含一个手性碳原子的化合物可以有两种不同构型。如图 17-7 所示。

由于左旋体和右旋体的旋光度大小相同，而旋光方向相反，所以等量的左旋体和右旋体组成的体系，是没有旋光活性的，这种体系叫作外消旋体。用（±）或“*dl*”表示。外消旋体常有固定的物理常数。由酸牛奶中得到的或人工合成乳酸就是外消旋体，没有旋光活性，熔点是 18℃，以（±)-乳酸表示。外消旋体可以拆分为右旋和左旋两个有旋光活性的异构体。

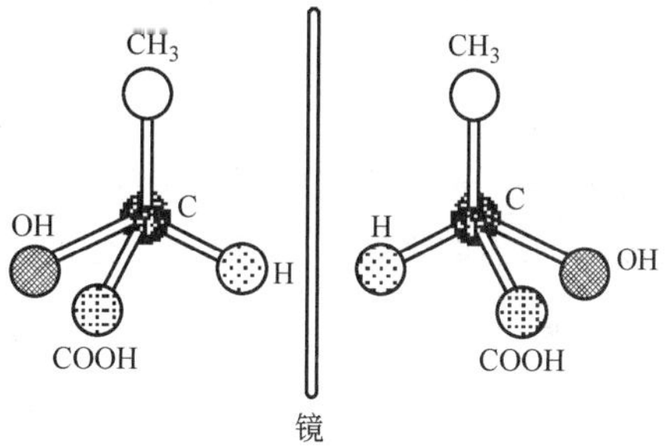

图 17-7 乳酸的两种构型

对映异构体间极为重要的区别是它们对生物体的作用不同。例如，葡萄糖酐是可替代血浆的重要药品，右旋葡萄糖酐能增加血浆容积维持血压，可作挽救出血和外伤休克时急用，左旋葡萄糖酐却没有这种功能，而且对人体有毒，不能用作血浆的代用品。

二、旋光异构构型的确定和表示方法

1. 费歇尔 (Fischer) 投影式

对映异构体在结构上的区别仅在于基团在空间的排列顺序不同，所以一般的平面结构式无法表示原子或基团在空间的相对位置，需采用上面的透视式。透视式比较直观，但写起来较麻烦，所以最简便的表示方法就是用费歇尔投影式表示，即把透视式按规定的投影方向投影在纸面上。其投影原则如下：画一个十字，以其交叉点代表手性碳原子，四端与四个不同的原子或基团相连。按国际命名原则，一般将碳链放在竖直线上，把命名时编号最小的碳原子放在竖键的上端，然后把这样固定下来的分子中各原子团投影到纸面上。横向的两个键指向纸平面的前面，即接近读者，竖向的两个键指向纸平面的后面，即远离读者。按上述规则，乳酸的一对对映体的费歇尔投影式见图 17-8。

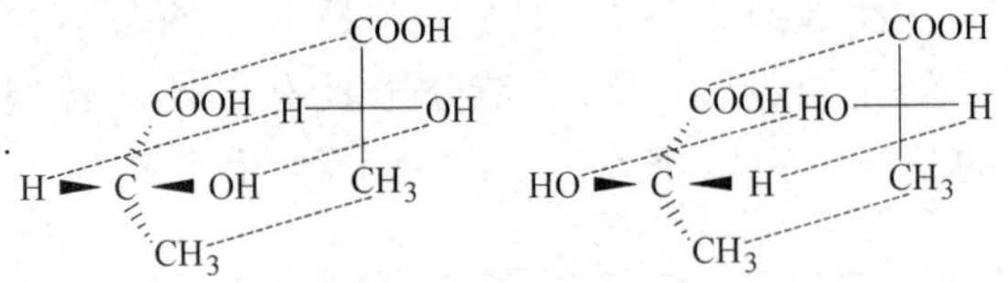

图 17-8 乳酸的一对对映体的费歇尔投影式

费歇尔投影式

应当注意的是，投影式是用平面式来代表立体结构的。一对对映异构体的模型可以任意翻转而不会重叠，但应用投影式时，只能在纸面上平移或转动 180°，而不能离开纸面翻转，否则一对对映异构体的投影式便能相互重叠。也不能在纸面上移动 90°，因为按投影的规定，在垂直线上的基团是伸向纸后的，如将投影式在纸面移动 90°，则原来在垂直线上的基团便处于水平位置，它们就应伸出纸面，这样就相当于改变了原来投影式的构型。

【问题 17-2】 将乳酸的一个费歇尔投影式离开纸平面翻转过来，按照费歇尔投影式的投影规则，它与翻转前的投影式是什么关系？若在纸平面上旋转 90°，它与旋转前的投影式又是什么关系？

2. 相对构型和 D、 L 表示法

对于碳链异构、位置异构以及顺反异构等，都可以用比较简单的方法，如在名称前冠以正、异、顺、反等字就可以表示出异构体的结构特点或空间构型。对于对映异构体来说，表示手性碳原子的空间构型的方法，有 D、L 标记法及 *R*、*S* 标记法。

一对对映异构体的两种乳酸，其右旋体和左旋体的构型究竟是哪一种？在 1951 年前还没有实验方法可以测定分子中原子或基团的空间排列状况，但为了避免混淆，便以甘油醛为标准做了人为的规定。甘油醛应有如下两种构型：

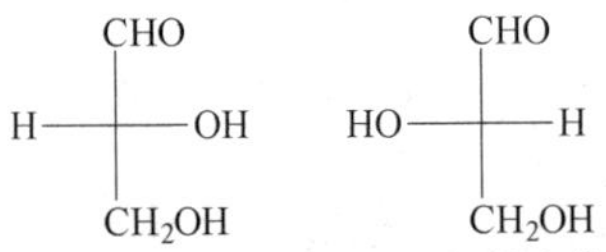

D-(+)-甘油醛 (Ⅰ)　　L-(−)-甘油醛 (Ⅱ)

人为规定右旋甘油醛的构型以（Ⅰ）式表示，左旋甘油醛的构型以（Ⅱ）式表示，把（Ⅰ）式，即手性碳原子上的羟基投影在右边的，叫 D 型，相反的（Ⅱ）式叫作 L 型。D 和 L 分别表示构型。而“＋”和“－”则表示旋光方向。

于是，在人为规定甘油醛构型的基础上，通过一系列不改变手性碳原子构型的化学反应，就可将其他旋光性物质的分子构型与该标准联系起来。例如，将右旋甘油醛的醛基氧化为羧基；将—CH_2OH 还原为甲基，就得到乳酸。这样得到的乳酸的构型应该和 D-(＋)-甘油醛相同，因为在上述氧化及还原过程中与手性碳原子相连的任何一个键都没有发生断裂，所以与手性碳原子相连的基团的排列顺序不会改变。并且测定其旋光方向为左旋的，所以说左旋乳酸是 D 型的，那么右旋乳酸即为 L 型。D 型和 L 型乳酸可用下式表示：

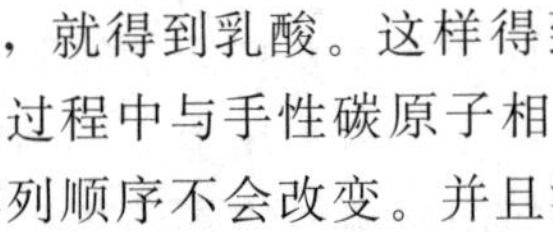

D-(−)-乳酸　　L-(+)-乳酸

由于这种构型是在人为规定的基础上得出的，并不是实际测出的，所以叫作相对构型。

两种来源不同的乳酸，其（+）、（−）是旋光仪测出来的，D、L 构型是以（+）、（−）-甘油醛为相对标准衍生出来的，二者间无任何关系，是两个完全不同的概念。D 型的化合物，可以是右旋的，也可以是左旋的。

但是，D/L 命名法只适应于和甘油醛结构类似的其他化合物，如糖和氨基酸类。如果结构上与甘油醛没有相似之处，用不同的原子或基团类比，则同一种化合物可能确定为 D 或 L 构型，从而引起混乱。

3. 绝对构型和 *R*、 *S* 表示法

1951 年，贝伊富特（Bijvoet）用 X 射线衍射法测定了右旋酒石酸铷钾的构型，发现以甘油醛为标准而确定的构型恰好与其真实构型相符，从此由相对构型标准推出的所有旋光性物质的分子构型就称为绝对构型。

系统命名法用以“基团次序规则”为基础的 *R*/*S* 命名法命名绝对构型。首先按次序规则将与手性碳原子相连的四个基团确定先后顺序，对于甘油醛来说，4 个基团的顺序为—OH>—CHO>—CH_2OH>—H，然后将与手性碳原子相连的 4 个基团中最小的放在离观察者的远端，剩下的 3 个基团就指向观察者，剩下的 3 个基团以从大到小的顺序排列，如为顺时针方向，用 *R* 表示，如为逆时针，用 *S* 表示。

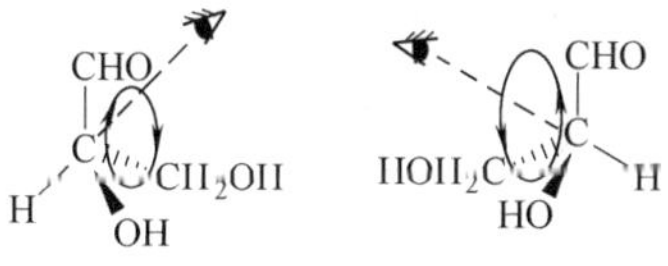

顺时针方向(*R*) 逆时针方向(*S*)

R 型 *S* 型

上面介绍的是从模型或透视式来确定构型的方法。如果是用费歇尔投影式表示的光学活性物质的构型，按“横变竖不变”的原则来判断 *R*、*S* 构型，应该注意手性碳原子所连的最小的原子或基团所处的位置。通常采用下述方法：

当次序规则中最小基团处于竖键位置时，其余三个基团按从大到小的顺序排列，若为顺时针是 *R* 构型，逆时针为 *S* 构型。例如：

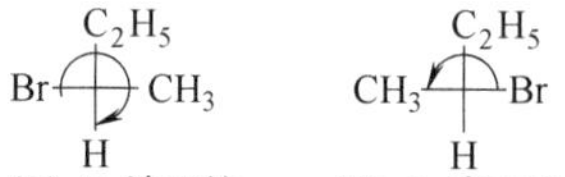

(*R*)-2-溴丁烷 (*S*)-2-溴丁烷

当次序规则中最小基团处于横键位置时，其余三个基团按从大到小的顺序排列，变为顺时针是 *S* 构型，逆时针为 *R* 构型。例如：

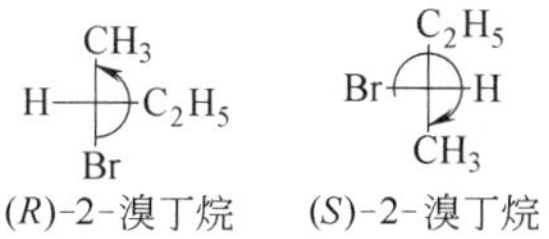

(*R*)-2-溴丁烷 (*S*)-2-溴丁烷

*三、含两个手性碳原子化合物的旋光异构

1. 含两个不同手性碳原子化合物的旋光异构

2,3,4-三羟基丁酸分子中含有两个不相同的手性碳原子，有四个构型异构体，这四个构型异构体的费歇尔投影式如下：

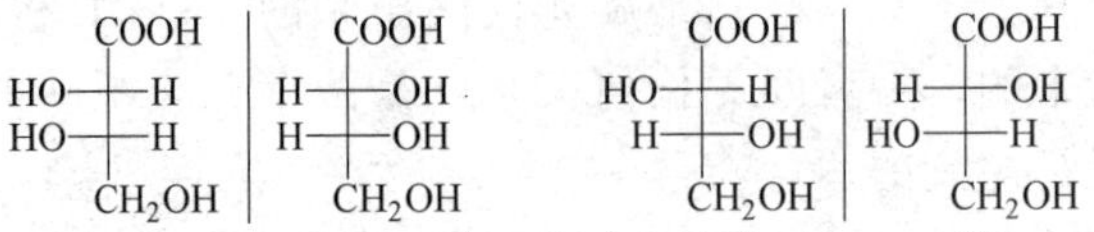

$$
\begin{array}{cccc}
\text{COOH} & \text{COOH} & \text{COOH} & \text{COOH} \\
\text{HO}-\!\!\!-\text{H} & \text{H}-\!\!\!-\text{OH} & \text{HO}-\!\!\!-\text{H} & \text{H}-\!\!\!-\text{OH} \\
\text{HO}-\!\!\!-\text{H} & \text{H}-\!\!\!-\text{OH} & \text{H}-\!\!\!-\text{OH} & \text{HO}-\!\!\!-\text{H} \\
\text{CH}_2\text{OH} & \text{CH}_2\text{OH} & \text{CH}_2\text{OH} & \text{CH}_2\text{OH} \\
(\text{I}) & (\text{II}) & (\text{III}) & (\text{IV}) \\
(2S,3S) & (2R,3R) & (2S,3R) & (2R,3S)
\end{array}
$$

这四个构型异构体中（Ⅰ）和（Ⅱ）、（Ⅲ）和（Ⅳ）是对映体，一对中的任何一个与另一对中的任何一个，例如，（Ⅰ）和（Ⅲ）、（Ⅳ），（Ⅱ）和（Ⅲ）、（Ⅳ），不是实物与镜像的关系，故称为非对映异构体。

分子中含有两个不相同的手性碳原子的化合物有四个旋光异构体，手性碳原子数目增多，则异构体数目也增多。含有 n 个不相同的手性碳原子的化合物，可能有的旋光异构体的数目为 2^n 个。

2. 含两个相同手性碳原子化合物的旋光异构

酒石酸（2,3-二羟基丁二酸）就是含有两个相同手性碳原子的化合物。按照每一个手性碳原子有两种构型，则可以组成四种构型的分子，费歇尔投影式如下：

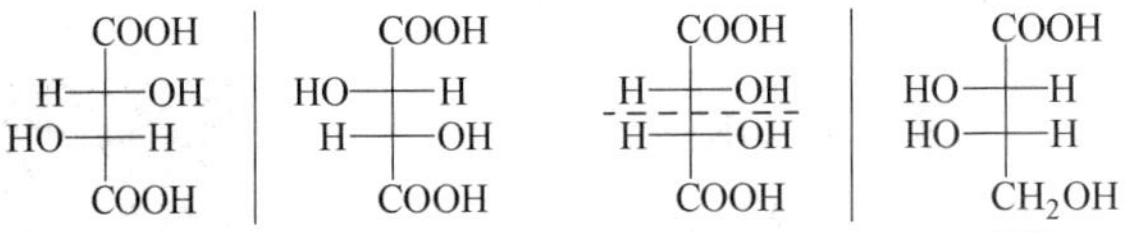

$$
\begin{array}{cccc}
\text{COOH} & \text{COOH} & \text{COOH} & \text{COOH} \\
\text{H}-\!\!\!-\text{OH} & \text{HO}-\!\!\!-\text{H} & \text{H}-\!\!\!-\text{OH} & \text{HO}-\!\!\!-\text{H} \\
\text{HO}-\!\!\!-\text{H} & \text{H}-\!\!\!-\text{OH} & \text{H}-\!\!\!-\text{OH} & \text{HO}-\!\!\!-\text{H} \\
\text{COOH} & \text{COOH} & \text{COOH} & \text{CH}_2\text{OH} \\
(\text{I}) & (\text{II}) & (\text{III}) & (\text{IV}) \\
(2R,3R) & (2S,3S) & (2R,3S) & (2S,3R)
\end{array}
$$

（Ⅰ）和（Ⅱ）是对映体，（Ⅲ）和（Ⅳ）看来似乎也是对映体，但若将（Ⅳ）在纸面上旋转 $180°$ 即可与（Ⅲ）重合，所以（Ⅲ）和（Ⅳ）实际上代表同一分子。不难看出，在（Ⅲ）中有一个对称面（用虚线表示），它可以将分子分成实物与镜像的两半，所以（Ⅲ）没有手性，从而没有旋光性。这种分子虽然含有手性碳原子，但由于分子内部存在对称因素，使互为镜像的两半分别产生的旋光性互相抵消，故称为内消旋体。

内消旋体和外消旋体虽然都没有旋光性，但本质不同，前者是化合物，后者为混合物。通常化学法和生物法将外消旋体拆分成左旋体和右旋体。

四、旋光异构体的性质和生理功能

对映异构体及非对映异构体的化学性质几乎是完全相同的。一对对映异构体除旋光方向相反外，其他物理性质完全相同。而非对映异构体的物理性质是完全不同的。外消旋体是不同于任意两种物质的混合物，它常具有固定的熔点。

对映异构体间极为重要的区别是它们对生物体的作用不同。生物体往往只能选用某一构型的旋光异构体。例如，人体所需要的氨基酸都是 L 型，所需要的糖都是 D 型的，而它们的对映异构体在人体内不参与生理代谢，所以对人体一点营养价值都没有。微生物在生长过程中只能利用 L-丙氨酸，青霉素在（±）-酒石酸的培养液中生长时，也仅用掉了（+）-酒石酸。在兔子皮下注射（±）-苹果酸盐溶液后，仅（一）-苹果酸盐被利用，（+）-苹果酸盐则从尿液中排出。氯霉素的四个旋光异构体中，只有 D-（一）-苏型氯霉素有抗菌作用。麻黄碱有两个旋光异构体，有药效的仅是（一）-麻黄碱。生物体之所以只能选择利用某一构型的旋光异构体，是因为生化反应的催化剂——酶本身就是手性的，它要求手性物质必须符合一定的立体构型才能参与生化反应。同时，通过生化反应产生的物质也是某一特定构型的手性物质，所以单一的旋光异构体往往从生物体内直接获得，如（+）-乳酸可从肌肉中分离得到，

(一)-苹果酸可从苹果汁中分离得到。而用化学方法合成时，得到的一般是一对对映体的混合物，常常需要进行拆分。

　　自然界存在的氨基酸和糖类也恰好都是人类所需要的构型。如果这些糖和氨基酸都是人类不需要的那种构型的话，人类就将无法生存。

本章小结

　　1. 同分异构包括构造异构和立体异构。构造异构包括碳链异构、官能团位置异构、官能团异构和互变异构。立体异构包括构象异构、顺反异构和旋光异构（也称对映异构）。

　　2. 能使偏振光振动平面旋转的物质称为旋光性物质，旋转的角度称为旋光度，用"α"表示。物质的旋光性是由分子的手性引起的，如果分子不能与其镜像重叠，这种分子就具有手性，也就具有旋光性。与四个不同的原子或基团连接的碳原子称为手性碳原子，多数旋光性物质的分子中都存在手性碳原子，但含手性碳原子的分子不一定具有手性，不含手性碳原子的分子不一定不具有手性。

　　3. 分子的立体结构常用透视式或费歇尔投影式表示。分子的构型可用 D、L 标记法或 R、S 标记法确定。

　　4. 互为实物和镜像关系的异构体叫作对映体，其中一个是左旋体，另一个是右旋体。对映体除旋光方向相反外，其他物理性质完全相同。等量的左旋体和右旋体组成的混合物叫作外消旋体，用（±）或"dl"表示。外消旋体不仅无旋光性，物理性质也与单纯的左旋体或右旋体不同。它不同于一般意义上的混合物，它有固定的物理常数。外消旋体的化学性质和相应的左旋体或右旋体基本相同。

习题

1. 判断下列化合物分子中有无手性碳原子（用"＊"标出），并指出可能的异构体的数目。

(1) CH₃CH₂CHCH₃
　　　　　　|
　　　　　　Cl

(2) HOOCCHCOOH
　　　　　　|
　　　　　　Br

(3)

(4) CH₃CH₂CHCH₃
　　　　　　|
　　　　　　OH

(5) CH₃CHCHCH₃
　　　　|　|
　　　　Br Cl

(6) CH₃CHCHCH₃
　　　　|　|
　　　　Br Br

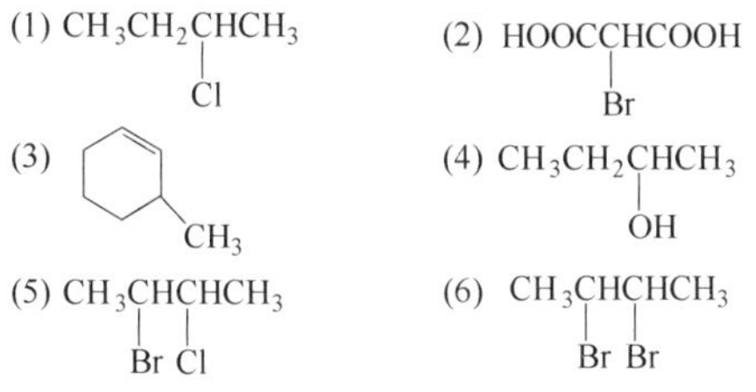

2. 简要解释下列名词。

(1) 偏振光　　　(2) 比旋光度　　　(3) 手性　　　(4) 手性碳原子　　(5) 手性分子

(6) 对映异构体　(7) 外消旋体　　　(8) 内消旋体　　(9) 左旋　　　(10) 右旋

3. 用 R、S 命名法标记下列化合物的构型，并命名。

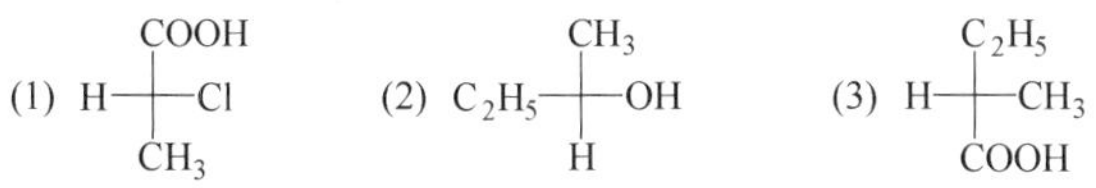

4. 举例并简要说明：

(1) 分子具有旋光性的必要条件是什么？

(2) 含手性碳原子的分子是否都有旋光活性？是否有对映异构体？

5. 下列各化合物哪些属于对映异构体、构造异构体或同一化合物。

知识拓展

旋光异构现象与路易·巴斯德

1848年，法国巴黎师范大学化学家路易·巴斯德（Louis Pasteur，1822～1895年）对酒石酸钠铵晶体的研究，为旋光异构现象即对映异构现象奠定了理论基础。巴斯德研究了十九种酒石酸盐的结构，并以极其精湛的实验技术，将左旋和右旋的酒石酸钠铵的晶体分开，有人说，将酒石酸钠铵结晶且用镊子将其分离出左、右旋晶体的成功率只有十万分之一。但巴斯德却四次完成了同一实验，可见他的实验技能之高超，至今仍然是实验科学的典范。

巴斯德分离出的酒石酸钠铵的两种晶体，其组成相同，互呈物体与镜像的关系（见图17-9），巴斯德把这两种晶体分别溶于水，测定它们的旋光性，发现一种是右旋的，另一种是左旋的。巴斯德注意到：左旋与右旋的晶体外形是不对称的，由此他联想到分子内部的结构，提出：酒石酸钠铵［$(NH_4)NaC_4H_4O_6 \cdot 4H_2O$］分子结构一定是不对称的；他认为：在左旋和右旋的分子中，原子在空间的排列方式是不对称的，它们彼此互为镜像，不能重合。

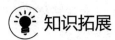

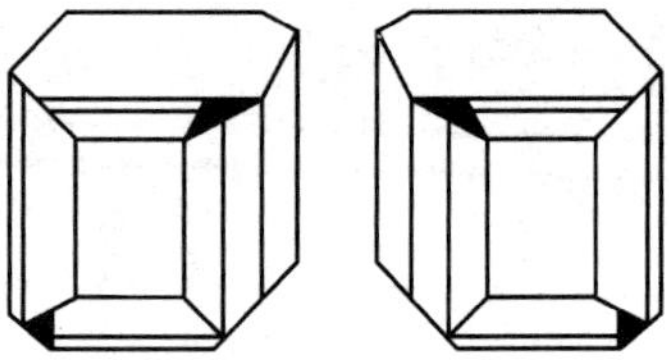

图17-9 酒石酸钠铵的左旋和右旋晶体

巴斯德的研究指出了有机物存在着旋光异构体，但并没有找出旋光现象的根源。1874年，荷兰化学家范托夫和法国化学家勒·贝尔将物质的旋光性与有机物的分子结构联系起来，认为物质具有旋光性的根源在于分子中有不对称碳原子。由巴斯德开创的关于有机物旋光性的研究，后来发展成为有机立体化学，对于深入分析有机反应，生物化学反应的机理，提供了重要的依据，成为有机化学的一个重要组成部分。

第十八章

含氮和含磷有机化合物

分子中含有 C—N 键的化合物称为含氮有机化合物。含氮有机物的种类较多，如硝基苯、酰胺、苯肼、氨基酸、蛋白质和含氮的杂环化合物等都属于含氮有机化合物。

含磷有机化合物广泛存在于生物体内，它们中的一些是维持生命和生物体遗传不可缺少的物质。有机磷化合物在工业上应用相当广泛，如磷酸三甲苯酯可作为增塑剂，亚磷酸三苯酯作为聚氯乙烯稳定剂等。在农业上，许多含磷有机化合物用作杀虫剂、杀菌剂和植物生长调节剂等，至今仍是一类极为重要的农药。

知识目标

1. 理解胺、酰胺、重氮、偶氮化合物的命名规则并能正确命名。
2. 掌握胺、酰胺、硝基化合物、重氮、偶氮化合物的主要化学性质。
3. 能够鉴别不同类型的伯、仲、叔胺类化合物。

能力目标

1. 能够用构型分析的方法分析出胺、酰胺、硝基化合物的化学反应。
2. 能够用电子效应和溶剂化学效应分析胺的碱性强弱顺序。
3. 了解含磷有机农药的结构和命名。

素质目标

通过了解有机化学家周维善为我国有机化学研究作出的贡献，培养有机化学学习热情。

第一节 胺

一、胺的分类和命名

1. 胺的分类

甲胺

根据氮原子上所连烃基的数目，胺可分为伯胺（一级胺）、仲胺（二级胺）、叔胺（三级胺）、季铵盐（四级铵盐）和季铵碱（四级铵碱）。例如：

RNH_2	R_2NH	R_3N	$R_4N^+X^-$	$R_4N^+OH^-$
伯胺	仲胺	叔胺	季铵盐	季铵碱

根据分子中烃基的结构，可把胺分为脂肪胺和芳香胺。例如：

脂肪胺 $CH_3CH_2NH_2$ 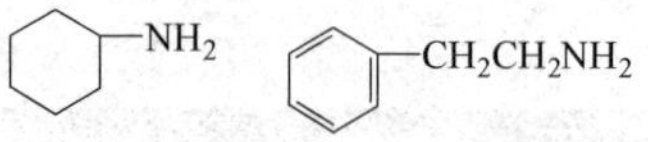

芳香胺 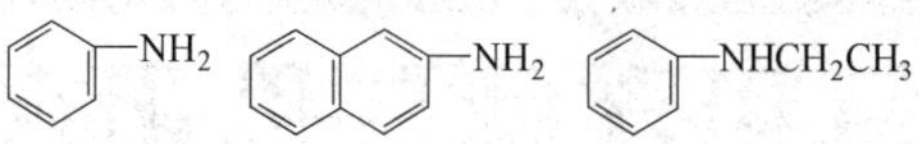

三甲胺

根据分子中氨基的数目，可把胺分为一元胺、二元胺和多元胺等。例如：

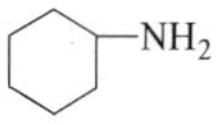
一元胺

$H_2NCH_2CH_2NH_2$
二元胺

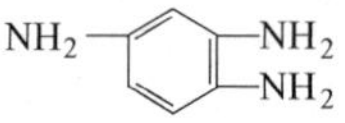
多元胺

2. 胺的命名

简单的胺可根据烃基命名，即在烃基的名称后加上“胺”字。例如：

CH_3NH_2 甲胺 CH_3NHCH_3 二甲胺 $(CH_3)_2NCH_2CH_3$ 二甲基乙基胺

$H_2NCH_2CH_2NH_2$ 1,2-乙二胺 $H_2NCH_2CH_2CH_2CH_2CH_2CH_2NH_2$ 1,6-己二胺 $H_2NCH_2CH_2CH_2CH_2NH_2$ 1,4-丁二胺（腐胺）

芳香胺命名时芳香胺定为母体，其他烃基为取代基。例如：

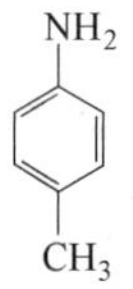
对甲基苯胺

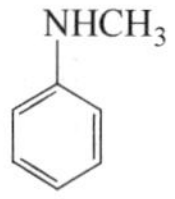
N-甲基苯胺

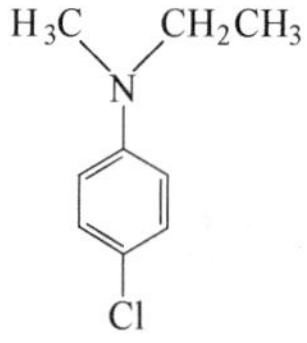
N-甲基-*N*-乙基对氯苯胺

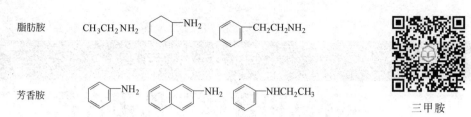

复杂的胺则以烃为母体，氨基作为取代基来命名。例如：

$CH_3CH(CH_3)CH_2CH(NH_2)CH_3$
2-甲基-4-氨基戊烷

$CH_3CH_2CH(CH_3)—CH(CH_3)—N(CH_3)—CH_3$
3-甲基-2-（*N*,*N*-二甲氨基）戊烷

季铵盐或季铵碱可以看作铵的衍生物来命名。例如：

$(CH_3)_4N^+Cl^-$ 氯化四甲铵 $[(CH_3)_3N^+CH_2CH_3]OH^-$ 氢氧化三甲基乙基铵

二、胺的物理性质

常温下，低级和中级脂肪胺为无色气体或液体，高级脂肪胺为固体，芳香胺为高沸点的液体或固体。低级胺具有氨的气味或鱼腥味，高级胺没有气味，芳香胺有特殊气味，有致癌作用。

由于胺是极性化合物，胺分子间可通过氢键缔合，因此胺的熔点和沸点比分子量相近的非极性化合物高。胺的熔点和沸点比分子量相近的醇和羧酸低。

伯、仲、叔胺都能与水形成氢键，所以低级脂肪胺可溶于水。随着烃基碳原子增多，溶解度迅速下降，中级胺、高级胺及芳香胺微溶或难溶于水，胺大都可溶于有机溶剂。

三、胺的化学性质

氨基是胺类化合物的官能团，氨基中的氮原子为不等性 sp^3 杂化。胺分子的构型是三角锥形。氨基中的氮原子上含有一对未共用电子对，所以胺具有碱性和亲核性。

1. 碱性

胺的碱性强弱用解离常数 $K_b^{\ominus}$ 或 $pK_b^{\ominus}$ 表示，$K_b^{\ominus}$ 愈大或 $pK_b^{\ominus}$ 愈小，碱性愈强。胺可以和大多数酸反应生成盐。

$$RNH_2 + H_2O \longrightarrow R\overset{+}{N}H_3 + OH^-$$

$$RNH_2 + HCl \longrightarrow R\overset{+}{N}H_3Cl^-$$

脂肪胺中，由于烷基使氨基上的电子云密度增加，所以脂肪胺的碱性大于氨。在芳香胺中，p-π 共轭使氨基上的电子云密度降低，所以它的碱性比氨弱。取代苯胺中取代基为供电子基团时，使碱性增强；取代基为吸电子基团时，使碱性减弱。

胺的碱性强弱还受到水的溶剂化效应，空间位阻效应等因素的影响，比较复杂。

水溶液中胺类化合物的碱性强弱次序一般为：

脂肪族仲胺＞脂肪族伯胺＞脂肪族叔胺＞氨＞芳香族伯胺＞芳香族仲胺＞芳香族叔胺

由于胺是弱碱，与酸生成的铵盐遇强碱会释放出原来的胺。

$$R\overset{+}{N}H_3Cl^- + NaOH \longrightarrow RNH_2 + NaCl + H_2O$$

利用这一性质进行胺的分离、提纯。如将不溶于水的胺溶于稀酸形成盐，经分离后，再用强碱将胺由铵盐中释放出来。

2. 烷基化反应

卤代烃可与氨作用生成胺，胺作为亲核试剂又可以继续与卤代烃发生亲核取代反应，结果得到仲胺、叔胺，直至生成季铵盐。

$$NH_3 + RX \longrightarrow RNH_2 + HX$$

$$RNH_2 + RX \longrightarrow R_2NH + HX$$

$$R_2NH + RX \longrightarrow R_3N + HX$$

$$R_3N + RX \longrightarrow R_4N^+X^-$$

若将季铵盐的水溶液与氢氧化银作用，因生成卤化银沉淀，则可转变为季铵碱。

$$R_4N^+X^- + AgOH \longrightarrow R_4N^+OH^- + AgX\downarrow$$

季铵碱的碱性与苛性碱相当，具有很强的吸湿性，易溶于水，受热易分解，分解产物与烷基结构有关。

当分子中没有 β-H 原子时，分解生成叔胺和醇；当分子中含有 β-H 原子时，分解生成叔胺、烯烃和水。例如：

$$[(CH_3)_4N]^+OH^- \xrightarrow{\triangle} (CH_3)_3N + CH_3OH$$

$$[CH_3CH_2CH_2N(CH_3)_3]^+OH^- \xrightarrow{\triangle} (CH_3)_3N + CH_3CH{=}CH_2 + H_2O$$

3. 酰基化反应

伯胺和仲胺作为亲核试剂，可以与酰卤、酸酐和酯反应，生成酰胺。

$$RNH_2 + R'-\overset{O}{\overset{\|}{C}}-X \longrightarrow RNH-\overset{O}{\overset{\|}{C}}-R' + HX$$

$$R_2NH + R'-\overset{O}{\overset{\|}{C}}-X \longrightarrow R_2N-\overset{O}{\overset{\|}{C}}-R' + HX$$

（X＝卤素、—OOCR、—OR）

叔胺的氮原子上没有氢原子，不能进行酰基化反应。

酰胺在酸或碱的作用下可水解除去酰基，在有机合成中常利用酰基化反应来保护氨基。例如，苯胺进行硝化时，为防止苯胺的氧化，可先对苯胺进行酰基化，把氨基“保护”起来再硝化，待苯环上导入硝基后，再水解除去酰基，可得到对硝基苯胺。

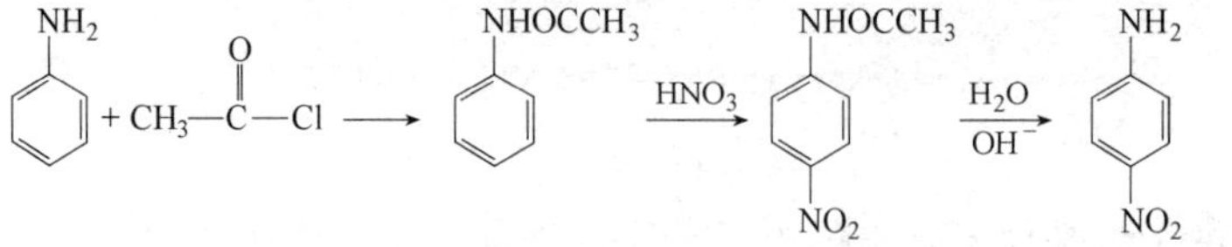

乙酰苯胺　对硝基乙酰基苯胺　对硝基苯胺

4. 磺酰化反应

在氢氧化钠存在下，伯、仲胺能与苯磺酰氯或对甲苯磺酰氯反应生成磺酰胺。叔胺氮原子上无氢原子，不能发生磺酰化反应。磺酰化反应又称兴斯堡反应。

$$RNH_2 + ArSO_2Cl \longrightarrow ArSO_2NHR \xrightarrow{NaOH} [ArSO_2N^-R]Na^+ \text{（水溶性盐）}$$

$$R_2NH + ArSO_2Cl \longrightarrow ArSO_2NR_2 \text{（不溶于强碱）}$$

$$R_3N + ArSO_2Cl \longrightarrow \text{不反应（在氢氧化钠溶液中分层）}$$

伯胺生成的磺酰胺可溶于氢氧化钠溶液，仲胺生成的磺酰胺不能溶于氢氧化钠溶液而呈固体析出，叔胺不发生磺酰化反应。利用兴斯堡反应可以鉴别或分离伯、仲、叔胺。

【问题 18-1】 用兴斯堡反应鉴别下列各组化合物。

（1）$CH_3CH_2NH_2$、$CH_3CH_2NHCH_2CH_3$、$(CH_3CH_2)_3N$

（2）对甲基苯胺、*N*-甲基苯胺

5. 与亚硝酸反应

不同的胺与亚硝酸反应，产物不同，在反应中使用的是亚硝酸钠与盐酸的混合物。

脂肪族伯胺与亚硝酸反应，生成醇、烯烃、卤代烃等混合物，在合成上没有价值。但放出的氮气是定量的，可用于氨基的定量分析。

$$RNH_2 + NaNO_2 + HCl \longrightarrow \text{醇、烯烃、卤代烃等混合物} + N_2\uparrow$$

芳香族伯胺与亚硝酸在低温下反应，生成的重氮盐在低温（5℃以下）和强酸水溶液中是稳定的，升高温度则分解成酚和氮气。

$$ArNH_2 + NaNO_2 + HCl \longrightarrow [ArN{\equiv}N]^+Cl^- \xrightarrow[H_2O]{\triangle} ArOH + N_2\uparrow$$

仲胺与亚硝酸反应，生成的 *N*-亚硝基胺为不溶于水的黄色油状液体或固体。

$$R_2NH + HNO_2 \longrightarrow R_2N{-}NO$$

$$(Ar)_2NH + HNO_2 \longrightarrow (Ar)_2N{-}NO$$

N-亚硝基胺与稀酸共热，可分解为原来的胺，可用来鉴别或分离提纯仲胺。

脂肪族叔胺因氮原子上没有氢，只能与亚硝酸形成不稳定的盐。

$$R_3N + HNO_2 \longrightarrow R_3N\cdot HNO_2$$

芳香族叔胺与亚硝酸反应，在芳环上发生亲电取代反应导入亚硝基。例如：

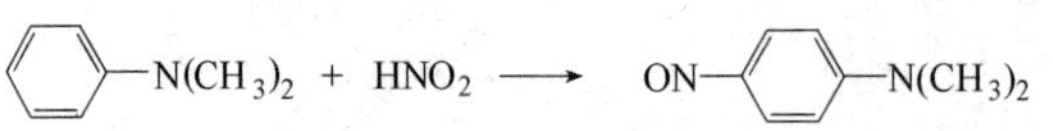

对亚硝基-*N*,*N*-二甲基苯胺

根据脂肪族和芳香族伯、仲、叔胺与亚硝酸反应的不同结果，可以鉴别伯、仲、叔胺。

【问题 18-2】 怎样提纯含有少量三乙胺的二乙胺？

四、重要的胺

1. 苯胺

苯胺存在于煤焦油中，为无色有毒油状液体，微溶于水，易溶于有机溶剂，在空气中易被氧化成醌类物质而呈黄、棕以至黑色。苯胺是合成染料、药物、农药等的重要原料。

2. 乙二胺

乙二胺为无色黏稠状液体，有氨的气味，易溶于水和乙醇，不溶于乙醚和苯。乙二胺是合成药物、农药、乳化剂、离子交换树脂、胶黏剂等的重要原料。制备方法：

$$ClCH_2CH_2Cl + NH_3 \longrightarrow H_2NCH_2CH_2NH_2$$

$$H_2NCH_2CH_2OH + NH_3 \longrightarrow H_2NCH_2CH_2NH_2$$

3. 胆胺和胆碱

$HOCH_2CH_2NH_2$　　　　$HOCH_2CH_2N^+(CH_3)_3OH^-$

胆胺（2-氨基乙醇）　　　　胆碱（氢氧化三甲基羟乙基铵）

它们常以结合状态存在于动植物体内，是磷脂类化合物的组成成分。胆胺是脑磷脂的组成成分，胆碱是卵磷脂的组成成分。胆碱与乙酸形成的酯叫作乙酰胆碱，是生物体内神经传导的重要物质，在体内由胆碱酯酶催化其合成与分解。许多有机磷农药能强烈抑制胆碱酯酶的作用，破坏神经的传导功能，致使昆虫死亡。

$[CH_3COOCH_2CH_2N^+(CH_3)_3]\ OH^-$　　（乙酰胆碱）

氯化氯代胆碱的商品名为矮壮素，是一种人工合成的植物生长调节剂。具有抑制植物细胞伸长的作用，使植株变矮、茎秆变粗、节间缩短、叶片变阔等，可用来防止小麦等农作物倒伏，减少棉花蕾铃脱落等。

$[ClCH_2CH_2N^+(CH_3)_3]Cl^-$　　氯化氯代胆碱（氯化三甲基氯乙基铵）

第二节　酰胺

一、酰胺的结构和命名

在酰胺分子中，氨基氮原子与羰基形成 p-π 共轭体系，因此羰基与氨基间的 C—N 单键具有部分双键的性质，在常温下不能自由旋转，酰基的 C、N、O 以及与 C、N 直接相连的其他原子就处于同一平面上。酰胺的这种平面结构对蛋白质的构象也有重要意义。

酰胺通常根据酰基来命名，称为“某酰胺”，烃基用“*N*-某基”表示。例如：

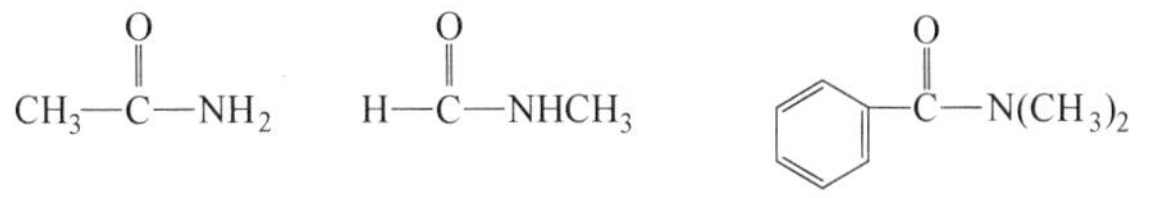

乙酰胺　　*N*-甲基甲酰胺　　*N*,*N*-二甲基苯甲酰胺

二、酰胺的物理性质

酰胺分子间可通过氢键缔合，熔点和沸点较高，除甲酰胺外都是固体。氨基上有烃基取代时，分子间的缔合程度减小，熔点和沸点降低。由于酰胺可与水形成氢键，所以低级酰胺易溶于水，随着分子量的增大，在水中的溶解度逐渐减小。

三、酰胺的化学性质

1. 酸碱性

酰胺分子中，p-π 共轭体系使氮原子上的电子云密度降低，减弱了氨基接受质子的能力，是近乎中性的化合物。在酰亚胺分子中，由于两个酰基的吸电子诱导效应，使氮原子上氢原子的酸性明显增强，能与强碱生成盐。例如：

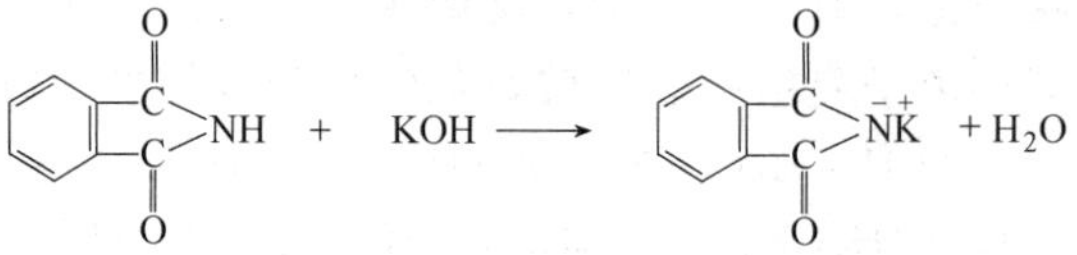

2. 水解反应

酰胺是羧酸的衍生物，能发生与酰卤、酸酐和酯相似的反应。酰胺的反应活性低于其他羧酸的衍生物。酰胺的水解反应必须在强酸或强碱催化下才能进行。

$$R-\overset{\overset{O}{\|}}{C}-NH_2 + H_2O \xrightarrow{H^+} R-\overset{\overset{O}{\|}}{C}-OH + NH_4^+$$

$$R-\overset{\overset{O}{\|}}{C}-NH_2 + H_2O \xrightarrow{OH^-} R-\overset{\overset{O}{\|}}{C}-O^- + NH_3\uparrow$$

3. 与亚硝酸反应

与伯胺相似，酰胺与亚硝酸反应，生成羧酸并放出氮气。

$$RCONH_2 + HNO_2 \longrightarrow RCOOH + N_2\uparrow + H_2O$$

4. 霍夫曼降解反应

酰胺与次卤酸盐作用，生成比原酰胺少一个碳原子的伯胺，是制备伯胺的方法之一。该反应称为酰胺的霍夫曼降解（重排）反应。

$$RCONH_2 \xrightarrow[NaOH]{Br_2} RNH_2 + NaBr + Na_2CO_3$$

5. 脱水反应

酰胺与强脱水剂（如 P_2O_5、PCl_5、$SOCl_2$）共热脱水生成腈。这是实验室制备腈的一种好方法。例如：

$$(CH_3)_2CH-\overset{\overset{O}{\|}}{C}-NH_2 \xrightarrow[200℃]{P_2O_5} (CH_3)_2CHC\equiv N + H_2O$$

四、碳酸的衍生物

碳酸中的羟基被其他原子或基团取代的化合物，称为碳酸的衍生物，碳酸衍生物的性质与羧酸衍生物极为相似。例如，光气就相当于碳酸的酰氯，极易水解。

$$COCl_2 + H_2O \longrightarrow CO_2 + HCl$$

以下介绍两种碳酸的衍生物。

1. 氨基甲酸酯

这类化合物可看作是碳酸分子中的两个羟基分别被氨（胺）基和烃氧基取代的化合物。

氨基甲酸酯是一类高效低毒的新型农药，可用作杀虫剂、杀菌剂和除草剂。例如：

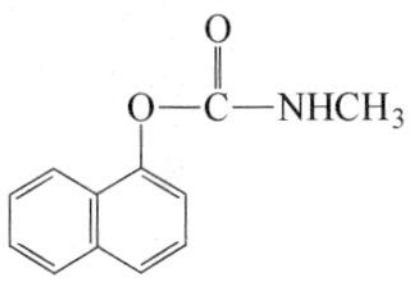

西维因
（*N*-甲基氨基甲酸-1-萘酯）

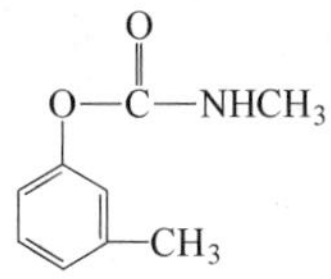

速灭威
（*N*-甲基氨基甲酸间甲苯酯）

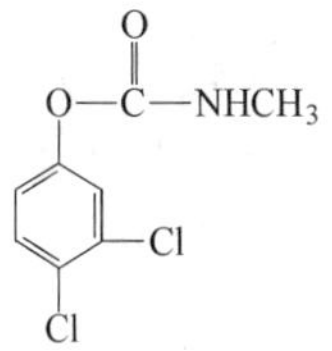

灭草灵
（*N*-甲基氨基甲酸-2,4-二氯苯酯）

2. 尿素

光气经氨解即得尿素（碳酸二酰胺）。

$$Cl-\overset{O}{\underset{}{C}}-Cl + NH_3 \longrightarrow NH_2-\overset{O}{\underset{}{C}}-NH_2$$

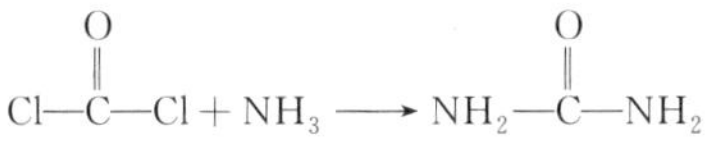

尿素也称脲，最早从尿中获得，故称尿素。它是哺乳动物体内蛋白质代谢的最终产物。它除可用作肥料外，也是有机合成的重要原料，用于合成药物、农药、塑料等。

将尿素缓慢加热至熔点以上时，两分子尿素间失去一分子氨，缩合生成缩二脲。

$$NH_2-\overset{O}{\underset{}{C}}-NH_2 + NH_2-\overset{O}{\underset{}{C}}-NH_2 \xrightarrow{150～160℃} NH_2-\overset{O}{\underset{}{C}}-NH-\overset{O}{\underset{}{C}}-NH_2 + NH_3\uparrow$$

缩二脲在碱性溶液中能与稀的硫酸铜溶液产生紫红色，叫作缩二脲反应。凡分子中含有两个或两个以上酰胺键（—CONH—）的化合物，如多肽、蛋白质等，都能发生缩二脲反应。

第三节　含磷有机化合物

许多含磷有机物是生物体内的重要组成成分。有些含磷有机化合物用作杀虫剂、杀菌剂和植物生长调节剂等，是一类极为重要的农药。在有机合成中，许多含磷有机化合物是非常重要的试剂。

一、含磷有机化合物的主要类型

1. 膦类

膦是指分子中含有 C—P 键的有机化合物，相应于氨的磷化合物称为膦或磷化氢。根据磷原子上所连烃基的数目，膦可分为伯膦、仲膦、叔膦和季鏻盐等。例如：

PH_3	RPH_2	R_2PH	R_3P	$R_4P^+X^-$
磷化氢	伯膦	仲膦	叔膦	季鏻盐

2. 亚膦酸类

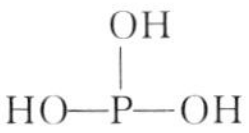

亚磷酸　　　烃基亚膦酸　　　二烃基亚膦酸

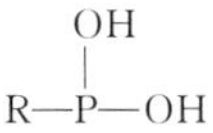

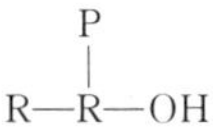

3. 膦酸类

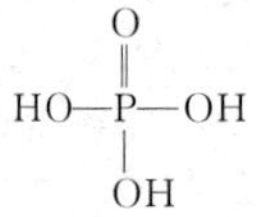

磷酸　　　　　　烃基膦酸　　　　　二烃基次膦酸　　　　三烃基氧化膦

4. 磷酸酯类

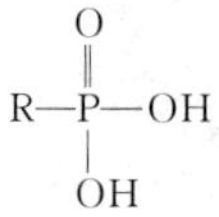

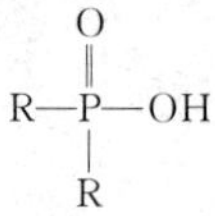

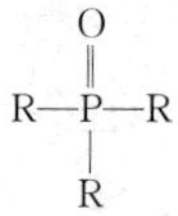

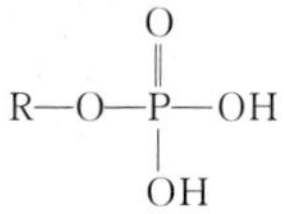

磷酸一烃基酯　　　　　　磷酸二烃基酯　　　　　　磷酸三烃基酯

5. 硫代磷酸及其酯类

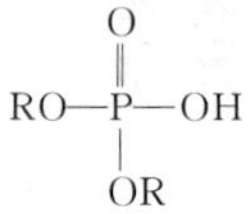

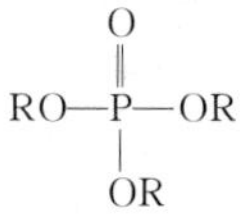

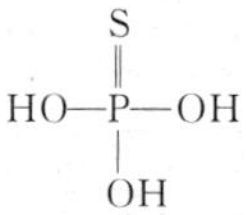

硫代磷酸　　　　　硫代磷酸酯　　　　　二硫代磷酸　　　　二硫代磷酸酯

二、含磷有机农药简介

有机磷（膦）酸酯类农药通常用商品名称。系统命名是以磷（膦）酸酯或硫代磷酸酯为母体，氧原子或硫原子上的烃基用"O—某基"或"S—某基"表示。

1. 乙烯利

$$\text{(HO)}_2\text{P(O)}-CH_2CH_2Cl$$

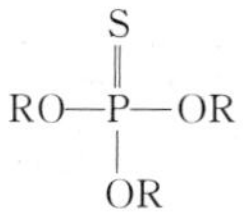

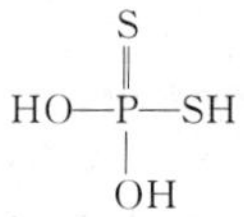

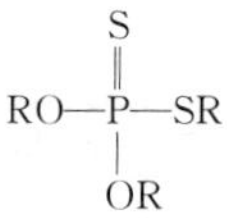

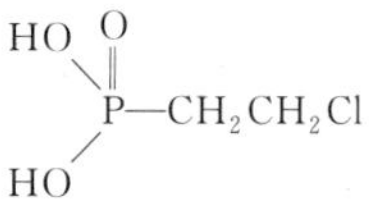

2-氯乙基膦酸

乙烯利属膦酸类植物生长调节剂。易溶于水及乙醇。商品乙烯利通常是带有棕色的液体。

$$\text{(HO)}_2\text{P(O)}-CH_2CH_2Cl + H_2O \longrightarrow CH_2=CH_2 + H_3PO_4 + HCl$$

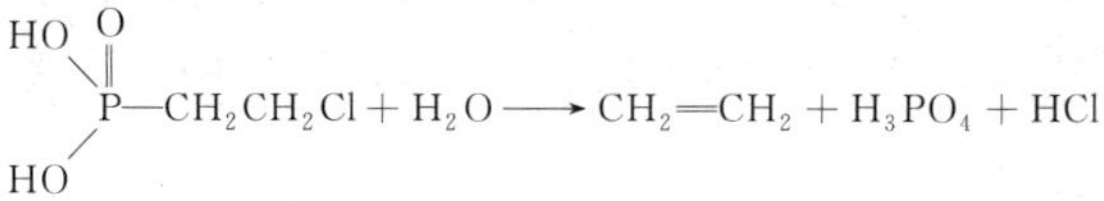

乙烯利易被植物吸收。一般植物细胞 pH 在 4 以上，所以在植物体内，乙烯利逐渐分解放出乙烯，促进果实成熟。乙烯利还有促进种子发芽，调节植物生长的作用。

2. 敌百虫

$$\text{(CH}_3\text{O)}_2\text{P(O)}-CHCCl_3\text{(OH)}$$

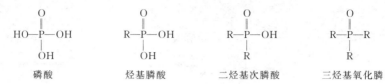

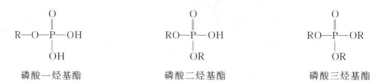

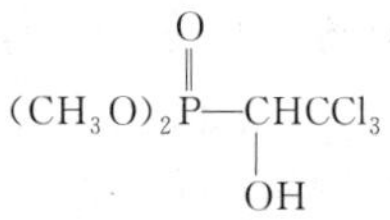

O,O-二甲基-(1-羟基-2,2,2-三氯乙基) 膦酸酯

敌百虫属膦酸酯类杀虫剂，为无色晶体，易溶于水和多数有机溶剂。敌百虫对昆虫有胃毒和触杀作用，常用于防治鳞翅目、双翅目、鞘翅目等害虫。敌百虫对哺乳动物的毒性较小，也可用于防治家畜体内外的寄生虫，或用作灭蝇剂。

3. 敌敌畏

$$(CH_3O)_2\overset{\overset{O}{\|}}{P}-OCH=CCl_2$$

O,*O* -二甲基-*O* -(2,2-二氯乙烯基) 磷酸酯

敌敌畏属磷酸酯类杀虫剂，为无色液体，易挥发，微溶于水。敌敌畏有胃毒、触杀和熏蒸作用，杀虫范围广，作用快，主要用于防治刺吸口器害虫和潜叶害虫。敌敌畏的杀虫效果较敌百虫好，但对人、畜的毒性较大。

4. 对硫磷（1605）

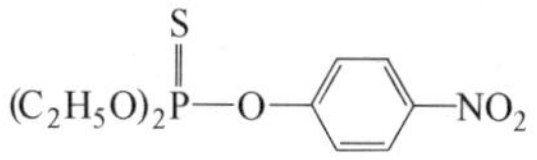

O,*O* -二乙基-*O* -(对硝基苯基) 硫代磷酸酯

对硫磷又称为 1605，属硫代磷酸酯类杀虫剂，工业品有类似大蒜的臭味，难溶于水，易溶于有机溶剂。对硫磷是剧毒农药，有优良的杀虫性能，但对人、畜和鱼类的毒性也很大。

5. 乐果

$$(CH_3O)_2\overset{\overset{S}{\|}}{P}-S-CH_2\overset{\overset{O}{\|}}{C}-NHCH_3$$

O,*O* -二甲基-*S*-(甲氨基甲酰甲基) 二硫代磷酸酯

乐果属于二硫代磷酸酯类杀虫剂，溶于水和多种有机溶剂。乐果有内吸性，能被植物的根、茎、叶吸收并传导到整个植株。乐果对昆虫毒性很高，而对温血动物毒性很低。

本章小结

一、胺

1. 胺可以看作是氨分子中的氢原子被烃基取代的衍生物。根据氨分子中的氢被烃基取代的数目，可将胺分为伯胺、仲胺和叔胺。

2. 胺与氨相似具有碱性，可以与酸成盐。由于胺的碱性较弱，在其盐中加入强碱可使胺重新游离出来，利用此性质，可用作胺的分离和提纯。不同类型胺的碱性不同，从电子效应、空间效应以及溶剂化效应综合考虑，不同类型胺在溶液中的碱性大小顺序为：

脂肪仲胺＞脂肪伯胺＞脂肪叔胺＞氨＞芳香伯胺＞芳香仲胺＞芳香叔胺

3. 卤代烃与氨作用生成胺，胺可以继续与卤代烃发生取代反应生成仲胺、叔胺和季铵盐。季铵盐不能直接与氢氧化钠反应生成季铵碱，但可以与氢氧化银作用生成季铵碱。伯胺和仲胺可以与酰卤或酸酐发生酰基化反应，叔胺氮原子上无氢原子，不能发生酰基化反应。酰胺在酸性或碱性条件下水解可得到原来的胺，因此在有机合成中常利用酰基化反应来保持氨基。伯胺和仲胺可以发生磺酰化反应，叔胺的氮原子上无氢原子，不发生磺酰化反应，该反应可用来分离、提纯和鉴定不同类型的胺。

二、酰胺

酰胺是羧酸的衍生物。酰胺分子中的电子密度由于 p-π 共轭效应而降低，因此酰胺一般呈中性。酰胺能进行水解反应和醇解反应，也能与亚硝酸反应放出氮气。酰胺的霍夫曼降解反应可用来制备比原来的酰胺少一个碳原子的伯胺。尿素是碳酸的二酰胺，其碱性大于酰胺，可以发生水解、亚硝化和缩二脲反应。

三、含磷有机化合物

有机磷农药就其基本结构看，大致有膦酸、膦酸酯、磷酸酯及硫代磷酸酯等类型。

习题

1. 命名下列化合物。

(1) $CH_3CH_2NH_2$　　(2) $CH_3CH(NH_2)CH_3$

(3) $(CH_3)_2NCH_2CH_3$　　(4) $[(CH_3)_3NC_6H_5]^+OH^-$

2. 下列各组化合物按碱性强弱顺序排列。

(1) 对甲氧基苯胺、苯胺、对硝基苯胺

(2) 丙胺、甲乙胺、苯甲酰胺

3. 鉴别下列各组化合物。

(1) 异丙胺、二乙胺、三甲胺

(2) 苯胺、硝基苯、硝基苄

4. 完成下列反应式。

(1) $CH_2{=}CHCH_2Br + NaCN \longrightarrow$

(2) $(CH_3)_3N + CH_3CH_2I \longrightarrow$

(3) $CH_3CH_2NH_2 + CH_3COCl \longrightarrow$

(4) $[(CH_3)_3N^+CH_2CH_3]OH^- \xrightarrow{\triangle}$

5. 试分离苯胺、硝基苯、苯酚、苯甲酸的混合物。

6. 某化合物（A）分子式为 $C_7H_7NO_2$，无碱性，还原后得到（B），结构名称为对甲苯胺。低温下（B）与亚硝酸钠的盐酸溶液作用得到（C），分子式为 $C_7H_7N_2Cl$。（C）在弱碱性条件下与苯酚作用得到分子式为 $C_{13}H_{12}ON_2$ 的化合物（D）。试推测（A）、（C）和（D）的结构。

知识拓展

N-亚硝基二烷基胺的致癌性

N-亚硝基二烷基胺对各种动物都有致癌性，也被怀疑会引发人类的癌症。它的致癌模式是形成不稳定的单烷基-*N*-亚硝胺，这个化合物可以进攻 DNA 中的一个碱基造成基因损伤而导致癌细胞产生。在各种腌肉如烟熏鱼和香肠（*N*-亚硝基二甲胺）中都能检测到亚硝胺。

腌制法保存肉的加工已有几个世纪的历史了，最初这种加工是用氯化钠，其作用是直接或间接防止细菌生长。20 世纪初，发现用硝酸钠来腌制会产生一种符合需要的副效应，即产生能增进食欲的石竹色和腌肉的特殊风味。产生这种效应的原因是亚硝酸钠，因为在加工时，由于细菌的作用把硝酸钠变成了亚硝酸钠。当今亚硝酸钠已用来腌制食品。它抑制引起肉毒素的细菌生长，延缓储藏时腐败变味，保存添加的香味和特有的熏味。它产生的一氧化氮与肌红蛋白中的铁形成红色的配合物。食品中亚硝酸盐的含量是严格限定的（小于 200ppm，$1ppm = 1mg \cdot kg^{-1}$），因它本身有毒，并能把胃中存在的天然胺转化为亚硝胺。人类从腌肉中吸收的硝酸盐（亚硝酸盐）平均少于 10%，其余则来自天然的蔬菜，如菠菜、甜菜、萝卜、芹菜和甘蓝菜。

素质拓展阅读

有机化学家——周维善

周维善（1923～2012年），中国共产党党员，有机化学家，中国科学院院士，中国科学院上海有机化学研究所研究员，1991年当选为中国科学院学部委员。毕业于国立上海医学院药学系并留校任教，曾在军事医学科学院化学系、中国科学院上海有机化学研究所、捷克科学院有机和生化研究所、法国自然科学研究中心神经化学研究中心天然产物研究室从事科研工作。周维善长期从事甾体、萜类和不对称合成化学研究，发表论文200余篇，编著《不对称合成》并主编《甾体化学进展》等书。

周维善先生参与7步可的松和甾体口服避孕药甲地孕酮等的合成，主持参与光学活性高效口服避孕药18-甲基炔诺酮的不对称全合成，并投入工业生产。在国际上首次利用中国丰产的猪去氧胆酸为原料，研发出了新甾体植物生长调节剂油菜甾醇内酯类化合物的合成方法，合成的油菜甾醇内酯类化合物已在田间试用并取得了显著的效果。主持并参与首次测定抗疟药青蒿素的结构和全合成，改良了Sharpless烯丙醇的不对称环氧化试剂；首次将Sharpless烯丙醇不对称环氧化反应扩展到烯丙胺α-糠胺的动力学拆分，并将其应用于天然产物的合成。周维善组织领导了中国先期开展昆虫性信息素合成，合成的棉红铃虫性信息素曾用于害虫测报和防治，效果显著，曾获中国科学院科技进步奖一等奖2项，国家计生委科技进步奖一等奖1项，国家自然科学奖二等奖2项，国家发明奖二等奖1项等。

2013年，中国化学会为纪念已故天然产物合成化学家周维善院士设立“维善天然产物合成奖”，旨在奖励中国国内对天然产物合成有杰出贡献的学者，弘扬和传承周先生的科学精神与优良学风。

周维善先生一生致力于有机化学的科研和教学工作，一丝不苟，严于律己，建树颇丰，特别是甾体化学、萜类化学和不对称合成研究等，取得了独创性的科研成果，为中国甾体化学发展和甾体药物工业的创建做出了重要贡献。

第十九章

杂环化合物和生物碱

杂环化合物和生物碱广泛存在于自然界中，在动植物体内起着重要的生理作用。本章介绍杂环化合物的分类、命名、结构特点、性质及重要的杂环化合物，生物碱的一般性质、提取方法和重要的生物碱。

知识目标

1. 理解杂环化合物的命名规则，能够给杂环化合物命名。
2. 掌握五元、六元杂环化合物的结构特征，能够推测其化学性质。
3. 能够比较苯环和杂环化合物的结构和化学性质的相似与不同。
4. 了解与生物有关的杂环化合物及其衍生物在自然界的存在形式及作用。
5. 了解生物碱的存在、提取方法、性质及重要代表物质，了解其对人类健康的影响。

能力目标

1. 能够分析杂环化合物的结构特征。
2. 能够写出杂环化合物的取代、加成、氧化、还原反应产物。
3. 能够应用芳香烃的化学性质对比分析、归纳、总结杂环化合物结构、性质。
4. 完成一篇综述“吸烟有害健康”，培养表达能力、自学能力、归纳能力。

素质目标

1. 通过学习杂环化合物和生物碱相关知识，获知化学品给人类带来益处的同时，也会给人类带来害处，培养辩证思维。

2. 通过学习屠呦呦团队从中草药中提取青蒿素的事迹，建立民族自信，培养爱国情怀。

第一节　杂环化合物

碳环上含有杂原子的有机化合物，叫作杂环化合物。常见的杂原子有：氧、硫、氮等。

杂环化合物种类繁多，在自然界中分布很广。具有生物活性的天然杂环化合物对生物体的生长、发育、遗传和衰亡过程都起着关键性的作用。杂环化合物的应用范围极其广泛，涉及医药、农药、染料、生物模材料、超导材料、分子器件、储能材料等，尤其在生物界，杂环化合物几乎随处可见。

一、杂环化合物的分类和命名

根据杂环母体中所含环的数目，可分为单杂环和稠杂环两大类。最常见的单杂环有五元环和六元环。杂环化合物的命名在我国有两种方法：译音命名法和系统命名法。

译音法是根据 IUPAC 推荐的通用名，按外文名称的译音来命名，并用带“口”旁的同音汉字来表示环状化合物。例如：

呋喃

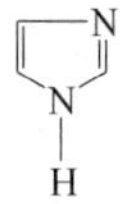
咪唑

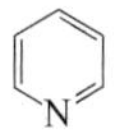
吡啶

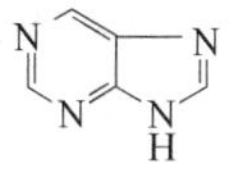
嘌呤

当杂环上有取代基时，以杂环为母体，将杂环上的原子编号，杂原子的编号为 1。如果环上有多个不同杂原子时，按氧、硫、氮的顺序编号。例如：

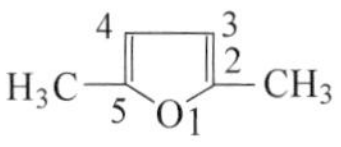
2,5-二甲基呋喃

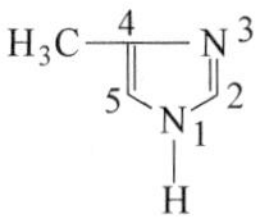
4-甲基咪唑

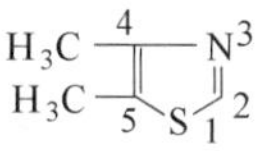
4,5-二甲基噻唑

可用希腊字母编号，靠近杂原子的第一个位置是 α-位，其次为 β-位、γ-位。如：

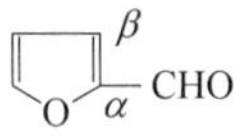
α-呋喃甲醛

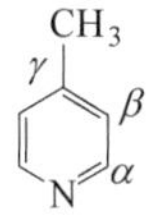
γ-甲基吡啶

系统命名法是根据相应的碳环为母体而命名，把杂环化合物看作相应碳环中碳原子被杂原子取代后的产物。命名时，称为“某杂某”，如呋喃又叫氧杂茂。两种命名方法虽然并用，但译音法在文献中更为普遍。常见的杂环化合物结构、分类和命名见表 19-1。

表 19-1 杂环化合物的结构、分类和命名

杂环的分类		碳环母核	重要的杂环
单杂环	五元杂环	 茂	 呋喃 氧杂茂  噻吩 硫杂茂  吡咯 氮杂茂 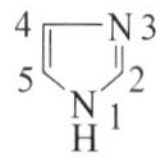 咪唑 1,3-二氮杂茂
	六元杂环	 芑  苯	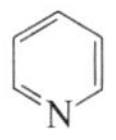 吡啶 氮杂苯  吡喃 氧杂芑 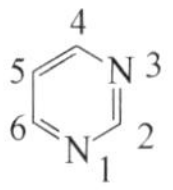 嘧啶 1,3-二氮杂苯
稠杂环		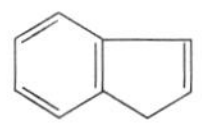 茚	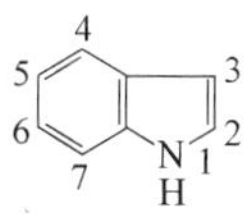 吲哚 氮杂茚 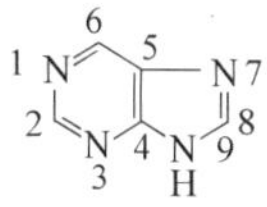 嘌呤 1,3,7,9-四氮杂茚

二、杂环化合物的结构

1. 呋喃、噻吩、吡咯的结构

呋喃、噻吩、吡咯环上的 5 个原子都是 sp^2 杂化态，5 个原子共处在一个平面上。5 个原子间以 sp^2 杂化轨道“头碰头”重叠形成 σ 键；未参加杂化的 p 轨道垂直于五元环的平面“肩并肩”侧面重叠，形成 5 个原子所属的 6 个 π 电子组成的闭合的共轭体系，即形成了一个闭合共轭大 π 键，如图 19-1 所示。杂原子的孤对电子参与共轭，使杂环上碳原子的电子云密度增加，所以，此类杂环称为富电子芳杂环或多 π 芳杂环。由于杂原子氧、硫、氮的吸电子诱导效应，使呋喃、噻吩、吡咯的芳香性比苯差。

2. 吡啶的结构

吡啶分子中环上的 6 个原子都是 sp^2 杂化成键的，所有原子共处在同一平面上。氮原子的三个未成对电子中两个处于 sp^2 轨道中，与相邻碳原子形成 σ 键，另一个处在 p 轨道中，与 5 个碳原子的 p 轨道平行，侧面重叠形成 6 个原子所属的 6 个 π 电子组成的闭合的共轭体系，即形成一个闭合共轭大 π 键（见图 19-2），因此吡啶也具有芳香性。由于氮原子的吸电子诱导效应，使吡啶环上碳原子的电子云密度相对降低，所以，此类杂环称为缺电子芳杂环或缺 π 芳杂环。

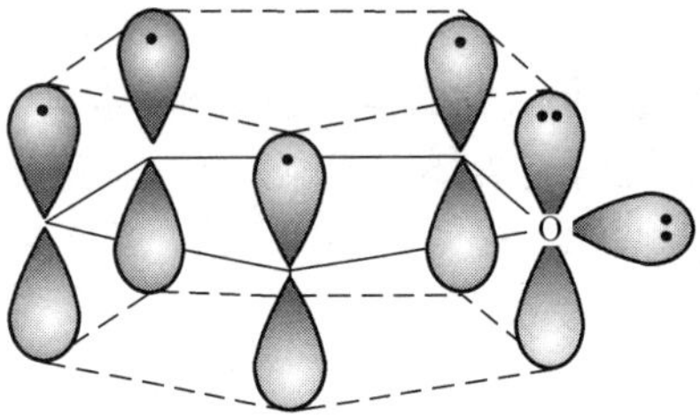

图 19-1　呋喃分子的闭合共轭体系

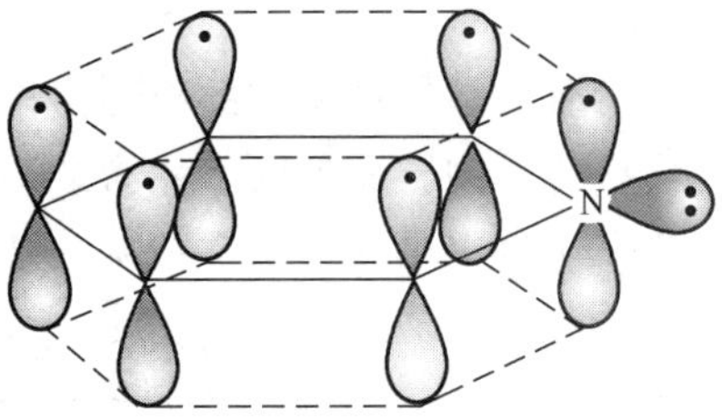

图 19-2　吡啶分子的闭合共轭体系

三、杂环化合物的化学性质

1. 取代反应

富电子芳杂环如呋喃的取代反应主要发生在 α 位上，且比苯容易；缺电子芳杂环如吡啶的取代反应主要发生在 β 位上，且比苯难。

（1）卤代反应　呋喃、噻吩、吡咯比苯活泼，一般不需催化剂就可直接卤代，吡啶的卤代反应需在浓酸和高温下才能进行。

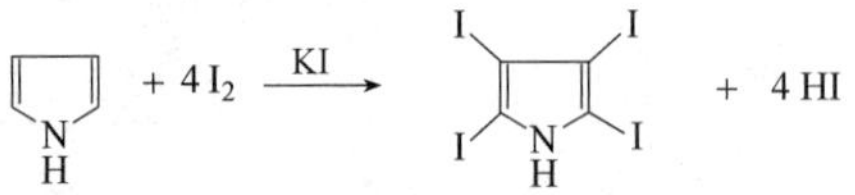

2,3,4,5 - 四碘吡咯

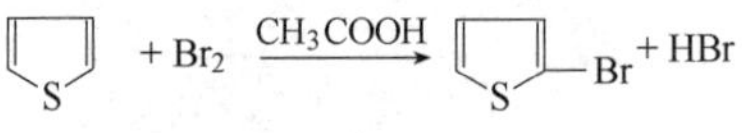

α - 溴代噻吩

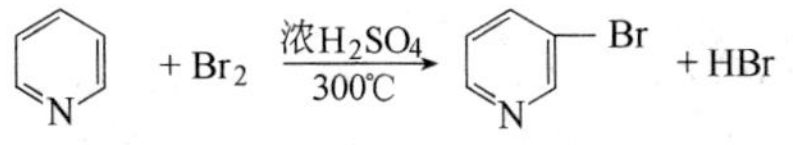

β-溴代吡啶

（2）硝化反应　五元杂环的硝化，一般用比较温和的非质子硝化剂——乙酰基硝酸酯（CH_3COONO_2）和低温下进行。

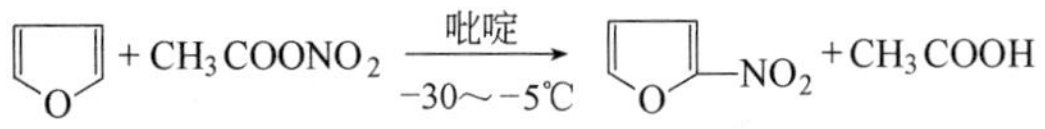

α-硝基呋喃

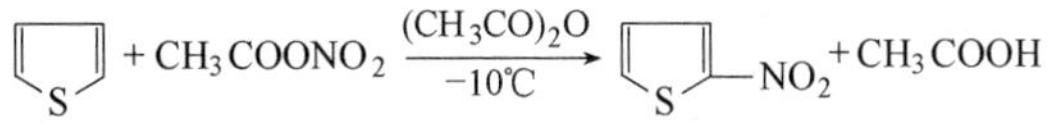

α-硝基噻吩

吡啶的硝化反应需在浓酸和高温下才能进行，硝基主要进 β 位：

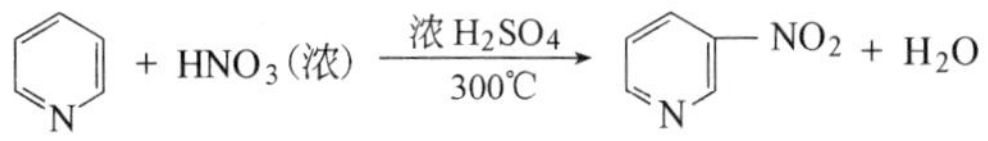

β-硝基吡啶

（3）磺化反应　强酸能使呋喃、吡咯开环聚合，不能直接用硫酸进行磺化。常用温和的非质子磺化试剂，如用吡啶与三氧化硫的加合化合物作为磺化剂进行反应。噻吩可与硫酸发生磺化反应。

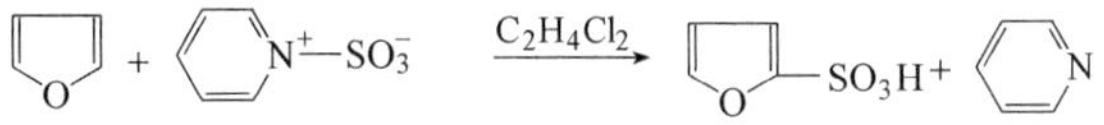

α-呋喃磺酸

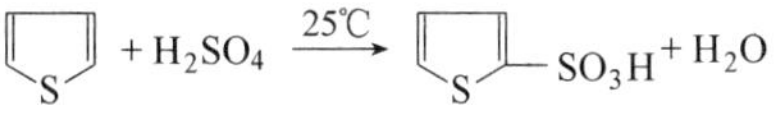

α-噻吩磺酸

从煤焦油中得到的苯通常含有少量的噻吩，不易分离，可在室温下反复用硫酸提取。由于噻吩比苯容易磺化，磺化的噻吩溶于浓硫酸中，可以与苯分离，然后水解，将磺酸基去掉，可得到噻吩，常用此法除去苯中含有少量的噻吩。

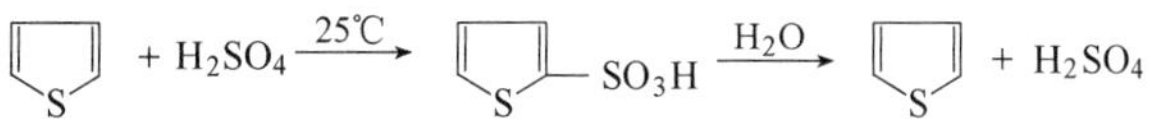

噻吩在浓 H_2SO_4 存在下，与靛红共热显蓝色，反应灵敏，是鉴别噻吩的定性方法。

吡啶在硫酸汞催化和加热条件下才能发生磺化反应。

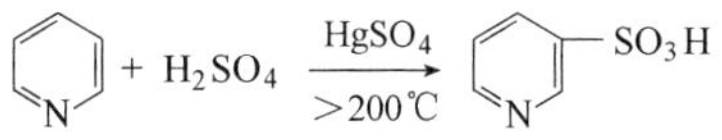

β-吡啶磺酸

（4）弗-克反应　呋喃用酸酐或酰氯可发生酰基化反应；噻吩用无水氯化铝、氯化锡等催化剂易产生树脂状物质，须将氯化铝等先与酰化试剂反应后再与噻吩反应。吡咯可用乙酸酐在 150～200℃直接酰化；而吡啶一般不反应。

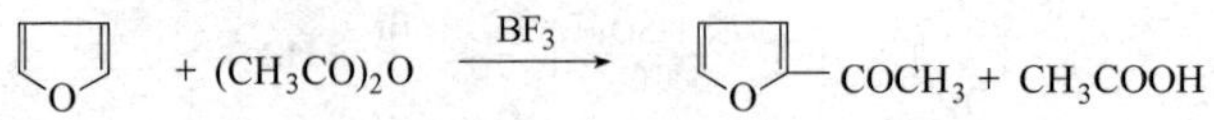

α-乙酰基呋喃

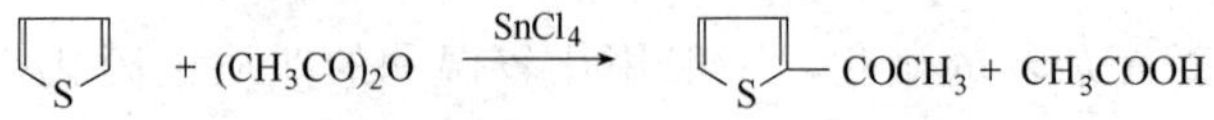

α-乙酰基噻吩

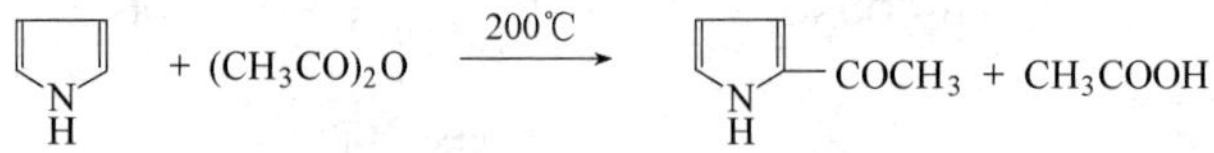

α-乙酰基吡咯

2. 加成反应

呋喃、噻吩、吡咯均可进行催化氢化反应，失去芳香性而得到饱和杂环化合物。如：

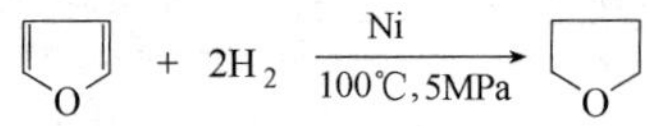

四氢呋喃

呋喃的芳香性最弱，而显示出共轭双键的性质，如与顺丁烯二酸酐能发生双烯合成反应（第尔斯-阿尔德反应），产率较高。

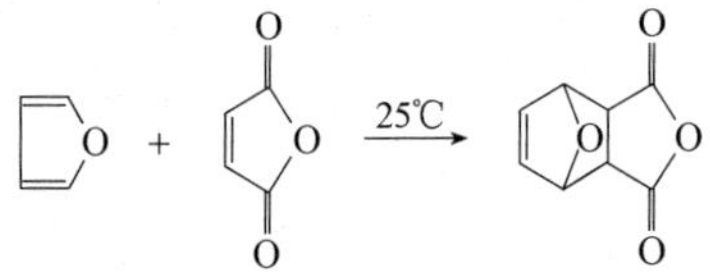

3. 氧化反应

呋喃和吡咯在空气中就能被氧化，容易使环破坏，噻吩相对要稳定些；吡啶对氧化剂相当稳定，比苯还难氧化。例如：

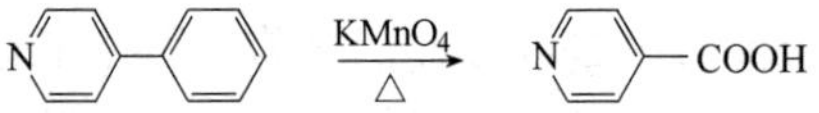

γ-苯基吡啶　　　　γ-吡啶甲酸

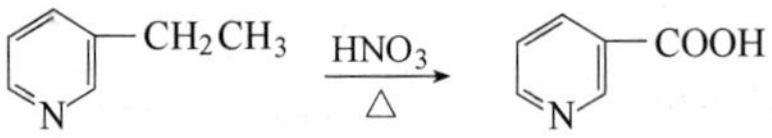

β-乙基吡啶　　　　β-吡啶甲酸

【问题 19-1】 如何除去苯中混有的少量噻吩？

4. 吡咯和吡啶的酸碱性

在吡咯分子中，由于氮原子上的未共用电子对参与了环的共轭体系，使氮原子吸引 H^+ 的能力减弱；又由于 p-π 共轭效应，使和氮原子相连的氢原子有解离成 H^+ 的可能。所以，吡咯不但不显碱性，反而呈弱酸性，可与碱金属、氢氧化钾或氢氧化钠作用生成盐。

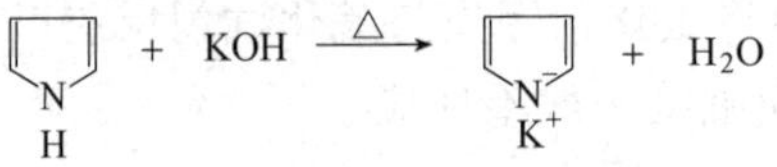

缺电子芳杂环吡啶氮原子上的未共用电子对不参与环共轭体系，能与 H^+ 结合成盐，所以，吡啶显弱碱性，比苯胺碱性强，但比脂肪胺及氨的碱性弱得多。

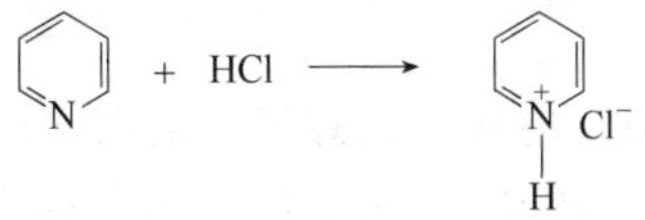

四、重要的杂环化合物及其衍生物

1. 呋喃及其衍生物

呋喃存在于松木焦油中，呋喃遇到有盐酸浸湿的松木片时显绿色。

α-呋喃甲醛是呋喃的重要衍生物，又称糠醛。糠醛的原料来源丰富，通常利用含有多聚戊糖的农副产品废料，如米糠、玉米芯、花生壳、棉籽壳、甘蔗渣等同稀硫酸或稀盐酸加热脱水制得。

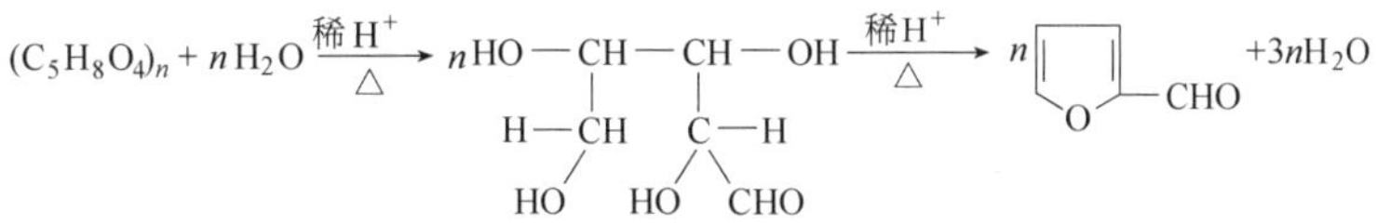

多聚戊糖　　戊醛糖　　糠醛

糠醛遇苯胺乙酸盐溶液呈鲜红色，用于检验糠醛的存在。糠醛是有机合成的重要原料，它可以代替甲醛与苯酚缩合成酚醛树脂。

2. 吡咯及其衍生物

吡咯存在于骨焦油中，吡咯蒸气遇浓盐酸浸过的松木片显红色，用来检验吡咯的存在。

吡咯的衍生物广泛存在于自然界中。例如，叶绿素、血红素、维生素 B_{12} 等，称为卟啉化合物，含有一个共同的卟吩环，卟吩环呈平面型，在 4 个吡咯环中间以共价键及配位键与金属结合。在叶绿素中结合的是 Mg^{2+}，血红素中结合的是 Fe^{2+}，维生素 B_{12} 中结合的是 Co^{2+}。

叶绿素是植物光合作用所必需的催化剂，叶绿素吸收太阳能并转化为化学能。叶绿素可用作食品、化妆品及医药上的无毒着色剂。

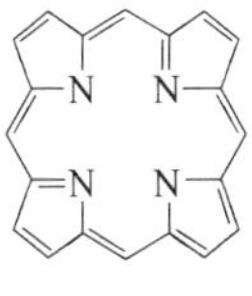

卟吩

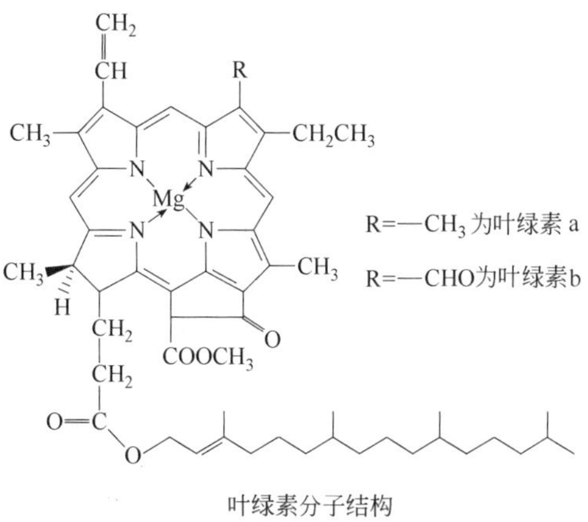

叶绿素分子结构

血红素存在于哺乳动物的红细胞中，它与蛋白质结合成血红蛋白。血红蛋白的功能是输送氧气，供组织进行新陈代谢。一氧化碳会使人中毒是因为它与血红蛋白的铁形成稳定的配合物，从而阻止了血红蛋白与氧的结合。

3. 吡啶及其衍生物

吡啶存在于骨焦油和煤焦油中，与水、乙醇等溶剂以任意比混溶，本身也是良好的溶剂。

吡啶的衍生物广泛存在于自然界中，并且大都具有强烈的生理活性，其中维生素 PP、维生素 B_6、异烟肼等是吡啶的重要衍生物。

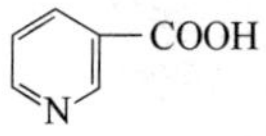

β-吡啶甲酸(烟酸或尼克酸)

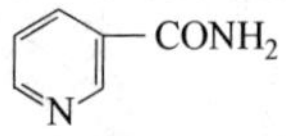

β-吡啶甲酰胺(烟酰胺或尼克酰胺)

4. 嘧啶及其衍生物

嘧啶的衍生物在自然界中普遍存在。组成核酸的重要碱基胞嘧啶（C）、尿嘧啶（U）、胸腺嘧啶（T）都是嘧啶的衍生物，它们都存在着烯醇式和酮式的互变异构体。

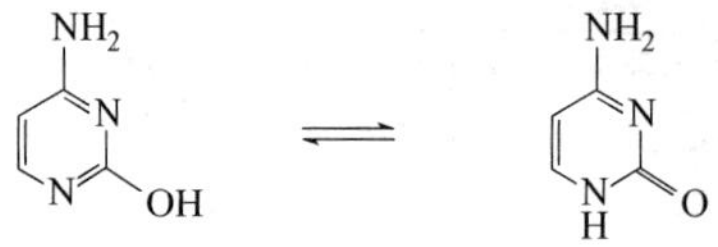

4-氨基-2-羟基嘧啶　　4-氨基-2-氧嘧啶

胞嘧啶 (C)

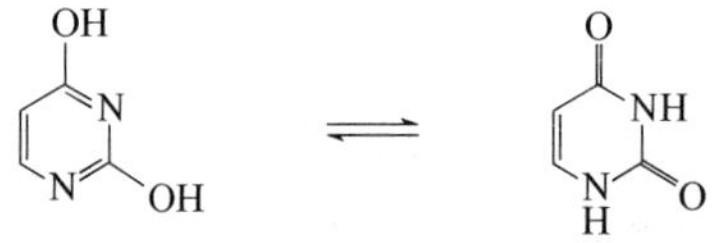

2,4-二羟基嘧啶　　2,4-二氧嘧啶

尿嘧啶 (U)

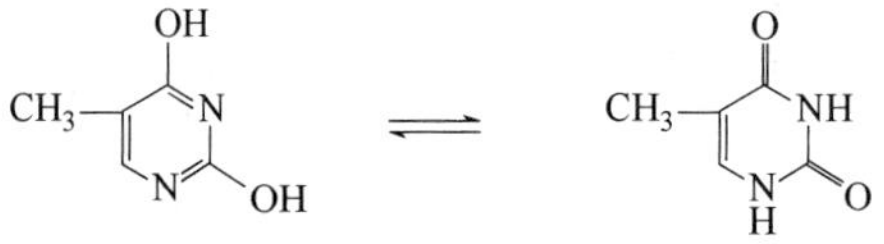

5-甲基-2,4-二羟基嘧啶　　5-甲基-2,4-二氧嘧啶

胸腺嘧啶 (T)

5. 嘌呤及其衍生物

存在于生物体内组成核酸的嘌呤碱基有：腺嘌呤（A）和鸟嘌呤（G）。它们是嘌呤的重要衍生物，也都存在互变异构体。

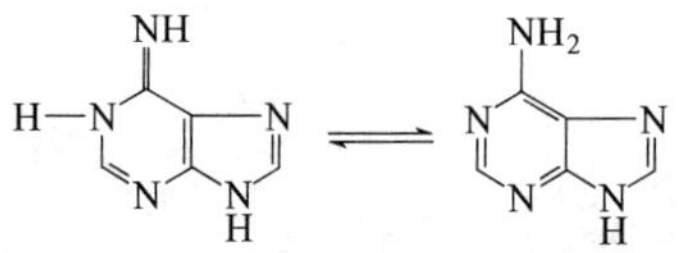

6-氨基嘌呤[腺嘌呤(A)]

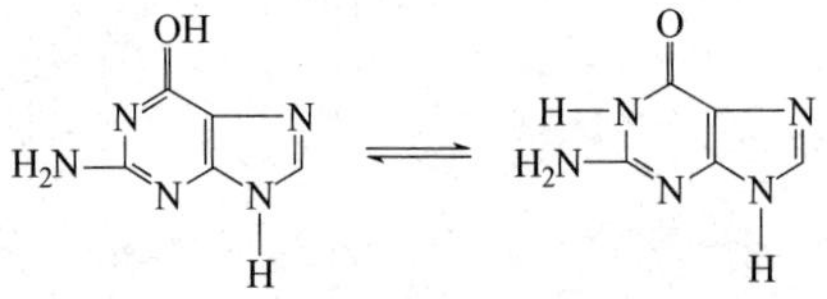

2-氨基-6-羟基嘌呤　　2-氨基-6-氧嘌呤

鸟嘌呤 (G)

第二节　生物碱

生物碱是一类源于植物体内（偶尔在动物体内发现），对人和动物有强烈生理作用的含氮碱性有机化合物。生物碱的发现始于 19 世纪初叶，最早发现的是吗啡（1803 年），随后不断报道了各种生物碱的发现，如喹啉（1820 年）、颠茄碱（1831 年）、古柯碱（1860 年）、麻黄碱（1887 年），19 世纪兴起了对生物碱的研究和结构测定，它对杂环化学、立体化学和合成新药物提供了大量的资料和新的研究方法。

一、生物碱概述

1. 生物碱的存在

生物碱广泛存在于植物界中，已发现的生物碱有一万多种。在罂粟科、毛茛科、豆科等植物中含量较丰富。一种植物中往往有多种生物碱。例如，在罂粟里就含有约 20 种不同的生物碱。生物碱在植物里常以与某些有机酸或无机酸结合成盐的形式存在。生物碱对植物本身的作用目前尚不清楚，但对人具有强烈的生理作用。很多生物碱是很有价值的药物，如当归、贝母、甘草、麻黄、黄连等许多中草药的有效成分都是生物碱。

2. 生物碱的提取方法

游离生物碱本身难溶于水，易溶于有机溶剂，而生物碱的盐易溶于水而难溶于有机溶剂，所以生物碱的提取、精制就是利用这个性质。从植物中提取生物碱的方法一般有两种。

（1）稀酸提取法　通常将含生物碱的植物切碎，用稀酸（0.5%～1%硫酸或盐酸）浸泡或加热回流，所得生物碱盐的水溶液通过阳离子交换树脂柱，生物碱的阳离子与离子交换树脂的阴离子结合而留在交换树脂上，然后用氢氧化钠溶液洗脱出生物碱，再用有机溶剂提取浓缩提取液，即得到生物碱结晶。

（2）有机溶剂提取法　将含有生物碱的植物干燥切碎或磨成细粉，与碱液（稀氨水、Na_2CO_3 等）搅拌研磨，使生物碱游离析出，再用有机溶剂浸泡，使生物碱溶于有机溶剂，将提取液进行浓缩蒸馏回收有机溶剂，冷却后得生物碱结晶。

因同一种植物中含有多种生物碱，所以上述方法提取的往往是多种生物碱的混合物，需进一步分离和精制，以使获得较纯的成分。

二、生物碱的一般性质

生物碱的种类很多，结构差异很大，它们的生理作用也不相同，有很多相似的性质。

大多数生物碱是无色晶体，只有少数是液体，味苦，难溶于水，易溶于有机溶剂。生物碱分子中含有手性碳原子，具有旋光性，其左旋体和右旋体的生理活性差别很大。生物碱在中性或酸性溶液中能与许多试剂生成沉淀或发生颜色反应，这些试剂叫作生物碱试剂。生物碱试剂可分两类。

1. 沉淀试剂

沉淀试剂大多是复盐、杂多酸或某些有机酸等。例如，碘-碘化钾、碘化汞钾、磷钼酸、硅钨酸、氯化汞、苦味酸和鞣酸等。不同生物碱能与不同的沉淀试剂生成不同颜色的沉淀，如某些生物碱与碘-碘化钾溶液生成棕红色沉淀；与磷钼酸试剂生成黄褐色或蓝色沉淀；与硅钨酸试剂生成白色沉淀；与鞣酸生成白色沉淀；使苦味酸试剂生成黄色沉淀。

2. 显色试剂

显色试剂大多是氧化剂或脱水剂。例如，高锰酸钾、重铬酸钾、浓硝酸、浓硫酸、钒酸铵或甲醛的浓硫酸溶液等。它们能与不同的生物碱反应生成不同的颜色。例如，重铬酸钾的浓硫酸溶液使吗啡显绿色；浓硫酸使秋水仙碱显黄色；钒酸铵的浓硫酸溶液使吗啡显棕色。

这些显色剂在色谱分析上常作生物碱的鉴定试剂。

三、重要的生物碱

按照生物碱分子结构的不同，可分为若干类，如有机胺类、吡咯类、吡啶类、颠茄类、喹啉类、吲哚类、嘌呤类、萜类和甾体类等。这里仅选几个有代表性的生物碱作简单介绍。

1. 烟碱

烟碱又称尼古丁，是烟草所含十二种生物碱中最多的一种。它由一个吡啶环与一个四氢吡咯环组成，属于吡啶类生物碱，常以苹果酸盐及柠檬酸盐的形式存在于烟草中。其结构式为：

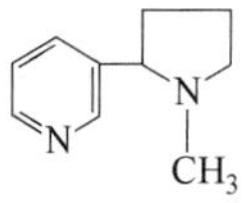

纯的烟碱是无色油状液体，有苦辣味，易溶于水和乙醇。自然界中的烟碱是左旋体，它在空气中易氧化变色。烟碱的毒性很大，少量烟碱对中枢神经有兴奋作用，能增高血压；大量烟碱能抑制中枢神经系统，使心脏停搏，以致死亡。烟草生物碱是有效的农业杀虫剂，能杀灭蚜虫、蓟马、木虱等。烟碱常以卷烟的下脚料和废弃品为原料提取得到。我国烟草中烟碱的含量为1%～4%。

2. 麻黄碱

麻黄碱又名麻黄素，存在于麻黄中。麻黄碱是少数几个不含杂环的生物碱，是一种仲胺。麻黄碱分子中含有两个手性碳原子，所以应有四个旋光异构体：左旋麻黄碱、右旋麻黄碱、左旋伪麻黄碱和右旋伪麻黄碱。但在麻黄中只有左旋麻黄碱和左旋伪麻黄碱存在，其中左旋麻黄碱的生理作用较强。其结构式如下：

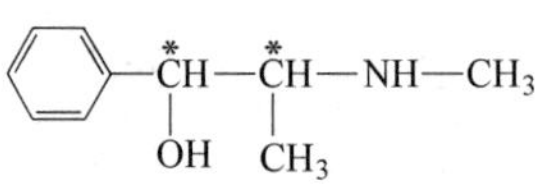

左旋麻黄碱为无色晶体，易溶于水，可溶于乙醇、乙醚、氯仿等有机溶剂。它是一个仲胺，碱性较强。

麻黄是我国特产，使用已有数千年。明代李时珍的《本草纲目》中记载，主治伤寒、头痛、止咳、除寒气等。它具有兴奋交感神经、收缩血管、增高血压和扩张支气管等功能。因此，现临床上用作止咳、平喘和防止血压下降的药物。

3. 茶碱、可可碱和咖啡碱

它们存在于茶叶、可可豆及咖啡中，属于嘌呤类生物碱，是黄嘌呤的甲基衍生物，其结构式为：

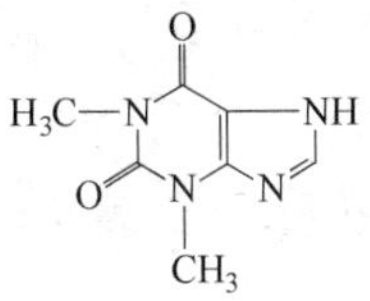

茶碱
(1,3-二甲基黄嘌呤)

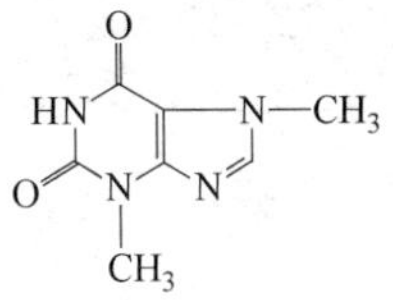

可可碱
(3,7-二甲基黄嘌呤)

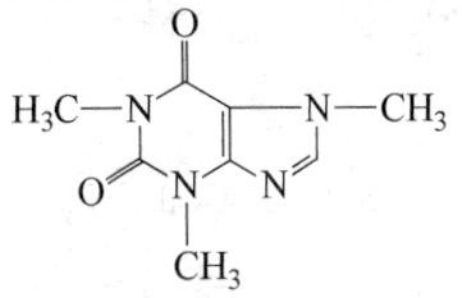

咖啡碱
(1,3,7-三甲基黄嘌呤)

茶碱是白色晶体，易溶于热水，难溶于冷水，显弱碱性。它有较强的利尿作用和松弛平滑肌的作用。

可可碱是白色晶体，微溶于水或乙醇，有很弱的碱性。能抑制胃小管再吸收和具有利尿作用。

咖啡碱又叫咖啡因。它是白色针状晶体，味苦，易溶于热水，显弱碱性。它的利尿作用不如前二者，但它有兴奋中枢神经和止痛作用。因此，咖啡及茶叶一直被人们当作提神饮料。

4. 吗啡碱

罂粟科植物鸦片中含有 20 多种生物碱，其中含量最高的是吗啡碱。它的分子中含有一个异喹啉环。吗啡是 1803 年被提纯的第一个生物碱，直至 1952 年才确定了它的结构式：

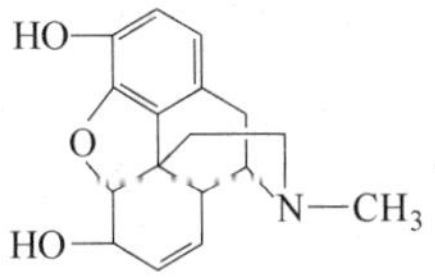

吗啡为白色晶体，味苦，微溶于水。吗啡环是不稳定的，在空气中能被缓慢氧化。它对中枢神经有麻醉作用和较强的镇痛作用，在医药上应用广泛，可作为镇痛药和安眠药。由于它的成瘾性，使用时须小心谨慎，必须严格控制。

5. 秋水仙碱

秋水仙碱存在于秋水仙植物的球茎和种子中，是一种不含杂环的生物碱，它是环庚三烯酮的衍生物，分子中含有两个稠合的七碳环，氮在侧链上成酰胺结构，其结构式为：

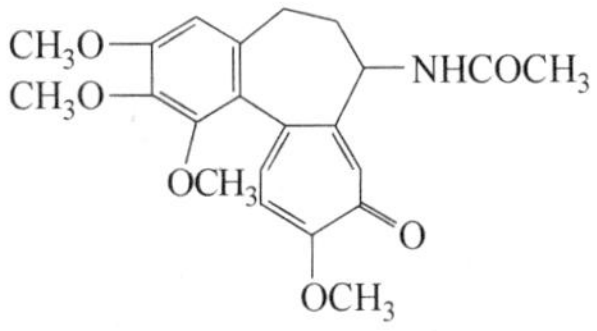

秋水仙碱是浅黄色结晶，味苦，能溶于水，易溶于乙醇和氯仿。具有旋光性。它的分子中，氮原子以酰胺的形式存在，所以水溶液呈中性。它对细胞分裂有较强的抑制作用，能抑制癌细胞的增长，在临床上用于治疗乳腺癌和皮肤癌等。在植物组织培养上，它是人工诱发染色体加倍的有效化学药剂。

6. 金鸡纳碱

金鸡纳碱又叫奎宁，属喹啉的衍生物。存在于金鸡纳树皮中，其结构式为：

金鸡纳碱为无色晶体，微溶于水，易溶于乙醇、乙醚等有机溶剂。金鸡纳碱具有退热作

用，是有效的抗疟疾药物，但有引起耳聋的副作用。

7. 喜树碱

喜树碱存在于我国西南和中南地区的喜树中。自然界中存在的是右旋体，其结构式为：

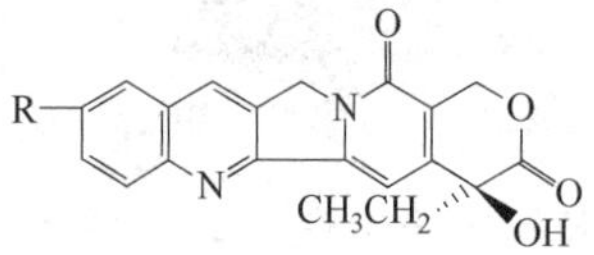

R=—H 喜树碱

R=—OH 羟基喜树碱

R=—OCH_3 甲氧基喜树碱

喜树碱是淡黄色针尖状晶体，在紫外光照射下显蓝色荧光，不溶于水，溶于氯仿、甲醇、乙醇中。

喜树碱对胃癌、肠癌等疗效较好，对白血病也有一定疗效。因毒性大，使用时要慎重。

本章小结

一、杂环化合物

1. 杂环化合物是成环原子中含有除碳原子以外的氧、硫、氮等杂原子的环状有机化合物。通常以译音法命名。杂环化合物有富电子芳杂环和缺电子芳杂环两大类，它们的性质差异性表现如下。

（1）富电子芳杂环化合物呋喃、噻吩、吡咯较苯易发生取代反应，而且取代反应主要发生在 α 位；缺电子芳杂环吡啶环发生取代反应比苯难，在强烈条件下取代反应发生在 β 位。

（2）由于杂原子（O、S、N）的电负性比碳大，杂原子的吸电子诱导效应削弱了未共用电子对与环的共轭作用。杂环化合物的芳香性比苯差。

2. 杂环化合物的化学性质主要有取代反应（卤代、硝化、磺化、弗-克反应）、加成反应、氧化反应等。

3. 杂环化合物与人类生存密切相关，如：糠醛是呋喃衍生物，易发生氧化、还原、歧化和聚合反应；叶绿素和血红素是吡咯的衍生物，分子中都含有卟吩环，属卟啉化合物；维生素 PP、维生素 B_6、异烟肼是吡啶的衍生物，参与生物体氧化还原过程和促进组织新陈代谢；脲嘧啶、胞嘧啶、胸腺嘧啶、腺嘌呤、鸟嘌呤是嘧啶及嘌呤的衍生物，它们都存在酮式-烯醇式互变异构。

二、生物碱

生物碱是一类对人和动物有强烈的生理作用的碱性物质，大多数是含氮杂环的衍生物，与生物体内的有机酸和无机酸以盐的形式存在。许多中草药的主要成分都是生物碱，常见的生物碱有烟碱、麻黄碱、咖啡碱、秋水仙碱、茶碱、可可碱、吗啡碱、喜树碱、金鸡纳碱等。

多数生物碱难溶于水而易溶于有机溶剂。而生物碱与酸结合成盐后则易溶于水而难溶于有机溶剂，根据这一特性用于生物碱的分离和提纯。

习题

1. 命名下列化合物。

(1) 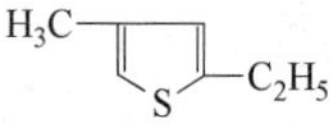

(2) 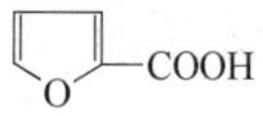

(3) 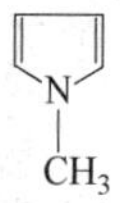

(4) 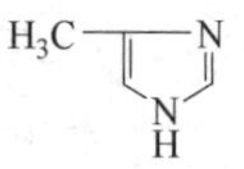

(5) 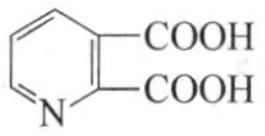

(6) 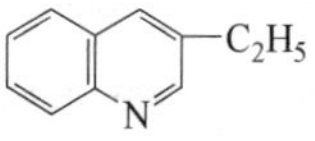

(7) 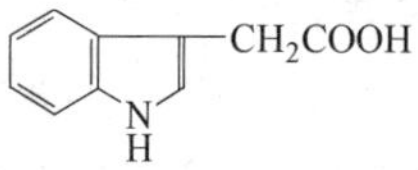

(8) 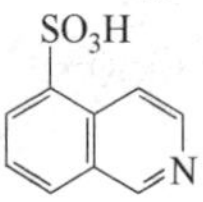

(9) 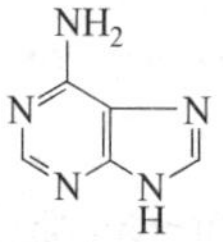

2. 写出下列化合物的结构式。

（1）2,3-二甲基呋喃　　（2）2,5-二溴吡咯　　（3）3-甲基糠醛

（4）5-甲基噻唑　　（5）4-甲基咪唑　　（6）麻黄碱

（7）烟碱　　（8）喹啉　　（9）苯并吡喃

3. 完成下列反应。

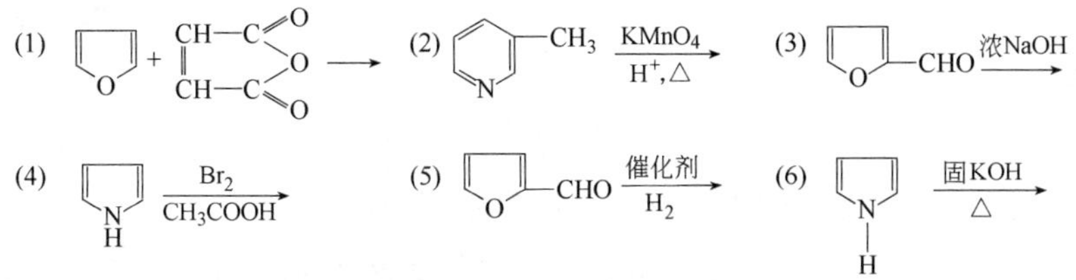

4. 用化学方法将下列混合物中的杂质除去。

（1）苯中混有少量噻吩

（2）甲苯中混有少量吡啶

5. 推断结构式

（1）某化合物 $C_5H_4O_2$ 经氧化后生成羧酸 $C_5H_4O_3$，把此羧酸的钠盐与碱石灰作用，转变为 C_4H_4O，后者不与钠反应，也不具有醛和酮的性质，原来的 $C_5H_4O_2$ 是什么化合物？

（2）某甲基喹啉经高锰酸钾氧化后可得三元酸，这种羧酸在脱水剂作用下发生分子内脱水能生成两种酸酐，试推测甲基喹啉的结构式。

知识拓展

烟草的化学成分及吸烟的危害

烟草是一种化学成分极为复杂的植物。包括糖类、蛋白质、氨基酸、有机酸、烟草生物碱等。烟草生物碱是烟草有别于其他植物的主要标志，烟草生物碱主要以烟碱（尼古丁）的形式存在，烟碱是特征性物质。

烟草制品在燃吸过程中，靠近火堆中心的温度可达 800～900℃，会发生复杂的化学反应，使烟草各种化学成分发生变化，产生的烟气有氮气、氧气、一氧化碳、二氧化碳、一氧化氮、二氧化氮、烃、醇、酚、醛、酮、羧酸、苯、萘及 70 多种金属和放射性元素。被认为最有危害的物质有：焦油、烟碱、一氧化碳、醛类物质。

烟气中的焦油是威胁人体健康的罪魁祸首。焦油中的多环芳烃是致癌物，其中苯并［a］芘是其代表，它能改变细胞的遗传结构，使正常细胞变成癌细胞。

烟草中的放射性物质也是吸烟者肺癌发病率增加的因素之一。烟叶上的茸毛是浓集放射性物质的主要器官，放射性物质被吸入肺内，附着在支气管处，会诱发各种癌症。最有害的放射性元素是 ^{210}Po。

尼古丁在人体内的作用十分复杂。医学界认为尼古丁最大的危害在于其成瘾性。当吸烟者血液中的尼古丁浓度下降时，使人渴望再吸一支，加强了吸烟者的愿望而成烟瘾。

一氧化碳进入人体肺内，与血液中的血红蛋白结合，减少心脏所需氧量，从而加快心跳，甚至带来心脏功能衰竭。一氧化碳与尼古丁协同作用，危害吸烟者心血管系统，对冠心病、心绞痛、心肌梗死等都有直接影响。

对青少年来说吸烟的危害性更大。可使青少年记忆力和嗅觉灵敏性降低，视野缺损。导致呼吸道、消化系统的疾病和各种癌症。

自从 20 世纪 60 年代国际范围内烟草会议及各国有关烟草科学研究部门、专家提出吸烟

与健康问题以来，控制吸烟及减少吸烟已是当今国内外严重关切的社会问题。许多国家的政府也已通过立法措施控制有害物质在卷烟中的含量。这包括开展从烟草中脱除有害物质研究，生产过滤嘴卷烟，但不能根除致病危险。

卷烟生产正面临划时代变革过程。开发安全卷烟应是今后充分考虑的可行途径，能研制出既能防病又能治病的保健卷烟，则将是对人类健康最可贵的贡献。

素质拓展阅读

诺贝尔奖获奖者——屠呦呦

屠呦呦，女，1930 年 12 月 30 日出生于浙江宁波，“呦呦鹿鸣，食野之蒿”——《诗经·小雅》的名句寄托了屠呦呦父母对她的美好期待。屠呦呦毕业于北京医学院，是中国中医科学院首席科学家、药学家，终身研究员兼首席研究员，青蒿素研究开发中心主任，荣获国家最高科学技术奖、共和国勋章、“感动中国”年度人物、影响世界华人终身成就奖、诺贝尔生理学或医学奖，是首获诺贝尔科学类奖的中国人。入选《时代》周刊“全球最具影响力人物”，获改革先锋奖章、福布斯中国科技 50 女性榜单。2020 年，中国中医科学院与上海中医药大学开设九年制本博连读中医学“屠呦呦班”。

屠呦呦长期从事中药和西药结合研究，突出贡献是创制新型抗疟药青蒿素和双氢青蒿素。因发现青蒿素——一种用于治疗疟疾的药物，挽救了全球特别是发展中国家数百万人的生命而获得拉斯克奖和葛兰素史克中国研发中心“生命科学杰出成就奖”。2015 年，获得诺贝尔生理学或医学奖，该药品可以有效降低疟疾患者的死亡率。诺贝尔奖领奖台上，屠呦呦的致辞《青蒿素的发现：传统中医献给世界的礼物》，阐述了青蒿素的研究与发现过程。

屠呦呦在北京大学医学院药学系学习，在专业课程中对植物化学、本草学和植物分类学有着极大的兴趣。1956 年，全国掀起防治血吸虫病的高潮，她对有效药物半边莲进行了生药学研究，后来又完成了品种比较复杂的中药银柴胡的生药学研究。这两项成果被相继收入《中药志》。

1969 年，中国中医研究院接受抗疟药研究任务，屠呦呦任科技组组长，领导课题组从系统收集整理历代医籍、本草、民间方药入手，展开研究。在收集 2000 余方药基础上，编写了 640 种中药为主的《疟疾单验方集》，对其中的 200 多种中药开展实验研究，历经 380 多次失败，利用现代医学和方法进行分析研究、不断改进提取方法。研究葛洪的《肘后备急方》时，受“青蒿一握，以水二升渍，绞取汁，尽服之”的启发，终于在 1971 年获得青蒿素抗疟成功。青蒿素为一具有“高效、速效、低毒”优点的新结构类型抗疟药，对各型疟疾特别是抗性疟有特效。1973 年，为确证青蒿素结构中的羰基，屠呦呦带领团队合成了双氢青蒿素，经构效关系研究，明确在青蒿素结构中过氧桥结构是主要抗疟活性基团，在保留过氧桥结构的前提下，将羰基还原为羟基可以增效，为国内外开展青蒿素衍生物研究打开局面。经过三年多科研攻坚，屠呦呦团队在抗疟疾机理研究、抗药性成因、调整治疗手段等方面终获新突破，最终找到了通过适当延长用药时间（由三天疗法增至五天或七天疗法）、更换青蒿素联合疗法中已产生抗药性的辅助药物的新治疗方案，并出版了《青蒿及青蒿素类药物》。

第二十章 糖类化合物

糖类化合物是自然界中分布最广泛的一类天然化合物。绿色植物光合作用的主要产物就是糖类化合物。

知识目标

1. 能够描述糖类化合物的定义、分类，会命名糖类化合物。

2. 理解单糖的构型，能够解释单糖的变旋现象、氧环式结构，画出 Haworth 透视式结构。

3. 能够写出单糖相关化学反应：差向异构化反应、氧化反应、还原反应、成脎反应、糖苷的生成、成酯成醚反应、显色反应。

4. 掌握蔗糖、麦芽糖、半乳糖、纤维二糖、淀粉、纤维素的结构和性质。

能力目标

1. 能够写出单糖 Haworth 透视式结构。

2. 能够鉴别醛糖、酮糖的能力。

素质目标

1. 知道糖类化合物在食品加工和生物质能源开发上的应用，培养宏观辨识和微观探析的能力。

2. 通过认识糖类化合物在生活中的应用，培养“科学态度和社会责任”的科学素养。

第一节 糖类化合物概述

糖类化合物是一切生物体维持生命活动所需能量的主要来源，但是动物不能由二氧化碳自行合成糖类化合物，而必须由食物中摄取。动物从空气中吸收了氧，将食物中的糖类化合物经过一系列反应逐步氧化为二氧化碳和水，并放出供机体活动所需能量。植物种子中的淀粉，根、茎、叶中的纤维素，甘蔗和甜菜根部所含的蔗糖，水果中的葡萄糖和果糖等都属于糖类化合物。动物的肝脏和肌肉内的糖原、血液中的血糖等也属此类化合物。

糖类都是由碳、氢、氧三种元素组成的，是动、植物体的重要成分。人们最初发现这类化合物时，除碳原子外，氢与氧原子的比例恰好是 2∶1，相当于 H_2O 分子中的氢和氧的比例。将糖类隔绝空气强热或用强吸水剂（浓硫酸）处理，都能失去水而留下碳。故此类化合物也称为碳水化合物，通式为 $C_m(H_2O)_n$，实际上碳水化合物这个名称并不能反映它们的结构特点，后来发现有一些具有碳水化合物性质的物质，并不符合这个通式，例如，脱氧核糖（$C_5H_{10}O_4$）、鼠李糖（$C_6H_{12}O_5$）等；也有些符合这个通式的物质，但结构和性质则与碳水化合物完全不同，例如，甲醛（CH_2O）、乙酸（$C_2H_4O_2$）、乳酸（$C_3H_6O_3$）等。因此，碳水化合物这个名称已失去了原来的意义。

从分子结构的特点来看，糖类化合物是一类多羟基醛或多羟基酮，以及能够水解生成多羟基醛或多羟基酮的有机化合物。按糖类化合物的水解情况，可以将其分为三类。

① 单糖。不能水解的多羟基醛酮。如葡萄糖、果糖、半乳糖等。

② 低聚糖。也称为寡糖，能水解产生 2～10 个单糖分子的化合物。根据水解后生成的单糖数目，又可分为二糖、三糖、四糖等。其中最重要的是二糖，如蔗糖、麦芽糖、纤维二糖、乳糖等。

③ 多糖。水解产生 10 个以上单糖分子的化合物，它们相当于由许多单糖形成的高聚物，所以也叫高聚糖，属于天然高分子化合物。如淀粉、纤维素、糖原等。

第二节　单糖

根据分子中所含官能团的不同，单糖可分为醛糖和酮糖。按单糖分子中碳原子的数目不同，又可分为丙糖、丁糖、戊糖、己糖、庚糖等。通常将以上两种分类结合起来使用，例如：

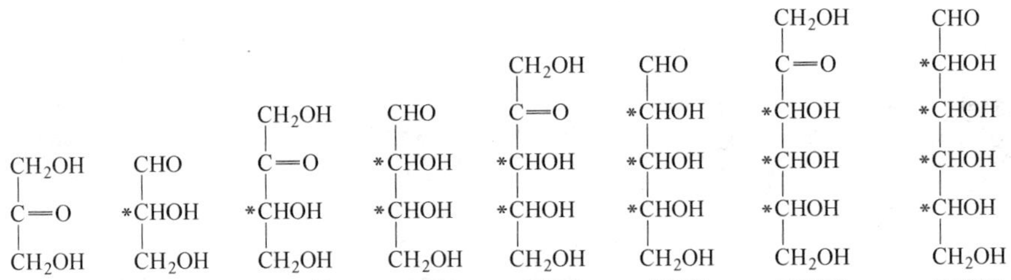

丙酮糖　丙醛糖　丁酮糖　丁醛糖　戊酮糖　戊醛糖　己酮糖　己醛糖

一、单糖的结构及构型

1. 单糖的环状结构

（1）变旋现象　人们在研究单糖的实践中发现 D-葡萄糖存在两种晶体，一种是从乙醇溶液中结晶出来的晶体，熔点为 146℃，比旋光度为＋112°；另一种是从吡啶中析出的晶体，熔点为 150℃，比旋光度为＋18.7°。将其中任何一种晶体溶于水后置于旋光仪中，其比旋光度都会逐渐变成＋53.2°并保持恒定。像这种比旋光度随时间的改变发生变化（增加或减少）而最终达到一个常数的现象称为变旋现象。另外，从葡萄糖的链状结构看，具有醛基，能与 HCN 和羰基试剂等发生类似醛的反应，但在通常条件下却不与亚硫酸氢钠起加成反应；在干燥的 HCl 存在下，葡萄糖只能与等物质的量的醇发生反应生成稳定的缩醛。这些事实均不能从开链式结构得到圆满的解释。

（2）氧环式结构　醛与醇能发生加成反应，生成半缩醛。在 D-葡萄糖分子中，同时含有醛基和羟基，因此能发生分子内的加成反应，生成环状半缩醛。经 X 射线衍射实验证明，D-(＋)-葡萄糖主要是 C_5 上的羟基与醛基作用，生成六元环的半缩醛（称氧环式）。

对比开链式和氧环式可以看出，氧环式比开链式多一个手性碳原子，所以有两种异构体存在。两个环状结构的葡萄糖是一对非对映异构体，它们的区别仅在于 C_1 的构型不同。C_1

上新形成的羟基（也称半缩醛羟基，即用虚线括起来的羟基）与决定单糖构型的 C_5 上的羟基处于碳链的同一侧的，称为 α 构型；反之，称为 β 构型。

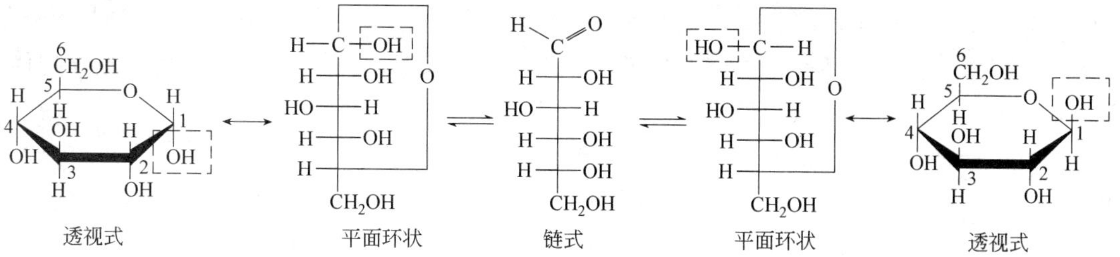

α-D-(+)-葡萄糖　37%　　D-(+)-葡萄糖　0.01%　　β-D-(+)-葡萄糖　63%

平衡时的比旋光度为：(+112°)×37%+(+18.7°)×63%=+53.2°

由此可见，产生变旋现象是由于 α 构型或 β 构型溶于水后，通过开链式相互转变，最后 α 构型、β 构型和开链式三种形式达到动态平衡。平衡时的比旋光度为+53.2°。由于平衡混合物中开链式含量仅占 0.01%，因此不能与饱和 $NaHSO_3$ 发生加成反应。葡萄糖主要以环状半缩醛形式存在，所以只能与等物质的量的甲醇发生反应生成缩醛。凡是结构中含有半缩醛羟基的糖，如核糖、脱氧核糖、果糖、甘露糖和半乳糖等，都存在变旋现象。

【问题 20-1】 为什么大部分单糖会有变旋现象？

2. 霍沃恩（Haworth）透视式

氧环式的环状结构投影式不能反映各个基团的相对空间关系。为了更接近其真实性，并形象地表达单糖的氧环结构，一般采用霍沃恩透视式来表示单糖的半缩醛环状结构。现以 D-葡萄糖为例，说明由链式书写霍沃恩式的步骤。首先将碳链右倒水平放置（Ⅰ），然后将羟甲基一端从左面向后弯曲成类似六边形（Ⅱ），为了有利于形成环状半缩醛，将 C5 按箭头所示绕 C4—C5 键轴旋转 120°成（Ⅲ）。此时，C5 上的羟基与羰基加成生成半缩醛环状结构，若新产生的半缩醛羟基与 C5 上的羟甲基处在环的异侧（Ⅳ），即为 α-D-吡喃葡萄糖；反之，新形成的半缩醛羟基与 C5 上的羟甲基处在环的同侧（Ⅴ），则为 β-D-吡喃葡萄糖。

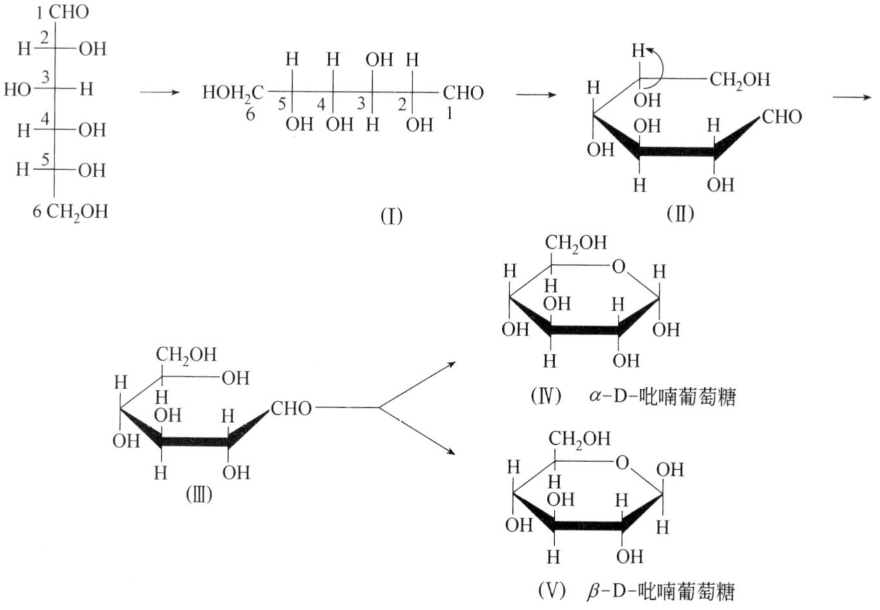

(Ⅰ)　(Ⅱ)　(Ⅲ)

(Ⅳ)　α-D-吡喃葡萄糖

(Ⅴ)　β-D-吡喃葡萄糖

3. 单糖的构型

单糖分子中除丙酮糖外，都含有一个或多个手性碳原子，因此都有旋光异构体。例如，己醛糖分子中有4个手性碳原子，就有 $2^4=16$ 个旋光异构体，其中8个为右旋体，8个左旋体，葡萄糖是其中的一种；己酮糖分子中有3个手性碳原子，就有 $2^3=8$ 个旋光异构体，果糖是其中的一种。

糖类化合物的构型通常采用D、L标记法，并与甘油醛作比照。例如，下面各糖中用虚线括出来的碳原子的构型与D-(+)-甘油醛的手性碳原子的构型相同，因此都是D型糖。

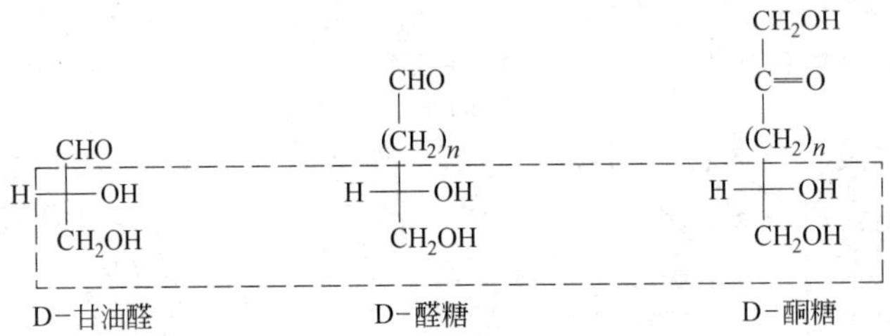

单糖的结构常用费歇尔投影式表示，按规定，糖中的羰基必须写在投影式的上端，并可以省去手性碳原子上的氢原子，以半短线"-"表示手性碳原子上的羟基，用一竖线表示碳链。图20-1列出由D-甘油醛导出的D-系列醛糖。自然界中存在的单糖绝大部分是D构型。

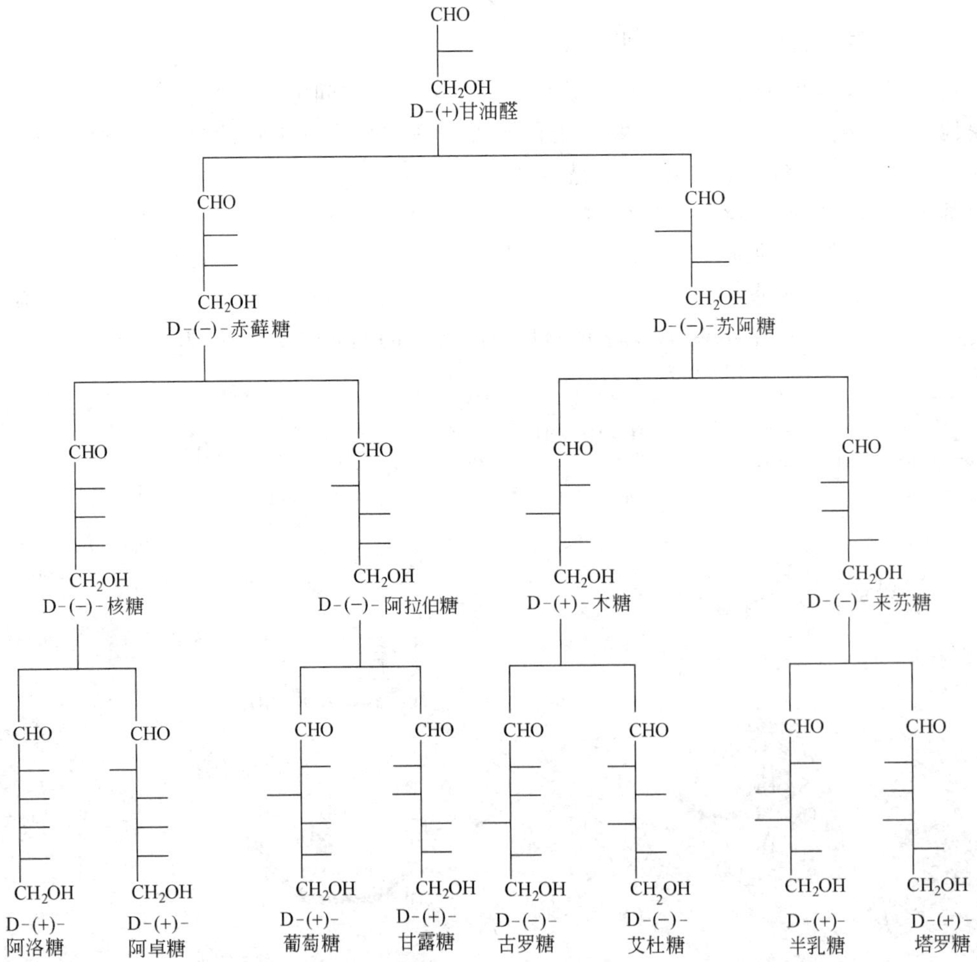

图20-1 醛单糖的D构型异构体

二、单糖的性质

1. 单糖的物理性质

单糖多是无色的晶体，有吸湿性，易溶于水，可溶于乙醇，但难溶于乙醚、丙酮、苯等有机溶剂。单糖（除丙酮糖）都有旋光性，而且有变旋现象。

单糖和二糖都有甜味，但相对甜度不同，一般以蔗糖的甜度为100，则葡萄糖的甜度为74，果糖的甜度为173。果糖是已知单糖和二糖中甜度最大的糖。一些常见糖的物理常数列于表20-1。

表 20-1 某些糖的物理常数

名称	糖脎熔点/℃	比旋光度$[\alpha]_D^{20}$		
		α构型	β构型	平衡混合物
D-阿拉伯糖	160	−54	−175	−105
D-核糖	160	—	—	−21.5
D-木糖	163	+92	−20	+19
D-葡萄糖	210	+112	+19	+52.5
D-甘露糖	210	+34	−17	+14.6
D-半乳糖	186	+144	+52	+80
D-果糖	210	−21	−133	−92.3
麦芽糖	206	+46.8	+118	+130.4
乳糖	200	+90	+35	+55
纤维二糖	208	+72	+16	+35
蔗糖	—	—	—	+66.5

2. 单糖的化学性质

单糖除具有醇和醛、酮的特征性质外，还具有因分子中各基团的相互影响而产生的一些特殊性质。单糖在水溶液中是以链式和氧环式平衡混合物的形式存在的，因此单糖的反应有的以环状结构进行，有的则以开链结构进行。

（1）氧化 单糖可被多种氧化剂氧化，所用氧化剂的种类及介质的酸碱性不同，氧化产物也不同。

① 酸性介质中的氧化。在不同条件下，单糖可被氧化为不同产物。例如，D-葡萄糖用硝酸氧化可得D-葡萄糖二酸，而用溴水氧化则得D-葡萄糖酸。

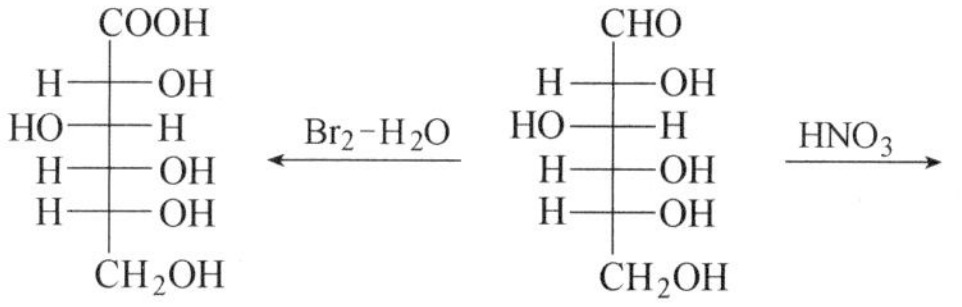

D-葡萄糖酸　D-葡萄糖　D-葡萄糖二酸

② 碱性介质中的氧化。醛糖能被弱氧化剂氧化。酮一般不被弱氧化剂氧化，但酮糖在弱碱性介质中能发生异构化转变为醛糖，因此也能被弱氧化剂氧化。醛糖和酮糖，能被多伦试剂、费林试剂和本尼迪克特试剂所氧化，分别产生银镜或氧化亚铜的砖红色沉淀。把这些糖称为还原性糖。这些反应常用作糖的鉴别和定量测定，如与本尼迪克特试剂的反应常用来测定果蔬、血液和尿中还原性糖的含量。

单糖＋$2Cu(OH)_2$（本尼迪克特试剂）⟶Cu_2O↓＋$2H_2O$＋复杂的氧化产物

③ 生化氧化。生物代谢过程中，在酶的作用下，糖的某些衍生物可被氧化为糖醛酸，即醛糖中末端的羟甲基被氧化成羧基的产物，如D-葡萄糖和半乳糖被氧化时，分别生成葡萄糖醛酸和半乳糖醛酸。对于动物体来说，葡萄糖醛酸是很重要的，因为许多有毒物质是以葡萄糖醛酸苷的形式从尿中排泄出体外的，故有保肝和解毒作用。另外，糖醛酸是果胶质、半纤维素和黏多糖的重要组成成分，在土壤微生物的作用下，生成的多糖醛酸类物质是天然土壤结构的改良剂。

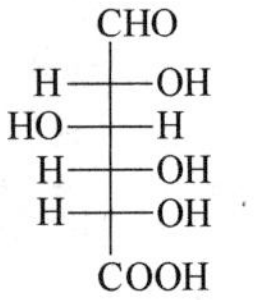
D-葡萄糖醛酸

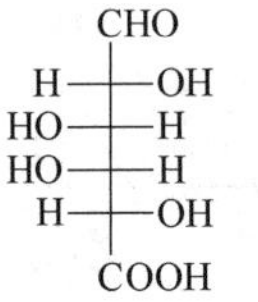
D-半乳糖醛酸

【问题 20-2】 下列糖分别用稀硝酸氧化，判断其产物有无旋光性。

（1）葡萄糖　（2）D-核糖　（3）D-半乳糖

（2）还原　醛糖或酮糖都可用多种还原方法（如钠汞齐还原、催化加氢等），被还原成多元醇。由于单糖被还原时，反应只发生在羰基上，对分子中其他手性碳原子的构型不发生改变，所以醛糖只生成一种构型的多元醇；而酮糖可形成两种不同构型的多元醇。例如：

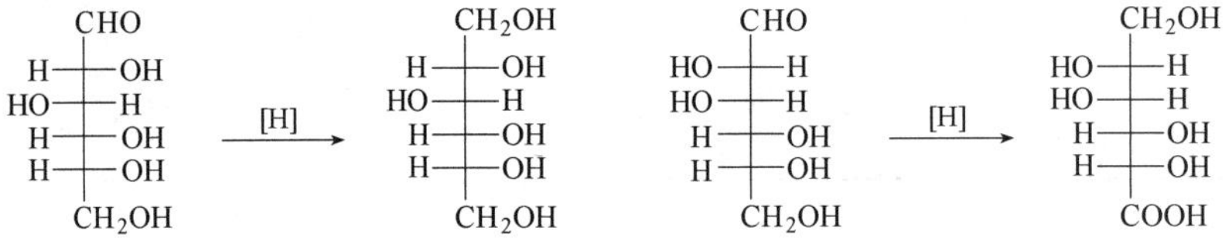
D-葡萄糖　山梨醇　D-甘露糖　甘露醇

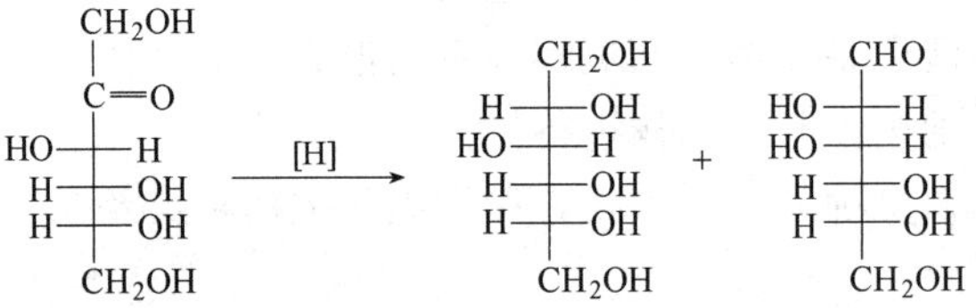
D-果糖　山梨醇　甘露糖

山梨醇和甘露醇广泛存在于植物体内。李、桃、苹果、梨、洋葱、胡萝卜等果实的块茎根中都含有这些糖醇。

（3）成脎　葡萄糖和果糖可与苯肼作用生成苯腙，生成的苯腙，还可与过量的苯肼作用，最后得到不溶于水的黄色晶体二苯腙，称为糖脎。

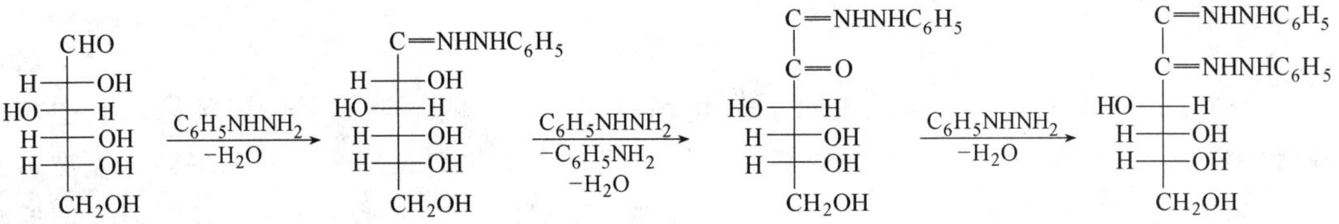
D-葡萄糖　D-葡萄糖苯腙　D-葡萄糖脎

无论醛糖还是酮糖，反应都发生在 C_1 和 C_2 上，其他碳原子不参与反应。因此，像 D-葡萄糖、D-甘露糖和 D-果糖这样，只是第一、第二两个碳原子的构型不同，而其他碳原子的构型完全相同，它们与苯肼反应都将得到同样的脎。

糖脎都是黄色结晶，不同的糖脎结晶形状不同，成脎的速率也不同，并各有一定的熔点，所以成脎反应可用来作糖的定性鉴定。

(4) 成苷　糖分子中的半缩醛羟基，与另一化合物（如 ROH、R_2NH、RSH 等）失水后形成的产物，称为糖苷（也叫配糖物）。例如，甲基-α-D-葡萄糖苷，可看作是葡萄糖的半缩醛羟基和甲醇作用的产物。

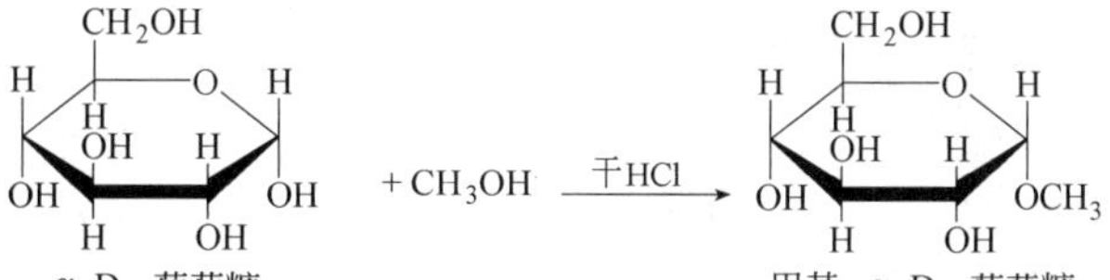

α-D-葡萄糖　　甲基-α-D-葡萄糖

α-D-葡萄糖和 β-D-葡萄糖通过开链式可以相互转变，形成糖苷后，分子中已无半缩醛羟基，不能再转变成开链式，故不能再相互转变。糖苷是一种缩醛（或缩酮），所以比较稳定，不易被氧化，不与苯肼、多伦试剂、费林试剂等作用，也无变旋现象。糖苷对碱稳定，但在稀酸或酶作用下，可水解成原来的糖和甲醇。

糖苷是无色无臭的晶体，能溶于水和乙醇，难溶于乙醚等有机溶剂，有旋光性，广泛存在于自然界，植物的根、茎、叶、花和种子中含量较多。低聚糖和多糖也都是糖苷存在的一种形式。

(5) 显色反应　在浓酸（浓硫酸或浓盐酸）作用下，单糖发生分子内脱水形成糠醛或糠醛的衍生物。糠醛及其衍生物可与酚类、蒽酮、芳胺等缩合生成不同的有色物质。尽管这些有色物质的结构尚未搞清楚，但由于反应灵敏，实验现象清楚，故常用于糖类化合物的鉴别。

① 莫利希（Molisch）反应。在糖的水溶液中加入 α-萘酚的醇溶液，然后再缓慢加入浓硫酸，可生成紫色物质，这个反应叫莫利希反应，是鉴别糖的最简便的方法。

② 西列凡诺夫（Seliwanoff）反应。酮糖在浓盐酸存在下与间苯二酚作用生成红色物质。醛糖没有此反应。这一反应叫西列凡诺夫反应，用来区别酮糖与醛糖。

③ 蒽酮反应。糖类能与蒽酮的浓硫酸溶液作用，生成绿色物质。这个反应可用来定量测定糖。

三、重要的单糖

1. 核糖和脱氧核糖

核糖和脱氧核糖是生物细胞内极为重要的戊醛糖，常与磷酸及某些杂环化合物结合而存在于核蛋白中，是核糖核酸及脱氧核糖核酸的重要组分之一，其结构如下：

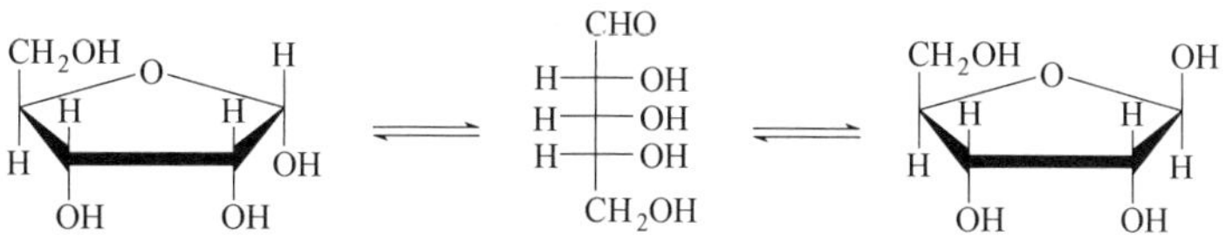

α-D-核糖　　D-核糖　　β-D-核糖

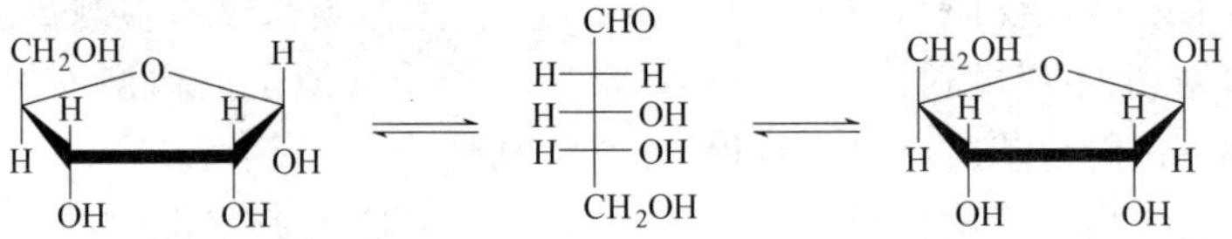

α-D-2-脱氧核糖　　D-2-脱氧核糖　　β-D-2-脱氧核糖

2. D-葡萄糖

D-葡萄糖是自然界分布最广的己醛糖，存在于葡萄等水果、动物的血液、淋巴液、脊髓液等中，为无色结晶，熔点146℃，甜度约为蔗糖的70%。易溶于水，易溶于醇和丙酮，不溶于乙醚和烃类。其水溶液为右旋的，所以又叫右旋糖。葡萄糖以多糖或糖苷的形式存在于许多植物的种子、根、叶或花中。将纤维素或淀粉等物质水解可得葡萄糖。

葡萄糖是人体新陈代谢不可缺少的营养物质。在医药上可用作营养剂，具有强心、利尿和解毒等作用。在食品工业上用于制糖浆、糖果等。在印染及制革工业上用作还原剂。

3. D-果糖

果糖是最甜的一个糖。因为它是左旋的，所以又称为左旋糖。存在于水果和蜂蜜中。它是无色结晶，熔点102℃（分解），易溶于水，可溶于乙醇和乙醚中，能与氢氧化钙形成难溶于水的配合物 $C_6H_{12}O_6 \cdot Ca(OH)_2 \cdot H_2O$，并能与间苯二酚的稀盐酸溶液产生红色，可用来鉴别果糖。

4. D-半乳糖

半乳糖是许多低聚糖如乳糖、棉籽糖等的组分，也是组成脑髓的重要物质之一，并以多糖的形式存在于许多植物的种子或树胶中。半乳糖是无色结晶，熔点167℃，它是右旋糖（$[\alpha]_D^{20}=+80°$），从水溶液中结晶时含有一分子结晶水。能溶于水及乙醇，主要用于有机合成及医药上。

半乳糖的一些衍生物广泛分布于植物界。例如，半乳糖醛酸是植物黏液的主要组分；石花菜胶（也叫琼脂）的主要组分是半乳糖衍生物的高聚体。

5. D-甘露糖

甘露糖在自然界主要以高聚体的形式存在于核桃壳、椰子壳等果壳中，将这些物质用稀硫酸水解可得甘露糖。甘露糖为无色结晶，味甜而略带苦。易溶于水，微溶于乙醇，几乎不溶于乙醚。

第三节　二糖

二糖是最重要的低聚糖，可以看成是一个单糖分子中的半缩醛羟基与另一个单糖分子中的醇羟基或半缩醛羟基之间脱水的缩合物。自然界存在的二糖可分为还原性二糖和非还原性二糖两类。

一、还原性二糖

还原性二糖因分子中仍保留有一个半缩醛羟基，故具有一般单糖的性质。即在水溶液中有变旋现象、在稀碱作用下一般可发生异构化、具有还原性，一般可与过量苯肼反应生成糖脎。还原性二糖都是白色结晶，溶于水，有甜味，具有旋光活性。重要的还原性二糖有麦芽糖、纤维二糖和乳糖。

1. 麦芽糖

麦芽糖是由 α-D-葡萄糖 C_1 上的半缩醛羟基与另一分子 D-葡萄糖 C_4 上的醇羟基通过苷键结合而成的，这种苷键称为 α-1,4-苷键。

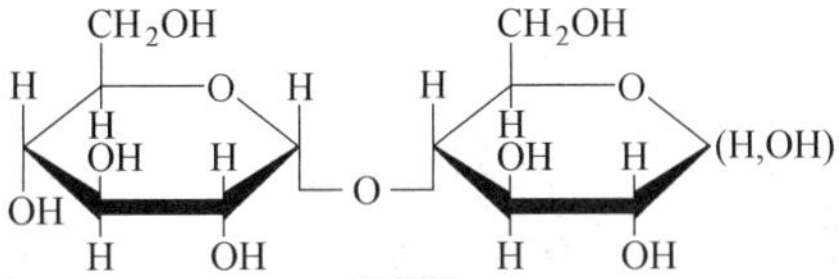

D-麦芽糖

淀粉受麦芽或唾液中酶的作用，可以水解成为麦芽糖。它是白色晶体，熔点 100～165℃，溶于水。麦芽糖分子中存在一个半缩醛羟基，所以有还原性，能生成脎，它在水溶液中有变旋现象，达到平衡时 $[\alpha]_D^{20}=+136°$。麦芽糖在酸或麦芽糖酶作用下，可水解生成葡萄糖。

$$\underset{\text{麦芽糖}}{C_{12}H_{22}O_{11}}+H_2O\xrightarrow[\text{水解}]{\text{酸或酶}}\underset{\text{葡萄糖}}{2C_6H_{12}O_6}$$

2. 纤维二糖

纤维二糖是由两个 D-葡萄糖通过 β-1,4 苷键结合而成的，属于 β-糖苷，能被苦杏仁酶或纤维二糖酶水解。

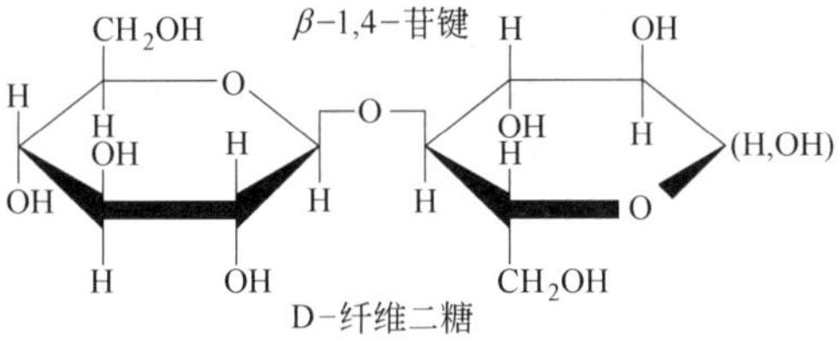

D-纤维二糖

纤维二糖是纤维素水解的产物，是白色晶体，熔点 225℃，易溶于水，分子中存在一个半缩醛羟基，所以有还原性。自然界游离的纤维二糖并不存在。

3. 乳糖

乳糖是由一分子 β-D-半乳糖半缩醛羟基与另一分子 D-葡萄糖 C_4 上的醇羟基脱水后，通过 β-1,4-苷键连接而成。

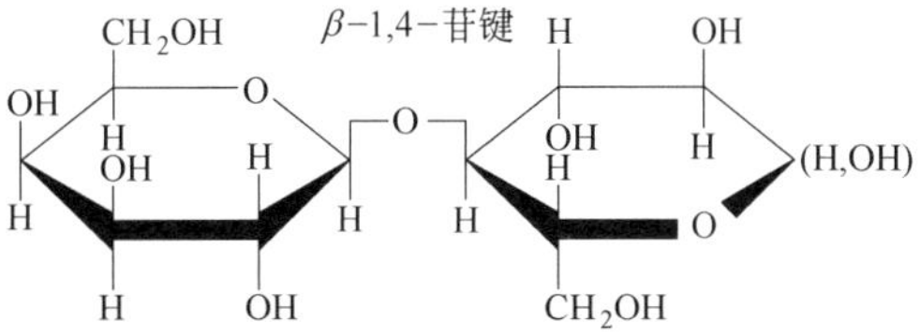

D-乳糖

乳糖属于 β-糖苷，它能被酸、苦杏仁酶和乳糖酶水解。乳糖存在于人和哺乳动物的乳汁中，人乳中含乳糖为5%～8%，牛、羊乳中含乳糖为4%～5%。

二、非还原性二糖

1. 蔗糖

蔗糖是自然界分布最广的、甜度仅次于果糖的重要的非还原性二糖。它是无色晶体，熔点180℃，易溶于水，$[\alpha]_D^{20}=+66.5°$。其结构是由一分子α-D-葡萄糖和一分子β-D-果糖两者的半缩醛羟基脱水后，通过1,2-苷键连接而成的。它既是α-糖苷，也是β-糖苷。因此分子中不存在半缩醛羟基，故无还原性。

蔗糖存在于植物的根、茎、叶、种子及果实中，以甘蔗（19%～20%）和甜菜（12%～19%）中含量最多。蔗糖是右旋糖，水解后生成等量的D-葡萄糖和D-果糖的左旋混合物。由于水解使旋光方向发生改变，故一般把蔗糖的水解产物称为转化糖。蜂蜜的主要成分就是转化糖（$[\alpha]_D^{20}=-19.8°$）。

2. 海藻糖

海藻糖又称为酵母糖，它是由两分子α-D-葡萄糖的半缩醛羟基脱水后，通过α-1,1-苷键连接而成的。比旋光度 $[\alpha]_D^{20}=+178°$。

海藻糖存在于海藻类、细菌、真菌、酵母及昆虫的血液中，是各种昆虫血液中的主要血糖。

第四节 多糖

多糖是由几百到几千个单糖或单糖的衍生物分子通过α或β苷键连接起来的高分子化合物。多糖广泛存在于自然界，按其水解产物分为两类：一类称为均多糖，其水解产物只有一种单糖，如淀粉、纤维素、糖原等；另一类称为杂多糖，其水解产物为一种以上的单糖或单糖衍生物，如半纤维素、果胶质、黏多糖等。淀粉和糖原分别为植物和动物的储藏养分，纤维素和果胶质等则是构成植物体的支撑组织。

多糖与单糖、二糖在性质上有较大的差异。多糖一般没有甜味，大多数多糖难溶于水，个别的能与水形成胶体溶液。多糖无还原性和变旋现象，也不能成脎。

一、淀粉

淀粉是绿色植物进行光合作用的产物，存在于植物的种子、茎和块根中。淀粉一般由两种成分组成：一种是直链淀粉，另一种是支链淀粉。如：稻米淀粉中，直链约占17%，支链约占83%；小麦淀粉中，直链约占24%，支链约占76%；糯米淀粉几乎全部都是支链淀粉；而绿豆中的淀粉几乎全部是直链淀粉。淀粉是无色、无味、无臭的颗粒，不溶于一般有机溶剂，没有还原性。

1. 直链淀粉

直链淀粉是由200～980个α-葡萄糖脱水，以α-1,4-糖苷键连接而成的链状化合物。平均分子量为32000～160000。

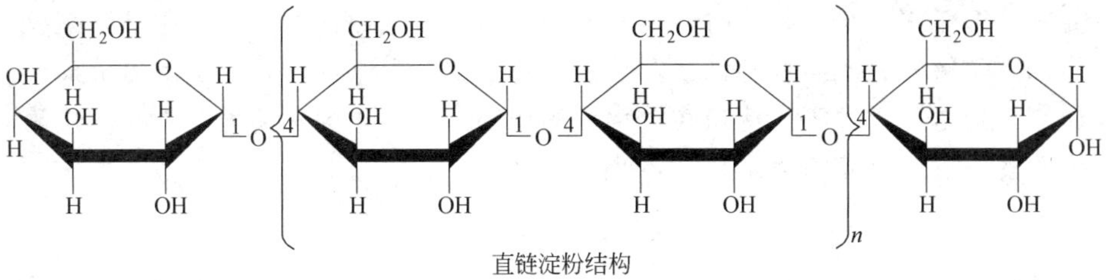

直链淀粉结构

在淀粉分子中，尽管末端葡萄糖单元保留有半缩羟基，但相对于整个分子而言，它们所占的比例极小，所以淀粉不具有还原性，不能成脎，无旋光性，也无变旋现象。直链淀粉和支链淀粉在结构上的不同，导致它们在性质上也有一定的差异。直链淀粉溶于热水形成胶体溶液，无甜味，在淀粉酶作用下可水解得到麦芽糖。它遇碘呈深蓝色，常用于检验淀粉的存在。淀粉与碘的作用一般认为是碘分子钻入淀粉的螺旋结构中，并借助范德瓦尔斯力与淀粉形成一种蓝色的包结物。当加热时，分子运动加剧，致使氢键断裂，包结物解体，蓝色消失；冷却后又恢复包结物结构，深蓝色重新出现。

淀粉在酸或酶的催化下可以逐步水解，生成与碘呈现不同颜色的糊精、麦芽糖，最后水解为 D-葡萄糖：

水解产物	淀粉→	蓝糊精→	红糊精→	无色糊精→	麦芽糖→	葡萄糖
与碘显色	蓝色	蓝紫色	红色	碘色	碘色	碘色

2. 支链淀粉

支链淀粉由 600～6000 个 α-葡萄糖分子脱水，以糖苷键连接而成。链上的葡萄糖之间，以 α-1,4-苷键相连；在分支点上则以 α-1,6-苷键相连，形成一个像树枝状的大分子（图 20-2）。

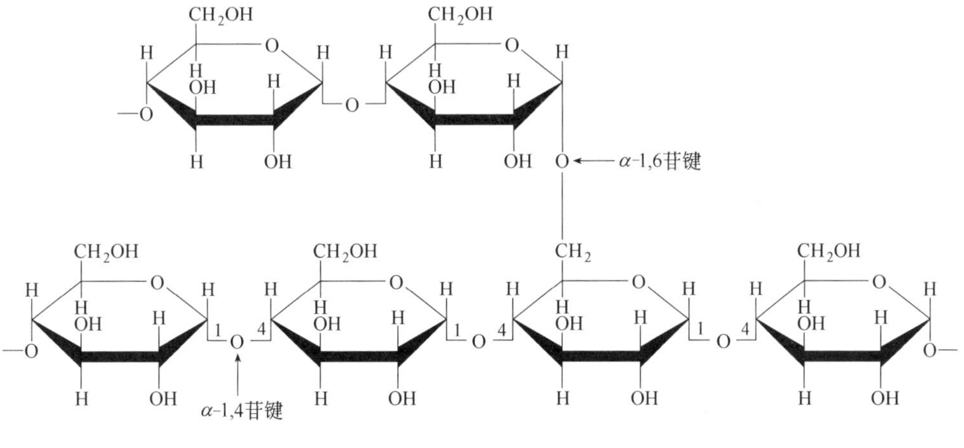

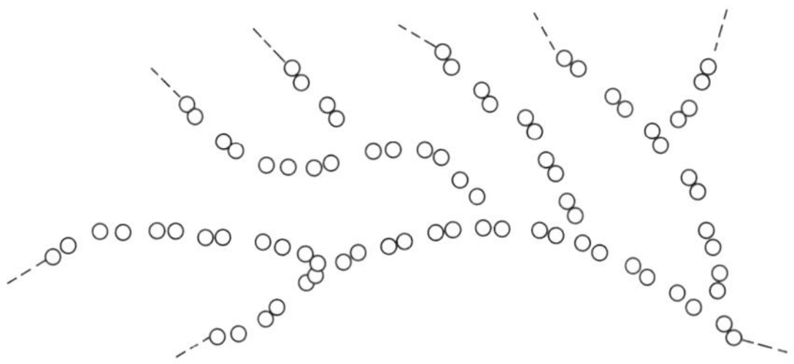

图 20-2 支链淀粉结构示意图（每一小圆圈代表一个葡萄糖单位）

支链淀粉不溶于水，与水共热时，膨胀成糊状。没有还原性。与碘作用呈紫红色。在酸或淀粉酶作用下水解，先产生各种糊精，再进一步水解为麦芽糖，最后水解为葡萄糖。工业上常用淀粉制葡萄糖和乙醇等。淀粉在糖化酶的作用下，转化为葡萄糖，再在酒化酶的作用下，转变为乙醇。反应可简略表示如下：

$$淀粉 \xrightarrow{糖化酶} 葡萄糖 \xrightarrow{酒化酶} 乙醇$$

【问题 20-3】 在直链淀粉和支链淀粉中，单糖之间的连接方式有何异同？二者水解时各得到哪些二糖？

二、糖原

糖原是动物体内储存葡萄糖的一种形式，是葡萄糖在体内缩合而成的一种多糖。糖原主要存在于肝脏和肌肉中，因此又有肝糖原和肌糖原之分。

糖原的结构和支链淀粉相似，也是由许多个 α-D-葡萄糖结合而成的。不过组成糖原的葡萄糖单位更多，有 6000～12000 个，其平均分子量在 100 万～1000 万之间。整个分子团成球形。由于糖原支链更多，而且比淀粉的支链短，每个支链平均含有 12～18 个葡萄糖单位，因此糖原分子结构比较紧密。

三、纤维素

纤维素是植物界分布最广的一种多糖。它是植物细胞壁的主要成分，为植物体的支撑物质。棉花含纤维素最高，可达 98%，亚麻约含 70%，木材含 40%～50%，禾秆中含 34%～36%。

纤维素是纤维二糖的高聚体，即由成千上万 β-D-葡萄糖以 β-1,4-苷键连接而成的线形分子。其分子结构如图 20-3 所示。

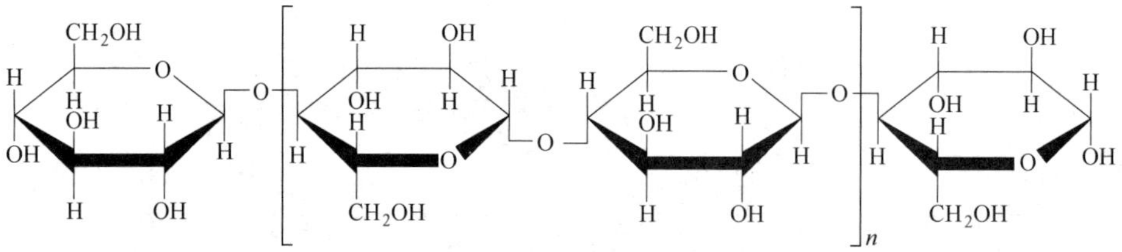

图 20-3　纤维素分子的结构

纤维素是白色纤维状固体，不溶于水和有机溶剂，但吸水膨胀，在酸或纤维素酶作用下水解，最后生成 β-D-葡萄糖。

人和大多数哺乳动物体内缺乏纤维素酶，不能消化纤维素，但是纤维素能刺激肠道蠕动，促进排便，减少胆固醇的吸收和肠道疾病。牛、羊等反刍动物瘤胃中的微生物能分泌出纤维素酶，可使纤维素水解，生成葡萄糖，再经发酵转化为乙酸、丙酸、丁酸等低级脂肪酸，被肠道吸收利用。土壤中也存在某些微生物，它能把枯枝败叶分解为腐殖质，增强土壤的肥力。

四、半纤维素

半纤维素是与纤维素共存于植物细胞壁的一类多糖，但在组成和结构上与纤维素是完全不同的，分子量也比纤维素小。半纤维素彻底水解后，可以得到某些戊糖（木糖、L-阿拉伯糖)、某些己糖（甘露糖、半乳糖）以及某些己糖、戊糖的衍生物，如葡萄糖酸等。因此认为半纤维素可能是戊聚糖、己聚糖以及杂多糖的混合物。

半纤维素不溶于水，但能溶于稀碱，在酸作用下能发生水解。工业上常利用含多缩戊糖的玉米芯、花生壳、谷糠等在酸作用下，经高温加压水解，再脱水制得重要的工业原料糠醛。

五、果胶质

果胶质是植物细胞壁的组成成分，它充塞在植物细胞壁之间，使细胞相互黏结起来。在植物的果实、种子、根、茎以及叶子里都含有果胶质，一般水果和蔬菜中含量较高。

果胶质是一类多糖的总称，主要包括原果胶、可溶性果胶和果胶酸。原果胶主要存在于未成熟的水果及植物的茎、叶里。它是可溶性果胶与纤维素缩合而成的高聚物。它坚硬而不溶于水，但在稀酸或酶的作用下可水解为可溶性果胶。可溶性果胶是 α-D-半乳糖醛酸甲酯及少量的半乳糖醛酸通过 α-1,4-苷键连接而成的高聚物分子化合物。它能溶于水，水果成熟后由硬变软，其原因之一就是原果胶转变成了可溶性果胶。可溶性果胶在稀酸或果胶酶的作用下，水解生成果胶酸和甲醇。果胶酸分子中含有羧基，能与 Ca^{2+} 或 Mg^{2+} 生成不溶性的果酸盐。该反应可用于测定果胶质的含量。

植物成熟、衰老或受伤时，能产生使果胶质逐步水解的酶，将原果胶水解为可溶性果胶，进而变成小分子糖，使植物某些部位的细胞脱落，产生离层，从而造成植物落花、落果、落叶等现象。

本章小结

一、糖的分类

糖类化合物是一类多羟基醛或多羟基酮及其缩合物的总称，可分为单糖、低聚糖和多糖。

二、单糖

1. 在结构上，除丙酮糖外，单糖分子中含有手性碳原子，具有旋光性，也具有构型异构现象。构型的表示通常采用 D、L 标记法。自然界存在的单糖大多数是 D-型糖。单糖具有链式结构和氧环式结构，氧环式通常有呋喃型和吡喃型两种。除三碳糖和四碳酮糖外，单糖都具有变旋现象。

2. 单糖除具有醇和醛、酮的特征性质外，还具有因分子中各基团的相互影响而产生的一些特殊性质。

3. 糖可被多种氧化剂氧化，所用氧化剂的种类及介质的酸碱性不同，其氧化产物也不同。

4. 与醛和酮的羰基相似，糖分子中的羰基也可被还原成羟基。实验室中常用的还原剂有硼氢化钠等，工业上则采用催化加氢，催化剂为镍、铂等。

5. 单糖与过量苯肼反应能生成难溶于水的黄色结晶——糖脎。

6. 鉴别糖类化合物的主要反应有：莫利希反应、西列凡诺夫反应、蒽酮反应等。

三、二糖

二糖是由两分子单糖失水，通过糖苷键连接而成。二糖分子中存在半缩醛羟基者为还原性二糖，如麦芽糖、纤维二糖、乳糖等，其性质与单糖相同。若二糖分子中不存在半缩醛羟基，则为非还原性二糖，如蔗糖、海藻糖等，其性质与糖苷相同，即无变旋现象，无还原性，不能形成糖脎。在酸或酶的作用下，二糖都能水解为两分子单糖。

四、多糖

1. 多糖是由许多单糖单元以糖苷键相连而成的高聚物，最重要的是淀粉和纤维素。直链淀粉由 α-D-葡萄糖以 α-1,4-糖苷键相连而成。支链淀粉中，约隔 20 个由 α-1,4-糖苷键相连接的葡萄糖单位，就有一个

由 α-1,6-糖苷键接出的支链。纤维素由 β-D-葡萄糖以 β-1,4-糖苷键相连而成。

2. 多糖无还原性，不能成脎，也无变旋现象。多糖能在酸或酶作用下水解，如淀粉和纤维素的最终水解产物是 D-葡萄糖。直链淀粉遇碘呈现蓝色，支链淀粉遇碘产生紫红色。

习题

1. 为什么大部分单糖会有变旋现象？
2. 等碳数的醛糖和酮糖具有相同数目的旋光异构体吗？
3. 从分子结构上看，什么样的二糖具有还原性？
4. 下列糖分别用稀硝酸氧化，其产物有无旋光性？

（1）D-葡萄糖　　（2）D-核糖　　（3）D-半乳糖

5. 用化学方法区别下列各组物质。

（1）麦芽糖、淀粉、纤维素　　（2）葡萄糖、果糖、蔗糖

知识拓展

让血库里的血全是 O 型

人们很早以前就有这样的期盼，如果血库里的血全是 O 型该多好，在病人遇上危急情况时，无须验血就可直接输入这种万能的救命血了，这种期盼有可能实现。

人的血型共分 O、A、B、AB 四种，这四种血型是由红细胞表面的糖分子结构决定的。四种血型的糖分子链结构如下：

O 型血　葡萄糖-半乳糖-*N*-乙酰半乳糖胺-半乳糖-岩藻糖；

B 型血　葡萄糖-半乳糖-*N*-乙酰半乳糖胺-半乳糖-岩藻糖-半乳糖；

A 型血　葡萄糖-半乳糖-*N*-乙酰半乳糖胺-半乳糖-岩藻糖-*N*-乙酰半乳糖胺；

AB 型血　A 型、B 型两种结构兼而有之。

由此可以看出，其他血型与 O 型血的区别就在于多出了些“枝杈”，如果剪掉这些“枝杈”，所有的血就都成 O 型血了。

中国军事医学科学院的科学家，从海南咖啡豆里提取到一种酶（2-半乳糖苷酶），它可以把 B 型血的“枝杈”剪掉转变成 O 型血。但是，咖啡豆中的 2-半乳糖苷酶却少得可怜，从 50lb（1lb=0.4536kg）的咖啡豆中提取的酶，只能完成 200mL B 型血向 O 型血的转化。因此，科学家又想出新主意，他们把从咖啡豆中提取的酶的基因，转移到另一种叫毕赤的酵母里，这种酶就会大量繁殖，复制出无数个把 B 型血裁成 O 型血的“剪子”。这样就可以把大量的 B 型血变成 O 型血了。

我国科学家再接再厉，正在寻找把 A 型和 AB 型剪成 O 型血的途径。据科学家介绍，处理 A 型血的方法和处理 B 型血的方法差不多，也是在植物或动物中提取一种基因，剪去 A 型血多余的“枝杈”，就可把 A 型血转变成 O 型血。科学家提醒人们注意，目前，这种血型的改变只能在人体外进行，在人体内还无法进行血型的改变。

素质拓展阅读

晶体化学家——唐有祺

唐有祺，1920 年 7 月出生，上海市南汇县（今上海浦东新区）人，中国科学院院士，化学家，教育家，我国晶体化学的奠基人，北京大学化学与分子工程学院教授，历任国家教委科技委主任、国务院学位委员会委员。倡导化学生物学在中国的发展，又融

会贯通晶体化学与功能材料研究，在国际上开拓了分子工程学。在美求学后，唐有祺教授毅然回到百废待兴的祖国，见证了中国从积贫积弱走向繁荣昌盛的百年进程，以非凡的定力潜心著书，抓住一切机会为国家建设服务。当“化学消亡论”甚嚣尘上之际，他为全中国的化学人仗义执言；在高校科技工作受到市场经济冲击时，他奔走疾呼，为建设稳定的科技队伍布局谋篇，宛如一面坚实的盾牌，护佑着中国化学和中国科学安然度过风风雨雨。在国际晶体学界，为中国树起伟岸的丰碑，宛如一片肥沃的土地，滋养了一代代科学儿女。

乱世求学。唐有祺出生于上海市南汇县新场镇的小康人家，进入新场小学接受正规教育，之后在南汇县读初中，后考入上海中学、同济大学。大学时期中华大地满目疮痍，唐有祺教授希望利用自己的知识和技能来服务国家。抗日战争胜利后他赴美留学，凭着自己对物理和化学的浓厚兴趣及在这两个领域的扎实基础，被国际著名晶体化学家、加州理工学院诺贝尔化学奖获得者鲍林教授收入门下，掌握了从未接触过的仪器设计及搭建技能，并用自己搭建的仪器顺利解决了导师交待的两个具有挑战性的前沿问题。此后，鲍林把国际刚刚兴起的用 X 射线解析蛋白质结构的重任交给了唐有祺，让他以博士后的身份继续从事研究工作。唐有祺因此成为国际上首批接触蛋白质晶体学及分子生物学的学者之一，为后来在中国倡导化学生物学奠定了坚实的基础。

云天燕归。1951 年春，唐有祺毅然决定中断研究，回到阔别 5 年的祖国，开始执教于清华大学，开设“分子结构和化学键本质”课程。后全国院系调整，唐有祺教授跟随黄子卿先生迁入北京大学，建立了中国晶体化学研究体系。唐有祺教授在北京大学开课，系统培养学生，所编著的《结晶化学》成为我国学者自己编写的第一批高等学校新教材。他率先组织建成了新中国首个 X 射线结构测定实验室，在北京大学开设“物质结构”课程，主讲分子结构和化学键本质、量子力学基础和研究分子结构的方法和原理。

高瞻远瞩。1965 年，我国科学家在世界上首次人工合成了结晶胰岛素。在国家科委召开的人工合成胰岛素研究成果鉴定会上，唐有祺教授敏锐地提议，接下来应该刻不容缓地用 X 射线衍射的方法测定胰岛素的空间结构，为研究蛋白质结构与功能的关系打开一个缺口，也因此被推举为胰岛素晶体结构测定的学术带头人。1971 年，牛胰岛素的晶体结构测定全面完成，震惊世界。1978 年，唐有祺教授开创性地提出蛋白质结构与功能设计这一新的研究方向，高瞻远瞩地在中国倡导化学生物学，积极组织“生命过程中的重要的化学问题研究”。如今，这一研究方向正成为世界化学、材料、生物等学科共同的前沿。

唐有祺教授的心中始终有一幅宏大的科学图景，那就是中华民族伟大复兴。1997 年，科技界再度流行起“化学消亡论”，当时草拟的《国家重点基础研究发展纲要》中，准备把化学从大学科中撤销，作为物理学科的从属。紧急关头，唐有祺教授联合唐敖庆给中央有关领导同志写信，力陈化学学科在我国国民经济发展和人民生活中不可取代的意义和作用，终于在正式实施的《国家重点基础研究发展规划》中，维持了化学作为基础学科的独立地位，使化学学科的生命再次得以保全。唐有祺教授推动中国加入国际晶体学会，为中国争取到 1993 年国际晶体学联合会的举办权，开创了中国举办大规模国际会议的先河。

北京大学前校长林建华教授说：“很少有人能像唐有祺先生那样，为一个国家的众多学术领域留下如此深刻的印迹。为中国晶体学和结构化学奠定基础，开拓分子工程学，推动化学生物学。他的远见与睿智，给人以平和，给人以力量。”

第二十一章
氨基酸、蛋白质

蛋白质和核酸是生命现象的物质基础，是生物体内各种生物变化重要的组分。蛋白质存在于一切细胞中，是构成人体和动植物的基本物质，肌肉、毛发、皮肤、血清、血红蛋白、神经、激素、酶等都是由不同蛋白质组成的。蛋白质在有机体中承担不同的生理功能，如供给肌体营养、输送氧气、防御疾病、控制代谢过程、传递遗传信息、负责机械运动等。核酸分子携带着遗传信息，与生物的个体生长、发育、繁殖和遗传变异都有密切的关系，是生物遗传的物质基础。

知识目标

1. 能够描述 α－氨基酸、蛋白质的来源、分类、命名、结构。
2. 掌握多肽的结构、命名、合成方法。
3. 掌握氨基酸、蛋白质的合成及生物学功能。
4. 了解蛋白质的胶体性质、沉淀作用、变性作用、水解反应、颜色反应。

能力目标

1. 理解氨基酸、蛋白质的两性和等电点。
2. 能够写出氨基酸中氨基的反应、羧基的反应、氨基和羧基共同参与的反应、成肽反应产物。
3. 能够通过胺、羧酸的化学性质对比分析，归纳、总结氨基酸结构、性质。
4. 通过分析总结氨基酸脱水缩合过程中的相关计算规律，培养逻辑推导的能力。

素质目标

1. 通过学习邢其毅所做贡献及中国科学家合成结晶牛胰岛素的历程，培养热爱祖国的情怀，增强民族自信心和自豪感。
2. 理解蛋白质的各种生理功能与结构的关系，领悟物质结构与功能相适应的观点。

第一节 氨基酸

蛋白质和核酸是生命现象的物质基础，在有机体中承担不同的生理功能，是参与生物体内各种生物变化最重要的组分。人们通过长期的实验发现：蛋白质被酸、碱或蛋白酶催化水解，最终均产生 α-氨基酸。因此，要了解蛋白质的组成、结构和性质，必须先讨论 α-氨基酸。

一、氨基酸的结构、分类和命名

1. 结构

构成蛋白质的 20 余种常见氨基酸中除脯氨酸外，都是 α-氨基酸，其结构可用通式表示：

$$\mathrm{R\underset{NH_2}{\underset{|}{C}}HCOOH}$$

表 21-1　蛋白质中常见氨基酸

分类	氨基酸名称	缩写符号	中文代号	系统命名	结构式
中性氨基酸	甘氨酸	Gly	甘	氨基乙酸	$\mathrm{H{-}\underset{NH_2}{\underset{\vert}{CH}}{-}COOH}$
	丙氨酸	Ala	丙	2-氨基丙酸	$\mathrm{H_3C{-}\underset{NH_2}{\underset{\vert}{CH}}{-}COOH}$
	丝氨酸	Ser	丝	2-氨基-3-羟基丙酸	$\mathrm{HO{-}CH_2{-}\underset{NH_2}{\underset{\vert}{CH}}{-}COOH}$
	半胱氨酸	Cys	半	2-氨基-3-巯基丙酸	$\mathrm{HS{-}CH_2{-}\underset{NH_2}{\underset{\vert}{CH}}{-}COOH}$
	缬氨酸*	Val	缬	3-甲基-2-氨基丁酸	$\mathrm{(CH_3)_2CH{-}\underset{NH_2}{\underset{\vert}{CH}}{-}COOH}$
	苏氨酸*	Thr	苏	2-氨基-3-羟基丁酸	$\mathrm{HO{-}\underset{CH_3}{\underset{\vert}{CH}}{-}\underset{NH_2}{\underset{\vert}{CH}}{-}COOH}$
	蛋氨酸*（甲硫氨酸）	Met	蛋	2-氨基-4-甲硫基丁酸	$\mathrm{H_3C{-}S{-}CH_2{-}CH_2{-}\underset{NH_2}{\underset{\vert}{CH}}{-}COOH}$
	亮氨酸*	Leu	亮	4-甲基-2-氨基戊酸	$\mathrm{(CH_3)_2CHCH_2\underset{NH_2}{\underset{\vert}{C}}HCOOH}$
	异亮氨酸*	Ile	异亮	3-甲基-2-氨基戊酸	$\mathrm{CH_3CH_2{-}\underset{CH_3}{\underset{\vert}{CH}}{-}\underset{NH_2}{\underset{\vert}{CH}}{-}COOH}$
	苯丙氨酸*	Phe	苯丙	3-苯基-2-氨基丙酸	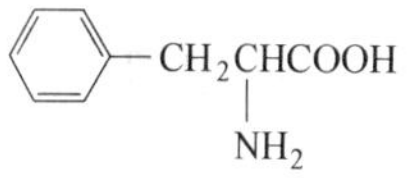
	酪氨酸	Tyr	酪	2-氨基-3-(对羟苯基)丙酸	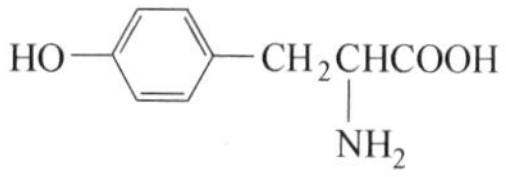
	脯氨酸	Pro	脯	吡咯啶-2-甲酸	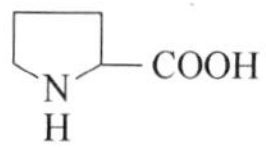
	羟脯氨酸	Hyp	羟脯	4-羟基吡咯啶-2-甲酸	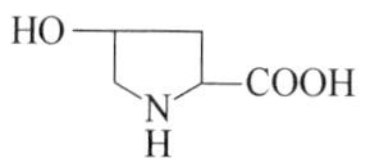
	色氨酸*	Trp	色	2-氨基-3-(β-吲哚)丙酸	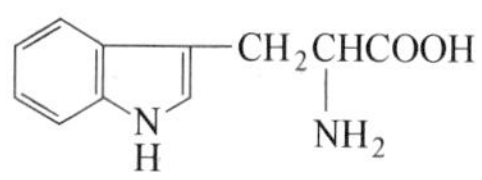
	天冬酰胺	Asn	天酰	2-氨基-3-(氨基甲酰基)丙酸	$\mathrm{H_2N{-}\underset{O}{\underset{\Vert}{C}}{-}CH_2\underset{NH_2}{\underset{\vert}{C}}HCOOH}$
	谷氨酰胺	Gln	谷酰	2-氨基-4-(氨基甲酰基)丁酸	$\mathrm{H_2N{-}\underset{O}{\underset{\Vert}{C}}{-}CH_2CH_2\underset{NH_2}{\underset{\vert}{C}}HCOOH}$

续表

分类	氨基酸名称	缩写符号	中文代号	系统命名	结构式
酸性氨基酸	天冬氨酸	Asp	天冬	2-氨基丁二酸	$HOOCCH_2CH(NH_2)COOH$
	谷氨酸	Glu	谷	2-氨基戊二酸	$HOOCCH_2CH_2CH(NH_2)COOH$
碱性氨基酸	精氨酸	Arg	精	2-氨基-5-胍基戊酸	$HN{=}C(NH_2){-}NHCH_2CH_2CH_2CH(NH_2)COOH$
	赖氨酸*	Lys	赖	2,6-二氨基己酸	$H_2N{-}CH_2CH_2CH_2CH_2CH(NH_2)COOH$
	组氨酸	His	组	2-氨基-3-(5′-咪唑)丙酸	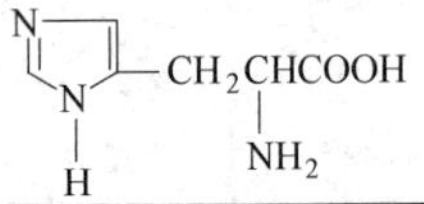

注：表中标有“*”者为必需氨基酸。

这些 α-氨基酸中除甘氨酸外，都含有手性碳原子，有旋光性。其构型一般都是 L 型（某些细菌代谢中产生极少量 D-氨基酸），L-α-氨基酸通式如下：

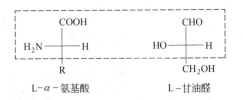

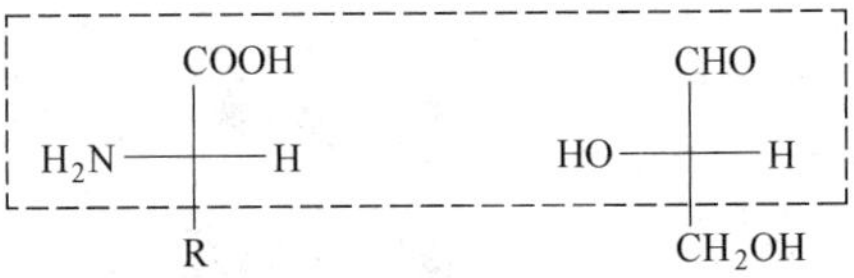

L-α-氨基酸　　　　L-甘油醛

2. 分类

根据 α-氨基酸通式中—R 基团的碳架结构不同，α-氨基酸可分为脂肪族氨基酸、芳香族氨基酸和杂环族氨基酸；根据—R 基团的极性不同，α-氨基酸又可分为非极性氨基酸和极性氨基酸；根据 α-氨基（$—NH_2$）和羧基（—COOH）的数目不同，α-氨基酸还可分为中性氨基酸（羧基和氨基数目相等）、酸性氨基酸（羧基数目多于氨基数目）、碱性氨基酸（氨基的数目多于羧基数目）。

3. 命名

氨基酸可用系统命名法命名。但在生物化学中习惯上多用它们的俗名。此外，为了表达蛋白质和多肽结构，氨基酸也常用英文名称的前三个字母组成的简写符号或用中文代号表示，如甘氨酸可用 Gly 或 G 或“甘”字来表示，在研究蛋白质中氨基酸的排列顺序时，几乎一律用字母符号。常见氨基酸的分类、名称、缩写及结构式见表 21-1。

【问题 21-1】 试写出 L-半胱氨酸、L-苯丙氨酸、L-色氨酸的 Fischer 投影式，并用 *R*、*S* 标记它们的构型。

二、氨基酸的物理性质

α-氨基酸都是无色晶体，熔点比相应的羧酸或胺类要高，一般为 200～300℃（许多氨基酸在接近熔点时分解）。除甘氨酸外，其他的 α-氨基酸都有旋光性。大多数氨基酸易溶于水，而不溶于有机溶剂。常见氨基酸的物理常数及等电点见表 21-2。

表 21-2　常见氨基酸的物理常数及等电点

氨基酸	熔(分解)点/℃	溶解度/[g·(100g 水)$^{-1}$]	比旋光度$[\alpha]_D^{25}$	等电点 p*I*
甘氨酸	292	25		5.97
丙氨酸	297	16.7	+1.8	6.02
缬氨酸	298	8.9	+5.6	5.97
亮氨酸	293	2.4	−10.8	5.98
异亮氨酸	280	4.1	+11.3	6.02
丝氨酸	228	33	−6.8	5.68
苏氨酸	229	20	−28.3	6.53
天冬氨酸	270	0.54	+5.0	2.97
天冬酰胺	234	3.5	−5.4	5.41
谷氨酸	213	0.86	+12.0	3.22
谷氨酰胺	185	3.7	+6.1	5.65
精氨酸	244	3.5	+12.5	10.76
赖氨酸	225	易溶	+14.6	9.74
组氨酸	287	4.2	−39.7	7.59
半胱氨酸	240	溶	−16.5	5.02
甲硫氨酸	283	3.4	−8.2	5.75
苯丙氨酸	283	3.0	−35.1	5.48
酪氨酸	342	0.04	−10.6	5.66
色氨酸	289	1.1	−31.5	5.89
脯氨酸	222	162	−85.0	6.30
羟脯氨酸	274	易溶	−75.2	5.83

三、氨基酸的化学性质

1. 两性和等电点

氨基酸分子中含有碱性的氨基和酸性的羧基，因而它与强酸和强碱均能生成盐，表现为两性化合物。

$$\underset{\displaystyle NH_2}{\underset{|}{RCHCOOH}} + NaOH \longrightarrow \underset{\displaystyle NH_2}{\underset{|}{RCHCOO^-}}Na^+ + H_2O$$

$$\underset{\displaystyle NH_2}{\underset{|}{RCHCOOH}} + HCl \longrightarrow \underset{\displaystyle N^+H_3Cl^-}{\underset{|}{RCHCOOH}} + H_2O$$

同一氨基酸分子内的羧基与氨基，也能相互作用生成盐，这种在同一分子内生成的盐，称为内盐。内盐具有两种相反的电荷，它是一种带有双重电荷的离子，又称为偶极离子。

固态氨基酸就是以内盐形式存在，这是氨基酸熔点高的原因。当氨基酸溶于水时，其羧基部分解离出质子而带负电荷，氨基部分则接受质子而带正电荷。但是羧基的解离能力与氨基接受质子的能力并不相等。因此，氨基酸水溶液不一定是中性，当羧基的解离能力大于氨基结合质子的能力时，则溶液偏酸性，氨基酸本身带负电荷；反之，则溶液偏碱性，氨基酸本身带正电荷。如果用酸、碱调节氨基酸水溶液的 pH 时，氨基酸在水溶液中可建立起下列平衡体系：

$$R-CH-COOH$$
$$|$$
$$NH_2$$

$$R-CH-COOH \underset{H^+}{\overset{OH^-}{\rightleftharpoons}} R-CH-COO^- \underset{H^+}{\overset{OH^-}{\rightleftharpoons}} R-CH-COO^-$$
$$| \qquad\qquad\qquad\qquad | \qquad\qquad\qquad\qquad |$$
$$NH_3^+ \qquad\qquad\qquad\quad NH_3^+ \qquad\qquad\qquad\quad NH_2$$

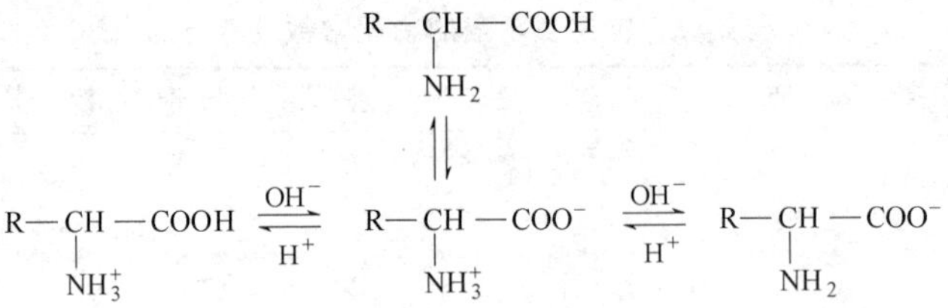

阳离子 　　　　　两性离子(偶极离子) 　　　　　阴离子

pH＜pI 　　　　　　　pH＝pI 　　　　　　　pH＞pI

在上述平衡体系中，不同的 pH 时，氨基酸以不同形式存在，置于电场中会向不同的方向移动。当调节溶液的 pH，使氨基酸以偶极离子形式存在时，它在电场中既不向阴极移动，也不向阳极移动，此时溶液的 pH 称为该氨基酸的等电点，用符号 pI 表示。在等电点时，氨基酸本身处于电中性状态，此时，溶解度最小，容易沉淀析出。当调节溶液的 pH 大于某氨基酸的等电点时，该氨基酸主要以阴离子形式存在，在电场中移向正极；当调节溶液的 pH 小于某氨基酸的等电点时，该氨基酸主要以阳离子形式存在，在电场中移向负极。部分氨基酸的等电点见表 21-2。

【问题 21-2】 丙氨酸在 pH＝2、6、9 的水溶液中主要以何种形式存在，在电场中向哪一极移动？

2. 氨基酸中氨基的反应

（1）与亚硝酸反应　氨基酸与亚硝酸作用，生成羟基酸，同时放出氮气。反应定量完成，测定所生成氮气的量，可以计算氨基酸的含量，这种方法，叫作范斯莱克（Van Slyke）法；可用于（脯氨酸除外）所有氨基酸的定量测定。

$$R-CH-COOH+HNO_2 \longrightarrow R-CH-COOH+H_2O+N_2\uparrow$$
$$| \qquad\qquad\qquad\qquad\qquad\qquad |$$
$$NH_2 \qquad\qquad\qquad\qquad\qquad\quad OH$$

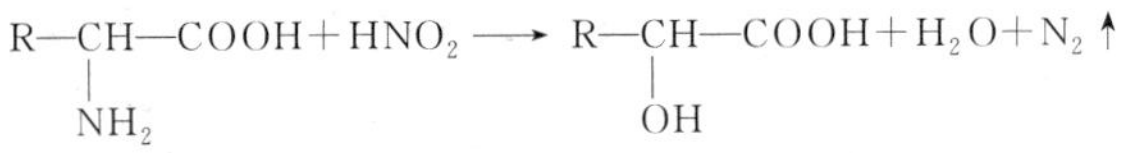

（2）与甲醛反应　氨基酸分子中的氨基能进攻甲醛的羰基，生成 N,N-二羟甲基氨基酸。

$$R-CH-COOH+2HCHO \longrightarrow R-CH-COOH$$
$$| \qquad\qquad\qquad\qquad\qquad\qquad\qquad |$$
$$NH_2 \qquad\qquad\qquad\qquad\qquad HOH_2C-N-CH_2OH$$

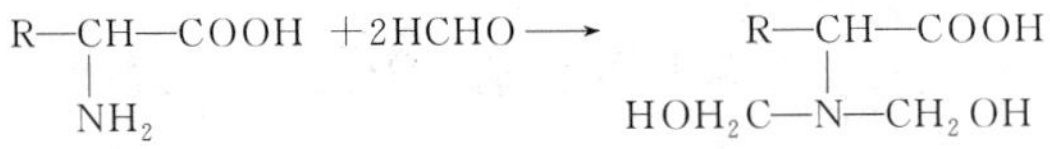

（3）脱氨基反应　氨基酸与过氧化氢或高锰酸钾等氧化剂作用，使氨基氧化脱氨，而后生成 α-酮酸并放出氨气。这个反应称为氧化脱氨反应。

$$R-CH-COOH \overset{[O]}{\underset{-H_2}{\longrightarrow}} R-C-COOH \overset{H_2O}{\underset{-NH_3}{\longrightarrow}} R-C-COOH$$
$$| \qquad\qquad\qquad\qquad\quad || \qquad\qquad\qquad\qquad ||$$
$$NH_2 \qquad\qquad\qquad\qquad NH \qquad\qquad\qquad\qquad O$$

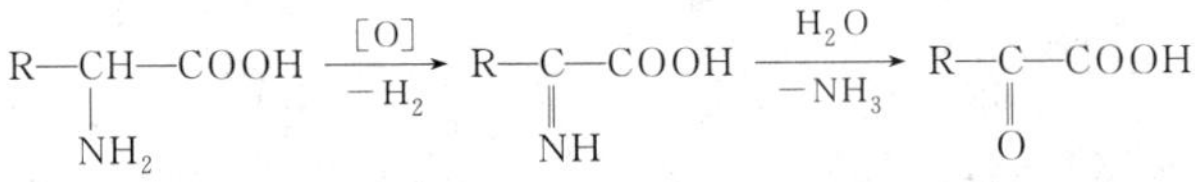

在生物体内，蛋白质分解代谢过程中，在酶的催化下也发生氧化脱氨反应。

3. 氨基酸中羧基的反应

（1）与醇反应　氨基酸在无水乙醇中通入干燥氯化氢，加热回流时生成氨基酸酯。

$$R-CH-C-OH+C_2H_5-OH \overset{干\ HCl}{\longrightarrow} R-CH-C-OC_2H_5+H_2O$$
$$| \quad || \qquad\qquad\qquad\qquad\qquad\qquad | \quad ||$$
$$NH_2\ O \qquad\qquad\qquad\qquad\qquad\qquad NH_2\ O$$

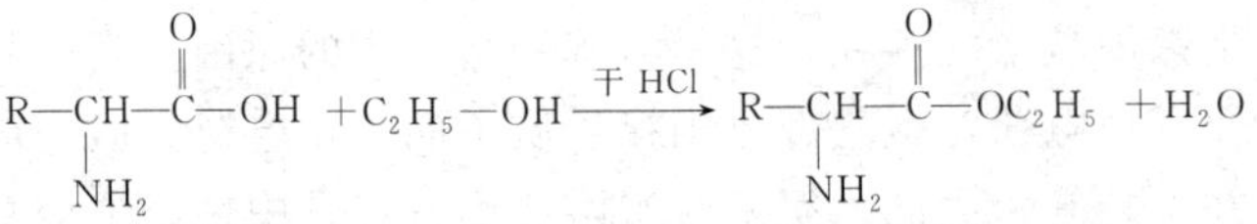

（2）脱羧反应　将氨基酸小心加热或在高沸点溶剂中回流，可脱去二氧化碳而得胺。例如，赖氨酸脱羧后便得戊二胺（尸胺）。

$$CH_2CH_2CH_2CH_2CH-COOH \overset{\triangle}{\longrightarrow} CH_2CH_2CH_2CH_2CH_2+CO_2\uparrow$$
$$| \qquad\qquad\qquad\qquad | \qquad\qquad\qquad\quad | \qquad\qquad\qquad\qquad |$$
$$NH_2 \qquad\qquad\qquad NH_2 \qquad\qquad\qquad NH_2 \qquad\qquad\qquad NH_2$$

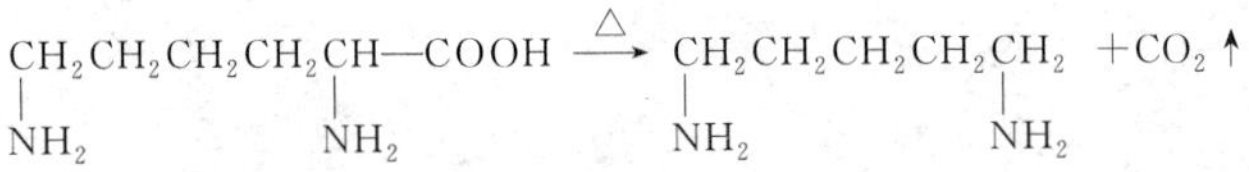

细菌或生物体内，在脱羧酶作用下，氨基酸也能发生脱羧反应。

4. 氨基酸中氨基和羧基共同参与的反应

(1) 与茚三酮反应 α-氨基酸水溶液与水合茚三酮反应，生成蓝紫色物质，可用于氨基酸的鉴定及层析法中显色。

(2) 脱羧失氨作用 氨基酸在酶的作用下，同时脱去羧酸和氨基得到醇。

$$(CH_3)_2CHCH_2\underset{\displaystyle NH_2}{\underset{|}{C}}HCOOH + H_2O \xrightarrow{\text{酶}} (CH_3)_2CHCH_2CH_2OH + CO_2\uparrow + NH_3\uparrow$$

5. 肽的生成

一个氨基酸的羧基，与另一个氨基酸的氨基之间，发生脱水反应，生成酰胺型化合物。

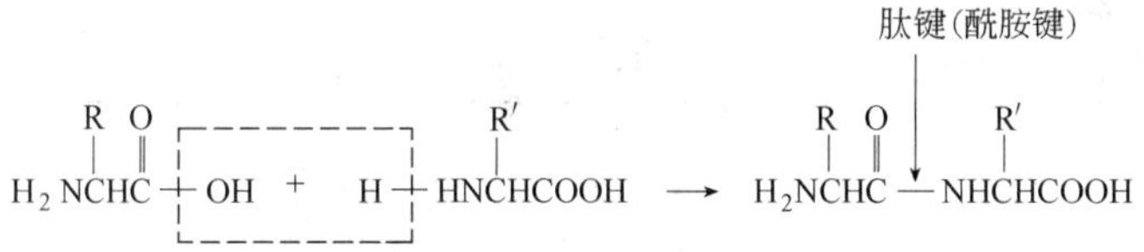

这种酰胺型化合物称为肽，由两分子氨基酸形成的肽，称为二肽，三分子氨基酸形成三肽，依此类推。有时将少数几个氨基酸形成的肽称为小肽，而将多个（如几十、几百，甚至上千个）氨基酸结合起来的化合物，统称为多肽。

第二节 蛋白质

一、蛋白质的元素组成与分类

1. 组成

根据蛋白质的元素分析，发现它们的元素组成都含有碳、氢、氧、氮，多数蛋白质中还含有硫；有些蛋白质中还含有其他元素，主要是磷、铁、铜、锰、锌等。一般蛋白质的元素组成见表 21-3。

表 21-3 蛋白质中各种元素的平均含量（按干物质计）

元素	C	H	O	N	S	P	Fe
平均含量/%	50～55	6.0～7.0	19～24	15～17	0.0～0.4	0.0～0.8	0.0～0.4

各种蛋白质的含氮量很接近，平均为 16%，即每克氮相当于 6.25g 蛋白质，生物体中的氮元素，绝大部分都是以蛋白质形式存在，因此，常用定氮法先测出农副产品样品的含氮量，然后计算成蛋白质的近似含量，称为粗蛋白含量。

$$W(\text{粗蛋白}) = W(\text{氮}) \times 6.25$$

2. 分类

蛋白质种类繁多，结构复杂，根据蛋白质的形状、溶解性及化学组成粗略分类。根据其形状可分为球状蛋白质和纤维蛋白质；根据化学组成又可分简单蛋白质和结合蛋白质。

(1) 简单蛋白质 仅由氨基酸组成的蛋白质称为简单蛋白质。简单蛋白质根据溶解性差异可分为七类，见表 21-4。

表 21-4 简单蛋白质的分类

分类	溶解性	举例	存在
清蛋白	溶于水和稀中性盐液，不溶于饱和硫酸铵溶液	血清蛋白、乳清蛋白、卵清蛋白、豆清蛋白、麦清蛋白	动植物体中
球蛋白	不溶于水，但溶于稀中性盐溶液，不溶于50%饱和度硫酸铵溶液	血清球蛋白、植物种子球蛋白	动植物体中
组蛋白	溶于水及稀酸，不溶于稀氨水	小牛胸腺组蛋白	动物体中
精蛋白	溶于水及稀酸，不溶于稀氨水	鱼精蛋白	动物体中
谷蛋白	不溶于水、中性盐及乙醇溶液，溶于稀酸及稀碱	米谷蛋白、麦谷蛋白	谷物种子
醇溶谷蛋白	不溶于水及无水乙醇，但溶于70%～80%乙醇	玉米醇溶蛋白、麦溶蛋白	谷物种子
硬蛋白	不溶于水、盐、稀酸、稀碱	角蛋白、弹性蛋白、胶原	动物毛发、角、爪等组织

(2) 结合蛋白质 由简单蛋白质与非蛋白质成分（称为辅基）结合而成的复杂蛋白质，称为结合蛋白质。结合蛋白质又可根据辅基不同进行分类（表 21-5）。

表 21-5 结合蛋白质的分类

分类	辅基	举例	存在
核蛋白	核酸	脱氧核糖核酸蛋白、核糖体、烟草花叶病毒	构成细胞质、细胞核
糖蛋白	糖类	卵清蛋白、γ-球蛋白、血清黏蛋白	动物细胞
脂蛋白	脂肪及类脂	低密度脂蛋白、高密度脂蛋白	动、植物细胞
磷蛋白	磷酸	酪蛋白、卵黄蛋白、胃蛋白酶	动、植物细胞及体液
色蛋白	色素	血红蛋白、肌红蛋白、叶绿素蛋白	动、植物细胞及体液
金属蛋白	金属离子	固氮酶、铁氧还蛋白、超氧化物歧化酶(SOD)	动、植物细胞

二、蛋白质的结构

蛋白质分子是由 α-氨基酸经首尾相连形成的多肽链，肽链在三维空间具有特定的复杂而精细的结构。这种结构不仅决定蛋白质的理化性质，而且是生物学功能的基础。蛋白质的结构通常分为一级结构、二级结构、三级结构和四级结构四种层次，蛋白质的二级、三级、四级结构又统称为蛋白质的空间结构或高级结构。

1. 蛋白质的一级结构

各种 α-氨基酸以一定的比例，按一定的顺序通过肽键连接而成的多肽链，是构成蛋白质分子的最基本结构单元，通常称为蛋白质的一级结构。多肽链中的氨基酸的种类、含量以及排列顺序的不同是蛋白质结构复杂和种类繁多的最根本原因。

每种蛋白质的一级结构不仅对它的二级、三级和四级结构起决定作用，而且对它的生理功能也起着决定性的作用。一级结构中任何氨基酸的排列顺序都是十分重要的，它对整个蛋白质分子的性能，起着决定性的作用。一般说来氨基酸的排列顺序是不能轻易改变的，改变蛋白质分子中的一个氨基酸，有可能改变整个分子的性能，从而造成生物功能上的巨大变化，甚至可能影响生物个体的生存。

*2. 蛋白质的二级结构

通过现代物理化学方法研究，发现蛋白质的多肽链，并不是伸直展开的，而是折叠、盘曲成一定的空间构象。这种空间构象称为蛋白质的二级结构。

蛋白质二级结构有两种主要形式，一种是 α-螺旋构象，另一种是 β-折叠型构象。

（1）α-螺旋构象　蛋白质分子的多肽长链像螺旋样盘曲，大约 18 个氨基酸单位盘绕五圈，因此一个螺圈中平均有 3.6 个氨基酸单位。每圈之间距离为 0.54nm。每个氨基酸单位的氨基，与其相隔的第五个氨基酸单位的羧基形成氢键。这种构象，首先在 α 型硬蛋白中发现，因而命名为 α-螺旋，见图 21-1（a）。α-螺旋构象，是蛋白质主链的一种典型结构，它不仅在纤维状蛋白质中存在，而且在其他各种类型的晶态蛋白质分子中也都存在。

（2）β-折叠型构象　在纤维状蛋白质中的另外一种构象，是肽链处于伸展的曲折形式，相邻肽键之间，借助氢键彼此连成片层结构，所以称为 β-折叠片。侧链基团在折叠片平面的上和下交替伸展。所有肽键都参与链间氢键的交联，氢键与链的长轴接近垂直。折叠片主要存在于 β-硬蛋白中，所以称为 β-折叠片，见图 21-1（b）。

蛋白质在二级结构的基础上，还有更复杂的空间构象，即三级和四级结构，对于蛋白质的三、四级结构现在搞清楚的还很少。

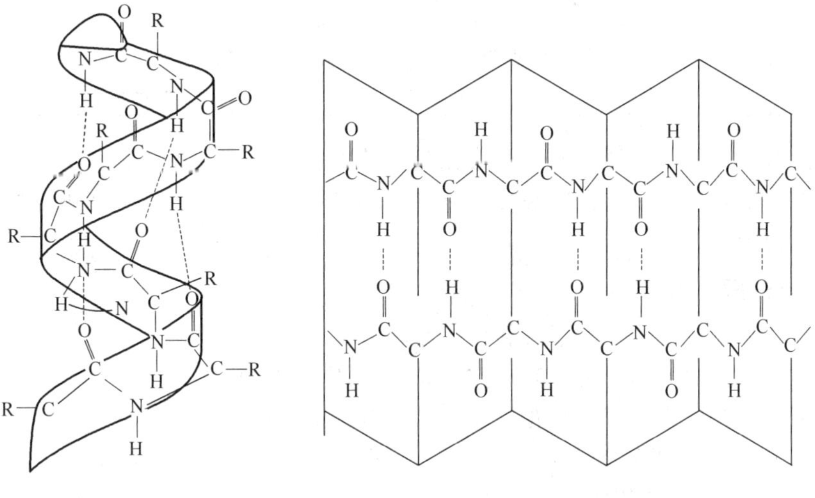

(a) α-螺旋构象　　(b) β-折叠型构象

图 21-1　蛋白质的二级结构

三、蛋白质的性质

1. 蛋白质的两性和等电点

构成蛋白质分子的链，不论是链端或链中间，均存在一定数量的游离氨基和羧基，因此它具有类似氨基酸的两性性质。如图 21-2 所示。在图 21-2 中，左边是蛋白质在酸性溶液中形成阳离子，而右边是在碱性溶液中形成阴离子。因此，当调节到一定的 pH 时，蛋白质分子成为两性离子。该 pH，叫作该蛋白质的等电点。此时，分子静电荷为零，在电场中，蛋白质既不向阳极移动，也不向阴极移动。

由于不同蛋白质分子的肽链中，各有不同数目和不同解离程度的酸性基和碱性基，因此等电点也各不相同。但大多数蛋白质的等电点，偏于弱酸性，pH 接近 5.0。某些蛋白质的等电点见表 21-6。

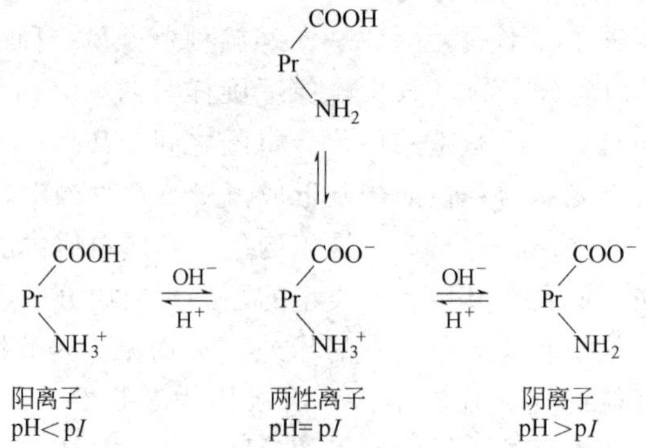

图 21-2 蛋白质的两性与等电点

表 21-6 某些蛋白质的等电点

蛋白质	p*I*	蛋白质	p*I*	蛋白质	p*I*
胃蛋白酶	2.5	麻仁球蛋白	5.5	马肌红蛋白	7.0
乳酪蛋白	4.6	玉米醇溶蛋白	6.2	麦麸蛋白	7.1
鸡卵清蛋白	4.9	麦胶蛋白	6.5	核糖核酸酶	9.4
胰岛素	5.3	血红蛋白	6.7	细胞色素 C	10.8

在等电点时，由于蛋白质颗粒上所带正负电荷相等，失去了胶体的稳定条件，因此，蛋白质最易沉淀，溶解度最小，同时黏度、渗透压和导电能力也都降低。利用这种性质，可以分离和净化蛋白质。

2. 蛋白质的胶体性质

蛋白质是高分子化合物，分子颗粒的大小在胶体颗粒直径范围（1～100nm），所以蛋白质具有胶体性质。蛋白质是一种比较稳定的亲水胶体，这是由于蛋白质分子表面有很多极性基团，与水能起水合作用。每一克蛋白质结合 0.3～0.5g 的水。因此，在水溶液中，蛋白质每一颗粒的表面，都包围着较厚的水膜（或称水化层）。水膜的存在，使蛋白质颗粒之间不会因碰撞而集成大颗粒，同时蛋白质是两性离子，蛋白质颗粒在酸性溶液中带正电荷，在碱性溶液中带负电荷，同性电荷互相排斥，也不致互相凝聚沉淀。

利用蛋白质不能通过半透膜的性质，纯化蛋白质时，可选择适当的半透膜材料（如火棉胶、羊皮纸袋等）用渗析法从蛋白质溶液中除去无机盐和小分子杂质。

3. 蛋白质的沉淀与变性

（1）蛋白质的沉淀作用 由于蛋白质带有同种电荷和水膜，在水溶液中形成稳定的胶体。当消除这两个因素后，就可使蛋白质沉淀。沉淀作用分为两种，一种是可逆沉淀，消除沉淀因素后，沉淀能重新溶解，在可逆沉淀过程中，蛋白质分子的内部结构，基本没有改变，也没有失去生理活性；另一种是不可逆沉淀，沉淀因素消除后，不能再重新溶解，在这个过程中，蛋白质的内部结构发生改变，失去了生理活性。沉淀蛋白质的几种主要方法如下。

① 中性盐沉淀反应。用硫酸铵、硫酸钠、硫酸镁及氯化钠等碱金属和碱土金属的中性盐类，可使蛋白质盐析沉淀。因为这些盐的水化能力比蛋白质强，它们能破坏蛋白质胶粒外围的水膜，削弱胶粒所带的电荷，从而使蛋白质胶体体系破坏，产生沉淀，这种过程称为盐析。不同蛋白质盐析时所需盐类的浓度不同，利用不同浓度的盐类，使溶液中的蛋白质分段

析出。

② 有机溶剂沉淀反应。在蛋白质溶液中，加入较多量的能与水相溶的有机溶剂，如乙醇、丙酮等，由于这些溶剂与水的亲和力大，能夺取蛋白质颗粒上的水膜，使蛋白质的溶解度降低而沉淀。这种沉淀一般是可逆的。如果蛋白质与有机溶剂长时间接触，或形成的沉淀放置过久，则将会变为不可逆沉淀。

③ 与生物碱等试剂的沉淀反应。蛋白质溶液的 pH 小于其等电点时，蛋白质阳离子能与生物碱试剂如三氯乙酸、苦味酸、磷钨酸及其盐、单宁、碘-碘化钾溶液等，形成不溶性的盐而沉淀析出。蛋白质在 pH 大于其等电点的溶液中，可与重金属离子如 Cu^{2+}、Hg^{2+}、Pb^{2+}、Ag^{+} 等结合，形成不溶性蛋白质。这些沉淀作用，均是不可逆的。

苯酚或甲醛也能使蛋白质生成难溶于水的物质而沉淀，这种沉淀作用也是不可逆的。甲醛溶液常用于浸制生物标本，就是由于它能使蛋白质凝固而经久保存。

(2) 蛋白质的变性作用　蛋白质受物理或化学因素的影响，改变其分子内部结构和性质的作用，叫作蛋白质的变性作用。能使蛋白质变性的化学方法是加入强酸、碱、尿素、重金属盐、乙醇等，物理方法有干燥、加热、高压、紫外线处理等。

蛋白质分子内部，通过氢键等使整个分子具有紧密结构。变性后，蛋白质分子就从原来有秩序的卷曲的紧密结构变为无秩序的松散的伸展状结构，也就是破坏了它的二级结构，但一级结构没有被破坏。所以变性后的蛋白质，组成成分和分子量并没有改变。

变性后的蛋白质，很难保持原有的生物活性，如变性的酶，失去了催化能力，变性的血红蛋白，失去运输氧的功能，变性的激素蛋白，失去原有的生理功能等。这是变性作用最主要的特征。变性作用还引起蛋白质分子的物理和化学性质的改变，如结晶能力丧失，溶解度降低，产生沉淀或絮凝现象，分子形状改变，球蛋白的不对称性增大，黏度增加等。蛋白质的变性作用，如不过于剧烈，还是一种可逆反应。一般认为变性作用在最初阶段是可逆的，但继可逆过程阶段之后，就产生不可逆变化了。

4. 蛋白质的水解反应

在酸、碱或者酶的催化下，蛋白质可以水解。彻底水解的产物是各种氨基酸的混合物。若在温和的条件下，如稀酸、稀碱或某些特定酶的催化下，小心地水解蛋白质，可以得到一系列中间产物：

$$\text{蛋白质} \rightarrow \text{多肽} \rightarrow \text{二肽} \rightarrow \alpha\text{-氨基酸}$$

5. 颜色反应

蛋白质分子中存在着许多肽键和侧链，它们能与某些试剂作用生成有色物质。可以根据这些颜色反应，鉴定蛋白质。

(1) 缩二脲反应　在蛋白质溶液中加入氢氧化钠溶液，再逐滴加入 0.5% 硫酸铜溶液，溶液显紫色或紫红色。这是由于蛋白质分子中含有肽键结构，肽键越多颜色越红。这个显色反应可用于蛋白质的定性和定量鉴定，也可以测定蛋白质水解的程度。

(2) 茚三酮反应　凡含有 α-氨基酰基的化合物都能与水合茚三酮作用，生成蓝紫色物质。蛋白质和多肽在 pH＝5～7 时与水合茚三酮加热煮沸，都能发生反应。这是鉴定蛋白质的通用反应之一。

(3) 米伦（Millon）反应　米伦试剂是硝酸、亚硝酸、硝酸汞、亚硝酸汞的混合液。蛋白质遇米伦试剂，能生成白色的蛋白质汞盐沉淀，加热后转变成砖红色，称为米伦反应。沉淀的产生，是由于蛋白质分子中含有酚基侧链（即含有酪氨酸）的缘故。一般蛋白质中大多含有酪氨酸，所以米隆反应可作为鉴定蛋白质的通用反应。

(4) 黄蛋白反应　蛋白质与浓硝酸共热后呈黄色，再加强碱，则颜色转深呈现橙色，称为黄蛋白反应。颜色的产生是由于蛋白质分子中含有芳香侧链的缘故。一般蛋白质大多含有酪氨酸和苯丙氨酸，所以这个反应也很普遍。皮肤沾染浓硝酸，就会因黄蛋白反应而变为黄色。

(5) 胱氨酸反应　组成蛋白质的氨基酸中，半胱氨酸、蛋氨酸等为含硫氨基酸，它们与碱和乙酸铅共煮，便会生成黑色硫化铅沉淀。这个反应可用于检验蛋白质或多肽分子中半胱氨酸或蛋氨酸的存在。

本章小结

一、氨基酸

1. 天然氨基酸一般都是 α-氨基酸，其构型是 L 型。氨基酸是两性电解质，既可以与酸成盐，也可以与碱成盐。当调节溶液的 pH，使氨基酸主要以偶极离子形式存在，它在电场中既不向阴极移动，也不向阳极移动，此时溶液的 pH 称为该氨基酸的等电点，通常用符号 pI 表示。在 pH＜pI 时，氨基酸以正离子形式存在；在 pH＞pI 时，氨基酸以负离子形式存在；在 pH＝pI 时，氨基酸以偶极离子形式存在。α-氨基酸都能与茚三酮发生颜色反应，可用于氨基酸的定性及定量分析。

2. 氨基酸是含有氨基及羧基的双官能团化合物，一方面表现出与氨基相关的性质，例如，与亚硝酸及甲醛反应，可用于氨基酸的定量分析；另一方面氨基酸分子中含有羧基，既可脱羧生成胺类物质，又可与醇反应生成酯类物质。氨基酸分子间缩合脱水可形成多聚酰胺，称为多肽。多肽是蛋白质的结构基础。

二、蛋白质

1. 蛋白质是由 α-氨基酸组成的高分子化合物，蛋白质水解后得到 α-氨基酸。因此，蛋白质与 α-氨基酸具有某些相似的性质。例如，蛋白质与氨基酸一样，不同的蛋白质其等电点不同；能与茚三酮发生颜色反应，后者可用于蛋白质的定性及定量分析。

2. 蛋白质是具有一级结构、二级结构、三级结构、四级结构的高分子化合物。蛋白质具有胶体性质，沉淀作用和变性作用。一旦蛋白质的高级结构被破坏，就会产生变性或不可逆沉淀，生理活性降低。蛋白质还具有与氨基酸不同的颜色反应，如缩二脲反应等。

习题

1. 酸性氨基酸的水溶液 pH＜7，那么中性氨基酸的水溶液 pH＝7 吗？为什么？

2. 为什么说蛋白质的一级结构决定它的高级结构？

3. 解释下列各种物质可以使蛋白质变性的原因。

(1) 二价铅离子和铜离子　(2) 强酸、强碱　(3) 乙醇　(4) 尿素　(5) 加热　(6) 剧烈振荡

4. 丙氨酸、谷氨酸、精氨酸、甘氨酸混合液的 pH 为 6.00，将此混合液置于电场中，试判断它们各自向电极移动的情况。

5. 写出丙氨酸与下列试剂作用的反应式

(1) NaOH　(2) HCl　(3) HNO_2　(4) CH_3OH

6. 用化学方法区别下列各组化合物

(1) 丙氨酸、酪氨酸、甘-丙-半胱三肽　(2) 蛋白质、亮氨酸、淀粉

7. 以甘氨酸、丙氨酸、苯丙氨酸组成的三肽中，氨基酸有几种可能的排列形式？写出它们的结构。

8. 化合物的分子式为 $C_3H_7O_2N$，具有旋光性，能与 HCl 和 NaOH 作用生成盐，能与此同时醇生成

酯，与 HNO_2 作用放出氮气。试写出该化合物的结构式。

知识拓展

基因芯片

基因芯片的真正名字是脱氧核酸（DNA）阵。在不大的芯片上，储存着巨大数量的信息，而传递信息的使者就是DNA。基因芯片由若干基因探针构成，每种基因探针包含着由若干核苷酸对构成的DNA片段。

基因芯片的工作原理与探针相同。在指甲盖大小的芯片上，排列着许多已知碱基顺序的DNA片段，根据碱基互补规律，芯片上单链的DNA片段能捕捉样品中相应的DNA，从而确定对方的身份，通过这种方式可准确识别异常蛋白等。

基因芯片的制作是一项复杂的技术，要在小小的玻璃芯片上加工数十万个孔槽，然后在每个孔上精确地放上不同的、特定的DNA片段而不使它们发生任何混淆则是十分困难的。更重要的是，要制作基因芯片，首先必须分离出数十万种不同的DNA片段，并了解它们各自的功能特点。

中国科学家已分别研制出白血病病毒毒检芯片、染色体易位检测基因芯片、白血病相关癌基因表达检测基因芯片和白血病相关癌基因突变检测基因芯片。在此基础上，综合设计出白血病预警基因芯片。这一基因芯片从设计、制作到检测等都拥有自己的特色，并自成体系。

通过基因芯片检查，可以发现血液中是否存在白血病病毒，细胞是否存在染色体易位，细胞中有没有癌基因表达，细胞中是否存在突变的基因，以用来诊断某患者是否患有白血病，可能或将有多大可能发生白血病，并能指导医生用药。

基因芯片将用于许多创新性的研究，从癌症的病因到使艾滋病病毒产生抗药性的基因变异。它将代替传统的体格检查和疾病诊断办法，尽早预知疾病。通过用几个基因芯片探查你的基因，就可了解你全部的遗传缺陷，预测你未来若干年的健康会受到哪些威胁，以便采用相应的对策加以预防，当然也可以采用基因疗法加以治疗。

素质拓展阅读

有机化学家——邢其毅

邢其毅（1911～2002年），生于天津市，籍贯贵州贵阳，有机化学家和教育家，中国科学院学部委员，北京大学化学与分子工程学院教授。毕业于辅仁大学化学系后进入美国伊利诺伊大学研究院学习，曾在德国慕尼黑大学进行博士后研究工作，新四军华中军医大学、北京大学农化系和化学系、北京辅仁大学化学系任教授。邢其毅教授提出了合成氯霉素的新方法，参加领导了牛胰岛素全合成工作，从事多肽合成及人参肽、花果头香等天然产物和立体化学的研究，并在有机反应机理、分子结构测定方法和立体化学等基础研究领域取得了突破性成果。邢其毅一生编译多本著作，主要有《有机化学基础》《有机化学词典》《有机化学电子理论》《有机化学基本原理》《基础有机化学习题解答与解题示例》《中国大百科全书》，其主要论文收集在《邢其毅文集》和《邢其毅教授论文集》中。

邢其毅教授自幼熟读史书与文学，成年后改读自然科学。于北京辅仁大学化学系毕业后，师从于有名的有机化学家R·亚当斯进行立体化学研究，获博士学位。之后，赴德国慕尼黑大学，在诺贝尔奖获得者有机化学大师H·魏兰德教授的实验室进行博士后研究，从事蟾蜍毒素的研究，完成了芦竹碱的结构阐释和合成工作。1937年回到祖国，在上海中央研究院化学所任研究员，后中央研究院南迁昆明，邢其毅负责转运书籍等贵重物品，历时半年之久，才将全部物品运抵昆明。在十分艰难的条件下，为支援抗战，寻找抗疟药物，邢其毅跑到云南边境河口地区收集金鸡纳树皮，开展有效成分的提取分析研究工作。1944年，邢其毅冒着生命危险，从国民党统治的大后方来到了共产党领导的抗日前线参加新四军工作，被分配到苏北华中军医大学任教授，主要从事教学工作，为军队训练药学人才，也从事药物研制和生产工作，于抗战胜利后聘为北京大学教授。

邢其毅教授是一位洞察力敏锐的有机化学家，提出蛋白质和多肽化学必将成为未来科学发展的一个新的前沿课题。1958年，中国的几位有机化学家和生物化学家聚会在北京，提出了人工合成具有生物活性的蛋白质分子——胰岛素的重大课题，由北京大学、中科院上海有机所和生化所共同组成统一的研究队伍，邢其毅教授是这一研究的倡导者和学术领导者之一。经过数年的努力，中国科学家终于在1965年向世界宣布，第一个人工合成的蛋白质——结晶牛胰岛素的合成成功！这标志着我国科学家在蛋白质和多肽合成化学领域已处于世界领先地位。

邢其毅教授十分重视我国丰富天然资源的开发和利用，当注意到花果头香成分（香气）的研究还是一块“处女地”时，便自行设计仪器和装置，到花果产地去收集各种头香成分，并于1978年首次完成了白兰花头香成分的全分析，开创了我国进行花果头香成分研究的先例。随后，对玫瑰、荔枝、啤酒花、西藏高原盐湖植物——杜氏藻等多种我国特有的花果品种和资源进行了广泛系统的研究，取得了一系列具有科学意义和经济价值的研究成果。为发掘我国特有的天然药物宝库，邢其毅教授曾去西藏收集藏药的资料，主持“我国独特的及丰产的天然产物的研究”和“我国边远地区和海洋独特天然产物的研究”等两大研究课题，在对我国名贵药材人参、三七等水溶性成分的系统研究中，分离鉴定了若干种有生理活性的寡肽及非蛋白氨基酸和新颖的杂环化合物等。

邢其毅教授既是一位造诣深厚的有机化学家，也是一位享有盛誉的教育家，数十年如一日地潜心教学研究，对于我国高等教育中的专业方向、课程设置、教学与科研的关系、理论和实验的关系、中学教育中普及和提高的关系以及必须大力提倡现代化国家公民的全面素质教育等问题，都提出过许多建设性倡议。邢其毅教授一向以渊博的知识，旁征博引，挥洒自如的讲课艺术闻名于海内外。他几十年如一日勤奋地耕耘在讲坛上和实验室中，其教学格言是：“劳则思，逸则罔。”他以严谨的治学精神和诲人不倦的教学态度，成为一名深受学生们爱戴的享有盛誉的有机化学教育家，弟子数千，其中许多已是科学与教育领域的专家和知名学者，堪称为名师高徒众，桃李四海馨！

实验篇

第一部分
化学实验的基本知识

化学是一门实验性很强的学科。从事化学研究必须从实验开始，因为它是对理论学习知识的补充，通过实验可加深对所学理论知识的深入理解与记忆。

一、化学实验的一般规则

① 实验室要保持肃静、不可大声喧哗。

② 实验前要做好课前预习和实验准备工作，了解实验目的、原理、方法、步骤和实验时应注意的事项，检查实验所需试剂、仪器是否齐全。

③ 爱护公共财物，按要求小心使用各种仪器和设备。

④ 实验时操作要规范化，要实事求是地记录好实验数据。

⑤ 实验台面上的仪器、玻璃器皿要求摆放整齐，保持台面的清洁。

⑥ 接触有毒、有腐蚀性药品的实验应在通风橱内操作。

⑦ 实验结束后，将所有的仪器洗净，放回原处并将台面整理干净。检查水、电、煤气开关、门、窗是否关闭，经教师允许后方可离开实验室。

⑧ 根据原始记录，按规定的不同格式，简明地写出实验报告，按时交给教师。

二、实验室安全和事故的处理

1. 安全规则

① 学生进入实验室必须熟悉实验室和周围环境，水、电、煤气阀门的位置。

② 实验前必须仔细检查所用玻璃仪器是否有裂纹或小的星状裂痕。如有裂痕则不可使用，否则在实验过程中会由于仪器破裂而使易燃或有毒的试剂流出，造成事故。

③ 使用易燃、易爆、易挥发试剂时，应注意安全、远离火焰。

④ 使用电器时，不可用湿手去开启电闸或开关。

⑤ 浓酸、浓碱等具有强烈腐蚀性液体，切勿溅到皮肤和衣服上。

⑥ 在使用浓盐酸、浓硝酸、浓氨水等一切有刺激性气味或有毒气体时，应在通风橱内操作，如不小心溅到皮肤或眼睛内应立即用大量清水冲洗。

⑦ 绝对不允许随意混合各种试剂，以免发生意外。

⑧ 不要直接面对容器嗅放出的气体，面部应离开容器，用手将少量气体轻轻扇向鼻子再嗅。

⑨ 实验室内严禁饮食、吸烟等，实验完毕必须洗手。

⑩ 实验室内所有试剂不得携带出室外。

2. 意外事故处理

① 创伤：不能用手抚摸，不能用水洗。应先将伤口内的异物挑出，再涂消炎药，并进行包扎。

② 烫伤：切勿用冷水冲洗。伤口未破可用碳酸氢钠粉末调成糊状敷于伤口处，也可用

碳酸氢钠溶液涂擦或抹烫伤膏；伤口已破裂则可用10%的高锰酸钾溶液涂擦，严重者应立即送医院治疗。

③ 强酸腐蚀致伤：应立即用大量清水冲洗，然后用饱和的碳酸氢钠溶液或肥皂水清洗，最后再用清水冲洗。如不慎溅入眼内，先用大量清水冲洗后送医院诊治。

④ 强碱腐蚀致伤：先用大量清水冲洗后，再用2%的乙酸溶液或者饱和的硼酸溶液清洗，再涂上凡士林。如溅入眼内用硼酸溶液清洗后再用清水冲洗。

⑤ 溴腐蚀致伤：用甘油洗伤口，再用清水冲洗。

⑥ 吸入刺激性或有毒性气体：吸入氯气、氯化氢气体时，可吸入少量乙醇和乙醚的混合蒸气来解毒；如吸入硫化氢气体而感到不适或头晕时应立即到室外呼吸新鲜空气。

⑦ 毒品误入口内：用5～10mL稀硫酸铜溶液加入一杯温水内服，再用手伸入咽喉或用其他方法促使呕吐，之后送医院诊治。

⑧ 触电：先切断电源，然后抢救。

⑨ 起火：起火时为防止火势蔓延，应先切断电源，转移易燃物品，针对起火原因采取适合的方法。一般小火可用湿布或沙土覆盖燃烧物灭火，火势较大使用灭火器灭火，电气设备引起的火灾只能用二氧化碳或四氯化碳或干粉灭火器灭火，不能用泡沫灭火器，以免触电。

三、实验预习、记录和报告

1. 实验预习

实验课前学生应做好预习并写好实验预习报告，报告主要内容有：实验目的、原理、反应方程式、所用仪器、药品、操作步骤、注意事项、实验进度数据记录表等。写好的预习报告一目了然，作为实验的直接指导，可做到心中有数。

2. 实验记录

实验记录是实验的原始资料，做实验时随做随记，必须及时记录，实验记录要真实、可靠，它是写实验报告的依据。实验记录须经指导教师签字。实验记录具体记录的内容是：实验目的、反应方程式和相关的参考资料；使用仪器的名称、规格与型号；药品试剂的规格和用量；反应的操作步骤、现象及实验数据；产品的分离提纯方法；产品的产量、产率、测定的物理常数数据；实验中成功的经验和失败的教训。

做实验记录应该做到“真实、详细、及时”。“真实”就是记录应该反映实验中的真实情况，不能抄书，更不能抄袭他人的数据和内容，而是根据自己的实验事实如实地、科学地记录。“详细”就是要求对实验中的任何数据、现象以及上述各项内容做详细记录。有些数据、内容宁可在整理总结实验报告时舍去，也不要因为缺少数据而浪费大量时间重新做实验。记录应该清楚明白，做到不仅目前能看懂，而且在十几年后也应该看得懂。“及时”是指实验时要边做边记，不要在实验结束后补做“实验回忆录”。回忆容易造成漏记、误记，影响实验结果的准确性和可信程度。

3. 实验报告

实验操作完成后，必须根据自己的实验记录进行归纳、总结、分析讨论、整理成文。各类实验报告的书写在文字和格式方面都有较严格的要求。应该做到：叙述简明扼要，文字通顺，条理清楚；字迹工整，图表清晰。在根据实验记录整理成文之后，还要认真写出“实验讨论”，应该对实验原理、操作方法、反应现象给予解释说明，实验数据应予以处理。对操作中的经验教训和实验中存在的问题提出改进性建议，回答思考题等，通过讨论，可达到从感性认识上升到理性认识的目的。只有完成了实验报告的整理后，才能算真正完成了一个实验的全过程。

第二部分

常用实验仪器介绍

实验室常用仪器列入表1。

表1　实验室常用仪器

仪　器	规　格	用　途	注意事项
烧杯 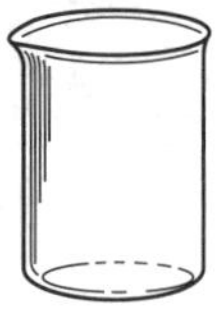	按容量分为：25mL、50mL、100mL、250mL、400mL、500mL、600mL、1000mL…	作反应容器，反应物较多时使用；用于制备溶液，溶解试样	①加热时要垫石棉网，一般不直接加热 ②可以加热至高温，注意不要使温度变化过于剧烈
普通试管和离心试管 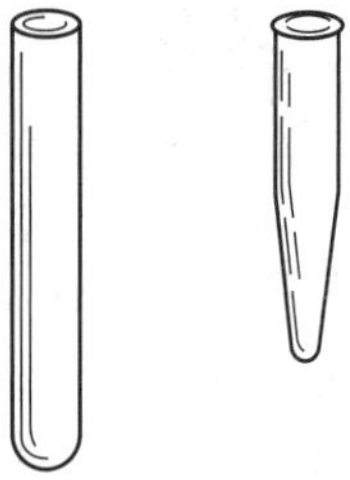	试管分硬质试管和软质试管；普通试管和离心试管 无刻度普通试管按管外径×管长表示。如：25mm×50mm、16mm×50mm、10mm×5mm 离心试管分有刻度试管和无刻度试管，以容积表示。如15mL、10mL、5mL	①试管可以作为试剂的化学反应器，用药量少，利于操作和观察 ②离心试管可以用于少量沉淀的辨认和分离	①普通试管可以直接加热，硬质试管可以加热至高温，但不能骤冷 ②离心试管只能用于水浴加热，不能直接加热 ③加热前试管外要擦干，加热用试管夹。固体加热时试管口略向下倾斜 ④加热时管口不要对人，要不断移动试管，使其均匀受热
试管架 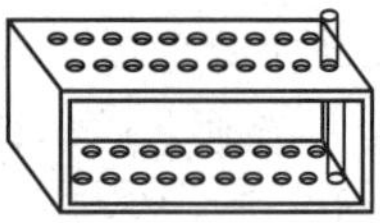	试管架可用木材、塑料或金属制成	试管架用于盛放试管	
烧瓶 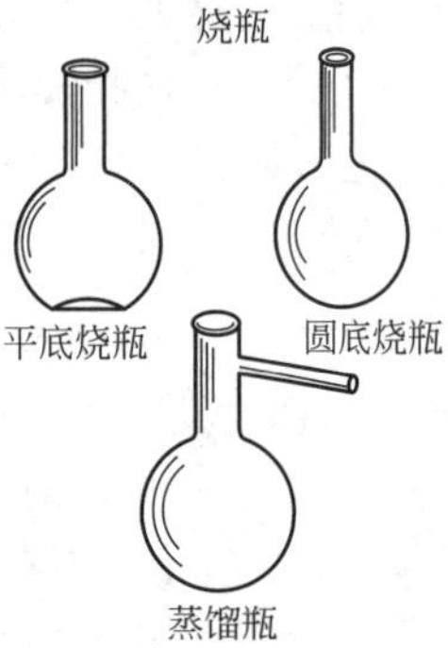	有平底、圆底、长颈、短颈和蒸馏瓶。大小以容积表示，如500mL、250mL等	①作反应容器，反应物较多且需要长时间加热时使用。平底烧瓶还可以用作洗瓶 ②配上冷凝管用作长时间加热时的反应器 ③蒸馏用蒸馏瓶	①加热时要垫石棉网，一般不直接加热 ②加热至高温，注意不要使温度变化过于剧烈

续表

仪　器	规　格	用　途	注 意 事 项
容量瓶 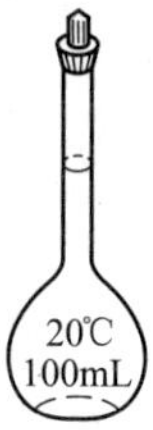	分无色和棕色。大小用容积表示。如 1000mL、500mL、250mL、100mL、50mL、25mL 等	用于定量稀释或配制准确浓度的溶液	①不能在其中溶解固体 ②不能用来加热；瓶塞与瓶是配套的，不能互换
称量瓶 	按形状分有高型、扁型。以外径×高表示。如：高型 25mm×40mm；扁型 50mm×30mm	用于固体试剂的精确称量	瓶盖不能互换；不能加热
锥形瓶 	大小用容积表示。形状有细颈、宽颈等几种。如：500mL、250mL、150mL 等	作反应容器。通常用于滴定反应，振荡比较方便	①加热时要垫石棉网，一般不直接加热 ②可以加热至高温，注意不要使温度变化过于剧烈
漏斗 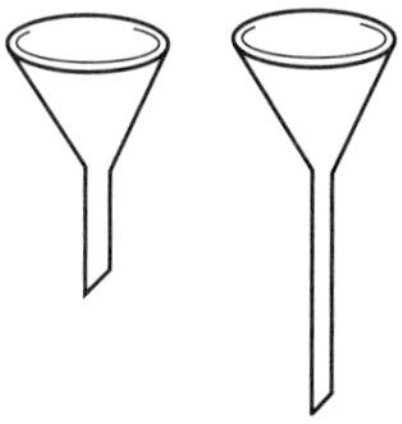	漏斗分为长颈漏斗和短颈漏斗，以口径表示大小。如：6cm 长颈漏斗、4cm 短颈漏斗	①用于过滤沉淀 ②长颈漏斗用于重量分析过滤沉淀 ③用于加液	①不能用于加热 ②过滤时漏斗的尖端紧靠容器内壁
量筒和量杯 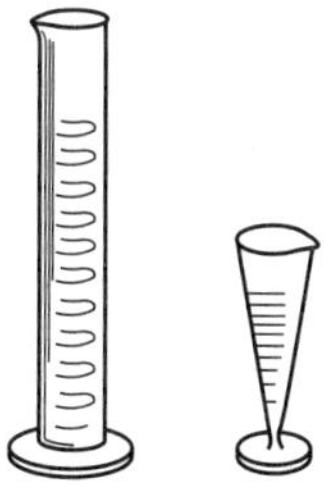	大小以所能量出的最大容积表示。分量筒和量杯 量筒：如 100mL、50mL、10mL、5mL 量杯：如 20mL、10mL	量取精确度不高的一定体积的液体时使用	①不能在量筒中配制溶液 ②不可作实验容器 ③不能用来加热 ④不可量热溶液和液体
分液漏斗和滴液漏斗 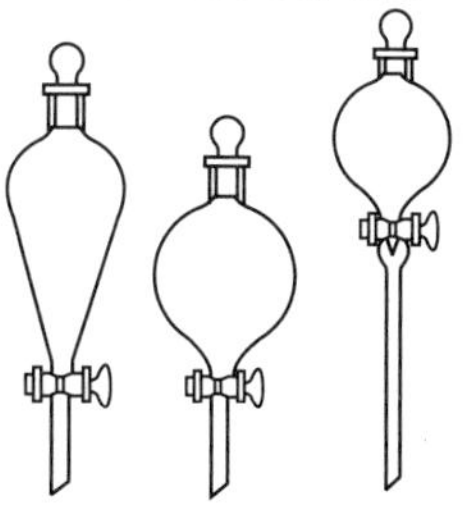	大小用容积表示。如 100mL 球形分液漏斗；60mL 筒形滴液漏斗	①用于往反应体系中滴加较多的液体 ②萃取时用于分离互不相溶的液体	①不能用于加热。漏斗塞不能互换 ②塞应用细绳系于漏斗颈上，或套小橡皮圈，防止滑出破碎

续表

仪　器	规　格	用　途	注意事项
移液管和吸量管 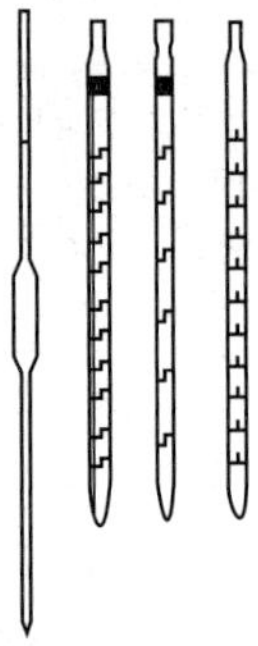	移液管：只有一个刻度，用 mL 表示。如 50mL、25mL、20mL、10mL、5mL、2mL、1mL 吸量管：有刻度分度值，用 mL 表示。如 10mL、5mL、2mL、1mL	用于精确移取一定体积的液体	①用前先用少量待取溶液润洗 ②不能用来加热
滴定管 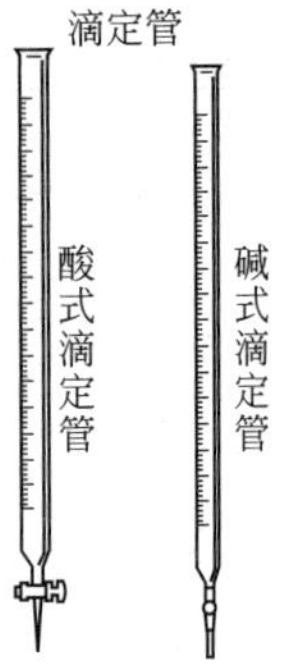	分为酸式滴定管和碱式滴定管两种。大小用容积表示。如 50mL、25mL、10mL、5mL	用于滴定或者量取体积较准确的液体	①酸式滴定管和碱式滴定管不能混用 ②碱式滴定管不能盛放氧化性物质 ③见光易分解的滴定液应用棕色滴定管 ④用前应先洗净并用待装液润洗
表面皿 	规格以直径表示。有 45mm、65mm、75mm、90mm 等	为了防止液体溅出或灰尘落入，盖在烧杯或蒸发皿上	不能用来直接加热
布氏漏斗和吸滤瓶 	布氏漏斗为瓷质，大小以半径表示。如 8cm、6cm 吸滤瓶为玻璃质，大小用容量表示。如 500mL、250mL	过滤固体有机物时使用。用于重量分析中的减压过滤	①过滤时先抽气，后过滤。过滤完毕后，先分开抽气与吸滤瓶的连接处，后停止抽气 ②若过滤体系连有安全瓶时，过滤完毕后，先打开安全瓶上通大气的活塞，再停止抽气
漏斗架 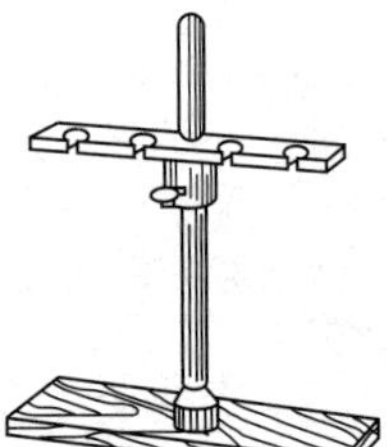	木制品，用螺钉固定在铁架或木架上	盛放漏斗用	固定漏斗板时，不要把它倒放

续表

仪 器	规 格	用 途	注 意 事 项
试剂瓶 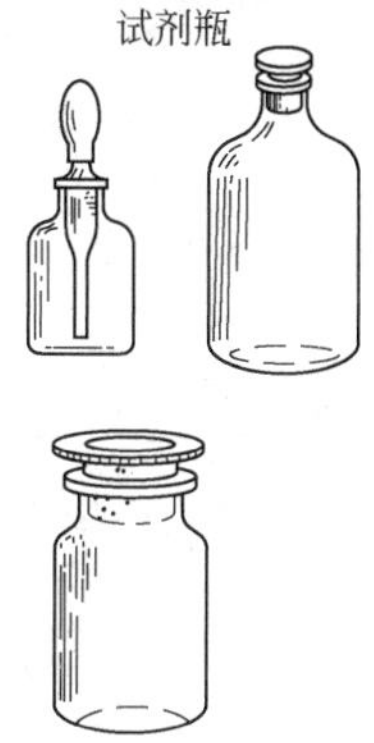	有无色和棕色的，大小以容积表示。有 1000mL、500mL、250mL、125mL、60mL 等	细口瓶、滴瓶用来盛放液体试剂 广口瓶用来盛放固体试剂	①取用试剂时，瓶盖应倒放在桌上 ②见光易分解的物质用棕色瓶 ③不能用来加热，瓶塞不要互换 ④盛碱液时要用橡胶塞
蒸发皿 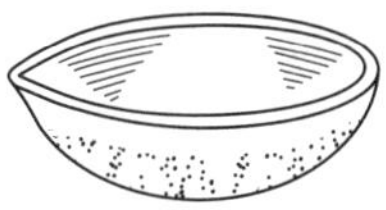	分有柄或无柄。材料为瓷质、玻璃、石英、铂制品等。按上口径表示大小。如 125mm、100mm、35mm	用于蒸发浓缩溶液	可耐高温，高温时不宜骤冷。一般放在石棉网上加热或直接用火烧
泥三角 	材料为瓷管和铁丝	①利用坩埚加热时，用于盛放坩埚 ②也可以在小蒸发皿加热时使用	①不能往灼烧的泥三角上滴冷水，防止瓷管破裂 ②选择泥三角时，要使放在上面的坩埚露出上部，不能超过本身高度的 1/3
铁架台 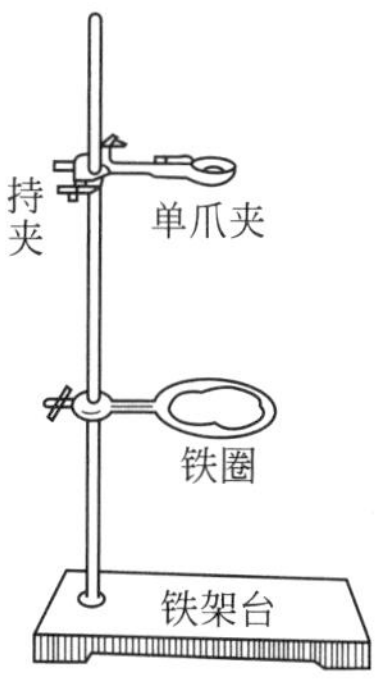	铁制品，铁夹也有铝制的	用于固定或放置仪器	将铁夹等放至合适高度时旋转螺钉，使牢固后进行实验
研钵 	有玻璃、瓷质、玛瑙的。大小按口径（cm）表示	配制固体试剂，研磨固体试样	不能做反应器用

续表

仪 器	规 格	用 途	注 意 事 项
干燥器 	大小用直径（cm）表示。有普通干燥器和真空干燥器	①定量分析时将灼烧过的坩埚置于其中冷却 ②存放物品，以免物品吸收水汽	按时更换干燥剂。灼烧过的物质待冷却后放入
坩埚钳 	铁或铜合金，表面常镀镍、铬	用于加热时夹取物品	①放置时应头部朝上，以免沾污 ②不要和化学试剂接触，以免腐蚀
滴管 	由尖嘴玻璃管和橡胶乳头构成	可吸取和滴加少量试剂（数滴或1～2mL），也可用于分离沉淀时吸取上层清液	滴加试剂时，滴管在正上方垂直滴入
洗瓶 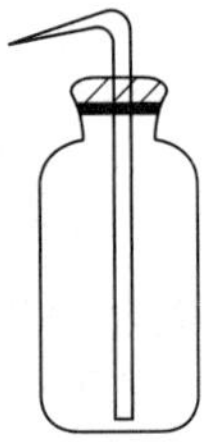	有玻璃或塑料质的，大小以容积表示。有500mL、250mL	盛装蒸馏水	塑料洗瓶不能加热
三脚架 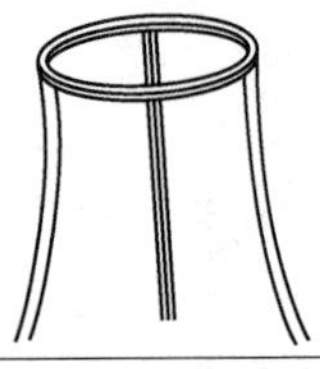	铁制品，比较牢固	放置较大或较重的加热容器	
点滴板 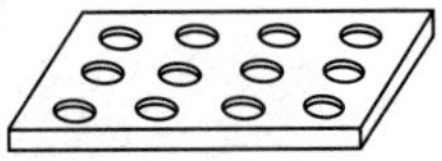	瓷质，有白色、黑色。有十二凹穴、九凹穴、六凹穴等	用于点滴反应，尤其是显色反应	不能用来加热。不能用于含氢氟酸和浓碱溶液的反应

续表

仪　器	规　格	用　途	注意事项
水浴锅 	规格为铜或铝制品	用于间接加热	防止热水溅出，避免烫伤
药匙 	材料为瓷质、铁质、塑料	取固体试剂	取少量固体时用小的一端。药匙的选择应该以盛放试剂后能放进容器口内为宜
试管刷 	根据所刷试管大小选择	洗涤试管和其他仪器时用	洗涤试管时要把前部的毛捏住放入试管，转动着刷洗试管，以免将试管底戳破
干燥管 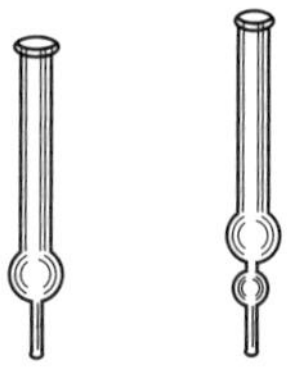		盛放干燥剂用	干燥剂置球形部分不宜过多。小管与球形交界处放少许棉花填充
砂芯漏斗 	又称烧结漏斗、细菌漏斗 漏斗为玻璃质。砂芯滤板为烧结陶瓷 其规格以砂芯板孔的平均孔径（cm）和漏斗的容积（cm^3）表示	用作细颗粒沉淀以致细菌的分离。也可用于气体洗涤和扩散实验	①不能用于含氢氟酸、浓碱液和活性炭等物质体系的分离，避免腐蚀而造成微孔堵塞或沾污 ②不能用火直接加热 ③用后应及时洗涤，以防滤渣堵塞滤板孔
石棉网 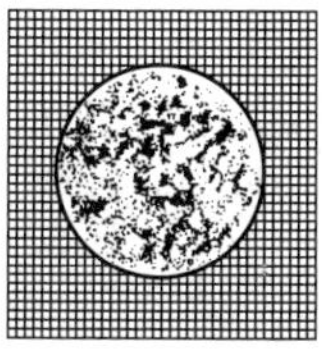	以铁丝网边长表示。如：15cm×15cm，20cm×20cm	用于加热时垫在容器的底部，使其均匀受热	不要与水接触，以免铁丝生锈，石棉脱落

第三部分
化学实验基本操作

一、玻璃仪器的洗涤干燥

1. 玻璃仪器的洗涤

洗涤仪器是一项很重要的操作。不仅是实验前必须做的准备工作，也是技术性的工作。仪器洗得是否合格，器皿是否干净，直接影响实验结果的可靠性与准确度。不同的分析任务对仪器洁净程度的要求不同，但至少应达到倾去水后器壁上不挂水珠的程度。一般器皿的洗涤有如下几种。

（1）水刷洗　除去可溶物和其他不溶性杂质及附着在器皿上的尘土，但洗不去油污和有机物。

（2）合成洗涤剂水刷洗　去污粉是由碳酸钠、白土和细沙混合而成。细沙有损玻璃，一般不使用。市售的餐具洗涤灵是以非离子表面活性剂为主要成分的中性洗液，可配成1%～2%的水溶液（也可用5%的洗衣粉水溶液）刷洗仪器，温热的洗涤液去污能力更强，必要时可短时间浸泡。

（3）铬酸洗液（因毒性较大尽可能不用）　配制：取8g $K_2Cr_2O_7$ 用少量水润湿，慢慢加入180mL浓 H_2SO_4，搅拌以加速溶解，冷却后储存于磨口小口棕色试剂瓶中。或取20g工业 $K_2Cr_2O_7$，加40mL水，加热溶解。冷却后，将360mL浓 H_2SO_4 沿玻璃棒慢慢加入上述溶液中，边加边搅拌。冷却后，转入棕色细口瓶备用（如呈绿色，可加入浓 H_2SO_4 将三价铬氧化后继续使用）。

使用：铬酸洗液有很强的氧化性和酸性，对有机物和油垢的去污能力特别强。洗涤时，被洗涤器皿尽量保持干燥，倒少许洗液于器皿中，转动器皿使其内壁被洗液浸润（必要时可用洗液浸泡），然后将洗液倒回洗液瓶以备再用（颜色变绿即失效，可加入 $KMnO_4$ 使其再利用。这样，实际消耗的是 $KMnO_4$，可减少六价铬对环境的污染），再用水冲洗器皿内残留的洗液，直至洗净为止。

不论用上述哪种方法洗涤器皿，最后都必须用自来水冲洗，当倾去水后，内壁只留下均匀一薄层水。如壁上挂着水珠，说明没有洗净，必须重洗。直到器壁上不挂水珠，再用蒸馏水或去离子水淋洗三次。

洗液对皮肤、衣服、桌面、橡胶等都有腐蚀性，使用时要特别小心。六价铬对人体有害，又污染环境，应尽量少用。

（4）碱性 $KMnO_4$ 洗液　将4g $KMnO_4$ 溶于少量水，加入10g NaOH，再加水至100mL。主要洗涤油污、有机物。浸泡后器壁上会留下 MnO_2 棕色污迹，可用HCl洗去。

2. 玻璃仪器的干燥

不同的化学实验操作，对仪器是否干燥和干燥程度要求不同。有些可以是湿的，有的则要求是干燥的。应根据实验要求来干燥仪器。

① 自然晾干：仪器洗净后倒置，控去水分，自然晾干。

② 烘干：110～120℃烘 1h。置于干燥器中保存（量器类除外）。

③ 烤干：烧杯和蒸发皿可以放在石棉网上用小火烤干。试管可直接用小火烤干，操作时应将试管口向下，并不时来回移动试管，待水珠消失后，将试管口朝上，以便水汽逸出。

④ 用有机溶剂干燥：带有刻度的计量仪器，不能用加热的方法进行干燥，因为它会影响仪器的精密度。可以加一些易挥发的有机溶剂（最常用的是乙醇和丙酮）在洗净的仪器内，转动仪器使容器中的水与其混合，倾出混合液（回收），晾干或用电吹风（宜用冷风）将仪器吹干（不能放在烘箱内干燥）。

二、试剂的取用规则

化学试剂的纯度对实验分析结果准确度的影响很大，不同的分析工作对试剂纯度的要求也不相同。因此，必须了解试剂的分类标准，以便正确使用试剂。

根据化学试剂中所含杂质的多少，将实验室普遍使用的一般试剂划分为四个等级，具体的名称、标志和主要用途见表 2。

表 2　试剂的级别和主要用途

级　别	中文名称	英文名称	标签颜色	主要用途
一级	优级纯	G. R.	绿	精密分析实验
二级	分析纯	A. R.	红	一般分析实验
三级	化学纯	C. P.	蓝	一般分析实验
生物化学试剂	生化试剂、生物染色剂	B. R.	黄色	生物化学及医用化学实验

取用何种化学试剂，必须根据实验的具体要求选用，要做到既不超规格造成浪费，又不随意降低规格而影响实验结果的准确度。

1. 固体试剂的取用

① 要用干净的药匙取用。药匙两端分为大小两个匙，取较多试剂时用大匙，少量时用小匙。用过的药匙必须洗净和擦干后才能再使用，以免沾污试剂。

② 取用试剂后立即盖紧瓶盖，并将试剂瓶放回原处。

③ 称量固体试剂时，必须注意不要取多，取多的试剂，不能倒回原瓶。

④ 一般的固体试剂可以放在干净的纸或表面皿上称量。具有腐蚀性、强氧化性或易潮解的固体试剂不能在纸上称量，应放在玻璃容器内称量。

⑤ 有毒的试剂要在详细了解其使用说明的情况下使用。

2. 液体试剂的取用

① 从滴瓶中取液体试剂时，要用滴瓶中的滴管，滴管绝不能伸入所用的容器中，以免接触器壁而沾污试剂。滴管必须在滴瓶正上方垂直滴入。从试剂瓶中取少量液体试剂时，则需要专用滴管。装有试剂的滴管不得横置或滴管口向上斜放，以免液体倒流腐蚀胶帽。

② 从细口瓶中取出液体试剂时，用倾注法。先将瓶塞取下，倒放在桌面上，手握住试剂瓶上贴标签的一面，逐渐倾斜试剂瓶，让试剂沿着洁净的试管壁流入试管或沿着洁净的玻璃棒注入烧杯中。取出所需量后，将试剂瓶口在容器壁上靠一下，再逐渐竖起试剂瓶，以免遗留在试剂瓶口的液体倒流到瓶的外壁。

③ 在试管里进行某些不需要准确体积的实验时，可以估计取出液体的量。例如，用滴管取用液体时，1mL 相当于多少滴，5mL 液体占一个试管容器的几分之几等。倒入试管里的溶液的量，一般不超过其容积的 1/2。

④ 定量取用液体时，用量筒或移液管、吸量管取。

量筒用于量取一定体积的液体，可根据需要选用不同规格的量筒。量取时应使视线与量筒内液体凹液面的最低处水平相切，偏高或偏低都会带来较大的误差。

移液管和吸量管是用来准确量取一定体积液体的量器。移液管只能量取管上所标体积的液体，吸量管带有分刻度，可以量取不同体积的液体。使用移液管和吸量管时应按照以下的步骤进行。

a. 洗涤和润洗：移液管、吸量管使用前要依次用洗液、自来水、去离子水洗涤。其方法是将洗涤液用吸耳球吸入移液管、吸量管内，将其倾斜后转动，使洗涤液将管内壁全部润洗后倒出洗涤液，再用自来水冲洗。洗净的移液管、吸量管用去离子水淋洗后，用滤纸将下端管内外的水尽量吸干，然后用待装液淋洗 3 次。

b. 移取液体：用右手拿住移液管、吸量管刻度线以上的合适位置，将移液管、吸量管的尖端插入要吸取的液体的液面下约 2cm 处，左手将吸耳球中的空气挤出后，将吸耳球的尖端对准移液管、吸量管管口，慢慢松开吸耳球使液体吸入管内。待液面上升到刻度线以上时，移去吸耳球，迅速用右手食指按紧移液管、吸量管管口，将移液管、吸量管往上提使其离开液面。然后用左手持盛放液体的容器，移液管、吸量管下端靠近容器内壁，略微放松食指使移液管、吸量管内的液面缓慢下降，待溶液凹液面最低点与移液管、吸量管刻度线相切时立即用食指按紧移液管、吸量管管口，保证液面不再下降。取出移液管、吸量管，将其垂直并使其下端靠在倾斜的接受容器内壁上，松开右手食指使液体自然流到接受容器中。待液体液面下降到管尖后，再靠壁 15s 左右，移去管子，完成移液操作。如果管上注有“吹”的字样，则在液面下降到管尖后用吸耳球将管内的液体吹到接收器中。

必须注意的是：当用 5mL 吸量管量取 1mL 液体时，其操作是吸液至满刻度（“0”刻度处），慢慢放出液体到 1mL 刻度处停止，这时放出的液体是 1mL。

三、滴定分析操作技术

1. 滴定管的使用

滴定管是滴定分析时使用的准确测量所滴加的滴定剂体积的量器。是一种量出式仪器，只用来测量它所放出的溶液的体积。它是细长、均匀并有精细刻度的玻璃管，下端呈尖嘴状，并有截门用以控制滴加溶液的速度。常见的滴定管容积为 50mL 或 25mL，最小刻度为 0.1mL，读数可估计 0.01mL，也有容积为 10mL 以下的半微量和微量滴定管。根据截门构造的不同，滴定管分为酸式和碱式两种。见图 1。

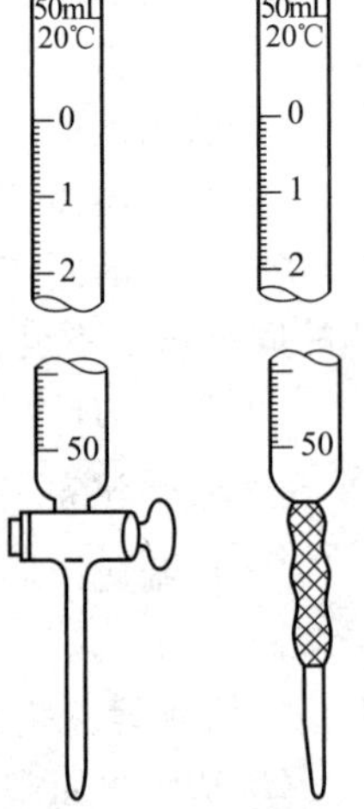

图 1 滴定管

酸式滴定管以玻璃活塞为截门，可盛放酸性或氧化性溶液，但不宜盛放碱性溶液，因为碱性溶液能腐蚀玻璃而使活塞黏合。

碱式滴定管的下端连接一乳胶管，内置一玻璃球以控制溶液的流出。碱式滴定管可盛放碱性溶液，但不宜盛放能与乳胶管起化学反应的氧化性溶液，如碘溶液或高锰酸钾溶液等。为保证碱式滴定管不漏液且易于控制，应选择大小合适的玻璃球。滴定管的使用分为下列几个步骤。

（1）洗涤

① 自来水冲洗。

② 用滴定管刷蘸肥皂水或其他洗涤剂洗刷，再用自来水冲洗。

③ 如洗不干净，可用铬酸洗液洗涤。如果是碱式滴定管，首先要将最下端的玻璃尖嘴卸掉，然后将滴定管倒立并固定于滴定管架，使上口插入盛有铬酸洗液的烧杯或锥形瓶中。左手的拇指与食指挤压乳胶管中的玻璃珠，右手以吸耳球尖嘴对准乳胶管口吸取洗液。如果一次不能吸满，则先松开左手，后移开吸耳球，重复进行吸取洗液操作。让洗液浸泡一段时间，完成后用自来水冲洗干净，再用蒸馏水淋洗三次后备用。

（2）涂凡士林　为保证酸式滴定管的活塞不漏液且转动灵活，必须事先在活塞上涂凡士林。其方法是：将滴定管平放于台面上，取出活塞，用滤纸将活塞和活塞槽内的水擦干。取少许凡士林在活塞的两头涂上薄薄的一层，将活塞插入活塞槽内并向同一方向转动，直到其中的油膜变得均匀透明时为止。若活塞转动不灵活或油膜出现纹路，说明凡士林涂得不够，这样会导致漏液，但若凡士林涂得太多，会堵塞活塞孔。此时都必须将活塞取出重新进行处理。涂好凡士林后，用乳胶圈套在装好的活塞末端，以防滴定时活塞脱落。

（3）检查是否漏液　装配好的滴定管要试漏。即将滴定管内装水至“0”刻度，垂直夹在滴定管架上，放置1～2min，观察管内液面是否降低。将活塞旋转180°后再观察一次，若液面降低表明滴定管漏水，需重新进行处理。如无漏水现象即可使用。

（4）装标准溶液　加入标准溶液前，滴定管先用蒸馏水润洗三次，每次10mL左右。润洗时两手平端滴定管，慢慢旋转，让水布满滴定管内壁，然后从两端放出。再用标准溶液润洗三次，润洗方法与用蒸馏水润洗方法相同。润洗完毕，装入标准液至“0”刻度以上，检查活塞附近（或橡胶管内）有无气泡，如有气泡则应排除。排气泡时，酸式滴定管用右手拿住，使其倾斜约30°，左手迅速打开活塞使溶液冲下，将气泡赶出；碱式滴定管可将橡胶管向上弯曲，挤压玻璃珠，使溶液从管口喷出，即可排除气泡。

（5）读数　对于常量滴定管，读数应读至小数点后第二位。为了减小读数误差应注意以下两点。

① 应垂直固定滴定管，注入或放出溶液后需静置1min左右再读数。每次滴定前应将液面调节在“0”刻度或某一刻度的位置。

② 读数时，眼睛应和液面凹液面最低点相切。如为有色溶液，弯月面看不出，可读液面两侧的最高点处。注意初读数与终读数必须按同一方法。

（6）滴定　滴定最好在锥形瓶中进行，也可在烧杯中进行。滴定前必须去掉滴定管尖端悬挂的液滴，读取初读数，将滴定管尖端放入锥形瓶（烧杯口）内约1cm处，但不要靠锥形瓶颈壁（烧杯壁），滴定时左手操纵玻璃活塞（或捏玻璃珠的右上方的橡胶管）使滴定液逐滴连续加入，不可形成一股水流。同时，右手前三指拿住锥形瓶的颈部，边滴边摇，应使溶液向同一方向做圆周运动，不可前后振动，以免溶液溅出。接近终点时，应改为每加一滴摇几下，最后，每加半滴摇匀。用锥形瓶加半滴溶液时，应使悬挂的半滴溶液沿器壁流入瓶内，并用蒸馏水冲洗锥形瓶颈（或烧杯）内壁，直到滴定到终点为止。

实验完毕后，将滴定管内的剩余溶液倒出，不要倒回原瓶中。然后洗净滴定管，装满水以备再用。

2. 容量瓶的使用

容量瓶主要用于准确地配制一定体积和一定物质的量浓度的溶液。它是一种细颈、梨形的平底玻璃瓶，配有磨口塞。容量瓶是“量入”式容器，瓶颈上刻有标线，当瓶内液体在所指定温度下达到标线处时，其体积即为瓶上所注明的容积数。

（1）使用容量瓶配制溶液的方法　使用前检查瓶塞处是否漏水。具体操作方法是：在容量瓶内装入半瓶水，塞紧瓶塞，用右手食指顶住瓶塞，另一只手五指托住容量瓶底，将其倒立（瓶口朝下），观察容量瓶是否漏水。若不漏水，将瓶正立且将瓶塞旋转 180°后，再次倒立，检查是否漏水，若两次操作，容量瓶瓶塞周围皆无水漏出，即表明容量瓶不漏水。经检查不漏水的容量瓶才能使用。

溶液配制：用固体物质配制溶液时，先将准确称量好的固体物质放在烧杯中，用少量溶剂溶解。然后将溶液转移到容量瓶里。为保证溶质能全部转移到容量瓶中，要用溶剂多次洗涤烧杯，并把洗涤溶液全部转移到容量瓶里。转移时要用玻璃棒引流。方法是将玻璃棒一端靠在容量瓶颈内壁上，注意不要让玻璃棒其他部位接触容量瓶口，防止液体流到容量瓶外壁上。然后向容量瓶内加入溶剂，当液面离标线 1cm 左右时，应改用滴管小心滴加，最后使液体的弯月面最低处与标线正好相切。若加溶剂超过标线，则需重新配制。盖紧瓶塞，用倒转和摇动的方法使瓶内的液体混合均匀。静置后如果发现液面低于刻度线，这是因为容量瓶内极少量溶液在瓶颈处润湿所损耗，所以并不影响所配制溶液的浓度，故不要向瓶内添水，否则，将使所配制的溶液浓度降低。

稀释溶液：如用容量瓶稀释一定量、一定浓度的溶液时，可用移液管移取一定体积溶液于容量瓶中，加溶剂至标线附近，按上述方法定容、摇匀即可。

（2）使用容量瓶的注意事项

① 容量瓶的容积是特定的，刻度不连续，所以一种型号的容量瓶只能配制同一体积的溶液。在配制溶液前，先要弄清楚需要配制的溶液的体积，然后再选用相同规格的容量瓶。

② 不能在容量瓶里进行溶质的溶解，应将溶质在烧杯中溶解后转移到容量瓶里。

③ 用于洗涤烧杯的溶剂总量不能超过容量瓶的标线。

④ 容量瓶不能进行加热。如果溶质在溶解过程中放热，要待溶液冷却后再进行转移，因为一般的容量瓶是在 20℃的温度下标定的，若将温度较高或较低的溶液注入容量瓶，容量瓶则会热胀冷缩，所量体积就会不准确，导致所配制的溶液浓度不准确。

⑤ 容量瓶只能用于配制溶液，不能储存溶液，因为溶液可能会对瓶体进行腐蚀，从而使容量瓶的精度受到影响。

⑥ 容量瓶使用完毕应立即用水冲洗干净，如长期不用，磨口处应用纸片将磨口与瓶塞隔开保存。

3. 移液管和吸量管的使用

移液管和吸量管是一种“量出”式容器，即溶液充满至标线后，将溶液自量器中倾出，其体积正好与量器上所标明的体积相等。移液管是中间有一膨大部分（称为球部）的玻璃管，球部上下均为较细窄的管颈，管颈上部刻有标线。吸量管的全称是分度吸量管，它是具有分刻度的玻璃管。它们都是准确移取一定量溶液的量器（见表 1）。

移液管和吸量管的洗涤以及移取溶液一般是采用橡胶吸耳球进行的。用铬酸洗液洗涤时，可将移液管或吸量管放在高型玻璃筒或量筒内浸泡。用水洗涤过的移液管第一次称取溶液前，应先用滤纸将移液管口尖端内外的水吸净，否则会因水滴的引入而改变溶液的浓度。然后用所移取的溶液再将移液管润洗 2～3 次，确保所移取的操作溶液浓度不变。每次润洗时吸取量为 1/4 管容积，并应快速堵住管口，切不可让已吸入管内的润洗液回流至瓶内。

移取溶液时，一般用右手大拇指和中指拿住移液管颈标线上方，把球部下方的尖端插入溶液中。注意不要插得太浅，以防产生空吸，使溶液冲入吸耳球中。左手拿吸耳球，先把球内空气压出，然后把球的尖端紧贴在移液管口，慢慢松开左手指，使溶液吸入移液管内。当液面升高到刻度以上时，移去吸耳球，立即用右手的食指按住移液管上口，大拇指和中指拿住移液管标线上方，将移液管提起离开液面，并将移液管下部伸入溶液的部分沿待吸液容器内壁轻转两圈，以除去管外壁上的溶液。移液管的末端仍靠在盛装溶液容器的内壁上，左手拿着盛装溶液的容器，并使之倾斜成 30°～45°，稍放松右手食指，不断移动移液管身，使管内液面平衡下降（图 2）。直到溶液的弯月面与标线相切时，立即用食指压紧管口，取出移液管，插入承接溶液的器皿中，管的末端仍靠在器皿的内壁上。此时移液管应保持垂直，将承接器皿倾斜，使容器内壁与移液管尖成 30°～45°，松开食指，让管内溶液自然地全部沿器壁流下（图 3）。再停靠 15s 后，拿走移液管，残留在移液管末端的溶液，切不可用外力使其流出，因校正移液管时，已考虑了末端保留溶液的体积。

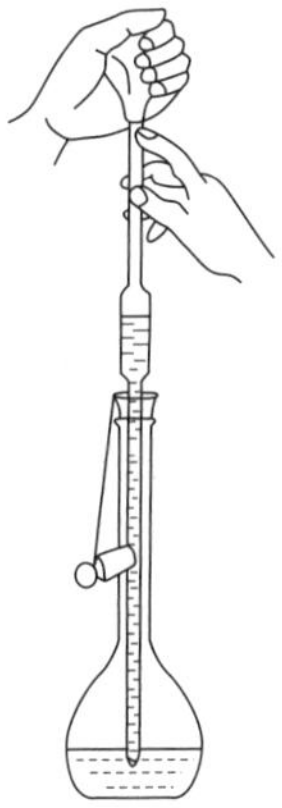

图 2　用移液管移液

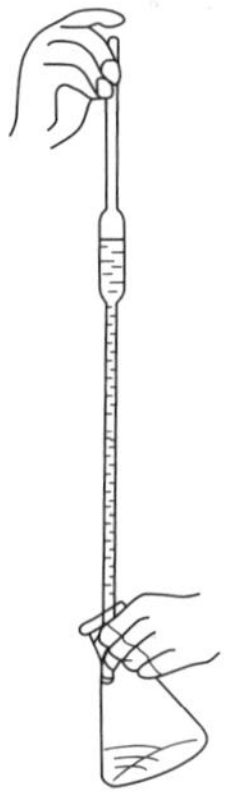

图 3　用移液管放液

吸量管的使用方法与移液管大致相同，但需强调以下几点：

① 由于吸量管的容量精度低于移液管，所以在移取 2mL 以上固定量溶液时，应尽可能使用移液管。

② 使用吸量管时，尽量在最高标线调整零点。

③ 在同一实验中，应尽可能使用同一吸量管的同一部位，而且尽可能地使用上面的部分。

④ 有一种吸量管，管口上刻有“吹”字，使用时必须在管内的液面降至流液口静止后，随即将最后残留的溶液一次吹出，不许保留。

⑤ 另有一种吸量管，管上刻有“快”字，使用这种吸量管时，若需放尽溶液，操作同移液管，但溶液自然留完后停靠 4s 即可拿走吸量管。

移液管或吸量管用完后，应立即用自来水和蒸馏水冲洗干净，然后放在移液管架上。

四、结晶技术

1. 蒸发和浓缩

当溶液很稀而所制备的无机物的溶解度又较大时，为了能从中析出该物质的晶体，必须通过加热，使水分不断蒸发，使溶液不断浓缩，待蒸发到一定程度时冷却，就可析出晶体。

当物质的溶解度较大时，必须蒸发到溶液表面出现晶膜为止。当物质的溶解度较小或高温时溶解度较大而室温时溶解度较小时，则不必蒸发到液面出现晶膜就可冷却。蒸发操作要在蒸发皿中进行。蒸发皿的面积较大，有利于快速蒸发。蒸发皿中液体的量不要超过其容量的2/3，可以随水分的蒸发而逐渐添加。若无机物对热是稳定的，则可以把蒸发皿放在石棉网上用煤气灯直接加热，否则应用水浴间接加热。

2. 结晶

当溶液蒸发到一定浓度后冷却，就从中析出溶质的晶体，析出晶体的颗粒大小与外界条件有关。假如溶液的浓度高，溶质的溶解度小，冷却得快，那么析出的晶体颗粒就细小。否则，就得到较大颗粒的结晶。搅拌溶液、摩擦器壁或静置溶液，可以得到不同的效果，前者有利于细晶的生成，后者有利于大晶体的生成，特别是加入一小粒晶种时更是这样。从纯度来说，细晶的快速生成有利于提高制备物的纯度，因为它不易裹入母液或别的杂质，而大晶体的慢速生成，则不利于提高纯度。因此，无机制备中常要求制得的晶体不要太大。

当第一次结晶所得物质的纯度不符合要求时，可以重新加入尽可能少的溶剂重新溶解，然后再蒸发和结晶。第二次结晶一般就能达到要求，当然在产量和产率上可能要降低一些。

五、固液分离技术

1. 倾析法

当溶液中结晶的颗粒较大或沉淀的密度较大，静置后容易沉降至容器的底部时，可用倾析法分离出晶体并洗涤。倾析的操作与转移溶液的操作类同。洗涤时，可向盛结晶（沉淀）的容器内加入少量洗涤剂（常用的有蒸馏水、乙醇等)，充分搅拌后静置、沉降，再倾析出洗涤液。如此重复操作两到三遍，即可洗净结晶（沉淀），见图 4。

图 4 倾析法分离和洗涤

2. 过滤法

过滤法是最常用的分离方法之一。当溶液和结晶（沉淀）的混合物通过过滤器（如滤纸）时，结晶（沉淀）就留在过滤器上，溶液则通过过滤器而滤入容器中，过滤所得的溶液叫作滤液。

溶液的温度、黏度、过滤时的压力、过滤器的孔隙大小和沉淀物的状态，都会影响过滤的速度。热的溶液比冷的溶液容易过滤。滤液的黏度愈小，过滤愈快。减压过滤比常压过滤快。过滤器的孔隙要选用合适的，太大时会透过沉淀，太小时则易被沉淀堵塞，使过滤难以进行。沉淀若呈现胶态状时，必须用加热的方法破坏它，否则它会透过滤纸。总之，要考虑各方面的因素来选用不同的过滤方法。

常用的过滤方法有常压过滤、减压过滤和热过滤。

(1) 常压过滤　此方法最为简便和常用。先把圆形滤纸折叠成四层。如果漏斗的规格不标准（60°角)，滤纸和漏斗将不密合，这时需重新折叠滤纸，不对半折而折成一个适当的角度，展开后可成大于 60°角的锥形，也可以成小于 60°角的锥形，根据漏斗的角度来选用，使滤纸与漏斗密合。然后撕去一小角，用食指把滤纸按在漏斗内壁上，用水湿润滤纸，并使它紧贴在漏斗壁上。赶去纸和漏斗壁之间的气泡，这样过滤时，漏斗颈内可充满滤液。滤液以本身的重量拖引漏斗内液体下漏，加快过滤速度，否则，气泡的存在将阻缓液体在漏斗颈内流动而减慢过滤速度。漏斗中滤纸的边缘应略低于漏斗的边缘，见图 5。

过滤时要将漏斗放在漏斗架上，漏斗颈靠在接受容器的内壁。转移溶液时，应把它滴在三层滤纸处。可以将沉淀和溶液的混合液搅拌，一同转移到漏斗中，见图 6（a）。但为加快过滤速度，一般采用先转移溶液，后转移沉淀，见图 6（b）（无机物制备中常采用该方法）。每次转移量不能超过滤纸容量的 2/3，以免溢过滤纸而透下。转移完毕后，用少量的溶剂洗涤烧杯和玻璃棒，洗涤液移入漏斗中，最后用少量溶剂洗涤滤纸和沉淀。

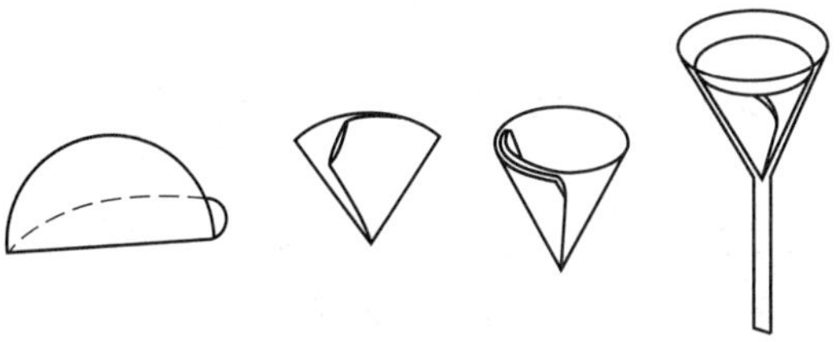

(a)　(b)　(c)　(d)

图 5　滤纸的折叠和安放

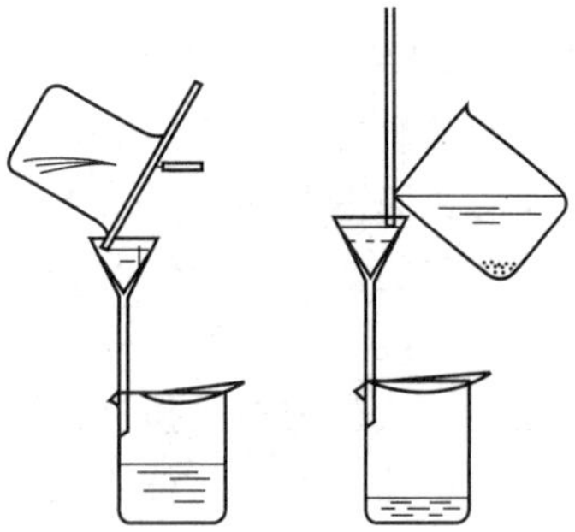

(a)　(b)

图 6　常压过滤中沉淀的转移

如果需要洗涤沉淀，则等溶液转移完毕后，在盛着沉淀的容器中加入少量溶剂，充分搅拌并放置，待沉淀下沉后，把洗涤液转移入漏斗，如此重复操作两到三遍，再把沉淀转移到滤纸上。洗涤时要贯彻溶剂少量多次的原则，这样的洗涤效率高。检查滤液中的杂质，可以判断沉淀是否已经洗净。

（2）水泵减压过滤　水泵减压过滤亦称为抽吸过滤，简称抽滤或吸滤。此方法过滤速度快，还可以把沉淀抽得比较干燥。但不宜用于过滤颗粒太小的沉淀和胶体沉淀。因为胶体沉淀易穿透滤纸，而颗粒太小的沉淀则易堵塞滤纸孔，使抽滤速度减慢。

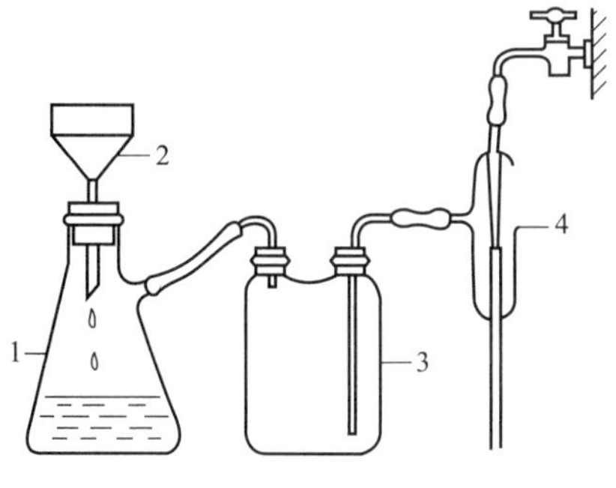

图 7　减压过滤装置

1—吸滤瓶；2—布氏漏斗（玻璃砂芯漏斗）；3—安全瓶；4—水吸滤泵（水循环泵或真空泵）

水泵减压过滤装置见图 7。水吸滤泵一般装在实验室的自来水龙头上，利用水吸滤泵冲出的水流将空气带走，使吸滤瓶中形成负压，在布氏漏斗的液面上与瓶内形成一个压力差，从而大大提高了过滤速度。安全瓶的作用是防止水泵中的水发生外溢而倒灌入吸滤瓶中（即倒吸现象），因为当水泵中的水压有变化，常会有水溢流出来。如发生这种情况，可将吸滤瓶和安全瓶拆开，将安全瓶中的水倒出，再重新把它们连接起来。如果不要滤液，也可不用安全瓶。

水泵减压过滤操作步骤为：

① 做好吸滤前的准备工作，检查装置：安全瓶的长管接水泵，短管接吸滤瓶；布氏漏斗的颈口斜面应与吸滤瓶的支管相对，便于吸滤。

② 滤纸应比布氏漏斗的内径略小，但又必须把瓷孔全部盖没。先用少量溶剂润湿滤纸，再微微开启阀门，使滤纸紧贴在漏斗的瓷板上，然后才能进行过滤。

③ 过滤时，吸滤瓶内的滤液面不能达到支管的水平位置，否则滤液将被水泵抽出。因此，当滤液快上升至吸滤瓶的支管处时，应拔去吸滤瓶上的橡胶管，取下漏斗，从吸滤瓶的上口倒出滤液后，再继续抽滤。但必须注意，从吸滤瓶的上口倒出滤液时，吸滤瓶的支管必

须向上。

④ 在抽滤过程中，不得突然关闭水泵，如欲停止抽滤，应先将吸滤瓶支管上的橡胶管拆下，再关上水泵，否则水将倒灌入安全瓶。

⑤ 在布氏漏斗内洗涤沉淀时，应停止抽滤，让少量洗涤剂缓慢通过沉淀，然后进行抽滤。

⑥ 为了尽量抽干漏斗上的沉淀，最后可用一个平顶的试剂瓶来挤压沉淀。过滤完后，应先将吸滤瓶支管的橡胶管拆下，关闭水泵，再取下漏斗，将漏斗的颈口朝上，轻轻敲打漏斗边缘，使滤饼脱离漏斗，倾入事先准备好的滤纸上或容器中。

对特殊性质的溶液与固体的分离，需用特殊的方法。可用其他滤器（如玻璃砂芯漏斗、玻璃砂芯坩埚）或材料（如石棉纤维）代替滤纸。

有些强酸性、强碱性或强氧化性的溶液过滤时不能用滤纸，因为溶液和滤纸作用会破坏滤纸。可以用石棉纤维来代替滤纸，此法适用于滤液有用而沉淀被废弃的情况。如果过滤后沉淀有用，则可使用玻璃熔砂漏斗，过滤是通过熔接在漏斗中部的具有微孔的烧结玻璃片进行的。根据烧结玻璃片孔隙的大小，常把这种漏斗分为四种规格，即 1 号、2 号、3 号和 4 号。1 号的孔径最大，可以根据沉淀颗粒的大小来选用。但玻璃熔砂漏斗不适用于强碱性溶液的过滤，因为强碱会腐蚀玻璃而使烧结玻璃片的微孔堵塞。

（3）热过滤　当需除去热浓溶液中的不溶性杂质，而又不能让溶质析出时，一般采用热过滤。过滤前把布氏漏斗在水浴中预热，使热溶液在趁热过滤时不至于因冷却而在漏斗中析出溶质。也可把玻璃漏斗放在铜质热漏斗内，后者装有热水以保持溶液温度，见图 8。另外，热过滤所选用的漏斗颈愈短愈好，以免过滤时溶液在漏斗颈内停留过久，因散热降温，析出晶体而发生堵塞。

加热过滤方法的优点是，在热水漏斗的保温下可防止在过滤过程中因温度降低在滤纸上或漏斗颈部析出结晶，故溶液里的溶质在冷却时析出的，而又不希望这些溶质在过滤时析出在滤纸上，就需趁热过滤。如在热过滤时滤纸上或漏斗颈部有晶体析出，必须用小刀把晶体刮下，用玻璃棒把晶体慢慢捅出，置于原来的瓶中，加适量溶剂加热溶解后进行过滤。

加热过滤时，常使用有效面积较大的折叠型滤纸，俗称折叠滤纸或菊花形滤纸。其折叠方法如图 9：将双层的半圆形滤纸再对折成四分之一即将其对折，得折痕 1-2、2-3、2-4；再折成八个等份，即在 2-3 与 2-4 之间折出 2-6，在 1-2 与 2-4 间对折出 2-5；再在 1-2 与 2-5、2-6 与 2-4、2-4 与 2-5、2-6 与 2-3 间对折出 2-10、2-8、2-7、2-9。从上述折痕的相反方向，在相邻两折痕间都对折一次，乃呈双层的扇形，最后拉开双层即可得菊花形滤纸。

折叠时折纹切勿折至滤纸的中心。否则，因中心太薄易在过滤时破裂。

图 8　热过滤

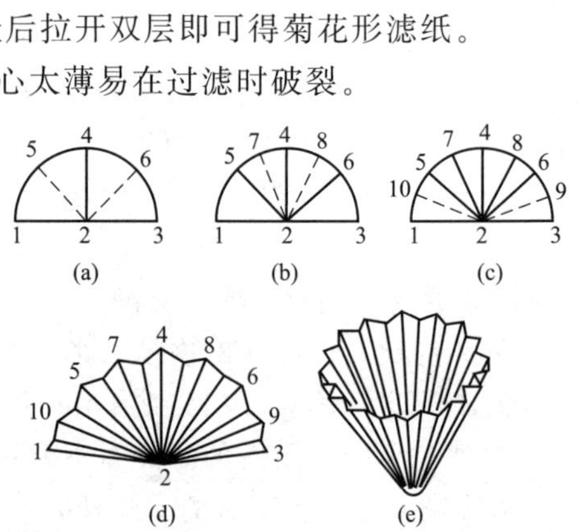

图 9　滤纸折叠方法

3. 离心法

少量溶液和沉淀的分离常用离心分离法。该法操作简单而迅速，操作时使用离心试管和电动离心机，见图 10。

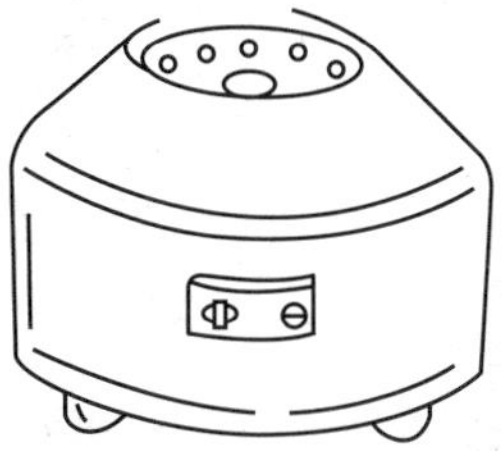

图 10　电动离心机

将盛有沉淀的离心试管放入离心机的试管套内，在与之相对称的另一试管套内也要装入一支盛水的相等质量的试管，以使离心机的两臂平衡，否则易损坏离心机的轴承。使用离心机时，要逐渐加速，旋转一段时间后，让其自然减速至停止旋转。在任何情况下，都不能突然加速离心机，或在未停止旋转前手按住离心机的转轴，强制其停下来，否则离心机很容易损坏，而且容易发生危险。

离心时间和转速，由沉淀的性质来决定。结晶形的紧密沉淀，转速 1000r/min，1～2min 后即可停止。无定形的疏松沉淀，沉降时间要长些，转速可提高至 2000r/min。由于离心作用，沉淀紧密聚集在离心试管底部的尖端，溶液则变清。离心沉降后，可用毛细吸管（或滴管）把清液与沉淀分开。取一支毛细吸管，先用手指捏紧橡胶头排除空气，将毛细吸管的尖端轻轻插入液面以下，但不可接触沉淀（注意尖端与沉淀表面的距离不应小于 1mm），然后缓缓放松橡胶头，尽量吸出上层清液。操作中注意不要将沉淀吸入管中，或搅起沉淀。

洗涤离心试管中存留的沉淀，可加入少量溶剂，用玻璃棒充分搅拌。离心分离使沉淀沉降。再按上述方法将上层清液尽可能地吸尽。如此重复洗涤沉淀 2～3 次，即可洗去沉淀中的溶液和吸附的杂质。必要时可检验是否洗净，方法是将一滴洗涤液放在点滴板上，加入适当试剂，检查应分离出去的离子是否还存在，决定是否需要进一步洗涤沉淀。

六、有机化学实验基本操作

1. 熔点的测定技术

（1）原理　固体物质在大气压下加热熔化时的温度称为熔点，严格地说，熔点是物质固液两相在大气压下平衡共存时的温度。纯粹的固体有机物一般都有固定的熔点，即在一定压力下，固液两相之间的变化是非常敏锐的，自初熔至全熔的温度变化范围叫熔程，纯物质的熔程一般为 0.5～1℃。当物质混有少量杂质时，则熔点会下降，熔程增大，对于纯粹的固体有机物来说，熔点是一个很重要的物理常数，熔点测定可鉴定纯粹的有机物，同时根据熔程长短又可定性地看出该化合物的纯度。

如果两种物质具有相同或相近的熔点，可以通过测定其混合物熔点来判断它们是否为同一物质，因为相同的两种物质以任何比例混合时，其熔点不变，相反两种不同物质的混合物，通常熔点下降，熔程增大，这种鉴定方法叫混合熔点法。

熔点测定目前使用较广泛的是毛细管法，此法仪器简单，方法简便，依靠管内传热溶液的温度差而产生对流，不需人工搅拌。测定结果虽略高于真实值，但仍可满足一般的实验要求。

（2）实验操作

① 熔点管的制备。通常采用的熔点管为长 70～80mm，直径 1～1.5mm 的一端封闭的毛细管，此管可以购买，也可以截取适当长度、直径的玻璃管熔封住一端的管口而制得。

② 样品的填装。取 0.1～0.2g 干燥样品放在干净的表面皿或玻璃片上，研成粉末状，聚成小堆，将熔点管开口端插入粉末中数次，将试剂装入熔点管中，另外取一支长约 40cm

的玻璃管立于倒扣的表面皿上，将已装好样品的熔点管开口朝上，从玻璃管上端自由落下，将样品震落到熔点管底部，重复几次，直至样品的高度为2～3mm。

③ 仪器装置。如图11所示，将提勒管（Thiele，又称b形管）固定在铁架台上，提勒管内倒入热浴液，使热浴液的液面略高于b形管的上侧管即可，用温度计水银球蘸取少量浴液，将装好样品的熔点管小心黏附在温度计旁，也可用橡皮筋固定，熔点管中样品处于温度计水银球的中部。温度计用缺口的单孔软木塞固定在b形管上。

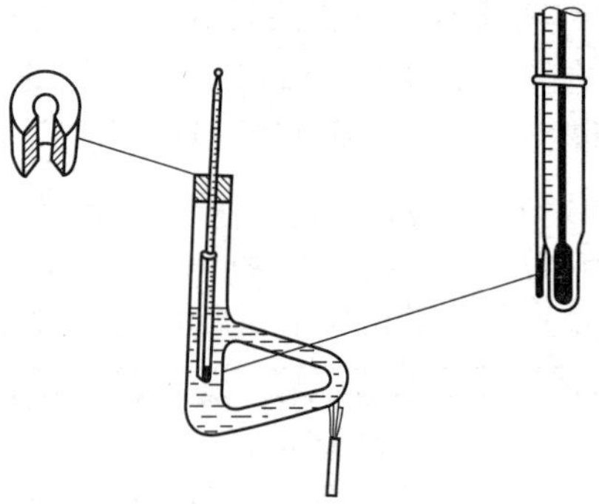

图11　熔点测定装置

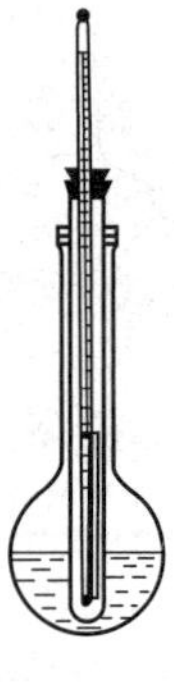

图12　双浴熔点测定器

橡皮筋不应接触热浴液，温度计的水银球在b形管两侧管中间。见图11。

④ 熔点的测定。按图11所示进行加热，对于测定未知物的熔点，要先粗略测定再精确测定，粗略测定时采用快速升温的办法，升温速度为4～5℃/min，直至样品熔化，记下此时温度计读数，供精确测定熔点时参考。

粗测后让浴液冷却至浴液温度低于粗测熔点20～30℃，换上一根新的样品管，进行精确测定。开始升温速度可以稍快，接近熔点约5℃时，使温度上升每分钟不超过1℃。此时注意观察熔点管中样品的变化。当熔点管中的样品开始塌落，湿润，出现小液滴时，表明样品开始熔化，记下此时温度（初熔温度），继续微热至固体全部消失，变为透明液时，记下此时温度（全熔温度），此范围即为样品的熔点范围（熔程）。

实验结束，将温度计取出，放在石棉网上自然冷却至室温，用废纸擦去浴液，再用水冲洗，热浴液冷却后倒回原瓶中。

(3) 注意事项

① 若无b形管时，也可用双浴熔点测定器代替，见图12。

② 热浴液的选择要根据所测样品而定。测定250℃以下物质的熔点，采用浓H_2SO_4为浴液较为合适，但热的浓硫酸具有极强的腐蚀性，溅出易伤人。测定140℃以下的物质的熔点，通常采用液体石蜡或甘油作浴液。

③ 为使测定的熔点精确，升温速度慢一点，让热量有充分的时间由毛细管外传至管内，减小误差，同时升温慢有利于实验者观察。通过调节火焰的大小可以控制升温速度。

(4) 温度计的校正　为了精确测量熔点，须对温度计进行校正，普通温度计的刻度是在温度计的水银线全部受热的情况下刻出来的，而在使用温度计时，仅将温度计的一部分插入热液中，另一部分露在液面外，这样测定势必产生误差，因此要校正。

校正温度计时，可选择多种已知熔点的纯有机化合物。例如，水-冰（0℃），二苯胺（54～55℃），萘（80℃），乙酰苯胺（114.3℃），苯甲酸（122℃）。

用已校正的温度计测其熔点，然后以实测熔点为纵坐标，以实测熔点与标准熔点的差值

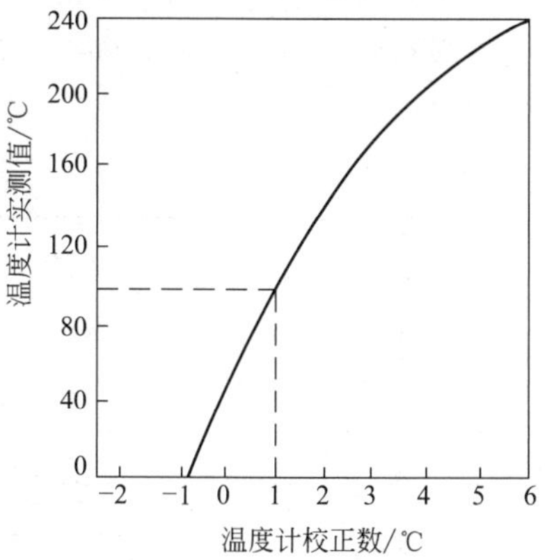

图 13　温度计校正曲线

为横坐标，绘制校正曲线，见图 13，凡用该温度计测得的温度均可在曲线上找到校正值。

2. 沸点测定技术

（1）原理　纯的液体化合物都具有一定的沸点，而且沸程也很小（0.5～1℃），通过测定某有机化合物的沸点，可以鉴别有机化合物和判别物质的纯度，也可以对有机物进行分离、纯化，因此沸点是重要的物理常数之一。

在液体受热时，其饱和蒸气压升高，当饱和蒸气压与大气压相等时，开始时有大量气泡不断地从液体内部逸出来，液体开始沸腾，这时液体的温度就是该化合物的沸点。物质的沸点与其所受的大气压有关，气压增大，液体沸腾时的蒸气压加大，沸点升高；相反，气压减小，则沸腾时的蒸气压也下降，沸点降低。

（2）沸点的测定方法　沸点测定方法分常量法与微量法两种，常量法的装置与蒸馏操作相同，装置如图 14，这种方法试剂用量为 10mL 以上，若样品不多，可采用微量法。

微量法测定沸点的装置与测熔点装置相同，如图 15 所示，取 1～2 滴待测液置于长 80～90mm，直径 4～5mm 的沸点外管中，把一支长 90～95mm、直径约 1mm 的毛细管（内管）一端烧熔封闭，把封闭的一端朝上放入沸点外管中，并让开口处浸入待测液中，用橡皮筋将沸点外管附于温度计上，使沸点外管底部与温度计水银球底部平齐，将固定好沸点外管的温度计放入浴液中即可进行加热。加热时，由于气体膨胀，内管中会有小气泡缓缓逸出，在到达该液体的沸点时，将有一连串的小气泡连续冒出，此时立刻停止加热，使浴液自行冷却，仔细观察，当最后一个气泡刚欲冒出又缩回至内管时，表示毛细管内的蒸气压与外界压力相等，立刻记录温度计的读数，此温度为该液体的沸点。

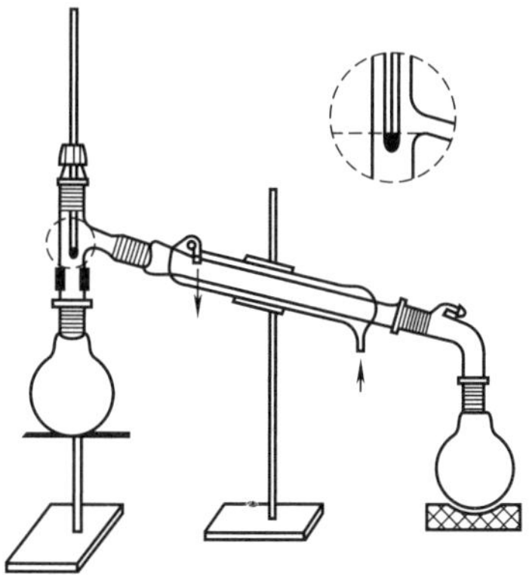

图 14　常量法测沸点装置

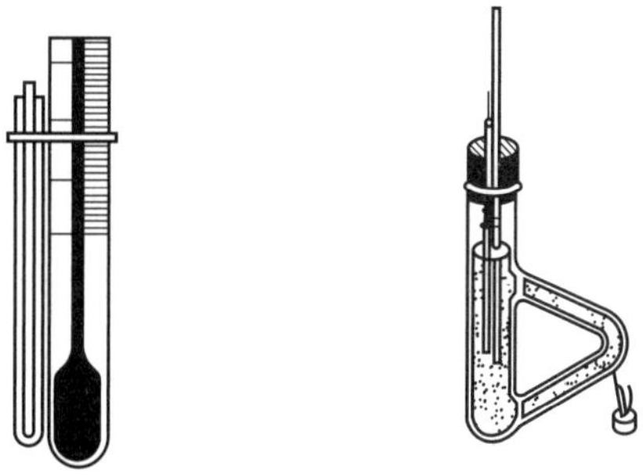

(a) 沸点管附着在温度计上的位置　　(b) b形管测沸点装置

图 15　微量法测沸点装置

（3）注意事项

① 有一定沸点的物质不一定都是纯物质，有些二元或三元共沸物也有一定的沸点，如 95.57％ 的乙醇和 4.43％的水组成的二元共沸混合物，其沸点是 78.17℃。

② 将液体置于密闭容器中，液体由于分子运动，会从液体表面逸出，在液体上部空间

形成蒸气，同时，蒸气中的分子也会返回到液体中，当分子从液体逸出的速度等于从蒸气中返回到液体的速度，即达到动态平衡，此时液面上的蒸气压称饱和蒸气压，一定温度下，每种液体都具有一定的饱和蒸气压。表 3 列有一些标准化合物的沸点。

表 3 标准化合物的沸点

化合物名称	沸点/℃	化合物名称	沸点/℃
溴乙烷	38.4	氯苯	131.8
丙酮	56.1	溴苯	156.2
氯仿	61.3	环己醇	161.1
四氯化碳	76.8	苯胺	184.5
乙醇	78.2	苯甲酸甲酯	199.5
苯	80.1	硝基苯	210.9
水	100.1	水杨酸甲酯	223.0
甲苯	110.0	对硝基甲苯	238.3

③ 为校正起见，待温度降下几摄氏度后再缓缓加热，记下刚出大量气泡的温度，两次温度读数相差应该不超过 1℃。

3. 水蒸气蒸馏技术

（1）原理 水蒸气蒸馏是分离和提纯液态有机物的重要方法之一，使用这种方法时，被提纯的物质应该不溶（或几乎不溶）于水，在沸腾下长时间与水共存但不起化学变化，在 100℃左右时必须具有一定的蒸气压（一般不小于 1333Pa）。

两种不混溶的挥发性物质混合在一起，整个体系的蒸气压力，根据道尔顿分压定律，应为各组分蒸气压之和。即

$$p_{总}=p_A+p_B$$

当混合物中各组分蒸气压总和等于外界大气压时，混合物开始沸腾，其沸点必定较任何一个组分的沸点都低，因此，常压下应用水蒸气蒸馏，就能在低于 100℃的情况下将高沸点组分与水分蒸出来。水蒸气蒸馏特别适用于反应物中有树脂状杂质存在，或者某些有机物在达到沸点时会分解破坏的情况。

在水蒸气蒸馏的馏出液中，设有机物质量为 $m(A)$，水的质量为 $m(B)$，则两者质量比等于两者的分压与两者摩尔质量的乘积之比。

$$\frac{m(A)}{m(B)}=\frac{M(A)p(A)}{M(B)p(B)}$$

例如，加热溴苯和水混合物至 95.5℃，混合物开始沸腾，在此温度下溴苯的蒸气压为 15195.8Pa，水的蒸气压为 86126.3Pa，则蒸出液的组分可通过上式计算出：

$$\frac{m(A)}{m(B)}=\frac{157\times15195.8}{18\times86126.3}=\frac{10}{6.5}$$

通过计算可知，溴苯蒸气压虽小，但其分子量比水大得多，所以按质量计算，馏出液中溴苯比水多，每蒸出 6.5g 水能够带出 10g 溴苯，溴苯在馏出液中占 61%。

上述计算只是近似的，因为有的有机物在水中有一定的溶解度，因此实际上得到的有机物比理论值低一些。

（2）实验操作

① 仪器装置。水蒸气蒸馏的简单装置见图 16，主要由水蒸气发生器和蒸馏装置两部分

组成。

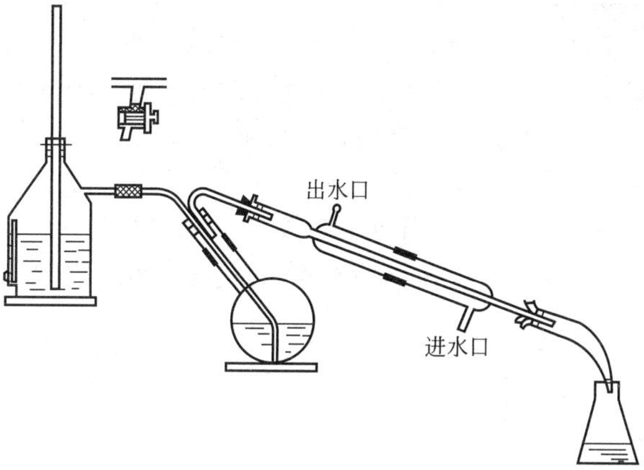

图 16　水蒸气蒸馏装置

水蒸气发生器通常是铁皮制成的，也可用短颈圆底烧瓶代替，盛水量以其容积的 3/4 为宜，器口通过软木塞，插入一根长玻璃管为安全管，管的下口接近容器底，当容器内气压太大时，水可沿着玻璃管上升，以调节内压，如果水蒸气导入管发生阻塞，水便会从管的上口喷出，此时应拆下装置，予以排除。

蒸馏部分由圆底烧瓶、二口连接管和蒸馏头组成，圆底烧瓶中加入待蒸馏的物质，其加入量不宜超过容积的 1/3，以便被水蒸气加热至沸腾而汽化出来。

为了减少对蒸馏产率的影响，在水蒸气发生器与蒸气导管之间连一个三通管（T 形管）。T 形管的下端连一段软橡胶管和弹簧夹，用来在必要时排放冷凝水。冷凝部分与接收器部分的安装和蒸馏装置相同。

② 实验步骤。检查好装置的气密性后，在水蒸气发生器中加入水和数块沸石，圆底烧瓶中加入待蒸馏的物质，然后加热水蒸气发生器，直至接近沸腾后才将弹簧夹夹紧，使水蒸气均匀地进入圆底烧瓶开始水蒸气蒸馏，这时只见瓶中的混合物翻腾不息，有机物和水的混合蒸气经冷凝管成乳浊液进入接收器，在操作时要时时注意观察安全管中的水位是否正常，如发现水位持续上升，就立即打开 T 形管的夹子，移去热源，将故障排除后，再继续蒸馏。

当馏出液澄清透明而不含油珠时，蒸馏操作就可以停止，停止时一定要先打开 T 形管的夹子与大气相通，然后方可停止加热，否则圆底烧瓶中的液体将会倒吸入水蒸气发生器中。

4. 分馏技术

（1）原理　应用分馏柱将几种沸点相近而又互溶的液体混合物进行分离的方法称为分馏，实际上分馏就是多次蒸馏。

分馏是利用分馏柱来进行的，分馏柱是一根长而垂直，柱身有一定形状的空管，或者在管中填以特制的填料，目的是增大气液两相的接触面积，提高分离效果，当混合物的蒸气进入分馏柱时，不断上升的蒸气和重新冷凝下来的液体相遇时，两者之间进行了热交换，沸点较高的组分被冷凝下来，沸点低的组分继续汽化上升，如此经过多次的液相与气相的热交换，使得低沸点的物质不断上升，最后被蒸馏出来，高沸点的物质则不断流回加热的容器中，从而将沸点不同的物质分离，当分馏柱的柱体足够高时，达到柱顶的蒸气绝大部分是低沸点、纯净易挥发组分，流回烧瓶里的是高沸点、纯净物质，从而达到较好的分离效果。

（2）分馏装置　实验室中的分馏装置包括圆底烧瓶、韦氏分馏柱、温度计、直形冷凝管、接收器等几部分（如图 17 所示），安装操作与蒸馏相似，自下而上，自左向右，先夹住圆底烧瓶，再装上韦氏分馏柱、蒸馏头，最后安装冷凝管和接液器。

（3）分馏操作　按图 17 安装好装置后，将待分馏的混合物加入圆底烧瓶中，加入沸石，柱的外围可用石棉绳等保温材料包裹，选用合适的热浴加热，液体沸腾后要注意调节浴温，使蒸气慢慢升入分馏柱，当蒸气上升至柱顶部时（可用手摸柱壁，若烫手表示蒸气已达该处），开始有馏分馏出，记录第一滴馏出液滴入接收器时的温度，然后调节浴温，使得蒸出液体的速度为每 2～3s 下落 1 滴，这样分馏效果好，待低沸点组分蒸完后，再渐渐升高温度，继续分馏。

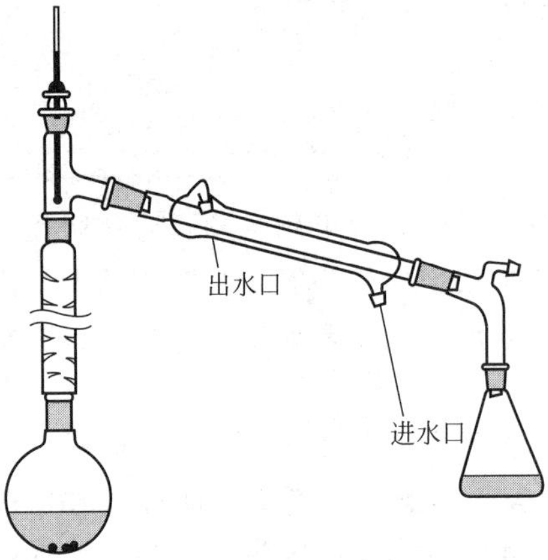

图 17　分馏装置

第四部分

基础化学常用仪器的使用

一、天平

实验室常用的称量仪器是台秤和电子天平。台秤能迅速称量物质的质量，但精确度不高，一般只能准确到0.1g；电子天平则能达到0.0001g。

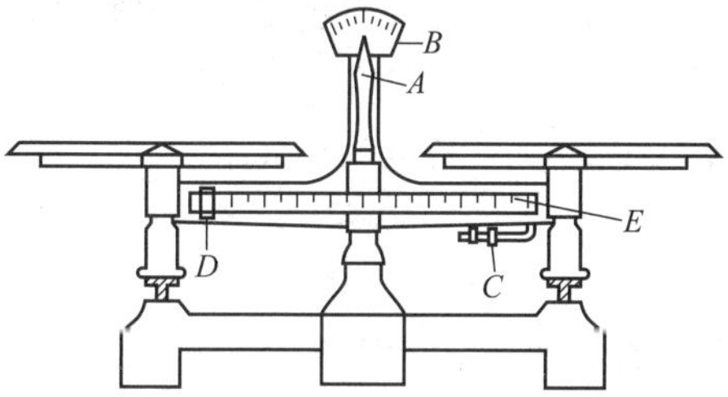

图18　台秤

1. 台秤

台秤又称托盘天平，其构造如图18所示。使用前应先调整台秤的零点。方法是：将游码 *D* 拨到游码标尺左端的“0”位上，观察台秤的指针 *A* 是否停在分度盘 *B* 的中间位置，否则可旋转平衡调节螺钉 *C*，使指针在刻度盘上左右摆动几乎相等，最后将停留在中间位置，此即零点。

称量时，左盘放称量物，右盘放砝码。砝码应从大到小添加。在添加刻度标尺 *E* 以内的质量时（如10g或6g），可移动标尺上的游码，直至指针的位置与零点相符（允许偏差在1小格以内）。

称量时需注意下面几点：

① 称量物不能直接放在秤盘上，根据情况可放在洁净光滑的纸、表面皿或烧杯中。称量物及盛器的总质量不能超过台秤的最大载重。

② 不能称量热的物品。

③ 称量完毕，将砝码放回盒内原处，游码须退回到“0”位，使台秤各部分恢复原状。

④ 保持台秤清洁，若不慎将药品撒落在秤盘上应立即用天平刷刷干净。

2. 电子天平

（1）称量原理　电子天平是最新一代的天平，它是利用电磁力平衡原理，直接称量，全量程不需砝码。放上称量物后，在几秒钟内即达到平衡，显示读数，称量速度快，精度高。具有使用寿命长、性能稳定、操作简便和灵敏度高的特点。此外，电子天平还具有自动校正、自动去皮、超载指示等功能。

（2）电子天平的使用　尽管电子天平种类繁多，但其使用方法大同小异，具体操作可参看各仪器的使用说明书。下面以国产的FA1604型电子天平（见图19）为例，简要介绍电子天平的使用方法。

① 水平调节。观察水平仪，如水平仪水泡偏移，需调整水平调节脚，使水泡位于水平仪中心。

② 预热。接通电源，预热5min后，开启显示器进行操作。称量完毕，一般不用切断电

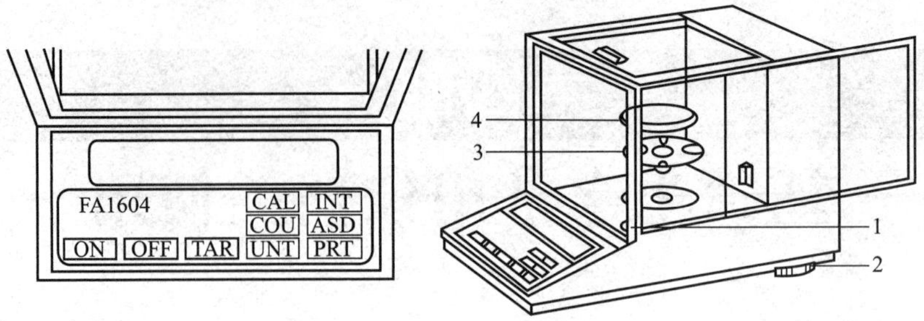

图 19 FA1604 型电子天平的外形和键盘结构

1—水平仪；2—水平调节脚；3—盘托；4—秤盘

ON—开启显示器键；OFF—关闭显示器键；TAR—清零、去皮键；CAL—校准功能键；INT—积分时间调整键；COU—点数功能键；ASD—灵敏度调整键；UNT—量制转换键；PRT—输出模式设定键

源［若较短时间内（如 2h 内）暂不使用天平］，再用时可省去预热时间。

③ 开启显示器。轻按“ON”键，显示器全亮，约 2s 后，显示天平的型号，然后是称量模式 0.0000g。读数时应关上天平门。

④ 天平基本模式的选定。天平通常为“通常情况”模式，并具有断电记忆功能。使用时若改为其他模式，使用后一经按“OFF”键，天平即恢复通常情况模式。称量单位的设置等可按说明书进行操作。

⑤ 校准。天平安装后，第一次使用前，应对天平进行校准。因存放时间较长、位置移动、环境变化或为获得精确测量，天平在使用前一般都应进行校准操作。图 19 天平采用外校准（有的电子天平具有内校准功能），按“TAR”键清零后，按“CAL”键，放上 100g 校准砝码，显示 100.000g，即完成校准。

⑥ 称量。按“TAR”键，显示为零后，置称量物于秤盘上，待数字稳定，即显示器左下角的“0”标志消失后，即可读出称量物的质量值。

⑦ 去皮称量。按“TAR”键清零，置容器于秤盘上，天平显示容器质量，再按“TAR”键，显示零，即去除皮重。再置称量物于容器中，或将称量物（粉末状物或液体）逐步加入容器中直至达到所需质量，待显示器左下角“0”消失，这时显示的是称量物的净质量。将秤盘上的所有物品拿开后，天平显示负值，按“TAR”键，天平显示 0.0000g。若称量过程中秤盘上的总质量超过最大载荷（FA1604 型电子天平为 160g）时，天平仅显示上部线段，此时应立即减小载荷。

⑧ 称量结束后，若较短时间内还使用天平（或其他人还使用天平），一般不用按“OFF”键关闭显示器。实验全部结束后，关闭显示器，切断电源。

3. 称量方法

根据不同的称量对象，需采用相应的称量方法。

（1）直接法　天平零点调定后，将被称物直接放在秤盘上，所得读数即为被称物的质量。这种称量方法适用于称量洁净干燥的器皿、棒状或块状的金属及其他整块的不易潮解或升华的固体样品。注意，不得用手直接取放被称物，可采取戴汗布手套、垫纸条、用镊子或钳子等适宜的办法。

（2）差减法　又称减量法，此法用于称量一定质量范围的样品或试剂。在称量过程中样品易吸水、易氧化或易与 CO_2 反应时，可选择此法。由于称取试样的质量是由两次称量之差求得，故又称差减法。

称量步骤如下：从干燥器中取出称量瓶（见图 20，注意：不要让手指直接触及瓶身和瓶盖），用小纸片夹住称量瓶柄，打开瓶盖，用牛角匙加入适量试样（一般为称一份试样量的整数倍）盖上瓶盖。将称量瓶置于天平左盘。称出称量瓶加试样后的准确质量。将称量瓶取出，在接收器的上方，倾斜瓶身，用称量瓶盖轻敲瓶口上部使试样慢慢落入容器中（见图 21）。当倾出的试样接近所需量（可从体积上估计或试重得知）时，一边继续用瓶盖轻敲瓶口，一边逐渐将瓶身竖直，使黏附在瓶口上的试样落下，然后盖好瓶盖，把称量瓶放回天平左盘，准确称取其质量。两次质量之差，即为试样的质量。按上述方法连续递减，可称取多份试样。有时一次很难得到合乎质量范围要求的试样，可多进行两次相同的操作过程。

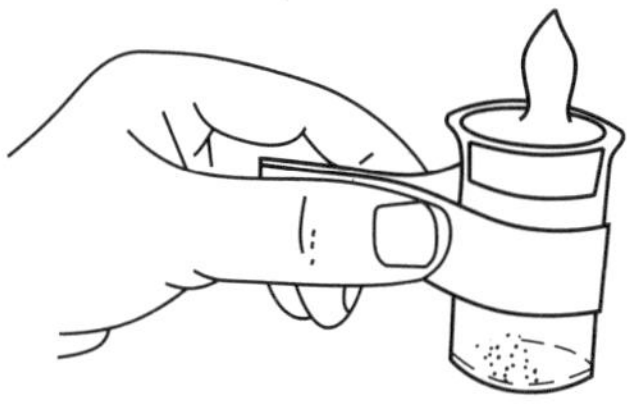

图 20　称量瓶

图 21　倾出试样的操作

（3）固定量称量法（增量法）　直接用基准物质配制标准溶液时，有时需要配成一定浓度值的溶液，这就要求所称基准物质的质量必须是一定的。例如，配制 100mL 含钙 $1.000\text{mg}\cdot\text{mL}^{-1}$ 的标准溶液，必须准确称取 0.2497g $CaCO_3$ 基准试剂。称量方法是：准确称量一洁净干燥的小烧杯（50mL 或 100mL），读数后再适当调整砝码，在天平半开状态下，小心缓慢地向烧杯中加 $CaCO_3$ 试剂，直至天平读数正好增加 0.2497g 为止。这种称量操作的速度很慢，适用于不易吸潮的粉末状或小颗粒（最大颗粒应小于 0.1mg）样品。

二、分光光度计

分光光度计的型号较多，如 721 型、722 型、752 型等，下面以实验室常用的 722 型分光光度计为例介绍其使用方法。

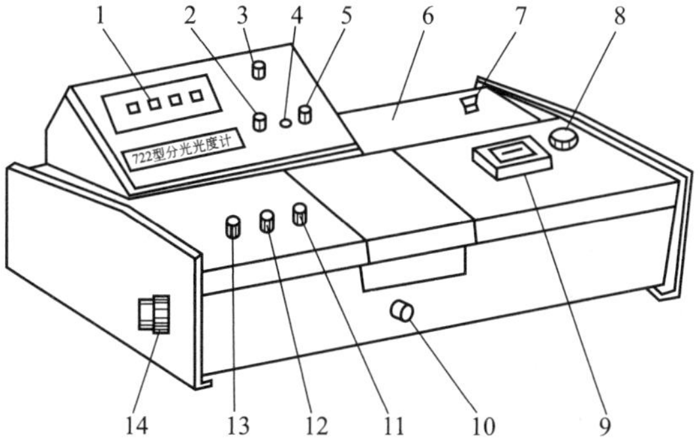

图 22　722 型分光光度计

1—数字显示器；2—吸光度调零旋钮；3—选择开关；4—吸光度调斜率电位器；5—浓度旋钮；6—光源室；7—电源开关；8—波长手轮；9—波长读数窗；10—试样架拉手；11—100%T 旋钮；12—0%T 旋钮；13—灵敏度调节旋钮；14—干燥器

1. 仪器的性能

722 型分光光度计的外形如图 22 所示，主要技术指标如下。

波长范围：330～800nm；波长精度：±2nm

电源电压：220V±10%、49.5～50Hz

浓度直读范围：0～2000mol·L^{-1}

吸光度测量范围：0～1.999

透射率测量范围：0～100%

光谱带宽 6nm；色散元件：衍射光栅

光源：卤钨灯 12V，30W

接收元件：光电管，端窗式 19008

噪声：0.5%（在 550nm 处）

2. 仪器的光学系统

722 型分光光度计光学系统示意图如图 23。

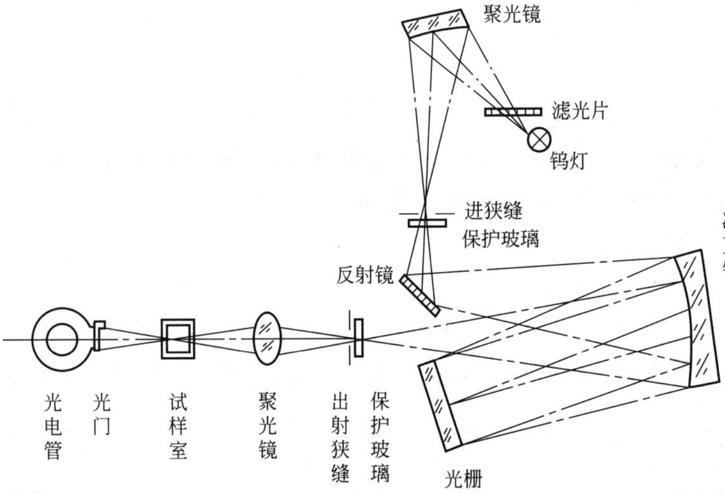

图 23　722 型分光光度计光学系统图

钨灯发出的连续辐射经滤光片选择，聚光镜聚光后从进狭缝投向单色器，进狭缝正好处在聚光镜及单色器内准直镜的焦平面上，因此进入单色器的复合光通过平面反射镜反射及准直镜准直变成平行光射向色散元件光栅，光栅将入射的复合光通过衍射作用按照一定顺序均匀排列成连续单色光谱。此单色光谱重新回到准直镜上，由于仪器出射狭缝设置在准直镜的焦平面上，这样，从光栅色散出来的光谱经准直镜后利用聚光原理成像在出射狭缝上，出射狭缝选出指定带宽的单色光通过聚光镜落在试样室被测试样中心，试样吸收后透射的光经光门射向光电管阴极面，由光电管产生的光电流经微电流放大器、对数放大器放大后，在数字显示器上直接显示出试样溶液的透射率、吸光度或浓度数值。

3. 仪器的使用方法及注意事项

（1）使用方法

① 将灵敏度旋钮调至“1”挡（放大倍率最小）。

② 开启电源，指示灯亮，仪器预热 20min，选择开关置于“T”。

③ 打开试样室（光门自动关闭），调节透光率零点旋钮，使数字显示为“000.0”。

④ 将装有溶液的比色皿置于比色架中。

⑤ 旋动仪器波长手轮，把测试所需的波长调节至刻度线处。

⑥ 盖上试样室盖，将参比溶液比色皿置于光路，调节透射率“100”旋钮，使数字显示 T 为 100.0（若显示不到 100.0，则可适当增加灵敏度的挡数，同时应重复③，调整仪器的“000.0”）。

⑦ 将被测溶液置于光路中，数字表上直接读出被测溶液的透射率（T）值。

⑧ 吸光度（A）的测量，参照③、⑥，调整仪器的“000.0”和“100.0”，将选择开关置于 A，旋动吸光度调零旋钮，使得数字显示为“0.000”，然后移入被测溶液，显示值即为试样的吸光度（A）值。

⑨ 浓度（c）的测量，选择开关由 A 旋至 C，将已标定浓度的溶液移入光路，调节浓度旋钮，使得数字显示为标定值，将被测溶液移入光路，即可读出相应的浓度值。

⑩ 装试样溶液的试样室为玻璃比色皿（适用于可见光）或石英比色皿（适用于紫外光和可见光）。每台仪器所配套的比色皿不能与其他仪器上的比色皿单个调换。

（2）注意事项

① 为确保仪器稳定工作，如电压波动较大，则应将 220V 电源预先稳压。

② 当仪器工作不正常时，如数字表无亮光、电源灯不亮、开关指示灯无信号等，应检查仪器后盖保险丝是否损坏，然后查电源线是否接通，再查电路。

③ 仪器要接地良好。本仪器数字显示后背部带有外接插座，可输出模拟信号。插座 1 脚为正，2 脚为负接地线。

④ 仪器左侧下脚有一只干燥剂筒，实验室内也有硅胶，应保持其干燥性，发现变色立即更新或加以烘干再用。当仪器停止使用后，也应该定期更新烘干。

⑤ 为了避免仪器积灰和沾污，在停止工作时，用套子罩住整个仪器，在套子内应放数袋防潮硅胶，以免灯室受潮，使反射镜镜面有霉点或沾污，从而影响仪器性能。

⑥ 要注意保护比色皿的透光面，勿使产生斑痕，否则影响透射率。比色皿放入比色皿架前应用吸水纸吸干外壁的水珠，拿取比色皿时，只能用手捏住毛玻璃的两面。比色皿每次使用完毕后，应洗净，吸干，放回比色皿盒子内。切不可用碱溶液和强氧化剂洗比色皿，以免腐蚀玻璃或使比色皿黏结处脱胶。

⑦ 若大幅度改变测试波长，需等数分钟后才能正常工作（因波长由长波向短波或反之移动时，光能量变化急剧，光电管受光后响应迟缓，需一段光响应平衡时间）。

⑧ 仪器工作数月或搬动后，要检查波长精度和吸光度精度等，以确保仪器的使用和测定精度。

第五部分
学生实验

实验一　化学反应速率和化学平衡

一、实验目的

1. 理解浓度、温度和催化剂对化学反应速率的影响。
2. 熟悉浓度和温度对化学平衡的影响。

二、实验原理

1. 化学反应速率

化学反应速率用单位时间内反应物或生成物浓度的改变来表示。化学反应速率的快慢，首先决定于反应物的本性，其次受外界条件（浓度、温度、催化剂等）的影响。

根据质量作用定律，化学反应速率与各反应物浓度有关。改变反应物浓度，反应速率就发生变化。例如，KIO_3 与 $NaHSO_3$ 的反应：

$$2KIO_3 + 5NaHSO_3 = Na_2SO_4 + 3NaHSO_4 + K_2SO_4 + I_2 + H_2O$$

此反应中所产生的 I_2 可使淀粉变成蓝色，如果在溶液中预先加入淀粉指示剂，则可根据淀粉变蓝所需时间的长短来判断反应速率的快慢。

温度对反应速率有显著影响，催化剂也可改变反应速率。

2. 化学平衡

在一定条件下，可逆反应的正、逆反应速率相等时，即达到化学平衡。当外界条件改变时，化学平衡就会发生移动，根据勒夏特列原理，可以判断平衡移动的方向。例如，下列化学平衡：

$$\underset{\text{（黄色）}}{2K_2CrO_4} + H_2SO_4 \rightleftharpoons \underset{\text{（橙色）}}{K_2Cr_2O_7} + K_2SO_4 + H_2O$$

当向反应系统中加入 H_2SO_4 后，反应物浓度增大，正反应速率加快，使 $v_正 > v_逆$，平衡向右移动，其结果生成物浓度增大，溶液由黄色变为橙色；当向平衡系统中加入 NaOH 溶液时，中和了溶液中 H_2SO_4 的量，降低了反应物浓度，使 $v_逆 > v_正$，平衡向左移动，其结果为生成物浓度减小，溶液由橙色变为黄色。

三、主要仪器与试剂

仪器：秒表、温度计（100℃）、量筒、试管、烧杯、NO_2 平衡仪。

试剂：0.05mol·L^{-1} KIO_3、0.05mol·L^{-1} $NaHSO_3$、5%淀粉溶液、2.0mol·L^{-1} H_2SO_4、0.1mol·L^{-1} $MnSO_4$、0.1mol·L^{-1} $H_2C_2O_4$、0.01mol·L^{-1} $KMnO_4$、2.0mol·L^{-1} NaOH、0.1mol·L^{-1} K_2CrO_4、0.1mol·L^{-1} $FeCl_3$、0.1mol·L^{-1} NH_4SCN、3% H_2O_2、MnO_2 固体。

四、实验内容

1. 浓度对反应速率的影响

用量筒量取 10mL 0.05mol·L^{-1} $NaHSO_3$ 溶液和 35mL 蒸馏水放入小烧杯中。再用量筒量取 5mL 0.05mol·L^{-1} KIO_3 溶液迅速放入盛有 $NaHSO_3$ 溶液的小烧杯中，同时用秒表计时，并用玻璃棒加以搅动，记下溶液变蓝所需的时间。同上操作，按表 4 的用量进行另外几次实验，将各次反应的时间数据填入表 4 中。

表 4 浓度对反应速率的影响

实验序号	$NaHSO_3$ 体积 V/mL	H_2O 体积 V/mL	KIO_3 体积 V/mL	溶液变蓝时间 t/s
1	10	35	5	
2	10	30	10	
3	10	25	15	
4	10	20	20	
5	10	15	25	

根据实验结果，说明浓度对反应速率的影响。

2. 温度对反应速率的影响

在 100mL 小烧杯中，加入 10mL 0.05mol·L^{-1} $NaHSO_3$ 溶液和 30mL 蒸馏水。用量筒量取 10mL 0.05mol·L^{-1} KIO_3 溶液于一试管中。将小烧杯和试管同时放入热水浴中，恒温到比室温高 10℃时，取出 KIO_3 溶液迅速倒入 $NaHSO_3$ 溶液中，并用玻璃棒搅动，同时用秒表计时，记下淀粉变蓝所需时间。用同样的方法，在比室温高 20℃、30℃情况下进行反应，并将实验数据填入表 5 中。

表 5 温度对反应速率的影响

实验序号	$NaHSO_3$ 体积 V/mL	H_2O 体积 V/mL	KIO_3 体积 V/mL	实验温度 T/℃	溶液变蓝时间 t/s
1	10	30	10	室温	
2	10	30	10	室温＋10	
3	10	30	10	室温＋20	
4	10	30	10	室温＋30	

根据实验结果，说明温度对反应速率的影响。

3. 催化剂对反应速率的影响

(1) 取 2 支试管，一支试管中加入 2.0mol·L^{-1} H_2SO_4 2mL、0.1mol·L^{-1} $MnSO_4$ 溶液 0.5mL 和 0.1mol·L^{-1} $H_2C_2O_4$ 溶液 3mL；向另一支试管中加入 2.0mol·L^{-1} H_2SO_4 溶液 2mL 和 0.1mol·L^{-1} $H_2C_2O_4$ 溶液 3mL。然后向 2 支试管各加入 0.01mol·

$L^{-1}KMnO_4$ 溶液 3 滴，摇匀，比较 2 支试管中紫色褪去的快慢。写出反应方程式。

（2）向试管中加入 3mL 3% H_2O_2 溶液，观察有无气泡生成。然后，向试管中加入少量 MnO_2 粉末，观察现象。用余烬火柴插入试管检验生成的气体。写出反应方程式，说明 MnO_2 在反应中的作用。

4. 浓度对化学平衡的影响

（1）在试管中加入 5mL 0.1mol·$L^{-1}K_2CrO_4$ 溶液，然后滴加 2.0mol·$L^{-1}H_2SO_4$ 溶液。当溶液由黄色变为橙色后，再向试管中滴加 2.0mol·L^{-1}NaOH 溶液，观察溶液颜色变化，说明原因。

（2）在试管中加入 10mL 蒸馏水，滴加 0.1mol·$L^{-1}FeCl_3$ 溶液和 0.1mol·$L^{-1}NH_4SCN$ 溶液各 3 滴，摇匀得到红色溶液。将此溶液分装在 3 支试管中，第一支试管留作比较，向第二支试管加入 0.1mol·$L^{-1}FeCl_3$ 溶液 4 滴；向第三支试管加入 0.1mol·$L^{-1}NH_4SCN$ 溶液 4 滴。与第一支试管比较，观察颜色变化，解释原因。

5. 温度对化学平衡的影响

将充有 NO_2 和 N_2O_4 混合气体的 NO_2 平衡仪两端分别置于盛有冷水和热水的烧杯中，观察平衡仪两端颜色的变化。根据实验结果，说明温度对化学平衡的影响。

? 思考题

1. 根据实验结果说明浓度、温度和催化剂对化学反应速率的影响。
2. 化学平衡在什么情况下发生移动？如何判断平衡移动的方向？

实验二　电解质溶液

一、实验目的

1. 掌握弱电解质解离平衡的特点和其移动。
2. 学习缓冲溶液的配制和性质。
3. 验证盐类水解反应和其水解平衡移动。

二、实验原理

1. 弱电解质的解离平衡及其移动

弱电解质在水溶液中是部分解离的，存在着解离平衡。如 HAc：

$$HAc(aq) \rightleftharpoons H^+(aq) + Ac^-(aq)$$

如果在平衡系统中加入含有相同离子的强电解质，即增加 H^+ 或 Ac^- 的浓度，平衡向左移动，这种现象称为同离子效应。

2. 缓冲溶液

如果系统中存在弱电解质和其共轭碱（如 HAc 和 NaAc），或共轭酸（如 $NH_3·H_2O$ 和 NH_4Cl），则当加入少量的强酸、强碱或适当稀释时，系统的 pH 基本不变，这种溶液称为缓冲溶液。

3. 盐的水解

盐类物质水解的实质是盐的离子与溶液中的水解离出的 H^+ 或 OH^- 作用，产生弱电解质。例如，NaAc 的水解：

$$Ac^-(aq)+H_2O(aq)\rightleftharpoons HAc(aq)+OH^-(aq)$$

因此，NaAc 的水溶液呈碱性。

三、主要仪器与试剂

仪器：试管、试管夹、铁台、铁夹、酒精灯、滴管、点滴板。

试剂：0.1mol·L^{-1}HCl、0.1mol·L^{-1}HAc、0.1mol·L^{-1}NaOH、0.1mol·$L^{-1}$$NH_3\cdot H_2O$、0.1mol·$L^{-1}$NaAc、0.1mol·$L^{-1}$$NH_4Cl$、0.1mol·$L^{-1}$NaCl、0.1mol·$L^{-1}$$NH_4Ac$、0.1mol·$L^{-1}$$Na_2S$、0.1mol·$L^{-1}$$NaH_2PO_4$、0.1mol·$L^{-1}$$Na_2HPO_4$、6mol·$L^{-1}$$HNO_3$、$Na_2CO_3$ 饱和溶液、$Al_2(SO_4)_3$ 饱和溶液、锌粒、$Bi(NO_3)_3$ 固体、NaAc 固体、NH_4Cl 固体、甲基橙溶液、酚酞溶液、百里酚蓝。

四、实验内容

1. 强电解质溶液的比较

（1）用 pH 试纸测定浓度均为 0.1mol·L^{-1} 的 HAc 溶液、HCl 溶液、$NH_3\cdot H_2O$ 和 NaOH 溶液的 pH，并与计算值进行比较。

（2）取两支试管分别加入 2mL 0.1mol·L^{-1} 的 HCl 和 0.1mol·L^{-1}HAc 溶液，再分别加入一颗锌粒，比较进行反应的快慢。加热试管，进一步观察反应速率的差别（实验结束后回收未反应完的锌粒）。

2. 同离子效应

（1）取 2mL 0.1mol·L^{-1} 的 HAc 溶液于试管中，加入 1 滴甲基橙指示剂，观察溶液的颜色。然后将此溶液分为两份，其中一份加入少量 NaAc 固体，振荡，观察溶液颜色的变化，并与另一份溶液颜色进行比较，解释现象。

（2）取 2mL 0.1mol·L^{-1} 的 $NH_3\cdot H_2O$ 溶液于试管中，加入 1 滴酚酞指示剂，观察溶液的颜色。然后将此溶液分为两份，其中一份加入少量 NH_4Cl 固体，振荡，观察溶液颜色的变化，并与另一份溶液颜色进行比较，解释现象。

3. 缓冲溶液

（1）在 3 支试管中各加入 3mL 蒸馏水，然后在一支试管中加入 2 滴 0.1mol·L^{-1} 的 HCl 溶液，一支试管中加入 2 滴 0.1mol·L^{-1}NaOH 溶液。在 3 支试管中分别加入 5 滴百里酚蓝指示剂，观察溶液的颜色，解释现象。

（2）在一支试管中加入 5mL 0.1mol·L^{-1} 的 HAc 溶液和 5mL 0.1mol·L^{-1} 的 NaAc 溶液，配制成缓冲溶液。将此溶液分成 4 份于 4 支试管中，向第一支试管中加入 2 滴 0.1mol·L^{-1} 的 HCl 溶液，第二支试管中加入 2 滴 0.1mol·L^{-1}NaOH 溶液，第三支试管中加入少量蒸馏水，第四支试管留作对照。在 4 支试管中各加入 5 滴百里酚蓝指示剂，观察各支试管的颜色，从中可得出什么样的理论？

4. 盐的水解

（1）用 pH 试纸测定下列 0.1mol·L^{-1} 溶液的 pH：NaCl、NH_4Cl、Na_2S、NH_4Ac、NaH_2PO_4、Na_2HPO_4。

（2）取 2mL 0.1mol·L^{-1} NaAc 溶液于试管中，加入 1 滴酚酞指示剂，加热观察溶液颜色的变化，并加以解释。

（3）在试管中加入 1mL 饱和 $Al_2(SO_4)_3$ 溶液，然后加入 1mL 饱和 Na_2CO_3 溶液，有何现象？如何证明沉淀是 $Al(OH)_3$，而不是 $Al_2(CO_3)_3$？写出有关的反应方程式。

（4）往试管中加入少量固体 $Bi(NO_3)_3$，用蒸馏水溶解，有何现象？用 pH 试纸测定 pH，滴加 6mol·L^{-1} HNO_3 使溶液澄清，再加入蒸馏水稀释后又有何现象？根据平衡原理解释观察到的现象，由此了解实验室配制 $Bi(NO_3)_3$ 溶液时应该怎样做。

?思考题

1. 同离子效应对弱电解质的解离度有什么影响？
2. 为什么 $NaHCO_3$ 水溶液呈碱性，而 $NaHSO_4$ 的水溶液呈酸性？
3. 为什么 H_3PO_4 溶液呈酸性，NaH_2PO_4 溶液呈微酸性，Na_2HPO_4 溶液呈微碱性？
4. 如何配制 Sn^{2+}、Fe^{3+} 的水溶液？

实验三　盐酸标准溶液的配制和标定

一、实验目的

1. 掌握盐酸标准溶液的配制及注意事项。
2. 掌握分析天平的使用并能用差减法称量试样。
3. 熟悉滴定分析的基本操作及滴定仪器的使用方法和操作技巧。

二、实验原理

常用的酸标准溶液多为盐酸，但盐酸易挥发并且杂质含量较高，故常采用间接法配制成标准溶液，然后用基准物质标定其浓度。常采用基准物质硼砂或无水碳酸钠来标定。

1. 硼砂标定盐酸

反应方程式为：

$$Na_2B_4O_7+2HCl+5H_2O = 4H_3BO_3+2NaCl$$

硼酸是一种弱酸，当滴定至终点时，溶液的 pH 等于 5，所以采用甲基红作指示剂，标定结果的计算为：

$$c(HCl)=\frac{2m(Na_2B_4O_7\cdot 10H_2O)\times 1000}{M(Na_2B_4O_7\cdot 10H_2O)V(HCl)}$$

式中　$m(Na_2B_4O_7\cdot 10H_2O)$——称取硼砂的质量，g；

$M(Na_2B_4O_7\cdot 10H_2O)$——硼砂的摩尔质量，g·$mol^{-1}$；

$V(HCl)$——消耗盐酸的体积，mL；

$c(HCl)$——所求盐酸标准溶液的浓度，mol·L^{-1}。

本实验采用硼砂标定。

2. 无水碳酸钠标定盐酸

反应方程式为：

$$Na_2CO_3+2HCl \longrightarrow 2NaCl+H_2O+CO_2\uparrow$$

当达到滴定终点时，溶液的 pH 不等于 7，而是形成饱和碳酸溶液，它的 pH 为 3.9，故用甲基橙作指示剂。标定结果的计算式如下：

$$c(HCl)=\frac{2m(Na_2CO_3)\times 1000}{M(Na_2CO_3)V(HCl)}$$

三、主要仪器与试剂

仪器：量筒、500mL 试剂瓶、50mL 酸式滴定管、250mL 锥形瓶、分析天平。

试剂：硼砂、浓盐酸、0.1%甲基红指示剂。

四、实验内容

1. HCl 标准溶液的配制

用洁净量筒取 4.3mL 浓 HCl，倒入 500mL 事先已加少量蒸馏水的试剂瓶中（注意：在通风橱中操作），用蒸馏水稀释到 500mL，盖好瓶塞，充分摇匀，贴好标签备用（名称、班级、姓名、日期）。

2. 标定

用差减法准确称取硼砂（$Na_2B_4O_7\cdot 10H_2O$）3 份，每份重 0.4～0.5g（准确至 0.0001g），分别放入 250mL 锥形瓶中。加入 30mL 蒸馏水，使之完全溶解（若溶解速率太慢，可稍微加热），滴入 2～3 滴 1%甲基红指示剂。用 HCl 滴定至溶液恰好由黄色变为橙色即为终点，记录终点时消耗 HCl 溶液的体积，平行测定 3 次。

五、实验数据处理

HCl 标准溶液的标定（硼砂）

项目	1	2	3
$m(Na_2B_4O_7\cdot 10H_2O)$			
$V(HCl)$			
$c(HCl)$			
$\bar{c}(HCl)$			
相对相差(取两组数据计算)			

思考题

1. 配制盐酸标准溶液能否用直接法配制？为什么？
2. 除用基准物质标定盐酸外，还可用什么方法标定盐酸？

实验四 氢氧化钠标准溶液的配制和标定

一、实验目的

1. 熟练掌握间接法配制 NaOH 标准溶液的方法。

2. 理解并掌握酸碱滴定法测定溶液浓度的原理。

3. 掌握碱式滴定管的操作方法。

二、实验原理

常用的碱标准溶液是 NaOH 溶液，由于 NaOH 易吸收空气中的水分和 CO_2，故不能用直接法配制标准溶液，只能用间接法配制，然后用基准物质标定其准确浓度。标定 NaOH 所用的基准物质很多，常用的两种为邻苯二甲酸氢钾和草酸。

1. 邻苯二甲酸氢钾 ($KHC_8H_4O_4$)

$KHC_8H_4O_4$ 在空气中不吸水，易得到纯品，易保存，且摩尔质量较大（204.2g·mol^{-1}），称量误差小，是标定 NaOH 溶液较为理想的基准物质。反应方程式：

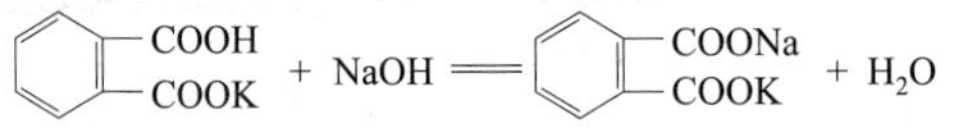

邻苯二甲酸氢钾是二元弱酸邻苯二甲酸的共轭碱，它的酸性较弱，故可用 NaOH 滴定。化学计量点时，溶液显弱碱性（pH=9.1），可以用酚酞作为指示剂。标定结果的计算如下：

$$c(\mathrm{NaOH})=\frac{m(\mathrm{KHC_8H_4O_4})\times 1000}{M(\mathrm{KHC_8H_4O_4})V(\mathrm{NaOH})}$$

本实验采用邻苯二甲酸氢钾标定。

2. 草酸为基准物质标定氢氧化钠溶液

反应方程式为：

$$H_2C_2O_4+2NaOH = Na_2C_2O_4+2H_2O$$

计量点时，溶液的 pH 为 8.4，可选用酚酞作指示剂，终点颜色变化明显。标定结果的计算

$$c(\mathrm{NaOH})=\frac{2m(\mathrm{H_2C_2O_4\cdot 2H_2O})\times 1000}{M(\mathrm{H_2C_2O_4\cdot 2H_2O})V(\mathrm{NaOH})}$$

三、主要仪器与试剂

仪器：50mL 碱式滴定管、250mL 锥形瓶、台秤、分析天平、烧杯、500mL 试剂瓶。

试剂：邻苯二甲酸氢钾固体（A. R.，在 100～125℃干燥后备用）、NaOH 固体、酚酞指示剂。

四、实验内容

1. 0.1mol·L^{-1}NaOH 标准溶液的配制

用台秤称取 2g NaOH 于小烧杯中，加约 30mL 蒸馏水，溶解，稀释至 500mL，转入带橡胶塞试剂瓶中，盖好瓶塞，摇匀，贴好标签备用（名称、班级、姓名、日期）。

2. 标定

用差减法准确称取邻苯二甲酸氢钾 0.4～0.6g（精确至 0.0001g）3 份，各置于 250mL 锥形瓶中，每份加 30mL 蒸馏水溶解，加入 1～2 滴 0.2%酚酞指示剂，用 NaOH 溶液滴定至溶液显微红色，具 30s 不褪色即为终点，平行测定 3 次。记录消耗 NaOH 溶液的体积（准确至 0.01mL）。

五、实验数据处理

NaOH 标准溶液的标定（$KHC_8H_4O_4$）

项　目	1	2	3
$m(KHC_8H_4O_4)$			
$V(NaOH)$			
$c(NaOH)$			
$\overline{c}(NaOH)$			
相对相差(取两组数据计算)			

?思考题

1. 在滴定分析实验中，滴定管为什么要用操作溶液润洗几次？滴定中使用的锥形瓶或烧杯，是否也要操作溶液润洗。为什么？

2. 能否在分析天平上准确称取固体氢氧化钠直接配制标准溶液？为什么？配制 $0.1mol \cdot L^{-1}$ NaOH 溶液时，固体氢氧化钠在何种天平上称取？

实验五　混合碱中 Na_2CO_3、$NaHCO_3$ 含量的测定

一、实验目的

1. 了解强碱弱酸盐滴定过程中的 pH 变化。
2. 掌握双指示剂法测定混合碱各组分的原理。
3. 了解酸碱滴定法在碱度测定中的应用。

二、实验原理

混合碱中 Na_2CO_3、$NaHCO_3$ 和总碱量的测定，可用双指示剂法。混合碱是指 Na_2CO_3 与 $NaHCO_3$ 的混合物。双指示剂法是在试液中先加酚酞指示剂，用 HCl 标准溶液滴定到红色刚好消失，此时溶液中 Na_2CO_3 仅被滴定成 $NaHCO_3$，即 Na_2CO_3 只被中和了一半。

$$Na_2CO_3 + HCl \xlongequal{} NaHCO_3 + NaCl$$

然后再加改良甲基橙指示剂，继续用 HCl 标准溶液滴定至由绿色变为淡灰色，此时溶液中的 Na_2CO_3 才被完全中和。

$$NaHCO_3 + HCl \xlongequal{} NaCl + H_2O + CO_2\uparrow$$

三、主要仪器与试剂

仪器：分析天平、50mL 酸式滴定管、量筒、250mL 锥形瓶。

试剂：$0.1mol \cdot L^{-1}$ HCl 标准溶液、混合碱试样、酚酞指示剂、改良甲基橙指示剂（由甲基橙和靛蓝染料混合而成）。

四、实验内容

差减法准确称取混合碱试样 0.15～0.20g，置于 250mL 锥形瓶中，加入 50mL 蒸馏水

使之溶解，然后加酚酞指示剂 2～3 滴，使溶液呈现红色，用 0.1mol·L^{-1} HCl 标准溶液滴定至无色为止，记录消耗的 HCl 溶液体积（V_1）。此时需要注意，在滴定过程中，HCl 需要逐滴加入并不断摇动溶液，以避免溶液局部酸度过大。第一终点到达后，再加 2～3 滴改良甲基橙指示剂，继续用 HCl 标准溶液滴定，直到溶液由绿色变为淡灰色，记录第二次消耗的 HCl 溶液体积（V_2），平行测定 2 次，计算 Na_2CO_3、$NaHCO_3$ 的质量分数。

五、实验数据处理

Na_2CO_3、$NaHCO_3$ 的质量分数可由下式计算：

$$w(Na_2CO_3)=\frac{c(HCl)V_1\times10^{-3}\times M(Na_2CO_3)}{m_{样品}}\times100\%$$

$$w(NaHCO_3)=\frac{c(HCl)(V_2-V_1)\times10^{-3}\times M(NaHCO_3)}{m_{样品}}\times100\%$$

? 思考题

1. 双指示剂法测定混合碱组成的原理是什么？

2. 本实验用酚酞作指示剂时所消耗的 HCl 体积较使用改良甲基橙指示剂时所消耗的 HCl 体积少，为什么？

实验六　铵盐中含氮量的测定

一、实验目的

1. 学会用酸碱滴定法间接测定氮肥中的含氮量。
2. 掌握甲醛法测定铵盐含氮量的原理和方法。

二、实验原理

在工农业生产中常需要测定铵盐中含氮量，而铵盐中的 NH_4^+ 的酸性太弱，不能用 NaOH 标准溶液直接滴定。常用测定方法有两种：蒸馏法和甲醛法。甲醛法简便、快捷，在生产和实验中得到广泛应用，其原理是利用甲醛和铵盐中的 NH_4^+ 反应，生成六亚甲基四胺和 H^+，反应如下：

$$4NH_4^+ + 6HCHO = (CH_2)_6N_4H^+ + 3H^+ + 6H_2O$$

反应生成的酸可以用 NaOH 标准溶液滴定，其反应为：

$$(CH_2)_6N_4H^+ + 3H^+ + 4OH^- = (CH_2)_6N_4 + 4H_2O$$

由于计量点时存在六亚甲基四胺溶液使其显弱碱性，pH 为 8.8，可以用酚酞作指示剂，滴定至呈现粉红色，且半分钟不褪色即为终点。根据 H^+ 与 NH_4^+ 等物质的量关系，可间接求出 $(NH_4)_2SO_4$ 中的含氮量。

甲醛中常含有少量因被空气氧化而生成的甲酸，铵盐中也常含有游离酸，故必须用碱中和除去。甲醛中的甲酸在使用前，需以酚酞为指示剂用 NaOH 标准溶液中和。

三、主要仪器与试剂

仪器：分析天平、50mL 碱式滴定管、20mL 移液管、100mL 容量瓶、烧杯、250mL 锥形瓶、吸量管。

试剂：$(NH_4)_2SO_4$ 固体试样、0.1mol·L^{-1}NaOH 标准溶液、0.2%酚酞指示剂、18%中性甲醛溶液。

四、实验内容

1. 称样与定容

差减法准确称取 0.55～0.60g $(NH_4)_2SO_4$ 试样于烧杯中，加 30mL 蒸馏水，用玻璃棒使样品溶解，定量转移至 100mL 容量瓶中定容，摇匀。

2. 滴定

用移液管吸取 20.00mL $(NH_4)_2SO_4$ 试液于 250mL 锥形瓶中，加入 5mL 18%中性 HCHO，放置 5min 后[1]，滴加 1～2 滴酚酞，用 0.1mol·L^{-1}NaOH 标准溶液滴定至终点（微红），30s 内不褪色即为终点。记录所消耗 NaOH 溶液的体积（V）。平行测定 3 次。计算试样中 N 的质量分数。

五、实验数据处理

铵盐中含氮量（用质量分数表示）按下式计算：

$$w(\mathrm{N})=\frac{c(\mathrm{NaOH})V(\mathrm{NaOH})M(\mathrm{N})}{m_{样品}}\times\frac{100.00}{20.00}\times10^{-3}$$

思考题

1. 为什么不能用 NaOH 标准溶液直接滴定 NH_4^+？
2. 为什么在进行游离酸的测定和含氮量测定时，使用不同指示剂？可否用一种？
3. NH_4NO_3 和 $(NH_4)_2CO_3$ 中的含氮量能否用此方法测定？为什么？

实验七　生理盐水中氯化钠含量的测定

一、实验目的

1. 学习银量法测定氯的原理和操作方法。
2. 掌握莫尔法的实际应用。

二、实验原理

某些可溶性氯化物中 Cl^- 含量的测定常采用莫尔法。莫尔法是在中性或弱碱性溶液中，以 K_2CrO_4 为指示剂，用 $AgNO_3$ 标准溶液进行滴定。由于 AgCl 的溶解度比 Ag_2CrO_4 小，所以溶液中首先析出 AgCl，当 AgCl 定量沉淀后，稍过量 $AgNO_3$ 即与 CrO_4^{2-} 生成砖红色的 Ag_2CrO_4 沉淀，从而指示终点的到达。主要反应如下：

$$Ag^+ + Cl^- = AgCl\downarrow \text{（白）}$$

$$2Ag^+ + CrO_4^{2-} = Ag_2CrO_4\downarrow \text{（砖红色）}$$

[1] NH_4^+ 与 HCHO 的反应在室温下进行较慢，加入 HCHO 后须放置 5min，再滴定。

滴定必须在中性或弱碱性溶液中进行，最适宜的 pH 范围为 6.5～10.5。如有铵盐存在，溶液的 pH 必须控制在 6.5～7.2 之间。

三、主要仪器与试剂

仪器：50mL 酸式滴定管、100mL 烧杯、250mL 锥形瓶、100mL 容量瓶、100mL 量筒、10mL 量筒、25mL 移液管、分析天平、坩埚。

试剂：$AgNO_3$ 固体（A. R.）、NaCl 固体（A. R.）、5%K_2CrO_4、生理盐水。

四、实验内容

1. 0.1mol·L^{-1} $AgNO_3$ 标准溶液的配制

$AgNO_3$ 标准溶液可以直接用分析纯 $AgNO_3$ 结晶配制，但由于 $AgNO_3$ 不稳定，见光易分解，故若要精确测定，则需要用基准物 NaCl 来标定。

将 NaCl 置于坩埚中，用煤气灯加热至 500～600℃干燥后，冷却，放置在干燥器中冷却，备用（此操作由实验教师完成）。

称取 1.7g $AgNO_3$ 溶解后稀释至 100mL。

差减法准确称取 0.15～0.20g 制备的 NaCl 三份，分别置于三个锥形瓶中，各加 25mL 蒸馏水使其溶解。加 1mL 5%K_2CrO_4 溶液。在充分摇动下，用 $AgNO_3$ 溶液滴定至溶液刚出现稳定的砖红色。记录 $AgNO_3$ 溶液的用量。重复滴定 3 次，计算 $AgNO_3$ 溶液的浓度。

2. 测定生理盐水中 NaCl 的含量

将生理盐水稀释一倍后，用移液管精确移取已稀释的生理盐水 25.00mL 置于锥形瓶中，加入 1mL 5%K_2CrO_4 指示剂，用标准 $AgNO_3$ 溶液滴定至溶液刚出现稳定的砖红色（边摇边滴）。重复滴定 3 次，计算 NaCl 的含量。

五、实验数据处理

生理盐水中 NaCl 的体积质量分数（以 g·L^{-1} 表示）按下式计算：

$$\rho(\text{NaCl})=\frac{c(\text{AgNO}_3)V(\text{AgNO}_3)M(\text{NaCl})\times 2}{25.00}$$

?思考题

1. K_2CrO_4 指示剂浓度的大小对滴定结果有何影响？
2. 滴定液的酸度应控制在什么范围内为宜，为什么？

实验八　高锰酸钾溶液浓度的标定

一、实验目的

1. 掌握高锰酸钾溶液的配制原理和标定方法。
2. 掌握温度、滴定速度、催化剂对滴定分析的影响。

二、实验原理

$KMnO_4$ 是强氧化剂，很容易被还原剂还原，实验室配制及市售的 $KMnO_4$ 溶液都会含有一定量的杂质，而使 $KMnO_4$ 溶液的实际浓度有些偏差，因此使用时都要进行标定，其标准浓度应该用标定后的浓度来确定。

标定 $KMnO_4$ 溶液的基准物质有：$Na_2C_2O_4$、$H_2C_2O_4 \cdot 2H_2O$、As_2O_3 和纯铁等。其中 $Na_2C_2O_4$、$H_2C_2O_4 \cdot 2H_2O$ 是较易纯化的还原剂，由于 $Na_2C_2O_4$ 不含结晶水、易于提纯、性质稳定，因此较为常用。其反应式如下：

$$2MnO_4^- + 5C_2O_4^{2-} + 16H^+ \xlongequal{} 2Mn^{2+} + 10CO_2\uparrow + 8H_2O$$

反应要在酸性、较高温度和有 Mn^{2+} 作催化剂的条件下进行。滴定初期，反应很慢，$KMnO_4$ 必须逐滴加入，如果滴加过快，部分 $KMnO_4$ 将按照下式分解而造成误差：

$$4MnO_4^- + 4H^+ \xlongequal{} 4MnO_2\downarrow + 2H_2O + 3O_2\uparrow$$

因为 $KMnO_4$ 溶液本身所特有的紫红色，极易察觉，故在滴定时不需要另加指示剂，滴定终点时溶液由紫红色变为微红色。

光照能使 $KMnO_4$ 分解，故配制好的 $KMnO_4$ 溶液应该保存在棕色瓶中，并存放于暗处。

三、主要仪器与试剂

仪器：酸式滴定管、烧杯、表面皿、500mL 棕色试剂瓶、50mL 量筒、10mL 量筒、25mL 移液管、250mL 锥形瓶、分析天平、台秤、水浴锅、电炉、玻璃砂芯漏斗。

试剂：高锰酸钾固体（A. R.）、草酸钠固体（A. R.）、$3mol \cdot L^{-1}$ 硫酸溶液、$1mol \cdot L^{-1}$ $MnSO_4$。

四、实验内容

1. $0.02mol \cdot L^{-1} KMnO_4$ 溶液的配制

在台秤上称取高锰酸钾约 1.7g 于大烧杯中，加 500mL 水，盖上表面皿，加热至沸，保持微沸状态 1h。冷却后用玻璃砂芯漏斗过滤除去二氧化锰杂质后，将溶液储于 500mL 棕色试剂瓶可直接用于标定。

2. $KMnO_4$ 浓度的标定

精确称取 0.15～0.20g 预先干燥过的 $Na_2C_2O_4$ 三份，分别置于 250mL 锥形瓶中，各加入 40mL 蒸馏水和 10mL $3mol \cdot L^{-1}$ H_2SO_4 使其溶解，水浴慢慢加热直到锥形瓶口有蒸气冒出（75～85℃）。趁热用待标定的 $KMnO_4$ 溶液进行滴定。开始滴定时，速度宜慢，在第一滴 $KMnO_4$ 溶液滴入后，不断摇动溶液，当紫红色褪去后再滴入第二滴。待溶液中有 Mn^{2+} 产生后，反应速率加快，滴定速度即可适当加快，但决不可使 $KMnO_4$ 溶液连续流下（为了使反应加快，可以先在高锰酸钾溶液中加 1～2 滴 $1mol \cdot L^{-1}$ $MnSO_4$ 溶液）。接近终点时，应减慢滴定速度，同时充分摇匀。最后滴加半滴 $KMnO_4$ 溶液，在摇匀后半分钟内仍保持微红色不褪，表明已达到终点。记下最终读数并计算 $KMnO_4$ 溶液的浓度。

五、实验数据处理

$KMnO_4$ 溶液的浓度按下式计算：

$$c(KMnO_4) = \frac{m(Na_2C_2O_4) \times 1000}{M(Na_2C_2O_4)V(KMnO_4)} \times \frac{2}{5}$$

思考题

1. 配制好的 $KMnO_4$ 溶液为什么要放在棕色瓶中并放置在暗处保存？
2. 在标定 $KMnO_4$ 溶液的过程中加酸、加热的目的是什么？
3. 在标定 $KMnO_4$ 溶液的过程中，为什么开始时颜色褪得很慢，以后反而逐渐加快？

实验九　土壤腐殖质含量的测定

一、实验目的

1. 了解重铬酸钾法的基本原理和方法。
2. 用重铬酸钾法测定土壤中腐殖质的含量。

二、实验原理

腐殖质是土壤中结构复杂的有机物质，其含量与土壤的肥力有密切关系。

重铬酸钾法测定腐殖质是基于在浓硫酸的存在下，用已知过量的溶液与土壤共热，使其中的碳被氧化，而多余的 $K_2Cr_2O_7$，以邻二氮菲为指示剂，用标准 $(NH_4)_2Fe(SO_4)_2$ 溶液滴定，以所消耗的 $K_2Cr_2O_7$ 计算有机碳含量，再换算成腐殖质含量。反应式为：

$$2K_2Cr_2O_7+8H_2SO_4+3C \xlongequal{} 2Cr_2(SO_4)_3+2K_2SO_4+3CO_2\uparrow+8H_2O$$

$$K_2Cr_2O_7+6(NH_4)_2Fe(SO_4)_2+7H_2SO_4 \xlongequal{} Cr_2(SO_4)_3+3Fe_2(SO_4)_3+6(NH_4)_2SO_4+K_2SO_4+7H_2O$$

一般土壤中，有机质平均含碳量为58%，因此测得土壤含碳量后就可按此比例换算成土壤有机质的含量，即乘以换算系数100/58＝1.724。本实验中，由于土壤中腐殖质氧化率平均只能达到90%，故需乘以校正系数1.1（100/90）才能代表土壤中腐殖质的含量。

三、主要仪器与试剂

仪器：台秤、分析天平、1000mL容量瓶、25mL移液管、250mL锥形瓶、100目筛子、土样、漏斗、试管。

试剂：$(NH_4)_2Fe(SO_4)_2\cdot 6H_2O$ 固体、$K_2Cr_2O_7$ 固体（A. R.）、$0.07mol\cdot L^{-1}$ $K_2Cr_2O_7$ 的 H_2SO_4 溶液、$2mol\cdot L^{-1}$ H_2SO_4、邻二氮菲指示剂[1]。

四、实验内容

1. 标准溶液的配制和标定

（1）配制 $0.1mol\cdot L^{-1}(NH_4)_2Fe(SO_4)_2$ 标准溶液

用台秤称取40g $(NH_4)_2Fe(SO_4)_2\cdot 6H_2O$ 溶于120mL $2mol\cdot L^{-1}H_2SO_4$ 中，加水稀释至1L。

（2）配制 $0.017mol\cdot L^{-1}$ $K_2Cr_2O_7$ 标准溶液

准确称取5.000g在140℃下烘干的分析纯 $K_2Cr_2O_7$ 溶于少量水中，转入1000mL容量

[1] 邻二氮菲指示剂配制：溶解1.485g邻二氮菲及0.695g $FeSO_4$ 于试剂水中，稀释至100mL备用。

瓶中，加水稀释至标线，计算其准确浓度。

（3）标准溶液的配制

用移液管移取 25.00mL $K_2Cr_2O_7$ 标准溶液于 250mL 锥形瓶中，加 25mL 2mol·L^{-1} H_2SO_4，加 3 滴邻二氮菲指示剂，用 $(NH_4)_2Fe(SO_4)_2$ 溶液滴定至绿色恰好变成砖红色，即为终点。计算 $(NH_4)_2Fe(SO_4)_2$ 的准确浓度。

2. 试样的测定

准确称取通过 100 目筛子的风干土样 0.1～0.5g（视土壤中含腐殖质的质量分数而定，若 w 为 7%～15%称 0.1g，w 为 2%～4%称 0.3g，少于 2%称 0.5g），放入一硬质试管中。准确加入 10mL 0.07mol·L^{-1} $K_2Cr_2O_7$ 的 H_2SO_4 溶液。在试管口加一小漏斗，以冷凝煮沸时蒸出的水汽。将试管放在 170～180℃的油浴中加热，使溶液沸腾 5min。取出试管，擦净管外油质，加少量水稀释，将管内物质仔细地洗入 250mL 锥形瓶中。反复用蒸馏水洗涤试管和漏斗数次。加入 3 滴邻二氮菲指示剂，用 0.1mol·L^{-1} $(NH_4)_2Fe(SO_4)_2$ 标准溶液滴定至绿色恰变为砖红色即为终点。同时做空白试验（用纯砂或灼烧过的土壤代替土样，其他相同）。

五、实验数据处理

按下式计算土壤中腐殖质的质量分数 w：

$$w=\frac{\frac{1}{4}(V_0-V)cM(\mathrm{C})}{m_{样品}}\times 1.724\times 1.1\times 100\%$$

?思考题

1. 试与 $KMnO_4$ 法相比较，说明 $K_2Cr_2O_7$ 法的特点。

2. 本实验所用的 0.07mol·L^{-1} $K_2Cr_2O_7$ 的 H_2SO_4 溶液，其浓度为什么不需要很准确？

实验十　双氧水中过氧化氢含量的测定

一、实验目的

1. 掌握用 $KMnO_4$ 法测定 H_2O_2 含量的原理和方法。
2. 掌握 $KMnO_4$ 法滴定的特点。
3. 掌握移液管和容量瓶的正确使用方法。

二、实验原理

H_2O_2 在酸性的 $KMnO_4$ 溶液中很容易被氧化而生成氧气和水，其反应式如下：

$$5H_2O_2+2MnO_4^-+6H^+ = 2Mn^{2+}+8H_2O+5O_2\uparrow$$

该反应开始时进行得较慢，随着 Mn^{2+} 的生成，反应可以顺利进行，当滴定到溶液呈微红色，半分钟内不褪色，表示已经到达滴定终点，记下 $KMnO_4$ 溶液的用量。

三、主要仪器与试剂

仪器：酸式滴定管、吸量管、250mL锥形瓶、250mL容量瓶、25mL移液管。

试剂：H_2O_2试样（市售质量分数约为30%的H_2O_2试剂）、0.02mol·L^{-1} $KMnO_4$标准溶液（$KMnO_4$标准溶液标定见本书实验八）、3mol·L^{-1} H_2SO_4。

四、实验内容

用吸量管移取H_2O_2试样溶液1.00mL，注入250mL容量瓶中，定容，摇匀。再移取稀释后的H_2O_2试液25.00mL，注入250mL锥形瓶中，加入5mL H_2SO_4（3mol·L^{-1}），用$KMnO_4$标准溶液滴定到终点，即溶液呈微红色，且半分钟内不褪色。平行做3份，计算出试样中H_2O_2质量分数。

五、实验数据处理

已知$KMnO_4$溶液的浓度，按下式计算H_2O_2的体积质量分数ρ（以mg·L^{-1}表示）：

$$\rho(H_2O_2)=\frac{c(KMnO_4)V(KMnO_4)\times\frac{5}{2}\times M(H_2O_2)}{V(H_2O_2)\times\frac{25.00}{250.00}}\times 1000$$

❓思考题

1. 用$KMnO_4$滴定H_2O_2，为什么要用H_2SO_4酸化？能否用HNO_3或者HCl代替H_2SO_4？为什么？

2. 用此法滴定H_2O_2的基本原理是什么？$KMnO_4$与H_2O_2反应的物质的量比是多少？

实验十一　水的硬度的测定

一、实验目的

1. 掌握水的硬度的常用表示方法。
2. 掌握配位滴定法的基本原理、方法和计算。
3. 了解铬黑T指示剂、钙指示剂的使用条件和终点变化。

二、实验原理

水的硬度是指水中Ca^{2+}、Mg^{2+}的总量，是表示水质的重要指标，分为暂时硬度和永久硬度。暂时硬度是指水中以酸式碳酸盐形式存在的Ca^{2+}、Mg^{2+}，加热时转变为碳酸盐而沉淀；永久硬度是指水中以硫酸盐、硝酸盐和氯化物形式存在的Ca^{2+}、Mg^{2+}，加热时不沉淀，但在一定温度下可析出成垢。

测定水的硬度的方法常用配位滴定法，用乙二胺四乙酸（EDTA）测定Ca^{2+}、Mg^{2+}时，通常取两个等份溶液，一份用于测定Ca^{2+}的量，另一份用于测定Ca^{2+}和Mg^{2+}的总量，两份所用的EDTA的量的差数即为Mg^{2+}所用的量。

在测定Ca^{2+}时，先加入NaOH溶液使Mg^{2+}生成难溶的$Mg(OH)_2$沉淀，并使溶液的

pH＝12～13。加入钙指示剂，钙指示剂与 Ca^{2+} 配位呈红色。滴定时，EDTA 先与游离的 Ca^{2+} 配位，然后夺取已和指示剂配位的 Ca^{2+}，而使溶液的颜色由红色变为蓝色，即为滴定终点。由 EDTA 标准溶液的用量可计算出 Ca^{2+} 的含量。

测定 Ca^{2+}、Mg^{2+} 总量时，在 pH＝10 的缓冲溶液中，以铬黑 T 为指示剂，加入的铬黑 T 先与部分 Mg^{2+} 配位为 MgIn，而呈酒红色。用 EDTA 标准溶液滴定时，EDTA 首先与 Ca^{2+} 和 Mg^{2+} 配位，然后再夺取 MgIn 中的 Mg^{2+}，而使铬黑 T 释放，达到滴定终点，溶液由酒红色变为天蓝色。由 EDTA 标准溶液的用量可计算出 Ca^{2+} 和 Mg^{2+} 的总量。然后计算出相应的硬度单位。

不同国家采用的水的硬度的表示方法有所不同，我国采用较普遍的硬度单位，它以度（°）计，1°表示为 1L 水中含有 10mg CaO，为方便起见，也常用 $mg \cdot L^{-1}$ 来表示。

三、主要仪器与试剂

仪器：台秤、分析天平、烧杯、试剂瓶、称量瓶、250mL 烧杯、50mL 碱式滴定管、250mL 容量瓶、1L 容量瓶、25mL 移液管、250mL 锥形瓶。

试剂：$Na_2H_2Y_2 \cdot H_2O$ 固体（A. R.）、$CaCO_3$ 固体（A. R.）、20％ NaOH 溶液、$6mol \cdot L^{-1}$ NaOH 溶液、1∶1 HCl 溶液、$NH_3 \cdot H_2O$-NH_4Cl 缓冲溶液（pH＝10）、钙指示剂、铬黑 T 指示剂。

四、实验内容

1. 0.02mol · L^{-1}EDTA 溶液的配制和标定

称取 8g $Na_2H_2Y \cdot 2H_2O$（乙二胺四乙酸二钠，即 EDTA）置于 250mL 烧杯中，加水微热溶解后，稀释到 1L，转入试剂瓶中，摇匀。

标定的方法：标定 EDTA 溶液常用的基准物有 Zn、ZnO、$CaCO_3$、Cu、Pb、$MgSO_4 \cdot 7H_2O$ 等。通常选用其中与被测组分相同的物质作基准物，这样，滴定条件较一致，可减少误差。

本实验用 $CaCO_3$ 作基准物质来标定。

（1）Ca^{2+} 标准溶液的配制（$0.02mol \cdot L^{-1}$）

用差减法准确称取 $CaCO_3$ 0.5～0.6g 于 250mL 烧杯中，用 1∶1 HCl 溶液加热溶解，待冷却后转入 250mL 容量瓶中，用水稀释至刻度，摇匀。

（2）EDTA 溶液的标定

用移液管移取 25.00mL 上述 Ca^{2+} 标准溶液于 250mL 锥形瓶中，加入 70～80mL 水，5mL 20％NaOH 溶液，并加 4～5 滴钙指示剂，用 EDTA 溶液滴定至溶液由酒红色恰变为纯蓝色，记下所消耗的 EDTA 溶液体积，计算 EDTA 溶液的准确浓度。

2. 硬水中 Ca^{2+} 的测定

用移液管准确吸取水样 50mL 于 250mL 锥形瓶中，加入 50mL 蒸馏水（硬度小的水样可直接取 100mL），2mL $6mol \cdot L^{-1}$ 的 NaOH 溶液（pH＝12～13），4～5 滴钙指示剂。用 EDTA 滴定，并不断摇动锥形瓶，当溶液的颜色由红色变为纯蓝色时，即为滴定终点，记下所用的体积 V_1。用同样的方法平行测定 3 份。

3. Ca^{2+}、Mg^{2+} 总量的测定

用移液管准确吸取与硬水中 Ca^{2+} 的测定中的等量的水样，加入 5mL pH＝10 的 $NH_3 \cdot$

H_2O-NH_4Cl 缓冲溶液，3 滴铬黑 T 指示剂。用 EDTA 滴定，并不断摇动锥形瓶，当溶液的颜色由酒红色变为纯蓝色时，即为滴定终点，记下所用的平均体积 V_2。用同样的方法平行测定 3 次。

五、实验数据处理

1. 按下式计算 EDTA 浓度（$mol \cdot L^{-1}$）

$$c(\text{EDTA})=\frac{25\times m(\text{CaCO}_3)}{250\times V(\text{EDTA})\times 10^{-3}\times M(\text{CaCO}_3)}$$

2. 分别计算 Ca^{2+}、Mg^{2+} 含量（$mg \cdot L^{-1}$）

$$\rho(\text{Ca}^{2+})=c(\text{EDTA})V_1M(\text{Ca})\times 1000/50$$

$$\text{总硬度}(^\circ)=\frac{c(\text{EDTA})V_1M(\text{Ca})\times 1000}{50\times 10}=c(\text{EDTA})(V_2-V_1)M(\text{Mg})\times 1000/50$$

?思考题

1. 为什么滴定 Ca^{2+} 时要控制 pH=12～13，而滴定 Mg^{2+} 时要控制 pH=10?

2. 当水样中的 Mg^{2+} 的含量很低时，以铬黑 T 为指示剂，测定水的总硬度，终点变色不敏锐，常常在配制 EDTA 溶液时加入少量的 Mg^{2+}，然后再标定 EDTA 溶液的浓度，这样做对测定结果有无影响？并说明原因。

实验十二　邻二氮菲分光光度法测定铁含量

一、实验目的

1. 熟悉 722 型分光光度计的操作方法。
2. 了解分光光度计的性能、结构和使用方法。
3. 掌握邻二氮菲分光光度法测定铁的原理和方法。

二、实验原理

亚铁离子在 pH=3～9 的水溶液中，与邻二氮菲生成稳定的橙红色的 $[Fe(C_{12}H_8N_2)_3]^{2+}$，本实验就是利用它来比色测定亚铁的含量，如果用盐酸羟胺还原溶液中的高价铁离子，则此法还可以测定总铁含量。

三、主要仪器与试剂

仪器：722 型分光光度计、分析天平、50mL 容量瓶、100mL 容量瓶、1L 容量瓶、5mL 吸量管。

试剂：100$\mu g \cdot mL^{-1}$ 铁标准溶液[1]、10$\mu g \cdot mL^{-1}$ 铁标准溶液[2]、10%盐酸羟胺溶液

---

[1] 准确称取 0.8636g 铁铵矾 $NH_4Fe(SO_4)_2 \cdot 12H_2O$ 于烧杯中，加入 20mL 6$mol \cdot L^{-1}$ HCl 溶液，加少量水使之溶解后转移至 1L 容量瓶中，用蒸馏水稀释至刻度、摇匀。

[2] 准确吸取 100$\mu g \cdot mL^{-1}$ 铁标准储备液 10mL 于 100mL 容量瓶中，用蒸馏水稀释至刻度摇匀。

（新鲜配制）、0.1%邻二氮菲溶液（新鲜配制）、HAc-NaAc 缓冲溶液（pH=4.7）❶、6 mol·L^{-1} HCl 溶液。

四、实验内容

1. 吸收曲线的制作

用吸量管准确吸取 10mL 10μg·mL^{-1} 铁标准溶液于 50mL 容量瓶中，另取一个 50mL 容量瓶不加 10μg·mL^{-1} 铁标准溶液，然后各加入盐酸羟胺溶液 1mL 摇匀，放置 2min，然后再加入 5mL HAc-NaAc 缓冲溶液，加 2mL 邻二氮菲，用蒸馏水稀释至刻度，摇匀。以试剂空白为参比，在分光光度计上从波长 420～600nm，每隔 10nm 测定一次吸光度，以波长为横坐标，相应的吸光度为纵坐标，在坐标纸上绘制邻二氮菲亚铁的吸收曲线，并找出最大吸收波长 λ_{max}。从而选择测量 Fe 的适宜波长。

2. 标准曲线的绘制

在 6 个 50mL 容量瓶中，分别加入 0.00mL、2.00mL、4.00mL、6.00mL、8.00mL、10.00mL 10μg·mL^{-1} 铁标准溶液，加入盐酸羟胺溶液 1mL 摇匀，放置 2min，然后再加入 5mL HAc-NaAc 缓冲溶液，加 2mL 邻二氮菲，用蒸馏水稀释至刻度，摇匀。在 510nm 波长下，用 1cm 吸收池，以试剂空白为参比，以波长为横坐标，吸光度为纵坐标在坐标纸上绘制标准曲线。

3. 试样分析

取 3 个 50mL 容量瓶，分别加入 5.00mL 水样，按实验内容 2 的方法显色后，在 λ_{max} 处，用 1cm 比色皿，以试剂空白为参比液，平行测定 A 值。求其平均值，在标准曲线上查出铁的质量，并计算水样中铁含量。

❓思考题

1. 以实验测出的吸光度求铁的含量的根据是什么？
2. 邻二氮菲分光光度法测定铁的适应条件是什么？
3. 根据绘制的标准曲线计算邻二氮菲亚铁溶液在最大吸光波长处的摩尔吸收系数。
4. 如果试液测得的吸光度不在标准曲线范围内怎么办？

实验十三 土壤中全磷的测定

一、实验目的

1. 学习分光光度法测定微量物质的原理和方法。
2. 了解并掌握 722 型分光光度计的基本原理和使用方法。

二、实验原理

土壤中的全磷是指有机态磷和无机态磷。

❶ 准确称取无水乙酸钠 83g，加冰乙酸 60mL 使之溶解后，用蒸馏水稀释至 1L。

本实验为高氯酸-硫酸，酸溶-钼锑抗比色法。

在高温条件下，土壤样品中含磷矿物和有机磷化合物与高沸点的 H_2SO_4 和强氧化剂 $HClO_4$ 作用，完全分解，全部转化为正磷酸而进入溶液。待测液用钼锑抗混合显色剂，使形成的黄色锑磷钼杂多酸还原成蓝色的磷钼蓝，进行比色测定。

三、主要仪器与试剂

仪器：分析天平、722 型分光光度计、移液管、吸量管、容量瓶（50mL，100mL，1L）、锥形瓶（50mL，100mL）、烧杯、量筒、漏斗。

试剂：磷酸二氢钾固体（A. R.）、浓 H_2SO_4、1mol · L^{-1} H_2SO_4、70%～72% $HClO_4$、4mol · L^{-1} NaOH、二硝基酚指示剂、钼锑抗显色剂、土壤样品。

四、实验内容

1. 磷的标准溶液的配制及标准曲线的绘制

称取 105℃烘干的磷酸二氢钾 0.4394g，溶于约 200mL 水中，加入 5mL 浓 H_2SO_4，注入 1L 容量瓶中，加水定容，即得磷标准溶液，其浓度为 100mg · L^{-1}。

将磷的标准溶液用浸提剂[1]准确稀释 20 倍。

用吸量管准确吸取上述 5mg · L^{-1} 磷标准溶液 0mL、1mL、2mL、4mL、6mL、8mL、10mL 于 7 个 50mL 容量瓶中，加水稀释至约 30mL，加入钼锑抗显色剂 5mL。最后加水定容至 50mL，摇匀。即得 0mg · L^{-1}、0.1mg · L^{-1}、0.2mg · L^{-1}、0.4mg · L^{-1}、0.6mg · L^{-1}、0.8mg · L^{-1}、1mg · L^{-1}磷标准系列溶液，30min 后与待测溶液同时进行比色。以磷的含量为横坐标，相应的吸光度为纵坐标，绘制标准曲线。

2. 待测液的制备

准确称取通过 100 目筛的风干（或烘干）土壤样品 0.25～0.5g，置于 50mL 锥形瓶中，以少量水湿润后，加 8mL 浓 H_2SO_4，摇匀后，再加进 10 滴 70%～72% $HClO_4$，摇匀，瓶口上加一小漏斗，置于电炉上加热消煮，至锥形瓶内溶液开始转变为白色后，继续消煮 20min，全部消煮时间为 30～60min。在样品分解的同时做一个试剂空白实验。所用试剂同上，不加土样，同样消煮。

将冷却后的消煮溶液小心地洗入 100mL 容量瓶中，冲洗时用水应少量多次。轻轻摇动容量瓶，待溶液完全冷却后，加水稀释到刻度。用干燥漏斗和无磷滤纸将溶液滤入干燥的 100mL 锥形瓶中，同时做试剂空白实验。

3. 磷的测定

移取上述待测液 10mL 或 20mL，置于 50mL 容量瓶中，加水稀释至约 30mL，加二硝基酚指示剂 1～2 滴，滴加 4mol · L^{-1}NaOH 溶液直至溶液转为黄色，再加 1mol · L^{-1} H_2SO_4 使溶液的黄色刚刚褪去，然后加入钼锑抗显色剂 5mL，再加水定容至 50mL，摇匀。在室温高于 15℃的条件下放置 30min 后，在 722 型分光光度计上用 700nm 波长，1cm 比色皿进行比色，以空白实验溶液为参比液调零，测其试样溶液的吸光度。从标准曲线上查出显

---

[1] 浸提剂配制：将 42.0g $NaHCO_3$ 溶于约 800mL 水中，稀释至 1L，用 50% NaOH 调至 pH=8.5，储存于塑料瓶或玻璃瓶中，用塞塞紧。

色液磷的含量 ρ（$mg \cdot L^{-1}$）。根据烘干土样质量 m 计算土壤含磷质量分数。

五、实验数据处理

$$w(P)=\frac{\rho\times10^{-6}\times \text{显色液体积}\times \text{分取倍数}}{m}$$

思考题

1. 土样全磷测定时，能否用盐酸消煮分解？
2. 试述 722 型分光光度计的测定原理和使用时注意事项。

实验十四　50%乙醇分馏技术

一、实验目的

1. 掌握分馏的原理，学会分馏仪器的使用方法。
2. 学会分馏操作技术。

二、实验原理

参见本篇第三部分中分馏技术。

三、主要仪器与试剂

仪器：铁架台、圆底烧瓶、短颈烧瓶、蒸馏头、150℃温度计、真空接受管、乳胶管、韦氏分馏柱、直形冷凝管、温度计套管、磨口锥形瓶。

试剂：50%乙醇。

四、实验内容

1. 第一次分馏

按图 17 所示，将仪器按照从下到上从左到右的顺序安装好，并将烧瓶、分馏柱、冷凝管用铁夹固定在铁架台上。量取 100mL 50%乙醇加到 250mL 短颈烧瓶中，放进几粒沸石，打开冷凝水，用电热套加热。沸腾后，及时调节火力大小，使蒸气缓慢而均匀地沿分馏柱壁上升，当温度计水银球上出现液滴时，记录下第一滴馏出液滴入接受瓶时的温度。调小火力，让蒸气回流到蒸馏烧瓶中，维持 5min 左右，调大火力进行分馏，使馏出液速率为 1 滴/2～3s。分别收集柱顶温度为 76℃以下、76～83℃、83～94℃、94℃以上的馏分。当柱顶温度达到 94℃时停止分馏，让分馏柱内的液体回流入烧瓶中。待烧瓶冷却至 40℃时，将瓶中残液与 94℃以上的馏分合并。量出并记录各段馏分的体积。

2. 第二次分馏

为了得到更纯的组分，常需进行第二次分馏或多次分馏。按上面的操作，将 76℃以下的馏分加热分馏，收集 73～76℃之间的馏分。当温度计升至 76℃时暂停分馏。待烧瓶冷却后，将 76～83℃馏分倒入烧瓶残液中，补加沸石，继续加热分馏，分别收集 76℃以下和 76～83℃的馏分。当温度升至 83℃时又暂停加热，将 83～94℃的馏分继续分馏，分别收集

76℃以下、76～83℃、83～94℃的馏分，将同温度段的馏分合并，最后将残液与第一次分馏的残液合并。量出和记录第二次分馏所得各级馏分的体积。

五、实验数据记录与处理

馏液体积/mL	第一滴				
温度		76℃以下	76～83℃	83～94℃	94℃以上

用坐标纸以馏出液体积为横坐标，温度为纵坐标作图。

?思考题

1. 分馏的原理是什么？
2. 分馏和蒸馏在原理和装置上有什么不同？
3. 影响分馏效率的主要因素是什么？

实验十五 乙酸乙酯的制备技术

一、实验目的

1. 学习乙酸乙酯的制备原理和操作方法。
2. 学习液态有机酸的蒸馏、洗涤、干燥等基本操作。

二、实验原理

乙酸乙酯是由乙酸和乙醇在浓硫酸催化下经酯化而得到，方程式如下：

$$CH_3COOH+C_2H_5OH \underset{120\sim150℃}{\overset{H_2SO_4}{\rightleftharpoons}} CH_3COOC_2H_5+H_2O$$

酯化反应是可逆的，反应达到平衡后，酯的生成量就不再增加。为了提高酯的生成量，必须破坏平衡使反应向生成酯的方向进行。本实验采用过量的醇，浓硫酸吸去生成的水并不断地把生成的酯和水蒸出的方法来提高酯的产率。反应时还需控制好温度，如果温度过高，将有乙醚等副产物生成。

副反应：

$$2C_2H_5OH \xrightarrow[140℃]{H_2SO_4} CH_3CH_2OCH_2CH_3+H_2O$$

粗产品中含有少量乙酸、乙醇、乙醚等杂质，可通过精制操作除去。

三、主要仪器与试剂

仪器：250mL三颈烧瓶、150mL滴液漏斗、150mL分液漏斗、200℃温度计、直形冷凝管、50mL圆底烧瓶、蒸馏头、接液管、温度计套管、50mL锥形瓶。

试剂：95%乙醇、乙酸、浓硫酸、饱和碳酸钠溶液、饱和食盐水、饱和氯化钙溶液、无水硫酸钠。

四、实验内容

1. 粗产品的制备

在干燥的 250mL 三颈烧瓶中加入 25mL 95％乙醇，在冷水冷却条件下，边摇边慢慢加入 25mL 浓硫酸，加入几粒沸石，按图 24 装置仪器，三颈烧瓶的瓶口分别配上 200℃温度计和滴液漏斗，在滴液漏斗中加入 25mL 95％乙醇和 25mL 乙酸，摇匀。

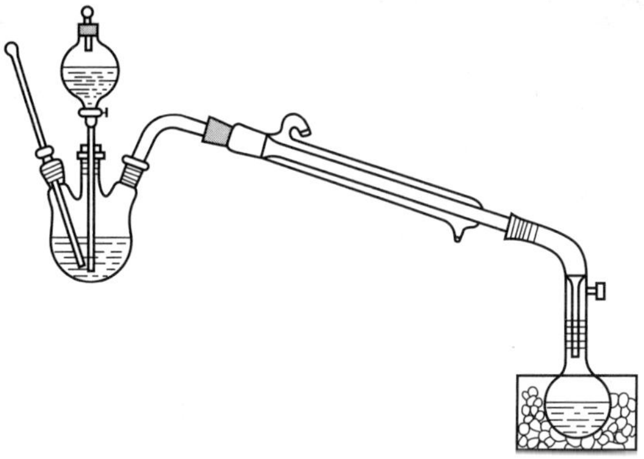

图 24　制备乙酸乙酯的反应装置

滴液漏斗的末端和温度计的末端必须浸到液面以下，距瓶底 0.5～1cm 处。若漏斗不够长，则应接一根带有向上弯头的玻璃管。在剩下的瓶口上安装冷凝管，尾端的接引管伸入 50mL 的锥形瓶中。打开冷凝水，用电热套加热烧瓶，当温度升到 110℃时，从滴液漏斗中慢慢滴加乙醇和乙酸混合液，调节滴加的速度（约 30 滴 · min^{-1}），使其与蒸出酯的速度大致相等，并始终维持反应液温度升到 120℃左右。滴加完毕，继续加热几分钟，直到反应液温度升到 130℃不再有馏出液为止。

2. 粗产品的精制

（1）除乙酸

向馏出液中慢慢加入 10mL 饱和碳酸钠溶液，轻轻摇动锥形瓶，直到无 CO_2 气体逸出并用蓝色石蕊试纸检验酯层不显酸性为止。

（2）除水

将混合液移入分液漏斗，充分摇匀（注意放气）静置分层，弃去下层水溶液。

（3）除碳酸钠

酯层用 10mL 饱和食盐水洗涤一次，静置，放出下层。

（4）除乙醇

每次用 10mL 饱和氯化钙溶液洗涤酯层两次，都弃去下层废液。从分液漏斗上口将乙酸乙酯倒入干燥的 50mL 带塞的锥形瓶中，加入 2～3g 无水硫酸钠，放置 30min，在此期间要间歇振荡锥形瓶。

（5）除乙醚

酯层清亮后（约 30min），用折叠纸在长颈漏斗上过滤到干燥的圆底烧瓶中，加入几粒沸石进行蒸馏，收集 73～78℃馏分，称重。

五、实验数据处理

计算产率。

产率=实际产量/理论产量×100%

思考题

1. 酯化反应有何特点？如何创造条件使反应向生成物方向进行？
2. 饱和氯化钙和饱和食盐水的作用是什么？

实验十六　乙酰水杨酸的制备技术

一、实验目的

1. 学习乙酰水杨酸的制备方法。
2. 进一步熟悉重结晶、抽滤等基本操作。

二、实验原理

阿司匹林的学名为乙酰水杨酸，一般由邻羟基苯甲酸（水杨酸）与乙酸酐在浓硫酸或磷酸催化条件下，反应生成。

反应式为：

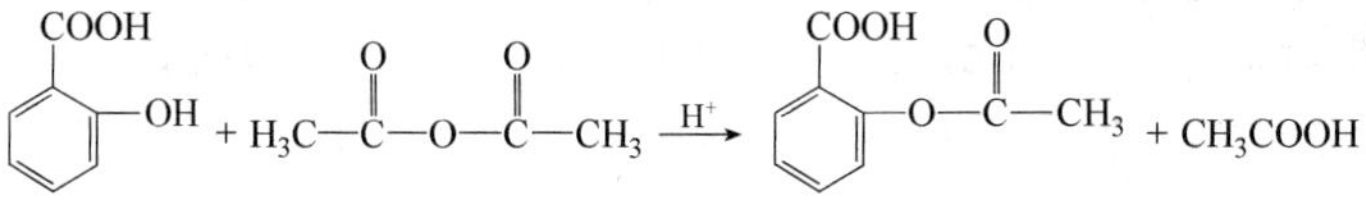

三、主要仪器与试剂

仪器：100mL 圆底烧瓶、量杯、烧杯、球形冷凝管、150℃温度计、温度计套管、布氏漏斗、热水漏斗、抽滤瓶、水浴锅、表面皿。

试剂：水杨酸、乙酸酐、浓硫酸、$NaHCO_3$ 饱和溶液、浓盐酸。

四、实验内容

1. 粗产品的制备

在 100mL 的烧瓶中，加入干燥的水杨酸 7.0g 和新蒸的乙酸酐 10mL，再慢慢加入 10 滴浓硫酸，充分摇动。安装回流冷凝管，通水后，振摇烧瓶。水浴加热，水杨酸立即溶解，保持瓶内温度 70℃左右，维持 20min（温度不宜过高，否则副产物增多），然后用冰水浴冷却烧瓶 15min，使过量的乙酸酐发生水解（乙酸酐水解时放出大量的热，可能有大量的蒸气外逸，操作过程中应避免面部正对瓶口），至结晶全部析出后，抽滤，用少量冷水洗涤结晶，得乙酰水杨酸粗产品。

2. 粗产品的精制

将抽滤后的粗产物转入 100mL 烧杯中，在搅拌下加入 38mL 饱和碳酸氢钠水溶液，加完后继续搅拌几分钟，直至无二氧化碳产生。抽滤，滤出副产物聚合物，并用 5～10mL 水冲洗漏斗。合并滤液，倒入预先盛有 7mL 浓盐酸和 15mL 水的烧杯中，搅拌均匀，即有乙酰水杨酸晶体析出，将烧杯用冰水冷却，使结晶完全。抽滤，用冷水洗涤结晶。将结晶转移至表面皿，干燥后称重。熔点 134～136℃。

五、实验数据处理

计算产率。

$$产率=实际产量/理论产量\times100\%$$

思考题

1. 在水杨酸的乙酰化反应中，加入浓硫酸起什么作用？
2. 操作过程中的杂质如何除去？

实验十七　乙酰苯胺的制备技术

一、实验目的

1. 掌握苯胺的乙酰化反应原理。
2. 进一步熟练掌握分馏、回流和重结晶的基本操作。

二、实验原理

苯胺与冰醋酸进行酰基化反应可制得乙酰苯胺，化学反应方程式为：

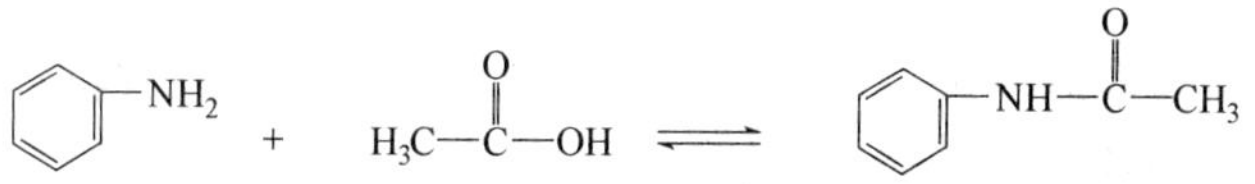

为了提高乙酰苯胺的产量，可将反应过程中生成的水不断蒸馏除去，所得的粗产品经重结晶纯化，可得纯乙酰苯胺。

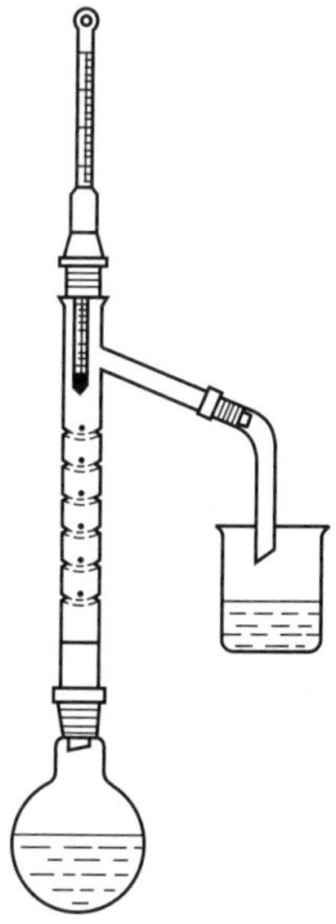

图 25　制备乙酰苯胺的反应装置

三、主要仪器与试剂

仪器：100mL 圆底烧瓶、250mL 锥形瓶、韦氏分馏柱、150℃和 300℃温度计、玻璃管、橡胶管、烧杯、量筒、保温漏斗、抽滤瓶、布氏漏斗、抽气设备、铁架台。

试剂：苯胺、冰醋酸、锌粉、活性炭。

四、实验内容

1. 制备乙酰苯胺粗品

按图 25 安装好仪器。烧杯中加入 10mL 新蒸馏的苯胺、15mL 冰醋酸与 0.1g 锌粉。用电热套加热，保持混合液微沸 10min，再逐步升温至 100℃左右，当有馏出液时，保持温度 105℃左右反应 1～2h。当温度下降时，表明反应完成，停止加热。趁热将反应混合物倒入盛有 100mL 冷水烧杯中，即有白色结晶析出，搅拌冷却后，用布氏漏斗抽滤，用 5～10mL 冷水洗涤，抽干，得粗的乙酰苯胺约 10g。

2. 精制乙酰苯胺

把粗产品乙酰苯胺放入 250mL 锥形瓶中，加入 150mL 蒸馏水，加热煮沸，并不断搅拌使其完全溶解为止。若所得溶液颜色较深，可移去热源，稍冷后，加 0.5g 粉状活性炭，搅拌，并加热沸腾 1～2min 即可脱色，趁热用折叠滤纸和保温漏斗过滤。滤完后，用 10mL 热蒸馏水洗涤滤纸和活性炭上的晶体。然后将滤液在室温下静置，慢慢冷却，即析出白色片状的乙酰苯胺晶体，抽滤。用洁净玻璃塞挤压晶体，以尽量除去母液，用 5mL 冷蒸馏水洗涤两次，抽干。取出晶体，置于表面皿上干燥，称重，测熔点。

五、实验数据处理

计算产率。

$$产率=实际产量/理论产量\times 100\%$$

❓思考题

1. 为什么要准确量取苯胺，而冰醋酸却不必？
2. 本实验采取了哪些方法提高乙酰苯胺的产率？

实验十八　茶叶中咖啡因的提取技术

一、实验目的

1. 通过从茶叶中提取咖啡因，掌握一种从天然产物中提取纯有机物的方法。
2. 学习索氏提取器的使用原理和方法。
3. 学习萃取、蒸馏、升华等基本操作。

二、实验原理

咖啡因又称咖啡碱，具有刺激心脏、兴奋大脑神经和利尿等作用。主要用作中枢神经兴奋药。它也是复方阿司匹林（A. P. C）等药物的组分之一。化学名称是 1,3,7-三甲基-2,6-二氧嘌呤。结构式为：

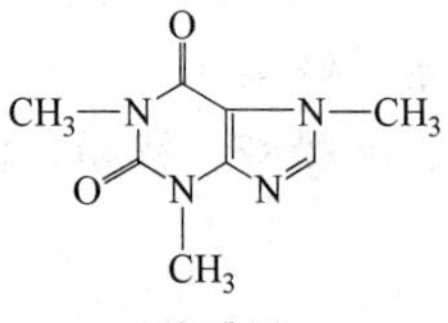

咖啡因

茶叶中含有多种生物碱，其中咖啡因含量 1%～5%，丹宁酸（或称鞣酸）占 11%～12%，色素、纤维素、蛋白质等约占 0.6%。从茶叶中提取咖啡因，是用适当的溶剂（氯仿、乙醇、苯等）在索氏提取器中连续抽提，浓缩得粗咖啡因。粗咖啡因中还含有一些其他的生物碱和杂质，可利用升华方法进一步提纯。

咖啡因是弱碱性化合物，易溶于氯仿、水、热苯等。纯咖啡因熔点 235～236℃，含结晶水的咖啡因为无色针状晶体，在 100℃时失去结晶水，并开始升华，120℃时显著升华，178℃时迅速升华。利用这一性质可纯化咖啡因。

本实验以乙醇为溶剂，经提取、浓缩、中和、升华等步骤，得到含结晶水的咖啡因。

三、主要仪器与试剂

仪器：索氏提取器、250mL圆底烧瓶、蒸馏装置、300℃温度计、蒸发皿、漏斗、表面皿、玻璃棒、棉花、水浴锅、酒精灯、石棉网。

试剂：生石灰粉、干茶叶、95%乙醇、沸石。

四、实验步骤

1. 仪器装置

索氏提取器（SoxhLet）又称脂肪提取器，是由烧瓶、抽提筒、回流冷凝管三部分组成，装置如图26所示。

索氏提取器是利用溶液的回流和虹吸原理，使固体物质每次都被纯的热溶剂所萃取，减少了溶剂用量，缩短了提取时间，因而效率较高。萃取前，应先将固体物质研细，以增加溶剂浸溶的面积。然后将研细的固体物质装入滤纸套管内，再置于抽提筒中，烧瓶内盛溶剂，并与抽提筒相连，抽提筒上端接冷凝管。溶剂受热沸腾，其蒸气沿抽提筒侧管上升至冷凝管，冷凝为液体，滴入滤纸套管中，并浸泡其中样品。当液面超过虹吸管最高处时，即虹吸流回烧瓶，从而萃取出溶于溶剂的部分物质。如此多次重复，把要提取的物质富集于烧瓶内。提取液经浓缩除去溶剂后，即得产物，必要时可用其他方法进一步纯化。

2. 咖啡因的提取

准确称取15g左右茶叶，研细后，用滤纸包好，放入索氏提取器的滤纸套管中，在圆底烧瓶中加入150mL 95%乙醇，两粒沸石，按图26装好仪器。用水浴加热，连续提取2～3h，至提取液为浅色后，停止加热。

稍冷，改成蒸馏装置，回收提取液中的大部分乙醇。趁热将瓶中的初提液倾入蒸发皿中，拌入3～4g生石灰粉，搅拌均匀，使成糊状，在蒸气浴上蒸干，其间应不断搅拌，并压碎块状物。最后将蒸发皿放在石棉网上，用小火焙炒片刻，除去全部水分。冷却后，擦去沾在边上的粉末，以免在升华时污染产物。

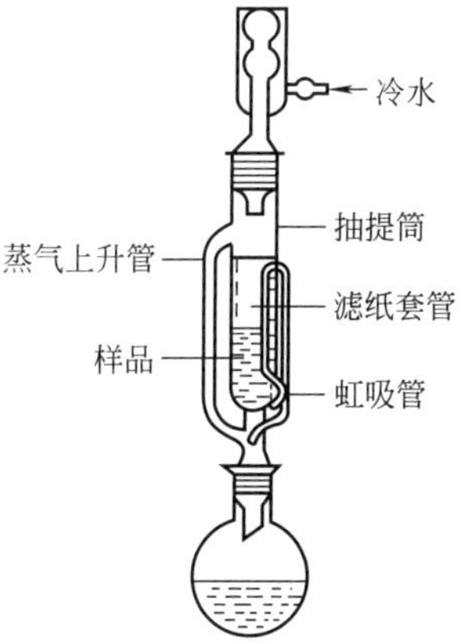

图26 索氏提取器

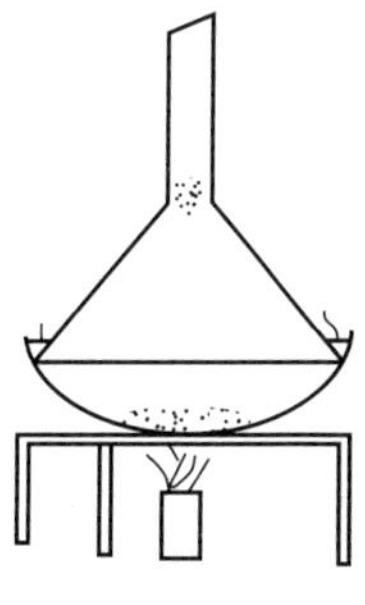

图27 升华装置

3. 咖啡因的提纯

将一张刺有许多小孔的圆形滤纸盖在蒸发皿上，找一个口径合适的玻璃漏斗罩于其上，漏斗颈部疏松地塞一小团棉花，用沙浴小心加热蒸发皿，慢慢升高温度，使咖啡因升华。控制沙浴温度在220℃左右（此时纸微黄）。咖啡因通过滤纸孔遇到漏斗内壁凝为固体，附着于漏斗内壁和滤纸上，见图27。当滤纸上出现许多白色针状结晶时，停止加热，让其自然冷却至100℃左右。小心取下漏斗，揭开滤纸，用刮刀将纸上和器皿周围的咖啡因刮下。残渣经拌和后用较大的火再加热片刻，使升华完全。合并两次收集的咖啡因，称重并测定熔点。

纯咖啡因的熔点为234.5℃。

五、实验数据处理

计算茶叶中咖啡因含量。

$$咖啡因含量=\frac{咖啡因质量}{茶叶质量}\times 100\%$$

思考题

1. 使用索氏提取器应注意什么？
2. 在升华操作过程中应注意些什么？

附　录

一、一些重要的物理常数

电子的电荷	$e=1.60217653(14)\times10^{-19}$ C	理想气体摩尔常数	$R=8.314472(15)$ J·mol^{-1}·K^{-1}
原子质量单位	$u=1.66053886(28)\times10^{-27}$ kg	阿伏伽德罗常数	$N_A=6.0221415(10)\times10^{23}$ mol^{-1}
质子静质量	$m_p=1.67262171(29)\times10^{-27}$ kg	里德伯常量	$R_A=10973$ mol^{-1}
中子静质量	$m_n=1.67492728(29)\times10^{-27}$ kg	普朗克常数	$h=6.6260693(11)\times10^{-34}$ J·s
电子静质量	$m_e=9.1093826(16)\times10^{-31}$ kg	法拉第常数	$F=96485.3383(83)$ C·mol^{-1}
理想气体摩尔体积	$V_m=22.413996(39)\times10^{-3}$ m^3·mol^{-1}	玻尔兹曼常数	$k=1.3806505(24)\times10^{-23}$ J·K^{-1}

二、一些弱电解质的解离常数

名　称	解离常数	$pK^{\ominus}$	名　称	解离常数	$pK^{\ominus}$
HCOOH(293K)	$K_a^{\ominus}=1.77\times10^{-4}$	3.75	H_2SO_3(291K)	$K_{a1}^{\ominus}=1.54\times10^{-2}$	1.81
HClO(291K)	$K_a^{\ominus}=2.95\times10^{-8}$	7.53		$K_{a2}^{\ominus}=1.02\times10^{-7}$	6.99
$H_2C_2O_4$	$K_{a1}^{\ominus}=5.9\times10^{-2}$	1.23	H_2SO_4	$K_{a2}^{\ominus}=1.20\times10^{-2}$	1.92
	$K_{a2}^{\ominus}=6.4\times10^{-5}$	4.19	H_2S	$K_{a1}^{\ominus}=1.1\times10^{-7}$	6.96
HAc	$K_a^{\ominus}=1.76\times10^{-5}$	4.75		$K_{a2}^{\ominus}=1.0\times10^{-14}$	14.0
H_2CO_3	$K_{a1}^{\ominus}=4.3\times10^{-7}$	6.34	HCN	$K_a^{\ominus}=4.93\times10^{-10}$	9.31
	$K_{a2}^{\ominus}=5.6\times10^{-11}$	10.25	HF	$K_a^{\ominus}=3.53\times10^{-4}$	3.45
HNO_2(285.5K)	$K_a^{\ominus}=4.6\times10^{-4}$	3.34	H_2O_2	$K_a^{\ominus}=2.4\times10^{-12}$	11.62
H_3PO_4(291K)	$K_{a1}^{\ominus}=7.52\times10^{-3}$	2.12	$NH_3\cdot H_2O$	$K_b^{\ominus}=1.76\times10^{-5}$	4.75
	$K_{a2}^{\ominus}=6.23\times10^{-8}$	7.21			
	$K_{a3}^{\ominus}=2.2\times10^{-13}$	12.66			

注：以上数据除注明温度外，其余均在 298K 测定。

三、常用缓冲溶液的 pH 范围

缓　冲　溶　液	$pK_a^{\ominus}$	pH 有效范围
盐酸-甘氨酸($HCl-NH_2CH_2COOH$)	2.4	1.4～3.4
盐酸-邻苯二甲酸氢钾[$HCl-C_6H_4(COO)_2HK$]	3.1	2.2～4.0
柠檬酸-氢氧化钠[$C_3H_5O(COOH)_3-NaOH$]	2.9,4.1,5.8	2.2～6.5
蚁酸-氢氧化钠(HCOOH-NaOH)	3.8	2.8～4.6
乙酸-乙酸钠($CH_3COOH-CH_3COONa$)	4.74	3.6～5.6
邻苯二甲酸氢钾-氢氧化钾[$C_6H_4(COO)_2HK-KOH$]	5.4	4.0～6.2
琥珀酸氢钠-琥珀酸钠 CH_2COOH | CH_2COONa - CH_2COONa | CH_2COONa	5.5	4.8～5.3
柠檬酸氢二钠-氢氧化钠[$C_3H_5O(COO)_3HNa_2-NaOH$]	5.8	5.0～6.3
磷酸二氢钾-氢氧化钠(KH_2PO_4-NaOH)	7.2	5.8～8.0
磷酸二氢钾-硼砂($KH_2PO_4-Na_2B_4O_7$)	7.2	5.8～9.2
磷酸二氢钾-磷酸氢二钾($KH_2PO_4-K_2HPO_4$)	7.2	5.9～8.0

续表

缓冲溶液	$pK_a^\ominus$	pH有效范围
硼酸-硼砂(H_3BO_3-$Na_2B_4O_7$)	9.2	7.2～9.2
硼酸-氢氧化钠(H_3BO_3-NaOH)	9.2	8.0～10.0
甘氨酸-氢氧化钠(NH_2CH_2COOH-NaOH)	9.7	8.2～10.1
氯化铵-氨水(NH_4Cl-$NH_3 \cdot H_2O$)	9.3	8.3～10.3
碳酸氢钠-碳酸钠($NaHCO_3$-Na_2CO_3)	10.3	9.2～11.0
磷酸氢二钠-氢氧化钠(Na_2HPO_4-NaOH)	12.4	11.0～12.0

四、难溶电解质的溶度积常数(298K)

化合物	溶度积	化合物	溶度积
氯化物		铬酸盐	
$PbCl_2$	1.6×10^{-5}	$BaCrO_4$	1.6×10^{-10}
AgCl	1.8×10^{-10}	Ag_2CrO_4	9×10^{-12}
$HgCl_2$	2×10^{-18}	$PbCrO_4$	1.77×10^{-14}
溴化物		碳酸盐	
AgBr	7.7×10^{-13}	$MgCO_3$	2.6×10^{-5}
碘化物		$BaCO_3$	8.1×10^{-9}
PbI_2	1.39×10^{-8}	$CaCO_3$	8.7×10^{-9}
AgI	8.5×10^{-17}	Ag_2CO_3	8.1×10^{-12}
Hg_2I_2	1.2×10^{-28}	$PbCO_3$	3.3×10^{-14}
氰化物		磷酸盐	
AgCN	1.2×10^{-15}	$MgNH_4PO_4$	2.5×10^{-13}
硫氰化物		草酸盐	
AgSCN	1.16×10^{-12}	MgC_2O_4	8.57×10^{-5}
硫酸盐		$BaC_2O_4 \cdot 2H_2O$	1.2×10^{-7}
Ag_2SO_4	1.6×10^{-5}	$CaC_2O_4 \cdot H_2O$	2.57×10^{-3}
$CaSO_4$	2.45×10^{-5}	氢氧化物	
$SrSO_4$	2.8×10^{-7}	AgOH	1.52×10^{-3}
$PbSO_4$	1.06×10^{-8}	$Ca(OH)_2$	5.5×10^{-6}
$BaSO_4$	1.08×10^{-10}	$Mg(OH)_2$	1.2×10^{-11}
硫化物		$Mn(OH)_2$	4.0×10^{-14}
MnS	1.4×10^{-15}	$Fe(OH)_2$	1.64×10^{-14}
FeS	3.7×10^{-19}	$Pb(OH)_2$	1.6×10^{-14}
ZnS	1.2×10^{-23}	$Zn(OH)_2$	1.2×10^{-17}
PbS	3.4×10^{-23}	$Cu(OH)_2$	2.2×10^{-20}
CuS	8.5×10^{-45}	$Cr(OH)_3$	6×10^{-31}
HgS	4×10^{-53}	$Al(OH)_3$	1.3×10^{-33}
Ag_2S	1.6×10^{-49}	$Fe(OH)_3$	1.1×10^{-36}

五、配离子的标准稳定常数(298K)

配离子	$K_{稳}^\ominus$	配离子	$K_{稳}^\ominus$
$[AuCl_2]^+$	6.3×10^{9}	$[Mn(en)_3]^{2+}$	4.67×10^{5}
$[CdCl_4]^{2-}$	6.33×10^{2}	$[Ni(en)_3]^{2+}$	2.14×10^{18}
$[FeCl_4]^-$	1.02	$[Zn(en)_3]^{2+}$	1.29×10^{14}
$[HgCl_4]^{2-}$	1.17×10^{15}	$[AlF_6]^{3-}$	6.94×10^{19}
$[PbCl_4]^{2-}$	39.8	$[FeF_6]^{3-}$	1.0×10^{16}

续表

配 离 子	$K^{\ominus}_{稳}$	配 离 子	$K^{\ominus}_{稳}$
$[PtCl]^{2-}$	1.0×10^{16}	$[AgI_3]^{2-}$	4.78×10^{13}
$[SnCl_4]^{2-}$	30.2	$[AgI_2]^{-}$	5.49×10^{11}
$[ZnCl_4]^{2-}$	1.58	$[CdI_4]^{2-}$	2.57×10^{5}
$[Ag(CN)_2]^{-}$	1.3×10^{21}	$[CuI_2]^{-}$	7.09×10^{8}
$[Ag(CN)_4]^{3-}$	4.0×10^{20}	$[PbI_4]^{2-}$	2.95×10^{4}
$[Au(CN)_2]^{-}$	2.0×10^{38}	$[Ag(NH_3)_2]^{+}$	1.12×10^{7}
$[Cd(CN)_4]^{2-}$	6.02×10^{18}	$[Cd(NH_3)_6]^{2+}$	1.38×10^{5}
$[Cu(CN)_2]^{-}$	1.0×10^{16}	$[Cd(NH_3)_4]^{2+}$	1.32×10^{7}
$[Cu(CN)_4]^{3-}$	2.00×10^{30}	$[Co(NH_3)_6]^{2+}$	1.29×10^{5}
$[Fe(CN)_6]^{4-}$	1.0×10^{35}	$[Co(NH_3)_6]^{3+}$	1.58×10^{35}
$[Fe(CN)_6]^{3-}$	1.0×10^{42}	$[Cu(NH_3)_2]^{+}$	4.44×10^{7}
$[Hg(CN)_4]^{2-}$	2.5×10^{41}	$[Cu(NH_3)_4]^{2+}$	4.8×10^{12}
$[Ni(CN)_4]^{2-}$	2.0×10^{31}	$[Fe(NH_3)_2]^{2+}$	1.6×10^{2}
$[Zn(CN)_4]^{2-}$	5.0×10^{16}	$[Hg(NH_3)_4]^{2+}$	1.90×10^{19}
$[Ag(SCN)_4]^{3-}$	1.20×10^{10}	$[Mg(NH_3)_2]^{2+}$	20
$[Ag(SCN)_2]^{-}$	3.72×10^{7}	$[Ni(NH_3)_6]^{2+}$	5.49×10^{8}
$[Au(SCN)_4]^{3-}$	1.0×10^{42}	$[Ni(NH_3)_4]^{2+}$	9.09×10^{7}
$[Au(SCN)_2]^{-}$	1.0×10^{23}	$[Zn(NH_3)_4]^{2+}$	2.88×10^{9}
$[Cd(SCN)_4]^{2-}$	3.98×10^{3}	$[Al(OH)_4]^{-}$	1.07×10^{33}
$[Co(SCN)_4]^{2-}$	1.00×10^{5}	$[Bi(OH)_4]^{-}$	1.59×10^{35}
$[Cr(SCN)_2]^{+}$	9.52×10^{2}	$[Cd(OH)_4]^{2-}$	4.17×10^{8}
$[Cu(SCN)_2]^{-}$	1.51×10^{5}	$[Cr(OH)_4]^{-}$	7.94×10^{29}
$[Fe(SCN)_2]^{+}$	2.29×10^{3}	$[Cu(OH)_4]^{2-}$	3.16×10^{18}
$[Hg(SCN)_4]^{2-}$	1.7×10^{21}	$[Fe(OH)_4]^{2-}$	3.80×10^{8}
$[Ni(SCN)_3]^{-}$	64.5	$[Ca(P_2O_7)]^{2-}$	4.0×10^{4}
$[Ag(en)_2]^{+}$	5.00×10^{7}	$[Cd(P_2O_7)]^{2-}$	4.0×10^{5}
$[Cd(en)_3]^{2+}$	1.20×10^{12}	$[Cu(P_2O_7)]^{2-}$	1.0×10^{8}
$[Co(en)_3]^{2+}$	8.69×10^{13}	$[Pb(P_2O_7)]^{2-}$	2.0×10^{5}
$[Co(en)_3]^{3+}$	4.9×10^{48}	$[Ni(P_2O_7)_2]^{6-}$	2.5×10^{2}
$[Cr(en)_2]^{2+}$	1.55×10^{9}	$[Ag(S_2O_3)]^{-}$	6.62×10^{8}
$[Cu(en)_2]^{+}$	6.33×10^{10}	$[Ag(S_2O_3)_2]^{3-}$	2.88×10^{13}
$[Cu(en)_3]^{2+}$	1.0×10^{21}	$[Cd(S_2O_3)_2]^{2-}$	2.75×10^{6}
$[Fe(en)_3]^{2+}$	5.00×10^{9}	$[Cu(S_2O_3)]^{3-}$	1.66×10^{12}
$[Hg(en)_2]^{2+}$	2.00×10^{23}	$[Pb(S_2O_3)_2]^{2-}$	1.35×10^{5}

参 考 文 献

[1] 李厚金，石建新，邹小勇．基础化学实验．2版．北京：科学出版社，2015.
[2] 吴华．无机及分析化学．4版．北京：化学工业出版社，2023.
[3] 周淑晶．有机化学实验．北京：高等教育出版社，2018.
[4] 钟国清．无机及分析化学实验．2版．北京：科学出版社，2014.
[5] 泮琇，刘恩玲．基础化学．北京：化学工业出版社，2023.
[6] 邢其毅，裴伟伟，徐瑞秋，裴坚．基础有机化学．北京：北京大学出版社，2017.
[7] 李克安．分析化学教程．北京：高等教育出版社，2005.
[8] 刘建祥，刘守庆．无机及分析化学实验．北京：中国农业出版社，2023.
[9] 刘约权，李敬慈，杨丽华．实验化学．北京：高等教育出版社，2019.
[10] 武汉大学《无机及分析化学》编写组．无机及分析化学．3版．武汉：武汉大学出版社，2008.
[11] 胡宏纹．有机化学．5版．北京：高等教育出版社，2020.
[12] 福尔哈特，肖尔．有机化学结构与功能．8版．戴立信等译．北京：化学工业出版社，2020.
[13] 周乐．有机化学．北京：科学出版社，2009.
[14] 杨红，章维华．有机化学．4版．北京：中国农业出版社，2018.
[15] 马朝红，姜辉，董宪武．有机化学．4版．北京：化学工业出版社，2024.
[16] 路树萍，石建萍．基础化学．北京：化学工业出版社，2014.
[17] 傅春华，黄月君．基础化学．3版．北京：人民卫生出版社，2018.
[18] 兰叶青．无机及分析化学．3版．北京：中国农业出版社，2019.

元素周期表

IUPAC 2013

氧化态(单质的氧化态为0，未列入；常见的为红色)

以^{12}C=12为基准的原子量(注✦的是半衰期最长同位素的原子量)

图例	
原子序数	95
元素符号(红色的为放射性元素)	Am
元素名称(注▲的为人造元素)	镅▲
价层电子构型	$5f^7 7s^2$
原子量	243.06138(2)✦
氧化态	+2 +3 +4 +5 +6

s区元素　p区元素　d区元素　ds区元素　f区元素　稀有气体

周期＼族	1 ⅠA	2 ⅡA	3 ⅢB	4 ⅣB	5 ⅤB	6 ⅥB	7 ⅦB	8 ⅧB(Ⅷ)	9	10	11 ⅠB	12 ⅡB	13 ⅢA	14 ⅣA	15 ⅤA	16 ⅥA	17 ⅦA	18 ⅧA(0)	电子层
1	−1 +1 1 H 氢 $1s^1$ 1.008																	2 He 氦 $1s^2$ 4.002602(2)	K
2	+1 3 Li 锂 $2s^1$ 6.94	+2 4 Be 铍 $2s^2$ 9.0121831(5)											+3 5 B 硼 $2s^2 2p^1$ 10.81	−4 +2 +4 6 C 碳 $2s^2 2p^2$ 12.011	−3 −2 −1 +1 +2 +3 +4 +5 7 N 氮 $2s^2 2p^3$ 14.007	−2 −1 8 O 氧 $2s^2 2p^4$ 15.999	−1 9 F 氟 $2s^2 2p^5$ 18.998403163(6)	10 Ne 氖 $2s^2 2p^6$ 20.1797(6)	L K
3	−1 +1 11 Na 钠 $3s^1$ 22.98976928(2)	+2 12 Mg 镁 $3s^2$ 24.305											+3 13 Al 铝 $3s^2 3p^1$ 26.9815385(7)	−4 +2 +4 14 Si 硅 $3s^2 3p^2$ 28.085	−3 −2 +1 +3 +5 15 P 磷 $3s^2 3p^3$ 30.973761998(5)	−2 +2 +4 +6 16 S 硫 $3s^2 3p^4$ 32.06	−1 +1 +3 +5 +7 17 Cl 氯 $3s^2 3p^5$ 35.45	18 Ar 氩 $3s^2 3p^6$ 39.948(1)	M L K
4	−1 +1 19 K 钾 $4s^1$ 39.0983(1)	+2 20 Ca 钙 $4s^2$ 40.078(4)	+3 21 Sc 钪 $3d^1 4s^2$ 44.955908(5)	−1 0 +2 +3 +4 22 Ti 钛 $3d^2 4s^2$ 47.867(1)	0 ±1 +2 +3 +4 +5 23 V 钒 $3d^3 4s^2$ 50.9415(1)	−3 0 ±1 ±2 +3 +4 +5 +6 24 Cr 铬 $3d^5 4s^1$ 51.9961(6)	−2 0 ±1 +2 ±3 +4 +5 +6 +7 25 Mn 锰 $3d^5 4s^2$ 54.938044(3)	−2 0 ±1 +2 +3 +4 +5 +6 26 Fe 铁 $3d^6 4s^2$ 55.845(2)	0 ±1 +2 +3 +4 +5 27 Co 钴 $3d^7 4s^2$ 58.933194(4)	0 ±1 +2 +3 +4 28 Ni 镍 $3d^8 4s^2$ 58.6934(4)	+1 +2 +3 +4 29 Cu 铜 $3d^{10} 4s^1$ 63.546(3)	+1 +2 30 Zn 锌 $3d^{10} 4s^2$ 65.38(2)	+1 +3 31 Ga 镓 $4s^2 4p^1$ 69.723(1)	+2 +4 32 Ge 锗 $4s^2 4p^2$ 72.630(8)	−3 +3 +5 33 As 砷 $4s^2 4p^3$ 74.921595(6)	−2 +2 +4 +6 34 Se 硒 $4s^2 4p^4$ 78.971(8)	−1 +1 +3 +5 +7 35 Br 溴 $4s^2 4p^5$ 79.904	+2 +4 36 Kr 氪 $4s^2 4p^6$ 83.798(2)	N M L K
5	−1 +1 37 Rb 铷 $5s^1$ 85.4678(3)	+2 38 Sr 锶 $5s^2$ 87.62(1)	+3 39 Y 钇 $4d^1 5s^2$ 88.90584(2)	+1 +2 +3 +4 40 Zr 锆 $4d^2 5s^2$ 91.224(2)	0 ±1 +2 +3 +4 +5 41 Nb 铌 $4d^4 5s^1$ 92.90637(2)	0 ±1 ±2 +3 +4 +5 +6 42 Mo 钼 $4d^5 5s^1$ 95.95(1)	0 ±1 +2 +3 +4 +5 +6 +7 43 Tc 锝▲ $4d^5 5s^2$ 97.90721(3)✦	0 +1 ±2 +3 +4 +5 +6 +7 +8 44 Ru 钌 $4d^7 5s^1$ 101.07(2)	0 ±1 +2 +3 +4 +5 +6 45 Rh 铑 $4d^8 5s^1$ 102.90550(2)	0 +1 +2 +3 +4 46 Pd 钯 $4d^{10}$ 106.42(1)	+1 +2 +3 47 Ag 银 $4d^{10} 5s^1$ 107.8682(2)	+1 +2 48 Cd 镉 $4d^{10} 5s^2$ 112.414(4)	+1 +3 49 In 铟 $5s^2 5p^1$ 114.818(1)	+2 +4 50 Sn 锡 $5s^2 5p^2$ 118.710(7)	−3 +3 +5 51 Sb 锑 $5s^2 5p^3$ 121.760(1)	−2 +2 +4 +6 52 Te 碲 $5s^2 5p^4$ 127.60(3)	−1 +1 +3 +5 +7 53 I 碘 $5s^2 5p^5$ 126.90447(3)	+2 +4 +6 +8 54 Xe 氙 $5s^2 5p^6$ 131.293(6)	O N M L K
6	−1 +1 55 Cs 铯 $6s^1$ 132.90545196(6)	+2 56 Ba 钡 $6s^2$ 137.327(7)	57~71 La~Lu 镧系	+1 +2 +3 +4 72 Hf 铪 $5d^2 6s^2$ 178.49(2)	0 ±1 +2 +3 +4 +5 73 Ta 钽 $5d^3 6s^2$ 180.94788(2)	0 ±1 ±2 +3 +4 +5 +6 74 W 钨 $5d^4 6s^2$ 183.84(1)	0 ±1 +2 +3 +4 +5 +6 +7 75 Re 铼 $5d^5 6s^2$ 186.207(1)	0 +1 +2 +3 +4 +5 +6 +7 +8 76 Os 锇 $5d^6 6s^2$ 190.23(3)	0 ±1 +2 +3 +4 +5 +6 77 Ir 铱 $5d^7 6s^2$ 192.217(3)	0 +2 +3 +4 +5 +6 78 Pt 铂 $5d^9 6s^1$ 195.084(9)	+1 +2 +3 +5 79 Au 金 $5d^{10} 6s^1$ 196.966569(5)	+1 +2 +3 80 Hg 汞 $5d^{10} 6s^2$ 200.592(3)	+1 +3 81 Tl 铊 $6s^2 6p^1$ 204.38	+2 +4 82 Pb 铅 $6s^2 6p^2$ 207.2(1)	−3 +3 +5 83 Bi 铋 $6s^2 6p^3$ 208.98040(1)	−2 +2 +3 +4 +6 84 Po 钋 $6s^2 6p^4$ 208.98243(2)✦	±1 +5 +7 85 At 砹 $6s^2 6p^5$ 209.98715(5)✦	+2 86 Rn 氡 $6s^2 6p^6$ 222.01758(2)✦	P O N M L K
7	+1 87 Fr 钫▲ $7s^1$ 223.01974(2)✦	+2 88 Ra 镭 $7s^2$ 226.02541(2)✦	89~103 Ac~Lr 锕系	104 Rf 𬬻▲ $6d^2 7s^2$ 267.122(4)✦	105 Db 𬭊▲ $6d^3 7s^2$ 270.131(4)✦	106 Sg 𬭳▲ $6d^4 7s^2$ 269.129(3)✦	107 Bh 𬭛▲ $6d^5 7s^2$ 270.133(2)✦	108 Hs 𬭶▲ $6d^6 7s^2$ 270.134(2)✦	109 Mt 鿏▲ $6d^7 7s^2$ 278.156(5)✦	110 Ds 𫟼▲ 281.165(4)✦	111 Rg 𬬭▲ 281.166(6)✦	112 Cn 鿔▲ 285.177(4)✦	113 Nh 鿭▲ 286.182(5)✦	114 Fl 𫓧▲ 289.190(4)✦	115 Mc 镆▲ 289.194(6)✦	116 Lv 𫟷▲ 293.204(4)✦	117 Ts 鿬▲ 293.208(6)✦	118 Og 鿫▲ 294.214(5)✦	Q P O N M L K

★ 镧系	+3 57 La★ 镧 $5d^1 6s^2$ 138.90547(7)	+2 +3 +4 58 Ce 铈 $4f^1 5d^1 6s^2$ 140.116(1)	+3 +4 59 Pr 镨 $4f^3 6s^2$ 140.90766(2)	+2 +3 +4 60 Nd 钕 $4f^4 6s^2$ 144.242(3)	+3 61 Pm 钷▲ $4f^5 6s^2$ 144.91276(2)✦	+2 +3 62 Sm 钐 $4f^6 6s^2$ 150.36(2)	+2 +3 63 Eu 铕 $4f^7 6s^2$ 151.964(1)	+3 64 Gd 钆 $4f^7 5d^1 6s^2$ 157.25(3)	+3 +4 65 Tb 铽 $4f^9 6s^2$ 158.92535(2)	+3 +4 66 Dy 镝 $4f^{10} 6s^2$ 162.500(1)	+3 67 Ho 钬 $4f^{11} 6s^2$ 164.93033(2)	+3 68 Er 铒 $4f^{12} 6s^2$ 167.259(3)	+2 +3 69 Tm 铥 $4f^{13} 6s^2$ 168.93422(2)	+2 +3 70 Yb 镱 $4f^{14} 6s^2$ 173.045(10)	+3 71 Lu 镥 $4f^{14} 5d^1 6s^2$ 174.9668(1)
★ 锕系	+3 89 Ac★ 锕 $6d^1 7s^2$ 227.02775(2)✦	+3 +4 90 Th 钍 $6d^2 7s^2$ 232.0377(4)	+3 +4 +5 91 Pa 镤 $5f^2 6d^1 7s^2$ 231.03588(2)	+2 +3 +4 +5 +6 92 U 铀 $5f^3 6d^1 7s^2$ 238.02891(3)	+3 +4 +5 +6 +7 93 Np 镎 $5f^4 6d^1 7s^2$ 237.04817(2)✦	+3 +4 +5 +6 +7 94 Pu 钚 $5f^6 7s^2$ 244.06421(4)✦	+2 +3 +4 +5 +6 95 Am 镅▲ $5f^7 7s^2$ 243.06138(2)✦	+3 +4 96 Cm 锔▲ $5f^7 6d^1 7s^2$ 247.07035(3)✦	+3 +4 97 Bk 锫▲ $5f^9 7s^2$ 247.07031(4)✦	+2 +3 +4 98 Cf 锎▲ $5f^{10} 7s^2$ 251.07959(3)✦	+2 +3 99 Es 锿▲ $5f^{11} 7s^2$ 252.0830(3)✦	+2 +3 100 Fm 镄▲ $5f^{12} 7s^2$ 257.09511(5)✦	+2 +3 101 Md 钔▲ $5f^{13} 7s^2$ 258.09843(3)✦	+2 +3 102 No 锘▲ $5f^{14} 7s^2$ 259.1010(7)✦	+3 103 Lr 铹▲ $5f^{14} 6d^1 7s^2$ 262.110(2)✦